제2판

철근콘크리트

김은겸 · 윤석구 · 김진국 공저

도서출판
구미서관

머리말

preface

콘크리트는 1824년 J.Adspin의 현대 시멘트의 개발, 1850년 J.L.Lambot의 철근콘크리트 발명을 시발점으로 지속적인 발전을 거듭하여 오늘날에 이르고 있다. 최근에는 콘크리트에 대해 여러 가지 환경문제를 거론하고 있지만, 콘크리트를 배제하고는 살 수 없는 문명에 놓여 있는 것도 사실이다.

우리나라는 1960년대에 철근콘크리트에 대한 설계기준이 [콘크리트표준시방서]에 수록 되었으며, 주로 미국의 콘크리트학회 [ACI 318 Code]가 모델이 되었다. 철근콘크리트 구조물의 설계는 탄성설계를 근간으로 하는 [허용응력설계법]을 사용하였으나, 지금은 세계적인 추세에 맞추어 강도설계법을 [콘크리트구조 설계기준]에서 주된 설계법으로 채택하고 있다.

본 교재는 철근콘크리트의 안전성에 대해서는 콘크리트구조 설계기준의 강도설계법을 적용하고 있으며, 사용성에 관해서는 과거의 설계법인 탄성설계법을 적용하고 있다.

철근콘크리트의 기본개념은 휨과 전단의 역학적 거동을 이해하는데 있으며, 정착, 사용성과 내구성, 기둥의 역학적 거동까지를 이해하게 되면 철근콘크리트의 기본적인 공부는 완성되는 셈이다. 따라서 철근콘크리트를 공부하고자 하는 분들은 이와 같은 순서를 따르는 것이 바람직하며, 철근콘크리트의 핵심을 관통하는 방법이기도 하다. 응용부분에 해당되는 슬래브, 확대기초, 옹벽 등은 기본개념이 확립되게 되면 이해하기가 쉬워진다. 철근콘크리트는 기사시험, 공무원시험, 기술사 시험 등을 준비하는 수험생이나 기술자에게도 반드시 공부해야 할 필독이며, 설계업무에 종사하는 기술자에게도 확실한 참고서가 될 것이다.

본 교재는 2015년에 처음으로 간행되었으며, 2022년도 [콘크리트구조 설계기준]의 개정에 따라 수정 및 보완한 것이다. 특히 [콘크리트구조 설계기준]의 휨부재 해석 및 설계에서 콘크리트 최대변형률이 0.003에서 0.0033으로 개정되었고, 등가응력 분포와 더불어 평균응력분포를 사용할 수 있도록 개정됨에 따라 이와 관련된 부분의 수정 및 보완이 이루어진 것이다.

또한, 철근콘크리트 구조물의 유지관리 필요성에 부응하여 [콘크리트구조 내구성 설계기준] 부록의 [콘크리트의 내구성 평가]의 규정을 제7장 사용성과 내구성에 수록하였고, 이해가 쉽도록 예제를 다루었다. 제6장에는 스터럿-타이 모델을 새롭게 추가하여 평면보존의 법칙이 적용되지 않는 집중하중의 작용점, 개구부 또는 단면 변화부에 가까운 철근콘크리트 부재 등 불연속 영역의 해석 및 설계 방법을 수록하였다.

한편, 본 교재는 조선규 교수님의 지도와 홍석희님의 많은 도움이 있었다. 끝으로, 본 교재의 미진한 부분은 계속해서 수정 보완할 것을 약속드리며, 본 교재를 집필하는데 많은 도움을 주신 구미서관 대표님을 비롯한 편집부 관계자 여러분께도 감사의 말씀을 드린다.

2024년 1월

저자 씀

차 례
contents

제1장 서 론

제2장 재료의 역학

제3장 철근콘크리트의 설계 개념

제4장 휨부재

제5장 전단과 비틀림

제8장 기 둥

제11장 확대기초

제12장 옹 벽

제13장 내진설계

제1장

서 론

1.1 철근콘크리트의 정의 및 역사

1.1.1 철근콘크리트의 정의

일반적으로 콘크리트는 인장에 약하며 압축에 대해서는 강하다. 즉, 인장강도는 압축강도의 1/10~1/13정도에 불과하다. 이와 같이 휨이나 인장을 받는 부재에 있어서 콘크리트를 보강하기 위해 인장측 콘크리트 내부에 묻어 넣어 사용되는 강재를 철근(reinforcement)이라 하며, 두 재료가 일체가 되어 외력에 저항도록 만든 구조가 철근콘크리트(reinforced concrete)이다. 즉, 콘크리트는 인장력에 대하여는 약하므로 인장에 강한 강재를 배치하여 보강한 것이 철근콘크리트이며, 철근을 콘크리트의 수축균열 등에 대비할 목적으로 사용하거나 철근이 전혀 배근되지 않은 것이 무근콘크리트(plane concrete)이다.

콘크리트는 소성적인 성질을 가지고 있는 반면, 철근은 탄성적인 성질을 가지고 있다. 이와 같이 전혀 다른 성질을 가지는 두 재료가 합성재료로서 거동하여 외력에 저항한다.

그림 1.1(a)는 철근으로 보강하지 않은 무근콘크리트 보에 집중하중이 작용한 경우 파괴상태를 나타낸 것이다. 콘크리트는 인장강도가 작기 때문에 그림과 같은 무근콘크리트 보에서는 휨모멘트가 최대가 되는 지간 중앙부 부근에서 균열이 생기면서 동시에 내하력을 상실하게 된다. 그러나 그림 1.1(b)와 같이 콘크리트가 인장응력을 받는 부위인 단면 아래쪽에 철근을 배치함으로서 균열이 발생한 후 인장력은 철근이 부담하기 때문에 보의 내하력은 상실되지 않는다. 결국, 콘크리트가 압축력을 부담하는 것에 대해, 철근은 철근콘크리트 보의 단면 내에 생기는 인장력을 부담하는 것이 중요한 역할이며, 인장측에 철근을 배근하는 것이 철근콘크리트의 기본적인 원칙이다.

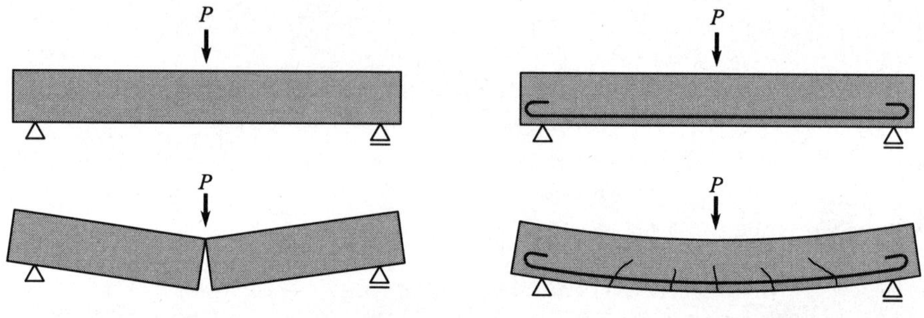

그림 1.1 철근콘크리트 보

1.1.2 철근콘크리트의 역사

콘크리트의 역사는 1824년 영국의 J. Aspdin이 포틀랜드시멘트를 발명한 때로부터 시작된다. 이러한 시멘트를 사용하여 철근콘크리트를 발명자한 최초의 사람은 프랑스의 J. L. Lambot이며, 1850년에 콘크리트에 철망을 묻어 넣어 제작한 보트를 1855년 파리 박람회에 출품한 것이 효시이다.

파리의 정원사인 J. Monier는 시멘트 모르타르의 화분을 철망으로 보강하는 방법을 발명하였으며, 1861년 이 공법을 물탱크에 응용하여 성공을 거두었다. 그 후 여러 번 개량을 거쳐 격자형으로 철근을 배치하는 Monier식 철근콘크리트를 만들어 1867년에 특허를 얻었고, 3층의 집합주택을 제2회 만국박람회에 전시한 바가 있다.

Monier 공법의 특허는 독일의 G. A. Wayes가 매입하여 J. Bauschinger와 M. Koenen이 공동으로 이 공법에 대한 역학적 연구를 수행하였다. M. Koenen은 보에 있어서 인장응력을 철근이 받도록 하고, 압축응력을 콘크리트가 받도록 하여 두 재료를 유용하게 사용할 수 있는 발상을 하였으며, 1887년에 철근콘크리트 보의 이론적 계산 방법을 발표하여 현재의 철근콘크리트 보에 대한 응력 계산의 기초를 만들었다. F. Hennebique는 스터럽 및 굽힘철근의 사용에 대해 특허를 받았으며, 철근콘크리트의 진보에 큰 공헌을 하였다.

그 후 철근콘크리트 부재에 대한 많은 연구가 강도이론을 중심으로 수행되어, 1897년의 Thullie의 휨이론, 1899년의 Ritter의 포물선 응력분포 이론이 제시되었다. 1900년경에 이르러 Coignet와 Tedesco이 제시한 선형탄성이론은 설계방법이 간편하고, 응력분포가 선형적이어서 수학적으로 간단하다는 이유로 받아들여졌다. 그러나 실험 등을 통하여 콘크리트 구조물의 거동에 대한 지식의 급격한 증가로 선형탄성설계법에 대한 결점이 부각되어, 콘크리트의 실제적인 비탄성 특성을 설계에 고려하여야 한다는 요구가 강하게 제기되었다.

1956년 미국의 콘크리트학회와 1957년 영국에서는 철근콘크리트 설계방법으로서 강도설계법(ultimate strength design)을 도입하였으며, 탄성설계법 즉 허용응력설계법(working stress design)은 선택적 설계법으로 제시되기에 이르렀다.

우리나라는 1969년 이전까지 허용응력설계법을 사용하였으나, 세계적인 흐름에 따라 그 이후부터 강도설계법과 허용응력설계법을 선택적 설계법으로 사용하였으며, 1996년부터 [콘크리트구조 설계기준]에서 철근콘크리트의 주된 설계는 강도설계법에 따르도록 규정하고 있다.

1.2 철근콘크리트의 특징

1.2.1 철근콘크리트의 성립 이유

콘크리트와 철근과 같은 서로 이질적인 재료가 일체가 되어 외력에 저항할 수 있는 이유를 들면 다음과 같다.

1) 철근 및 콘크리트의 온도변화에 대한 선팽창계수는 약 $1 \times 10^{-5}/℃$ 로서 거의 같다. 철근콘크리트 구조물에 온도변화가 발생하더라도 부착하고 있는 콘크리트와 철근은 동일한 신축을 나타내므로 두 재료 사이에는 온도응력이 생기지 않는다. 만약 두 재료의 열팽창계수가 다르다면, 여름철에 비교적 고온을 받는 지붕이나 교량 바닥판 등에서는 콘크리트와 철근의 팽창량 차이에 의해 부착파괴가 생기거나, 콘크리트에 균열이 발생하게 된다.

2) 철근과 콘크리트 사이에는 상당히 큰 부착력이 작용한다.
이와 같은 부착력과 동일한 선팽창계수 때문에 철근은 콘크리트 내부에서 활동하는 일 없이 부착력이 작용하게 된다. 또한 이와 같은 부착력을 증대시킬 목적으로 이형철근이 널리 사용된다.

3) 콘크리트 내부에 묻어 넣은 철근은 녹슬지 않는다.
시멘트의 수화반응에 의해 생성되는 수화물 가운데 $Ca(OH)_2$은 공극수에 녹아 포화상태가 된다. 이때 공극수는 pH= 12.4의 알칼리성을 나타내기 때문에 철근 표면에 두께 30Å 정도의 매우 얇은 부동태 피막(혹은 산화막)이 형성되어, 부식인자인 물과 산소의 공급을 차단함으로서 철근은 녹슬지 않게 된다. 그러나 중성화에 의하여 공극수의 pH가 10 이하로 낮아지거나, 염분량이 많은 바다모래를 사용하거나, 해풍의 영향을 받는 해안 환경에서는 철근의 부동태 피막이 파괴되어 부식될 수 있다.

1.2.2 철근콘크리트의 장점 및 단점

1) 철근콘크리트의 장점

(1) 내화성이 우수하다.

철근콘크리트는 철강, 목재 등의 다른 구조재료와 비교하여 내화성이 우수하며, 경미한 화재라면 보수하지 않아도 되며, 혹은 콘크리트 피복 정도를 보수하는 것만으로도 재사용이 가능하다.

(2) 내구성이 우수하다.

목재는 부식하며, 철강은 녹슬기 때문에 적절한 유지관리를 하지 않으면 이들 재료는 내구성이 저하되지만, 콘크리트는 특별한 유지관리를 실시하지 않더라도 본래 내구적인 재료이다. 그러나 최근에는 골재의 고갈로 인한 바닷모래 및 부순돌의 사용, 환경문제 등으로 인해 중성화의 조기 진행, 염해, 알칼리골재반응 등에 의해 콘크리트의 열화가 현저하게 진행된 사례가 늘어나고 있으며, 이에 부응하여 내구성 향상을 위한 기술 개발이 활발하게 이루어지고 있다.

(3) 경제성이 우수하다.

콘크리트는 압축을 받는데 경제적인 재료이고, 철근은 인장을 받는데 경제적인 재료이므로 두 재료를 적절히 합성한 철근콘크리트는 일반적으로 경제적인 구조재료가 된다. 특히, 철근콘크리트 구조가 널리 사용되고 있는 이유는 다른 구조재료에 비해 경제성이 높기 때문이다.

(4) 조형성이 우수하다.

철골구조는 일반적으로 직선부재로서 구조물을 구성하는데 적합하지만, 철근콘크리트는 임의의 형상의 구조물을 일체로서 만들 수가 있기 때문에 쉘구조, 아치구조 등 곡선부재를 형성하는 구조물에도 널리 사용되고 있다.

2) 철근콘크리트의 단점

(1) 중량이 크다.

철근콘크리트 구조물은 강구조물에 비해 단면이 상당히 커지기 때문에 구조물의 중량의 증가로 경제적 설계가 이루어지지 않는 경우도 있다. 또, 지지력이 작은 지반 위에 시공되는 구조물은 기초공사에 많은 비용이 필요하게 된다.

(2) 균열이 발생하기 쉽다.

균열이 발생하는 것은 콘크리트의 숙명적인 결점이다. 콘크리트에 균열이 발생하는 주된 원인은 콘크리트의 인장응력이 작은 것과 건조에 의해서 수축하는 것이다. 균열에 대한 적극적인 대책으로서 팽창콘크리트, 프리스트레스트콘크리트 등을 사용하여 균열이 발생하지 않도록 하는 방법도 있지만, 현실적으로는 균열의 발생을 인정하고 수축줄눈을 두거나 철근을 배근하여 구조상 문제가 발생하지 않도록 하는 방법으로서 대처하고 있다.

(3) 시공기간이 길다.

시멘트가 경화하여 소정의 강도를 발휘하기까지에 일정한 기간을 요하며, 또 시공에 손이 많이 가기 때문에 철근콘크리트 구조물의 시공기간은 철골구조에 비해 상당히 길어진다. 이러한 결점을 해소하기 위한 방법으로 조강포틀랜드시멘트, 초속경시멘트 등의 조강성 시멘트가 개발되었다.

(4) 거푸집이 필요하다.

콘크리트는 현장에서 제작하는 경우가 많으므로 구조물을 만드는데 거푸집이 필요하게 된다. 거푸집의 비용은 전체 공사비의 15~40% 정도가 되므로 경제적인 측면에서 가볍게 볼 수가 없다.

1.3 설계개념

> 이 절은 콘크리트구조 설계기준 [*KDS* 콘크리트구조 해석과 설계 원칙]의 규정에 의해 작성한 것이다.

1.3.1 하 중

구조물에 작용하는 하중은 고정하중 (dead load), 활하중(live load), 환경하중(environmental load) 등으로 크게 구분할 수 있다.

1) 고정하중

일반적으로 고정하중은 구조물 자체의 무게이며, 구조물의 형태, 크기, 재료의 밀도로부터 계산할 수 있다. 교량을 설계하는데 있어서 고정하중은 교량 자체의 무게가 제일 크며, 포장, 연석을 비롯하여 영구히 작용하는 부대시설 등의 하중으로 이루어진다.

2) 활하중

활하중은 구조물 전체나 부분적으로 분포하며, 열차나 자동차와 같은 경우는 교량 위를 통과하고 나면 구조물에 작용하지 않게 된다. 이와 같은 활하중은 그 분포와 크기 등이 불확실하며, 구조물의 수명동안 최대하중의 크기도 불확실하다. 그래서 콘크리트구조 설계기준에서는 이와 같은 불확실성을 고려한 설계하중을 규정하고 있다.

교량에 작용하는 주된 활하중으로서는 차량 하중이 있으며, 도로교설계기준에서는 표준트럭하중(DB하중), 또는 차로하중(DL하중), 철도교설계기준에서는 표준열차하중(HL, LS-22, EL-18)과 같은 정형화된 하중이 규정되어 있다.

3) 환경하중

환경하중은 주로 풍하중, 지진하중, 토압, 온도하중, 적설하중 등이 있다. 풍하중은 교량설계 등에서는 매우 중요한 하중으로서 대부분의 구조설계기준에서는 수직투영면적에 대한 풍압으로 규정하고 있다. 지진하중은 가속도, 질량, 강성, 구조물의 감쇠계수 등을 고려한 탄성해석 혹은 비탄성해석을 하거나, 단순하게는 대부분 등가 정적하중을 근거로 계산하고 있다.

1.3.2 안전성

구조물의 안전여유(safety margin) M은 식(1.1)을 만족하여야 한다.

$$M = S - Q > 0 \tag{1.1}$$

즉, 구조물의 강도 S가 작용하는 하중 Q보다 더 크다면 주어진 구조물은 안전여유 M을 갖게 된다. S와 Q는 확률변수이기 때문에 안전여유 $M = S - Q$도 확률변수이다. 그림 1.2(c)는 M에 대한 확률 분포 함수이며, 구조물의 파괴는 M이 0보다 작을 때 발생한다, 따라서 파괴확률은 그림에서 음영 면적으로 표현할 수 있다.

또한, 그림 1.2(c)의 확률 밀도함수 곡선으로부터 구조 안전도는 평균 안전여유 M이 0보다 큰 표준편차 σ_m의 β배가 되도록 하는 것이다. 즉,

$$\psi_s \overline{S} \geq \psi_L \overline{Q} \tag{1.2}$$

여기서, ψ_s : 평균강도 $\overline{S}$에 적용되는 부분안전계수

ψ_L : 평균하중 $\overline{Q}$에 적용되는 부분안전계수

부분안전계수는 강도와 하중의 분산과 구조물의 안전성지표 β값에 달려있다. 일반적으로 적용하고 있는 구조물의 안전성지표는 3~4정도이며, 1/100,000의 파괴확률에 해당된다.

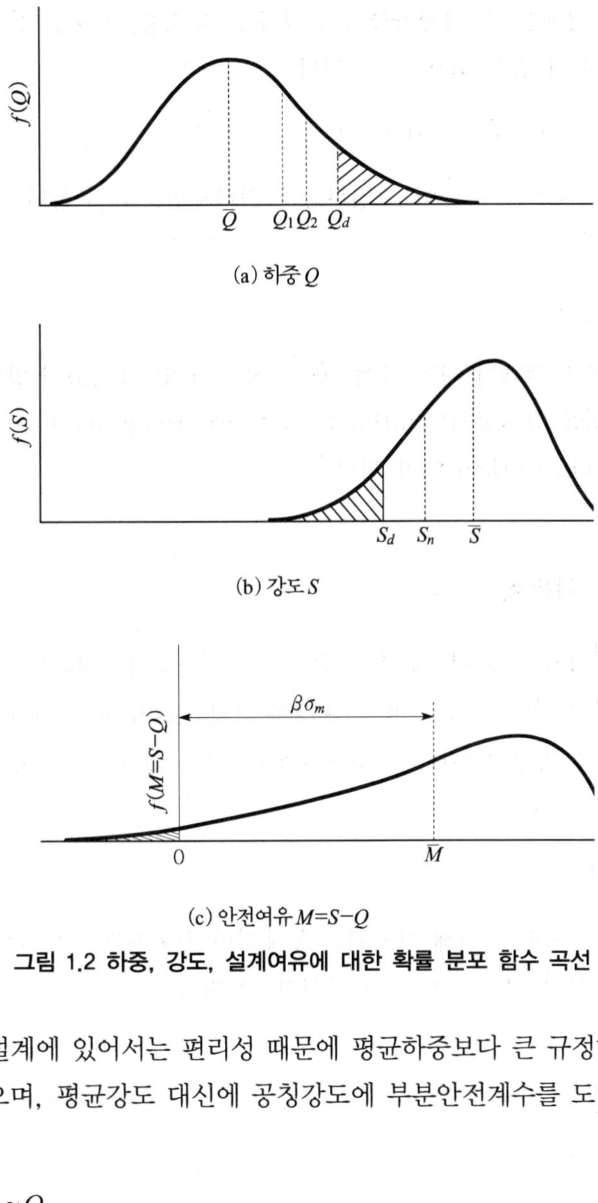

그림 1.2 하중, 강도, 설계여유에 대한 확률 분포 함수 곡선

그러나 실제로 설계에 있어서는 편리성 때문에 평균하중보다 큰 규정하중에 부분 안전계수를 적용하고 있으며, 평균강도 대신에 공칭강도에 부분안전계수를 도입하는 방법을 적용하고 있다. 즉,

$$\phi S_n \geq \gamma Q_L \tag{1.3}$$

여기서, S_n : 공칭강도(nominal strength)

Q_L : 설계하중(code specified load)

ϕ : 공칭강도 S_n에 곱해주는 강도감소계수(strength reduction factor)

γ : 설계하중 Q_L에 곱해주는 하중계수(load factor)

따라서 구조물을 설계할 때 설계하중이 고정하중, 활하중, 풍하중 등으로 구성되어 있다면, 식(1.3)은 식(1.4)와 같이 표현할 수 있다.

$$\phi S_n \geq \gamma_D D + \gamma_L L + \gamma_w W + \cdots\cdots \tag{1.4}$$

만약, 구조물에 작용하는 하중이 고정하중과 활하중만으로 구성되어 있다면, 식(1.4)는 식(1.5)와 같이 된다.

$$\phi S_n \geq \gamma_D D + \gamma_L L \tag{1.5}$$

현행, [콘크리트구조 설계기준]의 안전기준은 식(1.4) 및 식(1.5)의 방법을 채용하고 있으며, 이러한 설계방법을 강도설계법(ultimate strength design method) 또는 하중계수설계법(load factor design method)이라 한다.

1.3.3 설계기준의 기본식

[콘크리트구조 설계기준]의 안전규정은 하중계수와 강도감소계수를 고려한 식(1.4)와 식(1.5)를 기본으로 하고 있다. 구조물 또는 부재의 설계강도(design strength) ϕS_n은 작용하중에 하중계수를 곱한 계수하중(factored load)으로부터 계산되는 부재의 소요강도 U보다 커야 한다. 즉

$$\phi S_n \geq U \tag{1.6}$$

하중은 일반적으로 하중에 의해 발생되는 부재력인 휨모멘트, 전단력, 압축력과 같이 정의하며, 식(1.6)으로부터 식(1.7)과 같이 표현할 수 있다.

$$\phi M_n \geq M_u \tag{1.7}$$

$$\phi V_n \geq V_u \tag{1.8}$$

$$\phi P_n \geq P_u \tag{1.9}$$

여기서, ϕM_n은 설계휨강도, ϕV_n은 설계전단강도, ϕP_n은 설계축하중강도라 하며, M_u는 계수휨모멘트, V_u는 계수전단력, P_u는 계수축방향력이라 한다.

1.3.4 하중계수와 강도감소계수

하중계수와 강도감소계수는 콘크리트구조 설계기준 [KDS 14 21 10 콘크리트구조 해석과 설계 원칙, 4.2 강도]의 규정에 따라 다음과 같이 된다.

1) 하중계수와 하중조합

2012년도에 개정된 [콘크리트구조 설계기준]에서는 하중계수와 하중조합에 대하여 다음 식(1.10)~(1.17)과 같이 제시하고 있다.

$$U = 1.4(D+F) \quad (1.10)$$

$$U = 1.2(D+F+T) + 1.6(L+\alpha_H H_v + H_h) + 0.5(L_r \text{ 또는 } S \text{ 또는 } R) \quad (1.11)$$

$$U = 1.2D + 1.6(L_r \text{ 또는 } S \text{ 또는 } R) + (1.0L \text{ 또는 } 0.65W) \quad (1.12)$$

$$U = 1.2D + 1.3W + 1.0L + 0.5(L_r \text{ 또는 } S \text{ 또는 } R) \quad (1.13)$$

$$U = 1.2(D+H_v) + 1.0E + 1.0L + 0.2S + (1.0H_h \text{ 또는 } 0.5H_h) \quad (1.14)$$

$$U = 1.2(D+F+T) + 1.6(L+\alpha_H H_v) + 0.8H_h + 0.5(L_r \text{ 또는 } S \text{ 또는 } R) \quad (1.15)$$

$$U = 0.9(D+H_v) + 1.3W + (1.6H_h \text{ 또는 } 0.6H_h) \quad (1.16)$$

$$U = 0.9(D+H_v) + 1.0E + (1.0H_h \text{ 또는 } 0.5H_h) \quad (1.17)$$

여기서, D : 고정하중 또는 이에 의해 생기는 단면력

L : 활하중 또는 이에 의해 생기는 단면력

W : 풍하중 또는 이에 의해 생기는 단면력

F : 유체의 중량 및 압력에 의한 하중 또는 이에 의한 단면력

T : 온도, 크리프, 건조수축 및 부등침하의 영향에 의해 생기는 단면력

H_v 및 H_h : 흙, 지하수, 또는 그 밖의 재료의 횡압력에 의한 수평방향 하중 및 연직방향 하중 또는 이에 의해 생기는 단면력

α_H : $h \leq 2\text{m}$ 인 경우는 1.0, $h > 2.0\text{m}$ 인 경우는

$\alpha_h = 1.05 - 0.025h \geq 0.875$

L_r : 지붕 활하중 또는 이에 의해 생기는 단면력

S : 적설하중 또는 이에 의해 생기는 단면력

R : 강우하중 또는 이에 의해 생기는 단면력

E : 지진하중 또는 이에 의해 생기는 단면력

또한, 차고, 공공집회 장소 및 $L \geq 5\text{kN/m}^2$인 모든 장소 이외에는 식(1.12), 식(1.13), 식(1.14)에서 활하중 L의 하중계수는 0.5로 감소시킬 수 있다. 구조물에 충격의 영향이 있는 경우에는 활하중 L대신에 충격계수 I를 더한 $(L+I)$를 적용하여야 한다.

2) 강도감소계수

콘크리트 구조물의 휨모멘트, 축방향력, 전단력, 비틀림모멘트에 대한 설계강도 ϕS_n을 구하기 위해서는 공칭강도 S_n에 표 1.1에 제시된 강도감소계수 ϕ를 곱하여야 한다.

표 1.1 강도감소계수

적용조건		강도감소계수 ϕ
인장지배단면	–	0.85
압축지배단면	나선철근으로 보강된 철근콘크리트 부재	0.70
	그 외의 철근콘크리트 부재	0.65
	순인장변형률이 변화구간인 경우 직선 보간	0.70~0.85(나선철근부재) 0.65~0.85(그 외 부재)
전단력, 비틀림모멘트	–	0.75
콘크리트의 지압력	–	0.65
스트럿 타이 모델	스트럿, 절점부, 지압부	0.75
	타이	0.85
무근콘크리트의 휨모멘트, 압축력, 전단력, 지압력		0.55

제2장

재료의 역학

2.1 개요

철근콘크리트는 철근과 콘크리트로 이루어지는 복합체이므로 철근콘크리트 부재의 역학적 특성은 그 구성 요소인 콘크리트 및 철근의 역학적 특성에 의존한다. 즉, 철근콘크리트 부재의 거동특성과 강도는 두 재료의 역학적 특성에 의해 결정된다. 대표적인 역학적 특성으로는 각 재료의 응력-변형률 곡선과 강도가 있으며, 콘크리트의 경우 시간의존적 거동에 의한 크리프와 건조수축 등이 추가적으로 고려된다.

철근의 역학적 특성은 1축 인장, 또는 1축 압축을 기초로 하고 있다. 그러나 콘크리트에 작용하는 하중 상태는 매우 복잡하며, 구조부재의 콘크리트 부분은 복잡한 2축 혹은 3축의 조합응력이 발생하는 경우가 대부분이다. 그러나 일반적으로 철근콘크리트의 역학적 거동을 해석하는 데는 1축 재하 상태를 기본으로 하고 있다.

2.2 콘크리트의 역학 특성

콘크리트는 골재 입자를 시멘트풀로 결합시킨 다상재료(多相材料)이며, 또 결합재인 시멘트풀(cement paste)은 시멘트의 수화반응에 의해 결합력이 발현되기 때문에 콘크리트의 조직은 매우 복잡하며 일정하지 않다.

콘크리트는 골재의 형상, 치수, 표면상태, 배열 등 어느 것도 일정하지 않으며, 또 조직 가운데 다양한 공극이나 균열을 가지고 있다. 이 때문에 콘크리트의 역학적 성질은 본질적으로 비균질이고 비탄성이며, 게다가 변동성을 가지고 있다. 콘크리트의 역학적 성질은 구성요소인 시멘트나 골재의 품질 및 배합, 다짐, 양생 등의 시공방법에 따라 크게 영향을 받는다. 여기서는 일반적인 철근콘크리트 구조물의 역학적 성질, 특히 해석이나 설계에서 필요로 하는 철근과 콘크리트의 역학적 성질에 국한하여 설명하기로 한다.

콘크리트에 외력이 작용하면 변형이 생긴다. 이와 같은 변형에는 작용하는 힘에 대응하여 순간적으로 발생하는 순간변형과 지속적으로 작용하는 힘에 의해 시간적으로 증가하는 크리프(creep)가 있다. 순간변형은 비시간 의존성 변형이라고 하며, 크리프는 시간 의존성 변형이라고도 한다. 그 밖의 콘크리트 변형에는 외력과는 관계가 없는 시간 의존성 변형으로서 건조수축(shrinkage)이 있다.

2.2.1 재료의 응력, 변형률, 포아송비

1) 응력

콘크리트에 하중이 작용할 경우, 콘크리트 내부에 저항력이 발생하는데 이러한 힘을 응력(stress)이라고 한다. 응력 f(N/mm^2, MPa)는 식(2.1)과 같이 일반적으로 작용 하중 P(N)를 하중지지 단면적 A(mm^2)로 나눈 단위 면적당 작용하는 힘으로 나타낸다. 구조부재에 작용하는 힘의 형태에 따라서 압축응력(compressive stress), 인장응력(tensile stress), 전단응력(shear stress) 등으로 구분된다.

$$f = \frac{P}{A} \tag{2.1}$$

재료의 역학특성이 같도록 동일한 배합으로 크기가 다른 콘크리트 압축강도 시험체를 만들면, 크기가 큰 시험체에 비해 크기가 작은 시험체의 강도는 크게 발현되는 것이 일반적이다. 이처럼 구조물의 거동특성과 강도는 재료의 역학특성과 더불어 부재의 크기에도 영향을 받는다. 따라서 크기나 형태에 관계없이 구조물의 거동특성을 분석하기 위해 응력이 주로 사용된다.

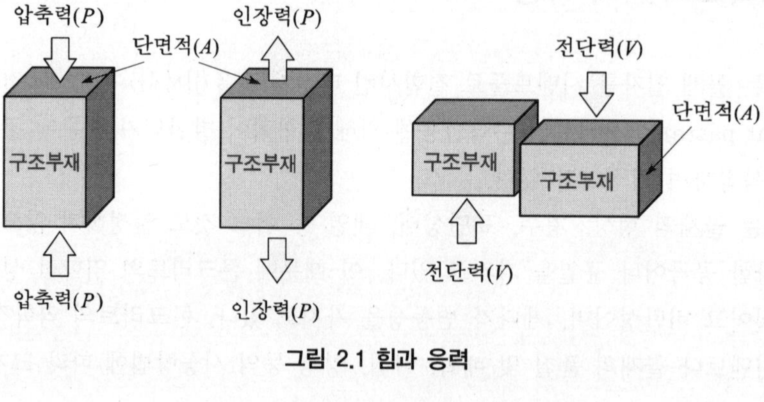

그림 2.1 힘과 응력

2) 변형률

변형률(strain) ϵ은 그림 2.2에 나타낸 바와 같이 구조 부재에 힘이 작용하여 변형이 발생할 때 초기 길이 l(mm) 대비 늘어난 길이 δ(mm)의 비로서 단위가 없는 무차원 지표이며, 식(2.2)와 같이 나타낸다.

$$\epsilon = \frac{\delta}{l} \tag{2.2}$$

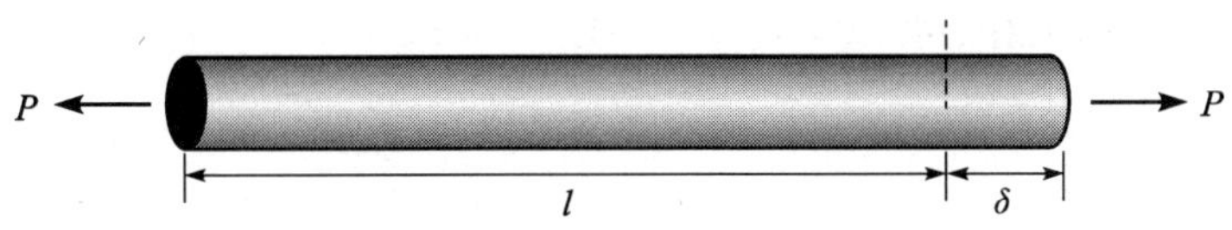

그림 2.2 변형률 계산을 위한 초기 길이와 변형량

구조물의 변형 특성은 다음과 같기 때문에 작용 응력이나 구조물의 크기, 형태에 관계없이 구조물의 거동특성을 분석하기 위해 변형률이 주로 사용된다.

① 재료의 역학특성과 단면적이 같지만 길이가 다른 두 구조부재에 동일한 크기의 힘이 작용하게 되면, 두 부재에서 발생하는 응력은 동일하지만 변형은 긴 부재에서 더 크게 나타난다.

② 재료의 역학특성과 단면적, 길이가 같지만 다른 크기의 힘이 작용하여 서로 다른 응력이 구조부재에 작용하게 되면, 응력이 크게 작용하는 부재에서 더 큰 변형이 발생한다.

3) 후크의 법칙

후크의 법칙(Hooke's law)은 용수철과 같이 탄성이 있는 물체가 외력에 의해 늘어나거나 줄어드는 등 변형되었을 때 외력과 변형량의 관계를 나타내는 물리 법칙으로 보통 $P = kx$로 알려져 있다. 여기서 k(N/mm)는 용수철 상수라고 부르기도 하는 구조부재의 강성지표이다.

후크 법칙의 힘 P와 변형량 δ와의 관계를 나타내는 수식은 단면적 A와 부재의 길이 l 요소를 도입할 경우, 다음 식(2.3)과 같이 응력과 변형률의 관계로 나타낼 수 있다. 앞에서 언급한 바와 같이 힘과 변형량의 관계는 구조부재의 길이와 단면적까지 고려되어 결정되지만, 응력과 변형률의 관계는 그것들과 관계없는 재료 고유의 특성이다. 후크의 법칙과 마찬가지로 구조부재는 응력에 비례하여 변형률이 발생된다.

$$P = k \cdot x = k(l - l_0) = k \cdot \delta l\,, \qquad f \cdot A = k(\epsilon \cdot l), \qquad f = \frac{kl}{A}\,\epsilon$$

$$\therefore\ f = E \cdot \epsilon \tag{2.3}$$

이 응력과 변형률의 관계를 나타내는 지표 E를 탄성계수(elastic modulus)라 하며, 그림 2.4의 응력-변형률 곡선에서 기울기를 나타낸다. 즉, 탄성계수가 크다는 것은 단단한 재료로 일정 크기 변형률을 유발하기 위해 높은 응력이 요구되고, 탄성계수가 낮으면 동일한 변형률을 유발하기 위해 낮은 응력이 요구된다. 탄성계수는 변형률의 단위가 무차원이기 때문에 응력과 동일한 단위(MPa)를 갖는다.

4) 포아송비

구조부재가 축력을 받아 세로 방향(축방향) 변형이 발생하면 보통 부재의 가로 방향(두께 방향)으로 팽창(압축력 작용 시) 또는 수축(인장력 작용 시)이 발생하게 된다. 이때 세로 방향 변형률에 대한 가로 방향 변형률의 비율을 포아송비(Poisson's ratio)라고 한다.

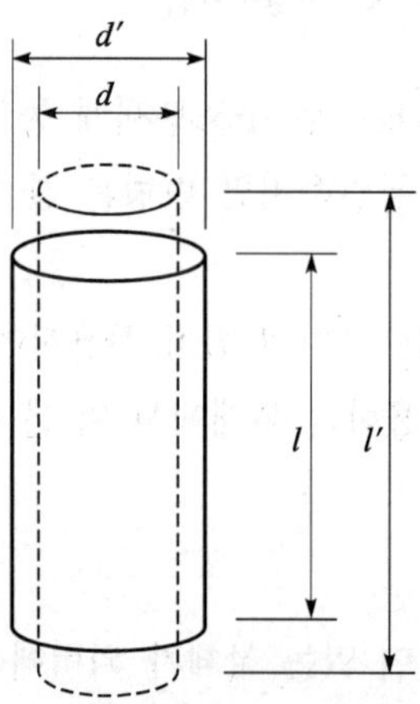

[변형률]

$$\epsilon_{long} = \frac{l' - l}{l}\ \text{(세로방향 변형률)}$$

$$\epsilon_{lat} = \frac{d' - d}{d}\ \text{(가로 방향 변형률)}$$

[포아송비]

$$\nu = -\frac{\epsilon_{long}}{\epsilon_{lat}} \tag{2.4}$$

그림 2.3 축방향 변형과 두께 방향 변형

5) 선형, 비선형, 탄성, 비탄성 거동

구조부재에 응력이 도입되면 변형률이 발생되는데 재료의 종류에 따라 다른 특성을 보인다. 즉, 재료별로 다른 응력-변형률 곡선을 갖는다. 응력-변형률 곡선은 다음과 같이 3가지로 구분될 수 있다.

(1) 선형-탄성 거동

응력과 변형률이 직선 비례 관계이고, 재하(loading)에 의해 응력이 도입되었다가 제하(unloading)되면 도입할 때의 직선을 그대로 따라서 원점으로 돌아오는 특성을 갖는다. 콘크리트는 보통 압축강도의 30~40% 이내 응력에 대해, 철근은 항복강도 이내 응력에 대해 선형-탄성(linear-elastic) 거동을 보인다. 그림 2.4(a)는 선형 탄성 거동의 전형적인 형상을 나타낸 것이다.

(2) 비선형-탄성 거동

응력과 변형률이 일부 직선 일부 곡선 비례를 갖거나, 전체 곡선 비례관계이고, 응력을 도입했다가 제거하면 도입할 때의 곡선을 그대로 따라서 원점으로 돌아오는 특성을 갖는다. 콘크리트와 철근은 이에 해당하지 않는다. 그림 2.4(b)는 비선형-탄성(nonlinear-elastic) 거동의 전형적인 형상을 나타낸 것이다.

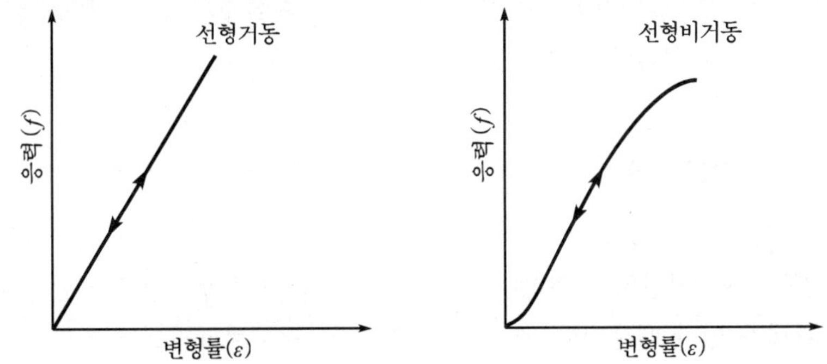

(a) 선형 탄성 거동　　(b) 비선형-탄성 거동

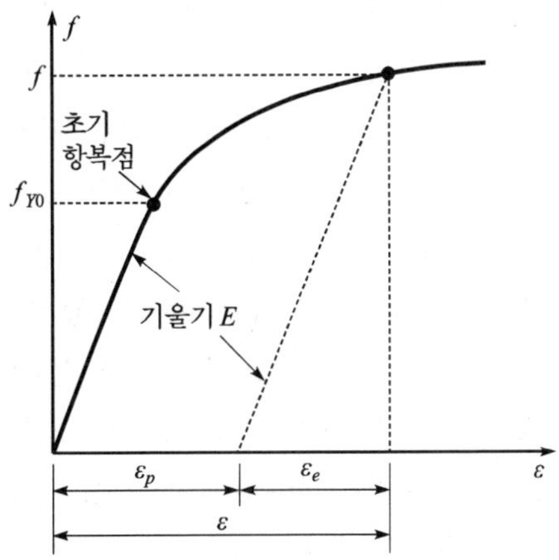

(c) 비선형-비탄성 거동

그림 2.4 재료의 거동특성

(3) 비선형-비탄성 거동

응력과 변형률이 일부 직선, 일부 곡선 비례를 갖거나 전체 곡선 비례 관계이고, 응력을 도입했다가 제거하면 도입할 때의 곡선을 그대로 따라서 원점으로 돌아오지 않고 일정 크기의 잔류 변형률을 갖는다. 이는 보통 직선 비례관계가 끝나고 곡선 비례 영역까지 변형이 발생했을 때 나타난다. 이들의 비선형-비탄성(nonlinear-inelastic)곡선 특성은 그림 2.4(c)에 나타낸 바와 같이 응력을 도입할 때 발생한 최대 변형률(ϵ)은 일부 복원되는 탄성 변형률(ϵ_e)과 복원되지 않는 소성변형률(ϵ_p)로 구성된다. 콘크리트는 보통 압축강도의 60% 이상 응력에 대해, 철근은 항복강도 이상 응력에 대해 소성 변형률이 발생한다.

2.2.2 콘크리트의 압축 강도 특성

이 절은 콘크리트구조 설계기준 [*KDS* 14 20 01 콘크리트구조 설계 일반사항 3.1 콘크리트]의 규정에 따라 작성한 것이다.

1) 콘크리트의 압축강도 시험

콘크리트 강도라고 하면 일반적으로 압축강도(compressive strength)를 가리킨다. 이것은 그 측정방법이 가장 간단하고 인장강도, 휨강도, 철근과의 부착강도나 탄성계수 등의 특성과 밀접한 관계가 있기 때문이다. 이 때문에 압축강도는 콘크리트의 역학적 특성을 대표하는 것으로 특히 중시되고 있다. 콘크리트의 압축강도는 사용재료의 품질, 배합, 양생 및 시공방법 등에 따라 다르며, 또 재하방법이나 공시체의 형상치수 등의 시험조건에 따라 다르다.

콘크리트의 기준강도로서는 일반적으로 표준공시체의 재령 28일 압축강도를 사용한다. 표준공시체는 지름과 높이의 비가 1:2인 원주형 공시체를 말하며, 일반적으로 지름 100mm에 높이 200mm(ϕ100mm×200mm) 혹은 지름 150mm에 높이 300mm(ϕ150×300mm)인 공시체가 널리 사용된다. 굵은골재 최대치수가 40mm 이상 커지게 되면 ϕ150mm×300mm의 공시체를 사용한다. 압축강도는 공시체의 크기가 크면 결함이 포함될 가능성이 높아지기 때문에 강도가 덜 나오는 경향이 있다. ϕ150×300mm의 공시체는 ϕ100mm×200mm에 비해 압축강도가 감소하기 때문에 강도보정계수 0.97을 사용하도록 규정하고 있다. 그러나 실용상으로는 문제가 되지 않기 때문에 같다고 보는 것이 일반적이다.

유럽에서는 입방체 공시체를 사용하여 압축강도를 구하고 있다. 영국에서는 150×150×150mm의 정육면체 공시체를 사용하고 있으며, 독일에서는 200×200×200mm의 정육면체 공시체를 사용하고 있다. 150×150×150mm인 정육면체 공시체의 압축강도는 ϕ150×300mm인 원주형 공시체의 압축강도에 비해 1.28배 정도 크게 나온다. 이와 같이 공시체의 형상에 따라 압축강도에 차이가 발생하는 것은 재하면에서 공시체 단면과의 마찰 때문에 공시체의 횡방향 변형이 구속되기 때문이다.

압축강도 시험체는 [KS F 2403 콘크리트의 강도 시험용 공시체 제작 방법]에 따라 준비하고, 시험은 [KS F 2405 콘크리트 압축 강도 시험방법]에 따른다. 콘크리트의 압축강도 f_c는 시험 최대하중 P를 공시체 단면적 $A=\pi d^2/4$으로 나누어 계산하는데, 단면적은 공시체 중앙에서 측정한 평균 지름 d를 사용하여 계산한다.

공시체의 지름 : $d=\dfrac{d_1+d_2}{2}$

압축강도 : $f_c=\dfrac{P}{\pi(\frac{d}{4})^2}$

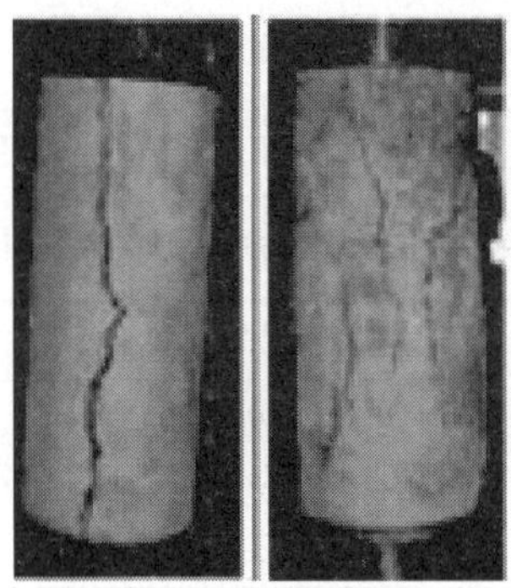

(a) 압축강도 시험 (b) 압축강도 및 시험 후 공시체

그림 2.5 콘크리트 압축강도 시험

2) 콘크리트의 압축강도

콘크리트의 압축강도는 다음의 3가지가 주로 고려된다.

(1) f_{ck}(MPa) : 콘크리트의 설계기준 압축강도이며, 설계할 때 사용하는 기준 압축강도로 실제 사용되는 콘크리트는 재령 28일 압축강도의 평균(f_{cm})이 이를 초과해야 한다.

(2) f_{cm}(MPa) : 재령 28일에서 콘크리트의 평균 압축강도로서 실제 사용되는 콘크리트를 28일 간 표준양생을 실시한 후 측정한 압축강도의 평균값을 의미한다. f_{cm}은 콘크리트 탄성계수 E_c를 추정할 때 사용되며, 콘크리트구조 설계기준 [KDS 14 20 10 콘크리트구조 해석과 설계 원칙, 4.3.3 탄성계수]에 따라 다음 식(2.5)과 같이 계산된다.

$$f_{cm} = f_{ck} + \Delta f \tag{2.5}$$

여기서, Δf는 f_{ck}가 40MPa 이하면 4MPa, 60MPa 이상이면 6MPa이며, 그 사이는 직선보간으로 구한다.

(3) f_{cr}(MPa) : 콘크리트의 배합강도이며, 콘크리트의 실제 강도가 f_{ck}를 상회하기 위해서는 f_{ck} 보다 높은 강도를 기준으로 배합설계가 되어야 한다. 설계기준 압축강도에 따라서 배합강도는 다음 식(2.6) 및 식(2.7)과 같이 규정하고 있다. 여기서 s(MPa)는 압축강도의 표준편차이다.

$$f_{ck} \le 35 \text{ MPa}, \quad \left.\begin{aligned} f_{cr} &= f_{ck} + 1.34s \\ f_{ct} &= (f_{ck} - 3.5) + 2.33s) \end{aligned}\right] \text{중 큰 값} \tag{2.6}$$

$$f_{ck} > 35 \text{ MPa}, \quad \left.\begin{aligned} f_{cr} &= f_{ck} + 1.34s \\ f_{cr} &= 0.9f_{ck} + 2.33s \end{aligned}\right] \text{중 큰 값} \tag{2.7}$$

표준편차의 계산을 위한 현장강도 기록자료가 없을 경우 또는 압축강도의 시험횟수가 14회 이하인 경우 콘크리트의 배합강도는 다음 표 2.1에 따라 결정하여야 한다.

표 2.1 시험횟수가 14회 이하이거나 기록이 없는 경우의 배합강도

설계기준압축강도, f_{ck}(MPa)	배합강도, f_{cr}(MPa)
21 미만	f_{ck} + 7
21 이상 35 이하	f_{ck} + 8.5
35 초과	$1.1f_{ck}$ + 5.0

3) 단조 재하에 의한 응력-변형률 곡선

콘크리트의 압축강도 시험에 있어서 도입하는 하중 P와 변위 δ를 일정 시간 간격(예: 1~2초 간격)으로 측정한다. 이때 하중을 공시체 단면적으로, 변위를 공시체 길이로 나누어 각각 응력 f_c와 변형률 ϵ_c를 구하고, 그 계측결과 점들을 서로 연결하면 응력-변형률 곡선을 얻게 된다.

그림 2.6은 일축 재하에 의한 원주형 공시체의 압축시험으로부터 얻은 콘크리트의 전형적인 응력-변형률 관계(stress-strain relationship)를 나타낸 것이다. 압축강도 f_c의 40% 정도까지는 선형거동을 하는 것으로 볼 수 있다. 압축강도의 대략 70% 이후부터는 그래프의 곡선성의 증가로 인해 강성의 대부분을 상실한다. 극한 하중에서는 하중 방향과 나란한 균열이 현저하게 나타나며[그림 2.5(b) 참조], 그 후 대부분의 콘크리트 공시체는 갑작스런 파괴를 일으킨다.

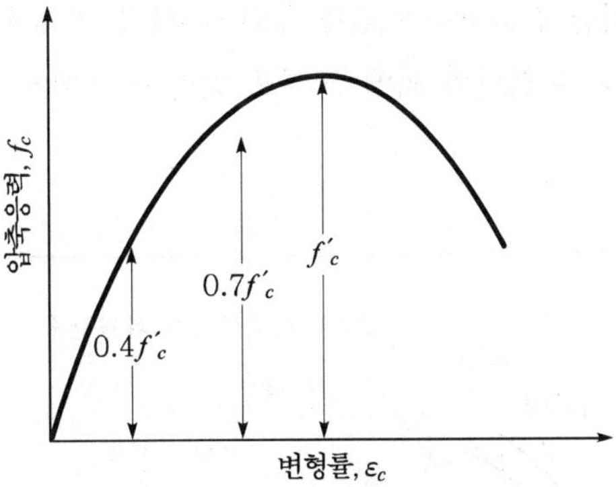

그림 2.6 전형적인 콘크리트의 응력-변형률 곡선

그림 2.7은 압축강도 수준이 다른 콘크리트 공시체의 일축 압축시험 결과를 나타낸 것이다. 동일한 공시체에서 응력이 낮은 경우, 응력과 변형률 관계는 거의 직선적이지만, 응력이 커지면 이들의 경사는 점차 완만해지면서 최대 압축응력에 도달한다. 최대응력 점을 넘어서 변형률이 0.003 정도에 도달하면, 콘크리트 공시체는 순간적으로 파괴되어 내력을 상실한다. 또한 콘크리트의 압축강도가 커짐에 따라 응력-변형률 곡선의 초기 경사가 커지고, 하강 영역의 경사는 급하게 되어 곡선 전체의 형상이 강도의 증가에 따라 점점 뾰족한 형태가 된다.

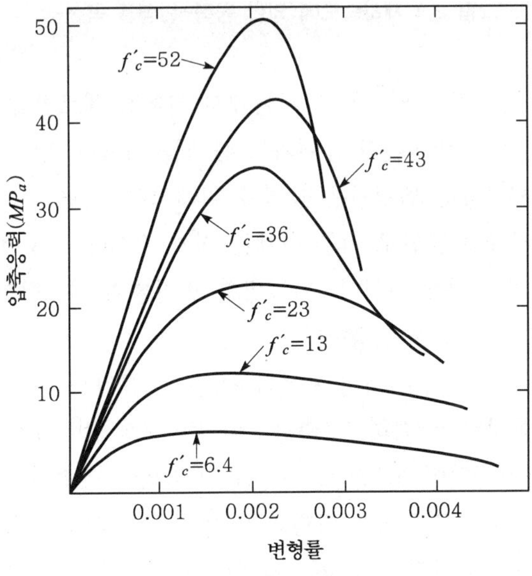

그림 2.7 콘크리트의 응력-변형률 곡선

그림 2.8은 압축강도 시험에서 재하속도가 응력-변형률 관계에 미치는 영향을 나타낸 것이다. 재하속도가 느릴수록 순간변형 외에 크리프 변형이 더해지기 때문에 파괴강도는 감소한다.

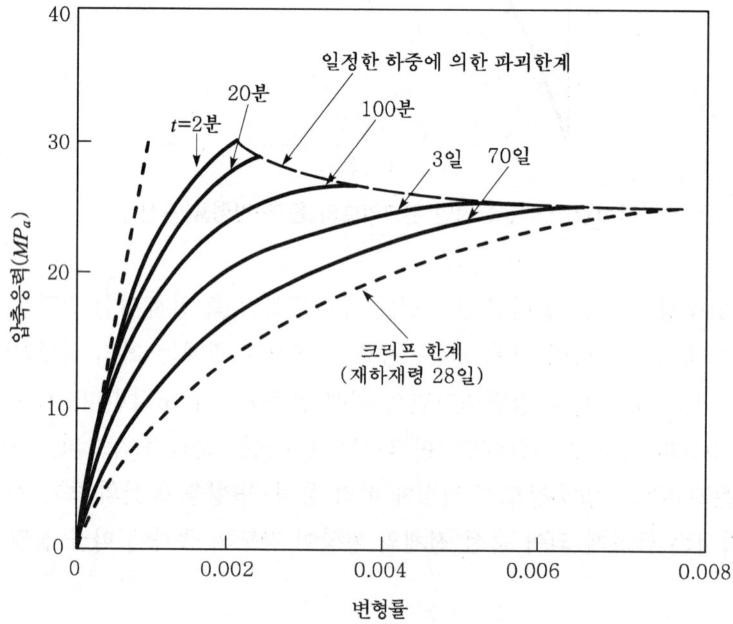

그림 2.8 재하속도에 의한 응력-변형률 곡선

그림 2.9는 콘크리트 공시체의 압축강도 시험에서 얻어진 세로방향(축방향) 변형률, 가로방향(원주방향) 변형률, 체적 변형률과 응력과의 관계를 예시한 것이다. 응력이 압축강도의 30% 이하인 경우에는 세로방향 변형률은 응력에 비례하며, 압축강도의 40~60% 영역에서는 콘크리트 내부의 부착균열 발달로 이들 관계는 점차 직선에서 벗어나고는 있지만 응력-체적 변형률 관계는 거의 직선에 가깝다. 가로방향 변형률의 세로방향 변형률에 대한 겉보기 포아송비는 1/5~1/6로서 거의 일정하다.

응력이 압축강도의 70~80% 범위에서는 부착균열이 모르타르 내부로 발달하기 시작하면서 겉보기 포아송비도 증대된다. 특히, 압축강도의 80~90% 응력에서는 모르타르에 발생하는 균열이 현저하며, 부착균열이 모르타르 균열로 연결되어 연속된 균열 패턴이 형성된다. 모르타르의 균열 방향은 주로 작용하중 방향과 일치하기 때문에 가로방향 변형률의 급격한 증가로 체적 변형률이 지금까지의 감소하는 경향에서 증가하는 경향으로 반전되는 임계점에 도달한다. 이러한 한계점을 임계응력(critical stress)이라 한다.

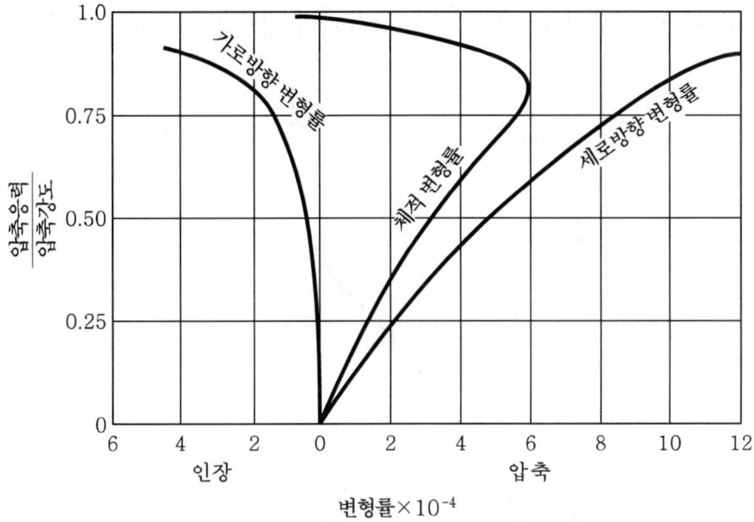

그림 2.9 콘크리트의 응력-변형률 곡선과 균열

4) 탄성계수

> 콘크리트의 탄성계수는 콘크리트구조 설계기준 [*KDS* 14 20 10 콘크리트구조 해석과 설계 원칙, 4.3.3 탄성계수]의 규정에 따라 작성한 것이다.

콘크리트의 응력-변형률 곡선은 처음부터 비선형의 성질을 가지고 있다. 이 때문에 선형 탄성체에 대하여 정의되는 영계수(Young's modulus)는 존재하지 않는다. 따라서 그림 2.10과 같이 응력-변형률 곡선의 기울기를 어떻게 정의하느냐에 따라 탄성계수 E는 초기 접선 탄성계수E_{ci}, 할선 탄성계수 E_c로 구분하고 있다.

초기 접선 탄성계수 E_{ci}는 점 O에서 이 곡선에 그은 직선이 이루는 각을 θ_1이라 할 때의 기울기이며, 할선 탄성계수는 응력 f_A가 압축강도의 40% 정도의 응력일 때 현 OA의 기울기를 말한다. 즉, E_{ci} 및 E_c는 다음 식(2.8) 및 식(2.9)와 같이 나타낼 수 있다.

$$E_{ci} = \left(\frac{df_c}{d\epsilon} \right) = \tan\theta_1 \tag{2.8}$$

$$E = \frac{f_A}{\varepsilon_A} = \tan\theta_2 \tag{2.9}$$

콘크리트의 탄성계수는 시멘트 풀, 골재의 형상과 실적율 등 여러 요인의 영향을 받지만, 콘크리트의 압축강도와 밀도의 영향을 가장 크게 받는다. 콘크리트의 할선탄성계수 E_c는 콘크리트의 단위질량 m_c의 값이 $1,459 \sim 2,500 \text{kg/m}^3$인 경우 다음 식(2.10)과 같이 규정하고 있다.

$$E_c = 0.077 m_c^{1.5} \sqrt[3]{f_{cm}} (\text{MPa}) \tag{2.10}$$

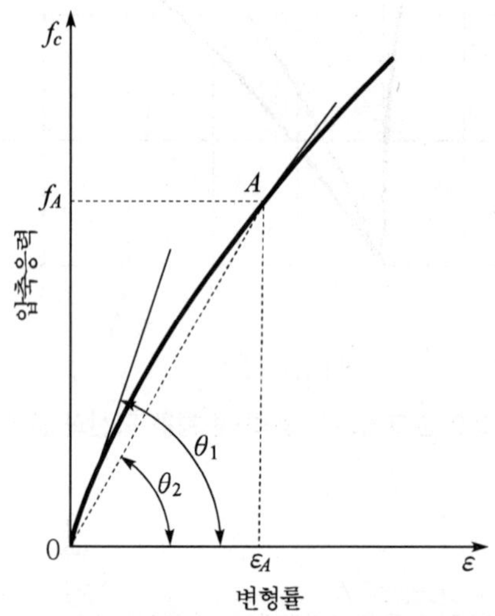

그림 2.10 콘크리트의 응력-변형률 곡선

다만, 보통 중량을 가지는 골재를 사용한 콘크리트($2,300\text{kg/m}^3$)의 경우는 다음 식(2.11)을 이용할 수 있다.

$$E_c = 8,500 \sqrt[3]{f_{cm}} (\text{MPa}) \tag{2.11}$$

여기서, f_{cm}는 재령 28일에서의 평균압축강도이며, 식(2.5)와 같이 규정하고 있다.

초기 접선 탄성계수는 콘크리트의 크리프 계산에 사용되며, 다음 식(2.12)를 이용하여 계산하도록 규정하고 있다.

$$E_{ci} = 1.18 E_c \tag{2.12}$$

5) 반복 재하에 의한 응력-변형률 곡선

반복재하에 의한 응력-변형률 곡선은 그림 2.11과 같다. 반복재하의 횟수가 증가할수록 잔류 변형률이 증가하고 탄성계수는 감소한다. 이 그림의 포락선은 정적시험에서 구한 응력-변형률 곡선과 거의 일치한다. 반복하여 휨모멘트를 받는 철근콘크리트 부재의 피로파괴는 대부분 철근의 피로 파단에 기인하지만, 특히 큰 하중이 반복적으로 작용하는 경우는 콘크리트의 피로파괴가 문제가 된다.

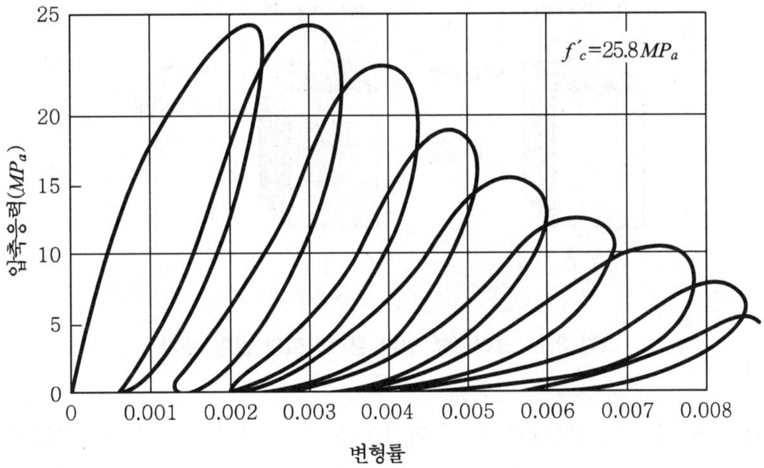

그림 2.11 반복 재하에 의한 콘크리트의 응력-변형률 곡선

예제 2.1 설계기준 압축강도 $f_{ck} = 45\text{MPa}$인 보통 중량을 가지는 골재를 사용 콘크리트의 초기 할선 탄성계수와 접선 탄성계수를 구하시오.

풀이

식(2.5)로부터 콘크리트의 평균 압축강도는

$f_{cm} = f_{ck} + \Delta f = 45 + 4.5 = 49.5\text{MPa}$

할선 탄성계수는 식(2.11)을 사용하면 다음과 같이 계산된다.

$E_c = 8{,}500\sqrt[3]{f_{cm}} = 8{,}500 \times \sqrt[3]{49.5} = 31{,}210\,\text{MPa}$

초기 접선 탄성계수는 식(2.12)로부터 다음과 같이 계산된다.

$E_{ci} = 1.18E_c = 1.18 \times 31{,}210 = 36{,}830\,\text{MPa}$

2.2.3 크리프

1) 크리프 거동

콘크리트에 하중이 작용하면 탄성변형이 순간적으로 발생하며, 하중을 그대로 지속하여 작용시키면 그림 2.12와 같이 하중의 증가 없이도 시간의 경과와 함께 변형이 증가한다. 이러한 현상을 콘크리트의 크리프(creep)라 한다. 콘크리트가 압축력을 받으면 압축응력을 전달하는 겔 사이의 흡착수층이 얇아지면서 나타나는 거동이다. 흡착수층의 두께 변화는 하중이 작용하는 초기에 빨리 생기기 때문에 그때 크리프 변형도 급격하게 증가하고, 이후부터는 점차적으로 크리프 변형 증가가 둔화된다.

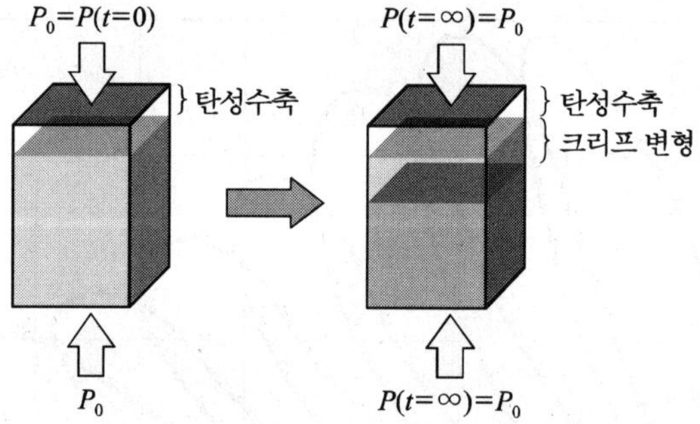

그림 2.12 크리프에 의한 콘크리트의 변형 증가

이러한 변화 과정 중에도 콘크리트는 수화반응에 의해 경화가 지속되기 때문에 크리프 변형이 발생 한 후 하중을 제거해도 완전한 변형 회복이 이루어지지는 않는다. 이를 비회복성 변형(유동변형)이라고 한다.

오랜 시간동안 발생하는 크리프 변형은 탄성변형 보다 2배 이상으로 크기 때문에 구조물의 내력 변화에도 큰 영향을 준다. 작용하중이 어느 한도 이내에 있으면 크리프 변형은 시간의 경과와 함께 일정한 값으로 수렴한다.

콘크리트의 크리프는 그림 2.13과 같이 크리프 회복과 비회복성의 유동변형으로 이루어진다. 또, 크리프 변형의 크기는 콘크리트의 함수상태에 따라 다르기 때문에 크리프를 습도 100%에서의 기본 크리프와 환경습도의 영향을 받는 건조 크리프로 나눌 수 있다.

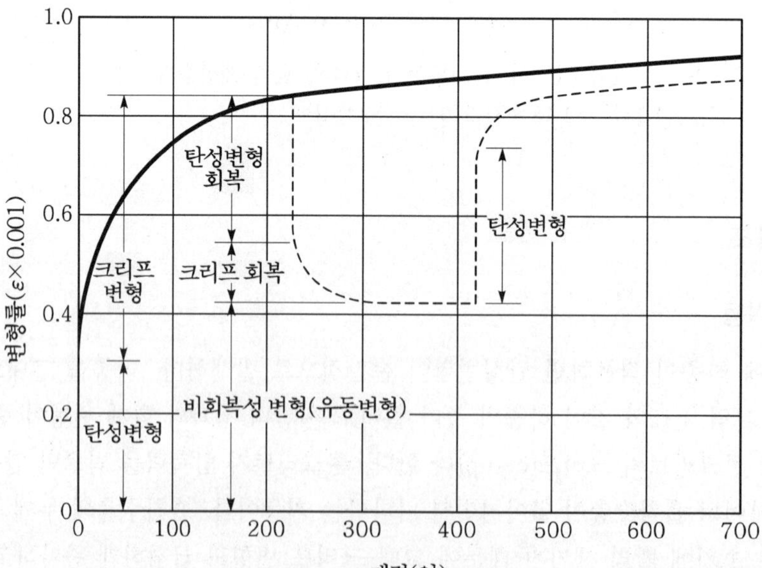

그림 2.13 콘크리트의 크리프

콘크리트의 크리프를 일으키는 원인은 주로 시멘트풀의 미세구조와 관련이 있으며, 구체적으로는 시멘트 겔수의 침출, 시멘트풀의 점탄성 혹은 점성유동 등을 들 수 있다. 겔수의 이동은 건조수축에 의해 생기며, 크리프와 건조수축을 분리하여 생각하는 것은 어렵지만, 구조 해석에서는 크리프와 건조수축을 독립적인 것으로 보고 합산해서 사용한다.

콘크리트의 크리프에 영향을 미치는 주된 요인과 효과는 다음과 같다.

① 재하기간 동안 습도가 낮을수록 크리프는 커진다.
② 재하 전의 건조는 크리프 감소를 가져오며, 재하 중의 건조는 크리프 증가를 가져온다.
③ 부재 치수가 클수록 크리프는 크다.
④ 재하가 조기에 이루어질수록 즉, 경화 정도가 작을수록 크리프는 커진다.
⑤ 시멘트량이 많을수록, 또 물-시멘트비가 클수록 크리프는 크다.
⑥ 조직이 밀실하지 않은 콘크리트나 입도가 적당하지 않고 공극이 많은 콘크리트는 크리프가 커진다.

2) 크리프 계수

조기 재령의 경우를 제외하면, 작용 하중이 압축의 35~40% 이하이면, 크리프 변형률은 응력에 비례하며, 그 비례정수는 압축 및 인장에 대해 거의 같다. 이것을 Davis-granville의 가정이라 한다. 이 범위에서는 크리프 변형률 ε_c와 순간적인 탄성변형률 ε_e과의 관계는 다음 식(2.13)으로 나타낼 수 있다.

$$\varepsilon_c = C_u \varepsilon_e$$

$$\therefore\ C_u = \frac{\varepsilon_c}{\varepsilon_e} \tag{2.13}$$

여기서 C_u를 크리프 계수(creep coefficient)라고 한다. 식(2.13)에 콘크리트의 탄성변형률 $\varepsilon_e = \dfrac{f_c}{E_c}$을 대입하면 다음 식(2.14)와 같이 된다.

$$\varepsilon_c = C_u \frac{f_c}{E_c} \tag{2.14}$$

크리프에 영향을 미치는 요인은 다양하며, 또 철근콘크리트 부재에서는 보강철근의 양도 주요한 요인 가운데 하나이다. 최종적인 크리프 계수는 옥외 구조물인 경우 $C_u = 2.0$이며, 옥내 구조물에 대해서는 $C_u = 3.0$ 정도이다.

3) 콘크리트구조 설계기준의 크리프 변형률 및 크리프 계수

이 절은 콘크리트구조 설계기준 [KDS 14 20 01 콘크리트설계 일반 사항, 3.1.2 콘크리트 일반]에 있어서 크리프의 예측에 대한 규정에 따라 작성한 것이다.

(1) 크리프 변형률

재령 t'에서 작용응력 $f_c(t')$에 의한 콘크리트의 순간변형 및 크리프 변형을 함께 고려한 전체 변형률 $\varepsilon_{c\sigma}(t,t')$는 콘크리트의 압축강도 또는 설계기준 압축강도, 부재의 크기, 평균상대습도, 재하시의 재령, 재하기간, 시멘트의 종류, 양생온도, 온도변화, 작용응력의 크기 등에 따라 다음 식(2.15)를 사용하여 구할 수 있다.

$$\varepsilon_{c\sigma}(t,t') = f_c(t')\left[\frac{1}{E_{ci}(t')} + \frac{\phi(t,t')}{E_{ci}}\right] \tag{2.15}$$

여기서, $\varepsilon_{c\sigma}(t,t')$: 재령 t'에서 작용응력 $f_c(t')$에 의한 콘크리트의 순간변형 및 크리프 변형을 함께 고려한 전체 변형률

$f_c(t')$: 재령 t'에서의 콘크리트의 압축응력(MPa)

$E_{ci}(t')$: 재령 t'에서의 콘크리트의 초기 접선 탄성계수(MPa).

$\phi(t,t')$: 재령 t'에서 외기에 노출된 콘크리트 재령 t에서의 크리프 계수로서 양생온도 및 대기온도가 20℃인 경우를 기준으로 한 것

E_{ci} : 재령 28일에서의 콘크리트의 초기 접선 탄성계수(MPa)

크리프 변형률을 계산할 때 사용하는 크리프계수 $\phi(t,t')$는 다음 식(2.16)으로 구한다.

$$\phi(t,t') = \phi_0 \beta_c(t-t') \tag{2.16}$$

여기서, 각 변수는 다음 식과 같다.

$$\phi_0 = \phi_{RH}\,\beta(f_{cm})\,\beta(t') \tag{2.17}$$

$$\phi_{RH} = 1 + \frac{1-0.01RH}{0.10\sqrt[3]{h}} \tag{2.18}$$

$$\beta(f_{cm}) = \frac{16.8}{\sqrt{f_{cm}}} \tag{2.19}$$

$$\beta(t') = \frac{1}{0.1+(t')^{0.2}} \tag{2.20}$$

$$\beta_c(t-t') = \left[\frac{(t-t')}{\beta_H + (t-t')}\right]^{0.3} \quad (2.21)$$

$$\beta_H = 1.5[1+(0.012RH)^{18}]h + 250 \le 1500(\text{일}) \quad (2.22)$$

여기서, ϕ_0 : 콘크리트의 개념 크리프 계수

ϕ_{RH} : 외기의 상대습도와 부재 두께가 크리프에 미치는 영향계수

$\beta(f_{cm})$: 콘크리트 강도가 크리프에 미치는 영향계수

$\beta(t')$: 지속하중이 가해지는 시간 t'가 크리프에 미치는 영향함수

$\beta_c(t-t')$: 재하기간에 따라 크리프에 미치는 영향계수

β_H : 외기의 상대습도와 부재의 두께에 따른 계수

RH : 외기의 상대습도(%)

h : 개념적 부재치수= $\frac{2A_c}{u}$

u : 단면적 A_c의 둘레 중에서 수분이 외기로 확산되는 둘레 길이(mm)

(2) 크리프 계수의 보정

크리프 계수를 구하는 식(2.16)은 양생온도 및 시멘트의 종류, 작용응력의 크기, 온도 변화 등에 따라 다음과 같이 보정하여야 한다.

① 양생온도 및 시멘트 종류에 따른 보정계수

양생 동안 온도 변화가 있거나, 20℃가 아닌 대기에 노출되어 있는 경우, 또는 시멘트 종류에 따른 재하재령 t'은 다음과 같이 보정해야 한다.

$$t' = t_T'\left[\frac{9}{2+(t_T')^{1.2}}+1\right]^{\alpha} \le 0.5(\text{일}) \quad (2.23)$$

$$t_T' = \sum_{i=1}^{n}\Delta t_i \exp\left(-\frac{4,000}{273+T(\Delta t_i)}+13.65\right) \quad (2.24)$$

$$\alpha = \begin{cases} -1 : 2\text{종 시멘트} \\ 0 : 1\text{종 및 }5\text{종 시멘트} \\ 1 : 3\text{종 시멘트} \end{cases}$$

여기서, t_T' : 온도가 20℃가 아닌 T℃에서 양생한 경우의 등가 재령(일)

ΔT_i : 일정한 온도가 지속된 기간(일)

$T(\Delta T_i)$: ΔT_i일 동안 지속된 온도(℃)

n : 일정한 온도를 유지한 단계의 수

② 작용응력의 크기에 따른 보정계수

작용응력 $f_c(t')$가 $0.4f_{cm}(t') < |f_c(t')| < 0.6f_{cm}(t')$인 경우에는 식(2.17)의 ϕ_0를 다음과 같이 보정해야 한다.

$$\phi_{0,k} = \phi_0 \exp\left[1.5\left(\frac{|f_c(t')|}{f_{cm}(t')} - 0.4\right)\right] \quad (2.25)$$

여기서, $\phi_{0,k}$: 작용응력의 크기에 따라 보정된 ϕ_0

$f_{cm}(t')$: 재령 t'일에서 콘크리트의 압축강도이며, 식(2.30) 및 식(2.31)에 의해 구할 수 있다.

③ 온도변화에 따른 보정계수

지속하중이 작용하는 동안 온도가 5℃ ~ 80℃로 변화할 때의 크리프 계수는 식(2.18)의 ϕ_{RH}를 식(2.27)로 보정하고, 식(2.22)의 β_H를 식(2.29)로 보정하여 식(2.26)으로 구해야 한다.

$$\phi(t,t') = \beta_c(t-t')\phi_0 + 0.004(T-20)^2 \quad (2.26)$$

$$\phi_{RH,T} = \phi_T + (\phi_{RH} - 1.0)\phi_T^{\ 1.2} \quad (2.27)$$

여기서, $\phi_{RH,T}$: 온도변화에 따라 보정된 ϕ_{RH}

$$\phi_T = \exp[0.015(T-20)] \quad (2.28)$$

$$\beta_{H,T} = \exp\left[\frac{1,500}{273+T} - 5.12\right]\beta_H \quad (2.29)$$

여기서, $\beta_{H,T}$: 온도변화에 따라 보정된 β_H

T : 외기온도 또는 양생온도

(3) 재령에 따른 콘크리트의 압축강도

콘크리트의 강도발현을 고려한 압축강도([$f_{cm}(t)$]를 구할 필요가 있는 경우는 식(2.30)을 사용할 수 있다.

$$f_{cm}(t) = \beta_{cc}(t) f_{cm} \tag{2.30}$$

$$\beta_{cc}(t) = \exp\left[\beta_{sc}\left(1 - \sqrt{\frac{28}{t}}\right)\right] \tag{2.31}$$

여기서, β_{sc} : 시멘트의 종류에 따른 상수. 1종시멘트의 경우 습윤양생은 0.35, 증기양생은 0.15이며, 3종시멘트의 경우 습윤양생은 0.25, 증기양생은 0.12이며, 2종시멘트의 경우는 0.40

$\beta_{cc}(t)$: 시간에 따른 강도발현속도

(4) 초기 접선 탄성계수

크리프 변형률을 계산할 때 콘크리트의 초기 접선 탄성계수 E_{ci}는 식(2.12)를 사용하여 구한다. 초기 접선 탄성계수 $E_{ci}(t)$의 시간에 따른 변화는 다음 식(2.32)를 사용하여 구하며, $\beta_{cc}(t)$는 식(2.31)를 사용하여 구한다.

$$E_{ci}(t') = \sqrt{\beta_{cc}(t)}\, E_{ci} \tag{2.32}$$

예제 2.2 단면치수가 500mm × 500mm이고, 콘크리트의 재령 $t' = 65$일에서의 응력 8MPa의 장기하중을 받기 시작했을 때, 콘크리트 재령 $t = 365$일에서의 크리프 계수 및 전체 크리프 변형률을 계산하시오. 이 구조물은 상대습도 40%에서 습윤양생을 실시하며, $f_{ck} = 28\text{MPa}$이다. 양생온도, 작용응력의 크기 및 온도변화에 따른 보정은 해당되지 않는 것으로 본다.

풀이

(1) 크리프 계수의 계산

크리프 계수를 계산하기 위해 필요한 각각의 변수를 먼저 계산한다.

상대습도 $RH = 40\%$, $h = \dfrac{2A_c}{u} = \dfrac{2 \times 500 \times 500}{500 \times 4} = 250\text{mm}$이므로 각각의 변수는 식(2.18)~식(2.22)로부터 다음과 같이 계산된다.

$$\beta(f_{cm}) = \frac{16.8}{\sqrt{f_{cm}}} = \frac{16.8}{\sqrt{32}} = 3.0$$

$$\beta(t') = \frac{1}{0.1+(t')^{0.2}} = \frac{1}{0.1+65^{0.2}} = 0.4$$

$$\beta_H = 1.5[1+(0.012RH)^{18}]h+250$$
$$= 1.5\times[1+(0.012\times 40)^{18}]\times 250+250$$
$$= 625 < 1500$$

$$\beta_c(t-t') = \left[\frac{(t-t')}{\beta_H+(t-t')}\right]^{0.3} = \left[\frac{(365-65)}{625+(365-65)}\right]^{0.3} = 0.71$$

크리프의 개념 크리프계수 ϕ_0는 식(2.17)로부터

$$\phi_0 = \phi_{RH}\beta(f_{cm})\beta(t') = 1.95\times 3.0\times 0.4 = 2.34$$

따라서, 이상의 계산 결과를 식(2.16)에 대입하면 콘크리트의 크리프 계수 $\phi(t,t')$는 다음과 같이 된다.

$$\phi(t,t') = \phi_0\beta_c(t-t') = 2.34\times 0.71 = 1.66$$

(2) 크리프 변형률의 계산

1종 시멘트를 사용하고 습윤양생을 하므로 $\beta_{sc} = 0.35$이다. 따라서 콘크리트 강도 발현에 대한 재령에 따른 보정계수 $\beta_{cc}(t)$는 식(2.31)로부터

$$\beta_{cc}(t) = \exp\left[\beta_{sc}(1-\sqrt{\frac{28}{t}})\right] = \exp\left[0.35\times(1-\sqrt{\frac{28}{365}})\right] = 1.288$$

콘크리트의 초기 접선 탄성계수 E_{ci}는 식(2.11) 및 식(2.12)로부터

$$E_c = 8,500\sqrt[3]{f_{cm}} = 8,500\times\sqrt[3]{32} = 26,990\text{MPa}$$

$$E_{ci} = 1.18E_c = 1.18\times 26,990 = 31,850\text{MPa}$$

$E_{ci}(t)$는 식(2.32)로부터

$$E_{ci}(t) = \sqrt{\beta_{cc}(t)}\,E_{ci} = \sqrt{1.288}\times 31,850 = 36,150\text{MPa}$$

따라서, 전체 크리프 변형률 $\varepsilon_{c\sigma}(t,t')$는 식(2.15)에 의해 다음과 같이 계산된다.

$$\varepsilon_{c\sigma}(t,t') = f_c(t')\left[\frac{1}{E_{ci}(t')}+\frac{\phi(t,t')}{E_{ci}}\right] = 8\times\left[\frac{1}{36,150}+\frac{1.66}{31,850}\right] = 6.38\times 10^{-4}$$

2.2.4 건조수축

1) 건조수축 변형률

콘크리트를 제작할 때에는 작업성 때문에 수화반응에 필요한 물보다 더 많은 물을 사용한다. 콘크리트가 공기 중에 노출되면, 시멘트풀의 공극수가 빠져나가면서 증발한다. 건조수축은 주변온도와 상대습도에 의존한다. 콘크리트가 건조하기 때문에 체적수축이 생기며, 이것은 최초로 콘크리트의 잉여수에 의한 모세관 장력에 기인한다. 반대로 건조한 콘크리트가

물에 젖으면 팽창하게 되며 건조수축 전의 체적으로 회복된다. 건조수축은 부재의 형상에 따라 콘크리트에 해로운 영향을 준다. 건조수축이 적절하게 조절되지 않으면, 슬래브나 벽체 등에서 미관상 좋지 않은 유해한 균열이 발생될 수 있다. 부정정 구조물에서 건조수축은 유해한 2차 응력을 발생시킬 수 있다.

Branson은 실험을 통해 건조수축 예측식을 식(2.33)과 같이 제안하였다. 시험체는 부재 두께 150mm로 제작하였으며, 습윤양생을 7일간 실시하고 상대습도 40%에서 건조수축 실험을 실시한 것이다.

$$\varepsilon_{sh} = \left(\frac{t}{35+t}\right)\varepsilon_{sh(u)} \tag{2.33}$$

그림 2.14는 식(2.33)의 관계를 나타낸 것이다. 여기서 t는 습윤양생 후의 재령이고, $\varepsilon_{sh(u)}$는 건조수축에 의한 극한변형률이다.

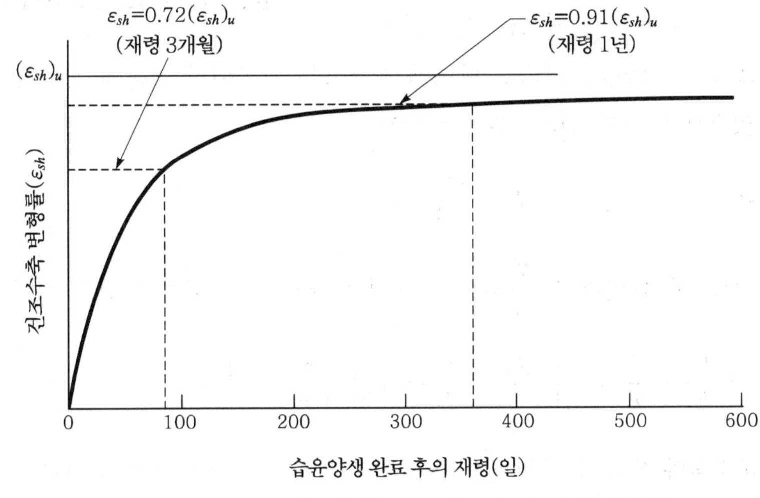

그림 2.14 습윤양생을 실시한 콘크리트의 건조수축 변형률

2) 건조수축 응력

콘크리트 속에 묻힌 철근이 콘크리트의 건조수축에 의해 어떤 영향을 받는지에 대하여 알아보기로 하자, 그림 2.15(a)의 무근콘크리트 부재가 건조에 의해 그 변형이 자유롭다면, 이 부재는 건조수축으로 인하여 그림 2.14(b)와 같이 ϵ_{sh}만큼의 수축변형률이 일어날 것이다.

그림 2.15(a)의 무근콘크리트 부재 중심에 철근을 묻어 넣어 그림 2.15(d)와 같이 철근콘크리트 부재로 만들었을 경우에는 철근이 콘크리트의 건조수축을 구속하기 때문에 그림 2.15(c)와 같이 부재의 전체 길이는 덜 수축하게 된다. 따라서 철근에는 압축응력이 일어나

고 콘크리트에는 인장응력이 일어난다.

즉, 그림 2.15(c)와 같이 철근에는 ϵ_{sc}의 압축 변형률이 일어나고, 콘크리트에는 ϵ_{ct}의 인장 변형률이 일어난다. 따라서, 다음과 같은 관계가 성립된다.

$$\epsilon_{sh} = \epsilon_{ct} + \epsilon_{sc} \tag{a}$$

이 때 콘크리트에 일어나는 인장응력을 f_{ct}, 철근에 일어나는 압축응력을 f_{sc}라고 하면, 후크의 법칙에 의해 다음 식(b)가 얻어진다.

$$\epsilon_{sh} = \frac{f_{ct}}{E_c} + \frac{f_{sc}}{E_s} \tag{b}$$

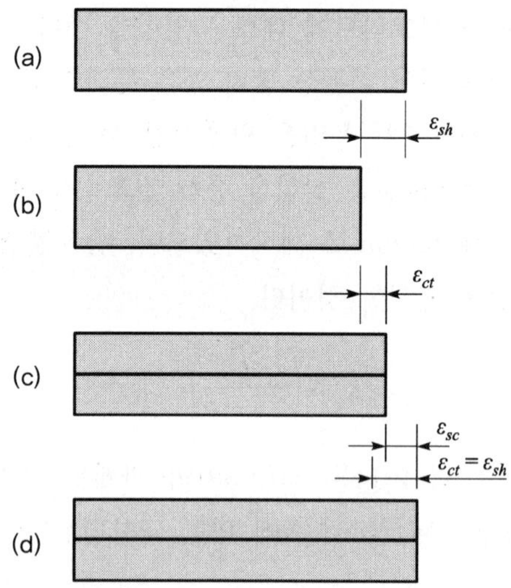

그림 2.15 콘크리트 부재의 건조수축

이 부재에서 콘크리트의 단면적을 A_c, 철근의 단면적을 A_s라고 하면, 콘크리트 단면에 작용하는 인장력과 철근에 작용하는 압축력은 서로 비기고 있으므로 다음 식(2.34)가 얻어진다.

$$f_{ct}A_c = f_{sc}A_s \qquad \therefore\ f_{ct} = \frac{A_s}{A_c} f_{sc} \tag{2.34}$$

식(2.34)를 식(b)에 대입하고 $\dfrac{E_s}{E_c} = n$의 관계를 대입하면, 다음과 같은 식이 얻어진다.

$$\epsilon_{sh} = \frac{f_{ct}}{E_c} + \frac{f_{sc}}{E_s} = \frac{A_s}{A_c}\frac{f_{sc}}{E_c} + \frac{f_{sc}}{E_s} = f_{sc}\left(\frac{nA_s}{A_cE_s} + \frac{1}{E_s}\right) \tag{d}$$

따라서, 건조수축에 의해 철근에 일어나는 압축응력 및 콘크리트에 일어나는 인장응력은 다음 식(2.35)와 식(2.36)과 같이 된다.

$$f_{sc} = \frac{\epsilon_{sh}}{\left(\dfrac{nA_s}{A_cE_s} + \dfrac{1}{E_s}\right)} = \frac{\epsilon_{sh}E_s}{\left(\dfrac{nA_s}{A_c} + 1\right)} \tag{2.35}$$

$$f_{ct} = f_{sc}\frac{A_s}{A_c} \tag{2.36}$$

예제 2.3 단면치수가 $500\text{mm} \times 500\text{mm}$인 철근콘크리트 부재가 있다. 철근은 단면 도심에 대하여 대칭으로 배치하였으며, 단면적은 $A_s = 2{,}570\text{mm}^2$이다. 콘크리트의 건조수축률은 $\epsilon_{sh} = 0.0002$이고, 콘크리트 및 철근의 탄성계수는 각각 $E_c = 2.6 \times 10^4\text{MPa}$, $E_s = 2.0 \times 10^5\text{MPa}$이다. 콘크리트의 건초수축으로 인한 콘크리트의 건조수축 응력을 계산하시오.

① 부재의 변형이 구속되지 않은 경우

② 부재의 변형이 구속된 경우

풀이

(1) 부재의 변형이 구속되지 않은 경우

$$n = \frac{E_s}{E_c} = \frac{2.0 \times 10^5}{2.6 \times 10^4} = 8$$

건조수축에 의해 철근이 부담하는 압축응력은 식(2.35)로부터 다음과 같이 된다.

$$f_{sc} = \frac{\epsilon_{sh} E_s}{\left(\dfrac{nA_s}{A_c} + 1\right)} = \frac{0.0002 \times 2.0 \times 10^5}{\left(\dfrac{8 \times 2{,}570}{500 \times 500} + 1\right)} = 37.0\text{MPa}$$

또한, 건조수축에 의한 콘크리트가 부담하는 인장응력은 식(2.36)으로부터 다음과 같이 된다.

$$f_{ct} = \frac{A_s}{A_c} f_{sc} = \frac{2{,}570}{500 \times 500} \times 37.0 = 0.38\text{MPa}$$

(2) 부재의 변형이 구속된 경우

철근콘크리트 부재가 양단이 고정되어 부재의 신축이 구속된 경우에는 건조수축으로 인한 콘크리트의 인장 변형률 ϵ_{ct}는 콘크리트의 건조수축 변형률 ϵ_{sh}와 같아진다. 따라서, 콘크리트가 부담하는 건조수축에 의한 인장응력은 다음과 같이 된다.

$$f_{ct} = \epsilon_{ct} E_c = \epsilon_{sh} E_c = 0.0002 \times 2.6 \times 10^4 = 5.2\text{MPa}$$

3) 콘크리트구조 설계기준의 건조수축 변형률

이 절은 콘크리트구조 설계기준 [*KDS* 14 20 01 콘크리트설계 일반 사항, 3.1.2 콘크리트 일반]에 있어서 콘크리트 건조수축 변형률에 대한 규정에 따라 작성한 것이다.

(1) 건조수축 변형률

대기의 평균 상대습도, 부재의 형상 등을 고려하여 재령 t_s에서 외기에 노출된 콘크리트의 재령 t에서의 건조수축 변형률은 다음 식(2.34)에 의해 구할 수 있다.

$$\varepsilon_{sh}(t, t_s) = \varepsilon_{sh0}\beta_s(t - t_s) \tag{2.37}$$

여기서, 최종 건조수축 변형률 ε_{sh0}와 건조기간에 의한 건조수축 변형률 함수 $\beta_s(t-t_s)$는 다음 식(2.38)~식(2.41)에 의해 계산된다.

$$\varepsilon_{sh0} = \epsilon_s(f_{cm})\beta_{RH} \tag{2.38}$$

$$\epsilon_s(f_{cm}) = \left[160 + 10\beta_{sc}(9 - \frac{f_{cm}}{10})\right] \times 10^{-6} \tag{2.39}$$

$$\beta_{RH} = \begin{cases} -1.55\left[1 - (\frac{RH}{100})^3\right] & (40\% \le RH < 99\%) \\ 0.25 & (RH \ge 99\%) \end{cases} \tag{2.40}$$

$$\beta_s(t - t_s) = \sqrt{\frac{(t - t_s)}{0.035h^2 + (t - t_s)}} \tag{2.41}$$

여기서, $\varepsilon_{sh}(t, t_s)$: 재령 t_s일에서 외기에 노출된 콘크리트의 재령 t일에서의 전체 건조수축 변형률

t_s : 콘크리트가 외기에 노출되었을 때의 재령

$$\beta_{sc}: \begin{cases} 5: \text{1종 및 5종 시멘트} \\ 4: \text{2종 시멘트} \\ 8: \text{3종 시멘트} \end{cases}$$

(2) 보정계수

외기의 온도가 20℃ 이외의 경우, β_{RH} 및 $\beta_s(t-t_s)$는 다음의 식(2.42), 식(2.43)에 의해 보정해야 한다.

$$\beta_{RH,T} = \left[1 + \left(\frac{8}{103 - RH}\right)\left(\frac{T - 20}{40}\right)\right]\beta_{RH} \tag{2.42}$$

$$\beta_s(t-t_s)=\sqrt{\frac{(t-t_s)}{0.035h^2\exp[-0.06(T-20)]+(t-t_s)}} \tag{2.43}$$

예제 2.4 부재치수 500mm × 500mm인 철근콘크리트 부재의 재령 $t=90$일에서의 건조수축 변형률을 구하시오. 외기에 노출될 때의 재령은 $t_s=14$일, 건조수축 변형률을 계산하는 시점에서의 재령은 $t'=90$일이며, 이 때의 외기온도는 25℃이다. 콘크리트의 설계기준강도는 $f_{ck}=24\text{MPa}$이며, 1종 시멘트를 사용한다.

풀이

1종시멘트를 사용하므로 $\beta_{sc}=5$이고, $f_{cm}=24+4=28\text{MPa}$이므로 $\epsilon_s(f_{cm})$은 식(2.39)로부터

$$\epsilon_s(f_{cm})=\left[160+10\beta_{sc}(9-\frac{f_{cm}}{10})\right]\times10^{-6}=\left[160+10\times5\times(9-\frac{28}{10})\right]\times10^{-6}$$
$$=4.7\times10^{-4}$$

β_{RH}는 식(2.40)으로부터

$$\beta_{RH}=-1.55\left[1-(\frac{RH}{100})^3\right]=-1.55\times\left[1-(\frac{40}{100})^3\right]=-1.45$$

외기온도가 25℃이므로 보정하여야 한다. 보정되는 $\beta_{RH,T}$ 및 $\beta_s=(t-t_s)$는 식(2.42), 식(2.43)에 의해 다음과 같이 계산된다.

$$\beta_{RH,T}=\left[1+\left(\frac{8}{103-RH}\right)\left(\frac{T-20}{40}\right)\right]\beta_{RH}$$
$$=\left[1+\left(\frac{8}{103-40}\right)\times\left(\frac{25-20}{40}\right)\right]\times(-1.45)=1.026\times(-1.45)$$
$$=-1.47$$

$$\beta_s(t-t_s)=\sqrt{\frac{(t-t_s)}{0.035h^2\exp[-0.06(T-20)]+(t-t_s)}}$$
$$=\sqrt{\frac{(90-14)}{0.035\times250^2\times\exp[-0.06\times(25-20)]+(90-14)}}$$
$$=0.153$$

따라서, 재령 90일에서의 건조수축 변형률은 식(2.37), 식(2.38)로부터 다음과 같이 계산된다.

$$\varepsilon_{sh0}=\epsilon_s(f_{cm})\beta_{RH}=4.7\times10^{-4}\times(-1.47)=-6.91\times10^{-4}$$
$$\therefore\ \varepsilon_{sh}(t,t_s)=\varepsilon_{sh0}\beta_s(t-t_s)=-6.91\times10^{-4}\times0.153=-1.06\times10^4$$

2.2.5 그 밖의 강도 특성

1) 인장강도 및 휨인장강도

철근콘크리트 부재의 균열이나 조합응력에서의 파괴를 검토하는 데는 콘크리트의 인장강도가 중요하다. 콘크리트의 인장강도는 원주형 공시체에 일정한 인장력을 직접 가하여 인장파단시켜 구하여야 하지만 실험이 어려우므로, 그림 2.16과 같은 원주형 공시체의 할렬시험(split-cylinder test)을 실시하여 구하는 것이 일반적이다. 이 방법은 원판에 집중하중이 작용하는 경우에 대하여 탄성해석을 실시하고, 그 결과로부터 얻어진 식(2.44)로부터 쪼갬(할렬)인장강도(split-cylinder tensile strength)를 구하는 것이다.

$$f_{sp} = \frac{2P}{\pi dl} \tag{2.44}$$

직접 인장시험과 할렬시험에 의한 인장강도의 차이는 실용적인 면에서 같다고 본다. 쪼갬인장강도는 압축강도의 1/5~1/9이며, 압축강도의 증가에 대한 쪼갬인장강도 증가 비율은 둔화된다.

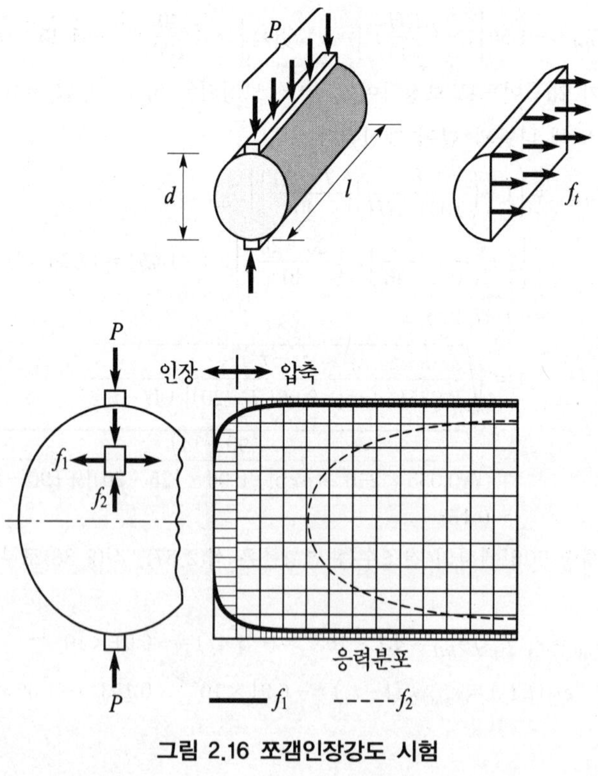

그림 2.16 쪼갬인장강도 시험

그림 2.17에 나타낸 바와 같이 콘크리트의 휨강도 시험(tensile strength test)은 응력 경사가 있는 간접 인장시험이며, 콘크리트를 완전 탄성체로 가정하여 식(2.45)에 의해 휨강도를 구한다. 콘크리트의 휨강도는 콘크리트의 파괴계수(rapture of concrete)라고 하며, Z는 시험체의 단면계수이다.

$$f_b = \frac{M}{Z} \tag{2.45}$$

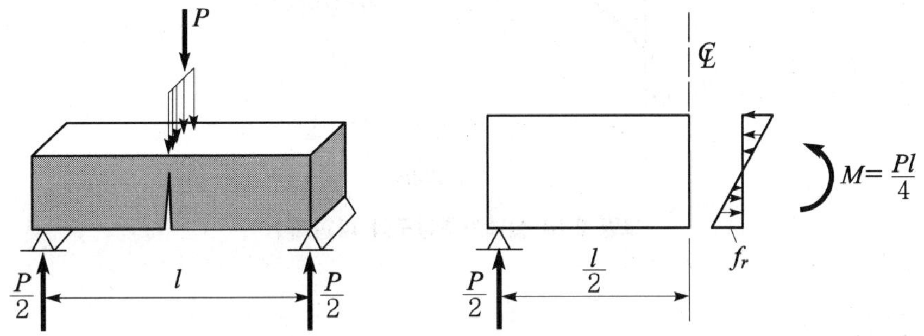

그림 2.17 콘크리트의 휨강도 시험

휨강도는 콘크리트가 완전한 탄성체가 아니기 때문에 인장강도와 일치하지 않으며, 대략 휨인장강도는 쪼갬인장강도의 1.5~2.0배 정도의 값을 가진다. 휨강도는 특히 수중양생 공시체를 급격하게 건조시키면 크게 저하하며, 이러한 경향은 인공경량콘크리트의 경우 더욱 심하다. 또한 인공경량콘크리트는 동일한 압축강도를 가지는 보통콘크리트에 비해 쪼갬인장강도, 휨강도 모두 약간 작다.

콘크리트의 파괴계수는 콘크리트구조 설계기준 [KDS 14 20 30 콘크리트구조 사용성 설계기준, 4.1 균열]에서 다음 식(2.46)과 같이 규정하고 있다.

$$f_r = 0.63\lambda\sqrt{f_{ck}} \tag{2.46}$$

여기서, λ : 경량콘크리트 사용에 따른 영향을 반영하기 위해 사용하는 경량콘크리트 계수(일반콘크리트의 경우 $\lambda = 1.0$)

① f_{sp}값이 규정되어 있지 않은 경우

- $\lambda = 0.75$, 전체 경량콘크리트
- $\lambda = 0.85$, 모래만 경량콘크리트

② f_{sp}가 주어진 경우

$\lambda = f_{sp}/\left(0.56\sqrt{f_{ck}}\right) \leq 1.0$

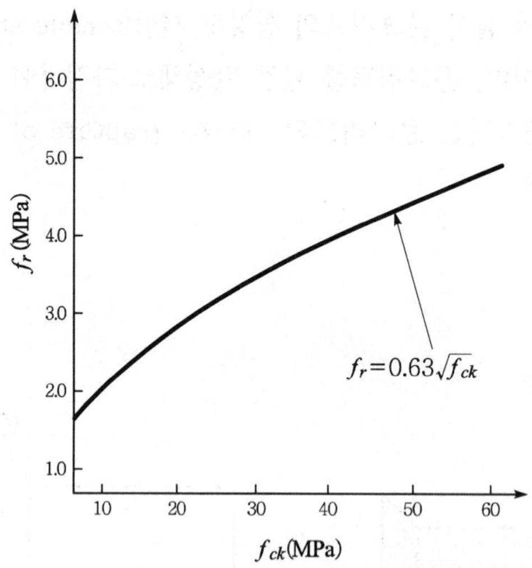

그림 2.18 설계기준강도와 파괴계수

2) 전단강도

콘크리트는 인장강도가 압축강도에 비해 매우 작기 때문에 전단시험을 실시하더라도 인장파괴를 일으킨다. 이 때문에 콘크리트의 전단강도(shear stress)를 직접 구하는 적절한 시험 방법은 없다. 그러나 교량이나 벽 등과 같은 부재에서 전단이나 비틀림 하중에 의한 균열 및 파괴를 검토할 경우, 전단응력보다 오히려 주인장응력을 사용하기 때문에 전단강도를 모르더라도 지장은 없다.

콘크리트가 압축전단과 같은 하중을 받는 경우의 해석에서는 1면 전단이나 2면 전단 등의 직접전단 시험으로부터 구한 결과를 사용하는 경우도 있다. 이러한 시험에서는 파괴면에 작용하는 응력이 매우 복잡하기 때문에 얻어지는 결과는 재료 자체의 전단강도이기 보다는 오히려 시험방법에 의존하는 겉보기 전단강도일 경우가 많다.

그림 2.19와 같은 방법에 의해 하중을 작용시키면 실험적인 방법으로 직접 전단강도를 구할 수가 있다. 그러나 이와 같이 구한 전단강도는 휨 및 사방향 압축의 영향을 받기 때문에 참된 전단강도라고는 말할 수 없다. 직접 전단강도는 압축강도의 1/6 ~ 1/4, 인장강도의 약 2.5 정도라고 알려져 있다.

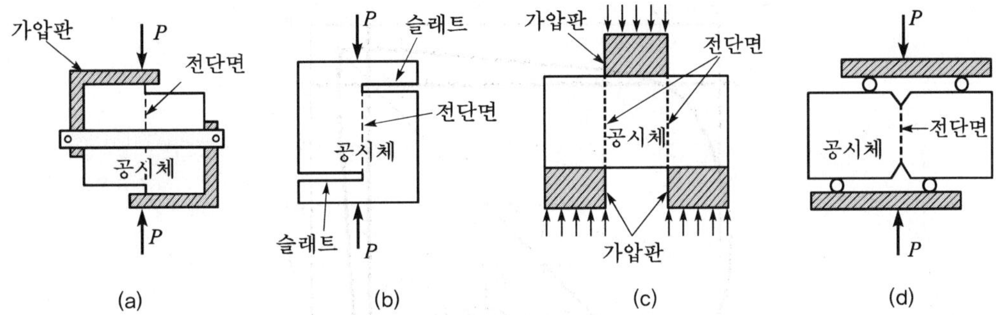

그림 2.19 직접 전단시험

또한, 이론적이기는 하지만 그림 2.20과 같이 모어의 응력원의 포락선을 구해 2개의 주응력 원의 공통된 접선이 세로축 전단응력과 교차하는 점 v_s를 구하면 전단강도의 근사값을 간접적으로 얻을 수 있다. 다음 식(2.47)은 이들의 관계를 나타낸 것이다.

$$v_s = 0.5\sqrt{\frac{f_c}{f_t}} \tag{2.47}$$

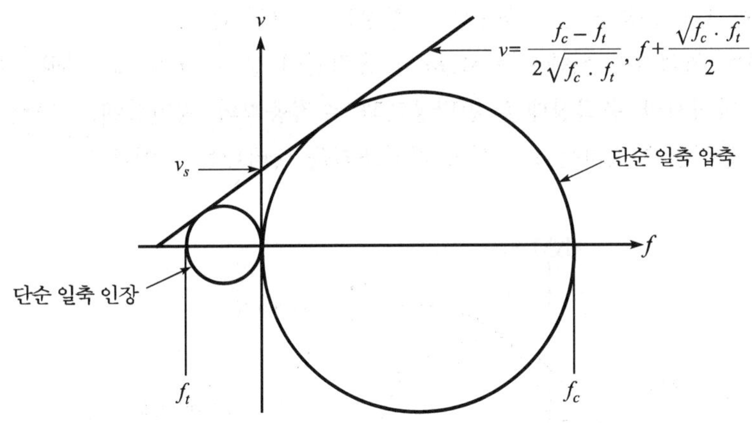

그림 2.20 전단강도의 추정

4) 조합작용

콘크리트 구조물은 조합응력(combined stress) 상태에 있기 때문에 균열이나 파괴를 다루는 데는 조합응력에 대한 강도가 필요하다. 콘크리트의 조합응력에서의 강도는 여러 가지 파괴 가설이 제안되고 있다. 만약 주응력이 2방향으로만 작용한다면, 2축 응력 조건이 성립된다. 즉 이들 응력은 하나의 평면상에 작용하고 있으며, 3축 응력은 0이다.

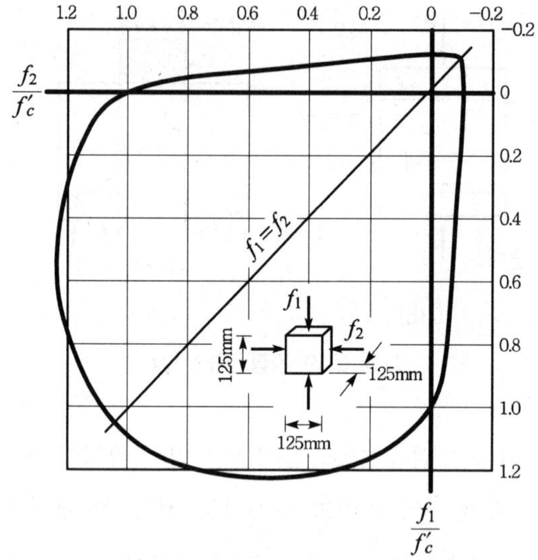

그림 2.21 콘크리트의 2축 응력상태

그림 2.21은 파괴를 일으킨 2방향에서의 수직응력의 조합을 나타낸 것이다. 2축 압축을 받는 콘크리트의 압축강도는 1축 압축을 받는 경우보다 27%정도 증가된다. 또한 2축 인장을 받는 경우는 1축 인장을 받는 경우와 인장강도는 거의 같다.

2차원 문제를 해석하기 위해서는 Mohr의 응력원이 널리 사용되고 있다. 이것은 그림 2.22와 같이 파괴시의 응력상태를 전단응력과 수직응력의 평면상에 나타낸 여러 개의 Mohr의 한계 응력원에 접하는 포락선이 파괴조건을 나타내는 것이다.

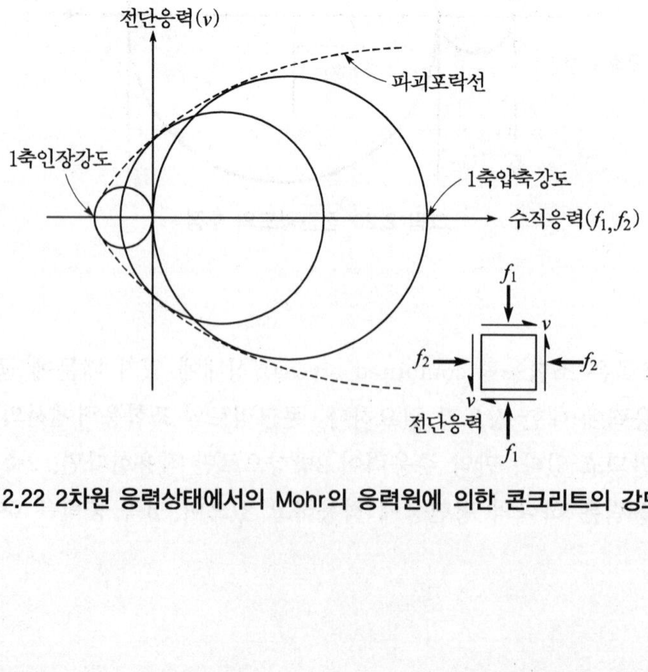

그림 2.22 2차원 응력상태에서의 Mohr의 응력원에 의한 콘크리트의 강도

콘크리트가 나선철근 등에 의해 횡방향으로 구속을 받으면 3축 압축응력 상태가 되며, 이것은 1축 응력 상태와 역학적인 성질이 크게 다르다. 그림 2.23은 원주형 공시체의 측면에서 정수압을 가해 놓고 축방향하중을 가한 경우, 축방향에 대한 응력-변형률 곡선을 나타낸 것이다. 3축 응력 상태에서는 측압의 증가에 따라 압축강도가 비약적으로 증가하며, 특히 비탄성 영역이 커지고 연성이 증가한다. 횡방향철근에 의한 구속력은 철근지름, 철근의 간격 및 항복강도에 의해 정해진다.

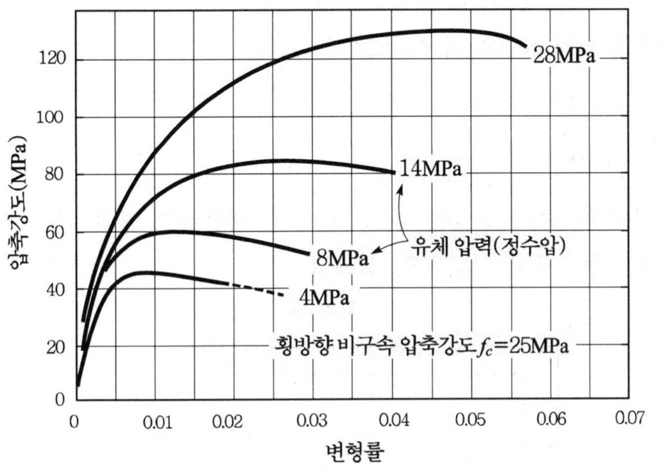

그림 2.23 3축 응력 상태에서의 응력-변형도 곡선

5) 지압강도

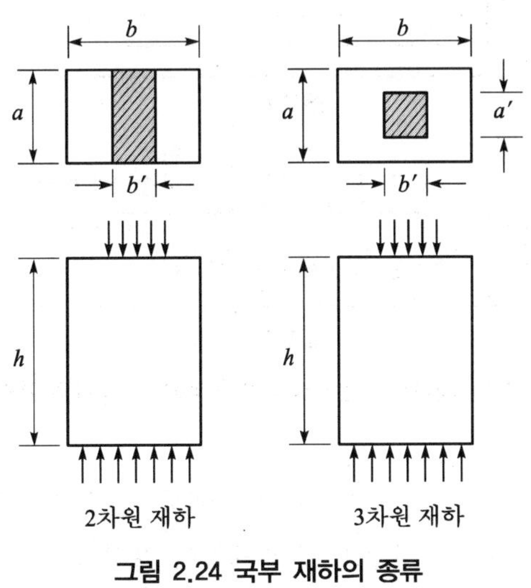

그림 2.24 국부 재하의 종류

지압강도(bearing stress)는 그림 2.24와 같이 시험체 표면에 축대칭 국부하중을 가하여 최대하중 P를 구해, 이것을 국부 재하면적(지압면적) $A_1 = ab'$(2차원 재하), $A_1 = a'b'$(3차원 재하)로 나누어 구한 값이다. 여기서 받침부의 면적은 $A_2 = ab$가 된다.

그림 2.25와 같은 경사식 또는 계단식 받침부의 경우에는 상부의 재하면적 A_1으로부터 수직 1, 수평 2의 비율로 측면 경사를 취하여, 받침부 내부에 완전히 포함된 가장 큰 피라미드, 원뿔 또는 경사진 쐐기 모양의 하부면적이 A_2가 된다. 지압강도는 압축강도에 비례함과 동시에 콘크리트의 하중재하 면적(받침부 면적)A_1과 A_2의 비율에 따라서 영향을 받으며, 일반적으로 다음 식(2.48)에 의해 구할 수 있다.

$$f_a = \alpha f_c \sqrt[n]{\frac{A_2}{A_1}} \tag{2.48}$$

여기서, k : 실험정수로서 보통콘크리트는 1.0, 경량골재 콘크리트는 0.6~0.8

n : 실험정수로서 일반적인 경우 1.5~3

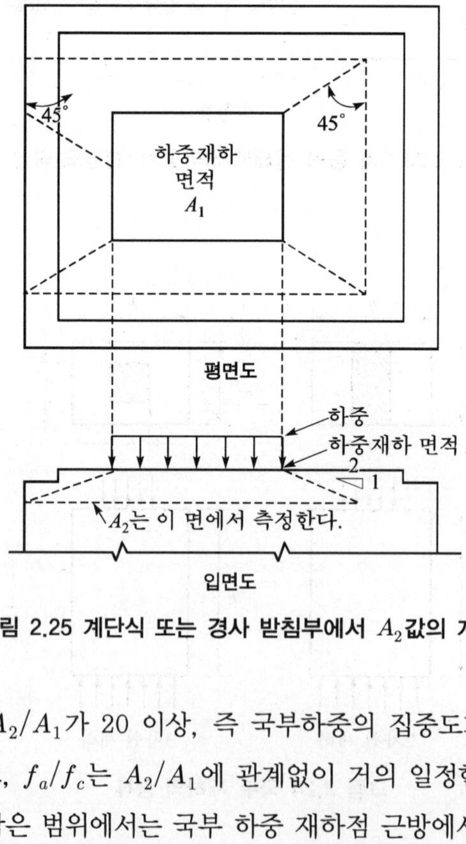

그림 2.25 계단식 또는 경사 받침부에서 A_2값의 계산.

그림 2.26으로부터 A_2/A_1가 20 이상, 즉 국부하중의 집중도가 매우 높은 경우에는 식(2.48)이 적용되지 않고, f_a/f_c는 A_2/A_1에 관계없이 거의 일정한 값 5.0이 됨을 알 수 있다. 이것은 A_2/A_1가 작은 범위에서는 국부 하중 재하점 근방에서 생기는 할렬응력에 의한

콘크리트의 종방향 균열로 파괴되지만, A_2/A_1가 크면 재하점 바로 아래의 콘크리트의 압괴에 의해 파괴되기 때문이다.

설계지압강도 ϕP_{bn}는 다음 식(2.49)를 만족하도록 규정하고 있다.

$$\phi P_{bn} < \phi(0.85 f_{ck} A_1) \tag{2.49}$$

그러나 지지표면이 재하면 보다 모든 측변에서 큰 경우 재하면의 설계지압강도는 $\phi(0.85 f_{ck}\sqrt{A_2/A_1})A_1$까지 증가시킬 수 있지만 $\sqrt{A_2/A_1}$ 값은 2 이하로 하여야 한다.

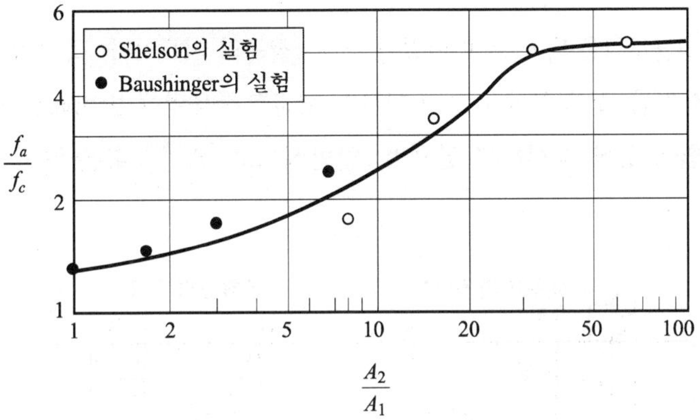

그림 2.26 지압강도와 지압면적의 관계

6) 부착강도

철근과 콘크리트의 부착력을 구성하는 요인은 철근과 시멘트 페이스트와의 순부착력, 철근과 콘크리트 사이의 측압력에 의한 마찰력, 철근 표면의 요철에 의한 기계적인 저항력 등이다. 이 가운데 기계적 저항력이 가장 크며, 다음으로는 마찰력이고 순부착력이 가장 작다. 부착강도(bond strength)는 콘크리트의 강도 및 건습의 상태, 철근의 지름 및 표면상태, 철근의 위치 및 방향 등에 따라 변화한다.

부착강도 시험방법으로서는 인발시험(pull out test), 압발시험, 양쪽 인장시험, 보시험 등이 있으며, 이 가운데 인발시험이 가장 널리 사용되고 있다. 이 방법은 콘크리트의 대부분에 압축응력이 작용하며, 철근에 인장응력이 발생하여 실제 철근콘크리트 부재의 응력상태와는 다르다. 그러나 시험 방법이 간단하고 콘크리트 품질이나 철근의 표면상태의 부착강도에 미치는 영향을 현저하게 나타내기 때문에 철근의 부착성능을 평가하는 데 유효한 시험방법으로 알려져 있다.

인발시험에 의한 이형철근의 부착응력의 분포는 그림 2.27과 같이 철근의 위치에 따라 다르게 나타나지만, 단순화를 위해 그림 (b)와 같이 평균부착응력으로 가정할 수 있으며, 다음 식(2.50)과 같이 계산할 수 있다.

$$f_{bo}=\frac{P}{\pi d_b l_d}=\frac{d_b f_y}{4 l_d} \tag{2.50}$$

또는,

$$l_d=\frac{d_b f_y}{4 f_{bo}} \tag{2.51}$$

여기서, f_{bo}는 평균부착응력, l_b는 매입길이, d_b는 철근의 지름이다. 즉 매입길이(embedment length)는 철근의 지름 및 항복강도에 비례하며 평균부착응력에 반비례함을 알 수 있다. 평균부착응력은 실험을 통해 제시하고 있으며, 일반적으로 $[f_c]^{2/3}$ 혹은 $[f_c]^{1/2}$의 함수로 표현하고 있다.

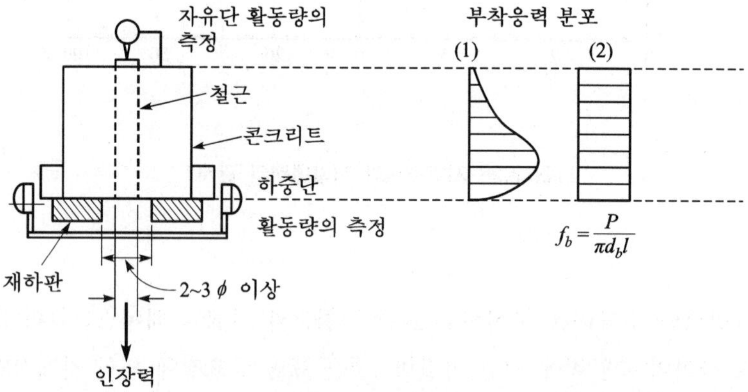

그림 2.27 인발시험 방법

콘크리트구조 설계기준 [KDS 14 20 52 콘크리트구조 정착 및 이음 설계기준 4.1.2 인장 이형철근 및 이형철선의 정착]의 규정에서는 인장 이형철근에 대한 기본정착길이 l_{db}를 다음 식(2.52)에 의해 구하도록 규정하고 있다.

$$l_{db}=\frac{0.6 d_b f_y}{\lambda\sqrt{f_{ck}}} \tag{2.52}$$

또한, 압축 이형철근, 표준갈고리를 갖는 인장 이형철근, 확대머리 이형철근 등의 정착길이의 계산식은 인장 이형철근의 정착길이를 구하는 식(2.52)와 유사한 형태로서 규정하고 있다.

2.3 철근의 역학 특성

이 절은 콘크리트구조 설계기준 [*KDS* 14 20 01 콘크리트구조설계 일반 사항, 3.2 강재]의 규정에 따라 작성한 것이다.

2.3.1 철근의 종류 및 품질

철근콘크리트용 강재는 항복강도(yield strength)가 높고, 연성(ductility)이 커야 하며, 콘크리트와의 부착성이 좋고 저온에서도 취성 파단(brittle fracture)이 생기지 않아야 한다. 또한, 용접에 의해 철근을 이음할 때 용접성이 좋고, 내력 저하가 적어야 하며, 피로에 대한 저항성이 좋아야 한다.

철근콘크리트에 사용되는 봉강은 일반적으로 항복강도가 240~500MPa정도인 연강이고, KS D 3504(철근콘크리트용 봉강)에 그의 성질이 규정되어 있다. 다음 표 2.2는 그의 규격을 나타낸 것이다.

표 2.2 철근의 종류 및 기계적 성질

종류	기호	용도	항복점 또는 0.2% 항복강도(MPa)	인장강도 (MPa)
원형철근	SR 240 SR 300	일반용	240 이상 300 이상	380 이상 440 이상
이형철근	SD 300 SD 350 SD 400 SD 500	일반용	300 이상 350 이상 400 이상 500 이상	440 이상 490 이상 560 이상 620 이상
	SD 400W SD 500W	용접용	400 이상 500 이상	560 이상 620 이상

열간압연 봉강(hot rolled carbon steel bar)은 가열된 강괴(steel ingot)를 롤러 사이를 통과시켜 압연해서 만든 것으로서 원형철근(plain reinforcement, rounded bar)이라 하며, 지금은 거의 사용하지 않는다. 열간압연 이형봉강은 열간압연 봉강과 같은 압연 공정에 의해 만들지만, 롤러 과정에서 철근 표면에 돌기를 만든 것이며, 이형철근(deformed bar)이라 부르고 있다. 열간압연 이형봉강은 일반적으로 항복강도가 300MPa 이상인 고강도 강재가 사용되고 있으며, 이들은 Mn이나 Si 등의 원소를 미량 첨가한 성분 조정강을 사용해서 만든다.

이형철근은 그림 2.28과 같이 철근 표면에 돌기를 가지고 있으며, 측방향의 돌기를 리브(rib), 그 밖의 돌기를 마디라 한다. 표면에 형성된 돌기에 의해 이형철근은 콘크리트와의 부착성능이 좋고, 철근의 정착길이나 겹침이음 길이를 짧게 할 수 있다. 또한, 인장철근 주변의 콘크리트에 발생하는 균열을 분산시켜 균열폭을 작게 하는데 효과가 있다.

표 2.3은 이형철근의 치수 및 중량 등을 나타낸 것이다.

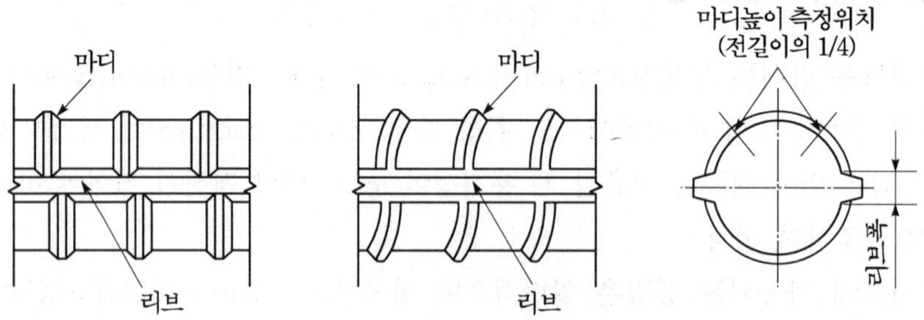

그림 2.28 이형철근의 표면상태

표 2.3 이형철근의 제원

호칭명	공칭지름 (mm)	공칭 단면적 (mm^2)	공칭둘레 (mm)	단위중량 (kg/m)
D6	6.35	31.67	20	0.249
D10	9.53	71.33	30	0.560
D13	12.7	126.7	40	0.995
D16	15.9	198.6	50	1.56
D19	19.1	286.5	60	2.25
D22	22.2	387.1	70	3.14
D25	25.4	506.7	80	3.98
D29	28.6	642.4	90	5.04
D32	31.8	794.2	100	6.23
D35	34.9	956.6	110	7.51
D38	38.1	1140	120	8.95
D41	41.3	1340	130	10.50
D51	50.8	2027	160	15.9

2.3.2 철근의 역학적 성질

(1) 응력-변형률 곡선

철근의 응력-변형률 곡선은 철근의 품질에 의해 그의 형상이 조금 달라진다. 그림 2.29는 철근의 응력-변형률 실험 사례를 보인 것이며, 그림 2.30은 인장강도 별 철근의 응력-변형률 곡선을 나타낸 것이다. 일반적인 열간압연 봉강의 경우는 명확한 항복점(yielding point)과 항복고원(yield plateau)이 있으며, 고강도일수록 항복고원의 길이는 짧고 파단될 때의 신율(elongation, 伸率)도 작아진다.

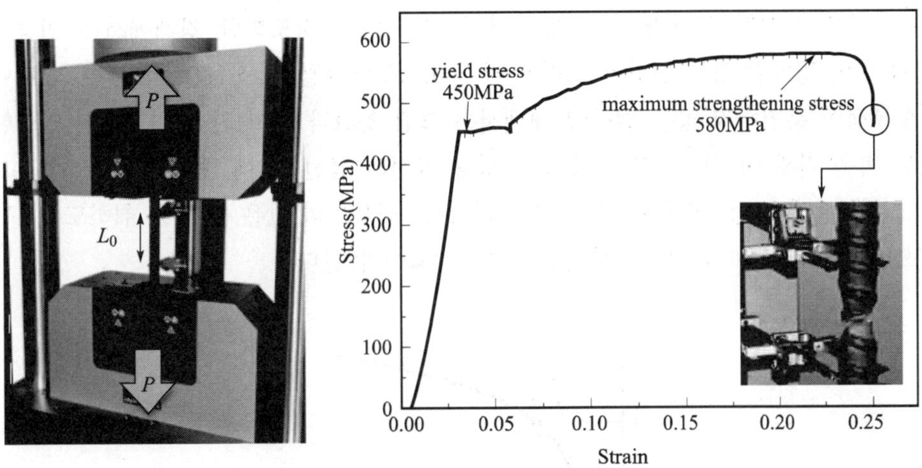

그림 2.29 인장실험에 의한 철근의 응력=변형률 곡선

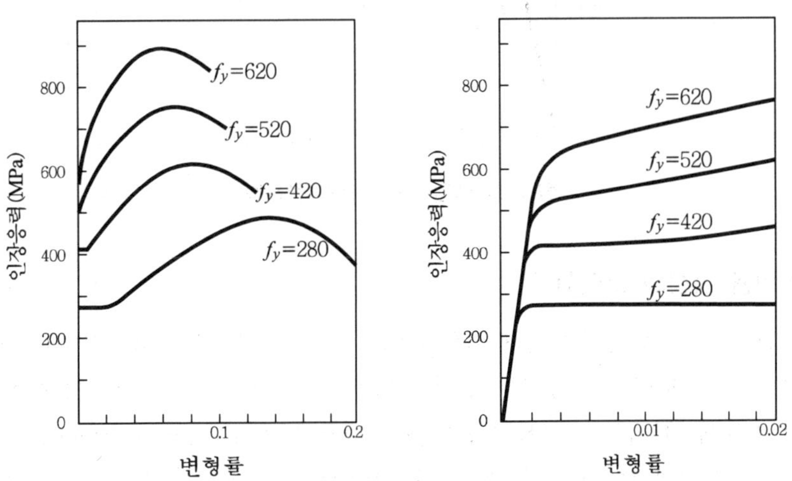

그림 2.30 철근의 응력-변형률 곡선

철근이 항복점에 도달하면 강재 내부 조직의 활동(slip)에 의해 응력 증가가 없더라도 변형률이 증가한다. 이러한 영역을 소성영역(plastic zone)이라 한다. 변형률이 임의의 값에 도달하면 다시 변형률이 증가하기 위해 응력 증가가 필요하게 되며, 이 영역을 변형경화(strain hardening)라 한다. 콘크리트 내부에 있는 철근의 변형률은 경화영역으로 들어갈 수 없는 것으로 보고, 설계에서는 응력-변형률 관계를 탄성 모델로 표현하고 있다.

한편, 철근이 항복할 때의 변형률은 콘크리트의 극한 압축 변형률과 거의 같으며, 또 철근콘크리트 부재의 역학적 성질을 알기 위해서는 철근의 항복강도를 아는 것이 중요하다. 그러나, 인장강도(tensile strength)는 철근콘크리트 부재설계의 실용적 측면에서 그다지 필요하지는 않다.

냉간가공을 실시한 봉강과 같이 열처리 등에 의해 고강도화한 강재에서는 연강(mild steel)과 같이 명확한 항복 현상은 보이지 않으며, 또 파단될 때 신율도 작다. 이와 같이 명확한 항복점이 분명하지 않은 철근에 대해서는 그림 2.31과 같이 잔류 변형률이 일정한 값이 되는 점을 취해 이 점으로부터 응력-변형률 곡선의 접선 OA에 대한 평행선을 긋고, 곡선과 교차하는 점을 항복점으로 한다. 이때의 잔류 변형률의 값은 0.2%를 취하도록 규정하고 있으며, 이와 같은 경우의 항복점을 0.2% 내력이라 한다.

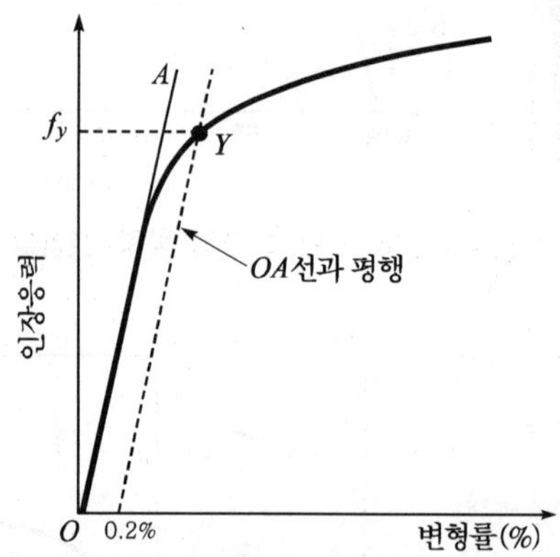

그림 2.31 냉간가공 철근의 항복점

(2) 응력-변형률 곡선의 모델화

철근콘크리트 구조물을 설계하거나 해석할 때 사용하는 철근의 응력-변형률 곡선은 그림 2.32와 같은 탄소성 모델을 사용하는 것이 일반적이다. 철근은 항복점까지 선형 탄성거동 상태에 있기 때문에 그 직선의 기울기가 철근의 탄성계수(modulus of elasticity of steel)가 된다. 철근의 탄성계수는 철근의 종류, 제조방법에 따라 차이는 있지만, 콘크리트구조설계기준 [콘크리트구조 해석과 설계 원칙. 4.3.3 탄성계수]에서는 식(2.53)과 같이 규정하고 있다.

$$E_s = 2.0 \times 10^5\,\mathrm{MPa} \tag{2.53}$$

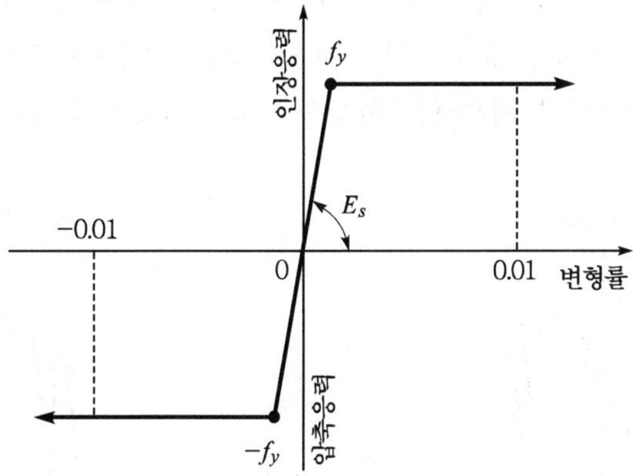

그림 2.32 모델화된 철근의 응력-변형률 곡선

(3) 반복 재하에 의한 성질

그림 2.33의 철근의 응력-변형률 곡선으로부터 철근에 가해진 하중을 제거하는 경우에 대하여 생각해 보자. 가해진 하중에 의해 발생한 응력이 탄성한도 이내에 있다면, 하중을 제거하면 변형률은 원래의 값으로 회복하지만, 탄성한도를 초과한 경우에는 하중을 제거하도라도 일부의 변형률은 회복하지 않는다.

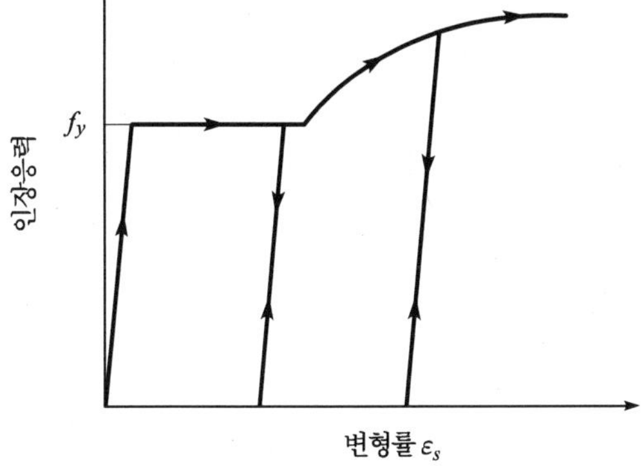

그림 2.33 하중을 제거한 경우의 응력-변형률 곡선

이와 같이 회복하지 않는 변형률을 잔류 변형률 또는 소성 변형률이라 한다. 잔류 변형률이 발생된 상태에서 다시 하중을 가하면 하중을 제거했을 때의 곡선을 따라 응력이 증가하고 그 기울기는 처음 하중을 가하였을 때의 곡선과 일치한다.

탄성한도를 넘어서 반복하중을 가하면 응력-변형률 곡선은 그림 2.34와 같은 이력곡선(hysteresis)을 그린다. 즉, 탄성한도를 초과하는 하중을 가한 후 역방향의 하중을 가하게 되면 역방향의 탄성한도가 단순재하의 경우보다도 낮은 점에서 나타난다. 이와 같은 역방향으로 재하할 경우 탄성한도가 저하하는 현상을 Bauschinger 효과라 한다.

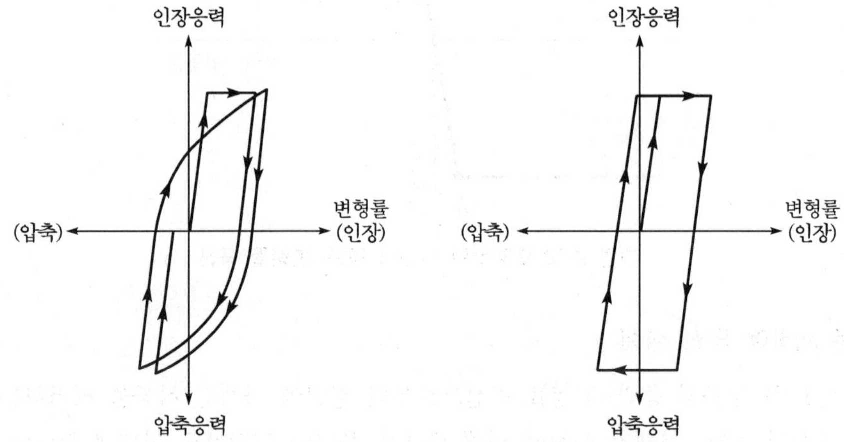

그림 2.34 반복하중을 받는 경우의 응력-변형률 곡선

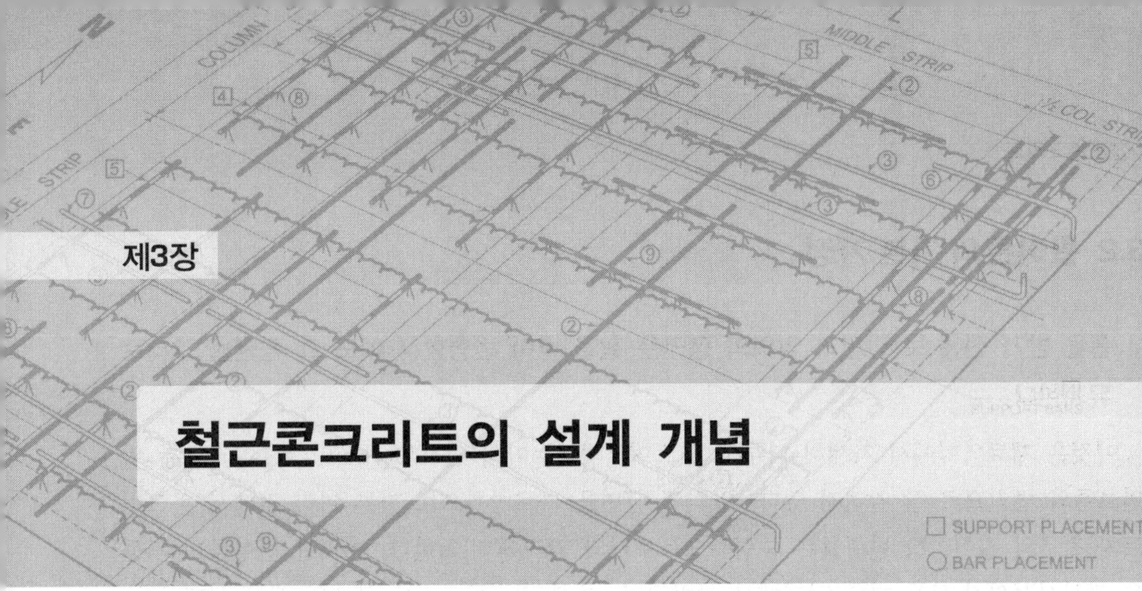

제3장

철근콘크리트의 설계 개념

> 이 장은 콘크리트구조 설계기준 [*KDS* 14 20 20 콘크리트구조 휨 및 압축 설계기준]의 규정에 따라 작성한 것이다.

3.1 개요

철근콘크리트는 압축에 대한 저항능력이 큰 콘크리트와 인장에 대한 저항능력이 큰 철근 등 두 재료의 장점을 취해 만든 합성 구조체이다. 즉 압축력은 콘크리트가 부담하고 인장력은 철근이 부담하도록 구성되어 있다. 철근콘크리트 부재가 외력에 저항하기 위해서는 두 재료가 일체성을 유지하여야 하며, 온도변화에 대한 팽창력 및 철근부식에 대한 저항성이 확보되어야 한다. 이와 같은 설명은 제1장에서 언급한 바가 있다. 이 장에서는 철근콘크리트가 외력에 대하여 역학적으로 어떻게 거동하고 있으며, 철근콘크리트의 해석 및 설계에 어떻게 고려하는지에 대한 기본적인 개념을 알아보고자 한다.

철근콘크리트의 역학적 거동은 철근콘크리트 보의 재하시험을 통해 균열이 발생하기 전, 균열이 발생한 후, 극한상태로 크게 구분하여 설명할 수 있으며, 이러한 거동 특성은 철근콘크리트 보의 해석 및 설계에 있어서 기본 개념을 제공한다. 이와 같은 결과는 가장 간단한 단철근직사각형 보를 해석하는데 사용하였으며, 이러한 이해를 통해 다양한 철근콘크리트 구조물의 해석 및 설계 방법 등에 확장하여 공부하기로 한다.

3.2 휨이론의 기본 가정

1) 휨을 받기 전에 보 단면의 임의의 평면은 휨을 받아 변형한 후에도 그 평면을 그대로 유지한다.

이것은 재료역학에서 자세히 다루고 있으며, 베르누이의 법칙(Bernoulli's law) 또는 평면보존의 법칙으로 잘 알려져 있다. 임의의 단면을 가로방향으로 자른 여러 점에서 콘크리트와 철근의 길이방향 변형률은 중립축으로부터의 거리에 비례한다. 이러한 변형률의 거동은 파괴시점까지 모든 하중 단계에서 성립되며, 대형 철근콘크리트 부재의 재하 실험 등을 통해 확인되고 있다. 이러한 결과는 콘크리트와 철근의 부착 상태가 파괴시점까지 양호한 상태로 유지하고 있다는 것을 시사하는 것이다.

인장측 콘크리트에서는 균열이 발생할 경우, 철근과 철근을 둘러싸고 있는 콘크리트 사이에서 활동(slip)이 발생하므로 균열 부근에서 평면보존의 법칙이 정확하게 성립되지 않을 수 있다. 그러나 여러 개의 균열을 포함시킨 구간에서 콘크리트의 변형률을 측정한 이른바 평균인장변형률의 경우에는 평면보존의 법칙이 설립된다는 것을 실험 결과를 통해 알게 되었다.

그림 3.1은 철근콘크리트 보에 대한 계측 사례를 나타낸 것이다. 이 보에 하중을 작용시키면 임의의 하중 하에서 압축측 연단에서의 변형률은 최대가 되며 그 값은 $\epsilon_c = 0.00115$이고, 인장철근의 변형률은 $\epsilon_s = 0.00108$로 계측되고 있다. 또한 인장측 연단과 철근 사이에서의 임의의 단면에서의 변형률은 중립축의 거리에 비례하고 있다. 즉 휨을 받는 철근콘크리트 보에서도 균등질(homogeneous)하고 등방성(isotropy)을 가지는 재료로 구성된 보와 마찬가지로 평면보존의 법칙이 성립되고 있다. 따라서 재료역학에서 제시하고 있는 기본적인 역학 법칙이 철근콘크리트 부재에서도 성립되고 있음을 알 수 있다.

철근콘크리트는 이와 같이 평면보존의 법칙이 성립되므로 변형률은 중립축의 거리에 비례하게 되며, 콘크리트의 탄성계수가 일정할 경우 휨응력은 중립축의 거리에 비례하게 되어 이른바 훅의 법칙(Hook's law)인 $f = E\epsilon$의 관계가 성립된다.

그러나 이러한 평면보존의 법칙은 깊이가 깊은 보에서는 성립하지 않는다. 콘크리트구조설계기준에서는 깊은 보의 해석이나 설계할 때는 비선형 분포를 고려하거나, 그 대신에 스트럿-타이 모델을 적용할 수 있도록 규정하고 있다. 콘크리트구조의 스트럿-타이 모델을 이용한 깊이가 깊은 보의 설계방법에 대하여는 [제9장 스트럿-타이 모델]에서 알아보기로 한다.

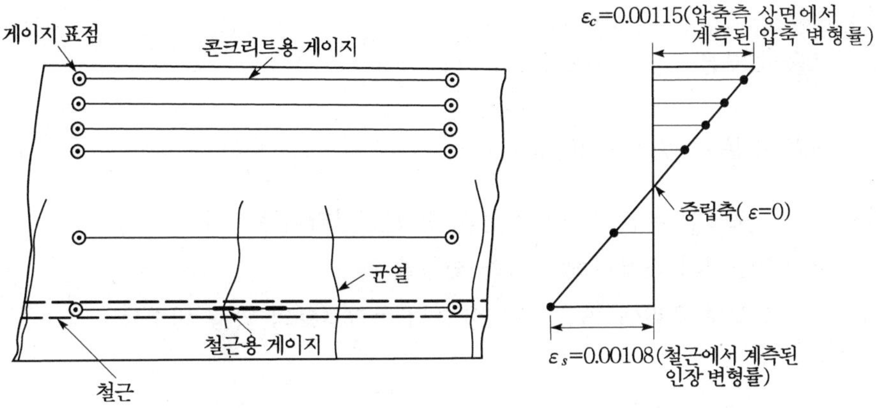

(a) 계측용 게이지의 표점 (b) 계측에 의한 변형률

그림 3.1 보의 변형률 계측사례

2) 압축응력의 크기와 분포 형상을 규정한 콘크리트의 응력-변형률 곡선이 정의되어 있다.

콘크리트 압축응력 분포와 콘크리트 변형률 사이의 관계는 직사각형, 사다리꼴, 포물선 혹은 강도의 예측에서 광범위한 실험의 결과와 실질적으로 일치하는 어떠한 형상으로도 가정할 수 있다. 콘크리트구조 설계기준에서는 콘크리트의 응력-변형률 관계를 포물선-직선 형상으로 나타낼 수 있다고 규정하고 있다.

그림 3.2는 단면설계에 적용하는 포물선-사각형 곡선(parabola recgangle diagram ; p-r곡선)의 형상을 나타낸 것이다. 최대 압축응력에 처음 도달할 때의 변형률 ϵ_{co}까지는 압축응력과 변형률의 관계는 포물선을 이루며, 이 변형률을 초과한 이후에는 극한변형률 ϵ_{cu}까지 최대 압축응력 $0.85f_{ck}$를 그대로 유지하는 포물선-직선 형상의 응력-변형률 관계를 나타낸다.

여기서 최대응력을 설계기준강도의 85%로 감소시킨 이유는 극한변형률 ϵ_{cu}까지 최대 응력이 유지되는 곡선을 적용할 때 발생할 수 있는 과대평가를 방지하고, 압축강도 시험용 공시체와 실제 구조물의 형상과 크기의 차이에 따른 보정, 장기 하중에 의한 크리프 혹은 건조수축 등으로 강도가 감소하는 형상 등을 반영한 것이다.

그림 3.2로부터 원점에서 최대 압축응력 $0.85f_{ck}$에 도달할 때까지의 상승 곡선부는 식(3.1)에 의해 나타낼 수 있으며, 이후 극한변형률 ϵ_{cu}에 도달할 때까지는 식(3.2)에 의해 나타낼 수 있다.

$$\text{포물선 부분} : f_c = 0.85 f_{ck}\left[1-\left(1-\frac{\epsilon_c}{\epsilon_{co}}\right)^n\right] \tag{3.1}$$

$$\text{직선 부분} : f_c = 0.85 f_{ck} \tag{3.2}$$

여기서, n : 포물선 부분의 상승곡선의 형상을 나타내는 지수

ϵ_c : 임의의 콘크리트의 압축 변형률

ϵ_{co} : 최대 응력에 처음 도달할 때의 콘크리트의 압축 변형률

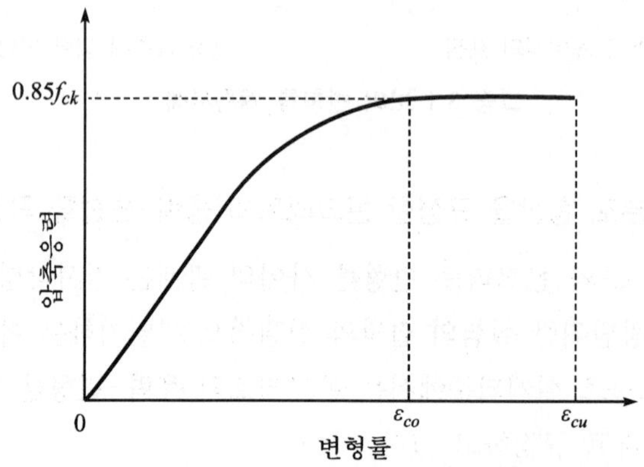

그림 3.2 콘크리트의 포물선-직선 응력 변형률 곡선

또한, 식(3.1), 식(3.2)에 사용된 n, ϵ_{∞}, ϵ_{cu}는 다음 식(3.3)~식(3.5)로부터 구할 수 있다. 다만, 콘크리트의 압축강도가 90MPa을 초과하는 경우에는 성능실험을 통해 이 값들을 선정하고 근거를 명시하여야 한다.

$$n = 1.2 + 1.5\left(\frac{100-f_{ck}}{60}\right) \leq 2.0 \tag{3.3}$$

$$\epsilon_{co} = 0.002 + \left(\frac{f_{ck}-40}{100{,}000}\right) \geq 0.002 \tag{3.4}$$

$$\epsilon_{cu} = 0.0033 - \left(\frac{f_{ck}-40}{100{,}000}\right) \geq 0.0033 \tag{3.5}$$

이들 식으로부터 콘크리트의 설계기준 압축강도가 $f_{ck} \leq 40$MPa인 경우 $n = 2.0$, $\epsilon_{co} = 0.002$, $\epsilon_{cu} = 0.0033$이며, $f_{ck} > 40$MPa인 경우에는 콘크리트 압축강도가 10MPa씩 증가할 때마다 ϵ_{co} 값은 0.002에서 0.0001씩 증가하며 ϵ_{cu} 값은 0.0033에서 0.0001씩 감

소함을 알 수 있다.

3) 철근에 대한 응력-변형률 곡선은 정의되어 있다.

그림 3.3은 콘크리트구조 설계기준에서 정의하고 있는 철근의 응력-변형률 곡선을 나타낸 것이다. 철근의 응력-변형률 곡선은 2개 직선의 조합으로 구성되어 있으며, 변형경화(strain hardening)는 무시한다. 항복강도 f_y까지는 응력과 변형률 사이에서는 직선관계를 유지하고 있으며, 항복강도 이후부터는 철근이 파괴되는 시점까지 항복강도를 그대로 유지한 체 변형률만 증가하는 이른바 항복고원 상태에 있게 된다. 즉 철근이 항복하기 전까지 응력은 변형률에 비례하며 항복 이후에는 항복강도를 그대로 유치한 체 인장 혹은 압축 파괴강도에 도달한다. 즉,

$$\left.\begin{array}{l} \epsilon_s \leq \epsilon_y : f_s = E_s \epsilon_s \\ \epsilon_s > \epsilon_y : f_s = f_y \end{array}\right\} \tag{3.6}$$

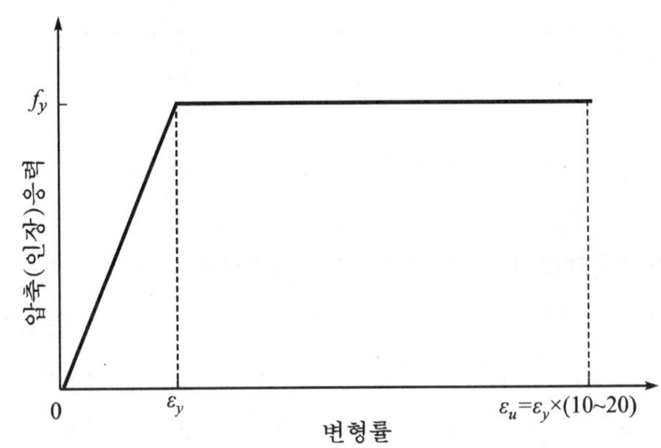

그림 3.3 철근의 응력-변형률 곡선

4) 콘크리트의 인장강도는 무시한다.

프리스트레스트 콘크리트 부재를 제외하고는 철근콘크리트 부재 단면의 축강도와 휨강도 계산에서 인장강도는 무시할 수 있다. 중립축 바로 아래 부분의 인장측 콘크리트에 발생하는 인장응력은 매우 작으며, 저항모멘트를 계산할 때 모멘트의 팔거리가 작아 휨강도에 큰 영향을 주지 못한다. 그러므로 콘크리트의 인장응력은 무시하더라도 실용상 문제가 없다. 그러나, 사용하중 상태에서 균열과 처짐을 검토할 때에는 콘크리트의 인장강도를 고려하여야 한다.

3.3 철근콘크리트 보의 거동

3.3.1 균열발생 전

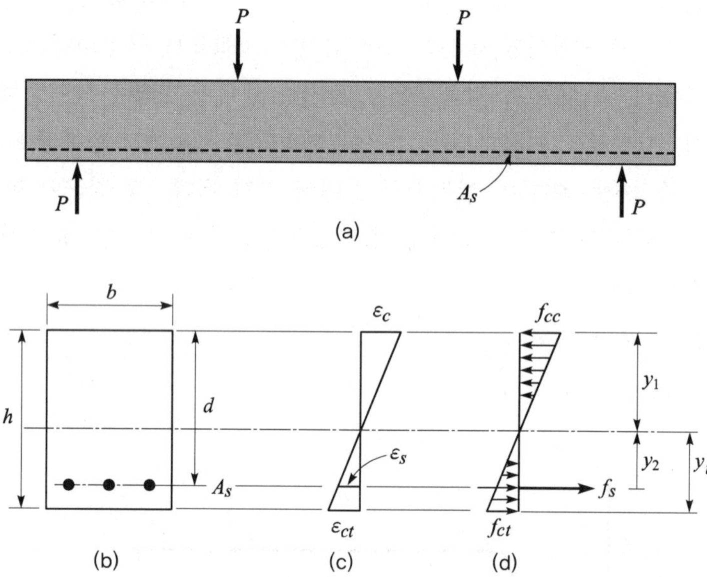

그림 3.4 균열발생 전의 보의 역학적 거동

그림 3.4와 같이 철근콘크리트 보에 대칭으로 집중하중을 작용시키면, 자중을 무시할 경우 하중사이에서는 휨모멘트만이 발생한다. 작용하중이 작은 경우 인장측에는 균열이 발생하지 않으며, 보는 마치 철근이 없는 무근콘크리트 보와 같이 거동하게 된다. 즉, 작용하중에 의해 발생하는 휨인장응력은 철근의 단면적이 인장측 콘크리트에 비해 매우 작기 때문에 인장응력의 대부분을 인장측 콘크리트가 부담하게 되며, 압축응력은 압축측 콘크리트가 받게 될 것이다. 이때 보에 작용하는 하중이 작기 때문에 단면에 발생하는 휨모멘트가 작아 보는 탄성거동을 하게 되며, 휨변형 및 휨응력은 그림 3.4(c), 그림 3.4(d)와 같이 직선분포를 하게 된다. 따라서 단면에 발생하는 휨인장응력 및 휨압축응력은 휨응력 공식을 적용하여 구할 수 있다.

이 보는 탄성 거동 범위 내에 있으므로 철근의 휨인장응력은 같은 위치에서의 콘크리트의 휨인장응력 f_{cs}의 n배, 즉 $f_s = nf_{cs}$의 관계가 성립된다(참고 1).

철근콘크리트 보의 해석을 간편하게 하기 위해서는 철근의 단면적을 콘크리트의 단면적으로 환산할 필요가 있다. 철근의 단면적을 콘크리트 단면적으로 환산한 환산단면적(transformed area)은 철근의 단면적에 n을 곱한 값인 nA_s가 된다(참고 2).

참고 1 $f_s = nf_{cs}$ **의 관계**

콘크리트는 $0.4f_c$ 부근까지 거의 탄성거동을 하며, 철근은 항복강도까지 탄성거동을 한다. 실제로 사용 중에 있는 구조물이 이러한 탄성상태에 있으며, 다음과 같이 훅의 법칙이 성립된다.

$$\epsilon_c = \frac{f_{cs}}{E_c}, \quad \epsilon_s = \frac{f_s}{E_s}$$

콘크리트와 철근은 부착되어 있으므로 $\epsilon_c = \epsilon_s$의 관계가 성립된다. 따라서 철근 위치에서의 콘크리트의 응력 f_{cs}와 철근의 응력 f_s 사이에는 다음과 같은 관계가 있게 된다.

$$\frac{f_{cs}}{E_c} = \frac{f_s}{E_s} \qquad \therefore\ f_s = \frac{E_s}{E_c} f_{cs} = nf_{cs} \tag{3.7}$$

즉, 임의의 점의 철근의 응력 f_s는 그 점의 콘크리트 응력 f_{cs}의 n배가 된다.
여기서 n은 탄성계수비로서 $n = E_s/E_c$이다.

참고 2 환산단면적

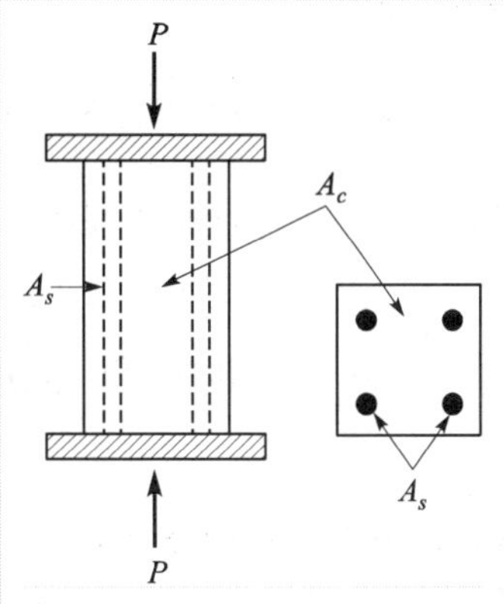

그림과 같은 철근콘크리트 기둥 중심축에 축하중 P가 작용할 때, 콘크리트가 부담하는 축하중 P_c와 철근이 부담하는 축하중 P_s의 합은 다음과 같이 된다.

$$P = P_c + P_s = f_c A_c + f_s A_s$$

윗 식에 식(3.7)의 $f_s = nf_{cs}$의 관계를 대입하면 축하중 P는 다음과 같이 된다.

$$P = f_c A_c + f_s A_s = f_c A_c + nf_c A_s \tag{3.8}$$
$$= f_c (A_c + nA_s)$$

이 식에서 nA_s를 환산단면적이라고 하며, 이 단면적은 철근과 콘크리트로 구성된 실제 단면과 동일한 축력 P를 유발하는 f_c의 응력으로 받는 가상적인 콘크리트만으로 구성된 면적이다. 철근 단면적 A_s를 콘크리트 단면적으로 환산할 경우 그 값은 nA_s가 된다.
이와 같은 환산단면적은 보의 경우에서도 동일하게 적용된다.

[휨응력 공식을 사용하여 휨응력을 구하는 방법]

보에 하중이 작용하여 균열이 발생하기 전까지 상연의 콘크리트 압축응력 및 하연의 콘크리트 인장응력은 그림 3.4(d)로부터 각각 다음 식(3.9), 식(3.10)과 같이 된다.

$$f_{cc} = \frac{M}{I} y_1 \tag{3.9}$$

$$f_{ct} = \frac{M}{I} y_t \tag{3.10}$$

또한, 인장철근 위치에서의 콘크리트의 인장응력은

$$f_{cs} = \frac{M}{I} y_2 \tag{3.11}$$

철근의 인장응력 f_s는 같은 위치에서의 콘크리트 인장응력 f_{cs}의 n배이므로 다음 식(3.12)와 같이 된다.

$$f_s = nf_{cs} = n\frac{M}{I} y_2 \tag{3.12}$$

여기서, I : 중립축에 대한 단면2차모멘트(mm^4)
y_1 : 압축측 콘크리트 상연에서 중립축까지의 거리(mm)
y_2 : 인장철근의 도심에서 중립축까지의 거리(mm)

참고 3 **힘의 평형조건을 적용하여 휨응력을 구하는 방법**

그림 3.4(d)에 외력에 의한 모멘트와 내력 모멘트가 같다는 조건을 적용하면 콘크리트의 최대 압축응력 및 철근의 인장응력 f_s를 구할 수 있으나, 이 경우 인장측 콘크리트의 응력이 외력에 저항하는데 유효하게 작용하므로 계산식이 복잡하다. 따라서, 이 경우에는 휨응력 공식을 사용하여 콘크리트의 최대 휨압축응력 및 철근의 휨인장응력을 계산하는 것이 편리하다.

예제 3.1 그림 3.5(a)와 같은 직사각형보에 $M = 60\,kN \cdot m$가 작용하고 있을 때, 휨응력을 계산하시오. 보의 폭 $b = 250mm$, 깊이 $h = 660mm$, 압축측 연단에서 인장철근의 도심까지의 거리 $d = 600mm$. 인장철근량 $A_s = 1,500mm^2$이다. 또한, 콘크리트의 설계기준강도 $f_{ck} = 28MPa$, 철근의 항복강도 $f_y = 350MPa$, 콘크리트의 파괴계수 $f_r = 4.2MPa$이다.

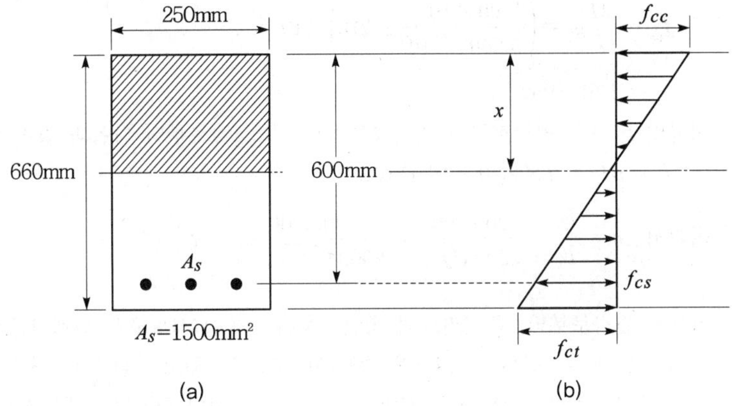

그림 3.5 균열발생 전의 휨거동

풀이

이 보에 $M=60\text{kN}\cdot\text{m}$의 휨모멘트가 작용할 때 인장측 콘크리트에 균열이 발생하지 않는다고 가정하면, 보의 전체 단면이 탄성 상태에 있으므로 다음과 같이 콘크리트 및 철근의 휨응력을 구할 수 있다.

(1) 중립축 및 단면2차모멘트

철근량이 콘크리트 면적에 비해 작으므로 철근의 단면적을 무시하고 모두 무근콘크리트로 되어 있다고 가정하면, 중립축은 $x=330\text{mm}$이 된다. 따라서 중립축에 대한 단면 2차모멘트는

$$I=\frac{bh^3}{12}=\frac{250\times 660^3}{12}=5.9895\times 10^9\text{mm}^4$$

(2) 콘크리트의 휨인장응력 및 휨압축응력

인장측 연단에서의 콘크리트의 휨인장응력은 식(3.10)으로부터

$$f_{ct}=\frac{M}{I}y_t=\left(\frac{60\times 10^6}{5.9895\times 10^9}\times 330\right)\times 10^{-6}$$

$$=3.31\,\text{MPa}<f_r=4.2\,\text{MPa}$$

따라서 이 보는 주어진 휨모멘트가 작용하더라도 인장측에는 균열이 발생하지 않는다. 즉, 휨응력 계산에서 전체의 콘크리트가 유효하게 작용하고 있음을 알 수 있다.

콘크리트의 최대 휨압축응력은 연단에서 발생하고, 중립축에서 압축측 연단까지의 거리가 휨인장응력의 경우와 같으므로 휨압축응력은 $f_{cc}=3.31\,\text{MPa}$가 된다.

(3) 철근 위치에서의 철근의 휨인장응력

인장철근의 위치에서 콘크리트의 휨인장응력을 구해보자. 이때 중립축에서 인장철근 도심까지의 거리는 $y=270\text{mm}$이므로 식(3.11)로부터

$$f_{cs} = \frac{M}{I} y_2 = \left(\frac{60 \times 10^6}{5.9895 \times 10^9} \times 270 \right) \times 10^{-6}$$

$$= 2.70\,\text{MPa}$$

비균열 단면의 인장철근의 휨인장응력은 식(3.12)로부터 다음과 같이 된다.

$$f_s = n f_{cs} = 7 \times 2.70 = 18.9\,\text{MPa}$$

여기서, $n = \frac{E_s}{E_c} = \frac{200{,}000}{8500 \sqrt[3]{f_{cu}}} = \frac{200{,}000}{8500 \sqrt[3]{(28+4)}} = 7$

(4) 이상의 결과로부터, 콘크리트의 휨압축응력은 3.31MPa로서 설계기준강도의 40% 이하에 있으므로 선형탄성거동을 한다고 볼 수 있고, 철근의 경우 휨인장응력이 18.9MPa로서 항복강도 $f_y = 350\text{MPa}$보다 훨씬 작아 완전탄성거동을 한다고 볼 수 있다. 따라서 이 보에 휨모멘트 $M = 60\text{kN}\cdot\text{m}$ 작용할 경우에는 콘크리트 및 철근 모두 탄성거동하고 있으므로 이상의 풀이 과정은 합당하다.

3.3.2 균열발생 상태

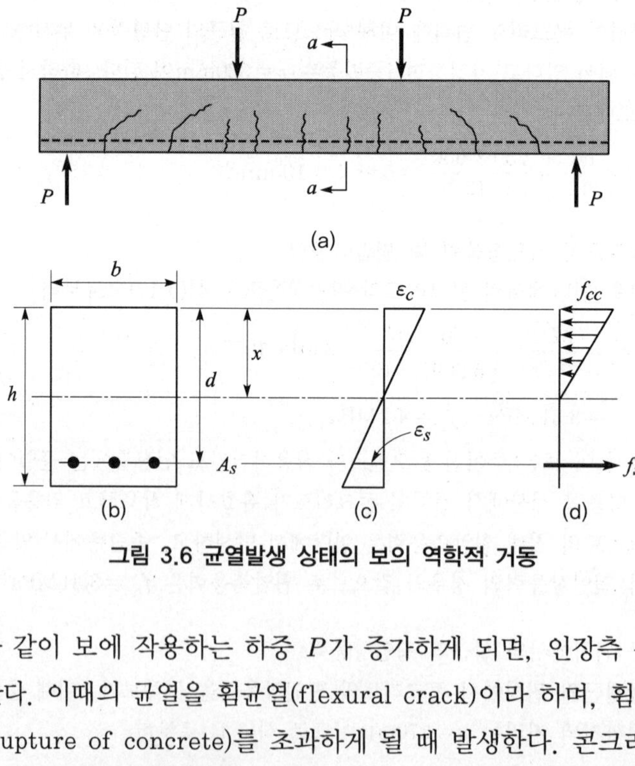

그림 3.6 균열발생 상태의 보의 역학적 거동

그림 3.6(a)와 같이 보에 작용하는 하중 P가 증가하게 되면, 인장측 콘크리트에 균열이 발생하기 시작한다. 이때의 균열을 휨균열(flexural crack)이라 하며, 휨인장응력이 콘크리트의 파괴계수(rupture of concrete)를 초과하게 될 때 발생한다. 콘크리트에 균열이 발생하게 되면 콘크리트는 점점 인장응력을 받을 수 있는 능력을 상실하게 되며, 휨균열이 발생

된 단면에서는 인장응력을 철근이 모두 부담하게 된다. 즉, 그림 3.6(d)와 같이 작용하중에 의해 단면에 균열이 발생되는 경우 휨압축응력은 콘크리트가 부담하게 되며, 휨인장응력은 철근이 부담하게 된다.

만약 콘크리트의 압축응력이 대략 $0.4f_c'$ 이하이며, 철근의 인장응력이 항복강도 f_y에 도달하지 않게 되면, 두 재료는 탄성거동을 하거나 유사한 탄성거동을 하게 된다. 철근콘크리트 구조물에 일반적으로 작용하고 있는 하중에 의해 발생하는 인장응력 및 압축응력은 이들 응력보다 낮은 응력 상태에 있다. 그러므로 콘크리트의 휨압축응력은 여전히 탄성거동을 하며, 철근은 완전한 탄성거동을 한다.

또한, 보에 하중이 작용하면 휨변형이 일어나게 되며, 그림 3.1에서 설명한 바와 같이 이들 휨변형은 하중이 작용하기 전에 평면인 단면은 하중이 작용하여 휨변형이 발생된 후에도 평면을 유지한다. 즉 그림 3.6(c)에 나타낸 바와 같이 휨변형은 중립축의 거리에 비례하고 있음을 알 수 있다.

그림 3.7은 압축측 콘크리트와 철근의 단면적에 n배 곱한 환산단면과 휨응력분포를 나타낸 것이다. 이와 같은 휨응력은 일반적으로 설계하중이 재하되는 경우에 발생한다. 설계하중이 작용하면 압축측 콘크리트는 탄성상태에 있으며, 콘크리트의 인장응력은 콘크리트의 파괴계수를 초과하여 균열이 발생하기 때문에 모두 철근이 부담하게 된다.

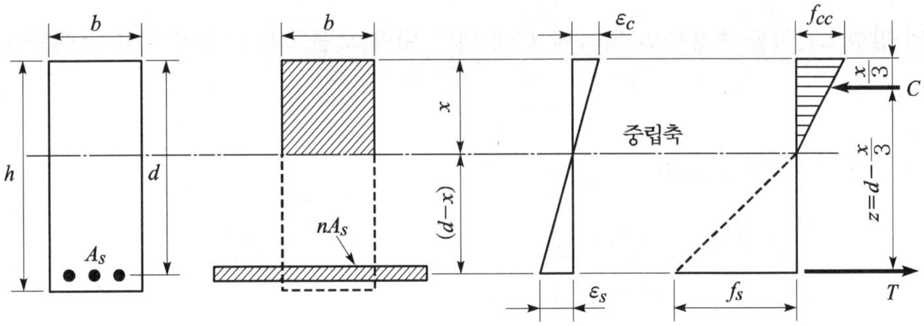

(a) 보의 단면 (b) 환산 단면 (c) 변형률 (d) 휨응력

그림 3.7 환산단면 및 휨응력

중립축으로부터 압축측 연단까지의 거리를 x, 압축측 연단에서 인장철근 도심까지의 거리를 유효깊이(effective depth) d로 표시한다. 철근 단면적 A_s를 콘크리트 단면적으로 환산한 환산단면적 nA_s의 중립축에 대한 단면1차모멘트와 압축측 콘크리트 면적 bx의 중립축에 대한 단면1차모멘트의 합은 같으므로 다음과 같이 된다.

$$bx\left(\frac{x}{2}\right)= nA_s(d-x)$$

$$\therefore\ \ \frac{b}{2}x^2 - nA_s(d-x) = 0 \tag{3.13}$$

이와 같이 중립축의 위치 x는 단면1차모멘트와 환산단면적을 이용해서 구할 수 있으며, 다른 방법으로서는 그림 3.7(d)에 힘의 평형조건을 적용하여 구할 수도 있다. 그러나 단면의 기하학적인 성질을 이용하여 중립축을 구하는 방법이 훨씬 간편하기 때문에 휨응력을 구할 때에는 모두 이 방법을 사용한다.

[힘의 평형조건을 적용하여 휨응력을 구하는 방법]

그림 3.6과 같이 압축측 콘크리트의 휨응력이 선형적으로 거동하므로 상연에서의 콘크리트의 최대 휨압축응력 f_{cc} 및 철근의 휨인장응력 f_s를 구해보자.

그림 3.7(d)로부터 압축력 C와 인장력 T는

$$C = \frac{1}{2}f_{cc}bx \tag{3.14}$$

$$T = A_s f_s \tag{3.15}$$

힘의 평형조건식을 적용하면 압축력 C에 의한 내력 모멘트와 외력에 의한 모멘트는 같으므로

$$M = Cz = \frac{1}{2}f_{cc}bx\,z$$

$$\therefore\ \ f_{cc} = \frac{2M}{bxz} = \frac{2M}{bx\left(d-\frac{x}{3}\right)} \tag{3.16}$$

마찬가지로 인장력 T에 의한 내력모멘트와 외력에 의한 모멘트는 같으므로

$$M = Tz = A_s f_s z$$

$$\therefore\ \ f_s = \frac{M}{A_s z} = \frac{M}{A_s\left(d-\frac{x}{3}\right)} \tag{3.17}$$

따라서 일반적으로 설계하중이 작용하고 있는 철근콘크리트 보는 식(3,16) 및 식(3,17)을 적용하면, 콘크리트의 최대 압축응력과 철근의 인장응력을 구할 수 있다. 이와 같이 구한

응력은 실제로 보에 작용하고 있는 하중에 의해 산정한 것으로서 [제8장 사용성 및 내구성]을 검토할 때 사용된다.

[휨응력 공식을 적용하여 휨응력을 구하는 방법]

탄성상태에서는 휨응력 공식을 적용하여 콘크리트의 휨압축응력과 철근의 휨인장응력을 구할 수 있다. 따라서, 그림 3.7(d)에 휨응력 공식을 적용하면, 콘크리트의 휨압축응력 및 철근의 휨인장응력은 각각 다음 식과 같이 된다.

$$f_{cc} = \frac{M}{I_{cr}} x \tag{3.18}$$

$$f_s = n \frac{M}{I_{cr}} (d - x) \tag{3.19}$$

여기서, I_{cr}은 균열이 발생하는 인장측 콘크리트의 단면적을 무시하고, 인장철근 A_s를 콘크리트 단면으로 환산한 nA_s에 대하여 구하는 환산단면 2차모멘트로서 다음 식과 같이 구할 수 있다.

$$I_{cr} = \frac{bx^3}{3} + nA_s (d - x)^2 \tag{3.20}$$

참고 4 환산단면 2차모멘트 I_{cr}의 산정방법

$$I_{cr} = \left[\frac{bx^3}{12} + bx\left(\frac{x}{2}\right)^2 \right] + \text{철근 갯수} \times n \left[\frac{\pi D^4}{64} + \frac{\pi D^2}{4} \{-(d-x\}^2 \right]$$
$$= \frac{bx^3}{3} + nA_s (d-x)^2$$

여기서, $\frac{\pi D^4}{64}$ 값은 작으므로 무시하는 것이 보통이며, [철근갯수$\times \frac{\pi D^2}{4}$]은 A_s이고 n을 곱하여 철근의 단면2차모멘트를 콘크리트의 단면2차모멘트로 환산한 결과이다.

예제 3.2 예제 3.1과 같은 직사각형보에 $M=140\,\text{kN}\cdot\text{m}$ 가 작용하고 있을 때, 휨응력을 계산하여 보자.

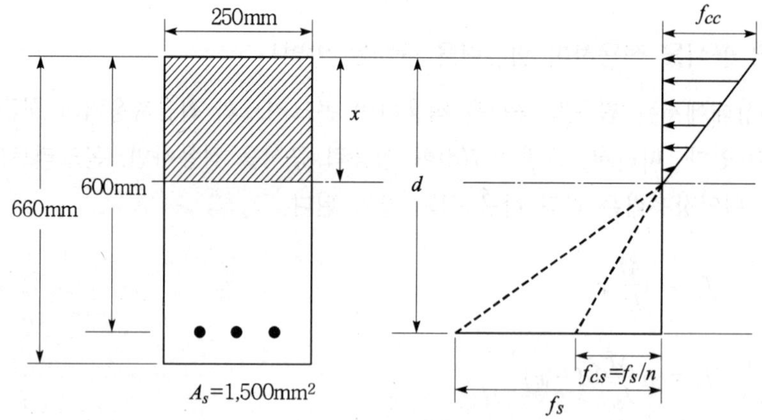

그림 3.8

풀이

이 보에 작용하는 휨모멘트는 $M=140\,\text{kN}\cdot\text{m}$ 으로서 [예제 3.1]의 휨모멘트 $M=60\,\text{kN}\cdot\text{m}$ 의 2배이다. 이와 같이 작용하중이 크게 증가되었으므로 인장측 콘크리트에는 균열이 발생하여 외력에 저항할 수 없게 된다. 따라서 인장철근이 인장응력을 모두 부담하는 것으로 본다.

(1) 중립축 및 단면2차모멘트

주어진 휨모멘트에 의해 인장측 콘크리트에 균열이 발생하므로 콘크리트는 외력에 저항할 수 없다. 그림 3.8(a)로부터 중립축에 대한 단면1차모멘트는 0가 되어야 하므로

$$250\times x\times\frac{x}{2}+nA_s\times[-(600-x)]=0$$

$$250\times x\times\frac{x}{2}+7\times1{,}500\times[-(600-x)]=0$$

$$125x^2+10{,}500x-6{,}300{,}000=0$$

이 식을 중립축 x에 대하여 풀면,

$$\therefore\ x=\frac{-10{,}500\pm\sqrt{10{,}500^2+4\times125\times6{,}300{,}000}}{2\times125}=186\,\text{mm}$$

또는 식(3.13)을 사용하여 x를 구해도 좋다. 즉,

$$\frac{b}{2}x^2-nA_s(d-x)=0$$

$$\frac{250}{2}x^2-7\times1500\times(600-x)=0$$

$$\therefore\ x=186\,\text{mm}$$

또한, 중립축에 대한 단면2차모멘트는 다음과 같이 계산된다.

$$I=\frac{250\times186^3}{12}+(250\times186)\times\left(\frac{186}{2}\right)^2+7\times1{,}500\times(600-186)^2$$
$$=2.336\times10^9\mathrm{mm}^4$$

또는 식(3.20)을 사용하여 I_{cr}을 구할 수 있다.

$$I_{cr}=\frac{bx^3}{3}+nA_s(d-x)^2$$
$$=\frac{250\times186^3}{3}+7\times1500\times(600-186)^2$$
$$=2.336\times10^9\mathrm{mm}^4$$

(2) 힘의 평형조건을 사용하여 휨응력을 구함

압축측 콘크리트의 휨응력이 설계기준강도의 40% 이하가 되어 탄성 거동한다고 가정하면, 콘크리트의 휨압축응력은 식(3.16)으로부터

$$f_{cc}=\frac{2M}{bx\left(d-\frac{x}{3}\right)}=\frac{2\times140\times10^6}{250\times186\times(600-\frac{186}{3})}=11.2\,\mathrm{MPa}$$

철근의 휨인장응력은 식(3.17)로부터 다음과 같이 된다.

$$f_s=\frac{M}{A_s\left(d-\frac{x}{3}\right)}=\frac{140\times10^6}{1{,}500\times(600-\frac{186}{3})}=173.5\mathrm{MPa}$$

(3) 휨응력 공식을 사용하여 휨응력을 구함

마찬가지로 압축측 콘크리트의 휨응력이 설계기준강도의 40% 이하가 되어 탄성 거동한다고 가정하면, 콘크리트의 휨압축응력은 식(3.18)로부터

$$f_{cc}=\frac{M}{I}x=(\frac{140\times10^6}{2.336\times10^9}\times186)\times10^{-6}=11.2\,\mathrm{MPa}$$

철근의 인장응력은 식(3.19)를 사용하면 다음과 같이 된다.

$$f_s=n\frac{M}{I}(d-x)=7\times\frac{140\times10^6}{2.336\times10^9}\times(600-186)\times10^{-6}=173.7\,\mathrm{MPa}$$

(4) 이상의 계산 결과, 콘크리트의 휨압축응력은 $f_c=11.2\,\mathrm{MPa}$로서 설계기준강도의 40% 이하에 있으며, 철근의 인장응력은 $f_s=173.7\,\mathrm{MPa}$로서 항복강도 이하의 상태에 있으므로 모두 선형탄성 거동을 하고 있음을 알 수 있다. 따라서 탄성거동을 전제로 계산한 콘크리트와 철근의 휨응력 계산은 합당한 것으로 볼 수 있다. 한편, 콘크리트 및 철근의 휨응력은 힘의 평형조건을 사용하거나 휨응력 공식을 사용하거나에 관계없이 똑같다. 따라서, 휨응력을 계산할 때에는 어느 방법이든지 편리한 방법을 택하는 것이 바람직하다.

3.3.3 극한상태

하중이 지속적으로 증가하면 인장측에 휨균열이 충분히 발달하여 그림 3.9(a)와 같이 중립축이 상승하면서 압축을 받는 콘크리트 부분이 감소하게 된다. 이때 콘크리트의 휨압축응력은 점차 곡선을 나타내며, 인장철근의 휨인장응력은 항복강도를 넘어 항복고원 상태에 도달한다. 이와 같은 상태를 나타낸 것이 그림 3.9이다. 철근의 인장 변형률 증가로 균열은 더욱 진전되어 압축응력을 부담하여야 할 콘크리트 체적이 급격히 감소함으로서 콘크리트의 압축에 의해 보의 파괴가 발생한다.

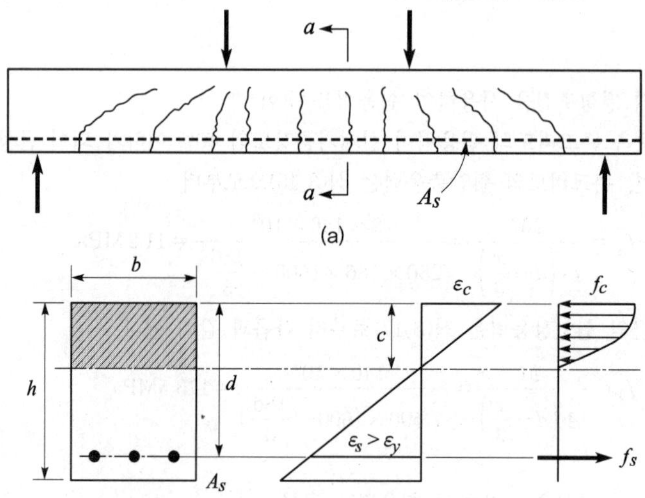

그림 3.9 극한상태의 보의 역학적 거동

이와 같은 보의 파괴 또는 파괴에 근접한 상태를 극한상태(ultimate state)라 하며, 이때의 휨강도(flexural strength)를 정확하게 알아낼 수 있다면 설계하중에 대해 철근콘크리트 보의 안전을 적절한 수준으로 확보할 수 있을 것이다. 이러한 설계방법은 과거에 탄성이론에 근거한 허용응력설계법을 대신하여 현행 콘크리트구조 설계기준에서 채용하고 있으며, 이를 강도설계법(ultimate strength design method)이라 한다.

1) 일반적인 콘크리트의 압축응력 분포

보의 파괴는 압축에 의한 콘크리트의 파쇄나 인장에 의한 철근의 항복에 의해 발생한다. 일반적으로 철근콘크리트 휨부재는 인장철근이 먼저 항복한 후, 압축측 콘크리트가 압축파괴되는 연성파괴 형태의 인장지배 단면으로 설계한다.

그림 3.10은 극한상태에 있는 철근콘크리트 보의 휨응력 및 변형률을 나타낸 것이다. 이와 같이 보가 극한상태에 도달할 때의 저항모멘트를 공칭휨강도(nominal flexural strength) M_n이라고 한다. 콘크리트의 압축력 C를 알고 내력모멘트의 팔거리 z를 알면, 공칭휨강도는 쉽게 구할 수 있다.

그림 3.10(c)는 보가 극한상태에 도달하였을 때의 일반적인 휨응력의 형상을 나타낸 것이며, 3개의 상수항 k_1, k_2, k_3으로 표현할 수 있다. 여기서 k_3는 원주형공시체의 압축강도 f_c에 대한 보의 압축영역에서의 최대 압축응력 f_c''의 비를 나타낸 것이며, k_1은 최대응력에 대한 평균 압축응력의 비로서 사각형 면적 $f_c''c = k_3 f_c c$에 대한 휨응력의 면적에 대한 비이다. 이러한 상수항은 콘크리트 시험체의 재하시험을 통해 얻은 응력-변형률 곡선으로부터 구할 수 있다. 실험을 통해 상수항 k_1, k_2, k_3가 정해지면 콘크리트의 압축력 C와 내력모멘트의 팔길이 z를 알 수 있으므로 공칭휨강도 M_n을 쉽게 계산할 수 있다.

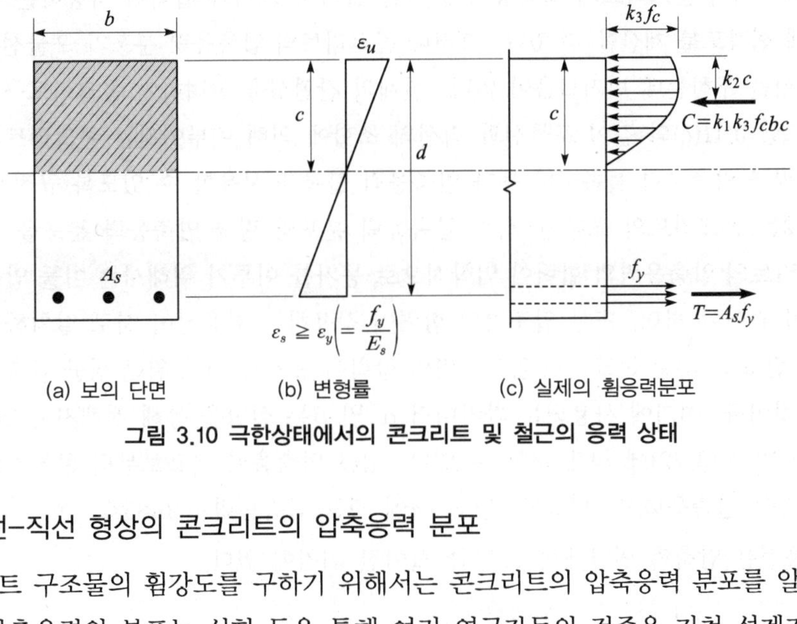

(a) 보의 단면 (b) 변형률 (c) 실제의 휨응력분포

그림 3.10 극한상태에서의 콘크리트 및 철근의 응력 상태

2) 포물선-직선 형상의 콘크리트의 압축응력 분포

콘크리트 구조물의 휨강도를 구하기 위해서는 콘크리트의 압축응력 분포를 알아야 한다. 이러한 압축응력의 분포는 실험 등을 통해 여러 연구자들의 검증을 거쳐 설계기준 등에서 규정하고 있다. 이러한 절차는 실무자들이 단면 설계를 할 때 복잡한 응력분포 형태를 확정하는 것이 실제적으로 어렵기 때문이다.

그림 3.11은 콘크리트의 응력-변형률 곡선을 적용한 철근콘크리트 보의 변형률과 응력 사이의 관계를 나타낸 것이다. 변형률은 중립축의 거리에 비례하며, 콘크리트의 압축응력 분포는 포물선과 직선의 조합에 의해 이루어지고 있음을 알 수 있다.

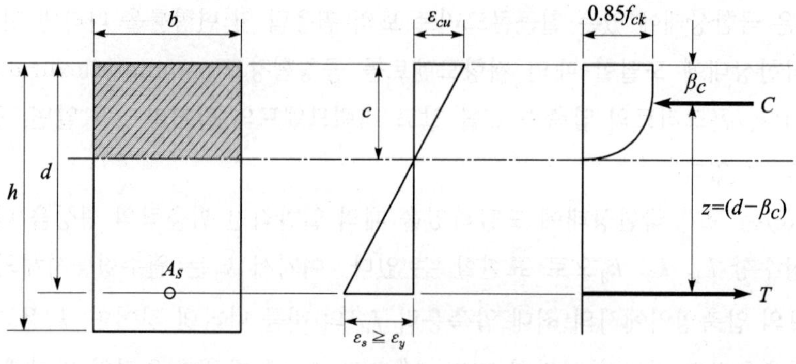

(a) 단면 (b) 변형률 (c) 포물선-직선 압축응력분포

그림 3.11 콘크리트의 포물선-직선 응력 분포

3) 콘크리트의 평균 압축응력 블록

휨강도 해석에서 콘크리트의 압축응력에 의한 합력의 크기와 합력이 작용하는 위치를 알면 간편하게 휨강도를 계산할 수 있다. 그러나 콘크리트의 압축응력 분포가 포물선인 구간에서는 그 면적을 구하는데 번거로움이 있다. 설계의 간편성을 고려하여 콘크리트구조 설계기준에서는 그림 3.11(c)와 같이 포물선과 직선의 조합에 의해 이루어지는 콘크리트의 응력분포 곡선을 평균 압축응력 블록이나 등가 압축응력 블록을 사용할 수 있도록 규정하고 있다.

그림 3.12는 콘크리트의 포물선-직선 압축응력 분포와 평균 압축응력 분포를 나타낸 것이다. 콘크리트의 압축응력의 합력이 역학적으로 등가를 이루기 위해서는 이들 압축응력 분포의 면적이 같아야 하며, 또한 압축력의 합력이 작용하는 작용선이 서로 일치하도록 하여야 한다. 그림 3.12(d)는 콘크리트 압축응력의 합력이 등가가 되기 위한 평균 압축응력 분포를 나타낸 것이다. 여기에 사용되는 파라미터 α 및 β는 실험을 통해 정해지는 실험상수로서 식(3,21) 및 식(3,22)에 의해 구할 수 있다. 평균 압축응력 분포로부터 콘크리트 압축응력의 합력 C는 압축응력이 작용하는 면적 bc에 평균 압축응력 $\alpha(0.85f_{ck})$을 곱한 값이며, 합력의 작용선은 압축측 연단에서 βc만큼 떨어진 위치에 있다.

$$\alpha = 1 - \frac{1}{n+1}k \tag{3.21}$$

$$\beta = 1 - \frac{0.5 - \dfrac{1}{(1+n)(2+n)}k^2}{1 - \dfrac{1}{(1+n)}k} \tag{3.22}$$

여기서, $k = \left(\dfrac{\epsilon_{co}}{\epsilon_{cu}}\right)$이다.

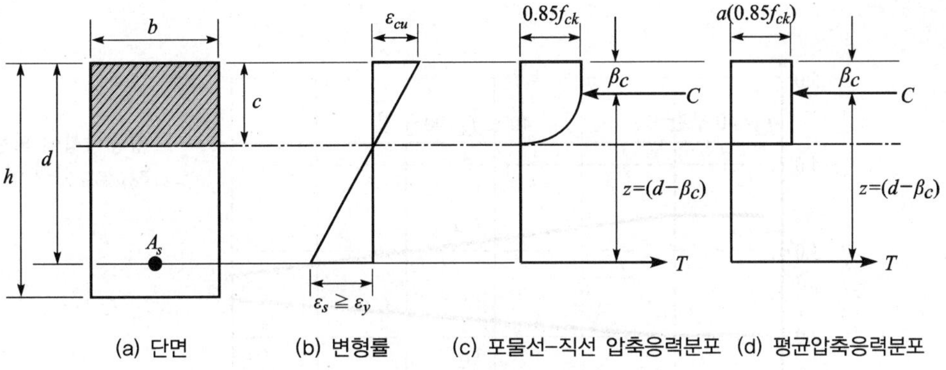

그림 3.12 콘크리트의 평균 압축응력 분포

표 3.1은 평균 압축응력 분포를 구하기 위한 실험상수 α, β 및 ϵ_{co}, ϵ_{cu}를 나타낸 것이며, 그림 3. 13 및 그림 3.14는 이들 실험상수를 그림으로 나타낸 것이다. 여기서 ϵ_{co}, ϵ_{cu}은 각각 식(3,4), 식(3,5)을 적용한 것이다. 이들 실험상수는 콘크리트의 설계기준 압축강도가 $f_{ck} = 90\text{MPa}$을 초과하는 경우에는 적용할 수 없다. 또한 이들 값은 원형이나 삼각형 등과 같은 사각형이 아닌 단면에서는 적용되지 않는다.

참고 4 콘크리트의 압축응력분포의 적용

휨강도를 구하기 위해서는 콘크리트의 압축응력 분포를 알아야 한다. 압축응력 분포는 포물선-직선 형상으로 구성되어 있지만, 계산의 편의를 위하여 평균 압축응력 분포를 사용하거나 등가 압축응력 분포를 사용한다. 그러나 평균압축응력 분포는 직사각형 단면에서만 사용 가능하며, 등가 압축응력 분포는 사각형 단면을 포함한 모든 형상의 단면에서도 사용이 가능하다.

표 3.1 콘크리트 최대 압축 변형률 및 압축응력 분포의 파라미터 값[평균 압축응력 블록]

f_{ck}(MPa)	≤40	50	60	70	80	90
n	2.00	1.92	1.50	1.29	1.22	1.20
ϵ_{co}	0.0020	0.0021	0.0022	0.0023	0.0024	0.0025
ϵ_{cu}	0.0033	0.0032	0.0031	0.0030	0.0029	0.0028
α	0.80	0.78	0.72	0.67	0.63	0.59
β	0.40	0.40	0.38	0.37	0.36	0.35

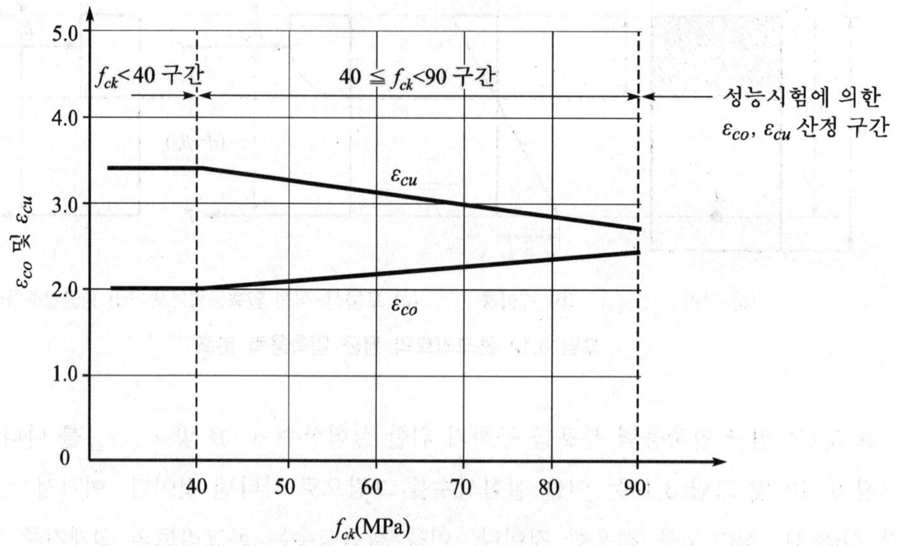

그림 3.13 콘크리트 압축 연단에서의 변형률 ϵ_{co} 및 ϵ_{cu}

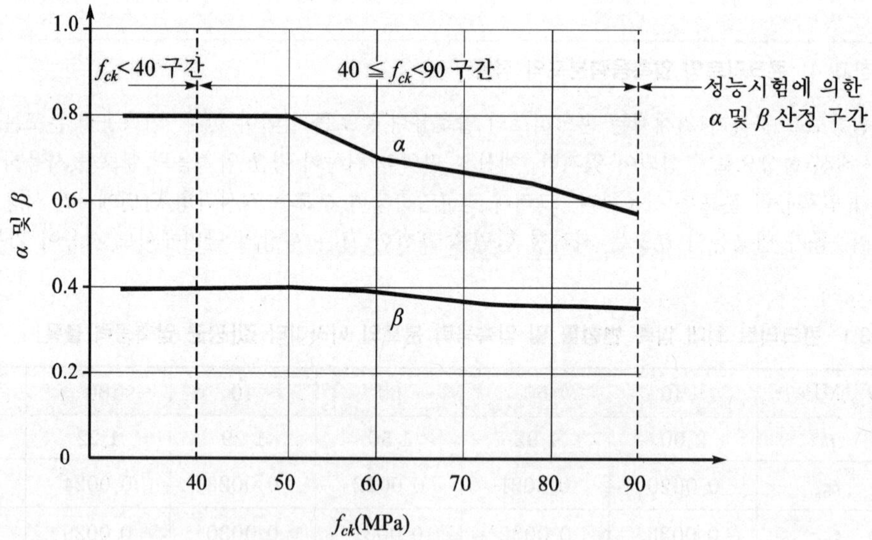

그림 3.14 콘크리트의 평균 압축응력의 α 및 β값

예제 3.3 그림 3.15(a)와 같은 직사각형 보의 설계휨강도를 평균압축응력 분포를 이용하여 계산하여 보자. 다만, 이 보는 콘크리트의 압축파괴가 일어나기 전에 인장철근의 항복에 의해 보의 파괴가 일어나는 것으로 가정한다.

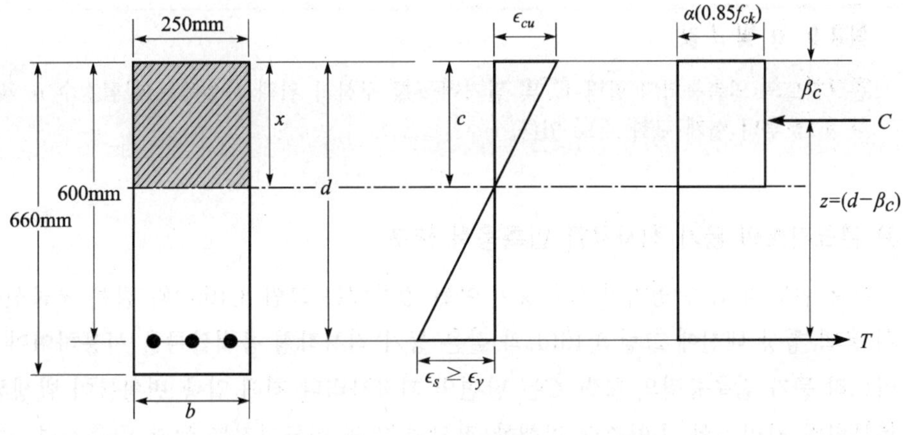

그림 3.15 직사각형 보의 해석

풀이

식(3,3), 식(3,4), 식(3,5)로부터 $f_{ck} > 40\text{MPa}$인 경우, $n = 2.0$, $\epsilon_{co} = 0.002$이고, $\epsilon_{cu} = 0.0033$이므로, 실험정수 α는 식(3,21)을 사용하면,

$$k = \left(\frac{\epsilon_{co}}{\epsilon_{cu}}\right) = \frac{0.002}{0.0033} = 0.61$$

$$\alpha = 1 - \frac{1}{n+1}k = 1 - \frac{1}{2+1} \times 0.61 = 0.80$$

그림 3.15(c)에 $\Sigma H = 0$을 적용하면,

$C = T$로부터 $\alpha(0.85f_{ck})bc = f_y A_s$이므로

$$c = \frac{f_y A_s}{\alpha(0.85f_{ck})b} = \frac{350 \times 1500}{0.80 \times (0.85 \times 28) \times 250} = 110.3\,\text{mm}$$

또한, 식(3,22)를 사용하면

$$\beta = 1 - \frac{0.5 - \frac{1}{(1+n)(2+n)}k^2}{1 - \frac{1}{(1+n)}k} = 1 - \frac{0.5 - \frac{1}{(1+2)(2+2)} \times 0.61^2}{1 - \frac{1}{(1+2)} \times 0.61} = 0.4$$

내력 모멘트의 팔거리 z는 그림 3.15(c)로부터

$$z = (d - \beta c) = 600 - (0.4 \times 110.3) = 555.9\,\text{mm}$$

그러므로 극한상태에서의 저항모멘트, 즉 공칭휨강도 M_n은 그림 3.15(c)로부터 다음과 같이 계산된다.

$$
\begin{aligned}
M_n &= T \times z = f_y A_s (d - \beta c) \\
&= 350 \times 1500 \times 555.9 \times 10^{-6} \\
&= 291.85\,\mathrm{kN \cdot m}
\end{aligned}
$$

참고 5 α 및 β 값

콘크리트의 압축응력의 합력 C 및 팔거리 z를 구하기 위해 사용하는 실험정수 α 및 β값은 표 3.1로부터 쉽게 구할 수도 있다.

4) 콘크리트의 등가 직사각형 압축응력 분포

부재 단면의 압축 영역이 사각형이 아닌 경우에는 그림 3.16(c)와 같은 포물선-직선 형상의 응력 형상 대신에 그림 3.16(d)와 같은 등가 직사각형 응력블록을 사용하여야 한다. 콘크리트의 등가 압축응력의 합력 C는 단면의 가장자리나 최대 압축 변형률이 발생하는 연단으로부터의 거리 a와 중립축과 평행한 직선에 의해 이루어지는 등가 압축응력 $\eta(0.85 f_{ck})$를 곱한 면적에 단면의 폭 b를 곱한 값이다.

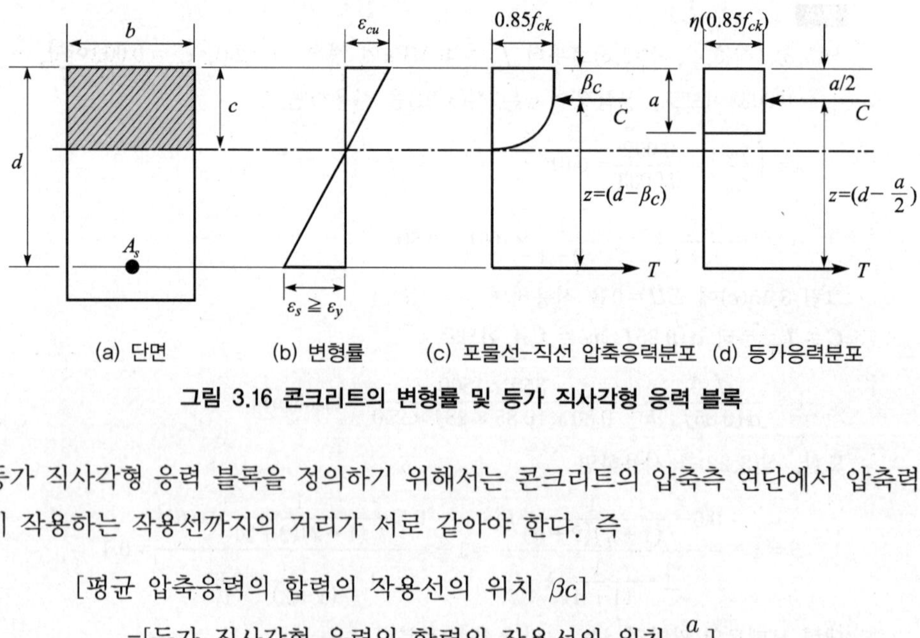

그림 3.16 콘크리트의 변형률 및 등가 직사각형 응력 블록

등가 직사각형 응력 블록을 정의하기 위해서는 콘크리트의 압축측 연단에서 압축력의 합력이 작용하는 작용선까지의 거리가 서로 같아야 한다. 즉

[평균 압축응력의 합력의 작용선의 위치 βc]

=[등가 직사각형 응력의 합력의 작용선의 위치 $\frac{a}{2}$]

$$\beta c = \frac{a}{2} = \frac{1}{2}\beta_1 c, \quad \therefore \beta_1 = 2\beta \tag{3.23}$$

또한, 압축력의 합력의 크기는 같아야 하므로 평균 압축응력 블록의 면적과 등가 압축응력 블록의 면적이 같으면 된다. 즉

[평균 압축응력 블록의 면적]=[등가 직사각형 응력 블록의 면적]

$$\alpha(0.85f_{ck})c = \eta(0.85f_{ck})a$$

$$\alpha(0.85f_{ck})c = \eta(0.85f_{ck})(\beta_1 c)$$

$$\therefore \eta = \frac{\alpha}{\beta_1} = \frac{\alpha}{2\beta} \tag{3.24}$$

표 3.2는 등가 직사각형 응력 블록 계산에 사용되는 파라미터 η 및 β_1값을 나타낸 것이다. 콘크리트의 설계기준 압축강도가 $f_{ck} \leq 40\text{MPa}$인 경우에는 $\eta = 1.00$, $\beta_1 = 0.8$로서 일정한 값을 가지며, 이 압축강도 범위를 초과하면 이들 값은 변화한다. 그림 3.17은 압축강도의 변화에 따른 η 및 β_1값을 그림으로 나타낸 것이다.

표 3.2 콘크리트의 최대 압축변형률 및 압축응력 분포의 파라미터값[등가직사각형 응력 블록]

f_{ck}(MPa)	≤40	50	60	70	80	90
ϵ_{cu}	0.0033	0.0032	0.0031	0.0030	0.0029	0.0028
η	1.00	0.97	0.95	0.91	0.87	0.84
β_1	0.80	0.80	0.76	0.74	0.72	0.70

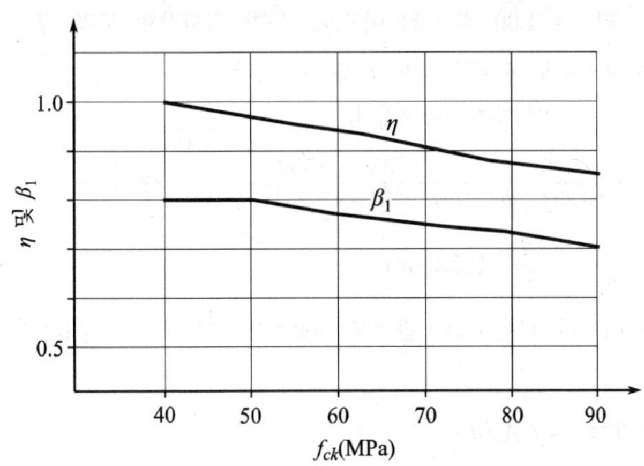

그림 3.17 콘크리트의 등가 직사각형 응력블록의 η 및 β_1값

한편, 등가 직사각형 응력 블록은 실험을 통해 얻어진 평균 압축응력 블록에 의해 구해진 결과이므로, 직사각형 보에 있어서 중립축의 위치, 인장지배단면 및 압축지배단면의 판정, 강도감소계수, 공칭휨강도 등을 계산할 때에는 어떠한 응력 블록을 사용하더라도 그 결과는 같다.

예제 3.4 그림 3.18(a)와 같은 직사각형 보에 있어서 등가 압축응력 블록을 이용하여 공칭휨강도를 계산하여 보자. 여기서, 콘크리트의 설계기준 압축강도는 $f_{ck}=28\text{MPa}$이고, 인장철근의 항복강도는 $f_y=350\text{MPa}$이다. 다만, 이 보는 콘크리트의 압축파괴가 일어나기 전에 인장철근의 항복에 의해 보의 파괴가 일어나는 것으로 가정한다.

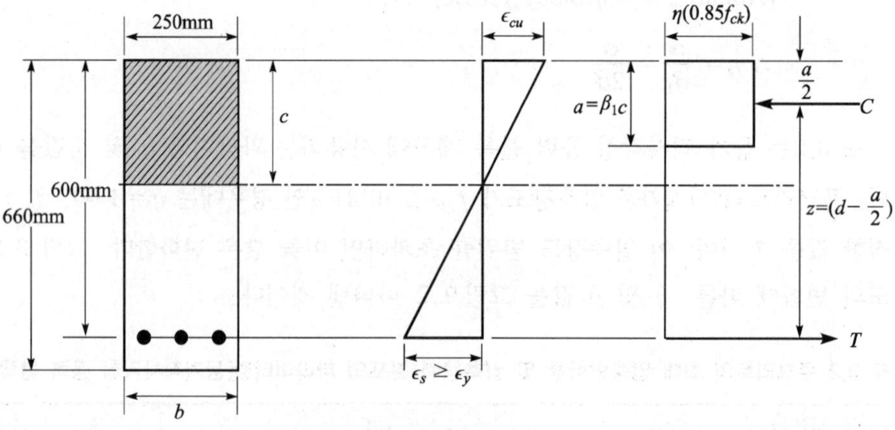

(a) 단면 (b) 변형률 (c) 콘크리트의 등가응력블록

그림 3.18 등가 직사각형 응력 블록에 의한 보의 해석

풀이

콘크리트의 설계기준 압축강도가 40MPa이하인 경우, 등가 압축응력 블록의 파라미터는 표 3.2로부터 $\eta=1.00,\ \beta_1=0.8$ 이므로, 등가 직사각형 응력 깊이 a는 그림 3.18(c)에 $\Sigma H=0$을 적용하면 다음과 같이 구할 수 있다.

$$C=T\ ,\qquad \eta(0.85f_{ck})ab=f_yA_s$$

$$\therefore a=\frac{f_yA_s}{\eta(0.85f_{ck})b}=\frac{350\times1500}{1.00\times(0.85\times28)\times250}=88.2\,\text{mm}$$

$$\therefore c=\frac{a}{\beta_1}=\frac{88.2}{0.8}=110.3\,\text{mm}$$

그림 3.18(c)에서 $M=Tz$의 관계를 적용하면, 이 보의 공칭휨강도는 다음과 같이 구할 수 있다.

$$M_n=T\times z=f_yA_s(d-\frac{a}{2})$$

$$=350\times1500\times(600-\frac{88.2}{2})\times10^{-6}=291.85\,\text{kN}\cdot\text{m}$$

이상의 계산 결과로부터 등가 직사각형 응력 블록을 사용하여 계산된 중립축의 위치, 공칭휨강도는 평균 압축응력 블록을 사용하여 계산한 [예제 3.3]의 결과와 동일하며, 이는 등가 압축응력 블록이 평균 압축응력 블록에서 유도된 점을 고려하면 당연하다.

참고 6 등가응력 블록 깊이 a 쉽게 구하기

[예제 3.3]에서 β=0.4이므로 등가응력 블록의 깊이 a는 식(3.23)으로부터 β_1을 구하면 다음과 같이 간단하게 계산할 수도 있다.

$$\beta_1 = 2\beta = 2\times 0.4 = 0.8,\quad a = \beta_1 c = 0.8\times 110.3 = 88.2\,\text{mm}$$

3.4 인장지배 및 압축지배

철근콘크리트 부재는 순인장변형률(net tensile strain) ϵ_t 의 크기에 따라 압축지배단면, 인장지배단면, 변화구간 등으로 구분한다. 보를 설계할 때에는 보의 파괴가 인장철근의 항복에 의해 충분한 연성을 갖도록 하여야 한다. 이러한 조건을 만족시키기 위해서는 설계된 단면이 인장지배단면이거나 비교적 연성이 큰 변화구간에 들 수 있도록 인장철근량을 산정한다.

3.4.1 순인장변형률

휨강도는 역학적인 방법을 통해 계산할 수 있지만, 최대철근비에 대한 안전 규정 설정은 불가능하다. 이와 같은 안전 규정은 두 가지 형태로 콘크리트구조 설계기준에 제시되어 있다. 하나는 보를 설계할 때 휨강도 계산에서 허용되는 최소 인장철근의 변형률을 명시하는 것이며, 또 하나는 인장변형률에 의한 강도감소계수 ϕ를 규정하는 것이다. 안전 규정은 순인장변형률 ε_t에 근거하고 있으며, 순인장변형률은 인장측 최외단 철근의 인장변형률이다. 순인장변형률은 프리스트레스, 온도변화, 크리프 및 건조수축에 의한 영향을 배제한 인장철근의 변형률이다.

그림 3.19와 같이 인장철근이 2단으로 배근된 경우, 순인장변형률을 구하기 위한 깊이 d_t는 콘크리트의 압축측 연단으로부터 최외단 인장철근까지의 깊이이다. 인장철근이 여러 단으로 배근된 경우 최외단 인장철근까지의 깊이는 d_t이며, 인장철근이 1단으로 배근된 경우 d_t는 유효깊이 d가 된다. 따라서 그림 3.19(b)로부터 보의 순인장변형률 d_t는 다음과 같이 된다.

$$\varepsilon_{cu} : c = \varepsilon_t : (d_t - c)$$

$$\therefore\ \varepsilon_t = \varepsilon_{cu}\frac{d_t - c}{c} \qquad (3.25)$$

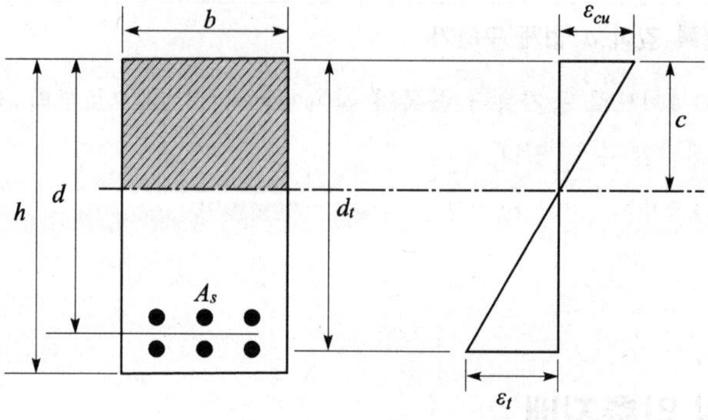

(a) 단면 (b) 변형률

그림 3.19 순인장변형률

3.4.2 압축지배단면

보의 파괴가 콘크리트의 압축파괴에 의해 발생하는 경우는 인장철근의 순인장변형률 ϵ_t가 항복변형률 ϵ_y보다 작을 때이다. 이와 같이 순인장변형률이 항복변형률 보다 작으면 보의 파괴는 압축측 콘크리트의 갑작스런 파쇄에 의해 발생하는 이른바 취성파괴(brillle failure)를 일으킨다. 보의 취성파괴는 콘크리트의 압축력에 의해 지배되며 이러한 보의 단면을 압축지배단면(compression-controlled section)이라고 한다.

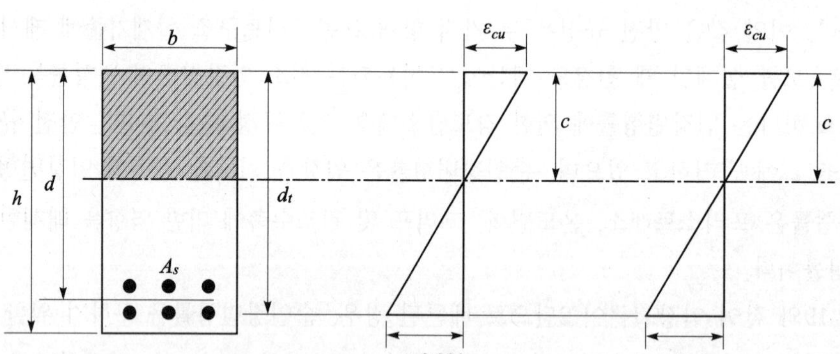

(a) 단면 (b) $f_y \leq 400\text{MPa}$ (c) $f_y > 400\text{MPa}$

그림 3.20 압축지배 단면의 최외단 인장철근의 순인장변형률

콘크리트구조 설계기준에서 규정하고 있는 압축지배단면은 $f_y \leq 400\text{MPa}$인 경우 최외단 인장철근의 순인장변형률 ϵ_t가 0.002 이하이거나, $f_y > 400\text{MPa}$인 경우 순인장변형률 ϵ_t가 항복변형률 ϵ_y 이하인 경우이다. 그림 3.20은 보의 압축지배단면 조건을 나타낸 것이다.

3.4.3 인장지배단면

인장철근의 항복변형률 ε_y보다 순인장변형률 ε_t가 크면, 콘크리트의 압축파괴가 일어나기 전에 인장철근이 먼저 항복한다. 이와 같이 보의 파괴가 인장철근의 항복에 의해 발생하게 되면 철근의 항복고원 특성으로 변형이 증대되어 파괴의 조짐을 미리 알 수 있다. 이와 같은 파괴현상을 연성파괴(ductile failure)라고 한다.

그러나 이와 같은 경우라도 재료의 변동, 시공오차 등에 의해 인장철근이 먼저 항복한다고 보장하기 어렵기 때문에 취성파괴의 가능성은 존재한다. 콘크리트구조 설계기준에서는 보의 충분한 연성파괴를 보장하기 위해 인장철근의 항복강도 f_y가 400MPa 이하인 경우 인장철근의 최외단 순인장변형률 ε_t는 0.005 이상이어야 하며, 항복강도 f_y가 400MPa을 초과하는 경우 순인장변형률 ϵ_t는 $2.5\varepsilon_y$이상이어야 한다고 규정하고 있다. 철근의 순인장변형률이 이러한 조건을 만족하면, 보의 파괴는 인장철근의 항복에 의해 지배되므로 이러한 단면을 인장지배단면(tension-controlled section)이라고 한다. 다음 그림 3.21은 인장지배단면의 조건을 나타낸 것이다.

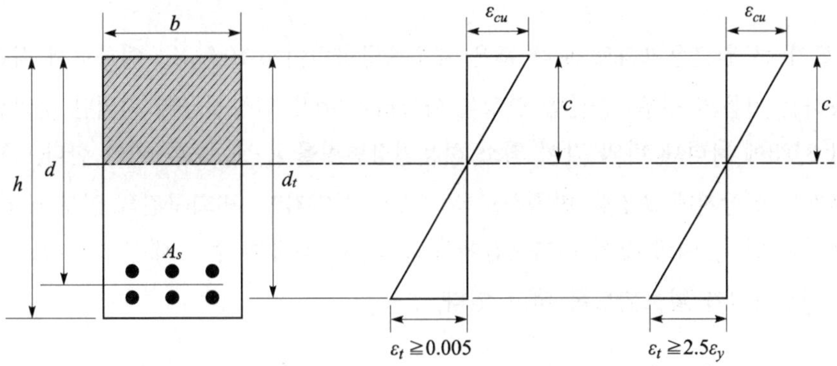

(a) 단면 (b) $f_y \leq 400\text{MPa}$ (c) $f_y > 400\text{MPa}$

그림 3.21 인장지배 단면의 최외단 인장철근의 순인장변형률

3.4.4 변화구간

인장철근의 항복강도가 $f_y \leq 400\text{MPa}$인 경우, 최외단 인장철근의 순인장변형률 ε_t가 $0.002 < \varepsilon_t < 0.005$의 구간에 있을 때, 또한 항복강도가 $f_y > 400\text{MPa}$인 경우, 순인장변형률이 $\varepsilon_t \geq 2.5\varepsilon_y$인 구간에 있을 때, 이 보는 변화구간(transition zone)에 있다고 한다. 일반적으로 휨부재는 인장지배 단면이고, 압축부재는 압축지배 단면이지만, 축방향력이 작고 휨모멘트가 큰 부재는 압축지배 단면과 인장지재 단면 사이의 변화구간에 있게 된다. 다음 그림 3.22는 변화구간의 조건을 나타낸 것이다.

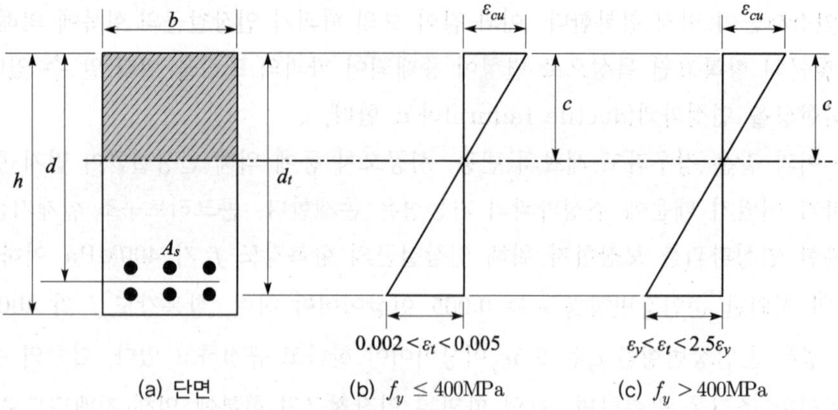

그림 3.22 변화구간 단면

3.4.5 보의 허용 인장변형률

휨모멘트가 큰 철근콘크리트 보나 혹은 계수축방향력이 $0.10f_{ck}A_g$ 이하로서 작은 보와 같이 거동하는 기둥의 경우, 충분한 연성을 확보하기 위해 인장철근의 최외단 순인장변형률 ϵ_t는 그림 3.23에 나타낸 바와 같이 최소 허용인장변형률 $\varepsilon_{t(\min)}$보다 커야 한다. 즉 일반적으로 휨부재는 인장지배 조건을 만족하도록 설계되고 있지만, 변화구간의 일부를 휨부재 설계에 적용하고 있다. 이와 같이 변화구간에서 $\epsilon_{t(\min)}$을 허용해 주는 대신 강도감소계수 ϕ를 감소시켜 연성파괴가 확보되도록 하고 있다.

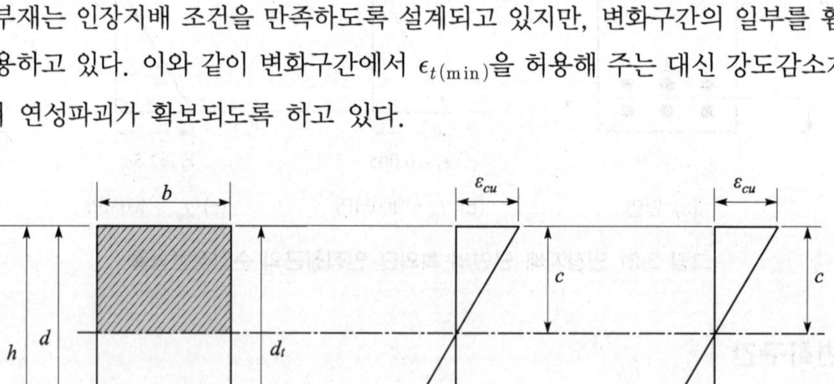

그림 3.23 휨부재의 최소 허용변형률

표 3.3은 단면조건에 따른 최외단 인장철근의 순인장변형률, 허용인장변형률을 나타낸 것이다.

표 3.3 인장철근의 최외단 순인장변형률과 단면조건

조건	철근의 항복 여부	허용인장 변형률
압축지배 단면	$f_y \le 400\text{MPa}$	$\varepsilon_t \le 0.002$
	$f_y > 400\text{MPa}$	$\varepsilon_t \le \varepsilon_y$
인장지배 단면	$f_y \le 400\text{MPa}$	$\varepsilon_t \ge 0.005$
	$f_y > 400\text{MPa}$	$\varepsilon_t \ge 2.5\varepsilon_y$
변화구간 단면	$f_y \le 400\text{MPa}$	$0.002 < \varepsilon_t < 0.005$
	$f_y > 400\text{MPa}$	$\varepsilon_y < \varepsilon_t < 2.5\varepsilon_y$
휨부재의 최소 허용변형률	$f_y \le 400\text{MPa}$	$\varepsilon_{t(\min)} = 0.004$
	$f_y > 400\text{MPa}$	$\varepsilon_{t(\min)} = 2.0\varepsilon_y$

3.4.6 보의 강도감소계수 ϕ의 조정

보가 파괴될 때 충분한 연성 확보를 위해 인장지배단면으로 설계해야 하지만, 변화구간이라 하더라도 최외단 인장철근의 순인장변형률이 허용인장변형률 $\varepsilon_{t(\min)}$보다 크면 연성이 확보되는 것으로 보고 설계가 가능하도록 규정하고 있다. 그러나 연성파괴 조건을 다소 완화시키는 대신 강도감소계수 ϕ를 0.85보다 작게 하여 설계휨강도를 감소시킴으로서 연성파괴를 확보하고 있다.

그림 3.24와 같이 $f_y \le 400\text{MPa}$인 경우, 인장지배단면이 되기 위한 최외단 인장철근의 순인장변형률 ϵ_t는 인장지배 변형률 한계 0.005 이상이어야 하며, 0.005에 대응하는 강도감소계수는 $\phi = 0.85$이다. 순인장변형률이 $0.004 < \varepsilon_t < 0.005$인 변화구간에 대응하는 강도감소계수는 그 밖의 부재(휨부재, 띠철근 기둥 등)의 경우 $0.78 < \phi < 0.85$의 범위에 있으며, 임의의 순인장변형률에 대한 강도감소계수는 직선보간으로 구할 수 있다.

그림 3.25와 같이 $f_y > 400\text{MPa}$인 경우, 인장지배단면이 되기 위한 ϵ_t는 인장지배 변형률 한계 $2.5\epsilon_y$이상이어야 하며, 이 값에 상응하는 강도감소계수는 $\phi = 0.85$이다. 순인장변형률이 $2.0\varepsilon_y < \varepsilon_t < 2.5\varepsilon_y$의 범위에 있는 변화구간에 대응하는 강도감소계수는 그 밖의 부재의 경우 $0.78 < \phi < 0.85$의 범위에 있으며, 임의의 순인장변형률에 대응하는 강도감소계수 ϕ는 직선보간으로 구할 수 있다.

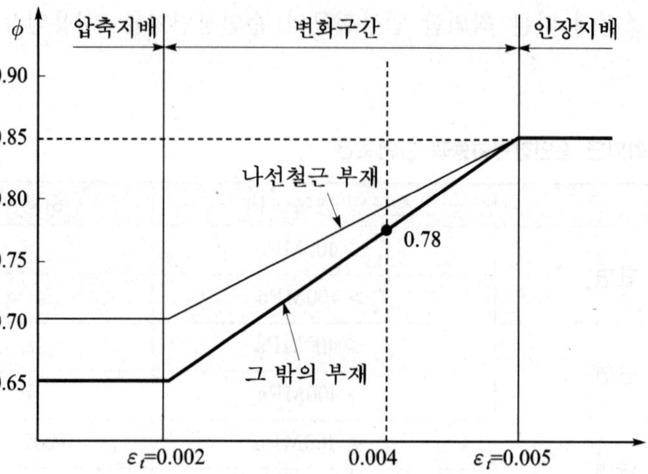

그림 3.24 순인장변형률과 강도감소계수($f_y \leq 400\text{MPa}$의 경우)

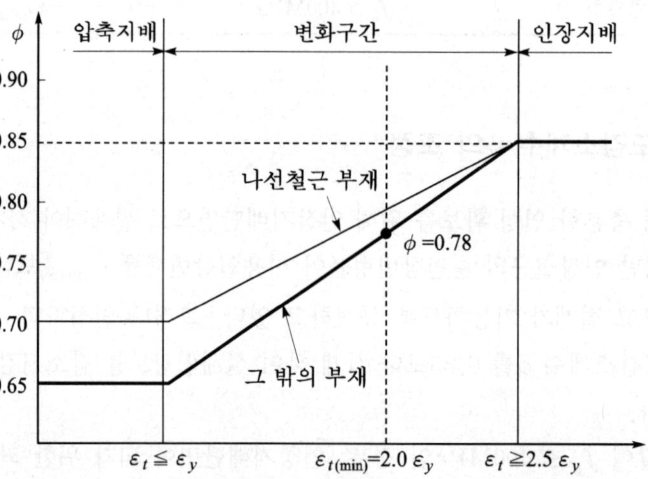

그림 3.25 순인장변형률과 강도감소계수($f_y > 400\text{MPa}$의 경우)

예제 3.5 그림 3.26(a)와 같은 직사각형 보에 있어서 콘크리트의 평균 압축응력 블록을 사용하여 인장지배단면 여부를 검토하고, 강도감소계수 ϕ를 구하시오. 여기서, 철근의 항복강도 $f_y = 400\text{MPa}$, 콘크리트의 설계기준 압축강도 $f_{ck} = 28\text{MPa}$이다.

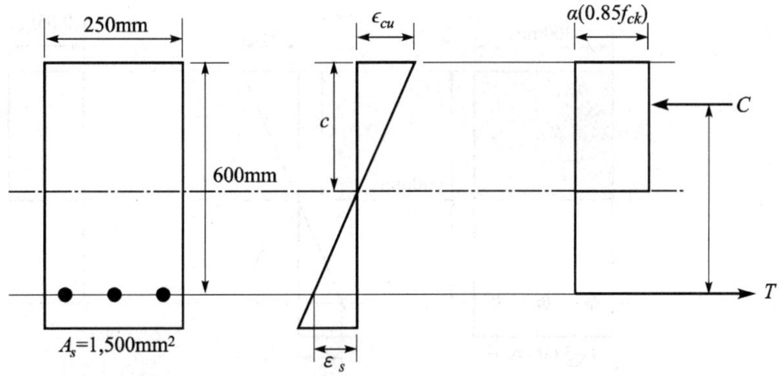

(a) 단면 (b) 변형률 (c) 콘크리트의 평균 압축응력

그림 3.26

풀이

표 3.1로부터 $f_{ck} = 28\text{MPa}$인 경우 $\epsilon_{cu} = 0.0033$, $\alpha = 0.8$이고, 그림 3.26(c)의 평균 압축응력 블록에 $\Sigma H = 0$을 적용하면,

$$C = T \ , \ \alpha(0.85f_{ck})bc = f_y A_s$$

$$c = \frac{f_y A_s}{\alpha(0.85f_{ck})b} = \frac{400 \times 1500}{0.80 \times (0.85 \times 28) \times 250} = 126.1\,\text{mm}$$

순인장변형률 식(3,23)으로부터

$$\varepsilon_t = \varepsilon_{cu}\frac{d_t - c}{c} = 0.0033 \times \frac{600 - 126.1}{126.1} = 0.0124$$

$$\therefore \ \epsilon_t = 0.0124 > 0.005$$

따라서, 이 보는 인장지배단면이 된다.

또한 $\epsilon_t = 0.0124 > 2.5\epsilon_y = 0.00625$의 범위에 있으므로 강도감소계수는 $\phi = 0{,}85$가 된다.

참고 7 α값의 계산

식(3,21)로부터 α를 계산해 보자.

$f_{ck} \le 40\text{MPa}$인 경우, $n = 2$, $\epsilon_{co} = 0.002$, $\epsilon_{cu} = 0.0033$ 이므로

$$k = \frac{\epsilon_{co}}{\epsilon_{cu}} = \frac{0.002}{0.0033} = 0.61, \qquad \therefore \ \alpha = 1 - \frac{1}{n+1}k = 1 - \frac{1}{2+1} \times 0.61 = 0.8$$

예제 3.6 그림 3.27(a)와 같은 직사각형 보에 있어서 인장지배단면 여부를 검토하고, 강도감소계수 ϕ를 구하시오. 여기서, 철근의 항복강도 $f_y = 400\text{MPa}$, 콘크리트의 설계기준 압축강도 $f_{ck} = 24\text{MPa}$이다.

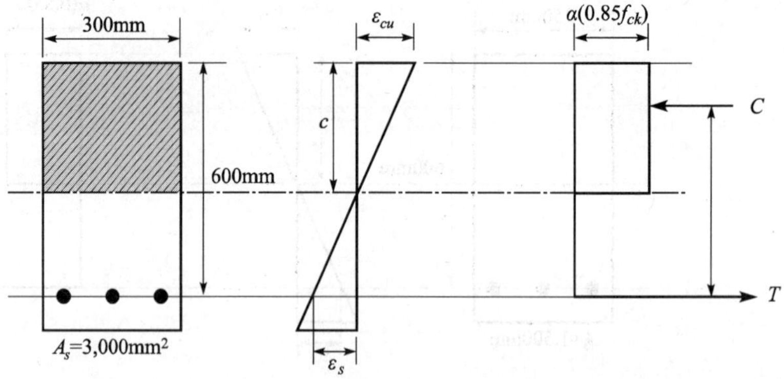

(a) 단면 (b) 변형률 (c) 콘크리트의 평균 압축응력

그림 3.27 평균 압축응력 블록

풀이

(a) 평균 압축응력 블록을 이용하는 경우

표 3.1로부터 $f_{ck} = 30\text{MPa}$인 경우 $\alpha = 0.8$, $\epsilon_{cu} = 0.0033$이고, 그림 3.27(c)에 $\Sigma H = 0$을 적용하면,

$$C = T\ ,\ \alpha(0.85 f_{ck})bc = f_y A_s$$

$$c = \frac{f_y A_s}{\alpha(0.85 f_{ck})b} = \frac{400 \times 3000}{0.80 \times (0.85 \times 24) \times 300} = 245.1\,\text{mm}$$

순인장변형률 식(3,25)로부터

$$\varepsilon_t = \varepsilon_{cu}\frac{d_t - c}{c} = 0{,}0033 \times \frac{600 - 245.1}{245.1} = 0.0048$$

$$\therefore\ \epsilon_{t(\min)} = 0.004 < \epsilon_t = 0.0048 < 2\epsilon_y = 0.005$$

따라서, 이 보는 변화구간에 있는 단면이며, 강도감소계수는 감소시켜야 한다.

그림 3.28로부터 강도감소계수는 다음과 같이 계산된다.

$$0.003 : 0.2 = (0.0048 - 0.002) : \phi_1$$

$$\therefore \phi_1 = 0.19,\quad \phi = 0.65 + 0.19 = 0.84$$

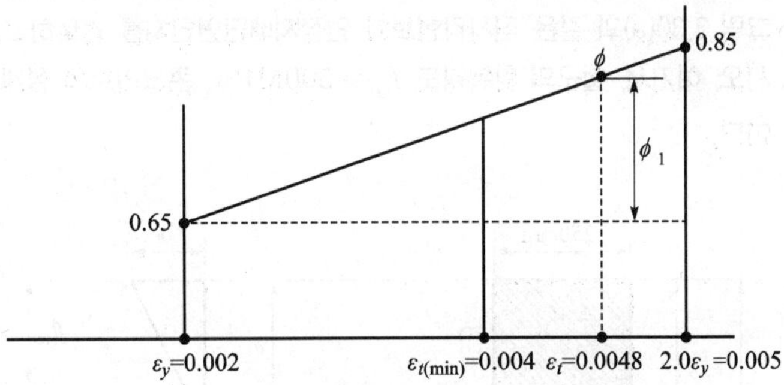

그림 3.28

(b) 등가 직사각형 압축응력 블록을 이용하는 경우.

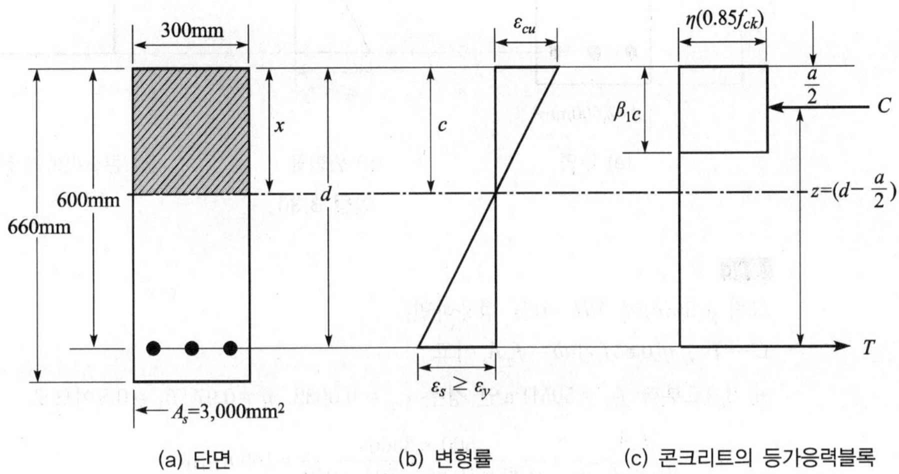

그림 3.29 등가 직사각형 압축응력 블록

그림 3.29(c)에 $\Sigma H=0$을 적용하면,

$C=T$, $\eta(0.85f_{ck})ab=f_y A_s$이고

표 3.1로부터 $f_y=40\text{MPa}$인 경우 $\eta=1.0$, $\beta_1=0.8$이므로

$$a=\frac{f_y A_s}{\eta(0.85f_{ck})b}=\frac{400\times 3000}{1.0\times(0.85\times 24)\times 300}=196.1\,\text{mm}$$

$$c=\frac{a}{\beta_1}=\frac{196.1}{0.8}=245.1\,\text{mm}$$

중립축이 평균 압축응력을 사용하여 계산한 경우와 같다. 따라서 이 보는 변화구간의 단면이며, 강도감소계수는 $\phi=0.84$가 된다.

예제 3.7 그림 3.30(a)과 같은 직사각형보가 인장지배단면인지를 검토하고, 강도감소계수 ϕ를 구하시오. 여기서, 철근의 항복강도 $f_y = 500\text{MPa}$, 콘크리트의 설계기준강도 $f_{ck} = 50\text{MPa}$이다.

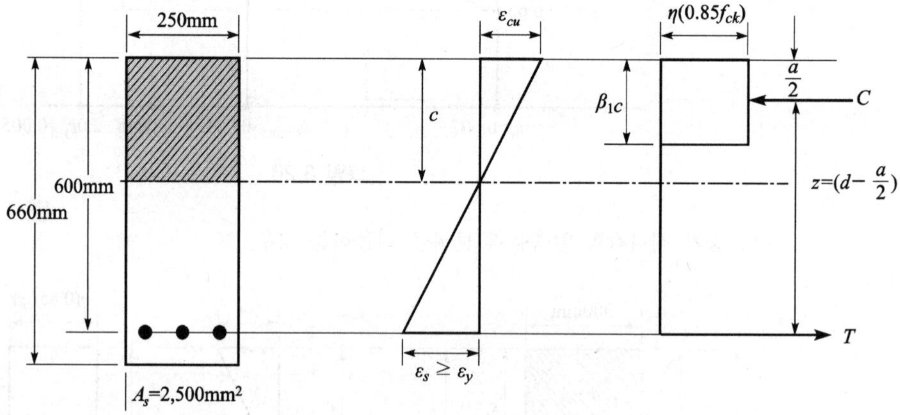

(a) 단면 (b) 변형률 (c) 콘크리트의 등가응력블록

그림 3.30

풀이

그림 3.30(c)에 $\Sigma H = 0$을 적용하면,

$C = T$, $\eta(0.85f_{ck})ab = f_y A_s$이고

표 3.2로부터 $f_{ck} = 50\text{MPa}$인 경우 $\epsilon_{cu} = 0.0032$, $\eta = 0.97$, $\beta_1 = 0.8$이므로

$$a = \frac{f_y A_s}{\eta(0.85f_{ck})b} = \frac{500 \times 3500}{0.97 \times (0.85 \times 50) \times 250} = 169.8\text{mm}$$

$$c = \frac{a}{\beta_1} = \frac{169.8}{0.8} = 212.2\text{mm}$$

순인장변형률 식(3.25)로부터

$$\varepsilon_t = \varepsilon_{cu}\frac{d_t - c}{c} = 0.0032 \times \frac{600 - 212.2}{212.2} = 0.0058$$

$f_y = 500\text{MPa}$인 경우 인장지배단면이 되기 위한 인장 변형률 표 3.3(그림 3.21)으로부터

$$2.5\epsilon_y = 2.5 \times \frac{500}{2.0 \times 10^5} = 0.00625$$

$$\therefore\ \epsilon_t = 0.0058 < 2.5\epsilon_y$$

따라서, 이 보는 변화구간에 있다.

이 보의 허용 인장변형률은 표 3.3(그림 3.23)로부터

$$\epsilon_{t(\min)} = 2.0\epsilon_y = 2.0 \times \frac{500}{2.0 \times 10^5} = 0.005$$

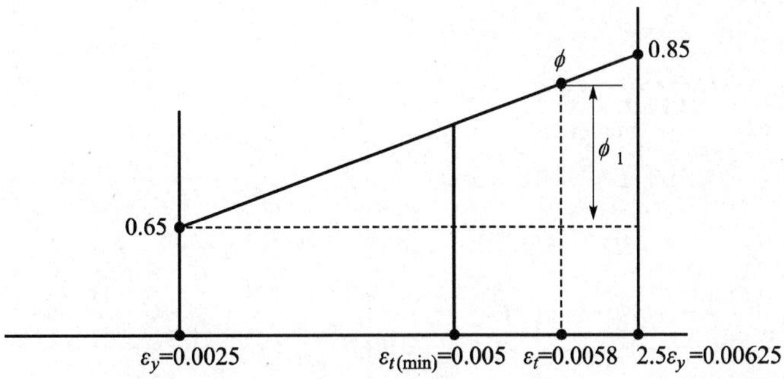

그림 3.31

따라서, 인장변형률은 $0.005 < \epsilon_t = 0.0058 < 0.00625$의 범위에 있으므로, 이 보의 인장변형률 $\epsilon_t = 0.0058$에 대응하는 강도감소계수 ϕ를 보간법에 의해 계산해 보자. 그림 3.31로부터

$$(0.00625 - 0.0025) : 0.2 = (0.0058 - 0.0025) : \phi_1$$

$$\therefore \phi_1 = 0.14$$

그러므로, $\varepsilon_t = 0.0058$에 대한 강도감소계수 ϕ는 다음과 같이 계산된다.

$$\therefore \ \phi = 0.65 + \phi_1 = 0.65 + 0.18 = 0.83$$

제4장

휨부재

이 장은 이 장은 콘크리트구조 설계기준 [KDS 14 20 20 콘크리트 휨 및 압축 설계기준]의 규정에 따라 작성한 것이다.

4.1 개요

단면의 파괴상태를 근거로 성립된 강도설계법에서는 설계하중에 의해 구한 단면력에 하중계수를 곱한 계수 단면력이 단면이 가지는 설계 단면력 이하가 되도록 설계하는 것이다. 단면력을 구하기 위해서는 구조역학의 지식을 필요로 한다. 이 장에서는 주로 설계 휨내력인 설계단면력 ϕM_n을 구하는 방법에 대해서 설명하며, 또한 콘크리트 단면 및 철근량을 구하는 단면 설계 방법에 대하여 알아보기로 한다. 이를 위해서는 설계상 가정한 변형률 및 휨응력의 분포, 콘크리트 및 철근의 응력-변형률 곡선을 사용한다. 파괴상태의 단면에 있어서 콘크리트의 압축응력 분포는 포물선 분포를 나타내고 있지만, 계산의 편의성 등을 고려하여 등분포의 등가 압축응력 블록이나 평균 압축응력 블록을 사용하며, 이들을 근거로 단철근 및 복철근 직사각형 보 및 T형보의 설계휨강도를 구하는 방법과 콘크리트 및 철근량을 구하는 단면설계 방법에 대해서 설명한다. 또한 이들의 이해를 돕기 위해 각각의 단면에 대해 설계휨강도를 구하고, 단면적을 구하는 이른바 단면설계에 대하여 예제를 다루기로 한다.

4.2 단철근직사각형보

4.2.1 균형단면 및 균형철근

1) [평균 압축응력 분포]를 사용하는 경우

그림 4.1과 같은 직사각형 보에서 인장구역에만 철근을 배치한 보를 단철근 직사각형 보라고 한다. 이러한 보에 어떤 특정한 양의 인장철근이 배근되면, 인장철근이 항복강도 f_y에 도달하고 동시에 콘크리트의 압축측 연단의 변형률이 극한변형률 ε_{cu}에 도달하게 되면 이론적으로는 인장철근의 항복과 동시에 콘크리트가 압축파괴를 일으키게 된다. 이러한 단면을 균형단면(balanced section)이라 하며, 이러한 파괴를 균형파괴(balanced failure)라 한다.

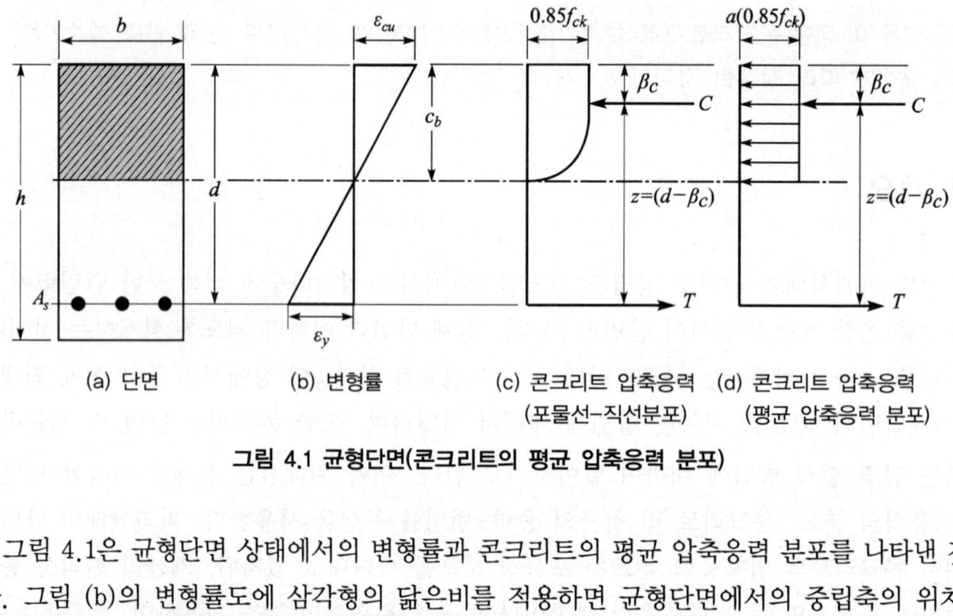

(a) 단면 (b) 변형률 (c) 콘크리트 압축응력 (포물선-직선분포) (d) 콘크리트 압축응력 (평균 압축응력 분포)

그림 4.1 균형단면(콘크리트의 평균 압축응력 분포)

그림 4.1은 균형단면 상태에서의 변형률과 콘크리트의 평균 압축응력 분포를 나타낸 것이다. 그림 (b)의 변형률도에 삼각형의 닮은비를 적용하면 균형단면에서의 중립축의 위치 c_b는 다음과 같이 구할 수 있다.

$$\varepsilon_{cu} : c_b = \varepsilon_y : (d - c_b)$$

$$\therefore \ c_b = \frac{\varepsilon_{cu}}{\varepsilon_{cu} + \varepsilon_y} d \qquad (4.1)$$

그림 4.1(d)에 $\Sigma H = 0$를 적용하면 $C = T$이고, 인장철근비를 $\rho = \dfrac{A_s}{bd}$로 정의하면 식 (4.2)가 얻어진다.

$$\alpha(0.85f_{ck})bc_b = f_yA_s, \quad \alpha(0.85f_{ck})bc_b = f_y(\rho bd)$$

$$\therefore \ \rho = 0.85\alpha\frac{f_{ck}}{f_y}\frac{c_b}{d} \tag{4.2}$$

균형단면이 되기 위한 변형적합조건 식(4.1)을 식(4.2)에 대입하면, 균형철근비는 다음 식(4.3)과 같이 된다.

$$\therefore \ \rho_b = 0.85\alpha\frac{f_{ck}}{f_y}\frac{\epsilon_{cu}}{\epsilon_{cu}+\varepsilon_y} \tag{4.3}$$

여기서, $\alpha = 1 - \frac{1}{1+n}k, \ k = \frac{\epsilon_{co}}{\epsilon_{cu}}$

$$\epsilon_{cu} = 0.0033 - \left(\frac{f_{ck}-40}{100{,}000}\right) \le 0.0033$$

2) [등가 직사각형 압축응력 분포]를 사용하는 경우

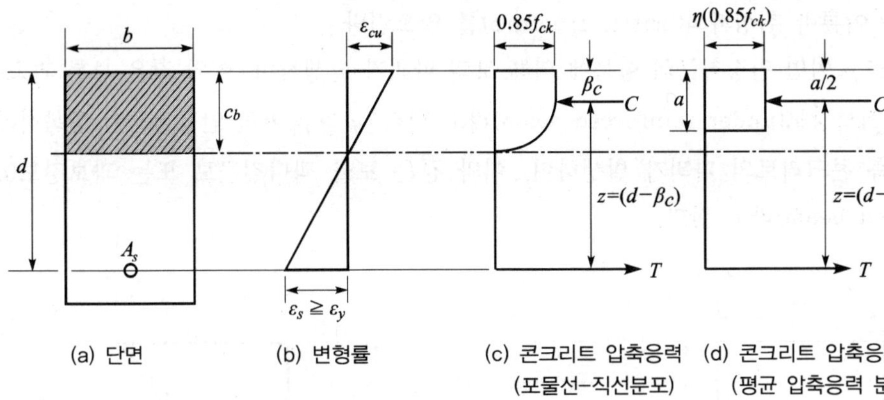

그림 4.2 균형단면(등가 직사각형 압축응력 분포)

그림 4.2(d)에 $\Sigma H = 0$를 적용하면 $C = T, \ \rho_s = \frac{A_s}{bd}$ 이므로

$$\eta(0.85f_{ck})ab = f_yA_s, \quad \eta(0.85f_{ck})(\beta_1c_b)b = f_y(\rho bd)$$

$$\therefore \ \rho = 0.85\beta_1\eta\frac{f_{ck}}{f_y}\frac{c_b}{d} \tag{4.4}$$

균형단면이 되기 위한 변형적합조건 식(4.1)을 식(4.4)에 대입하면, 이때의 균형철근비는 다음과 같이 된다.

$$\rho_b = 0.85\beta_1\eta\frac{f_{ck}}{f_y}\frac{\epsilon_{cu}}{\epsilon_{cu}+\varepsilon_y} \qquad (4.5)$$

여기서, $f_{ck} \leq 40\text{MPa}$일 때 $\eta = 1.0$, $\beta_1 = 0.8$

$f_{ck} > 40\text{MPa}$일 때 η, β_1는 표 3.2와 같다.

3) 연성파괴와 취성파괴

일반적으로 보의 파괴형태는 인장철근비 ρ와 균형철근비 ρ_b를 비교함으로서 알 수 있다. 그림 4.3은 세 가지 서로 다른 철근이 배근되었을 때의 변형률을 나타낸 것이다. 중립축의 위치는 철근비(철근량)에 따라 달라진다. 만약 철근비 ρ가 균형철근비 ρ_b보다 작으면 중립축이 균형상태의 중립축보다 위로 올라가 인장철근의 변형률이 커지면서 항복하게 되는 이른바 연성파괴(ductile fracture)를 일으킨다. 또한, 철근비 ρ가 균형철근비 ρ_b보다 크면 중립축이 균형상태의 중립축보다 아래로 내려가기 때문에 인장철근의 변형률이 작아져서 항복점에 도달하기 전에 압축측 콘크리트의 변형률이 극한값 ε_{cu}에 도달하여 압축파괴가 먼저 발생하는 이른바 취성파괴(brittle fracture)를 일으킨다.

즉, $\rho \leq \rho_b$이면 인장철근의 항복에 의해 보의 파괴가 발생하며, 이와 같은 보를 과소철근보 또는 저보강보(under reinforced beam)라고 한다. $\rho > \rho_b$이면 인장철근이 항복하기 전에 압축측 콘크리트의 파괴가 발생하며, 이와 같은 보를 과다철근보 또는 과보강보(over reinforced beam)라고 한다.

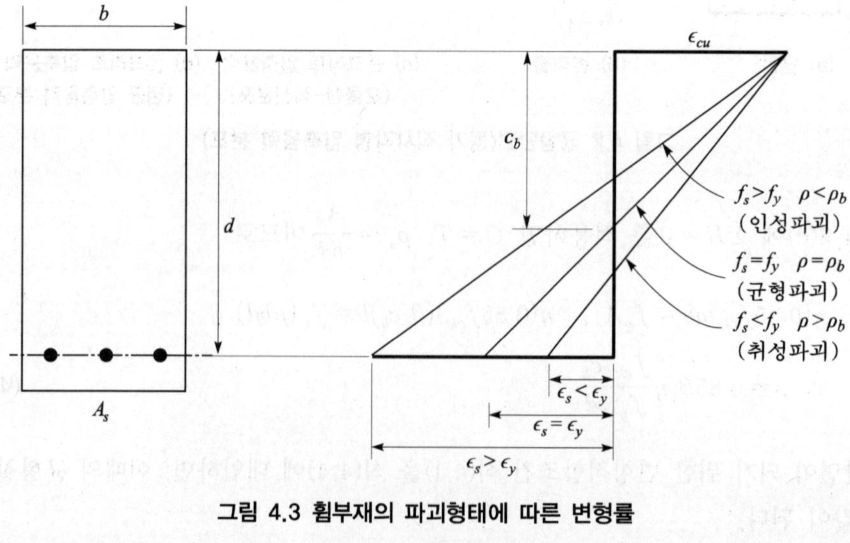

그림 4.3 휨부재의 파괴형태에 따른 변형률

4.2.2 철근량(비)의 제한조건

1) [평균 압축응력 분포]을 사용할 때의 최대철근비

콘크리트의 갑작스런 압축파괴를 억제하고 인장철근의 항복에 의한 연성파괴를 보장하기 위해 최외단 인장철근의 변형률 ϵ_t는 최소 허용변형률 $\epsilon_{t(\min)}$보다 커야 한다. [평균 압축응력 분포]을 적용하여 이러한 조건을 만족시키기 위한 최대 인장철근비는 식(4.3)의 균형철근비의 식에서 ϵ_y 대신 $\epsilon_{t(\min)}$을 대입하면 다음과 같은 식이 된다.

$$\rho_{\max} = 0.85\alpha \frac{f_{ck}}{f_y} \frac{\varepsilon_{cu}}{\varepsilon_{cu} + \varepsilon_{t(\min)}} \tag{4.6}$$

또한. 콘크리트의 설계기준 압축강도 f_{ck}와 인장철근의 항복강도 f_y 조건에 따라 인장철근의 최대철근비는 식(4.6)으로부터 다음 식(4.7)~식(4.10)과 같이 나타낼 수 있다.

여기서, $f_{ck} \leq 40\text{MPa}$일 때 $\alpha = 0.8$, $\epsilon_{cu} = 0.0033$이며, $f_{ck} > 40\text{MPa}$일 때 α, ϵ_{cu}는 표 3.1의 해당 값을 적용한다. 또한, $f_y \leq 400\text{MPa}$일 때 $\epsilon_{t(\min)} = 0.004$이며, $f_y > 400\text{MPa}$일 때에는 $\epsilon_{t(\min)} = 2.0\epsilon_y$를 적용하다.

① $f_{ck} \leq 40\text{MPa}$, $f_y \leq 400\text{MPa}$인 경우의 최대철근비

$$\rho_{\max} = 0.85 \times 0.8 \times \frac{f_{ck}}{f_y} \frac{0.0033}{0.0033 + 0.004} = 0.307 \frac{f_{ck}}{f_y} \tag{4.7}$$

② $f_{ck} > 40\text{MPa}$, $f_y > 400\text{MPa}$인 경우의 최대철근비

$$\rho_{\max} = 0.85\alpha \frac{f_{ck}}{f_y} \frac{\epsilon_{cu}}{\epsilon_{cu} + 2.0\epsilon_y} \tag{4.8}$$

③ $f_{ck} \leq 40\text{MPa}$, $f_y > 400\text{MPa}$인 경우의 최대철근비

$$\begin{aligned} \rho_{\max} &= 0.85 \times 0.8 \times \frac{f_{ck}}{f_y} \frac{0.0033}{0.0033 + 2.0\epsilon_y} \\ &= 0.68 \frac{f_{ck}}{f_y} \frac{0.0033}{0.0033 + 2.0\epsilon_y} \end{aligned} \tag{4.9}$$

④ $f_{ck} > 40\text{MPa}$, $f_y \leq 400\text{MPa}$인 경우의 최대철근비

$$\rho_{\max} = 0.85\alpha \frac{f_{ck}}{f_y} \frac{\epsilon_{cu}}{\epsilon_{cu} + 0.004\epsilon_y} \tag{4.10}$$

2) [등가 직사각형 압축응력 분포]를 사용할 때의 최대철근비

등가 직사각형 압축응력 분포를 사용하는 경우 연성파괴를 보장하기 위해서 최외단 인장철근의 변형률 ϵ_t는 최소 허용변형률 $\epsilon_{t(\min)}$보다 커야 한다. 그러므로 최대 인장철근비는 식(4.5)의 균형철근비의 식에서 ϵ_y 대신에 $\epsilon_{t(\min)}$을 대입하면 다음과 같은 식이 된다.

$$\rho_{\max} = 0.85\beta_1\eta\frac{f_{ck}}{f_y}\frac{\varepsilon_{cu}}{\varepsilon_{cu}+\varepsilon_{t(\min)}} \quad (4.11)$$

또한. 콘크리트의 설계기준 압축강도 f_{ck}와 인장철근의 항복강도 f_y 조건에 따라 인장철근의 최대철근비는 식(4.11)로부터 다음 식(4.12)~식(4.15)와 같이 나타낼 수 있다.

여기서, $f_{ck} \leq 40\text{MPa}$일 때 $\beta_1 = 0.80$, $\eta = 1.0$, $\epsilon_{cu} = 0.0033$이며, $f_{ck} > 40\text{MPa}$일 때 β_1, η, ϵ_{cu}는 표 3.2의 해당 값을 적용한다. 또한, $f_y \leq 400\text{MPa}$일 때 $\epsilon_{t(\min)} = 0.004$이며, $f_y > 400\text{MPa}$일 때에는 $\epsilon_{t(\min)} = 2.0\epsilon_y$를 적용하다.

① $f_{ck} \leq 40\text{MPa}$, $f_y \leq 400\text{MPa}$인 경우의 최대철근비

$$\rho_{\max} = 0.85\times0.8\times1.0\times\frac{f_{ck}}{f_y}\frac{0.0033}{0.0033+0.004} = 0.307\frac{f_{ck}}{f_y} \quad (4.12)$$

② $f_{ck} > 40\text{MPa}$, $f_y > 400\text{MPa}$인 경우의 최대철근비

$$\rho_{\max} = 0.85\beta_1\eta\frac{f_{ck}}{f_y}\frac{\epsilon_{cu}}{\epsilon_{cu}+2.0\epsilon_y} \quad (4.13)$$

③ $f_{ck} \leq 40\text{MPa}$, $f_y > 400\text{MPa}$인 경우의 최대철근비

$$\begin{aligned}\rho_{\max} &= 0.85\times0.8\times1.0\times\frac{f_{ck}}{f_y}\frac{0.0033}{0.0033+2.0\epsilon_y} \\ &= 0.68\frac{f_{ck}}{f_y}\frac{0.0033}{0.0033+2.0\epsilon_y}\end{aligned} \quad (4.14)$$

④ $f_{ck} > 40\text{MPa}$, $f_y \leq 400\text{MPa}$인 경우의 최대철근비

$$\rho_{\max} = 0.85\beta_1\eta\frac{f_{ck}}{f_y}\frac{\epsilon_{cu}}{\epsilon_{cu}+0.004} \quad (4.15)$$

3) 최소철근량의 제한

인장철근을 적게 배근한 보의 휨강도는 콘크리트의 휨인장강도를 이용하여 계산한 무근 콘크리트 단면의 휨강도 보다 작을 수 있다. 이러한 보는 휨균열 발생과 동시에 바로 파괴될 수 있기 때문에, 이를 방지하기 위해 설계휨강도 ϕM_n이 균열모멘트 M_{cr}의 1.2배 보다 크도록 다음 식(4.16)과 같은 규정을 두고 있다.

$$\phi M_n \geq 1.2 M_{cr} \tag{4.16}$$

균열모멘트 M_{cr}은 $f_r = \dfrac{M_{cr}}{I_g} y_t$로부터 다음 식과 같이 구할 수 있다.

$$M_{cr} = \frac{f_r I_g}{y_t} \tag{4.17}$$

$$f_r = 0.63\lambda\sqrt{f_{ck}} \tag{4.18}$$

여기서, f_r : 콘크리트 파괴계수

I_g : 철근을 무시한 콘크리트 전 단면의 중립축에 대한 단면2차모멘트

y_t : 철근을 무시한 콘크리트 전 단면의 중립축에서 인장연단까지 거리

λ : 경량콘크리트계수(콘크리트구조 설계기준[KDS 14 20 10 콘크리트구조 해석과 설계 원칙, 4.3.4 경량콘크리트] 참고)

부재의 모든 단면에서 해석에 의해 필요한 철근량 보다 1/3 이상의 인장철근이 더 배치되어 다음 식(4.19)를 만족하는 경우는 식(4.16)의 규정을 적용하지 않을 수 있다. 그러나 균열모멘트를 계산할 때 플랜지가 인장영역이 되도록 해야 한다. 휨모멘트가 재분배될 가능성이 없는 정정구조물은 부정정구조물 보다 많은 양의 최소 철근량을 배치하는 것이 바람직하다.

$$\phi M_n \geq \frac{4}{3} M_u \tag{4.19}$$

여기서, M_u는 단면의 계수휨모멘트로서 1장 3.4절에 제시된 하중계수를 적용한 계수하중을 적용하여 구한 휨모멘트이다.

4.2.3 설계휨강도의 계산

1) 인장철근의 항복에 의해 보의 파괴가 발생하는 경우

철근이 적절하게 배근된 보에서는 콘크리트의 압축파괴가 발생하기 전에 철근이 먼저 항복할 것이다. 추가적인 하중이 작용하게 되면 인장철근의 인장력은 철근의 항복고원 특성 때문에 $T = A_s f_y$로 일정하게 유지된다. 약간의 하중 증가에도 휨균열 발생 부위에서 철근은 큰 소성변형을 일으킨다. 이와 같은 소성변형은 콘크리트의 압축측 연단에서의 변형률을 크게 증가시켜 균열폭이 커지게 된다. 이와 같은 변형률의 증가로 콘크리트의 압축응력은 비선형 거동을 하게 되며, 내력이 힘의 평형을 유지시키기 위해 중립축을 압축측으로 이동시켜 내력모멘트의 팔거리 z를 약간 증가시키게 된다. 압축측 연단의 콘크리트 변형률이 극한변형률 ϵ_{cu}에 도달할 때, 보는 휨강도에 도달하게 되며, 변형률이 좀 더 증가하게 되면, 압축측 콘크리트의 압축파괴가 시작된다. 이러한 휨파괴는 보통 1차 인장파괴라 부르며, 인장철근의 항복에 의해 시작되기 때문이다. 그러나 번잡함을 피하기 위해 단순히 인장파괴라고 부른다. 철근량이 너무 적지 않다면, 단면이 휨강도에 도달할 때 인장철근은 항복고원이 형성되어 항복강도를 그대로 유지하고 있기 때문에 파단은 일어나지 않는다.

철근콘크리트 구조물을 설계할 때에는 압축측 콘크리트의 갑작스런 파괴를 방지하기 위해 인장철근을 적절히 배근하여 인장철근의 항복에 의해 보가 파괴되도록 한다. 휨강도를 계산하기 위해서는 포물선-직선 형태의 압축응력 대신에 [평균 압축응력 분포]를 사용하거나 [등가 직사각형 압축응력 분포]를 사용한다, 그러나 T형 보와 같이 압축응력이 사각형이 아닌 경우에는 [등가 직사각형 압축응력 분포]를 사용하여 휨강도를 계산하여야 한다.

(1) [등가 직사각형 압축응력 분포]를 사용하는 경우

그림 4.4는 인장측에만 철근이 배치되어 있는 단철근 직사각형보에 대한 변형률 및 [등가 직사각형 압축응력 분포]를 나타낸 것이며, 상단의 그림은 실제로 보에 작용하는 휨응력을 이해하기 쉽도록 3차원으로 나타낸 것이다. 그림 (c)는 실제로 보에 작용하는 휨응력 분포이며, 그림 (d)는 콘크리트의 압축응력 분포를 [등가 직사각형 압축응력 분포]로 치환한 결과이다. 변형률 및 [등가 직사각형 압축응력 분포]를 이용하여 보가 파괴될 때의 저항모멘트, 즉 공칭휨강도 M_n을 구해보자. 보의 파괴는 인장철근의 항복에 의해 발생한다고 가정하자.

그림 (d)로부터 공칭휨강도를 구하면 다음 식(4.20)과 같이 된다.

$$M_n = Tz = A_s f_y \left(d - \frac{a}{2} \right) \tag{4.20}$$

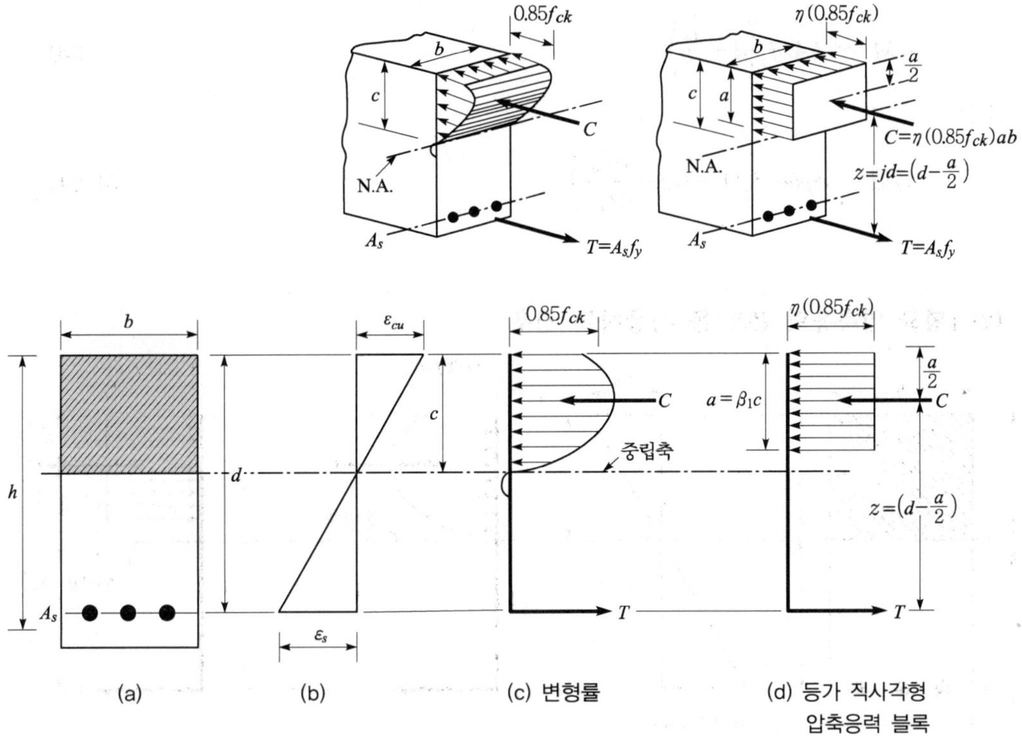

그림 4.4 단철근직사각형 보(등가 직사각형 압축응력 분포)

등가 응력블록의 깊이 a는 $C=T$로부터 다음 식(4.21)과 같이 나타낼 수 있다.

$$\eta(0.85f_{ck})ab = A_sf_y$$

$$\therefore\ a = \frac{A_sf_y}{\eta(0.85f_{ck})b} \tag{4.21}$$

또한, 식(4.20)에 식(4.21)을 대입하고, $A_s=\rho bd$를 적용하면 공칭휨강도는 다음 식(4.22)와 같이 유도될 수 있다.

$$\begin{aligned} M_n &= A_sf_y\left(d-\frac{a}{2}\right) \\ &= (\rho bd)f_y\left[d-\frac{(\rho bd)f_y}{2\times\eta(0.85f_{ck})b}\right] \\ &= \rho bd^2f_y\left(1-0.59\frac{\rho f_y}{\eta f_{ck}}\right) \end{aligned} \tag{4.22}$$

설계휨강도 ϕM_n은 공칭휨강도에 강도감소계수를 곱하면 다음 식과 같이 된다.

$$\phi M_n = \phi A_s f_y \left(d - \frac{a}{2}\right) \tag{4.23}$$

또는

$$\phi M_n = \phi \rho b d^2 f_y \left(1 - 0.59 \frac{\rho f_y}{\eta f_{ck}}\right) \tag{4.24}$$

(2) [평균 압축응력 분포]를 사용하는 경우

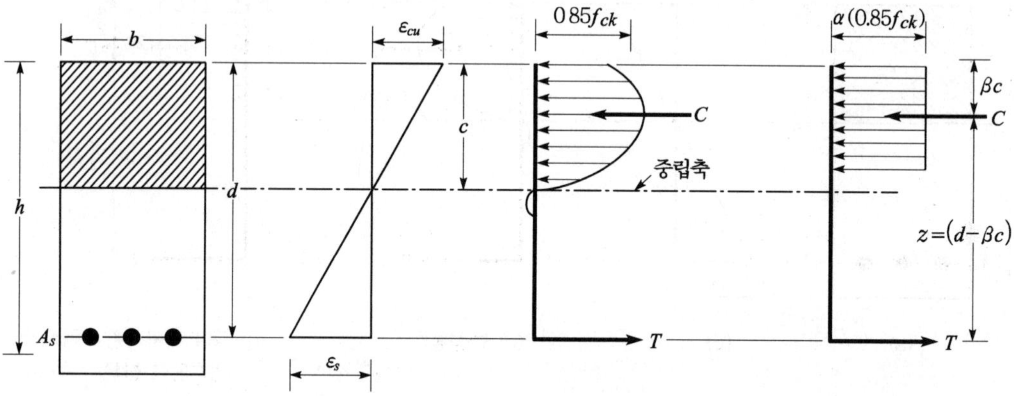

(a) 단면 (b) 변형률 (c) 실제 콘크리트 압축응력 분포 (d) 콘크리트의 평균 압축응력 분포

그림 4.5 단철근직사각형 보(평균 압축응력 분포)

그림 4.5는 직사각형보에 대한 변형률 및 [평균 압축응력 분포]를 나타낸 것이다. 그림 (d)의 [평균 압축응력 분포]를 사용하여 이 보의 공칭휨강도를 구하면 다음 식(4.25)와 같이 된다.

$$M_n = Tz = A_s f_y (d - \beta c) \tag{4.25}$$

중립축의 위치 c는 $C = T$의 관계를 적용하면 다음 식과 같이 된다.

$$\alpha(0.85 f_{ck}) bc = A_s f_y$$

$$\therefore\ c = \frac{A_s f_y}{\alpha(0.85 f_{ck}) b} \tag{4.26}$$

또한, 식(4.25)에 식(4.26)을 대입하고, $A_s = \rho bd$를 적용하면 공칭휨강도는 다음 식과 같이 유도될 수 있다.

$$M_n = A_s f_y(d - \beta c)$$
$$= (\rho b d) f_y [d - \beta c]$$
$$= \rho b d^2 f_y \left[1 - \rho \frac{\beta f_y}{\alpha(0.85 f_{ck})}\right] \quad (4.27)$$

설계휨강도 ϕM_n은 공칭휨강도에 강도감소계수를 곱하면 다음 식과 같이 된다.

$$\phi M_n = \phi A_s f_y(d - \beta c) \quad (4.28)$$

또는,

$$\phi M_n = \phi \rho b d^2 f_y \left[1 - \rho \frac{\beta f_y}{\alpha(0.85 f_{ck})}\right] \quad (4.29)$$

2) 콘크리트의 압축파괴에 의해 보의 파괴가 발생하는 경우

보의 철근량이 너무 많아지면, 인장철근이 항복하기 전에 콘크리트의 압축파괴가 먼저 일어난다. 이러한 경우 중립축의 증가로 압축력이 증가하게 된다. 이것은 모멘트의 팔거리가 감소함으로서 조금 상쇄되지만, 압축측 연단의 콘크리트 변형률이 극한값 ϵ_{cu}에 도달하면서 갑작스런 취성파괴를 일으킨다. 이와 같은 경우 인장측 콘크리트에 발생된 휨 균열폭이 철근의 낮은 인장응력으로 작기 때문에 가시적인 파괴 양상은 나타나지 않는다.

보의 파괴가 콘크리트의 압축에 의해 발생할 경우, 인장철근은 항복하지 않으므로 탄성영역에 있다. 그림 4.4(b)에 삼각형의 닮음비를 이용하여 인장철근의 변형률을 구하면,

$$\epsilon_{cu} : c = \varepsilon_s : (d - c)$$
$$\therefore \ \varepsilon_s = \epsilon_{cu} \frac{d - c}{c} \quad (4.30)$$

인장철근의 인장응력은 다음과 같이 된다.

$$f_s = E_s \varepsilon_s = \epsilon_{cu} E_s \frac{d - c}{c} \quad (4.31)$$

(1) [등가 직사각형 압축응력 분포]를 사용하는 경우

그림 4.4(d)에서 힘의 평형조건을 적용하면 $C = T$로부터

$$\eta(0.85 f_{ck}) a b = f_s A_s$$

윗 식에 식(4.31)을 대입하면,

$$\eta(0.85f_{ck})ab = \epsilon_{cu}E_s\frac{d-c}{c}A_s$$

$$\left[\frac{\beta_1\mu(0.85f_{ck})}{\rho\epsilon_{cu}E_s}\right]c = \frac{d-c}{c}d$$

$$\therefore \quad \left[\frac{\beta_1\eta(0.85f_{ck})}{\rho\epsilon_{cu}E_s}\right]c^2 + dc - d^2 = 0 \qquad (4.32)$$

식(4.32)로부터 중립축의 위치 c를 구하고, 이 값을 식(4.31)에 대입하면 철근의 인장응력 f_s를 구할 수 있다. 따라서 공칭휨강도 및 설계휨강도는 각각 다음 식과 같이 된다.

$$M_n = f_sA_s\left(d - \frac{a}{2}\right) \qquad (4.33)$$

$$\phi M_n = \phi f_sA_s\left(d - \frac{a}{2}\right) \qquad (4.34)$$

(2) [평균 압축응력 분포]를 사용하는 경우

그림 4.5(d)에서 힘의 평형조건을 적용하면 $C = T$로부터

$$\alpha(0.85f_{ck})bc = f_sA_s$$

윗 식에 식(4.31)을 대입하면,

$$\alpha(0.85f_{ck})bc = \epsilon_{cu}E_s\frac{d-c}{c}A_s$$

$$\left[\frac{\alpha(0.85f_{ck})c}{\rho\epsilon_{cu}E_s}\right] = \frac{d-c}{c}d$$

$$\therefore \quad \left[\frac{\alpha(0.85f_{ck})}{\rho\epsilon_{cu}E_s}\right]c^2 + dc - d^2 = 0 \qquad (4.35)$$

식(4.35)로부터 중립축의 위치 c를 구하고, 이 값을 식(4.31)에 대입하면 철근의 인장응력 f_s를 구할 수 있다. 따라서 공칭휨강도 및 설계휨강도는 각각 다음 식과 같이 구할 수 있다.

$$M_n = f_sA_s(d - \beta c) \qquad (4.36)$$

$$\phi M_n = \phi f_sA_s(d - \beta c) \qquad (4.37)$$

일반적으로 휨부재는 인장지배단면이고 압축부재는 압축부재단면이지만, 휨부재 중에서도 인장철근의 단면적이 상대적으로 큰 경우와 압축부재 중에서도 축력이 작고 휨모멘트가 큰 경우에는 압축지배단면과 인장지배단면의 변화구간에 있게 된다. 이러한 보의 파괴는 콘

크리트의 압축에 의해 발생하므로 강도감소계수는 압축지배에 해당되는 값인 $\phi = 0.65$를 적용한다.(부록 참고문헌 14참조)

4.2.4 단철근 직사각형 보의 설계

단면의 설계는 계수휨모멘트 M_u에 저항할 수 있는 콘크리트의 단면치수와 철근량을 결정하는 것이다. 이들 위해서는 1) 적합한 철근비를 선택한 다음 부재치수 b 및 d를 정하는 방법과 2) 적당한 크기의 부재 치수를 선택한 다음 철근비 ρ를 정하는 방법이 있다.

1) 철근비를 선택하고 부재 치수를 결정하는 방법

① $\rho \leq \rho_{\max}$ 범위에서 적절한 철근비를 정한다. 보통은 최대철근비의 50% 정도를 사용한다.
② 계수휨모멘트 M_u와 설계휨강도 ϕM_n을 같다고 놓고, bd^2을 계산한다.
③ $b(2 \sim 3) = d$에 의해 적절한 b와 d를 정한다.
④ 피복두께 규정에 의해 적절한 피복두께를 정하고, 보의 높이 h를 정한다.
⑤ 필요한 경우 보의 유효깊이 d 및 보의 높이 h를 변경한다.
⑥ 인장철근의 단면적 A_s를 계산한다.
⑦ 철근의 크기와 개수를 정하고, 실제의 인장철근 단면적 A_s를 정한다.
⑧ 인장지배단면인지 변화구간인지를 검토하여 강도감소계수 ϕ를 정한다.
⑨ $M_u \leq \phi M_n$의 관계가 성립되는지를 검토한다.
⑩ 최소철근량을 검토한다.

2) 보 단면의 치수를 선정하고 철근비를 결정하는 방법

① 구조 계획을 수립할 때 보가 놓여지는 환경조건 등을 고려하여 보의 높이 h를 정한다.
② 피복두께를 고려하여 유효깊이 d를 정하고 $b(2 \sim 3) = d$의 관계를 고려하여 보의 폭을 정한다.
③ $M_u = \phi M_n$의 관계로부터 철근비 ρ를 구하고, $\rho \leq \rho_{\max}$의 조건에 만족하는지 검토한다.
④ 인장철근의 단면적 A_s을 계산한다.
⑤ 철근의 크기와 개수를 정하여 실제의 인장철근 단면적 A_s를 정한다.
⑥ 인장지배단면인지 변화구간인지를 검토하여 강도감소계수 ϕ를 정한다.
⑦ $M_u \leq \phi M_n$의 관계가 성립되는지를 검토한다.
⑧ 최소철근량을 검토한다.

예제 4.1 그림 4.6(a)와 같은 단철근 직사각형 보에 대하여 인장지배 단면 여부를 검토하시오. 보의 단면은 폭 250mm, 유효깊이 $d = 450\text{mm}$이고, 콘크리트의 설계기준 압축강도는 $f_{ck} = 28\text{MPa}$, 철근의 항복강도는 $f_y = 400\text{MPa}$이다.

(1) 인장철근량 $A_s = 2{,}000\text{mm}^2$인 경우

(2) 인장철근량 $A_s = 4{,}000\text{mm}^2$인 경우

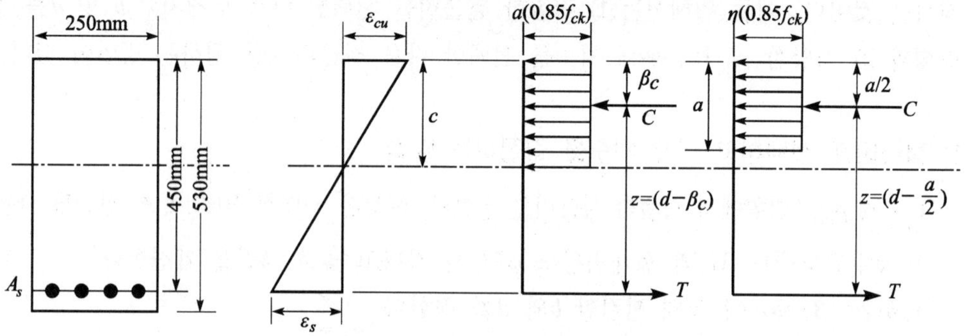

(a) 단면　(b) 변형률　(c) 평균응력 분포　(d) 등가응력 분포

그림 4.6 직사각형보의 변형률 및 압축응력 분포

풀이

(1) $A_s = 2{,}000\text{m}^2$의 경우

[평균 압축응력 블록을 사용하는 경우]

인장철근의 항복에 의해 보가 파괴된다고 가정하고, 중립축의 위치를 구해보자. 그림 4.6(c)에 힘의 평형조건을 적용하면, 식(4.26)으로부터

$$c = \frac{A_s f_y}{\alpha(0.85 f_{ck})b} = \frac{2{,}000 \times 400}{0.8 \times (0.85 \times 28) \times 250} = 168\text{mm}$$

그림(b)의 변형률에 삼각형 닮음비를 적용하면,

$$0.0033 : 168 = \varepsilon_t(=\varepsilon_s) : (450-168) \qquad \therefore\ \epsilon_t = 0.0055$$

이 보가 인장지배 단면인지 변화구간에 있는지를 검토하기 위해 인장철근의 변형률을 계산하면

$$\varepsilon_y = \frac{f_y}{E_s} = \frac{400}{200{,}000} = 0.002 \qquad \therefore\ \varepsilon_t = 0.0055 > 0.005$$

그러므로 이 보는 파괴될 때, 콘크리트의 압축파괴 전에 인장철근의 항복에 의해 파괴되며, 인장지배 단면임을 알 수 있다.

[등가 직사각형 응력블록을 사용하는 경우]

인장철근의 항복에 의해 보가 파괴된다고 가정하고, 등가응력블록 깊이를 구해보자. 그림 4.6(d)에 힘의 평형조건을 적용하면, 식(4.21)로부터

$$a=\frac{A_sf_y}{\eta(0.85f_{ck})b}=\frac{2{,}000\times400}{1.0\times(0.85\times28)\times250}=134\text{mm}$$

중립축의 위치는 $a=\beta_1 c$로부터

$$c=\frac{a}{\beta_1}=\frac{134}{0.8}=168\text{mm}$$

그림 (b)의 변형률에 닮음비를 적용하면,

$$0.0033:168=\varepsilon_t(=\varepsilon_s):(450-168)\qquad\therefore\ \varepsilon_t(\varepsilon_s)=0.0055>0.005$$

이상의 결과로부터 이 보는 인장지배 단면임을 알 수 있으며, 평균 압축응력 블록을 사용한 경우와 동일한 결과를 얻었다. 등가 직사각형 응력 블록은 실험에 기초한 평균 압축응력 블록을 이용하여 유도된 것임을 감안하면 당연한 결과이다.

(2) $A_s=4{,}000\text{mm}^2$의 경우

이 보의 인장철근은 (1)항의 2배를 배근한 경우로서 인장철근이 과다하게 배근된 경우가 될 수 있으므로 우선 균형철근비를 검토하기로 한다.

[평균 압축응력 분포]를 사용하여 식(4.3)로부터 균형철근비를 구하면

$$\rho_b=0.85\alpha\frac{f_{ck}}{f_y}\frac{\epsilon_{cu}}{\epsilon_{cu}+\varepsilon_y}=0.85\times0.8\times\frac{28}{400}\times\frac{0.0033}{0.0033+0.002}=0.0296$$

여기서, 표 3.1로부터 $f_{ck}\le40\text{MPa}$일 때 $\alpha=0.8$이며, 항복변형률은 $\epsilon_y=0.002$이다.

[별해] [등가 압축응력 분포]를 사용하여 식(4.5)로부터 균형철근비를 구하면

$$\rho_b=0.85\beta_1\eta\frac{f_{ck}}{f_y}\frac{\epsilon_{cu}}{\epsilon_{cu}+\epsilon_y}=0.85\times0.8\times1.0\times\frac{28}{400}\times\frac{0.0033}{0.0033+0.002}=0.0296$$

여기서, 표 3.2로부터 $f_{ck}\le40\text{MPa}$일 때 $\eta=1.0$, $\beta_1=0.8$이며, $\epsilon_y=0.002$이다.

이 보의 인장철근비는

$$\rho=\frac{A_s}{bd}=\frac{4{,}000}{250\times450}=0.0356$$

따라서, 철근비는 $\rho=0.0356>\rho_b=0.0296$로서 과다철근보이므로 콘크리트의 압축파괴에 의해 보의 파괴가 발생하게 된다. 그러므로 보가 파괴될 때 인장철근의 인장응력은 식(4.35)로부터 계산하면 다음과 같이 된다.

$$\left[\frac{\alpha(0.85f_{ck})}{\rho\epsilon_{cu}E_s}\right]c^2+dc-d^2=0$$

$$\left[\frac{0.8\times(0.85\times28)}{0.0356\times0.0033\times2.0\times10^5}\right]c^2+450c+450^2=0$$

$$0.81c^2+450c-202{,}500=0\qquad\therefore\ c=294\text{mm}$$

따라서 인장철근의 인장응력은 식(4.31)로부터

$$f_s = \epsilon_{cu} E_s \frac{d-c}{c} = 0.0033 \times 2.0 \times 10^5 \times \frac{450-294}{294}$$

$$= 350\,\text{MPa} < f_y = 400\text{MPa}$$

또한, 이때의 인장철근의 변형률은 $f_s = E_s \varepsilon_s$로부터 다음과 같이 된다.

$$\varepsilon_s = \frac{f_s}{E_s} = \frac{350}{2.0 \times 10^5} = 0.0017 < \varepsilon_y = 0.002 \qquad \therefore \text{ 압축지배단면}$$

(3) (1) 및 (2) 보의 변형률 계산 결과 검토

그림 4.7에 인장철근비가 2배 차이가 나는 두 종류의 보에 대한 변형률 계산 결과를 나타내었다. 그림(a)는 보가 파괴될 때 인장철근이 먼저 항복하는 경우로서 중립축 $c = 168\text{mm}$이고, 그림(b)는 콘크리트가 먼저 압축파괴되는 경우로서 중립축이 $c = 294\text{mm}$이다. 이와 같이 중립축이 상승하면 인장철근의 변형률이 커지며, 반대로 하강할 때는 인장철근의 변형률이 작아져서 철근이 항복하기가 점점 어려워진다. 인장철근량이 많아지면 중립축이 평형상태를 유지하기 위해 하강하고, 인장철근이 작아지면 중립축이 상승하게 되는 것이다.

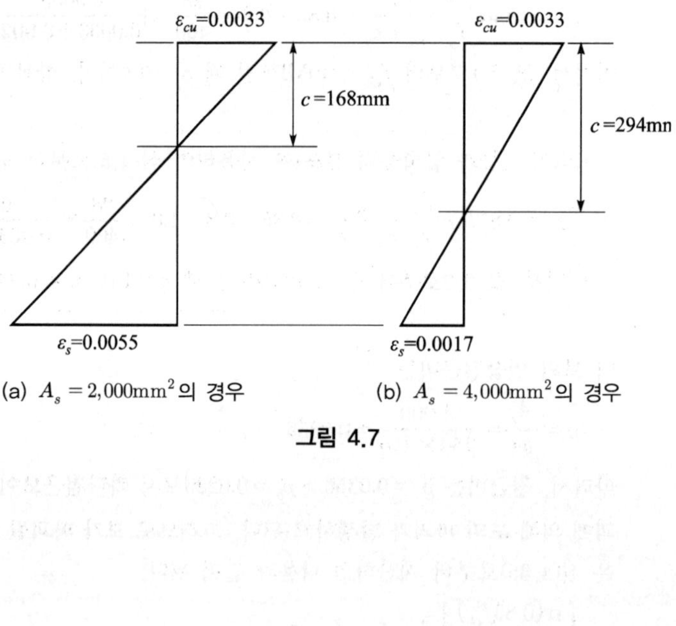

(a) $A_s = 2{,}000\text{mm}^2$의 경우 (b) $A_s = 4{,}000\text{mm}^2$의 경우

그림 4.7

예제 4.2 그림 4.8과 같은 직사각형 보가 있다. 보의 단면은 폭 250mm, 유효깊이 $d = 460\text{mm}$이고, 콘크리트의 설계기준강도는 $f_{ck} = 21\text{MPa}$, 철근의 항복강도는 $f_y = 300\text{MPa}$이다. 인장철근의 단면적이 다음과 같을 때 설계휨강도를 구하시오.

(1) 인장철근량 $A_s = 1{,}480\text{mm}^2$인 경우

(2) 인장철근량 $A_s = 2{,}220\text{mm}^2$인 경우

(3) 인장철근량 $A_s = 2{,}960\text{mm}^2$인 경우

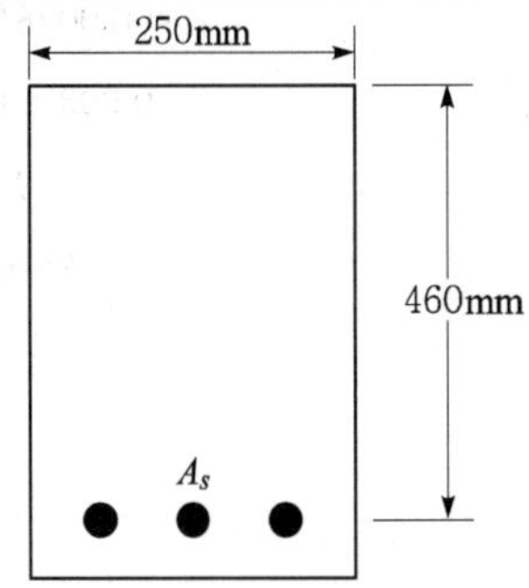

그림 4.8 직사각형 보

풀이

(1) $A_s = 1{,}480\text{mm}^2$인 경우

인장지배단면이라 가정하고 [평균 압축응력 분포]를 사용한다면, 중립축의 위치는 식(4.26)으로부터

$$c = \frac{A_s f_y}{\alpha(0.85 f_{ck})b} = \frac{1{,}480 \times 300}{0.8 \times (0.85 \times 21) \times 250} = 124\text{mm}$$

인장철근의 변형률은

$0.0033 : 124 = \varepsilon_t : (460 - 124)$

$\therefore\ \varepsilon_t = 0.0089 > 0.005$

그러므로 이 보는 인장지배단면이다. 따라서 강도감소계수는 $\phi = 0.85$가 된다.

표 3.1로부터 $\beta = 0.4$이므로 설계휨강도는 식(4.28)로부터 다음과 같이 계산된다.

$$\phi M_n = \phi A_s f_y (d - \beta c) = 0.85 \times [1{,}480 \times 300 \times (460 - 0.4 \times 124.4)] \times 10^{-6}$$
$$= 154.82\text{kN} \cdot \text{m}$$

(2) $A_s = 2{,}220\text{mm}^2$인 경우

인장지배단면이라고 가정하고 평균 압축응력 블록을 사용한다면, 중립축의 위치는 식(4.26)으로부터

$$c = \frac{A_s f_y}{\alpha(0.85 f_{ck})b} = \frac{2{,}220 \times 300}{0.8 \times (0.85 \times 21) \times 250} = 187\text{mm}$$

인장철근의 변형률은

$0.0033 : 187 = \varepsilon_t : (460 - 187)$ $\qquad \therefore\ \epsilon_t = 0.0048$

$\therefore\ \varepsilon_{t(\min)} = 0.004 < \varepsilon_t = 0.0048 < 0.005$

그러므로, 이 보는 변화구간 단면이며, 강도감소계수는 $\phi = 0.78 \sim 0.85$의 범위에 있음을 알 수 있다.

$\varepsilon_t = 0.0048$에 해당되는 강도감소계수를 구해보자. 그림 4.9로부터

$$0.003 : 0.2 = (0.0048 - 0.002) : \phi_1$$

$$\therefore \phi_1 = 0.19$$

$$\therefore \phi = 0.65 + \phi_1 = 0.65 + 0.19 = 0.84$$

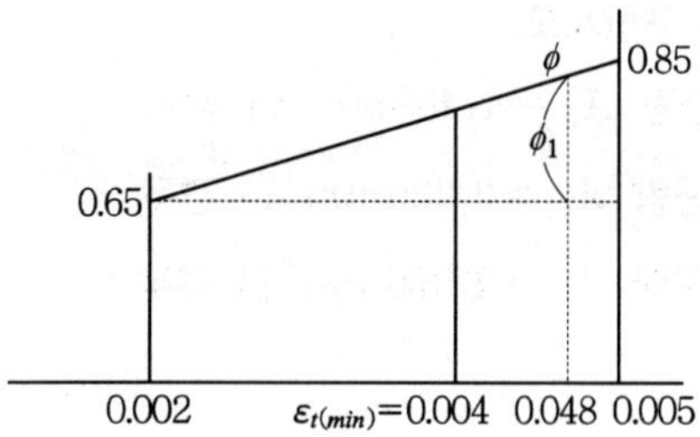

그림 4.9 강도감소계수의 산정

따라서 이 보의 설계휨강도는 식(4.28)로부터 다음과 같이 된다.

$$\phi M_n = \phi f_y A_s (d - \beta c) = 0.84 \times [2{,}220 \times 300 \times (460 - 0.4 \times 186.6)] \times 10^{-6}$$
$$= 215.59\,\text{kN} \cdot \text{m}$$

(3) $A_s = 2{,}960\text{mm}^2$인 경우

인장지배단면이라고 가정하고 평균 압축응력 블록을 사용한다면, 중립축의 위치는 식(4.26)으로부터

$$c = \frac{A_s f_y}{\alpha (0.85 f_{ck}) b} = \frac{2{,}960 \times 300}{0.8 \times (0.85 \times 21) \times 250} = 249\text{mm}$$

인장철근의 변형률은

$$0.0033 : 249 = \varepsilon_t : (460 - 249) \qquad \therefore \epsilon_t = 0.0028$$

$$\therefore \varepsilon_{t(\min)} = 0.004 > \varepsilon_t = 0.0028$$

이 보는 변화구간 단면을 가지지만, 최외단 인장철근의 변형률 ϵ_t가 최소 허용 인장변형률 보다 작으므로 휨부재가 아닌 압축부재로 보아야 한다. 그러므로 강도감소계수는 $\phi = 0.65$이다. 또한, 인장철근의 항복변형률은

$$\epsilon_y = \frac{f_y}{E_s} = \frac{300}{2.0 \times 10^{-5}} = 0.0015 < \epsilon_t = 0.0028$$

이므로 인장철근은 항복한다. 따라서, 이 보의 설계휨강도는 식(4.28)로부터 다음과 같이 계산할 수 있다.

$$\phi M_n = \phi f_y A_s (d - \beta c) = 0.65 \times [2{,}960 \times 300 \times (460 - 0.4 \times 248.7)] \times 10^{-6}$$
$$= 208.09\,\text{kN} \cdot \text{m}$$

예제 4.3 계수휨모멘트 $M_u = 100\,\text{kN}\cdot\text{m}$가 작용하는 폭 $b = 200\text{mm}$, 유효깊이 $d = 350\text{mm}$인 단철근 직사각형 보의 인장철근량 A_s를 구하여라. 여기서, $f_{ck} = 28\text{MPa}$, $f_y = 400\text{MPa}$이다.

풀이

(1) [평균 압축응력 분포]를 사용하는 경우

보를 설계할 때는 일반적으로 콘크리트 단면의 크기를 정해 놓고, 그에 합당한 인장철근량을 구한다. 이 예제는 콘크리트 단면 치수가 정해져 있을 때 인장 철근량을 구하는 경우이다. 이 보를 인장지배 단면이라 가정하자. 식(4.29)에서 $M_u = \phi M_n$로 놓고 인장철근비 ρ를 구하면 다음과 같이 계산된다.

$$M_u = \phi\rho bd^2 f_y\left[1-\rho\frac{\beta f_y}{\alpha(0.85f_{ck})}\right]$$

$$100\times10^6 = 0.85\times\rho\times200\times350^2\times400\times\left(1-\rho\times\frac{0.4\times400}{0.8\times\times0.85\times28}\right)$$

$$1 = 83.3\rho(1-8.4\rho),\quad 699.72\rho^2-83.3\rho+1=0$$

$$\therefore\ \rho = 0.0135$$

$f_{ck}\leq 40\text{MPa}$, $f_y\leq 400\text{MPa}$인 경우, 최대철근비는 식(4.7)로부터

$$\rho_{\max} = 0.307\frac{f_{ck}}{f_y} = 0.307\times\frac{28}{400} = 0.0215$$

$$\therefore\ \rho = 0.0135 < \rho_{\max} = 0.0215$$

즉, 철근비는 최대철근비보다 작으므로 인장지배 단면이나 변화구간 단면의 조건에 부합한다. 따라서 인장철근량은

$$A_s = \rho bd = 0.0135\times200\times350 = 945\,\text{mm}^2$$

중립축의 위치는 식(4.26)으로부터

$$c = \frac{f_y A_s}{\alpha(0.85f_{ck})b} = \frac{400\times945}{0.8\times(0.85\times28)\times200} = 99\,\text{mm}$$

최외단 인장철근의 변형률 ϵ_t는

$$0.0033 : 99 = \epsilon_t : (350-99)$$

$$\therefore\ \epsilon_t = 0.0084 > 0.005$$

따라서, 이 보는 인장지배 단면이므로 강도감소계수 $\phi = 0.85$를 적용하여 인장철근량을 구한 것은 합당하다.

(2) [등가 직사각형 압축응력 분포]를 사용하는 경우

이 보를 인장지배 단면이라고 가정하고 식(4.24)를 $M_u = \phi M_n$으로 놓고 인장철근비 ρ를 구하면 다음과 같이 계산된다.

$$M_u = \phi\rho bd^2 f_y\left(1-0.59\frac{\rho f_y}{\eta f_{ck}}\right)$$

$$100 \times 10^6 = 0.85 \times \rho \times 200 \times 350^2 \times 400 \times \left(1 - 0.59 \times \frac{\rho \times 400}{1.0 \times 28}\right)$$

$$1 = 83.3\rho(1 - 8.4\rho), \quad 699.72\rho^2 - 83.3\rho + 1 = 0$$

$$\therefore \ \rho = 0.0135$$

인장철근비는 [평균 압축응력 분포]를 사용한 경우의 계산 결과와 동일하므로 이후의 풀이 과정은 생략한다.

(3) [평균 압축응력 분포]와 반복 계산법을 사용하는 경우

식(4.24)와 같이 2차식에 의해 철근비를 구할 수도 있지만, 근의 공식을 적용하기가 복잡하므로 등가응력깊이 c를 가정하여 구할 수도 있다.

중립축의 위치를 $c = 110\text{mm}$로 가정하고. 식(4.28)로부터 $M_u = \phi M_n$으로 놓으면

$$M_u = \phi M_n = \phi A_s f_y (d - \beta c)$$

$$A_{s(1)} = \frac{M_u}{0.85 f_y (d - \beta c)} = \frac{100 \times 10^6}{0.85 \times 400 \times (350 - 0.4 \times 110)} = 961\,\text{mm}^2$$

인장철근량이 $A_{s(1)} = 961\,\text{mm}^2$으로 계산되었으므로, 이 값을 사용하여 중립축의 위치를 계산하면,

$$c_1 = \frac{A_{s(1)} f_y}{\alpha (0.85 f_{ck}) b} = \frac{961 \times 400}{0.8 \times (0.85 \times 28) \times 200} = 101\,\text{mm}$$

가정된 중립축의 위치 $c = 110\text{mm}$와 계산값 $c_1 = 101\text{mm}$와의 차이가 있으므로, $c_1 = 101\text{mm}$를 사용하여 철근량을 다시 계산하고 중립축의 위치를 검토한다.

$$A_{s(2)} = \frac{M_u}{0.85 f_y (d - \beta c_1)} = \frac{100 \times 10^6}{0.85 \times 400 \times (350 - 0.4 \times 101)} = 950\,\text{mm}^2$$

$$c_2 = \frac{A_{s(2)} f_y}{\alpha (0.85 f_{ck}) b} = \frac{950 \times 400}{0.8 \times (0.85 \times 28) \times 200} = 100\,\text{mm} \fallingdotseq c_1 = 101\text{mm}$$

$\therefore$ 인장 철근량 $A_s = 950\text{mm}^2$

이와 같은 방법으로 구한 인장철근량 $A_s = 950\text{mm}^2$은 2차식에 의해 구한 인장철근량 $A_s = 945\text{mm}^2$와 거의 일치하고 있다. 시행착오법에 의해 반복 계산하여 철근량을 구하는 경우, 대략 반복계산을 2~3회 정도 실시하면 수렴하게 된다.

(4) 인장철근량 계산 결과

보를 설계할 때는 일반적으로 먼저 콘크리트 단면을 설정하고 인장철근을 구한다. 이를 위해서는 ㉠ [평균 압축응력 분포]를 사용하는 방법과 ㉡ [등가 직사각형 압축응력 분포]를 사용하는 방법이 있다. 그러나 [등가 직사각형 응력 분포]는 [평균 압축응력 분포]로부터 유도된 결과이므로 당연히 계산 결과는 같다. 이 예제에서도 두 가지 방법을 사용하여 인장철근비를 계산하였으며, 그 결과 동일한 값을 얻었다. 보를 해석하거나 설계할 때 [평균 압축응력 분포]는 직사각형 보에만 적용할 수 있으며 T형 보에

는 적용하기가 어렵다. 이에 대하여 [등가 직사각형 압축응력 분포]는 직사각형 보나 T형 보에 모두 적용하기가 용이하다.

예제 4.4 지간 $l = 5\text{m}$ 단순보에 고정하중 $w_D = 20\text{kN/m}$, 활하중 $w_L = 30\text{kN/m}$ 가 작용한다. 주어진 휨모멘트에 대해 저항할 수 있는 콘크리트의 단면 및 철근량을 구하여라. 여기서, $f_{ck} = 28\text{MPa}$, $f_y = 400\text{MPa}$이다.

풀이

(1) 계수휨모멘트의 계산

고정하중 w_D 및 활하중 w_L에 의한 계수휨모멘트는

$$M_{u(D)} = 1.2 \times \frac{w_D l^2}{8} = 1.2 \times \frac{20 \times 5^2}{8} = 75.0\text{kN} \cdot \text{m}$$

$$M_{u(L)} = 1.6 \times \frac{w_L l^2}{8} = 1.6 \times \frac{30 \times 5^2}{8} = 150.0\text{kN} \cdot \text{m}$$

따라서, 고정하중 및 활하중에 의한 계수휨모멘트의 합은 다음과 같다.

$$M_u = M_{u(D)} + M_{u(L)} = 75.0 + 150.0 = 225\text{kN} \cdot \text{m}$$

(2) 철근비의 가정

[평균 압축응력 분포]에서 $f_{ck} \le 40\text{MPa}$, $f_y \le 400\text{MPa}$인 콘크리트와 철근을 사용할 경우, 식(4.7)을 사용하여 최대 철근비를 구하면

$$\rho_{\max} = 0.307 \frac{f_{ck}}{f_y} = 0.307 \times \frac{28}{400} = 0.0215$$

이 보에 배근되는 인장철근은 최대철근의 50%를 사용하는 것으로 하면,

$$\rho = 0.5\rho_{\max} = 0.5 \times 0.0215 = 0.0108$$

(3) 콘크리트 단면의 산정

보의 설계를 위해서는 $M_u \le \phi M_n$를 만족하여야 하므로, 식(4.29)를 적용하면,

$$M_u = \phi M_n = \phi \rho b d^2 f_y \left[1 - \rho \frac{\beta f_y}{\alpha (0.85 f_{ck})} \right]$$

$$225 \times 10^6 = 0.85 \times 0.0108 \times bd^2 \times 400 \times \left(1 - 0.0108 \times \frac{0.4 \times 400}{0.8 \times (0.85 \times 28)} \right)$$

$$\therefore\ bd^2 = 67{,}391{,}000\text{mm}^3$$

보의 폭과 유효높이와의 관계를 $d = 2b$로 하면,

$$b \times (2b)^2 = 67{,}391{,}000 \qquad \therefore\ b = 257\text{mm}$$

$$\therefore\ d = 2b = 2 \times 257 = 514\text{mm}$$

따라서 콘크리트의 단면은 $b = 260\text{mm}$, $d = 520\text{mm}$을 사용하기로 한다.

(4) 사용철근량의 산정

철근비와 콘크리트 단면이 정해졌으므로 이에 해당되는 철근량을 구하면,

$$A_s = \rho bd = 0.0108 \times 260 \times 520 = 1{,}460\text{mm}^2$$

따라서 $3-D25$를 사용하면

사용 $A_s = 1{,}520\text{mm}^2 >$ 계산 $A_s = 1{,}460\text{mm}^2$

(5) 강도감소계수의 검토

식(4.26)으로부터 중립축의 깊이를 구하면

$$c = \frac{A_s f_y}{\alpha(0.85 f_{ck})b} = \frac{1{,}520 \times 400}{0.8 \times (0.85 \times 28) \times 270} = 118\text{mm}$$

변형률에 대한 삼각형 닮음비를 적용하여 인장철근의 변형률을 구하면

$$0.0033 : 118 = \varepsilon_t : (540 - 118)$$

$$\therefore \varepsilon_t = 0.0118 > 0.005$$

따라서 이 보는 인장지배단면이며, $\phi = 0.85$를 적용한다.

(6) 휨강도의 검토

설계된 보에 대한 설계휨강도는 식(4.28)로부터 다음과 같이 계산된다.

$$\phi M_n = \phi A_s f_y (d - \beta c)$$

$$= 0.85 \times 1520 \times 400 \times (540 - 0.4 \times 118) \times 10^{-6}$$

$$= 254.68\,\text{kN} \cdot \text{m}$$

$$\therefore \phi M_n = 254.68\,\text{kN} \cdot \text{m} > M_u = 225.0\text{kN} \cdot \text{m}$$

이 보는 설계된 콘크리트 단면과 철근량을 사용하면, 설계휨강도가 계수휨모멘트보다 크기 때문에 휨에 대한 안전조건에 만족한다.

(7) 최소철근량의 검토

보의 깊이는 $h = 520 + 80 = 600\text{mm}$ 이고, 단면2차모멘트는

$$I_g = \frac{bx^3}{12} = \frac{270 \times 300^3}{12} = 6.075 \times 10^8\text{mm}^4$$

콘크리트의 파괴계수 및 균열모멘트는 각각 식(4.18), 식(4.17)로부터 다음과 같이 계산된다.

$$f_r = 0.63\lambda\sqrt{f_{ck}} = 0.63 \times 1.0 \times \sqrt{28} = 3.33\,\text{MPa}$$

$$M_{cr} = \frac{f_r I_g}{y_t} = \frac{3.33 \times 607.5 \times 10^6}{300} \times 10^{-6} = 6.74\,\text{MPa}$$

$$\therefore \quad \phi M_n = 254.68\text{MPa} > 1.2 M_{cr} = 1.2 \times 6.74 = 8.09\text{MPa}$$

따라서 이 보는 최소철근의 안전규정 조건 식(4.16)을 만족하고 있으므로 인장측 콘크리트의 균열 발생과 동시에 갑작스런 보의 파괴는 발생하지 않는다.

4.3 복철근직사각형보

보가 높이의 제한을 받게 되면, 압축측 콘크리트가 휨모멘트에 의한 압축력을 감당하지 못하는 경우가 발생할 수 있다. 이와 같은 경우, 압축측에도 철근을 배치하여 보강함으로서 내력의 부족에 의한 갑작스런 압축파괴가 발생하지 않도록 설계된 보를 복철근보(doubly reinforced beam)라 한다.

복철근보라 하더라도 압축철근을 무시하고 단철근 직사각형 보로서 계산한 철근비가 최대철근비를 초과하지 않으면, 이 보에 배치된 압축철근은 보조철근으로 사용한 경우이므로 압축철근을 무시하고 휨강도를 계산하여도 된다.

4.3.1 복철근직사각형보의 해석

1) 보가 파괴될 때 인장철근과 압축철근이 모두 항복하는 경우

(1) [평균 압축응력 분포]를 사용하는 경우

복철근보를 해석하거나 설계할 때, 단면은 그림 4.10(c)와 그림 (d)의 두 부분으로 나누어 생각하는 것이 편리하다. 한 부분은 그림(c)와 같이 $(A_s - A_s')$인 인장철근과 [등가 압축응력 분포]에 의해 저항하는 단철근 직사각형 보이고, 또 다른 부분은 그림(d)와 같이 인장측과 압축측에서 등가철근 A_s'에 의해 형성된 우력 C_s와 T_2에 의해 저항하는 보로 볼 수 있다.

그림 4.10(c)로부터 공칭휨강도는

$$M_{n1} = T_1 z_1 = A_{s1} f_y (d - \beta c) = (A_s - A_s') f_y (d - \beta c) \qquad (4.38)$$

또한, 힘의 겹침의 법칙으로부터 중립축의 위치 c를 구하면

$$A_s f_y = C_s + C_c = A_s' f_y + \alpha (0.85 f_{ck}) bc$$

$$\therefore\ c = \frac{(A_s - A_{s'}) f_y}{\alpha (0.85 f_{ck}) b} \qquad (4.39)$$

그림 4.10(d)로부터 공칭휨강도는

$$M_{n2} = C_s z_2 = T_2 z_2 = A_s' f_y (d - d') \qquad (4.40)$$

여기서, $A_s' = A_{s2} = (A_s - A_{s1})$

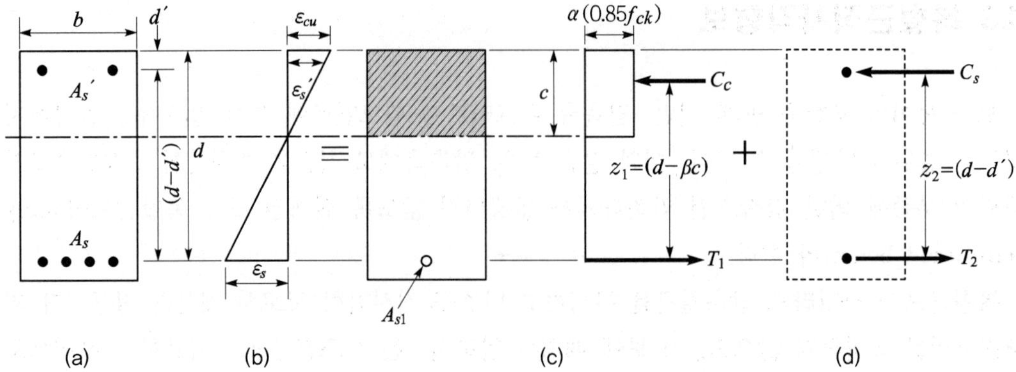

그림 4.10 복철근 직사각형 보(평균 압축응력 분포)

따라서 복철근보의 공칭휨강도는 식(4.38)과 식(4.40)를 합하면

$$M_n = M_{n1} + M_{n2}$$
$$= (A_s - A_s')f_y(d-\beta c) + A_s' f_y(d-d') \tag{4.41}$$

설계휨강도는 공칭휨강도 M_n에 강도감소계수 ϕ를 곱하면 다음 식과 같다.

$$\phi M_n = \phi\left[(A_s - A_s')f_y(d-\beta c) + A_s' f_y(d-d')\right] \tag{4.42}$$

(2) [등가 직사각형 압축응력 분포]를 사용하는 경우

[평균 압축응력 분포]를 사용하는 경우와 마찬가지로 그림 4.11(c)로부터 공칭휨강도는

$$M_{n1} = A_{s1}f_y\left(d-\frac{a}{2}\right) = (A_s - A_s')f_y\left(d-\frac{a}{2}\right) \tag{4.43}$$

또한, 힘의 겹침의 법칙으로부터 등가응력블록의 깊이 a는

$$A_s f_y = C_s + C_c = A_s' f_y + \eta(0.85f_{ck})ab$$
$$\therefore\ a = \frac{(A_s - A_{s'})f_y}{\eta(0.85f_{ck})b} \tag{4.44}$$

그림 4.11(d)에서 공칭휨강도 M_{n2}는 식(4.40)과 같게 된다. 따라서 복철근보의 공칭휨강도는 식(4.43)과 식(4.40)을 합하면

$$M_n = M_{n1} + M_{n2}$$
$$= (A_s - A_s')f_y\left(d-\frac{a}{2}\right) + A_s' f_y(d-d') \tag{4.45}$$

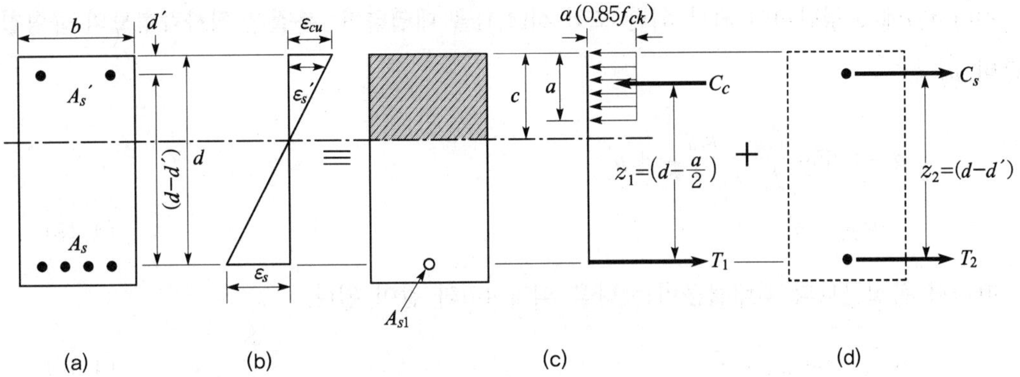

그림 4.11 복철근직사각형 보(등가 직사각형 압축응력 분포)

설계휨강도는 공칭휨강도 M_n에 강도감소계수 ϕ를 곱하면 다음 식과 같다.

$$\phi M_n = \phi\left[(A_s - A_s')f_y\left(d - \frac{a}{2}\right) + A_s' f_y (d - d')\right] \tag{4.46}$$

복철근보를 해석하거나 설계할 때에 적용하는 강도감소계수 ϕ는 최외단 철근의 순인장변형률 ϵ_t에 의해 정해진다. $f_y \le 400\text{MPa}$인 경우, $\varepsilon_t \ge 0.005$이면 강도감소계수는 $\phi = 0.85$이며, $0.004 < \varepsilon_t < 0.005$이면, 강도감소계수 ϕ는 0.78~0.85의 범위에 있다. 또한 $f_y > 400\text{MPa}$인 경우 $\varepsilon_t \ge 2.0\epsilon_y$이면 강도감소계수는 $\phi = 0.85$이고, $2.0\epsilon_y < \varepsilon_t < 2.5\epsilon_y$이면 강도감소계수 ϕ는 0.78~0.85범위에 있으므로 순인장변형률에 따라 강도감소계수는 직선보간으로 구한다.

2) 최대철근비 및 최소철근비의 규정

(1) [평균 압축응력 분포]를 사용하는 경우

보의 파괴는 콘크리트의 압축파괴에 앞서 인장철근의 항복에 의해 일어나야 한다. 이러한 현상은 인장철근비의 상한을 설정함으로써 가능하다. 4.10(c) 및 그림(d)에 겹침의 법칙을 적용하고, $A_s = \bar{\rho}bd$, $A_s' = \rho' bd$의 관계를 대입하여 $\bar{\rho}$에 대하여 정리하면 다음식과 같이 된다.

$$A_s f_y = \alpha(0.85 f_{ck})bc + A_s' f_y$$

$$\bar{\rho} bd f_y = \alpha(0.85 f_{ck})bc + \rho' bd f_y$$

$$\bar{\rho} = 0.85\alpha \frac{f_{ck}}{f_y}\frac{c}{d} + \rho' \tag{4.47}$$

식(4.47)에 균형단면이 되기 위한 조건 식(4.1)을 대입하면, 복철근 직사각형보의 균형철근비 $\overline{\rho_b}$ 는

$$\overline{\rho_b} = 0.85\alpha\frac{f_{ck}}{f_y}\frac{\varepsilon_{cu}}{\varepsilon_{cu}+\varepsilon_y}+\rho'$$
$$= \rho_b + \rho' \tag{4.48}$$

따라서 복철근보의 최대철근비는 다음 식(4.49)와 같이 된다.

$$\overline{\rho}_{\max} = \rho_{\max} + \rho' \tag{4.49}$$

복철근보에서 보가 피괴될 때 압축철근이 항복하는지를 검토한다. 그림 4.12로부터 $\varepsilon_s' = \varepsilon_y$으로 놓고, 변형적합조건을 적용하면,

$$\varepsilon_{cu} : \varepsilon_s'(=\varepsilon_y) = c : (c-d')$$
$$\therefore\ c = \frac{\varepsilon_{cu}}{\varepsilon_{cu}-\varepsilon_y}d' \tag{4.50}$$

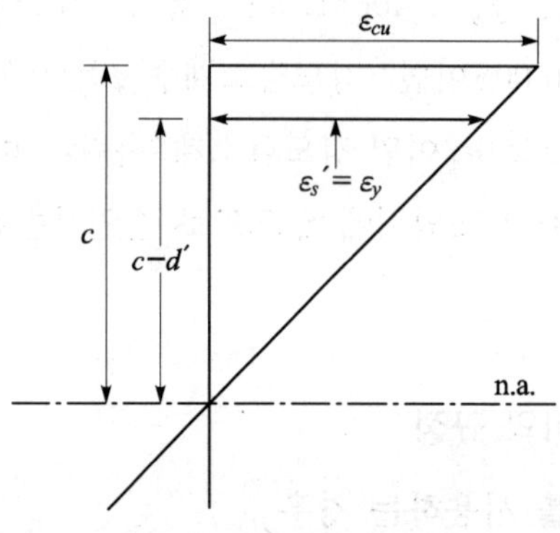

그림 4.12 압축측의 변형률

식(4.47)에 c대신에 식(4.50)을 대입하여 정리하면, 보가 파괴될 때 압축철근도 항복하기 위한 최소인장철근비 $\rho_{\min}$은 다음 식(4.51)과 같이 된다.

$$\rho_{\min} = 0.85\alpha\frac{f_{ck}}{f_y}\frac{c}{d}+\rho'$$
$$= 0.85\alpha\frac{f_{ck}}{f_y}\frac{d'}{d}\frac{\varepsilon_{cu}}{\varepsilon_{cu}-\varepsilon_y}+\rho' \tag{4.51}$$

(2) [등가 직사각형 압축응력 분포]를 사용하는 경우

평균 압축응력 블록을 사용하는 경우와 마찬가지로 그림 4.11(c) 및 (d)에 힘의 겹침의 법칙을 적용하고, $A_s = \bar{\rho}bd$, $A_s' = \rho' bd$의 관계를 대입하여 $\bar{\rho}$에 대해 정리하면,

$$A_s f_y = \eta(0.85 f_{ck})ab + A_s' f_y$$

$$\bar{\rho}bdf_y = \eta(0.85 f_{ck})(\beta_1 c)b + \rho' bdf_y$$

$$\bar{\rho} = 0.85\beta_1 \eta \frac{f_{ck}}{f_y}\frac{c}{d} + \rho' \tag{4.52}$$

식(4.52)에 균형단면이 되기 위한 조건 식(4.1)을 대입하면, 복철근보의 균형철근비 $\overline{\rho_b}$는

$$\begin{aligned}\overline{\rho_b} &= 0.85\beta_1 \eta \frac{f_{ck}}{f_y}\frac{\varepsilon_{cu}}{\varepsilon_{cu}+\varepsilon_y} + \rho' \\ &= \rho_b + \rho'\end{aligned} \tag{4.53}$$

따라서 복철근보의 최대철근비 $\bar{\rho}_{\max}$는 다음 식과 같이 된다.

$$\bar{\rho}_{\max} = \rho_{\max} + \rho' \tag{4.54}$$

식(4.52)의 c대신에 식(4.50)을 대입하여 정리하면, 보가 파괴될 때 압축철근도 항복하기 위한 최소인장철근비는 다음 식(4.55)와 같이 된다.

$$\begin{aligned}\rho_{\min} &= 0.85\beta_1 \eta \frac{f_{ck}}{f_y}\frac{c}{d} + \rho' \\ &= 0.85\beta_1 \eta \frac{f_{ck}}{f_y}\frac{d'}{d}\frac{\varepsilon_u}{\varepsilon_u - \varepsilon_y} + \rho'\end{aligned} \tag{4.55}$$

3) 보가 파괴될 때 압축철근이 항복하지 않는 경우

(1) [평균 압축응력 분포]를 사용하는 경우

보가 파괴될 때 압축철근이 항복한다면 공칭휨강도 계산에 지금까지의 식들을 사용할 수 있다. 그러나 폭이 넓거나 매우 좁은 보, 압축철근의 피복두께가 통상적인 경우보다 두꺼운 보, 고강도 철근을 사용한 보, 인장철근량이 상대적으로 적은 보 등은 보가 피괴될 때 압축철근이 항복하지 않을 것이다.

만약, 인장철근비가 식(4.51)로 계산된 최소철근비보다 작으면, 보가 파괴될 때 압축철근은 항복하지 않으며, 중립축 c는 작아진다. 따라서 이때의 균형철근비는 식(4.48)를 고려하면 다음 식(4.56)과 같게 되고

$$\overline{\rho_b} = \rho_b + \rho' \frac{f_s'}{f_y} \tag{4.56}$$

압축철근의 응력은 다음 식(4.57)과 같이 된다.

$$\begin{aligned} f_s' &= E_s \epsilon_s' \\ &= E_s\left[\varepsilon_{cu} - \frac{d'}{d}(\varepsilon_{cu} + \varepsilon_y)\right] \le f_y \end{aligned} \tag{4.57}$$

최대인장철근비 $\rho_{\max}$를 정하기 위해 식(4.57)에서 ε_y대신에 $\varepsilon_t = 0.004$를 대입하면,

$$f_s' = E_s\left[\varepsilon_{cu} - \frac{d'}{d}(\varepsilon_{cu} + 0.004)\right] \le f_y \tag{4.58}$$

따라서 보가 파괴될 때 압축철근이 항복하지 않는 경우, 복철근보의 최대철근비 $\overline{\rho}_{\max}$는 다음 식(4.59)와 같이 된다.

$$\overline{\rho}_{\max} = \rho_{\max} + \rho' \frac{f_s'}{f_y} \tag{4.59}$$

만약, 인장철근비가 식(4.51)의 최소철근비 $\rho_{\min}$보다 작으며, 식(4.59)의 최대철근비 $\overline{\rho}_{\max}$보다 작은 경우, 보가 파괴될 때 인장철근은 항복하지만, 압축철근은 항복하지 않는다.

그러므로 압축철근의 압축응력은 $\epsilon_s' = \epsilon_{cu}\dfrac{c-d'}{c}$ (그림 4.12 참조)이므로

$$f_s' = E_s\varepsilon_s' = \varepsilon_{cu} E_s \frac{c-d'}{c} \tag{4.60}$$

또한, 그림 4.10(c) 및 그림 (d)에 힘의 겹침의 법칙을 적용하고, f_s' 대신에 식(4.60)을 대입하면

$$\begin{aligned} A_s f_y &= \alpha(0.85 f_{ck})bc + A_s' f' \\ &= \alpha(0.85 f_{ck})bc + A_s' \varepsilon_{cu} E_s \frac{c-d'}{c} \end{aligned} \tag{4.61}$$

식(4.61)은 중립축 c에 대해 2차식이므로, 이것을 풀면 중립축의 위치 c를 구할 수 있다.

그러므로 그림 4.10(c) 및 그림(d)에 힘의 평형조건 및 겹침의 법칙을 적용하면 이 보의 공칭휨강도 M_n은

$$M_n = \alpha(0.85 f_{ck})bc(d - \beta c) + A_s' f_s'(d - d') \tag{4.62}$$

또한 설계휨강도 ϕM_n은 다음 식과 같이 된다.

$$\phi M_n = \phi[\alpha(0.85 f_{ck})bc(d-\beta c) + A_s{}' f_s{}'(d-d')] \tag{4.63}$$

(2) [등가 직사각형 압축응력 분포]를 사용하는 경우

평균 압축응력 블록을 사용하는 경우와 마찬가지로 그림 4.11(c) 및 그림 (d)에 힘의 겹침의 법칙을 적용하고, 식(4.60)을 대입하면 다음 식(4.64)가 얻어진다.

$$A_s f_y = \eta(0.85 f_{ck})(\beta_1 c)b + A_s{}' \varepsilon_{cu} E_s \frac{c-d'}{c} \tag{4.64}$$

식(4.64)는 중립축 c에 대해 2차식이므로, 이것을 풀면 중립축의 위치 c를 구할 수 있다.

따라서 그림 4.11(c) 및 그림(d)에 힘의 평형조건 및 힘의 겹칩의 법칙을 적용하면, 이보의 공칭휨강도 M_n은

$$M_n = \eta(0.85 f_{ck})ab\left(d - \frac{a}{2}\right) + A_s{}' f_s{}'(d-d') \tag{4.65}$$

또한 설계휨강도 ϕM_n은 다음 식과 같이 된다.

$$\phi M_n = \phi\left[\eta(0.85 f_{ck})ab\left(d - \frac{a}{2}\right) + A_s{}' f_s{}'(d-d')\right] \tag{4.66}$$

4) 복철근보의 해석 철차

① 압축철근을 무시하고, 단철근직사각형 보의 최대철근비를 구한다. 실제의 철근비가 최대철근비보다 크면 복철근보가 된다.

② 복철근보의 최소 인장철근비를 식(4.51) 혹은 식(4.55)에 의해 구하고, 인장철근비가 이 조건을 만족하면, 보가 파괴될 때 압축철근은 항복한다.

③ 식(4.49) 혹은 식(4.54)를 이용하여 복철근보의 최대 인장철근비를 검토하고, 강도감소계수 ϕ를 산정한다.

④ 인장철근비가 최대 및 최소철근비 조건에 만족하는 경우, 식(4.63) 혹은 식(4.66)를 이용하여 설계휨강도 ϕM_n을 계산한다.

4.3.2 복철근직사각형 보의 설계

(1) $\rho = \rho_{\max}$를 갖는 단철근직시각형 보의 최대공칭휨강도 $M_{n(\max)}$를 계산한다. 이 때 인장철근량은 $A_{s1} = \rho bd$로 구한다.

평균 압축응력 블록을 사용하는 경우,

$$M_{n(\max)} = A_{s1} f_y (d - \beta c) \tag{4.67}$$

등가 직사각형 압축응력 블록을 사용하는 경우,

$$M_{n(\max)} = A_{s1} f_y \left(d - \frac{a}{2}\right) \tag{4.68}$$

여기서, $c = \dfrac{A_{s1} f_y}{\alpha (0.85) f_{ck} b}$, $a = \dfrac{A_{s1} f_y}{\eta (0.85) f_{ck} b}$ 이다.

(2) $\phi M_{n(\max)} < M_u$ 이면, 복철근보로 설계하여야 한다. $\phi M_{n(\max)} = \phi M_{n1}$ 으로 놓으면, 복철근보로서 추가되는 인장철근과 압축철근이 부담해야 할 계수휨모멘트는 식(4.69)와 같다.

$$M_u = \phi (M_{n1} + M_{n2}), \quad \therefore \ M_{n2} = \frac{M_u}{\phi} - M_{n1} \tag{4.69}$$

(3) 추가되는 인장철근 A_{s2} 및 압축측에 배근되는 압축철근 $A_s{}'$ 계산한다.

$$M_{n2} = A_s{}' f_y (d - d'), \quad \therefore \ A_s{}' = \frac{M_{n2}}{f_y (d - d')} = A_{s2} \tag{4.70}$$

(4) 인장철근량 A_s는 다음 식(4.71)과 같이 계산한다.

$$A_s{}' = A_{s2} \text{이므로} \quad \therefore A_s = A_{s1} + A_{s2} \tag{4.71}$$

(5) 인장철근 및 압축철근에 대하여 철근지름 및 갯수를 정하고, 각각의 철근량을 계산한다.

(6) [평균 압축응력 블록]을 사용하는 경우, 식(4.49)에 의해 최대철근비를 검토하여 보의 파괴가 인장철근의 항복에 의해 발생하는지를 검토한다. 또한, 식(4.51)에 의해 최소철근비 $\rho_{\min}$을 검토하여 보가 파괴될 때 압축철근도 항복하는지를 확인한다.

(7) [등가 직사각형 압축응력 블록]을 사용하는 경우, 식(4.54)에 의해 최대철근비를 검토하여 보의 파괴가 인장철근의 항복에 의해 발생하는지를 검토한다. 또한, 식(4.55)에 의해 최소철근비 $\rho_{\min}$을 검토하여 보가 파괴될 때 압축철근도 항복하는지를 확인한다.

(8) 최종적으로 식(4.42) 혹은 식(4.46)에 의해 계산한 결과가 $M_u \le \phi M_n$의 관계를 만족하고 있는지를 검토한다.

예제 4.5 그림 4.13과 같은 복철근 직사각형보의 설계휨강도 ϕM_n을 계산하시오. 여기서, $f_{ck} = 28\text{MPa}$, $f_y = 400\text{MPa}$이다.

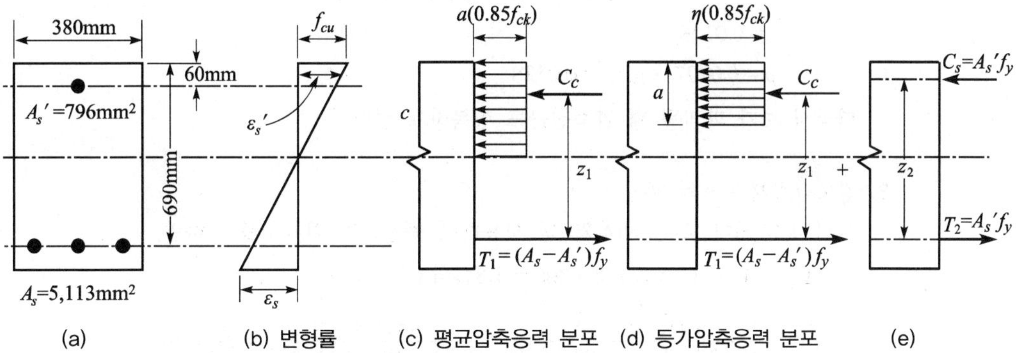

그림 4.13 복철근 보의 설계휨강도 계산

풀이

[평균 압축응력 분포를 사용하는 경우]

(1) 최대 철근비의 검토

인장철근비 및 압축철근비를 구하면,

$$\rho = \frac{A_s}{bd} = \frac{5,113}{380 \times 650} = 0.0207$$

$$\rho' = \frac{A_s'}{bd} = \frac{796}{380 \times 650} = 0.0032$$

이 보는 $f_{ck} \leq 40\text{MPa}$, $f_y \leq 400\text{MPa}$인 경우이므로 단철근 직사각형보의 최대철근비는 식(4.7)으로부터

$$\rho_{\max} = 0.307\frac{f_{ck}}{f_y} = 0.307 \times \frac{28}{400}$$

$$= 0.0184 < \rho = 0.0207$$

이 보의 철근비는 단철근 직사각형보의 최대철근비보다 크므로 복철근 직사각형보가 된다. 복철근보에서의 최대인장철근비는 식(4.49)를 적용하면 다음과 같이 된다.

$$\bar{\rho}_{\max} = \rho_{\max} + \rho' = 0.0184 + 0.0032 = 0.0216$$

$$\therefore \ \rho = 0.0207 < \bar{\rho}_{\max} = 0.0216$$

따라서, 이 보는 인장지배단면이거나 허용된 변화구간에 내에 있음을 알 수 있다.

(2) 보가 파괴될 때 압축철근 항복 여부 검토

보가 파괴될 때 압축철근이 항복하기 위해서는 인장철근비가 최소 인장철근비 보다 커야 하며, 이때 최소인장철근비는 식(4.51)을 사용하면,

$$\rho_{\min} = 0.85\alpha \frac{f_{ck}}{f_y}\frac{d'}{d}\frac{\varepsilon_{cu}}{\varepsilon_{cu}-\varepsilon_y}+\rho'$$

$$= 0.85\times 0.8\times \frac{24}{400}\times \frac{60}{650}\times \frac{0.0033}{0.0033-0.002}+0.0032$$

$$= 0.0128$$

$$\therefore \quad \rho = 0.0207 > \rho_{\min} = 0.0128$$

따라서 보가 파괴될 때 압축철근도 항복하게 된다.

(3) 강도감소계수 ϕ의 계산

그림 4.13(c)나 혹은 식(4.39)를 사용하여 중립축의 위치 c를 구하면,

$$A_{s1} = A_s - A_s{}' = 5{,}113 - 796 = 4{,}317\text{mm}^2$$

$$c = \frac{(A_s - A_{s'})f_y}{\alpha(0.85f_{ck})b} = \frac{A_{s1}f_y}{\alpha(0.85f_{ck})b} = \frac{4{,}317\times 400}{0.8\times 0.85\times 24\times 380} = 278\text{mm}$$

인장철근의 순인장변형률을 검토해 보기로 하자. 그림 4.13(b)로부터

$$0.0033 : 278 = \varepsilon_s : (650-278)$$

$$\therefore \ 0.004 < \varepsilon_s = 0.0044 < 0.005$$

따라서 이 보는 순인장변형률이 변화구간에 있으며 강도감소계수는 0.78~0.85의 범위에 있다. 직선보간을 적용하여 순인장변형률 0.0044에 해당되는 강도감소계수 ϕ를 구하면 다음과 같이 된다.

$$(0.005-0.002) : (0.85-0.65) = (0.0044-0.002) : \phi_1$$

$$\phi_1 = 0.16, \quad \therefore \ \phi = 0.65+0.16 = 0.81$$

(4) 설계휨강도의 산정

그림 4.13(c)에 힘의 평형조건을 적용하면 공칭휨강도 M_{n1}은 식(4.38)과 같으며, 이를 적용하면

$$M_{n1} = T_1 z_1 = (A_s - A_s{}')f_y(d-\beta c)$$

$$= [4{,}317\times 400\times (650-0.4\times 278)]\times 10^{-6}$$

$$= 930.40\ \text{kN}\cdot\text{m}$$

또한, 그림(d)에서 인장측과 압축측의 등가철근 $A_s{}'$에 의한 공칭휨강도 M_{n2}는 식(4.40)과 같으며, 이들 적용하면

$$M_{n2} = T_2 z_2 = A_{s2}f_y(d-d') = A_s{}'f_y(d-d') = 796\times 400\times (650-60)\times 10^{-6}$$

$$= 187.86\,\text{kN}\cdot\text{m}$$

따라서, 이 복철근 직사각형보의 설계휨강도 ϕM_n은 다음과 같이 계산된다.

$$\phi M_n = \phi(M_{n1}+M_{n2}) = 0.81\times(930.40+187.86) = 905.79\,\text{kN}\cdot\text{m}$$

[등가 압축응력 블록을 사용하는 경우]

(1) 보가 파괴될 때 압축철근 항복 여부 검토

보가 파괴될 때 압축철근이 항복하기 위해서는 인장철근비가 최소인장철근비보다 커야 하며, 이때 최소인장철근비는 식(4.55)를 사용하면,

$$\rho_{\min} = 0.85\beta_1\eta\frac{f_{ck}}{f_y}\frac{d'}{d}\frac{\varepsilon_{cu}}{\varepsilon_{cu}-\varepsilon_y}+\rho'$$

$$= 0.85\times0.8\times1.0\times\frac{24}{400}\times\frac{60}{650}\times\frac{0.0033}{0.0033-0.002}+0.0032$$

$$= 0.0128$$

$$\therefore\ \rho = 0.0207 > \rho_{\min} = 0.0128$$

따라서 보가 파괴될 때 압축철근도 항복하게 된다.

(2) 강도감소계수 ϕ의 계산

보가 피괴될 때 인장철근 및 압축철근이 모두 항복하기 때문에 다음과 같이 설계휨강도를 구할 수 있다. 그림 4.11(c)나 혹은 식(4.44)로부터 등가응력깊이 a를 구하면

$$A_{s1} = A_s - A_s' = 5{,}113 - 796 = 4{,}317\text{mm}^2$$

$$a = \frac{(A_s - A_{s'})f_y}{\eta(0.85f_{ck})b} = \frac{A_{s1}f_y}{\eta(0.85f_{ck})b} = \frac{4{,}317\times400}{1.0\times0.85\times24\times380} = 223\text{mm}$$

중립축의 위치는 $a = \beta_1 c$로부터

$$c = \frac{a}{\beta_1} = \frac{223}{0.8} = 278\text{mm}$$

인장철근의 순인장변형률을 검토해 보기로 하자. 그림 4.13(b)로부터 변형적합조건을 적용하면

$$0.0033 : 278 = \varepsilon_s : (650-278)$$

$$\therefore\ 0.004 < \varepsilon_s = 0.0044 < 0.005$$

당연한 결과이지만, [평균 압축응력 분포]를 사용한 경우와 동일한 값을 얻었다. 그러므로 순인장변형률 0.0044에 해당되는 강도감소계수는 $\phi = 0.81$이 된다.

(3) 설계휨강도의 산정

그림 4.13(d)에 힘의 평형조건을 적용하거나 혹은 식(4.43)을 사용하면 공칭휨강도 M_{n1}은

$$M_{n1} = (A_s - A_s')f_y\left(d-\frac{a}{2}\right) = A_{s1}f_y\left(d-\frac{a}{2}\right) = \left[4{,}317\times400\times\left(650-\frac{223}{2}\right)\right]\times10^{-6}$$

$$= 930.0\ \text{kN}\cdot\text{m}$$

또한, 그림 3.13(e)의 인장측과 압축측의 등가철근 A_s'에 의한 공칭휨강도 M_{n2}는 식(4.40)을 적용하면

$$M_{n2} = T_2 z = A_{s2} f_y (d - d') = A_s' f_y (d - d') = [796 \times 400 \times (650 - 60)] \times 10^{-6}$$
$$= 187.86\,\text{kN} \cdot \text{m}$$

따라서, 이 복철근 직사각형보의 설계휨강도 ϕM_n은 다음과 같이 계산된다.

$$\phi M_n = \phi(M_{n1} + M_{n2}) = 0.81 \times (930.0 + 187.86) = 905.47\,\text{kN} \cdot \text{m}$$

복철근 직사각형보에 있어서 [평균 압축응력 분포]과 [등가 압축응력 분포]을 사용하여 해석한 결과, 설계휨강도가 일치하며, 이것은 [등가 압축응력 분포]가 [평균 압축응력 분포]로부터 유도된 것임을 고려하면 당연한 결과이다.

예제 4.6 폭이 $b = 600\text{mm}$이고 구조계획 조건에 의해 높이 $h = 450\text{mm}$으로 제한을 받고 있는 직사각형 보가 있다. 필요한 철근량을 계산하시오. 계수휨모멘트는 $M_u = 550\text{kN} \cdot \text{m}$이며, 철근 도심까지의 피복두께는 70mm이다. 여기서, $f_{ck} = 28\text{MPa}$, $f_y = 400\text{MPa}$이다. 평균 압축응력 블록을 적용하여 설계한다.

풀이

(1) 단철근직사각형 보로서의 설계

$\epsilon_t = 0.005$인 인장지배단면으로서의 철근비를 계산하면,

$$\rho_{\max} = 0.85\alpha \frac{f_{ck}}{f_y} \frac{0.0033}{0.0033 + 0.005}$$
$$= 0.85 \times 0.8 \times \frac{28}{400} \times \frac{0.0033}{0.0083}$$
$$= 0.0189$$

그러므로 이에 해당되는 철근량 A_{s1}은

$$A_{s1} = \rho_{\max} \times bd = 0.0187 \times 600 \times (450 - 70) = 4{,}264\text{mm}^2$$

중립축의 위치는 식(4.26)으로부터

$$c = \frac{A_{s1} f_y}{\alpha(0.85 f_{ck}) b} = \frac{4{,}264 \times 400}{0.8 \times 0.85 \times 28 \times 600} = 149\text{mm}$$

단철근 직사각형보의 설계휨강도는 식(4.28)로부터

$$\phi M_{n1} = \phi A_{s1} f_y (d - \beta c)$$
$$= 0.85 \times [4{,}264 \times 400 \times (380 - 0.8 \times 149)] \times 10^{-6}$$
$$= 378.10\text{kN} \cdot \text{m}$$

$$\therefore M_u = 500\text{kN} \cdot \text{m} > \phi M_{n1} = 378.10\text{kN} \cdot \text{m}$$

따라서 이 보는 복철근 보로서 설계하여야 한다.

(2) 복철근보의 압축철근 설계

보가 파괴될 때 압축철근이 항복하는지를 검토한다. 변형률의 닮음비를 사용하면,

$$0.0033 : 149 = \varepsilon_s' : (149 - 70), \quad \therefore \varepsilon_s' = 0.0017$$

여기서, $\varepsilon_s' = 0.0017 < \varepsilon_y = 0.002$이므로, 보가 파괴될 때 압축철근은 항복하지 않는다. 따라서 압축철근의 압축응력은 다음과 같이 된다.

$$f_s' = E_s \varepsilon_s' = 200{,}000 \times 0.0017 = 340\text{MPa}$$

추가로 배치되는 인장철근 A_{s2}와 압축철근 A_s'가 부담해야 할 휨모멘트는 식(4.69)로부터

$$M_{n2} = \frac{M_u - \phi M_{n1}}{\phi} = \frac{500 - 378.10}{0.85} = 143.41\text{kN} \cdot \text{m}$$

따라서 압축철근량은 식(4.70)으로부터 다음과 같이 계산된다.

$$A_s' = \frac{M_{n2}}{f_s'(d-d')} = \frac{143.41 \times 10^6}{340 \times (380 - 70)} = 1{,}361\text{mm}^2$$

(3) 인장철근량의 계산

압축철근량 계산에서 $f_s' = 340\text{MPa}$을 사용하였으므로 추가되는 인장철근은 수정되어야 한다. 즉, 총인장철근량은 다음과 같이 된다.

$$A_s = A_{s1} + A_s'\left(\frac{340}{400}\right) = 4{,}264 + 1{,}361 \times \left(\frac{340}{400}\right) = 5421\text{mm}^2$$

그러므로 $A_s = 5778\text{mm}^2(9-\text{D}29)$, $A_s' = 1926\text{mm}^2(3-\text{D}29)$를 인장측 및 압축측에 배치한다.

그런데, 단철근 직사각형보의 인장철근의 단면적을 계산할 때 철근의 응력은 $f_s' = 340\text{MPa}$을 적용하지 않고 항복강도 $f_y = 400\text{MPa}$을 사용하였으므로 이를 수정하면

$$A_s = 5{,}778 - 1{,}926 \times \left(\frac{340}{400}\right)$$
$$= 4{,}141\text{mm}^2 < 4{,}264\text{mm}^2$$

(4) 압축철근의 응력의 검토

중립축의 위치는 식(4.26)으로부터

$$c = \frac{A_{s1} f_y}{\alpha(0.85 f_{ck})b} = \frac{4{,}141 \times 400}{0.8 \times 0.85 \times 28 \times 600} = 145\text{mm}$$

압축철근의 변형률은

$$0.0033 : \epsilon_s' = c : (c - d')$$

$$0.0033 : \epsilon_s' = 145 : (145 - 70)$$

$$\therefore \epsilon_s' = 0.0017$$

압축철근의 응력은

$$f_s' = E_s \varepsilon_s' = 200{,}000 \times 0.0017 = 340\text{MPa}$$

즉 처음에 사용했던 압축응력과 같다.

(5) 강도감소계수의 계산

인장철근은 4개씩 2단으로 배치하고 수직 철근간의 거리를 80mm로 정하면, 중립축으로부터 최외단 인장철근까지의 거리는

$$d_t = (d-c)+40 = (380-145)+40 = 275\text{mm}$$

인장철근의 변형률은

$$0.0033 : 145 = \epsilon_s : 275, \qquad \therefore \epsilon_s = 0.0063 > 0.005$$

그러므로 강도감소계수 $\phi = 0.85$가 된다.

(6) 설계휨강도의 계산

압축철근이 항복하지 않으므로 설계휨강도는 식(4.63)을 적용하면, 다음과 같이 된다.

$$\begin{aligned}\phi M_n &= \phi[\alpha(0.85f_{ck})bc(d-\beta c)+A_s{}'f_s{}'(d-d')]\\ &= 0.85\times[\{0.8\times(0.85\times 28)\times 600\times 145\times(380-0.4\times 145)\}\\ &\qquad +\{1926\times 340\times(380-70)\}]\times 10^{-6}\\ &= 0.85\times(533.39+203.00)\\ &= 625.93\text{kN}\cdot\text{m} > M_u = 550\text{kN}\cdot\text{m}\end{aligned}$$

즉 설계휨강도가 계수휨모멘트보다 크므로 사용할 철근량은 적절하다.

4.4 T형보

4.4.1 T형보와 플랜지의 유효폭

이 절은 콘크리트구조 설계기준 [*KDS* 14 20 10 콘크리트구조 해석과 설계 원칙, 4.3.10 T형보]의 규정에 의해 작성한 것이다.

1) 직사각형보와 T형보

철근콘크리트의 휨이론은 인장철근을 배치한 직사각형 보에 적용하였다. 철근콘크리트 보는 T형이나 I형인 경우가 있으며, 인장측 및 압축측에 철근을 배치하는 경우도 있다. 그림 4.14는 바닥판 구조를 나타낸 것이며, 시공할 때에는 기둥에 먼저 콘크리트를 타설하고 경화된 후 보와 슬래브 콘크리트를 한꺼번에 타설하여 일체로 만든다. 그 결과, 슬래브는 보와 같이 거동하며, 이와 같은 보를 T형보(T beam)라 한다. 슬래브는 보의 플랜지를 형성하고, 슬래브 아래의 돌출부는 복부(web)를 형성한다. 내측보 AB는 양쪽에 플랜지를 가지는 T형보가 되고, 가장자리보(spandral beam) CD는 한쪽에만 플랜지를 가지고 있는 T형보가 된다.

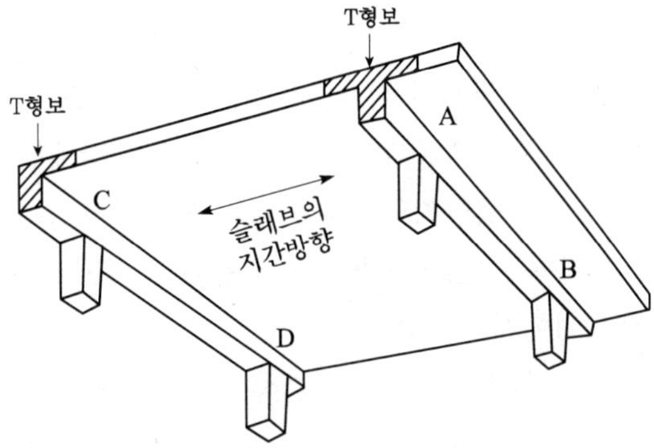

그림 4.14 T형보

그림 4.15는 내측보에 대하여 처짐 형상을 과장해서 나타낸 것이다. 지간 중앙부에서는 정(+)의 휨모멘트를 받고 있으며, 지점부에서는 부(−)의 휨모멘트를 받고 있다. 지간 중앙에서는 그림 4.15(b)와 같이 압축측이 플랜지 내에 있거나, 아니면 그림 (c)와 같이 압축측이 플랜지를 포함한 복부 내에 있게 된다. 이와 같이 중립축이 플랜지 내에 있으면 압축측 형상이 직사각형이 되어 폭 b인 직사각형 보로 해석하고, 복부 내에 있게 되면 압축측이 형상이 T형을 형성하여 T형보로 해석한다. 또한, 지점부에서는 중립축이 보의 하면인 복부에 있게 되어 그림 (d)와 같이 폭 b_w인 직사각형 보로 해석한다. 즉, T형보에서 압축측이 직사각형이면 직사각형 보로 해석하고, 압축측이 T형이면 T형보로 해석한다.

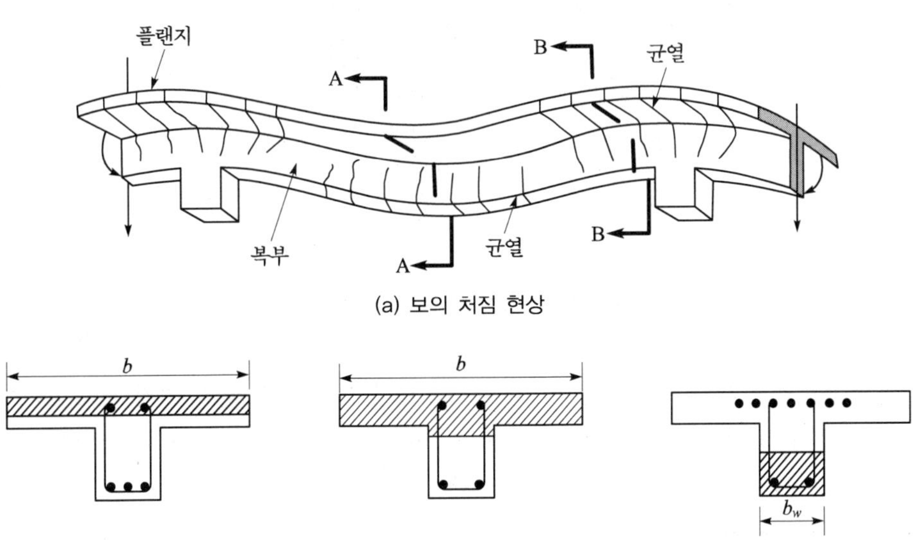

(a) 보의 처짐 현상

(b) A–A 단면 (c) A–A 단면 (d) B–B 단면

그림 4.15 T형보와 직사각형보

2) 플랜지의 유효폭

단순 T형보에서 지점 단면의 플랜지에 작용하는 압축응력은 없지만, 지간 중앙 단면에서는 플랜지 전 폭에 걸쳐 압축응력이 작용하며, 복부와 플랜지 경계면에서는 수평전단응력이 작용한다. 그 결과, 경계면에서는 전단지연(shear lag)의 영향이 있으며, 그림 4.16(a)와 같이 복부에 가장 가까운 플랜지에는 큰 압축응력이 작용한다. 즉, 플랜지의 압축응력은 복부 위에서 최대가 되며, 복부사이에서는 작아진다.

휨모멘트에 의한 단면 설계에서는 해석의 간편성 및 안전성을 고려하여 그림 4.16(b)와 같은 유효폭(effective width)이 사용된다. 유효폭 b는 실제의 압축응력이 작용하는 폭 b_0의 압축응력에 대한 합력이 최대압축응력 $f_{c(\max)}$이 등분포로 작용하는 합력과 같도록 구한 것이다. 그림 4.16(c)는 이 과정을 나타낸 것이다.

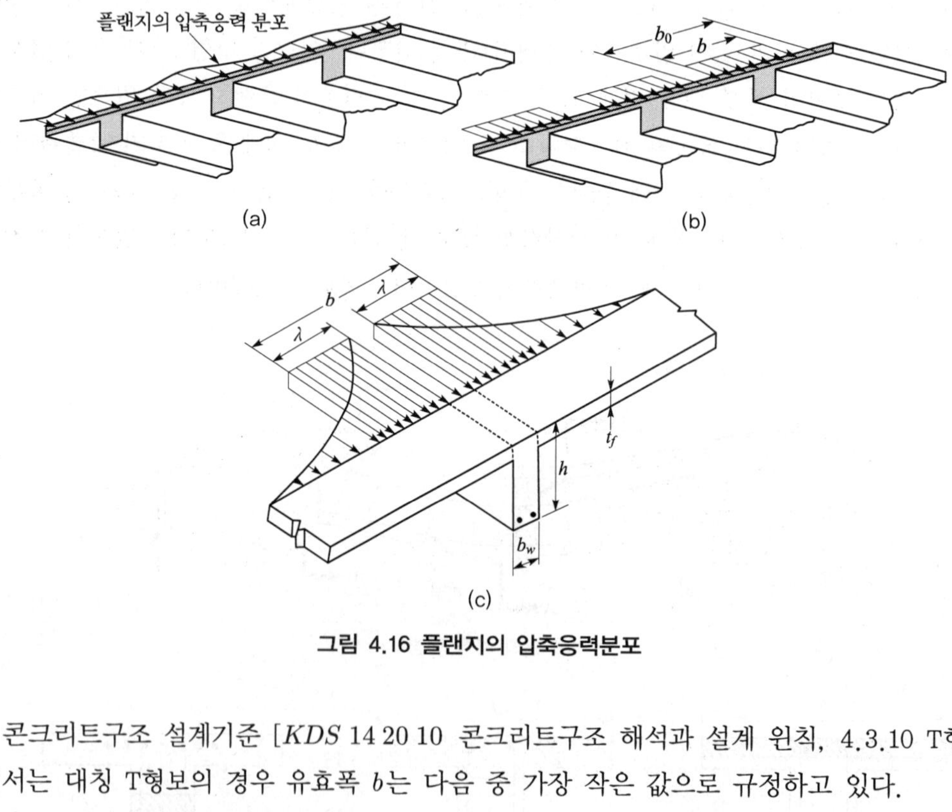

그림 4.16 플랜지의 압축응력분포

콘크리트구조 설계기준 [*KDS* 14 20 10 콘크리트구조 해석과 설계 원칙, 4.3.10 T형보]에서는 대칭 T형보의 경우 유효폭 b는 다음 중 가장 작은 값으로 규정하고 있다.

① (양쪽으로 각각 내민 플랜지 두께의 8배씩)+b_w

② 양쪽 슬래브의 중심간 거리

③ 보 경간의 $\frac{1}{4}$

비대칭 T형보의 경우는 유효폭의 산정에 보다 엄격한 규정을 적용하고 있으며, 유효폭 산정에 탄성해석 결과를 고려하여 보수적인 개략치로서 규정하고 있는 것이 일반적이다. 비대칭 T형보의 유효폭은 다음 중 가장 작은 값을 사용하도록 규정하고 있다.

① (한쪽으로 내민 플랜지 두께의 6배)+b_w

② (보 경간의 $\frac{1}{12}$)+b_w

③ (인접한 보와의 내측거리의 $\frac{1}{2}$)+b_w

독립 T형보에서 압축측 면적을 늘리기 위해 플랜지를 덧붙이는 경우, T형보로서의 기능을 발휘하도록 하기 위해서는 추가 압축면적을 제공하는 플랜지의 두께는 복부폭의 1/2이상이어야 하며 플랜지의 유효폭은 복부폭의 4배 이하이여야 한다.

4.4.2 T형보의 해석

1) T형보의 판별

T형보의 중립축은 단면의 특성, 인장철근량, 콘크리트의 강도 등에 영향을 받아 플랜지 아니면 복부에 있다. 중립축의 위치가 플랜지 두께 t_f와 같거나 작을 경우, 플랜지 폭 b를 직사각형 보의 폭으로 보고 해석한다.

그림 4.17(a)의 T형보는 중립축이 플랜지에 있으므로 폭 b인 직사각형보로 해석한다. 압축측의 면적은 플랜지의 음영부분으로 나타내고 있다. 만약 (1) 및 (2) 부분이 콘크리트로 만들어졌다면, 이 보는 폭이 b인 직사각형 보가 된다. 면적 (1) 및 (2)가 모두 인장측에 있다면, 인장측 콘크리트는 계산에서 무시되기 때문에 휨강도는 증가하지 않는다. 그러므로 그림 4.17(a)의 T형보와 면적 (1) 및 (2)가 추가된 직사각형 보는 휨강도가 같으며, 직사각형 보를 해석하는 방법과 동일하다.

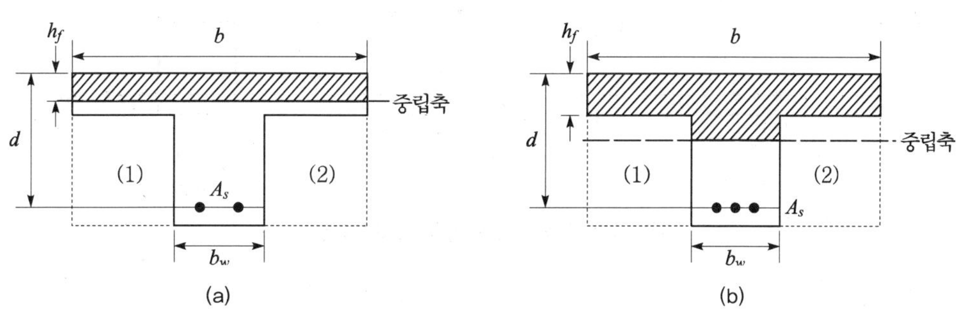

그림 4.17 T형보의 판별

그림 4.17(a)의 T형보와 같이 부재 단면의 압축영역이 사각형의 아닌 경우에는 [포물선-사각형 곡선의 응력 분포]를 사용하거나 이와 동등한 결과를 가지는 [등가 사각형 압축응력 분포]을 적용할 수 있다. 이 [등가 사각형 압축응력 블록]은 원래 사각형 보에 대한 시험을 기초로 고안된 것이다. 그러므로 이것을 T형보에 적용하는 것은 문제가 있을 수 있다. 그러나 실제의 응력-변형률 곡선에 기초를 둔 광범위한 계산들은 [등가 사각형 응력 분포]를 T형 단면에 적용하더라도 무방하다는 사실이 실험 등을 통해 입증되고 있다. 이것은 T형 단면뿐 아니라 원형 단면 등 어떠한 모양의 단면에도 적용되며 충분한 정확성이 확인된 것이다. 그러므로, 이 T형보의 해석이나 설계에서 그의 간편성을 고려하여 [등가 직사각형 압축응력 분포]를 사용하기로 한다.

압축응력분포가 플랜지 내에 있다고 가정하면, 등가응력 깊이 a는 직사각형 보의 경우와 같다. 즉,

$$a = \frac{A_s f_y}{\eta(0.85 f_{ck})b} \tag{4.72}$$

등가응력깊이가 $a \le t_f$이면, 이 T형보는 직사각형 보가 되며, $a > t_f$이면 T형보로 해석한다.

2) 휨강도의 계산

T형보의 휨강도를 계산할 때, 그림 4.18의 음영부분이 압축측이 되므로 압축력은 폭 b에 작용하는 압축력에 폭 b_w에 작용하는 압축력을 더하면 된다. 즉, $\eta(0.85 f_{ck})bt_f + 0.85 f_{ck} b_w (a - t_f)$가 되지만, 이 힘의 합력의 작용점을 구하는 것은 매우 번잡해질 수 있다.

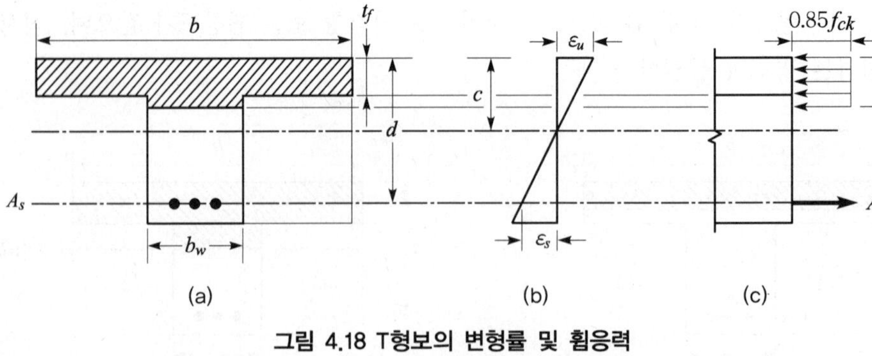

그림 4.18 T형보의 변형률 및 휨응력

그러므로 그림 4.18의 T형보를 그림 4.19와 같이 그림 (b)와 그림 (c)로 나누어 생각하는 것이 편리하다. 그림 (b)에서 플랜지 내민 부분의 균등한 압축응력 $\eta(0.85f_{ck})$에 의한 압축력 C_1과 A_{sf}에 의한 인장력 T_1은 평형을 이루어야 하므로 A_{sf}는 다음 식(4.73)과 같이 구할 수 있다.

$$A_{sf}f_y = \eta(0.85f_{ck})t_f(b-b_w)$$

$$\therefore\ A_{sf} = \frac{\eta(0.85f_{ck})t_f(b-b_w)}{f_y} \tag{4.73}$$

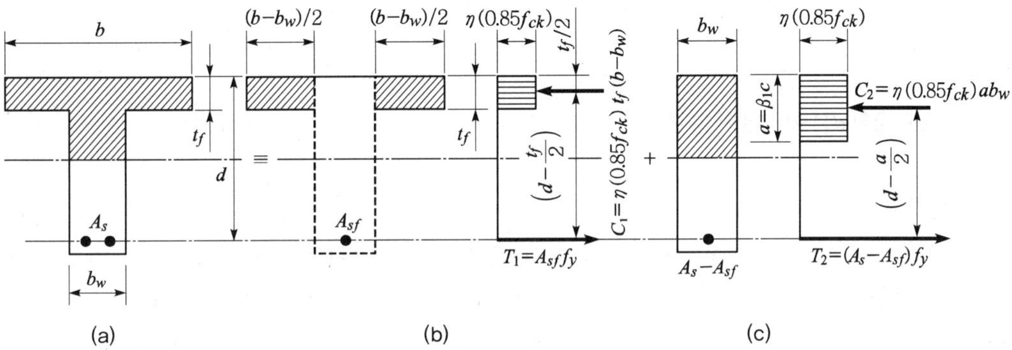

그림 4.19 T형보의 휨응력 분할

따라서 인장력 $T_1 = A_{sf}f_y$에 의한 공칭휨강도는

$$M_{n1} = T_1 z_1 = A_{sf}f_y\left(d-\frac{t_f}{2}\right) \tag{4.74}$$

그림 4.19(c)로부터 인장력 $T_2 = (A_s - A_{sf})f_y$와 압축력 $C_2 = \eta(0.85f_{ck})ab_w$는 평형을 이루어야 하므로

$$a = \frac{(A_s - A_{sf})f_y}{\eta(0.85f_{ck})b_w} \tag{4.75}$$

또한, 인장력 $T_2 = (A_s - A_{sf})f_y$에 의한 공칭휨강도는 다음과 같이 된다.

$$M_{n2} = T_2 z_2 = (A_s - A_{sf})f_y\left(d-\frac{a}{2}\right) \tag{4.76}$$

따라서 T형보의 공칭휨강도는

$$M_n = M_{n1} + M_{n2}$$
$$= A_{sf} f_y \left(d - \frac{t_f}{2}\right) + (A_s - A_{sf}) f_y \left(d - \frac{a}{2}\right) \tag{4.77}$$

또한, 설계휨강도는 다음 식(4.78)과 같이 된다.

$$\phi M_n = \phi[M_{n1} + M_{n2}]$$
$$= \phi\left[A_{sf} f_y \left(d - \frac{t_f}{2}\right) + (A_s - A_{sf}) f_y \left(d - \frac{a}{2}\right)\right] \tag{4.78}$$

한편, T형보의 등가 응력 분포는 대부분 플랜지 내부에 있는 것이 보통이다. 따라서 직사각형 보에 적용하고 있는 수식은 T형보의 경우에도 사용할 수 있다.

4.4.3 철근량(비)의 제한조건

1) 최대철근비

압축력을 받고 있는 부위는 대부분 폭이 큰 플랜지 부분이기 때문에 T형보의 휨강도는 인장철근의 항복에 의해 결정되지만, 인장철근의 항복을 유도하기 위해서는 최대철근비의 규정이 필요하다. 단철근 직사각형보의 경우와 마찬가지로 콘크리트의 갑작스런 압축파괴가 일어나기 전에 인장철근은 항복하여야 한다.

그림 4.19에 겹침의 법칙을 적용하면,

$$T = T_1 + T_2 = T_1 + C_2, \quad A_s f_y = A_{sf} f_y + \eta(0.85 f_{ck}) a b_w$$

여기에 $\rho_w = \dfrac{A_s}{b_w d}$, $\rho_f = \dfrac{A_{sf}}{b_w d}$, $a = \beta_1 c$의 관계를 대입하여 정리하면 T형보의 인장철근비는 다음 식(4.79)와 같이 유도할 수 있다.

$$\rho_w b_w d f_y = \rho_f b_w d f_y + \eta(0.85 f_{ck})(\beta_1 c) b_w$$

$$\rho_w = \rho_f + 0.85 \beta_1 \eta \frac{f_{ck}}{f_y} \frac{c}{d}$$
$$= \rho_f + 0.85 \beta_1 \eta \frac{f_{ck}}{f_y} \frac{\varepsilon_{cu}}{\varepsilon_{cu} + \varepsilon_t} \tag{4.79}$$

따라서 $f_y \leq 400\text{MPa}$일 때 최대철근비는 식(4.79)에서 ϵ_t 대신에 $\varepsilon_{t(\min)} = 0.004$를 대입하면, 다음과 같이 된다.

$$\rho_{w(\max)} = \rho_f + 0.85\beta_1\eta\frac{f_{ck}}{f_y}\frac{\varepsilon_{cu}}{\varepsilon_{cu}+0.004} \quad (4.80)$$

$$\rho_{w(\max)} = \rho_{\max} + \rho_f \quad (4.81)$$

여기서, $\rho_{\max}$는 단철근직사각형 보의 최대철근비로서 식(4.11)을 사용하여 구한다.

2) 최소 철근량의 제한

인장철근이 적게 배근된 보는 휨균열과 동시에 파괴 조짐 없이 갑자기 보가 파괴될 수 있다. 이러한 급격한 파괴를 방지하기 위해서는 설계휨강도가 식(4.16)의 조건을 만족하도록 인장철근을 배치하여야 하며, 이러한 최소 철근량의 규정은 단철근 직사각형보와 동일하다.

$$\phi M_n \geq 1.2M_{cr} \quad (4.16)$$

필요한 철근량 보다 1/3 이상의 인장철근을 더 배치된 경우로서 식(4.19)의 조건을 만족하는 경우에는 식(4.16)의 최소철근 규정을 적용하지 않을 수 있다. 그러나 균열모멘트를 계산할 때 플랜지가 인장영역이 되도록 해야 한다. 휨모멘트가 재분배될 가능성이 없는 정정구조물은 부정정구조물 보다 많은 양의 최소 철근량을 배치하는 것이 바람직하다.

$$\phi M_n \geq \frac{4}{3}M_u \quad (4.19)$$

4.4.4 T형보의 설계

T형보를 설계할 때, 슬래브의 단면 치수와 보의 간격은 일반적으로 휨과 관련된 요구조건에 의해 정해지며, 결과적으로 휨모멘트에 의해 결정되는 추가적인 단면 치수는 복부 폭, 보의 깊이 및 인장철근량이다. 복부의 깊이가 낮으면 인장철근량이 증가하고, 전단에 의한 복부철근량이 증가하며, 처짐량이 증대되는 등의 이유 때문에 합리적인 설계가 이루어지지 않는다. 따라서 다음과 같은 사항을 고려하여 T형보를 설계하는 것이 일반적이다.

① 인장철근비 ρ_w를 적게 한다.

② 복부 전단응력의 수준을 낮게 한다.

③ 연속보 지점에서 유효단면은 폭이 b인 직사각형이다.

다음은 T형보의 설계 절차를 나타낸 것이다.

① T형보와 T형보 사이의 지간을 고려하여 적합한 플랜지 두께 t_f를 설정한다.

② [4장 4.4.1절] 2)항에서 제시하고 있는 기준에 적합한 플랜지의 유효폭 b를 정한다.

③ 다음 사항을 고려하여 복부폭 b_w과 유효깊이 d를 정한다.

- 연속보의 경우 지점의 부(−)의 휨모멘트의 요구 조건.
- 복부에서 공칭전단응력 v_n의 상한값에 대한 요구 조건

④ 이상의 콘크리트 단면에 대해, a는 t_f초과하지 않고, T형보의 폭은 플랜지 폭과 같다는 가정으로부터 철근량 A_s를 구한다. 이때 단철근직사각형 보의 설계 방법을 적용한다.

⑤ 철근량 A_s을 적용하여 등가응력블록의 깊이 a를 계산하고, 만약 t_f를 초과한다면 T형보의 설계식을 사용하여 A_s를 변경한다.

⑥ 최외측 인장철근의 순인장변형률 ϵ_t가 변화구간에 있는지 인장지배 구간에 있는지를 검토하여 강도감소계수 ϕ를 산정한다.

⑦ $\rho_w \leq \rho_{w(\max)}$의 조건에 만족하는지를 검토한다.

⑧ 최소철근량을 검토한다.

예제 4.7 그림 4.20과 같은 T형보의 설계휨강도를 구하시오. 보의 경간은 $l = 6\text{m}$, 보와 보의 중심간 거리는 4m이다. 여기서, $f_{ck} = 24\text{MPa}$, $f_y = 350\text{MPa}$이다.

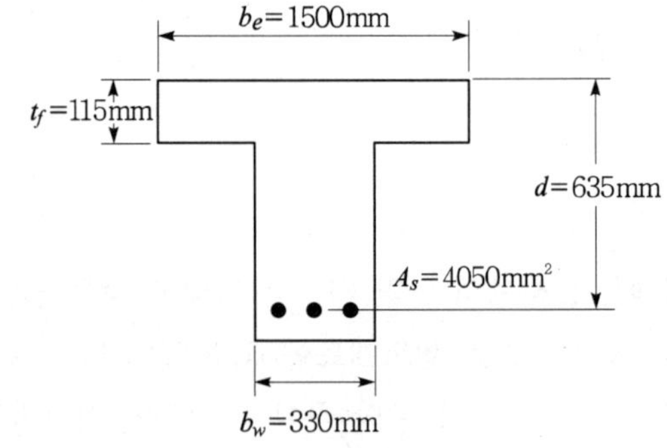

그림 4.20 T형보

풀이

(1) 유효폭의 산정

대칭 T형보의 경우 유효폭은 [4.4.1] 2)항의 기준에 따라 다음 중 작은 값으로 정한다.

① 보의 경간의 1/4 : $\dfrac{l}{4} = \dfrac{6,000}{4} = 1,500\text{mm}$

② (양쪽으로 내민 플랜지 두께의 8배)$+b_w$

$(115 \times 8) \times 2 + 330 = 2,170\text{mm}$

③ 양쪽 슬래브의 중심간 거리 : 4,000mm

∴ T형보의 유효폭은 $b_e = 1{,}500\text{mm}$

(2) T형보의 판별

압축응력분포가 플랜지 내에 있다고 가정하고 폭 b인 직사각형의 등가응력 깊이를 계산하면, 식(4.72)로부터

$$a = \frac{A_s f_y}{\eta(0.85 f_{ck})b} = \frac{4{,}050 \times 350}{1.0 \times 0.85 \times 24 \times 1{,}500} = 46\text{mm}$$

즉, $a = 46\text{mm} < t_f = 115\text{mm}$ 이므로 등가응력블록 a가 플랜지에 있다. 따라서, 이 보는 직사각형보로 해석한다.

(3) 공칭휨강도의 계산

최대철근비 및 강도감소계수를 구해 보자.

단철근 직사각형보로서의 인장철근비는

$$\rho = \frac{A_s}{bd} = \frac{4050}{1500 \times 635} = 0.0043$$

최대철근비는 $f_{ck} \leq 40\text{MPa}$, $f_y \leq 400\text{MPa}$인 경우 식(4.7)로부터

$$\rho_{\max} = 0.307 \frac{f_{ck}}{f_y} = 0.307 \times \frac{24}{350} = 0.0211$$

$$\therefore \rho_{\max} = 0.0211 > \rho = 0.0043$$

강도감소계수 ϕ를 구해보자.

$$c = \frac{a}{\beta_1} = \frac{46}{0.8} = 58\text{mm}$$

$$0.0033 : 58 = \epsilon_t : (635 - 58) \qquad \therefore \epsilon_t = 0.0328 > 0.005$$

따라서, 이 보는 인장지배 단면이므로 강도감소계수 $\phi = 0.85$이다.

설계휨강도는 식(4.23)으로부터

$$\phi M_n = \phi A_s f_y \left(d - \frac{a}{2}\right) = 0.85 \times \left[4{,}050 \times 350 \times \left(635 - \frac{46}{2}\right)\right] \times 10^{-6}$$

$$= 737.38\text{kN}\cdot\text{m}$$

(4) 최소철근량의 검토

콘크리트의 파괴계수는 식(4.18)로부터

$$f_r = 0.63\lambda\sqrt{f_{ck}} = 0.63 \times 1.0 \times \sqrt{24} = 3.09\text{MPa}$$

균열모멘트를 구하기 위해 무근콘크리트로 간주하고 중립축의 위치 및 중립축에 대한 단면2차모멘트를 구하면

$$y_t = 458\text{mm}, \; I = 16{,}855 \times 10^6\text{mm}^4$$

균열모멘트는 식(4.17)로부터

$$M_{cr} = \frac{f_r I_g}{y_t} = \frac{3.09 \times 16{,}855 \times 10^6}{(635 - 58)} \times 10^{-6} = 90.26\text{kN}\cdot\text{m}$$

최소철근량을 검토하면 식(4.16)으로부터

$$1.2M_{cr} = 1.2 \times 90.26 = 108.31\,\text{kN} \cdot \text{m}$$

$$\therefore\ \phi M_n = 737.38\,\text{kN} \cdot \text{m} > 1.2\text{M}_{cr} = 108.31\,\text{kN} \cdot \text{m}$$

따라서, 최소철근량 조건은 만족하므로 휨균열이 발생할 때 급작스런 보의 휨파괴는 일어나지 않는다.

예제 4.8 그림 4.21과 같은 T형보의 설계휨강도를 구하시오. 여기서, $f_{ck} = 24\text{MPa}$, $f_y = 400\text{MPa}$이며, 인장철근은 2단으로 배치되어 있고 철근 중심간 수직간격은 120mm이다.

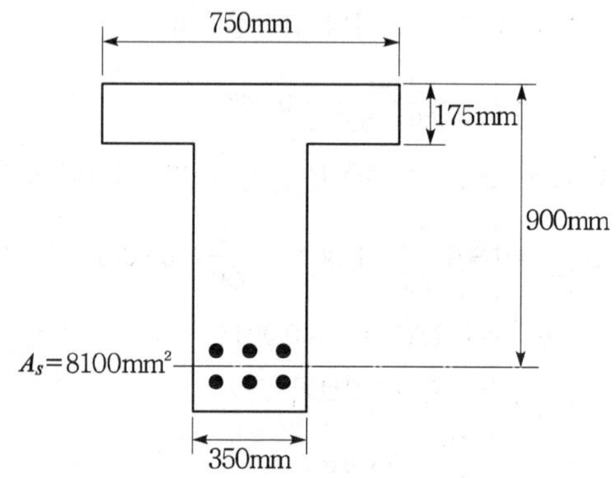

그림 4.21

풀이

(1) T형보의 판별

압축응력분포가 플랜지 내에 있다고 가정하고 폭 b인 직사각형의 등가응력블록 깊이를 계산하면, 식(4.72)로부터

$$a = \frac{A_s f_y}{\eta(0.85 f_{ck})b} = \frac{8{,}100 \times 400}{1.0 \times 0.85 \times 24 \times 750} = 212\,\text{mm}$$

즉, $a = 212\text{mm} > t_f = 175\text{mm}$이므로 T형보로 공칭휨강도를 계산한다.

(2) 공칭강도의 계산

T형보는 그림 4.19(b)와 그림 (c)로 나누어 생각하는 것이 편리하다. 그림(b)에서 $C_1 = T_1$를 적용하면 A_{sf}는 식(4.73)으로부터

$$A_{sf} = \frac{\eta(0.85 f_{ck}) t_f (b - b_w)}{f_y} = \frac{1.0 \times 0.85 \times 24 \times 175 \times (750 - 350)}{400} = 3{,}570\,\text{mm}^2$$

공칭휨강도는 식(4.74)로부터

$$M_{n1} = T_1 z_1 = A_{sf} f_y \left(d - \frac{t_f}{2} \right) = \left[3{,}570 \times 400 \times \left(900 - \frac{175}{2} \right) \right] \times 10^{-6}$$

$$= 1{,}160.25 \text{kN} \cdot \text{m}$$

또한 그림 4.19(c)에 $C_2 = T_2$를 적용하면 등가응력 블록 깊이 a는 식(4.75)로부터

$$a = \frac{(A_s - A_{sf}) f_y}{\eta (0.85 f_{ck}) b_w} = \frac{(8{,}100 - 3{,}570) \times 400}{1.0 \times 0.85 \times 24 \times 350} = 254 \text{mm}$$

공칭휨강도 M_{n2}는 식(4.76)으로부터

$$M_{n2} = T_2 z_2 = (A_s - A_{sf}) f_y \left(d - \frac{a}{2} \right)$$

$$= \left[(8{,}100 - 3{,}570) \times 400 \times \left(900 - \frac{254}{2} \right) \right] \times 10^{-6}$$

$$= 1{,}400.68 \text{kN} \cdot \text{m}$$

따라서 이 T형보의 공칭휨강도는 식(4.77)로부터 다음과 같이 된다.

$$M_n = M_{n1} + M_{n2} = 1{,}160.25 + 1{,}400.68 = 2560.93 \text{kN} \cdot \text{m}$$

(3) 철근비의 검토 및 설계휨강도

플랜지에 대응하는 인장철근비는

$$\rho_f = \frac{A_{sf}}{b_w d} = \frac{3{,}570}{350 \times 900} = 0.0113$$

단철근 직사각형 보의 최대철근비는 $f_{ck} \le 40\text{MPa}$, $f_y \le 400\text{MPa}$이므로 식(4.12)로부터

$$\rho_{\max} = 0.307 \frac{f_{ck}}{f_y} = 0.307 \times \frac{24}{400} = 0.0184$$

따라서 T형보의 최대철근비는 식(4.81)로부터

$$\rho_{w(\max)} = \rho_{\max} + \rho_f = 0.0184 + 0.0113 = 0.0297$$

그런데, 이 보의 인장철근비는

$$\rho_w = \frac{A_s}{b_w d} = \frac{8{,}100}{350 \times 900} = 0.0257$$

$$\therefore \ \rho_{w(\max)} = 0.0297 > \rho_w = 0.0257$$

강도감소계수 ϕ를 구하기 위해 순인장변형률 ϵ_t를 구해보자.

$$c = \frac{a}{\beta_1} = \frac{254}{0.8} = 318 \text{mm}$$

중립축으로부터 최외단 인장철근의 도심까지의 거리 y_t는

$$y_t = (900 + 60) - 318 = 642 \text{mm}$$

따라서 최외단 인장철근의 순인장변형률 ϵ_t는

$$0.0033 : 318 = \epsilon_t : 642 \qquad \therefore \ \epsilon_t = 0.0067 > 0.005$$

이 보는 인장지배 단면이므로 강도감소계수는 $\phi = 0.85$이다.

따라서 이 T형보의 설계휨강도는 식(4.78)로부터 다음과 같이 계산된다.

$$\phi M_n = \phi[M_{n1} + M_{n2}] = 0.85 \times 2560.93 = 2{,}176.79\text{kN} \cdot \text{m}$$

예제 4.9 그림 4.22와 같은 T형보를 설계하시오. 이 보에 작용하는 $M_u = 1{,}720\,\text{kN} \cdot \text{m}$이며, $f_{ck} = 24\text{MPa}$, $f_y = 400\text{MPa}$이다.

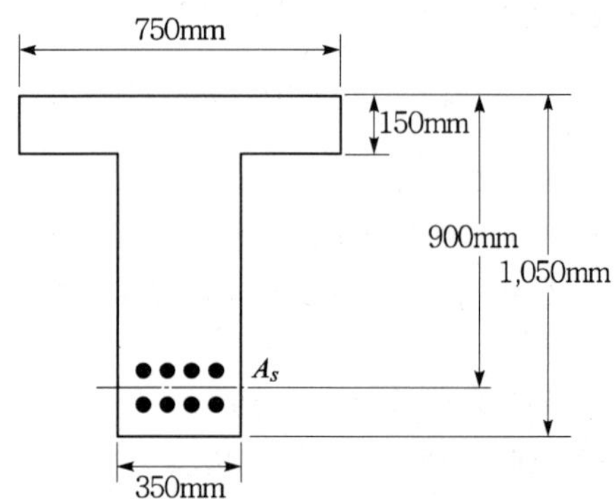

그림 4.22

풀이

(1) T형보의 설계 여부 검토

플랜지 폭 $b = 750\text{mm}$를 폭으로 하는 직사각형 단면으로 보고 철근량을 계산한다. 이 때 등가응력 깊이 a는 플랜지 두께 t_f로 가정한다. 식(4.23)으로부터 $M_u = \phi M_n$으로 놓고 a를 구하면

$$\therefore\ A_s = \frac{M_u}{\phi f_y\left(d - \dfrac{a}{2}\right)} = \frac{1{,}720 \times 10^6}{0.85 \times 400 \times \left(900 - \dfrac{150}{2}\right)} = 6{,}132\,\text{mm}^2$$

등가응력깊이 a는 식(4.21)로부터

$$a = \frac{A_s f_y}{\eta(0.85 f_{ck}) b} = \frac{6{,}132 \times 400}{1.0 \times 0.85 \times 24 \times 750} = 160\,\text{mm}$$

$a = 160\text{mm} > t_f = 150\text{mm}$이므로 T형보로 설계한다.

(2) 플랜지에 대응하는 인장철근 A_{sf}에 의한 설계휨강도의 계산

플랜지에 대응하는 인장철근은 식(4.73)으로부터

$$A_{sf} = \frac{\eta(0.85 f_{ck}) t_f (b - b_w)}{f_y} = \frac{1.0 \times 0.85 \times 24 \times 150 \times (750 - 350)}{400} = 3{,}060\,\text{mm}^2$$

플랜지와 A_{sf}가 저항하는 설계휨강도는 식(4.74)에 ϕ를 곱하면

$$\phi M_{n1} = \phi T_1 z_1 = \phi A_{sf} f_y \left(d - \frac{t_f}{2}\right)$$

$$= 0.85 \times \left[3{,}060 \times 400 \times \left(900 - \frac{150}{2}\right)\right] \times 10^{-6} = 858.33\,\mathrm{kN \cdot m}$$

복부가 저항하여야 할 설계휨강도는 식(4.78)로부터

$$\phi M_{n2} = M_u - \phi M_{n1} = 1720 - 858.33 = 861.67\,\mathrm{kN \cdot m}$$

(3) 복부가 저항해야할 인장철근 $A_{sw} = (A_s - A_{sf})$의 계산

$$M_{n2} = \frac{\phi M_{n2}}{\phi} = \frac{861.67}{0.85} = 1{,}023.73\,\mathrm{kN \cdot m},$$

등가응력 깊이 $a = 176\mathrm{mm}$으로 가정하면 식(4.76)으로부터

$$A_{sw} = (A_s - A_{sf}) = \frac{M_{n2}}{f_y\left(d - \frac{a}{2}\right)} = \frac{1{,}023.73 \times 10^6}{400 \times \left(900 - \frac{176}{2}\right)} = 3{,}152\,\mathrm{mm}^2$$

이 값을 적용하여 식(4.75)에 의해 등가 응력깊이 a를 구하면

$$a = \frac{(A_s - A_{sf}) f_y}{\eta(0.85 f_{ck}) b_w} = \frac{3{,}152 \times 400}{1.0 \times 0.85 \times 24 \times 350}$$

$$= 177\,\mathrm{mm} \fallingdotseq 176\mathrm{mm}\,(\text{가정한 값})$$

$$\therefore\ A_{sw} = A_s - A_{sf} = 3{,}152\mathrm{mm}^2$$

참고 1 A_{sw}를 쉽게 구하는 방법

T형보의 등가응력블록 깊이 $a = 170\mathrm{mm}$로 가정하면, A_{sw}는 식(4.76)로부터

$$M_{n2} = \frac{\phi M_{n2}}{\phi} = \frac{861.67}{0.85} = 1{,}023.73\,\mathrm{kN \cdot m}$$

$$A_{sw(1)} = (A_s - A_{sf}) = \frac{M_{n2}}{f_y\left(d - \frac{a}{2}\right)} = \frac{1{,}023.73 \times 10^6}{400 \times \left(900 - \frac{170}{2}\right)} = 3{,}141\,\mathrm{mm}^2$$

식(4.75)로부터 T형보의 등가응력 깊이 a를 계산하면

$$a_{(1)} = \frac{(A_s - A_{sf}) f_y}{\eta(0.85 f_{ck}) b_w} = \frac{3{,}141 \times 400}{1.0 \times 0.85 \times 24 \times 350} = 176\mathrm{mm}$$

$a = 176\mathrm{mm}$를 사용하여 $A_{sw(2)}$를 계산하면

$$A_{sw(2)} = \frac{M_{n2}}{f_y\left(d - \frac{a}{2}\right)} = \frac{1{,}023.73 \times 10^6}{400 \times \left(900 - \frac{176}{2}\right)} = 3{,}152\,\mathrm{mm}^2$$

$$a_{(2)} = \frac{(A_s - A_{sf}) f_y}{\eta(0.85 f_{ck}) b_w} = \frac{3{,}152 \times 400}{1.0 \times 0.85 \times 24 \times 350}$$

$$= 177\,\mathrm{mm} \fallingdotseq 176\mathrm{mm}$$

즉, 등가응력깊이 a가 전단계의 등가응력 깊이 a와 거의 같은 값을 가지기 때문에 최종적인 인장철근량은 $A_{sw} = A_{sw(2)} = 3{,}152\text{mm}^2$가 된다.
A_{sw}를 구하는 방법은 우선 등가응력 깊이 a를 가정하고 이 값을 적용하여 A_{sw}를 구한다. 다시 이 값을 적용하여 등가응력 깊이 a를 구하여 전단계 계산된 a과 같아 질 때까지 반복 계산해서 최종적으로 A_{sw}를 구한다. 이러한 반복 계산은 보통 2~3회 반복하면 수렴하게 된다.

(4) T형보의 인장철근량 및 철근 배근

T형보의 총 인장철근량은

$$A_s = A_{sf} + A_{sw} = 3{,}060 + 3{,}152 = 6{,}212\,\text{mm}^2$$

이에 대하여 인장철근은 $8 - D35(7{,}652\text{mm}^2)$를 2열로 배근하기로 한다.

(5) 인장지배 단면의 검토

인장철근이 2단으로 배치되므로 상하단 철근의 중심간격을 120mm로 정하면, 순인장변형률을 검토하는 최하단 철근까지의 유효깊이 $d_t = 960\text{mm}$가 된다. 따라서

$$a = \frac{(A_s - A_{sf})f_y}{\eta(0.85 f_{ck})b_w} = \frac{(7{,}652 - 3{,}060) \times 400}{1.0 \times 0.85 \times 24 \times 350} = 257\,\text{mm}$$

중립축의 위치는

$$c = \frac{a}{\beta_1} = \frac{257}{0.8} = 321\,\text{mm}$$

변형률에 대한 닮음비를 적용하면, 최하단 철근의 순인장변형률은

$$0.0033 : 321 = \varepsilon_t : (960 - 321)$$

$$\therefore\ \varepsilon_t = 0.0066 > 0.005$$

즉, 순인장변형률이 0.005를 초과하므로 이 T형보는 인장지배 단면이며, $\phi = 0.85$임이 확인되었다.

연습문제

4-1 그림 4.23과 같은 단철근직사각형 보가 콘크리트의 압축에 의해 파괴되는지 철근의 항복에 의해 파괴되는지를 검토하시오.

(가) $f_{ck} = 28\text{MPa},\ f_y = 400\text{MPa},\ A_s = 6{,}250\text{mm}^2$의 경우

(나) $f_{ck} = 50\text{MPa},\ f_y = 400\text{MPa},\ A_s = 3{,}125\text{mm}^2$의 경우

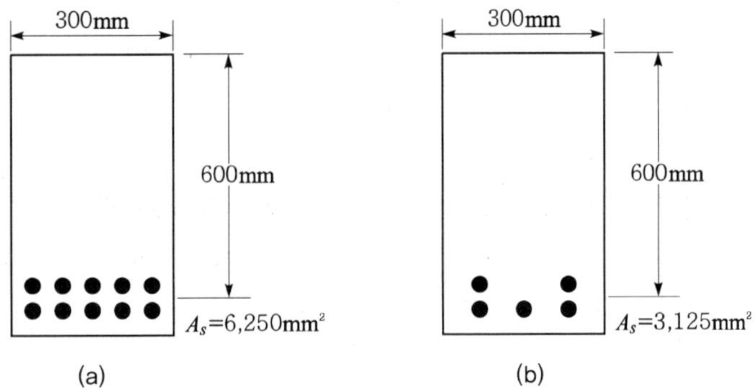

그림 4.23

4-2 그림 4.24와 같은 단철근직사각형 보의 공칭휨강도를 계산하시오.

(가) $f_{ck} = 35\text{MPa},\ f_y = 400\text{MPa},\ A_s = 1{,}935\text{mm}^2$의 경우

(나) $f_{ck} = 28\text{MPa},\ f_y = 400\text{MPa},\ A_s = 1{,}935\text{mm}^2$의 경우

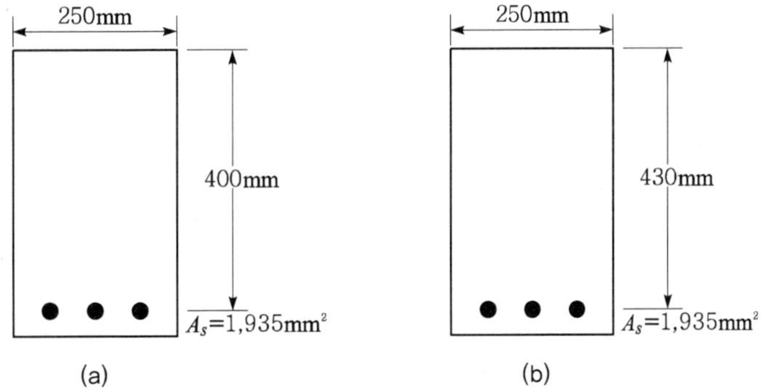

그림 4.24

4-3 그림 4.25와 같은 단철근 직사각형보의 설계휨강도 ϕM_n을 계산하시오.
여기서, $f_{ck} = 35\text{MPa}$, $f_y = 400\text{MPa}$이다.

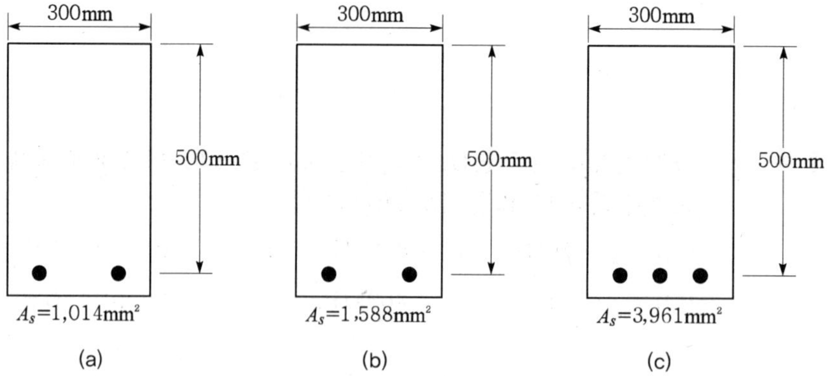

그림 4.25

4-4 지간 $l = 3.6\text{m}$인 단순지지 슬래브에 사용활하중 $w_L = 5\text{kN/m}^2$, 사용사하중(자중 포함) $w_D = 2.5\text{kN/m}^2$이 작용하고 있다. 1방향 슬래브로 설계하시오.
여기서 $f_{ck} = 28\text{MPa}$, $f_y = 400\text{MPa}$이다.

4-5 지간 $l = 8\text{m}$인 단순지지 보에 사용활하중 $w_L = 15\text{kN/m}$, 사용사하중 $w_D = 8\text{kN/m}$ (자중 포함)가 작용하고 있다. 단철근직사각형 보를 설계하시오.
여기서, $f_{ck} = 32\text{MPa}$, $f_y = 400\text{MPa}$이다.

4-6 지간 $l = 8\text{m}$인 단순지지 보의 중앙에 집중하중 $P_L = 50\text{kN}$이 작용하고 있다. 자중을 고려하여 단철근직사각형 보를 설계하시오.
여기서, $f_{ck} = 32\text{MPa}$, $f_y = 400\text{MPa}$이고, 콘크리트는 보통질량의 골재를 사용하였다.

4-7 사용사하중 $w_D = 10.0\text{kN/m}$, 사용활하중 $w_L = 20.0\text{kN/m}$ 이 지간 $l = 6.7\text{m}$ 인 단순보에 작용할 때, 단철근 직사각형보를 설계하시오.
여기서, $f_{ck} = 27\text{MPa}$, $f_y = 420\text{MPa}$로 하고, 보의 유효깊이는 400mm 이하, 인장철근은 $\rho = 0.5\rho_{\max}$로 한다.

4-8 사용활하중 $w_L = 30\text{kN/m}$, 사용사하중으로서 자중이 작용하는 지간 $l = 7.5\text{m}$ 인 단철근직사각형보를 설계하시오. 보의 유효깊이는 폭의 1.5배로 하며, 인장철근비는 다음과 같다. 여기서, $f_{ck} = 28\text{MPa}$, $f_y = 400\text{MPa}$이다.

(가) $\rho = 0.6\rho_{\max}$

(나) $\rho = \rho_{\max(0.005)}$

4-9 그림 4.26과 같은 복철근보의 최소철근비 및 최대철근비를 검토하시오.
여기서, $f_{ck} = 35\text{MPa}$, $f_y = 420\text{MPa}$이다.

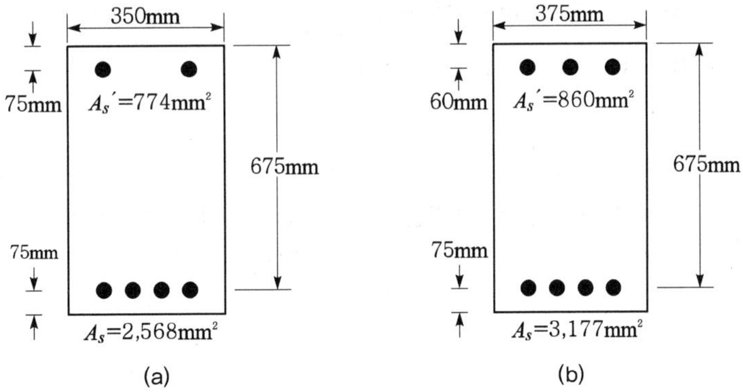

그림 4.26

4-10 문제 4-9에서 복철근보의 설계휨강도를 계산하시오.

4-11 그림 4.27과 복철근 직사각형보의 설계휨강도를 계산하시오.
여기서, $f_{ck} = 30\text{MPa}$, $f_y =$ 420MP 이다.

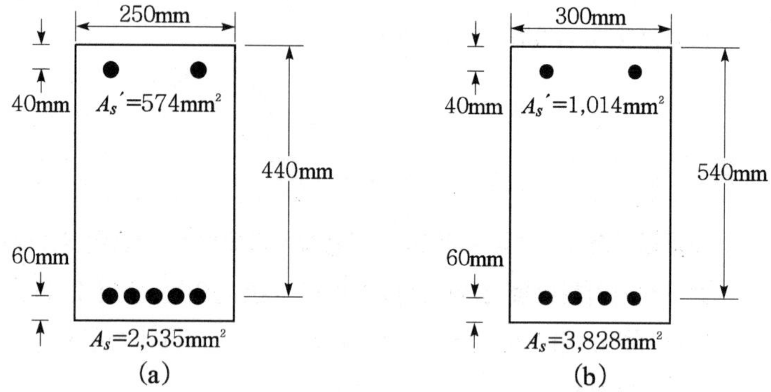

(a) (b)

그림 4.27

4-12 폭 $b = 300\text{mm}$, 유효깊이 $d = 450\text{mm}$, $d' = 40\text{mm}$ 압축철근이 $A_s' = 1{,}013\text{mm}^2$ $(2\text{-}D25)$이고, 인장철근은 다음과 같다. 설계휨강도를 계산하여라.
여기서, $f_{ck} = 28\text{MPa}$, $f_y = 420\text{MPa}$이다.

(a) $A_s = 2{,}570\text{mm}^2(4\text{-D}29)$

(b) $A_s = 3{,}854\text{mm}^2(6\text{-D}29)$

4-13 그림 4.28과 같은 복철근직사각형보의 설계휨강도를 계산하시오.
여기서, $f_{ck} = 21\text{MPa}$, $f_y = 420\text{MPa}$이다.

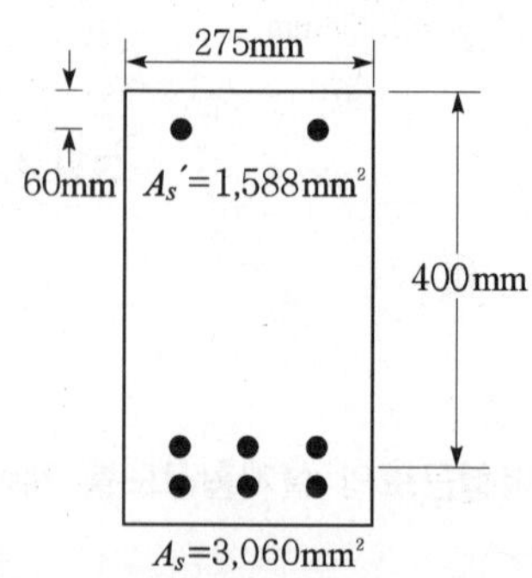

그림 4.28

4-14 폭 $b = 600\text{mm}$, 보의 최대 높이 $h = 400\text{mm}$ 인 보에 계수휨모멘트 $M_u = 550\text{kN} \cdot \text{m}$ 가 작용할 때 직사각형보를 설계하시오. 철근 도심에서 단면의 연단까지 거리는 75mm 이다. 여기서, $f_{ck} = 28\text{MPa}$, $f_y = 420\text{MP}$ 이다.

4-15 그림 4.29와 같은 T형보의 설계휨강도를 계산하시오.
여기서, $f_{ck} = 28\text{MPa}$, $f_y = 420\text{MP}$ 이다.

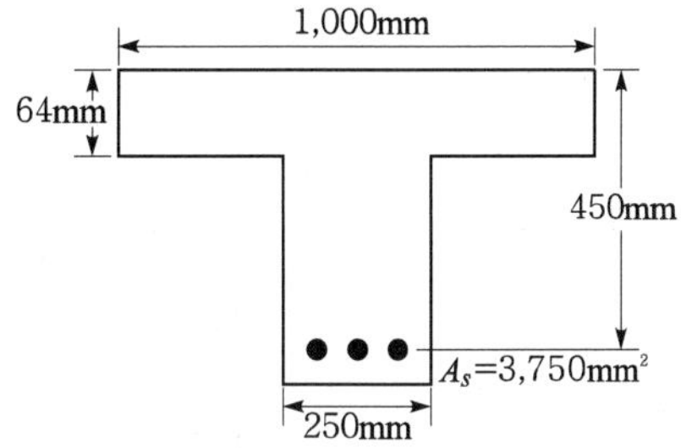

그림 4.29

4-16 그림 4.30과 같은 T형보의 설계휨강도를 계산하시오.
여기서, $f_{ck} = 28\text{MPa}$, $f_y = 420\text{MP}$ 이며, 인장철근의 피복두께는 50mm 이다.

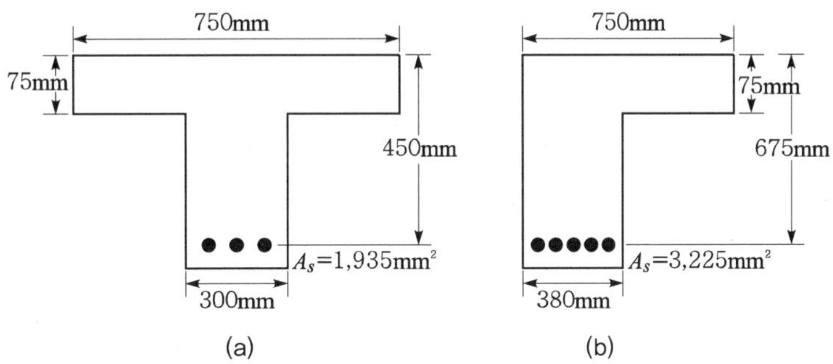

그림 4.30

제5장

전단과 비틀림

이 장은 콘크리트구조 설계기준 [*KDS* 14 20 22 콘크리트구조 전단 및 비틀림 설계기준] 의 규정에 따라 작성한 것이다.

5.1 개요

일반적으로 보에 외력이 작용하게 되면 보는 주요 단면력으로서 휨모멘트와 전단력을 받게 되며, 비틀림 모멘트를 겸하여 받는 경우도 있다. 휨모멘트에 의한 설계방법은 4장에서 설명하였으며, 이 장에서는 전단력에 저항할 수 있는 단면의 설계방법을 설명한다. 또한 전단거동에 의해 설계가 이루어지는 전단마찰 부재, 브래킷 및 내부받침 부재, 특히 비틀림을 받는 부재의 설계에 대해서도 다루고자 한다.

보는 휨모멘트에 대해서 뿐만이 아니라 전단력에 대해서도 안전하게 설계되어야 한다. 철근콘크리트 보에 있어서 전단에 의한 파괴는 휨모멘트에 의한 파괴와 확연하게 다른 형태로 나타나게 된다. 일반적으로 휨모멘트에 의한 파괴는 보의 이상 거동 징후를 미리 파악할 수 있는 연성파괴 상태로 설계할 수 있다. 그러나 전단에 의한 파괴는 사인장균열에 의한 인장파괴 상태이어서, 취성파괴의 특성을 띠게 되므로 파괴 징후가 사전에 예고되지 않은 채 돌발적으로 일어나게 된다.

따라서 철근콘크리트 보의 전단을 위주로 전단마찰 부재, 브래킷 및 내부받침 부재, 비틀림을 받는 보 등에 있어서는 전단에 대한 충분한 안전성이 확보되도록 설계하여야 한다. 이 장에서는 이들 구조물에 대하여 전단에 대한 역학적 거동을 이해하고, 기본적인 전단에 관련된 설계방법에 대하여 공부하기로 한다.

5.2 보의 전단거동과 전단응력

5.2.1 평균전단응력과 주인장응력

1) 평균전단응력

인장측 콘크리트에 균열이 발생되기 전의 전단응력은 보의 전단면이 유효한 상태로 계산되는 등방탄성체의 전단응력 값으로서 재료역학에서 상세하게 다루고 있으며 그 결과는 다음 식(5.1)과 같다.

$$v = \frac{VQ}{Ib} \tag{5.1}$$

그림 5.1은 보에서 휨균열과 전단균열이 발생한 경우의 힘의 관계를 나타낸 것이다. 그림 (a)와 같이 인장측 콘크리트에 균열이 발생하게 되면, 단면의 응력이 허용응력 이하인 사용하중 상태에서 균열 사이의 응력은 그림 5.1(b)로부터 다음과 같이 된다. 즉

$$T = \frac{M}{z},\ T + \Delta T = \frac{M + \Delta M}{z},\ \Delta T = \frac{\Delta M}{z} \tag{a}$$

$$\frac{\Delta M}{\Delta x} = V \cdot \Delta x,\ \Delta T = \frac{V \cdot \Delta x}{z} \tag{b}$$

그림 5.1(c)에 $\Sigma H = 0$을 취하면

$$-T + (T + \Delta T) - (b \cdot \Delta x)v = 0,$$

$$\therefore\ \Delta T = v(b \cdot \Delta x) \tag{c}$$

식(b)와 식(c)의 관계로부터

$$\frac{V \cdot \Delta x}{z} = v(b \cdot \Delta x)$$

따라서, 평균 전단응력은 다음 식(5.2)와 같이 된다.

$$v = \frac{V}{bz} \tag{5.2}$$

또한, 식(5.2)에 $z = jd$의 관계에서 $j \fallingdotseq 1$로 놓으면 평균전단응력 v은 다음 식(5.3)과 같이 된다.

$$v = \frac{V}{bd} \tag{5.3}$$

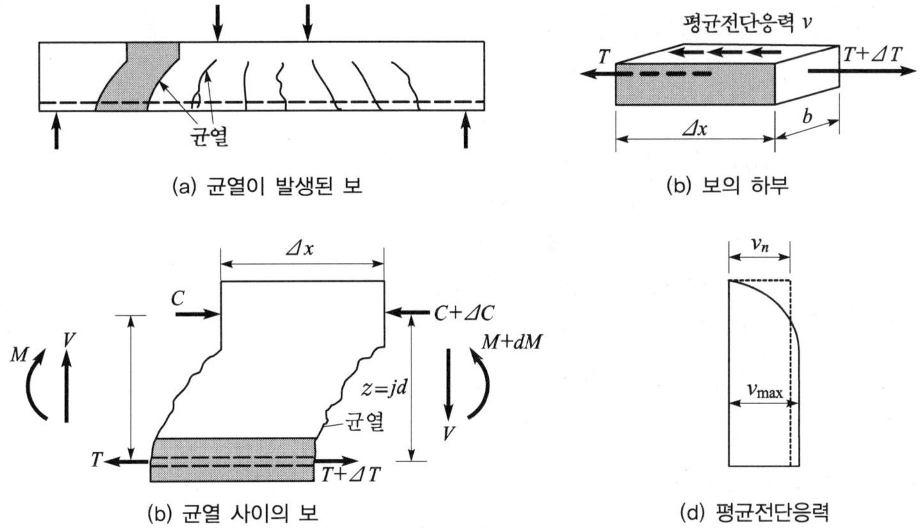

그림 5.1 단순보에서의 평균전단응력

예제 5.1 3개의 D25 철근($A_s = 1,520\text{mm}^2$)이 인장측에 배치되어 있는 직사각형 철근콘크리트 보에 40kN 의 전단력이 작용할 때, 다음 물음에 답하시오. 여기서, 탄성계수비 $n = 9$이다.

(1) 보의 최대 전단응력을 계산하시오.

(2) 평균 전단응력을 구하시오.

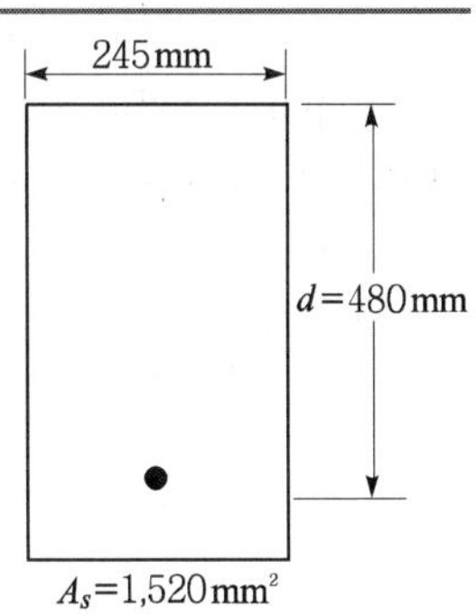

풀이

(1) 중립축의 위치 계산 :

$$\frac{bx^2}{2} = nA_s(d-x), \quad 245 \times \frac{x^2}{2} = 9 \times 1,520 \times (480 - x),$$

$$x^2 + 111.67x - 53,603.3 = 0$$

$$\therefore \ x = \frac{-111.67 + \sqrt{111.67^2 + 4 \times 53,603.3}}{2} = 182\text{mm}$$

(2) 중립축에서의 단면1차모멘트(압축측)와 단면2차모멘트

단면1차모멘트 : $Q = \dfrac{bx^2}{2} = \dfrac{245 \times 182^2}{2} = 4,057,690\text{mm}^3$

단면2차모멘트(식 3.20) : $I = \dfrac{bx^3}{3} + nA_s(d-x)^2$

$$= \frac{245 \times 182^3}{3} + 9 \times 1{,}520 \times (480 - 182.3)^2$$
$$= 1{,}707.2 \times 10^6 \text{mm}^4$$

(3) 보의 최대전단응력은 식(5.1)로부터

$$v_{\max} = \frac{VQ}{Ib} = \frac{40{,}000 \times 4{,}057{,}690}{(1{,}707.2 \times 10^6) \times 245} = 0.39\,\text{MPa}$$

(4) 평균 전단응력은 식(5.3)으로부터

$$v = \frac{V}{bd} = \frac{40{,}000}{245 \times 480} = 0.34\,\text{MPa}$$

2) 보의 주응력 및 주응력면

그림 5.2와 같이 탄성체 내의 미소 직육면체 요소는 x축, y축에 수직한 단면에 각각 f_x와 f_y의 법선응력(normal stress)인 수직응력이, 접선응력(tangental stress)인 전단응력 v가 작용하는 평면응력(plane stress) 상태에 있다. 임의의 경사면에 발생하는 주인장응력(principal tensile stress)은 휨모멘트와 전단력에 의해 사방향으로 발생하며, 이로 인해 갑작스런 사인장균열(diagonal tensile crack)이 발생하게 된다.

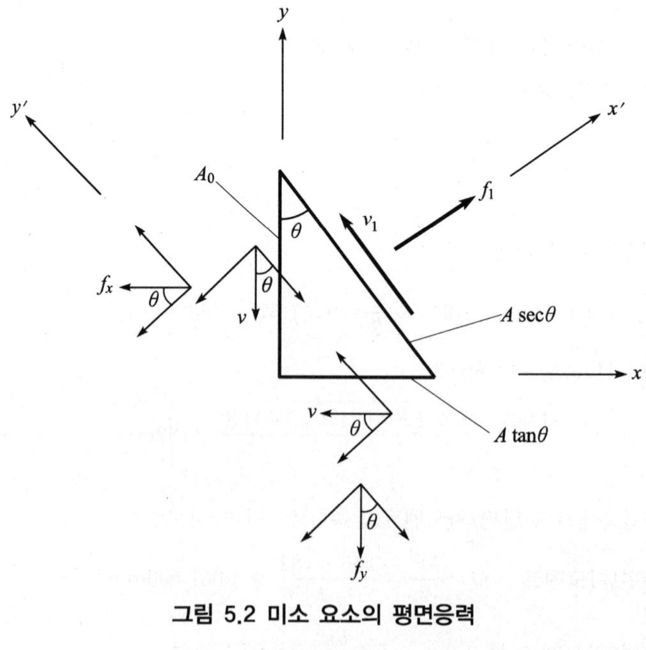

그림 5.2 미소 요소의 평면응력

그림 5.2에서 x'축 및 y'축에 대하여 $\Sigma H=0$, $\Sigma V=0$를 취하면 식(a) 및 식(b)가 얻어진다. 여기서, x축에 직각인 면의 단면적을 A라고 하면 y축에 직각인 단면적은 $A\tan\theta$, x축에 직각인 단면적은 A_0가 된다. 단면의 폭은 단위길이 1이다.

$$f_1(A_0\sec\theta)-(f_x\cos\theta)A_0-(v\sin\theta)A_0$$
$$-(f_y\sin\theta)(A_0\tan\theta)-(v\cos\theta)(A_0\tan\theta)=0$$
$$\therefore\ f_1 = f_x\cos^2\theta+f_y\sin^2\theta+2v\sin\theta\cdot\cos\theta \tag{a}$$

$$v_1(A_0\sec\theta)+(f_x\sin\theta)A_0-(v\cos\theta)A_0$$
$$-(f_y\cos\theta)(A_0\tan\theta)+(v\sin\theta)(A_0\tan\theta)=0$$
$$\therefore\ v_1 = -(f_x-f_y)\sin\theta\cdot\cos\theta+v(\cos^2\theta-\sin^2\theta) \tag{b}$$

식(a) 및 식(b)에 $\cos^2\theta=\frac{1}{2}(1+\cos 2\theta)$, $\sin^2\theta=\frac{1}{2}(1-\cos 2\theta)$, $\sin\theta\cos\theta=\frac{1}{2}\sin 2\theta$의 관계를 대입하면 다음과 같은 식이 얻어진다.

$$f_1=\frac{1}{2}(f_x+f_y)+\frac{1}{2}(f_x-f_y)\cos 2\theta+v\sin 2\theta \tag{c}$$

$$v_1=-\frac{1}{2}(f_x-f_y)\sin 2\theta+v\cos 2\theta \tag{d}$$

주응력이 최대, 최소일 때의 평면응력은 $\frac{df_1}{d\theta}=0$이므로, 이때의 각을 θ_p라 하면 주응력이 발생하는 주응력면은 다음 식(5.4)와 같이 된다.

$$\frac{df_1}{d\theta_p}=-(f_x-f_y)\sin 2\theta_p+2v\cos 2\theta_p=0 \tag{e}$$

$$\therefore\ \frac{\sin 2\theta_p}{\cos 2\theta_p}=\frac{2v}{f_x-f_y}=\tan 2\theta_p \tag{5.4}$$

따라서, 평면응력에 있어 주인장응력 및 주압축응력은 다음 식(5.5)와 같이 된다.

$$f_1=\frac{1}{2}(f_x+f_y)+\frac{1}{2}(f_x-f_y)\cdot\frac{1}{2R}(f_x-f_y)+v\frac{v}{R}$$

$$\therefore\ f_1=\frac{1}{2}(f_x+f_y)+\sqrt{\left[\frac{1}{2}(f_x-f_y)\right]^2+v^2} \tag{5.5a}$$

$$\therefore\ f_2=\frac{1}{2}(f_x+f_y)-\sqrt{\left[\frac{1}{2}(f_x-f_y)\right]^2+v^2} \tag{5.5b}$$

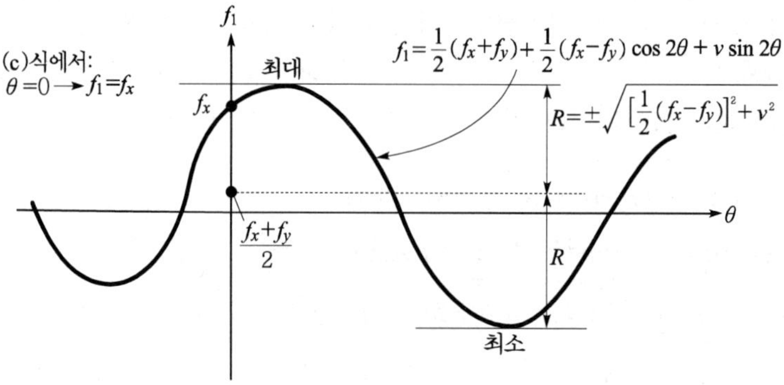

그림 5.3 주응력 크기와 평면 경사각의 관계

일반적으로 보의 거동에서는 휨모멘트에 의한 휨응력 f_x는 작용하지만 $f_y=0$ 이며, 전단력에 의한 전단응력 v가 작용한다. 따라서 식(5.4) 및 식(5.5)에 $f_x=f$를 대입하면, 다음 식(5.6)에 의해 보에서의 주응력 및 주응력면을 구할 수 있다.

$$\left.\begin{array}{l}\tan 2\theta_p=\dfrac{2v}{f}\\[2ex]\left.\begin{array}{l}f_1\\f_2\end{array}\right\}=\dfrac{f}{2}\pm\sqrt{\left(\dfrac{f}{2}\right)^2+v^2}\end{array}\right\} \tag{5.6}$$

철근콘크리트 보의 인장측에 인장균열이 발생하면 $f=0$ 이므로 $\tan 2\theta_p=\frac{2v}{0}=\infty$ 이고, $\theta_p=45°$ 가 된다. 그리고 $f_1=v$이므로, 주인장응력은 전단응력의 크기와 같아진다. 즉, 보의 인장측에는 전단응력만이 작용하는 순수전단(pure shear) 상태가 된다.

5.2.2 균등질 보

보가 균등질(homogeneous)하고 등방성(isotropy)인 선형탄성 재료로 만들어졌다고 하자. 그림 5.4와 같이 단순보의 단면 1-1에서 M_1과 V_1의 휨모멘트와 전단력이 작용하면, 1-1단면에 있는 A요소와 B요소는 각각 휨응력 f_A, f_B와 전단응력 v_A, v_B가 발생한다.

그림 5.4(b)로부터 직사각형 단면의 단면1차모멘트와 단면2차모멘트는 각각 식(a)~식(c)와 같이 된다.

$$Q_A=\frac{bh}{2}\times\frac{h}{4}=\frac{bh^2}{8} \tag{a}$$

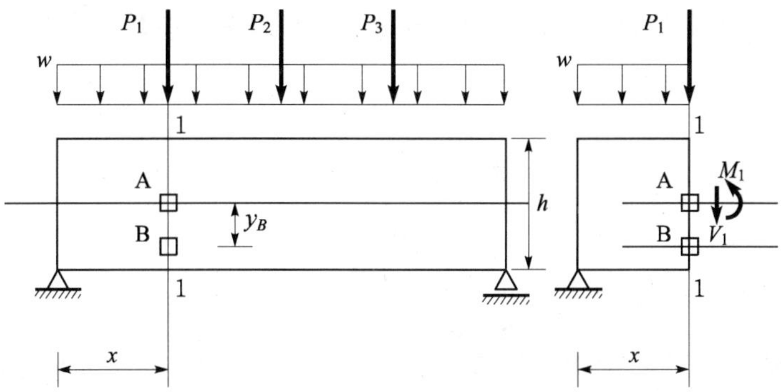

(a) 단순보

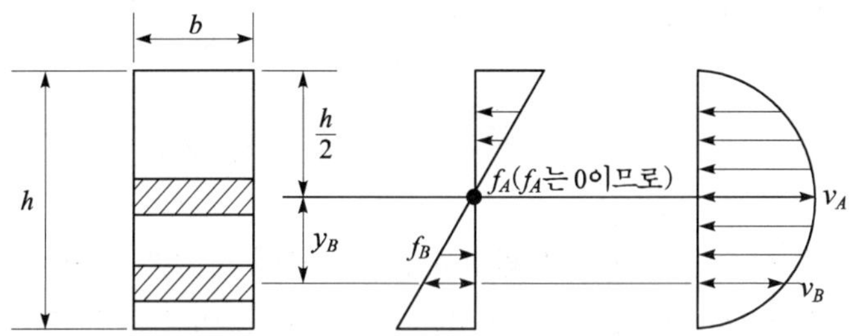

(b) 직사각형보 (c) 휨응력 및 전단응력

그림 5.4 균등질 보의 응력

$$Q_B = b\left(\frac{h}{2} - y_B\right) \times \left[y_B + \frac{1}{2}\left(\frac{h}{2} - y_B\right)\right] \tag{b}$$

$$I = \frac{bh^3}{12} \tag{c}$$

그림 5.4(c)로부터 휨응력과 전단응력은 식(d)~식(g)과 같이 된다.

$$f_A = \frac{M_1}{I} y_A = 0 \tag{d}$$

$$f_B = \frac{M_1}{I} y_B \tag{e}$$

$$v_A = \frac{V_1 Q_A}{I\,b} \tag{f}$$

$$v_B = \frac{V_1 Q_B}{I\,b} \tag{g}$$

이때, 휨응력 f_B와 전단응력 v_B가 작용하는 요소 B의 최대 주응력은 식(5.6)으로부터 다음 식(5.7)과 같이 된다.

$$\text{주인장응력 : } f_{t(\max)} = \frac{f_B}{2} + \sqrt{(\frac{f_B}{2})^2 + v_B^2} \quad (5.7a)$$

$$\text{주압축응력 : } f_{c(\max)} = \frac{f_B}{2} - \sqrt{(\frac{f_B}{2})^2 + v_B^2} \quad (5.7b)$$

또한 최대 주인장응력을 받고 있는 경사면의 각도 θ는 다음 식(5.8)과 같이 된다.

$$\tan 2\theta_{(\max)} = \frac{v_B}{f_B/2} \quad (5.8)$$

5.2.3 비균등질 보

철근콘크리트 보에 하중이 작용하면 인장측에서 균열이 발생게 되어 콘크리트의 저항을 무시하므로 비균등질 보(nonhomogeneous beam)가 된다. 이와 같은 경우는 그림 5.4와 같은 균등질보에서 인장측인 B요소의 휨응력이 0이 되어 순수전단 상태가 되므로 그림 5.5와 같이 주응력의 값이 각각 $f_{t(\max)} = v_B$, $f_{c(\max)} = -v_B$가 된다.

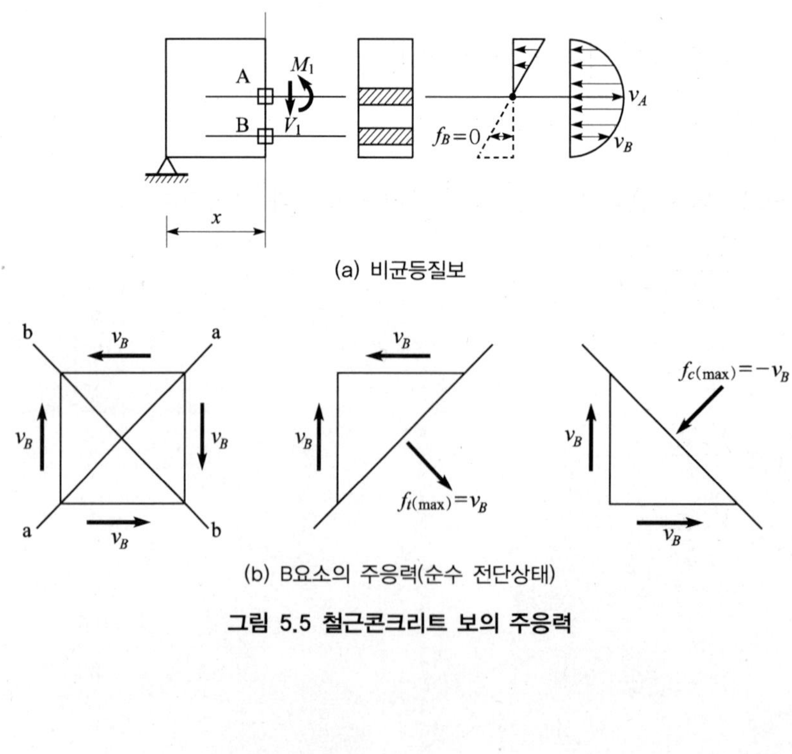

(a) 비균등질보

(b) B요소의 주응력(순수 전단상태)

그림 5.5 철근콘크리트 보의 주응력

이때 철근콘크리트 보는 압축응력 $f_{c(\max)}$에 대해서는 저항할 수 있으나, 압축응력에 직각으로 작용하는 인장응력 $f_{t(\max)}$에 대해서는 저항할 수 없기 때문에 결국 사방향 균열을 일으키는 원인이 된다. 이때의 주응력 크기는 전단응력과 같고, 보의 축에 45°방향의 경사로 작용하기 때문에 사인장응력(diagonal tension stress)이라고 한다.

또한, 콘크리트는 인장에 약하기 때문에 단순보에서는 주인장응력 방향에 따라 그림 5.6의 형태로 전단균열 양상을 띠게 된다.

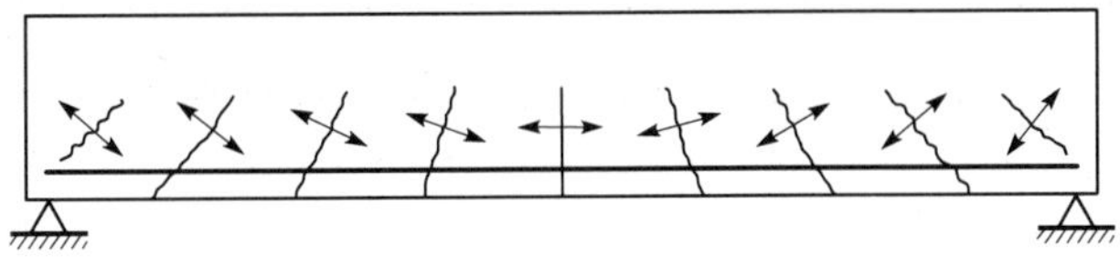

그림 5.6 단순보에서의 주인장균열 방향

5.3 전단철근이 없는 철근콘크리트 보

휨모멘트가 큰 영역에 있어서 균열은 대부분 보의 축에 직각 방향으로 발생하며, 이 균열을 휨균열(flexural crack)이라고 한다. 큰 전단력이 발생하는 영역에서는 사방향 균열이 휨균열 선단에서 발생하며, 이 균열을 휨전단균열(fiexural shear crack)이라고 한다.

그림 5.7은 철근콘크리트 보에서 예상되는 균열 형태를 나타낸 것이다. 휨균열은 지간 중앙부분이나 연속보 지점 부근에서 발생하며, 휨전단균열은 휨균열 선단부에서 사방향으로 발생한다. 또한 지점부에 근접하거나 최외단 지점부 부근에서는 복부전단균열(web shears crack)이 발생하고 있음을 알 수 있다.

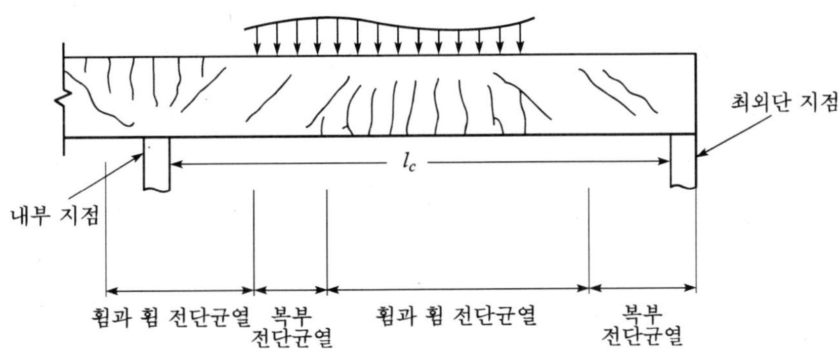

그림 5.7 철근콘크리트 보의 균열 형태

5.3.1 전단파괴

철근콘크리트 보는 전단응력에 의해서 임의의 경사면에 사인장응력이 발생하게 된다. 이러한 사인장응력이 보의 인장강도를 초과하게 되면 보에는 사인장균열이 발생하게 된다. 사인장균열은 일반적으로 복부전단균열과 휨전단균열의 두 가지 형태로 발생한다.

복부전단균열은 휨모멘트가 작고 전단력이 큰 위치인 지점 부근의 중립축 근처에서 발생하며, 그림 5.8(a)는 복부전단균열이 발생된 상태를 보인 것이다. 이러한 복부전단균열은 전단응력이 $0.29\sqrt{f_{ck}}$ 를 초과하게 되면 복부전단균열이 발생한다고 본다. 즉, 복부전단균열에 대해 콘크리트가 부담할 수 있는 최대 전단응력은 다음 식(5.9)와 같다.

$$v_c = \frac{V_c}{bd} = 0.29\sqrt{f_{ck}} \tag{5.9}$$

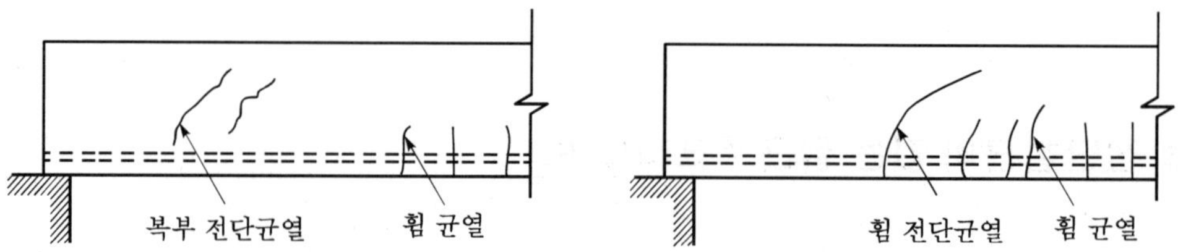

(a) 복부 전단균열 (b) 휨 전단균열

그림 5.8 복부전단균열과 휨전단균열

그림 5.8(b)는 이미 발생된 초기균열상태의 휨균열 선단부에서 시작되어 보의 중립축을 향해 사방향으로 진행되는 휨전단균열(flexure shear crack)을 보인 것이다. 이 균열은 휨모멘트가 크고 전단력도 어느 정도 큰 단면에서 발생하며, 철근콘크리트 보에서 흔히 발생되는 전형적인 사인장균열의 형태이다. 초기 휨균열에서 비롯되는 휨전단균열은 전단응력이 $0.16\sqrt{f_{ck}}$ 를 초과하면 발생한다고 본다. 즉, 휨전단균열에 대해 콘크리트가 부담할 수 있는 최대 전단응력은 다음 식(5.10)과 같다.

$$v_c = \frac{V_c}{bd} = 0.16\sqrt{f_{ck}} \tag{5.10}$$

복부단균열을 일으키는 식(5.9)와 휨전단균열을 일으키는 식(5.10)을 비교해 보면 전단응력은 약 2배 정도의 차이가 있다. 즉, 휨모멘트의 크고 작음은 전단력과의 상호관계에 의해 사인장균열의 발생에 직접적으로 영향을 미친다는 것을 의미한다. 사인장균열을 일으키는 전단력은 그 단면의 전단력 V와 휨모멘트 M과의 비 $\frac{V}{M}$에 좌우되며, 사인장균열은 결국 휨균열 선단에서의 전단응력 v와 휨응력 f와의 비인 $\frac{v}{f}$의 관계에 지배된다는 사실이 실험 등을 통해 입증되고 있다.

5.3.2 $\frac{a}{d}$가 전단거동에 미치는 영향

철근콘크리트 보의 사인장균열은 복부전단균열보다는 휨전단균열의 형태로 발생하는 것이 일반적이며, 이는 $\frac{V}{M}$ 또는 $\frac{v}{f}$에 의해 영향을 받기 때문이다.

일반적으로 전단응력은 다음 식(a)와 같이 나타낼 수 있다.

$$v = K_1 \frac{V}{bd} \tag{a}$$

여기서 K_1은 휨균열 높이에 관계되는 상수로서 시험으로 구할 수 있다.

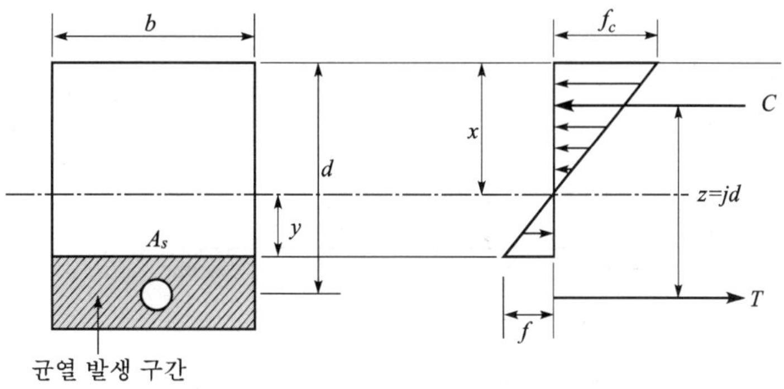

그림 5.9 휨균열 구간과 휨응력

또한 휨응력은 그림 5.9로부터 다음과 같이 구할 수 있다.

콘크리트의 인장 저항력을 무시하면 철근의 인장응력은

$$f_s = \frac{M}{A_s z} \tag{b}$$

철근 위치에서의 콘크리트의 응력은 다음과 같이 된다.

$$f_{cs} = \frac{M}{nA_s z} = \frac{M}{n(\rho bd)\, j\, d} = \frac{M}{nj\rho bd^2} \tag{c}$$

균열 선단에서의 콘크리트의 휨응력은 다음 식(d)와 같이 정리할 수 있다.

$$f = \frac{y}{(d-x)} f_{cs} = \frac{y}{nj\rho(d-x)} \frac{M}{bd^2}$$

$$= K_2 \frac{M}{bd^2} \tag{d}$$

여기서 K_2는 균열 상태에 의해 정해지는 상수로서 시험을 통해 구할 수 있다.

그러므로 $\frac{v}{f}$는 식(a), 식(d)를 적용하면 다음 식(e)와 같이 된다.

$$\frac{v}{f} = \frac{K_1}{K_2} \frac{Vd}{M} \tag{e}$$

따라서, 식(e)로부터 $\frac{Vd}{M}$는 $\frac{v}{f}$에 직접적으로 영향을 미치고 있음을 알 수 있다.

그림 5.10은 단순보를 예로 들어 전단지간(shear span)을 정의하고, $\frac{a}{d}$의 변화에 의해 전단파괴에 대한 거동을 알아보기 위한 것이다. 이 그림으로부터, $M = Pa = Va$ 이므로

$$a = \frac{M}{V} \tag{f}$$

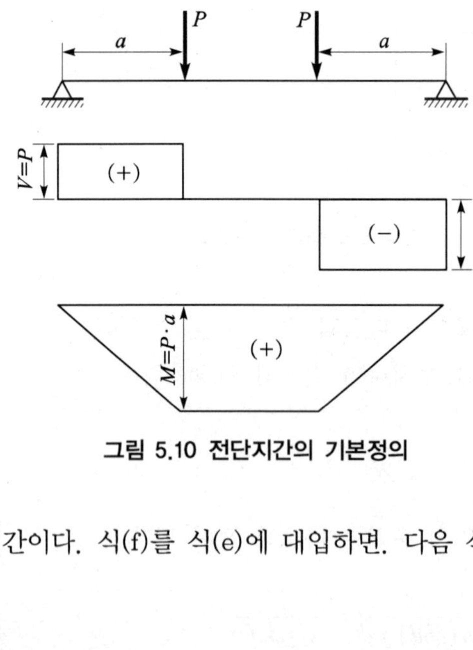

그림 5.10 전단지간의 기본정의

여기서, a는 전단지간이다. 식(f)를 식(e)에 대입하면. 다음 식(5.11)이 얻어진다.

$$\frac{f}{v} = \frac{K_2}{K_1} \frac{a}{d} \tag{5.11}$$

즉, 휨균열이 있는 초기균열 선단에서 휨 전단균열로 발달시켜 나갈 때 $\frac{a}{d}$는 $\frac{f}{v}$에 직접

적인 관계가 있음을 알 수 있다. 따라서, $\frac{a}{d}$의 변화에 따른 철근콘크리트 보의 전단거동을 살펴 볼 필요가 있다. 이에 대해 $\frac{a}{d}$에 의한 보의 파괴형태는 많은 실험결과 그림 5.11과 같이 크게 4가지로 분류하고 있다.

즉, ① $\frac{a}{d} \leq 1$ 인 깊은 보, ② $\frac{a}{d} = 1 \sim 2.5$ 인 지간이 짧은 보, ③ $\frac{a}{d} = 2.5 \sim 6$ 인 지간이 보통 정도의 보, ④ $\frac{a}{d} > 6$ 인 지간이 긴 보 등으로서 파괴유형을 구분하는 경계의 척도로 삼고 있다.

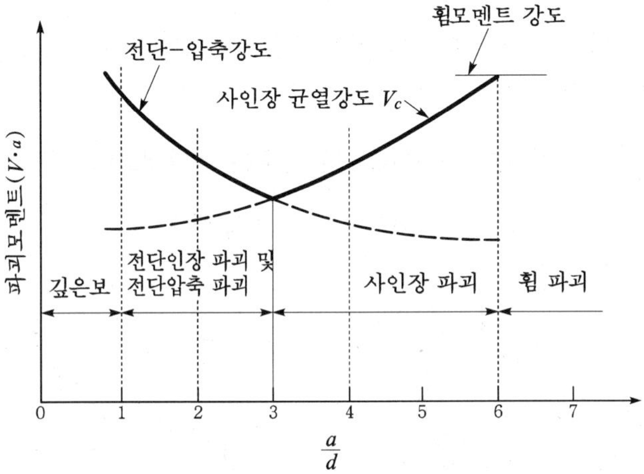

그림 5.11 직사각형 보에서 $\frac{a}{d}$에 따른 전단거동

(1) 파괴형태 1 [$\frac{a}{d} \leq 1$ (깊은 보, deep beam)] : 보의 강도는 전단력이 지배하며, 사인장 균열 발생 후에는 그림 5.12와 같이 타이드 아치(tied arch)처럼 거동한다. 이때, 음영부 콘크리트 스트럿(strut)은 압축력을 받고, 인장 타이(tension tie)에 해당되는 철근은 인장력을 받는다.

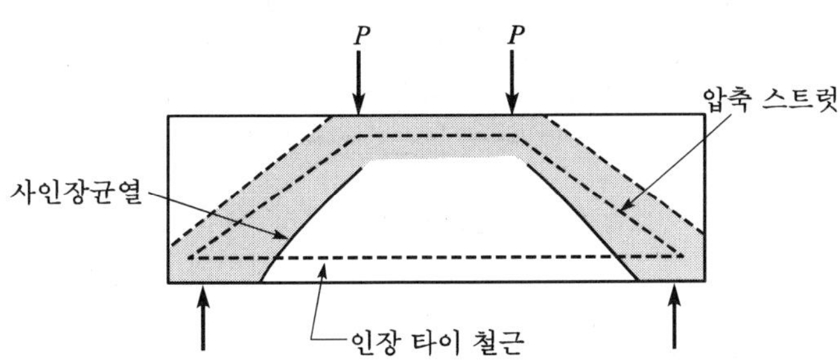

그림 5.12 깊은 보의 파괴모드($\frac{a}{d} \leq 1$)

(2) 파괴형태 2 [$\frac{a}{d}$= 1~2.5 (지간이 짧은 보, short beam)] : 전단력이 사인장균열강도보다 크기 때문에 그림 5.13과 같이 전단–부착 파괴, 또는 전단–압축 파괴를 보인다. 그림 (a)의 전단–부착 파괴는 아치작용(arch action)으로 인해 지점부근의 철근이 인장력을 부담하여 철근 주변의 부착력 부족으로 발생하며, 그림 (b)의 전단–압축 파괴는 사인장균열이 보의 상부까지 진전되어 상부 콘크리트의 압축파괴로 연결되어 일어난다.

(3) 파괴형태 3 [$\frac{a}{d}$= 2.5~6 (지간이 보통 정도인 보)] : 전단력이 사인장균열강도를 초과하는 경우 그림 5.14와 같이 사인장파괴를 일으키게 되며, 이러한 파괴를 억제하기 위해서는 전단철근의 배근이 요구된다.

(4) 파괴형태 4 [$\frac{a}{d}$> 6(지간이 큰 보)] : 이 경우는 전단력보다 휨모멘트에 의한 영향이 크기 때문에 보의 파괴는 휨모멘트에 의해 발생한다.

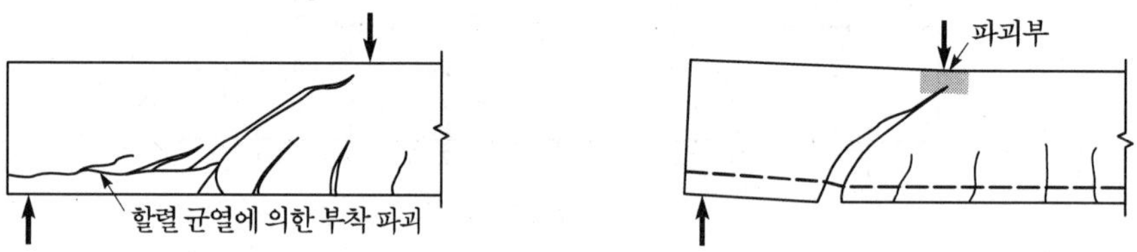

(a) 전단–부착 파괴　　(b) 전단–압축파괴

그림 5.13 지간이 짧은 보의 전형적인 전단파괴($\frac{a}{d}$= 1~2.5)

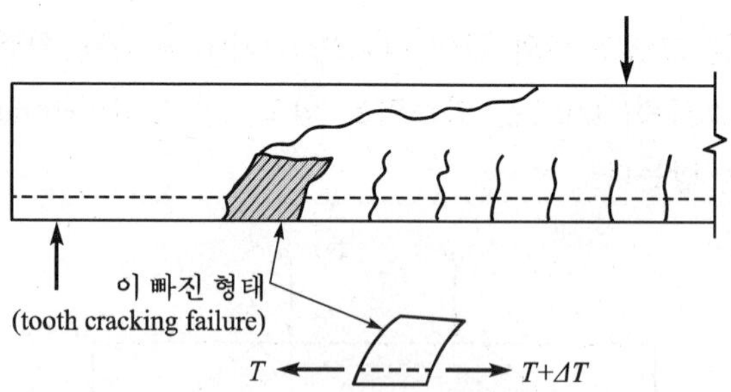

그림 5.14 사인장파괴($\frac{a}{d}$= 2.5~6)

5.3.3 콘크리트가 부담하는 전단강도

1) 간편식

전단력과 휨모멘트만을 받는 철근콘크리트 부재의 경우, 콘크리트가 부담하는 공칭전단강도 V_c는 다음 식(5.12)에 의해 구할 수 있다.

$$V_c = \frac{1}{6}\lambda \sqrt{f_{ck}}\, b_w\, d \tag{5.12}$$

여기서, λ : 경량콘크리트 계수로서 일반 콘크리트의 경우 1.0([2.2.5절] 참고)

f_{ck}: 콘크리트의 설계기준 압축강도(MPa)

b_w : 단면의 복부 폭(mm)

d : 단면의 유효깊이(mm)

2) 정밀식

정밀하게 콘크리트가 부담하는 공칭전단강도 V_c를 구할 경우에는 다음 식(5.13)을 사용하여 구한다.

$$V_c = \left(0.16\lambda \sqrt{f_{ck}} + 17.6\rho_w \frac{V_u d}{M_u}\right) b_w d \le 0.29\lambda \sqrt{f_{ck}}\, b_w d \tag{5.13}$$

여기서, $\rho_w = \dfrac{A_s}{b_w d}$, $\dfrac{V_u d}{M_u} \leqq 1$이며, M_u는 전단을 검토하는 위험단면에서 V_u와 동시에 발생하는 계수휨모멘트이다.

3) 원형단면

원형단면 부재의 V_c를 계산하기 위한 단면적은 콘크리트 단면의 유효깊이 d와 지름의 곱으로 구하여야 한다. 이 때 단면의 유효깊이는 부재 단면 지름의 0.8배로 할 수 있다. 즉 $d = 0.8D$이며, 여기서 D는 원형단면의 지름이다.

이상의 공칭전단강도의 계산에 있어서 $\sqrt{f_{ck}}$는 8.4MPa를 초과하지 않도록 하여야 하며, 이 값은 $f_{ck} = 70\text{MPa}$에 해당된다. 그러나, 최소 전단철근이 배치된 철근콘크리트 보와 콘크리트 장선구조에 있어서는 이 값을 초과해도 좋다.

예제 5.2 경간이 6m, 폭 $b=350\text{mm}$, 유효깊이 $d=600\text{mm}$인 철근콘크리트 단순보에 계수등분포하중 $w_U=90\text{kN/m}$가 작용할 때 콘크리트가 부담하는 공칭전단강도를 정밀식과 간편식으로 계산하시오. 여기서, $f_{ck}=28\text{MPa}$, 인장철근비는 2%이다.

풀이

[간편식]

콘크리트의 공칭전단강도는 식(5.12)를 사용하면 다음과 같이 계산된다.

$$V_c=\frac{1}{6}\lambda\sqrt{f_{ck}}\,b_w\,d=\frac{1}{6}\times1.0\times\sqrt{28}\times350\times600\times10^{-3}=185.20\text{kN}$$

[정밀식]

콘크리트의 공칭전단강도는 식(5.13)을 사용하면 다음과 같이 구할 수가 있다. 우선 지점반력은 $R_A=\frac{90\times6}{2}=270\text{kN}$, 지점에서 유효깊이 d만큼 이격된 위치가 전단에 위험단면이므로 이 위치에서 $V_{u(d)}$ 및 $M_{u(d)}$를 구하면 다음과 같이 계산된다.

$$V_{u(d)}=R_A-w_U\times0.6=270-90\times0.6=216\text{kN}$$

$$M_{u(d)}=R_A\times0.6-w_U\times0.6\times0.3=270\times0.6-90\times0.6\times0.3=145.8\text{kN}\cdot\text{m}$$

$\frac{V_u d}{M_u}\le1$에 대해 검토하면, $\frac{V_u d}{M_u}=\frac{216\times10^3\times600}{145.8\times10^6}=0.89<1$이므로 만족한다. 따라서 정밀계산에서 $\frac{V_u d}{M_u}=0.89$를 적용한다. 이상의 계산값을 식(5.13)에 대입아면 콘크리트의 공칭전단강도는 다음과 같이 된다.

$$V_c=\left(0.16\lambda\sqrt{f_{ck}}+17.6\rho_w\frac{V_u d}{M_u}\right)b_w d$$

$$=(0.16\times1.0\times\sqrt{28}+17.6\times0.02\times0.89)\times350\times600\times10^{-3}$$

$$=243.58\text{kN}$$

$$V_c=0.29\lambda\sqrt{f_{ck}}\,b_w d=0.29\times1.0\times\sqrt{28}\times350\times600\times10^{-3}$$

$$=322.25\text{kN}>243.58\text{kN}$$

$$\therefore\ V_c=322.25\text{kN}$$

5.3.4 축방향력의 영향을 받는 콘크리트 전단강도

철근콘크리트 보는 전단력과 휨모멘트를 받는 동시에 축방향력이 작용하기도 한다. 이와 같이 보에 축방향력이 작용하는 경우 보의 전단강도는 현저하게 달라진다. 전단력과 휨모멘트의 조합에 의해 발생하는 사인장균열을 일으키는 하중은 축방향력이 동시에 작용하게 될 경우 크게 달라진다. 즉 축방향 압축력은 균열하중을 증가시키는 반면, 축방향 인장력은 균열하중을 감소시킨다.

따라서, 전단력과 휨모멘트에 추가로 축방향력이 작용할 경우 철근콘크리트 보의 전단강도는 다음과 같이 적절하게 수정된 식을 사용하여 계산할 수 있다.

1) 축방향 압축을 받는 경우

(1) 간편식

전단력 및 휨모멘트가 작용하는 동시에 축방향 압축을 받는 철근콘크리트 부재에서 콘크리트가 부담하는 전단강도는 다음 식(5.14)에 의해 계산할 수 있다.

$$V_c = \frac{1}{6}\left(1+\frac{N_u}{14A_g}\right)\lambda\sqrt{f_{ck}}\,b_w d \qquad (5.14)$$

(2) 정밀식

전단력 및 휨모멘트가 작용하는 동시에 축방향 압축을 받는 부재의 콘크리트가 부담하는 전단강도는 다음 식(5.15)에 의해 계산할 수 있다.

$$V_c = \left(0.16\lambda\sqrt{f_{ck}} + 17.6\rho_w \frac{V_u d}{M_m}\right)b_w d \le 0.29\lambda\sqrt{f_{ck}}\,b_w d\sqrt{1+\frac{N_u}{3.5A_g}} \qquad (5.15)$$

여기서, M_m는 다음 식(5.16)에 의해 계산하며, 이 때 $\dfrac{V_u d}{M_u} \le 1$의 제한은 받지 않는다. M_m의 값이 부(-)일 경우 V_c는 식(5.15)의 우변의 식으로 계산한다.

$$M_m = M_u - N_u\frac{(4h-d)}{8} \qquad (5.16)$$

2) 축방향 인장을 받는 경우

전단력 및 휨모멘트가 작용하는 동시에 현저하게 큰 축방향 인장력을 받는 철근콘크리트 부재의 경우, 콘크리트의 전단강도는 다음 식(5.17)에 의해 계산할 수 있다.

$$V_c = \frac{1}{6}\left(1-\frac{N_u}{3.5A_g}\right)\lambda\sqrt{f_{ck}}\,b_w d \qquad (5.17)$$

또한, 식(5.17)을 사용하여 상세한 계산을 하지 않는 한, 전단철근이 모든 전단력을 받도록 설계하여야 한다.

예제 5.3 [예제 5.2]에서 다음의 각각의 경우에 대하여 콘크리트가 부담하는 공칭전단강도 V_c를 계산하시오.

(1) $P=250\text{kN}$의 축방향 압축력이 작용하는 경우

(2) $P=250\text{kN}$의 축방향 인장력이 작용하는 경우

풀이

(1) 축방향 압축력 $N_u=250\text{kN}$인 경우

[정밀식]

식(5.16)으로부터 M_m을 계산하면

$$M_m=M_u-N_u\frac{(4h-d)}{8}=145.8-250\times\frac{(4\times 0.7-0.6)}{8}=77.05\text{kN}\cdot\text{m}$$

따라서, 식(5.15)로부터 콘크리트가 부담하는 공칭전단강도는 다음과 같이 계산된다.
[예제 5.2]에서 $V_{u(d)}=216\text{kN}$, $M_{u(d)}=145.8\text{kN}\cdot\text{m}$ 이므로

$$V_c=\left(0.16\lambda\sqrt{f_{ck}}+17.6\rho_w\frac{V_u d}{M_m}\right)b_w d$$

$$=\left(0.16\times 1.0\times\sqrt{28}+17.6\times 0.02\times\frac{216\times 10^3\times 0.6}{77.05\times 10^6}\right)\times 350\times 600\times 10^{-3}$$

$$=302.13\text{kN}$$

$$V_c=0.29\lambda\sqrt{f_{ck}}b_w d\sqrt{1+\frac{N_u}{3.5A_g}}$$

$$=0.29\times 1.0\times\sqrt{28}\times 350\times 600\times\sqrt{1+\frac{250\times 10^3}{0.5\times 350\times 700}}\times 10^{-3}$$

$$=561.94\text{kN}>302.13\text{kN}$$

$$\therefore\ V_c=561.94\text{kN}$$

[간편식]

식(5.14)로부터 콘크리트가 부담하는 공칭전단강도를 계산하면 다음과 같다.

$$V_c=\frac{1}{6}\left(1+\frac{N_u}{14A_g}\right)\lambda\sqrt{f_{ck}}b_w d$$

$$=\frac{1}{6}\times\left(1+\frac{250\times 10^3}{14\times 350\times 700}\right)\times 1.0\times\sqrt{28}\times 350\times 600\times 10^{-3}$$

$$=198.70\text{kN}$$

(2) 축방향 인장력 $N_u=250\text{kN}$인 경우

축방향 인장력을 받을 경우 식(5.17)에 의해 콘크리트의 공칭전단강도를 계산하면 다음과 같이 된다.

$$V_c=\frac{1}{6}\left(1-\frac{N_u}{3.5A_g}\right)\lambda\sqrt{f_{ck}}b_w d$$

$$=\frac{1}{6}\times\left(1-\frac{250\times 10^3}{3.5\times 350\times 700}\right)\times 1.0\times\sqrt{28}\times 350\times 600\times 10^{-3}$$

$$=131.21\text{kN}$$

5.4 전단철근

5.4.1 전단철근의 종류

철근콘크리트 보는 인장측에서 전단응력에 의해 경사면에 인장응력이 발생한다. 이때, 콘크리트가 인장응력을 견뎌내지 못하면 균열이 발생하게 되는데, 이것이 철근콘크리트 보의 사인장균열(diagonal tension crack)이다. 이 사인장균열은 보에 직각 방향으로 발생하는 휨균열과는 달리 갑작스러운 파괴현상을 나타낸다. 그래서 이와 같은 사인장에 의한 전단파괴를 방지하기 위하여 보의 복부에 이에 저항하는 철근을 배치하며, 이러한 철근을 전단철근(shear reinforcement)이라고 한다.

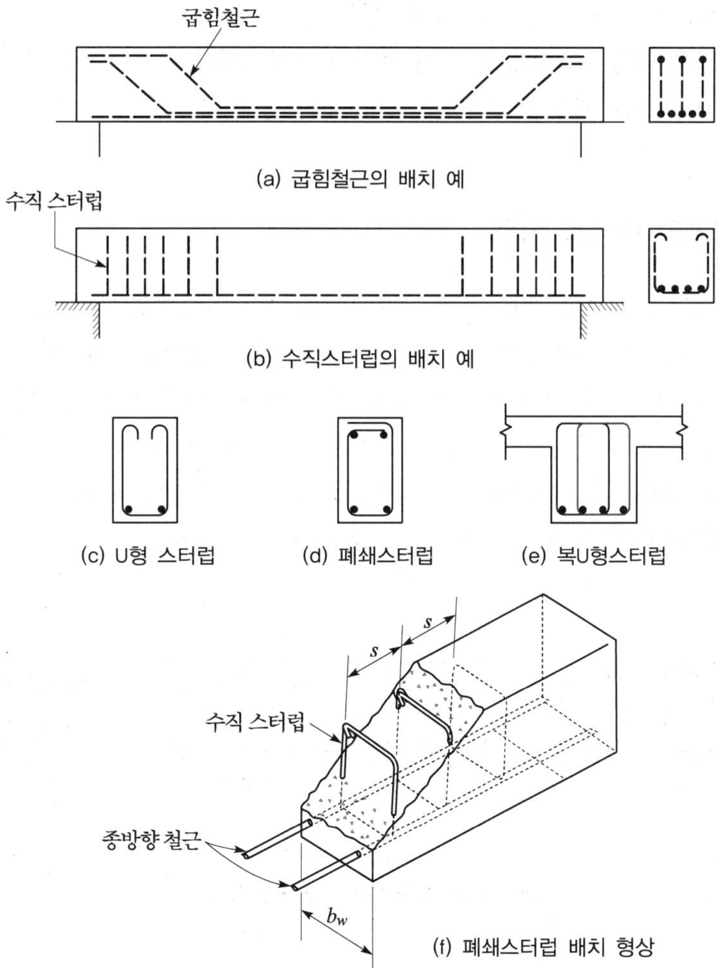

그림 5.15 전단철근의 예

그림 5.15는 전단철근의 종류 및 배치 사례를 보인 것이다. 이러한 전단철근은 복부철근(web reinforcement), 또는 사인장철근(diagonal tension bar)이라고도 한다. 전단철근은 스터럽(stirrup), 폐쇄스터럽(closed stirrup), 굽힘철근(bend up bar) 등이 있다. 폐쇄스터럽은 일반적으로 부(-)의 휨모멘트를 받는 곳과 비틀림을 받는 곳에 사용하며, 굽힘철근은 휨을 받는데 더 이상 필요하지 않는 철근을 굽혀 올리거나 굽혀 내려서 전단력에 저항할 수 있도록 배치하는 철근이다.

전단철근은 철근콘크리트 보에서 다음 4가지 기능을 기본적으로 수행한다.

① 전단력을 콘크리트와 함께 지지한다.

② 사방향 균열이 진행되는 것을 막는다.

③ 인장철근이 휨모멘트에 저항하는데 필요로 하는 다월작용(dowel action)을 충분히 발휘할 수 있도록 철근의 위치를 고정시켜준다.

④ 폐쇄스터럽은 띠철근의 역할을 하여 보의 압축영역에서 콘크리트를 어느 정도 구속시켜 콘크리트의 압축강도를 증진시켜 주는 작용을 한다.

5.4.2 전단철근의 트러스 거동

철근콘크리트 보의 구조를 래티스(lattice) 구조로 유사화시켰을 때 그림 5.16과 같이 콘크리트는 대각선 방향의 압축부재로서, 그리고 스터럽은 수직 또는 경사방향의 인장부재로 작용하는 구조적 거동을 하게 된다. 이 그림에서 굽힘철근이나 스터럽은 인장력을 부담하고, 파선방향으로는 압축력이 작용하고 있음을 알 수 있다. 이것은 트러스에서 인장을 받는 사재, 또는 수직재의 구실을 복부철근이 담당하고 있는 것과 같다. 이러한 작용을 철근콘크리트 보에서 복부철근의 트러스 작용(truss action)이라고 한다.

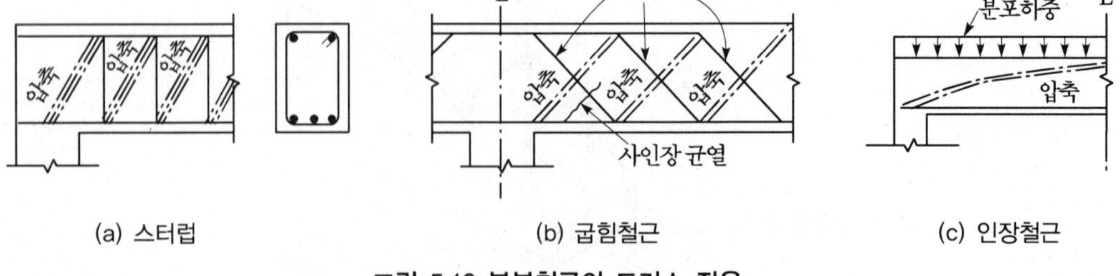

(a) 스터럽　　(b) 굽힘철근　　(c) 인장철근

그림 5.16 복부철근의 트러스 작용

5.5 전단철근을 배치한 철근콘크리트 보

철근콘크리트 보는 전단철근을 사용함으로써 전단력에 저항하는 전단강도를 증가시킬 수 있다. 사인장균열이 발생되기 전에는 전단철근이 전단저항에 별로 기여하지 못한다. 그러나 사인장균열이 발생한 다음에는 전단철근이 유효하게 작용하여 균열의 진행을 억제시켜 보의 전단 저항력을 증가시켜 주며, 단면 내부의 저항 내력을 균열단면에 재분배하게 된다. 이때, 전단철근량이 적으면 전단철근의 항복으로 인한 파괴가 예상되지만, 전단철근의 양이 충분하면 전단-압축파괴가 발생할 수 있다. 또한 보에 사인장균열이 발생하게 되면 전단철근의 거동은 매우 복잡하다. 이것은 사인장균열의 위치, 길이 및 기울기 등에 따라 그 양상이 일정하지 않기 때문이다.

5.5.1 수직스터럽이 배치된 보의 전단거동

그림 5.17과 같이 철근콘크리트 보에 수직 스터럽이 배치되어 있는 경우, 지점 부근에서 사인장균열이 발생한 상태를 보인 것이다. 보에 작용하는 사인장력에 저항하기 위해서는 균열이 발생된 면을 따라 단면에는 내력이 작용하게 된다. 수직 내력으로서는 콘크리트가 부담하는 전단력 V_c, 스터럽이 부담하는 전단력 V_s, 인장철근의 다월작용(dowel action)에 의한 전단력 V_{do}, 골재의 맞물림(interlocking) 작용에 의한 전단력 V_a의 수직분력 V_{ay} 등이 있다. 이들 힘은 외력에 의한 전단력 V와 비겨야 하므로 다음 식(5.18)이 성립된다.

$$V_c + V_s + V_{do} + V_{ay} = V \tag{5.18}$$

외력에 의한 전단력 V에 저항하는 내력 V_c, V_s, V_{do}, V_{ay}는 휨균열 및 사인장균의 발생, 스터럽의 항복 등에 따라 전단 내력의 재분배가 진행된다.

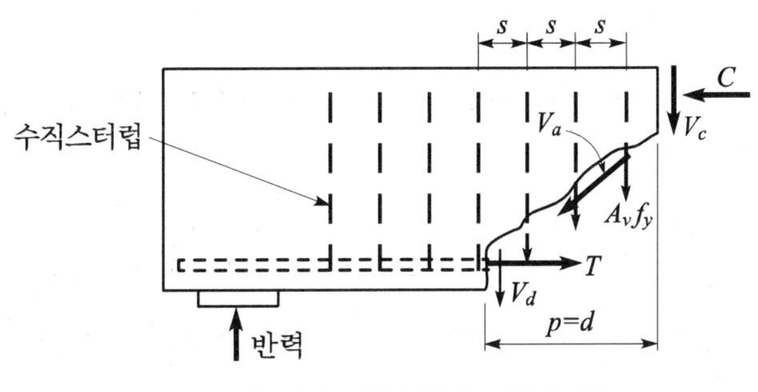

그림 5.17 수직스터럽의 전단거동

그림 5.18은 외력으로 작용하는 전단력 V가 증가함에 따라 이들 4개의 전단 내력이 변화되고 있는 상황을 나타낸 것이다. 사인장균열이 발생하게 되면 그 전단력을 스터럽이 부담해야 하므로 스터럽이 저항하는 전단강도 V_s는 직선적 증가를 하게 된다. 스터럽이 항복한 후에는 그 힘이 일정하게 유지되지만, 사인장균열 폭이 증가함으로서 주철근의 다월작용에 의한 전단내력 V_{do}와 골재의 맞물림에 의한 전단내력 V_{ay}는 점진적으로 작아지며, 궁극적으로 보가 전단파괴에 이르게 된다.

스터럽이 항복하여 균열이 보의 전 높이까지 확장되면 골재의 맞물림 작용에 의한 수직전단내력 V_{ay} 및 인장철근의 다월 작용에 의한 수직 전단내력 V_{do}는 모두 $V_a = 0$, $V_{do} = 0$으로 볼 수 있다.

따라서, 수직스터럽이 배치된 보가 전단파괴할 때의 공칭전단강도(nominal shear strength) V_n은 다음 식(5.19)와 같이 콘크리트의 공칭전단강도 V_c와 전단철근의 공칭전단강도 V_s의 합이 된다.

$$V_n = V_c + V_s \tag{5.19}$$

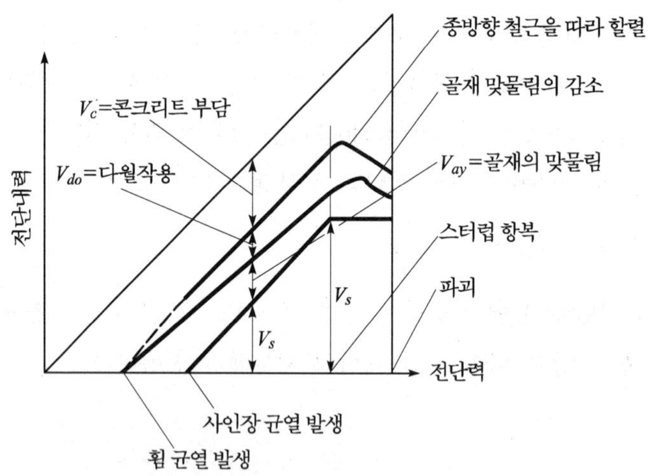

그림 5.18 전단철근이 있는 보의 전단 내력의 분배

보가 전단 파괴될 때 사인장 균열선은 보의 전 높이에 걸쳐 발생할 것이며, [5.2.3 절]에서 언급한 바와 같이 사인장균열이 발생하는 주응력면은 45°의 기울기를 가지게 되므로 그림 5.17과 같이 $p = d$가 된다. 스터럽이 간격 s로 배치되어 있으므로 사인장균열선과 교차하는 스터럽의 갯수는 $n = \dfrac{d}{s}$이고, 이때 스터럽은 항복하게 되므로 스터럽이 저항하는 공칭

전단강도 V_s는 다음 식(5.20)과 같이 된다.

$$V_s = (A_v f_y) n = A_v f_y \frac{d}{s} \tag{5.20}$$

여기서, A_v : 사인장균열과 교차하는 스터럽 철근의 단면적(mm^2)

f_y : 스터럽 철근의 설계기준 항복강도(MPa)

5.5.2 경사스터럽이 배치된 보의 전단거동

철근이 부담하는 전단력 V_s는 그림 5.16과 같은 트러스 모델(truss analogy)로부터 구할 수 있다. 그림 5.19와 같이 45° 기울기로 발생한 사인장균열과 일련의 경사스터럽 또는 굽힘철근이 부담하는 수직전단력 V_s는 경사진 철근의 인장력에 대한 수직성분의 합과 같게 된다.

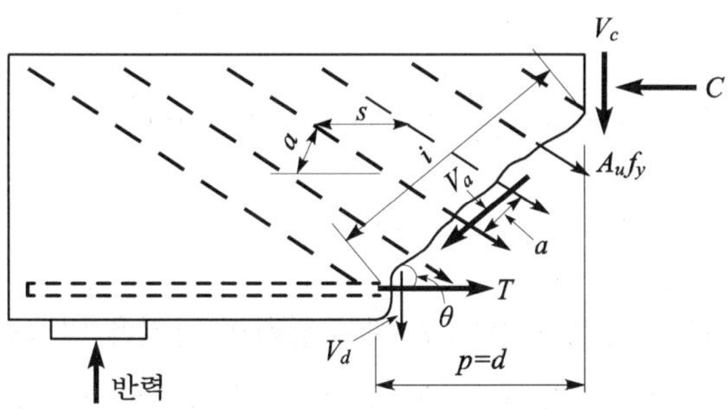

그림 5.19 경사스터럽의 저항

그림 5.20에서 α는 경사스터럽과 부재축 사이의 각도, θ는 사인장균열의 기울기 45°, 그리고 s를 전단철근의 간격이라고 하면, 전단철근의 간격 s 및 사인장철근 사이의 균열길이 a는 각각 다음 식(a) 및 식(b)와 같이 나타낼 수 있다.

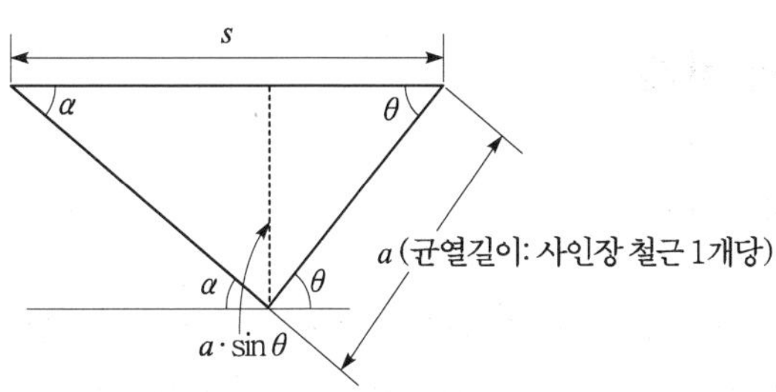

그림 5.20 철근의 기하학적 관계

$$s = a\sin\theta\,(\cot\alpha + \cot\theta\,) \qquad \text{(a)}$$

$$a = \frac{s}{\sin\theta\,(\cot\alpha + \cot\theta\,)} \qquad \text{(b)}$$

사인장균열이 보의 전체 깊이에 걸쳐 확장되었다면 사인장균열의 길이 i는 $\dfrac{d}{\cos\theta}$ 이다. 그러므로 균열과 만나는 경사스터럽의 갯수는 $n = \dfrac{i}{a}$ 로부터 다음 식과 같이 된다.

$$n = \frac{i}{a} = \frac{\sin\theta\,(\cot\alpha + \cot\theta\,)}{s}\frac{d}{\cos\theta}$$

$$= \tan\theta(\cot\alpha + \cot\theta)\frac{d}{s} = (1 + \tan\theta\cot\alpha)\frac{d}{s} \qquad \text{(c)}$$

식(c)에서 전단파괴시 전단철근 1개의 인장력은 $A_v f_y$ 이고, 전단철근 1개의 수직분력은 $A_v f_y \cdot \sin\alpha$이므로, 균열면에서 전단철근의 총 수직분력, 즉 공칭전단강도 V_s는 다음 식(5.21)과 같이 된다.

$$V_s = n(A_v f_y)\sin\alpha = A_v f_y \frac{d}{s} sin\alpha(1 + \tan\theta \cdot \cot\alpha)$$

$$\therefore\ V_s = A_v f_y \frac{d}{s}\,(\sin\alpha + \cos\alpha \cdot \tan\theta\,) \qquad (5.21)$$

경사스터럽의 인장응력 f_s가 항복강도 f_y에 도달하면 균열은 압축측 상단까지 파급될 것이다. 이 때 사인장균열의 기울기는 $\theta = 45°$ 로 볼 수 있으므로 공칭전단강도 V_s는 다음 식(5.22)와 같이 된다.

$$\therefore V_s = A_v f_y \frac{d}{s}\,(\sin\alpha + \cos\alpha\,) \qquad (5.22)$$

5.6 전단철근의 설계

5.6.1 전단설계의 기본

계수전단력 V_u가 콘크리트가 부담하는 설계전단강도 ϕV_c를 초과하는 경우에는 사인장균열(전단균열)에 저항할 수 있도록 전단철근을 배치하여야 한다. 즉, 휨과 전단을 받는 철근콘크리트 보의 전단설계는 다음 식(5.23)에 따라야 한다.

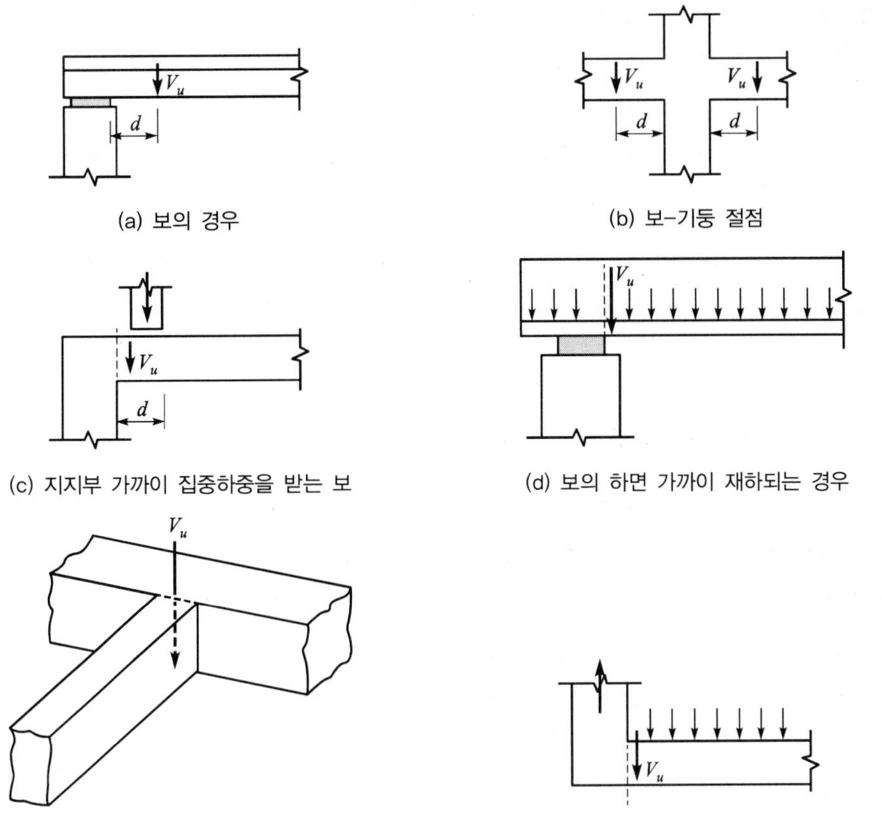

(a) 보의 경우 (b) 보-기둥 절점

(c) 지지부 가까이 집중하중을 받는 보 (d) 보의 하면 가까이 재하되는 경우

(e) 깊이가 비슷한 거더에 의해 지지되는 경우 (f) 인장을 받는 지지부재와 일체로 된 부재

그림 5.21 받침 조건에 따른 전단에 대한 위험단면

$$V_u \leqq \phi V_n = \phi(V_c + V_s) \tag{5.23}$$

여기서, V_u : 위험단면에서의 계수전단력(N, kN)

V_n : 공칭전단강도(N, kN)

ϕ : 전단에 대한 강도감소계수 0.75

V_c : 콘크리트가 부담하는 공칭전단강도(N, kN)

V_s : 철근이 부담하는 공칭전단강도(N, kN)

철근콘크리트 부재의 전단에 대한 위험단면은 그림 5.21에 보인 바와 같다. 그림 (a)와 같은 일반적인 보나 그림 (b)와 같이 기둥에 의해 지지된 보는 받침부 내측이나 기둥에서 지간 중앙방향으로 유효깊이 d만큼 떨어진 단면이 위험단면이다. 그림 (c)와 같이 지지부 전면에서 유효깊이 d 이내에 집중하중이 작용하거나 그림 (d)와 같이 보의 하면 가까이 재하되는

경우(역T형 보에서 발생할 수 있음), 위험단면은 지지부 전면이 된다. 그림 (e)와 같이 깊이가 비슷한 거더에 의해 지지되거나 그림 (f)와 같이 일체로 된 수직 부재에 의해 지지된 보의 위험단면은 지지부 전면이 된다.

계수전단력 V_u가 콘크리트가 부담하는 설계전단력 ϕV_c 보다 작거나 같으면, 전단철근을 필요로 하지 않는다. 그러나 계수전단력 V_u가 $\frac{1}{2}\phi V_c < V_u \le \phi V_c$의 범위에 있는 경우에는 최소량 이상의 전단철근을 배치하여야 한다. 이와 같은 이유는 보강이 없는 복부에서는 경사균열의 조짐이 없이 취성파괴를 유발할 수 있기 때문이다.

5.6.2 수직스터럽의 전단설계

일반적인 철근콘크리트 보에서는 지점의 받침부 내면에서 지간 중앙 방향으로 보의 유효깊이 d 만큼 떨어진 곳에서 휨전단균열이 발생한다. 이러한 전단균열은 휨균열 선단에서 발생하므로 보통은 휨철근 피복두께까지는 휨균열이 발생하며 하중이 증가함에 따라 휨균열 선단에서 45°방향으로 전단균열이 발생하게 된다. 이러한 전단균열은 파괴상태에 이르게 되면 압축측 상연까지 발전한다고 가정하면, 그림 5.17에 보인 바와 같이 전단균열이 발생하는 수평 범위는 $p = d$가 되어 전단균열(사인장균열)과 교차되는 전단철근의 갯수는 $n = \frac{d}{s}$가 된다. 수직스터럽 1개가 부담할 수 있는 전단에 의한 인장력은 $A_v f_{yt}$이므로, 전단균열에 저항하는 전단철근이 부담하는 설계전단강도는 식(5.20)에 ϕ를 곱하면 다음 식(5.24)와 같이 된다.

$$\phi V_s = \phi A_v f_{yt}\, n = \phi A_v f_{yt} \frac{d}{s} \tag{5.24}$$

따라서, 철근콘크리트 보가 전단력에 대해 안전하기 위해서는 설계전단강도 ϕV_n은 계수전단력 V_u보다 크거나 같아야 하므로 식(5.23)에 식(5.24)를 대입하면 다음 식(5.25)와 같이 된다.

$$V_u \le \phi V_n = \phi\left(V_c + A_v f_{yt} \frac{d}{s}\right) \tag{5.25}$$

또한, 식(5.25)를 스터럽의 간격 s에 대하여 정리하면 다음 식(5.26)이 얻어진다.

$$s \le \frac{\phi A_v f_{yt} d}{V_u - \phi V_c} \tag{5.26}$$

원형 띠철근, 후프철근 또는 나선철근을 전단철근으로 사용한 경우, 식(5.20)을 이용하여

V_s를 산정하여야 한다. 이때 d는 원형 단면 부재에 대하여 $d=0.8D$를 사용할 수 있으며, A_v는 종방향철근과 평행하게 잰 간격 s 내에 배치된 나선철근, 후프철근 또는 원형 띠철근의 두 가닥 면적에 해당된다.

5.6.3 경사스터럽 및 굽힘철근의 전단설계

경사스터럽이나 굽힙철근을 사용하는 경우, 이들 전단철근이 부담하는 설계전단강도는 식(5.21)에 강도감소계수 ϕ를 곱하면 다음 식(5.27)와 같이 된다.

$$\phi V_s = \phi A_v f_{yt} \frac{d}{s}(\sin\alpha + \cos\alpha \cdot \tan\theta) \tag{5.27}$$

철근콘크리트 보가 전단력에 대해 안전하기 위해서는 설계전단강도 ϕV_n은 계수전단력 V_u보다 커야하므로 식(5.23)으로부터 다음 식(5.28)이 얻어지며,

$$V_u \le \phi V_n = \phi\left[V_c + A_v f_{yt}\frac{d}{s}(\sin\alpha + \cos\alpha \cdot \tan\theta)\right] \tag{5.28}$$

또한, 식(5.28)을 스터럽의 간격 s에 대하여 정리하면 다음 식(5.29)이 얻어진다.

$$s \le \frac{\phi A_v f_{yt} d(\sin\alpha + \cos\alpha \cdot \tan\theta)}{V_u - \phi V_c} \tag{5.29}$$

전단균열은 부재 축과 $\theta = 45°$ 방향으로 발생한다고 볼 수 있으므로 식(5.28) 및 식(5.29)에 $\theta = 45°$를 대입하면 각각 다음 식이 얻어진다.

$$V_u \le \phi V_n = \phi\left[V_c + A_v f_y \frac{d}{s}(\sin\alpha + \cos\alpha)\right] \tag{5.30}$$

$$s \le \frac{\phi A_v f_y d(\sin\alpha + \cos\alpha)}{V_u - \phi V_c} \tag{5.31}$$

여기서, α는 경사스터럽이 부재 축과 이루는 경사각이므로 경사스터럽이 부담하는 설계전단강도 ϕV_s는 식(5.30) 우변의 두 번째 항이다. 이 식에 $\alpha = 90°$를 대입하면 수직스터럽에 해당되며 $\sin\alpha + \cos\alpha = 1$이 되므로 수직스터럽이 부담하는 설계전단강도 식과 동일하게 된다. 즉 식(5.28) 및 식(5.29)는 임의의 각도를 가지는 경사스터럽을 배치하는 전단철근 설계에 적용할 수 있는 일반식이라고 할 수 있다.

이상에서 논의된 식들은 전단철근이 받침부에서 서로 다른 거리에서 구부린 일련의 평행

한 굽힘철근 또는 여러 조의 평행한 철근으로 구성된 스터럽의 설계에도 적용된다.

그러나, 전단철근이 1개의 굽힘철근이거나 또는 받침부에서 모두 같은 거리에서 구부린 평행한 1조의 철근으로 구성될 경우, 전단철근이 부담하는 공칭전단강도 V_s는 다음 식(5.32)로 계산한다. 여기서 α는 굽힘철근과 부재축의 사잇각이다.

$$V_s = A_v f_{yt} \sin\alpha \le \frac{1}{4}\sqrt{f_{ck}}\,b_w d \tag{5.32}$$

5.6.4 최소 전단철근 및 구조세목

1) 최소 전단철근

철근콘크리트 보가 복부에 전단 보강이 없거나 너무 적은 전단철근이 배치된 경우에는 예기치 않은 인장력이나 갑작스러운 하중의 작용에 의해 취성적인 파괴를 일으킬 수 있다. 이와 같이 예기치 않은 전단파괴를 방지하기 위해서 계수전단력 V_u가 $\frac{1}{2}\phi V_c < V_u \le \phi V_c$의 범위에 있거나 비틀림을 고려하지 않아도 되는 경우, 식(5.33)에 의해 계산된 값 이상의 전단철근을 배치하여야 한다.

$$A_{v,\min} = 0.0625\sqrt{f_{ck}}\,\frac{b_w s}{f_y} \ge 0.35\,\frac{b_w s}{f_y} \tag{5.33}$$

여기서, b_w : 단면의 복부 폭(mm)

s : 전단철근의 간격(mm)

그러나 다음에 해당되는 경우에는 식(5.33)의 최소 전단철근 규정을 적용하지 않아도 된다.

① 슬래브와 기초판
② 콘크리트 장선(joist)구조
③ 보의 깊이 h 가 250mm 이하이거나, I형 보와 T형 보에서 그 깊이가 플랜지 두께의 2.5배 또는 복부폭의 $\frac{1}{2}$중 큰 값 이하인 보
④ 교대 벽체 및 날개벽, 옹벽의 벽체, 암거 등과 같이 휨이 주거동인 판 부재
⑤ 보의 깊이가 600mm를 초과하지 않고 설계기준 압축강도가 40MPa을 초과하지 않는 강섬유 콘크리트 보에 작용하는 계수전단력이 $\phi\frac{1}{6}\lambda\sqrt{f_{ck}}\,b_w d$를 초과하지 않는 경우 또한 전단철근이 없어도 계수휨모멘트와 계수전단력에 저항할 수 있다는 것을 실험에

의해 확인할 수 있다면, 위의 최소 전단철근 규정을 적용하지 않을 수 있다.

2) 전단철근의 전단강도 최대값

식(5.20), 식(5.21), (5.22)에 의해 계산되는 전단철근이 부담하는 공칭전단강도 V_s는 다음 식을 만족해야 한다.

$$V_s \le 0.2(1-\frac{f_{ck}}{250})f_{ck}b_w d \tag{5.34}$$

이것은 사인장균열 각도의 변화를 반영하고 전단인장파괴를 유도하며 사인장균열폭을 억제하기 위한 것이다.

3) 전단철근의 간격

수직스터럽의 간격이 너무 좁으면 콘크리트를 타설할 때 콘크리트가 거푸집 구석구석까지 채워지지 않을 수도 있기 때문에, 스터럽의 지름을 조금 더 큰 것으로 사용하여 최소한 스터럽의 간격이 100mm이상 되도록 하는 것이 좋다.

그림 5.22와 같이 사인장균열은 휨인장철근 중심에서 $0.5d$ 높이까지 45° 경사로 발달한다고 가정하고, 전단철근은 한 번 이상 사인장균열과 교차하여야 한다. 만약 1개소라도 사인장균열과 교차하는 전단철근이 없을 경우, 갑작스런 취성파괴로 인하여 보가 전단파괴를 일으킬 수가 있다. 이러한 점을 고려하여 다음과 같은 규정을 두고 있다.

① 수직스터럽의 간격은 $\frac{1}{2}d$이하, 또 600mm 이하라야 한다.

② 경사스터럽 또는 굽힘철근은 부재 중간높이 $\frac{1}{2}d$에서 반력점 방향으로 주인장철근까지 연장된 45° 균열선과 한 번 이상 교차하도록 배치해야 한다. 이 때 굽힘철근은 그 경사길이의 중앙 $\frac{3}{4}$만이 유효하다고 본다.

③ $V_s > \frac{1}{3}\lambda\sqrt{f_{ck}}\,b_w d = 2V_c$ 인 경우 전단철근 최대간격은 ①, ②항의 값의 절반으로 감소시켜야 한다. 즉, 수직수터럽의 간격은 $\frac{d}{4}$이하, 경사스터럽 또는 굽힘철근의 간격은 $\frac{3}{8}d$이하이어야 한다.

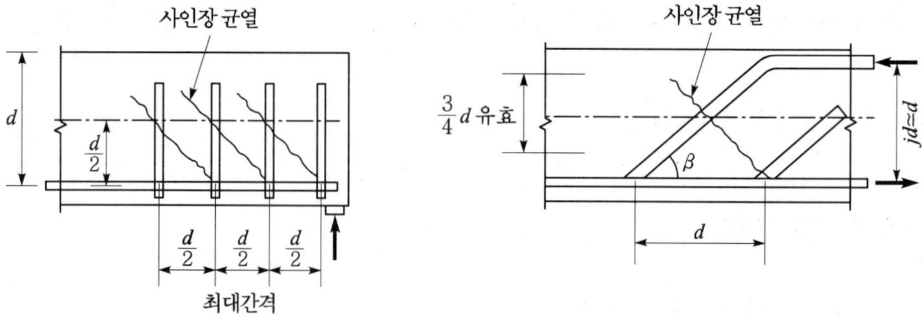

(a) 수직스터럽　　　　(b) 경사스터럽

그림 5.22 전단철근의 간격

참고 1　V_s **최대 한계값의 개정**

종래의 콘크리트구조 설계기준에서는 V_s의 최대 한계값을 $(\frac{2}{3}\lambda\sqrt{f_{ck}})b_w d$로 규정하여 사용하여 왔지만, 2021년도 개정 콘크리트구조 설계기준에서는 이 값을 $0.2(1-f_{ck}/250)f_{ck}$로 개정하였다. 이것은 V_s의 최대 한계값은 복부콘크리트에 작용하는 압축응력과 전단철근에 작용하는 인장응력의 영향을 받는다는 연구와 트러스모델의 힘의 평형조건으로부터 유도한 결과를 도입한 것이다.

참고 2　**전단철근의 설계 요약**

[전단철근의 배치]

① $\frac{1}{2}\phi V_c \geq V_u$: 전단철근을 배치할 필요가 없음.

② $\frac{1}{2}\phi V_c < V_u < \phi V_c$: 최소 전단철근 이상을 배치할 필요가 있음.(식 5.33 적용)

③ $V_u > \phi V_c$: 전단철근을 배치하여야 함.(수직 스터럽의 경우 식(5.25) 적용, 경사 스터럽이나 굽힘철근의 경우 식(5.28) 적용)

[전단철근의 간격]

① $V_s \leq (\frac{1}{3}\lambda\sqrt{f_{ck}})b_w d = 2V_c$: 1개의 전단균열에 전단철근이 1번 이상 교차하여야 함.
즉, 수직 스터럽의 간격은 $d/2$ 이하, 경사 스터럽이나 굽힘철근의 간격은 $(3/4)d$ 이하.

② $V_s > (\frac{1}{3}\lambda\sqrt{f_{ck}})b_w d = 2V_c$: 1개의 전단균열에 전단철근이 2번 이상 교차하여야 함.
즉, 수직 스터럽의 간격은 $d/4$ 이하, 경사 스터럽이나 굽힘철근의 간격은 $(3/8)d$ 이하.

③ $V_s > 0.2(1-f_{ck}/250)f_{ck}$: 전단철근이 너무 조밀하게 배치되므로 콘크리트 단면적을 증가시켜 $V_s \leq 0.2(1-f_{ck}/250)f_{ck}$의 조건에 만족하도록 하여야 함.

예제 5.4 철근콘크리트 직사각형 보에 계수전단력 $V_u = 75,000\,\text{N}$이 작용한다. 설계기준강도가 $f_{ck} = 24\text{MPa}$일 때 다음과 같은 조건에 대하여 해석하시오.

(1) $b_w = 400\,\text{mm}$인 단면에서 전단철근이 없어도 저항할 수 있는 보의 단면을 구하시오.

(2) $b_w = 300\,\text{mm}$인 단면에서 최소량의 전단철근으로 저항할 수 있는 보의 단면을 구하시오.

풀이

(1) 전단철근이 없어도 저항할 수 있는 보의 단면

전단철근 없이 콘크리트만으로 계수전단력에 저항하려면 $V_u \leqq \frac{1}{2}\phi V_c$ 이어야 한다. 따라서 콘크리트가 부담하는 설계전단강도는 식(5.12)에 ϕ를 곱하면

$$\phi V_c = \phi(\frac{1}{6}\lambda\sqrt{f_{ck}}\,b_w d)$$

$$= 0.75 \times (\frac{1}{6} \times 1.0 \times \sqrt{24} \times 400 \times d) = 245d$$

이므로

$$75,000 \leqq \frac{1}{2}\phi_v V_c = \frac{1}{2} \times 245d$$

$$\therefore\ d = 613\text{mm}$$

단면의 폭이 $b_w = 400\,\text{mm}$이므로, 유효깊이는 $d = 613\,\text{mm}$이면 된다. 인장철근의 도심에서 인장측 연단까지의 거리를 $67\,\text{mm}$로 정하면 보의 깊이는 $h = 680\,\text{mm}$가 된다. 따라서 전단철근이 없어도 저항할 수 있는 단면의 최소 크기는 보의 폭 $b_w = 400\,\text{mm}$, 보의 깊이 $h = 680\,\text{mm}$가 된다.

(2) 최소량의 전단철근으로 저항할 수 있는 보의 단면

전단철근의 최소단면적을 사용할 수 있는 V_u의 범위는 $\frac{1}{2}\phi V_c < V_u \leqq \phi V_c$이므로, 최소량의 전단철근을 사용하는 경계값은 $V_u \leqq \phi V_c$가 된다. 따라서,

$$V_u \leqq \phi(\frac{1}{6}\lambda\sqrt{f_{ck}}\,b_w\,d)$$

$$75,000 \leqq 245\,d$$

$$\therefore\ d \geqq 409\,\text{mm}$$

즉, 단면의 폭이 $b_w = 300\,\text{mm}$이므로, 유효깊이는 $d = 409\,\text{mm}$이면 된다. 인장철근의 도심에서 인장측 연단까지의 거리를 $71\,\text{mm}$로 한다면, 보의 높이는 $h = 480\,\text{mm}$가 된다.

예제 5.5 경간 10m인 단순보에 계수 등분포하중 $w_U = 60\text{kN/m}$이 작용할 때, 전단철근이 필요한지를 검토하고, 필요할 경우 소요 전단철근 및 그 간격을 정하시오.
여기서, 단면은 $b = 330\text{mm}$, $d = 510\text{mm}$이며, $f_{ck} = 21\text{MPa}$, $f_{yt} = 280\text{MPa}$이다.

풀이

(1) 계수전단력 및 전단철근 필요 여부 검토

지점 반력은 $R_A = \dfrac{60 \times 10}{2} = 300\text{kN}$

전단에 대한 위험단면은 지점에서 $d = 510\text{mm}$ 이격된 곳이므로, 이 때의 계수전단력은

$$V_{u(d)} = 300 - 60 \times 0.51 = 269.4\text{kN}$$

간편식을 적용할 경우, 콘크리트가 부담하는 전단강도는 식(5.12)에 ϕ를 곱하면 다음과 같이 계산된다.

$$\phi V_c = \phi \frac{1}{6} \lambda \sqrt{f_{ck}}\, b_w d = 0.75 \times \frac{1}{6} \times 1.0 \times \sqrt{21} \times 330 \times 510 \times 10^{-3}$$

$$= 96.41\text{kN} < 269.4\text{kN}$$

∴ 전단철근이 필요하다.

(2) 전단철근의 단면적 및 간격의 계산

전단철근이 부담해야 하는 전단력은

$$\phi V_s = V_{u(d)} - \phi V_c = 269.4 - 96.41 = 172.99\text{kN}$$

전단철근으로서 $D13$의 U형 수직스터럽을 사용하기로 한다.

수직스터럽의 단면적은 $A_v = 2 \times 126.7 = 253\text{mm}^2$

따라서, 수직스터럽의 간격은 식(5.26)으로부터 다음과 같이 계산된다.

$$s = \frac{\phi A_v f_{yt} d}{V_u - \phi V_c} = \frac{0.75 \times 253 \times 280 \times 510}{172.99 \times 10^3} = 156\text{mm} > 150\text{mm}\,(\text{배치 간격})$$

(3) 전단철근량 및 간격의 검토

$V_s = \dfrac{172.99}{0.75} = 230.65\text{kN}$, $V_c = \dfrac{96.41}{0.75} = 128.55\text{kN}$를 사용하여 전단철근 간격을 검토하면, $V_s = 230.65\,2 < V_c = 2 \times 128.55 = 257.1\text{kN}$이므로 1개의 전단균열은 수직스터럽과 1번 이상 교차해야 하며, 600mm이어야 한다. 그런데 실제로 배근되는 수직스터럽 간격은 150mm이므로 적합하다.

식(5.33)으로부터 최소 철단철근을 검토한다.

$$A_{v,\min} = 0.0625 \sqrt{f_{ck}} \frac{b_w s}{f_y} = 0.0625 \times \sqrt{21} \times \frac{330 \times 150}{280} = 50.6\text{mm}^2$$

$$A_{v,\min} = 0.35 \frac{b_w s}{f_y} = 0.35 \times \frac{330 \times 150}{280} = 61.9\text{mm}^2 > 50.6\text{mm}^2$$

따라서, $A_{v,\min} = 61.9\text{mm}^2 < A_v = 253\text{mm}^2$이므로, 최소 전단철근량은 만족한다.

예제 5.6 받침부 내면간의 경간 길이 6.5m인 철근콘크리트 양단 고정보에 고정하중 $w_{D1}=15\text{kN/m}$과 활하중 $w_L=45\text{kN/m}$이 작용하고 있다. 보의 폭은 $b_w=400\text{mm}$, 유효깊이 $d=600\text{mm}$, 높이 $h=650\text{mm}$인 단철근 직사각형 단면이다. 콘크리트의 설계기준 압축강도 $f_{ck}=24\text{MPa}$, 스터럽의 설계항복강도는 $f_{yt}=240\text{MPa}$이다.

(1) 이 보가 받고 있는 하중상태에서 전단철근 설계구간을 정하시오.
(2) 이 보의 전단철근 설계구간에서 수직스터럽을 설계하시오.

풀이

1) 이 보가 받고 있는 하중상태에서 전단철근 설계구간

(1) 계수하중 및 계수전단력의 계산

보의 자중에 의한 등분포하중은 철근콘크리트의 단위무게중량이 25kN/m^3이므로

$$w_{D2}=25\times(0.40\times0.65)=6.5\,\text{kN/m}$$

자중과 활하중의 조합에 의한 소요강도 U는 식(1.12)로부터 $U=1.2D+1.6L$이므로, 계수등분포하중 w_U는

$$w_U=1.2w_D+1.6w_L=1.2\times(15+6.5)+1.6\times45$$
$$=97.8\,\text{kN/m}$$

계수 등분포하중이 작용할 때 최대 계수전단력 $V_{\max}$는 지점에서 일어나므로

$$V_{\max}=\frac{1}{2}\times97.8\times6.5=317.85\,\text{kN}$$

또한 지점에서 d만큼 떨어진 위험단면에서의 계수전단력 V_u는

$$V_u=317.85-97.8\times0.6=259.17\,\text{kN}$$

(2) 콘크리트의 전단강도 및 전단철근 배치 여부 검토

콘크리트가 부담하는 공칭전단강도 V_c는 식(5.12)로부터

$$V_c=\frac{1}{6}\lambda\sqrt{f_{ck}}\,b_wd=(\frac{1}{6}\times1.0\times\sqrt{24}\times400\times600)\times10^{-3}$$
$$=196.0\,\text{kN}$$

따라서 콘크리트가 부담하는 설계전단강도 ϕV_c를 계산하면

$$\phi V_c=0.75\times196.0=147.0\,\text{kN}$$
$$\therefore\ \phi V_c<V_u=259.17\,\text{kN}$$

그러므로 전단철근의 보강이 필요하다.

(3) 전단철근이 부담해야 할 전단력과 전단철근 필요구간 계산

전단철근이 부담해야 하는 설계전단강도 ϕV_s는 식(5.23)을 이용하면 $V_u=\phi(V_c+V_s)$로부터 다음과 같이 계산된다.

$$\phi V_s=V_u-\phi V_c=259.17-147.0=112.17\,\text{kN}$$

즉, 전단철근이 부담해야하는 설계전단강도는 $\phi V_s = 112.17\,\text{kN}$가 된다.

다음은 전단철근을 배치해야 할 구간을 계산한다. 그림 5.23은 등분포하중을 받는 보이므로 $\frac{1}{2}$경간을 그리고, 각각의 전단력 및 거리를 표시한 것이다. 이 그림으로부터 전단철근을 배치해야 할 구간은 x_1이므로 삼각형의 닮은비를 이용하면

$$317.85 : 3.25 = (317.85 - 147.0) : x_1 \qquad \therefore\ x_1 = 1.75\text{m}$$

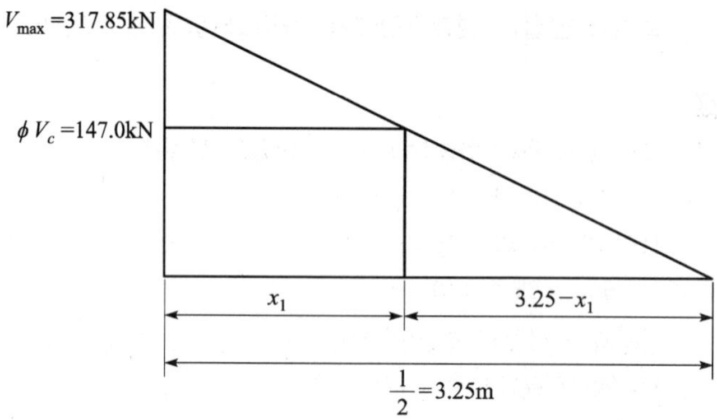

그림 5.23 전단철근 필요 구간

(4) 최소 전단철근량이 필요한 구간 계산

$\frac{1}{2}\phi V_c < V_u \le \phi V_c$ 인 구간에는 최소 전단철근을 배치해야 한다. 따라서 $\frac{1}{2}\phi V_c = \frac{1}{2}\times 147.0 = 73.5\,\text{kN}$이므로, 보 단부에서부터 최소 전단철근이 필요한 단면까지의 거리 x_2는 그림 5.24로부터

$$317.85 : 3.25 = (317.85 - 73.5) : x_2 \qquad \therefore\ x_2 = 2.5\text{m}$$

따라서, 1.75 m ~ 2.50m 구간에는 최소 전단철근을 배치해야 한다.

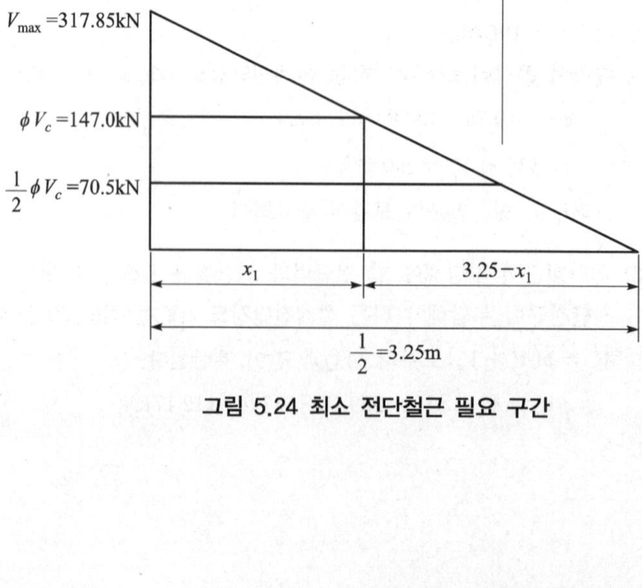

그림 5.24 최소 전단철근 필요 구간

2) 전단철근 설계구간의 수직스터럽 설계

(1) 전단철근 필요구간에서 스터럽 배치 간격 검토

$V_s > \frac{1}{3}\lambda\sqrt{f_{ck}}\,b_w d$ 인 경우에는 전단철근의 간격을 계산 값의 $\frac{1}{2}$ 이하로 해야 하므로, 이를 검토하면,

$$\frac{1}{3}\lambda\sqrt{f_{ck}}\,b_w d = (\frac{1}{3}\times 1.0\times\sqrt{24}\times 400\times 600)\times 10^{-3}$$

$$= 391.92\,\text{kN}$$

$$V_s = \frac{112.17}{0.75} = 149.56\,\text{kN},\quad \therefore\ \frac{1}{3}\lambda\sqrt{f_{ck}}\,b_w d > V_s$$

즉, 1개의 수직스터럽이 사인장균열과 1번 이상 교차하면 안전하다. 수직스터럽의 간격은 $\frac{d}{2}$ = 300mm 이하, 600mm 이하이어야 하므로 실제 수직스터럽의 간격은 300mm 이하로 하면 충분하다.

(2) 최소 전단철근량 사용구간의 스터럽 최대간격

최소 전단철근으로서 D13 철근을 수직스터럽으로 사용한다면, 1개의 수직스터럽의 다리가 두 가닥으로서 1개의 사인장균열과 2개소에서 교차하므로 수직스터럽의 단면적은 $A_v = 126.7\times 2 = 253\text{mm}^2$이 된다.

따라서, 이때의 수직스터럽의 간격은 식(5.33)을 이용하면 다음과 같이 계산된다.

$$s = \frac{A_v f_{yt}}{0.0625\sqrt{f_{ck}}\,b_w} = \frac{253\times 240}{0.0625\times\sqrt{24}\times 400} = 496\,\text{mm}$$

또는,

$$s \le \frac{A_v f_{yt}}{0.35 b_w} = \frac{253\times 240}{0.35\times 400} = 433\,\text{mm} > 496\text{mm}$$

따라서, 최소 전단철근으로서 D13 철근을 U형 스터럽으로 사용할 경우, 이 구간에서의 수직스터럽의 최대간격은 433mm가 된다.

(3) 최대 전단력을 부담하는 수직스터럽의 최대간격

계산상 전단철근을 필요로 하는 구간에서 스터럽의 최대 간격을 구해보자. 전단철근이 부담해야할 설계전단력은 $\phi_v V_s = V_u - \phi_v V_c = 112.17\text{kN}$ 이므로, 수직스터럽의 최대 간격은 식(5.26)으로부터 다음과 같이 계산된다.

$$s = \frac{\phi A_v f_{yt} d}{V_u - \phi V_c} = \frac{0.75\times 253\times 240\times 600}{112{,}170} = 244\,\text{mm}$$

(4) 수직스터럽의 간격 결정

최소 전단철근 조건에 의해 계산된 최대 수직스터럽 간격은 433mm이며, 계산에 의한 스터럽 간격 244mm이다. 그러므로 수직스터럽의 간격은 위의 값보다 작아야 하므로 최소전단철근이 요구되는 구간에서는 400mm, 계산상 전단철근이 요구

되는 구간에서는 200mm로 하는 것이 좋다.

(5) 수직스터럽의 배치

D13 철근의 U형 수직스터럽을 300mm 간격으로 배치할 경우의 설계전단력 V_u는 식(5.25)로부터

$$V_u = \phi V_c + \phi A_v f_{yt}\frac{d}{s} = 147 + 0.75 \times (253 \times 240 \times \frac{600}{300}) \times 10^{-3}$$

$$= 238.08\,\text{kN}$$

따라서, 수직스터럽을 300mm 간격으로 배치할 수 있는 경계를 지점으로부터 x만큼 떨어져 있다고 한다면, $x = \dfrac{(317.85 - 238.08)}{317.85} \times 3.25 = 0.82\,\text{m}$이다. 따라서 전단철근으로서 사용하는 수직스터럽은 시공성을 고려한 설계 목적상 아래 표와 같이 배치하며, 받침부에도 보강을 위해 수직스터럽을 100mm 간격으로 배치한다. 그의 배근도는 그림 5.25와 같다.

표 5.1 수직스터럽의 배치 개요

수직스터럽 간격 s	100mm		200mm		300mm	
구간	계산상 필요구간	설계상 배근구간	계산상 필요구간	설계상 배근구간	계산상 필요구간	설계상 배근구간
받침내면으로부터의 거리 m	-	0~0.10	0.6~0.82	0.10~0.90	0.82~2.5	0.9~2.7
스터럽 배치 mm		1@100 =100		4@200 =800		6@300 =1,800

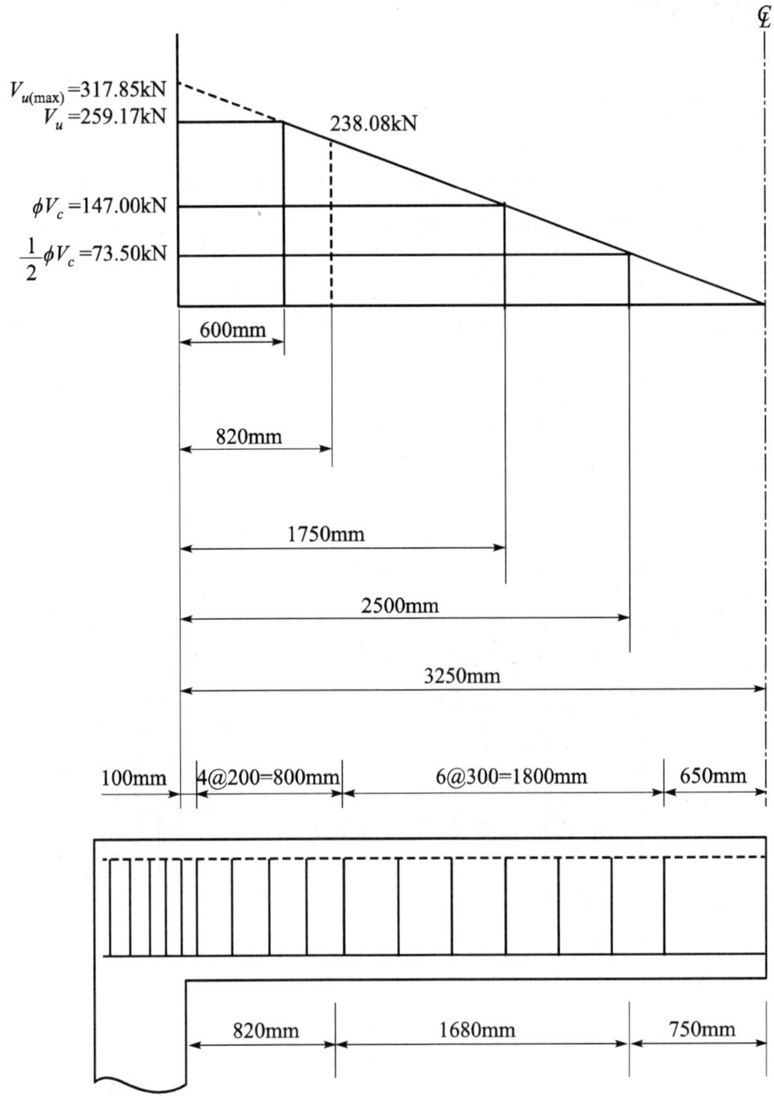

그림 5.25 전단철근 배근도

5.7 전단 마찰

5.7.1 전단마찰 거동

브래킷 또는 내부받침은 매우 큰 집중하중 또는 보의 반력을 지지하기 위해 기둥의 내부 표면으로부터 돌출된 구조로 되어 있는 캔틸레버이다. 이러한 구조물에는 보로부터 전달되는 잠재적인 큰 수평력이 작용하며, 이것이 깊은보와 다른 점이다. 이러한 수평력은 보의 장기적인 건조수축 및 크리프 변형을 발생시킨다. 이러한 변형에 의해 발생된 균열은 전단균열이 아닐 수 있다. 그러나 일단 균열이 발생하면 전단전달 이론을 적용한다. 설계 접근법은 균열이 발생한다고 가정한 후 균열을 따라 상대적 변위에 저항하기 위해 가정된 균열에 걸쳐 철근을 배치하는 것이다.

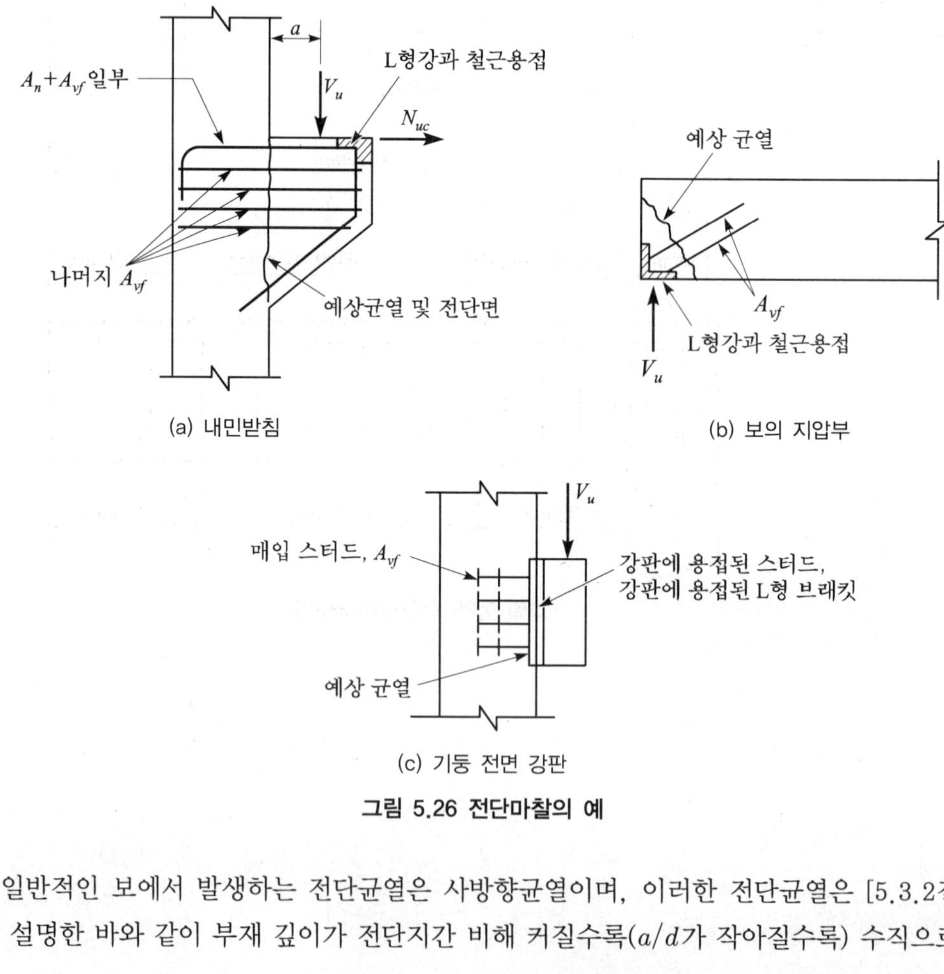

(a) 내민받침 (b) 보의 지압부

(c) 기둥 전면 강판

그림 5.26 전단마찰의 예

일반적인 보에서 발생하는 전단균열은 사방향균열이며, 이러한 전단균열은 [5.3.2절]에서 설명한 바와 같이 부재 깊이가 전단지간 비해 커질수록(a/d가 작아질수록) 수직으로 발생한다.

이러한 경우의 예를 들면 다음과 같다.

① 신구 콘크리트의 경계면

② 기둥에 설치된 브래킷 또는 내민받침 접합부(그림 5.26(a))

③ 프리케스트 콘크리트 구조에서 부재요소의 접합면 (그림 5.26(b))

④ 콘크리트 기둥에 부착된 강제 브래킷과 콘크리트의 경계면(그림 5.26(c)).

이러한 구조들은 대개 수직 또는 급경사의 순수 전단 균열이 발생한다. 이들 균열은 종종 집중 하중이 작용하는 점에서 시작되며, 그림 5.27(a)와 같이 브래킷의 하단을 향해 전파되거나, 또는 그림 5.27(b)와 같이 브래킷 또는 내민받침 상단 기둥부 모서리에서 시작하여 하단을 향해 대부분 내민받침을 수직으로 통과하여 전파된다.

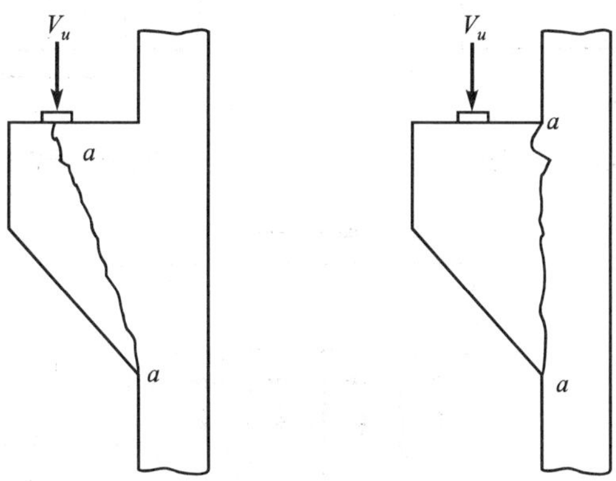

(a) 사방향 전단 (b) 전달 마찰

그림 5.27 브래킷의 균열 발생 형태

5.7.2 전단마찰 설계

전단마찰 이론은 프리케스트 연결부와 브래킷 및 내민받침과 같이, 사방향 인장에 대해 설계가 부적절한 곳에서는 직접전단에 대해 부재를 설계하는 것이 편리하다. 전단 설계에서와 마찬가지로, 전단마찰에 대한 설계는 식(5.35)와 같이 설계전단전달강도 ϕV_n은 계수 전단전달강도 V_u 이상이 되도록 하여야 한다. 여기서 강도감소계수 ϕ는 전단 효과가 지배적인 전단마찰 설계에서는 $\phi = 0.75$를 사용한다.

$$\phi V_n \geq V_u \tag{5.35}$$

그림 5.28(a)과 같이 전단력 V_u에 의하여 예상되는 부위에서 콘크리트에 균열이 발생하

면 그림 5.28(b)와 같이 상하 두 부분은 활동(slip)을 일으켜 서로 분리하려고 한다. 이러한 분리는 균열 부위와 교차되는 철근 A_{vf}를 배치하여 저항하도록 한다. 이 철근은 파괴를 일으키는 시점에서 항복강도 f_y에 이르게 되고, 그 때의 인장력은 $A_{vf}f_y$가 된다. 이러한 철근의 인장력과 평형상태를 이루기 위해서는 그림 5.28(c)에 보인 바와 같이 콘크리트에 압축력 $A_{vf}f_y$가 발생한다. 이는 다시 균열에 평행한 마찰력 $\mu A_{vf}f_y$를 발생시켜 추가적으로 발생하는 활동에 저항하게 된다.

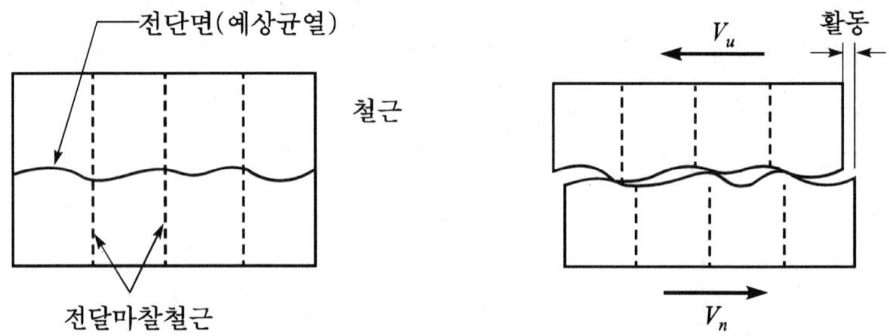

(a) 예상되는 전단균열

(b) 전단균열면의 활동

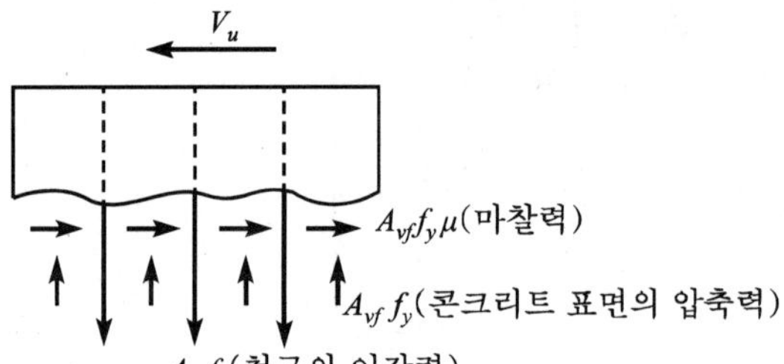

(c) 전단마찰의 역학적 관계

그림 5.28 전단마찰철근 개념도

그러므로, 공칭전단마찰강도 V_n은 다음 식(5.36)과 같이 된다,

$$V_n = A_{vf}f_y\mu \tag{5.36}$$

식(5.35) 및 식(5.36)을 조합하면, 전단면(shear plane)에 수직인 전단마찰철근에 대해 요구되는 전단전달강도는 다음 식(5.37)과 같이 된다.

$$V_u \le \phi A_{vf}f_y\mu \tag{5.37}$$

따라서, 전단마찰철근 A_{vf}는 다음 식(5.38)을 사용하여 직접 구할 수 있다.

$$A_{vf} = \frac{V_u}{\phi f_y\mu} \tag{5.38}$$

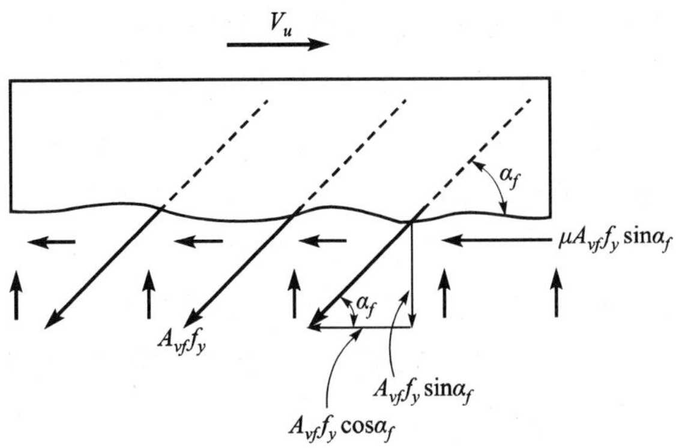

그림 5.29 경사진 전단마찰철근

그림 5.29는 전단마찰철근이 90° 미만의 각도로 전단면을 가로지르는 부위에서의 역학적 관계를 나타낸 것이다. 인장력 $A_{vf} f_y$는 균열과 경사를 이루고 있으며, 두 개의 분력은 $A_{vf} f_y \sin\alpha_f$ 및 $A_{vf} f_y \cos\alpha_f$가 된다. 활동에 저항하는 두 힘을 더하면, 공칭전단전달강도는 다음 식(5.39)와 같이 된다.

$$\begin{aligned} V_n &= \mu A_{vf} f_y \sin\alpha_f + A_{vf} f_y \cos\alpha_f \\ &= A_{vf} f_y (\mu \sin\alpha_f + \cos\alpha_f) \end{aligned} \tag{5.39}$$

이 식을 식(5.35)에 대입하면,

$$V_u \le \phi [\mu A_{vf} f_y \sin\alpha_f + A_{vf} f_y \cos\alpha_f] \tag{5.40}$$

그러므로, 균열과 경사진 전단철근에 대하여 전단마찰철근 A_{vf}는 다음 식(5.41)로 구할 수 있다,

$$A_{vf} = \frac{V_u}{\phi f_y (\mu \sin\alpha_f + \cos\alpha_f)} \tag{5.41}$$

여기서 α_f가 90°를 초과하게 되면 보강재에 평행한 전단분력이 압축력으로 작용하게 되기 때문이 식(5.41)은 적용할 수 없다.

한편, 일체로 타설한 콘크리트나 표면을 거칠게 만든 경화콘크리트에 새로 타설되는 보통콘크리트의 경우 전단전달강도 V_n은 $0.2 f_{ck} A_c$, $(3.3 + 0.08 f_{ck}) A_c$ 혹은 $11 A_c$ 보다 크게 취할 수 없다. 그 밖의 경우 V_n은 $0.2 f_{ck} A_c$, 또한 $5.5 A_c$ 이하로 하여야 한다. 여기서 A_c는 전단전달에 저항하는 콘크리트의 단면적이다. 강도가 서로 다른 콘크리트를 타설한 경우에는 낮은 강도의 콘크리트의 f_{ck}를 사용한다. 또한 전단마찰철근의 설계기준 항복강도는 500MPa이하로 하여야 한다.

전단마찰 계산에서 모든 전단저항은 균열면 사이의 마찰에 의존한다고 가정한다. 따라서 일체로 타설된 콘크리트나 거친 표면으로 된 경화콘크리트에 새로 타설한 콘크리트에 대해서는 전단마찰식에 사용되는 마찰계수 μ를 인위적으로 높게 취할 필요가 있다. 경화콘크리트에 새로 타설된 콘크리트의 경우 전단저항은 주로 보강재의 다월 작용에 의존하게 되고, 실험 결과로부터 $\mu = 0.6\lambda$가 적절한 것으로 평가되었다. 구조용 강재의 경계면은 깨끗하고 페인트가 없어야 한다. 이 요구 조건은 스터드 또는 도장되지 않은 구조용 강재에 스터드 또는 철근을 정착시킨 콘크리트에 대한 마찰 계수는 실험을 통해 $\mu = 0.7$의 값을 얻었다. 만약 도장된 표면을 사용할 경우, 낮은 μ 값을 사용하는 것이 적절하다.

또한, 경량골재를 사용한 경량콘크리트 및 경량모래만 사용한 경량콘크리트에 있어서, 전단 강도를 평가하는 데는 마찰계수 μ는 매개변수 λ를 사용하여 감소시킨다. 예를 들어, 일부러 거칠게 하지 않은 경화콘크리트 면에 새로 타설된 모든 경량콘크리트($\lambda = 0.75$)의 마찰계수는 $\mu = 0.6\lambda = 0.6 \times 0.75 = 0.45$가 된다. 콘크리트 타설면의 다양한 조건에 대한 마찰계수는 표 5.2와 같다.

표 5.2 전단마찰계수

콘크리트 타설면의 조건	마찰계수 μ
① 일체로 타설된 콘크리트	1.4λ
② 표면을 거칠게 만든 경화콘크리트에 새로 타설하는 콘크리트	1.0λ
③ 일부러 거칠게 하지 않은 경화콘크리트에 새로 타설되는 콘크리트	0.6λ
④ 전단 연결재에 의하거나 철근에 의해 구조용 강재에 정착된 콘크리트	0.7λ

주1) ②의 타설면 조건 : 신구콘크리트의 경계면에서 구 콘크리트에 6mm의 요철을 만들어 거칠게 한다. 이 작업은 플라스틱 상태의 콘크리트를 긁어 놓거나 경화된 콘크리트 표면을 다듬용 해머 또는 정을 사용하여 완성한다.
④의 타설면 조건 : 스터드를 사용하거나 철근을 용접하여 구조용 강재와 콘크리트 사이에서 전단력이 전달되는 경우, 강재는 깨끗하고 페인트가 묻어있지 않아야 한다.

주2) 보통 골재를 사용한 콘크리트 $\lambda = 1.0$, 모래만 경량화한 경량콘크리트 $\lambda = 0.85$, 모든 골재를 경량화한 경량콘크리트 $\lambda = 0.75$임.

식(5.36) 및 식(5.39)는 전단면(shear plane)에 작용하는 전단 외에 다른 힘이 없다고 가정한 것이다. 하중의 편심 또는 연결부에 작용하는 모멘트로 인해 브래킷, 내민받침 및 그 밖의 연결부에는 거의 항상 일정한 모멘트가 존재한다. 전단면에 모멘트가 작용할 경우에는, 휨인장응력과 휨압축응력은 평형상태에 있다. 전단면에 걸쳐 작용하는 압축력 $A_{vf}f_y$에는 변화가 없으므로 전단전달강도는 변하지 않는다. 그러므로, 소요 휨인장철근이 휨인장영역에 배치된 전단전달철근양을 초과하지 않는 한, 휨인장응력에 저항하는 철근을 추가로 배치할 필요가 없다.

인장력 N_{uc}(그림 5.26(a) 참조)가 전단면에 걸쳐 작용하면 이 인장력에 저항하는 철근을 전단마찰에 대하여 추가로 배치하여야 한다. 인장력은 온도변화, 크리프 및 건조수축 등으로 인한 변형이 구속됨으로서 일어날 수 있다. 특히 이러한 인장력은 보의 받침부와 같은 연결부(joint)에서 인장파괴를 일으킨다. 그러므로 비록 일반적으로 요구되는 것은 아니지만, 부재는 전단력에 추가로 최소한 $N_{uc}=0.2V_u$의 인장력에 대하여 설계하는 것이 좋다. 일반적으로 N_{uc}는 부피 변화 효과에 대한 해석 결과로부터 추정하여 $0.2V_u$를 적용하도록 한 것이다. 적절한 설계를 하더라도 모든 인장력 N_{uc}를 제거할 수 없는 한, N_{uc}의 값을 $0.2V_u$ 보다 작게 취하지 않는 것이 좋다. 이들 최소 인장력은 실제 힘을 정확하게 알고 있는 경우를 제외하고는 브래킷 또는 내민받침과 같은 연결부의 설계에 필요하다.

박벽, 내민받침, 브래킷 등은 공간이 제한되기 때문에 용접된 플레이트, L형 강재 또는 교차 철근 등과 같은 정착 장치를 사용해야 하는 경우가 있다. 철근은 구속된 콘크리트에 정착되어야 한다. 이러한 구속을 위해서는 보 또는 기둥의 띠철근, 외부 콘크리트 또는 특별이 추가된 철근을 배치할 수 있다.

예제 5.7 그림 5.30(a)에 보인 바와 같이 $400\times750\text{mm}$ 단면을 가지는 보의 받침부에 $80\times80\times12\text{mm}$의 L형강을 정착시킨 프리케스트 보가 있다. 이 받침부에 작용하는 계수전단력은 $V_u=430\text{kN}$이다. 콘크리트의 크리프, 건조수축 및 온도 변화의 영향으로 인한 체적 변화에 의한 이동량을 구속함으로써 일어나는 수평력 N_{uc}는 계수전단력 V_u의 20%이다. 받침부 보강에 필요한 철근을 설계하시오. 여기서, $f_{ck}=35\text{MPa}$, $f_y=400\text{MPa}$이다.

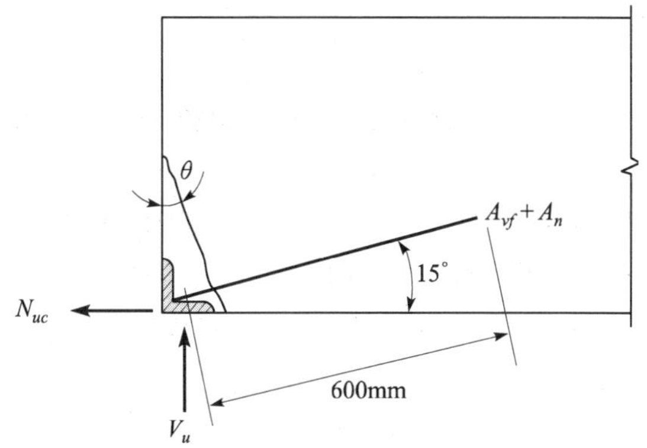

그림 5.30(a) 1차 예상균열 및 전단마찰철근($A_{vf}+A_n$)

풀이

(a) 균열이 발생할 가능성이 있는 위치

균열은 가장 바람직하지 않은 형태로 형성될 것이라고 가정해야 한다. PCI Design Handbook에 따르면 그림 5.30(a)에 나타난 바와 같이 예상되는 적절한 균열각 θ는 약 20°이다. 최근 정보에 따르면, θ는 0에 더 가까울 가능성이 있는 것으로 알려져 있다. 균열은 받침부 지압판과 근접한 보의 바닥과 교차할 수 있으며, 여기서는 균열 발생 위치를 단부에서 100mm 이격된 곳으로 설정한다. 구조용 압연 L형 강재는 받침부에서 보의 전 폭에 걸쳐 콘크리트를 구속하기 위해 사용한다.

(b) V_u와 N_{uc}에 대한 전단마찰철근(1차 균열)

그림 5.30(a)에서 예상되는 균열각은 $\theta = 20°$이므로, V_u와 N_{uc}에 대해 균열과 평행한 힘의 분력들은 전단마찰을 일으킨다. 따라서, 여기에서 필요한 전단마찰 철근은 V_u와 N_{uc}에 대하여 균열면에 평행한 분력에 대해 계산하면 된다.

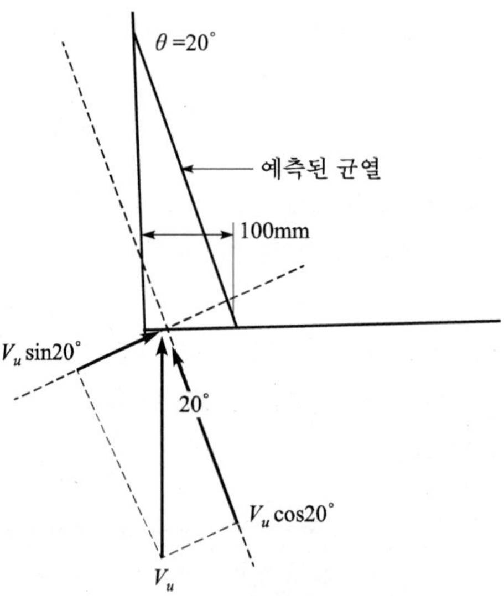

그림 5.30(b) V_u의 균열면에 대한 분력

V_u의 균열면에 평행한 힘에 대한 전단마찰 철근량 A_{vf}를 계산한다. 그림 5.30(b)로부터 마찰을 일으키는 힘은 $V_u \cos 20°$이고, 마찰계수는 일체로 타설된 콘크리트에 해당되므로 $\mu = 1.4$이다. 따라서 A_{vf}는 식(5.38)로부터

$$A_{vf} = \frac{V_u \cos 20°}{\phi f_y \mu} = \frac{430 \times 10^3 \times \cos 20°}{0.75 \times 400 \times 1.4} = 963\text{mm}^2$$

다음은 수평 이동량을 구속함으로써 일어나는 수평력 N_{uc}에 대하여 균열면에 평행한

분력에 대한 전단마찰 철근량 A_n를 계산한다. 그림 5.30(c)로부터 마찰을 일으키는 힘은 $N_{uc}\sin 20°$이므로, A_n은 식(5.38)로부터

$$A_n = \frac{N_{uc}\sin 20°}{\phi f_y \mu} = \frac{86 \times 10^3 \times \sin 20°}{0.75 \times 400 \times 1.4} = 71\text{mm}^2$$

그러므로 1차 균열을 제어하기 위한 총 전단마찰 철근량은 위에서 계산된 값을 합한 것이다.

$$A_s = A_{vf} + A_n = 1{,}024 + 71 = 1{,}095\text{mm}^2$$

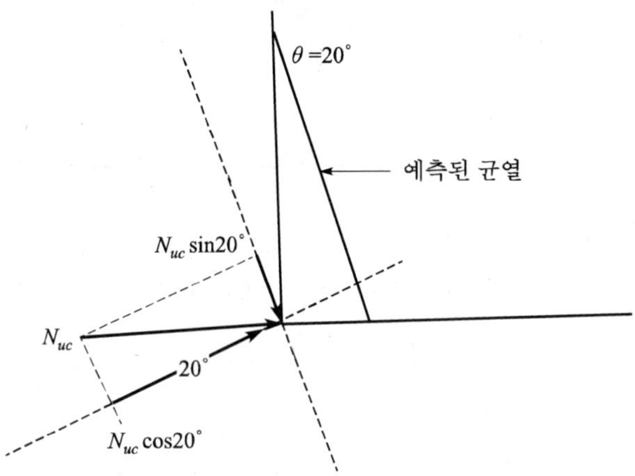

그림 5.30(c) N_{uc}의 균열면에 대한 분력

따라서, 4-D19(1,146mm^2)을 그림 5.30(a)와 같이 15°의 경사로 600mm만큼 보 속으로 연장한다. 이 철근은 L형강에 용접하여 정착한다.

균열면의 면적은

$$A_c = 400 \times \frac{100}{\sin 20°} = 117{,}000\text{mm}^2$$

따라서, 균열면의 최대 공칭전단강도 V_n은 다음 식으로 계산한 값 중 작은 값을 취한다.

$$0.2 f_{ck} A_c = 0.2 \times 35 \times 117{,}000 \times 10^{-3} = 819\text{kN}$$

$$5.6 A_c = 5.6 \times 117{,}000 \times 10^{-3} = 655.2\text{kN}$$

즉, 작은 값은 655.2kN이므로 설계전단강도는

$$\phi V_n = 0.75 \times 655.2 = 491.4\text{kN}$$

그런데, 균열면에 작용하는 전단력은 그림 5.30(b) 및 (c)로부터

$$V_u = V_u \cos 20° + N_{uc}\sin 20° = 430 \times \cos 20° + 86 \times \sin 20° = 433.5\text{kN}$$

따라서, 식(5.37)의 $\phi V_n = 491.4\text{kN} > V_u = 433.5\text{kN}$의 관계를 만족한다.

(c) 2차 균열에 대한 수평방향의 균열 제어 철근

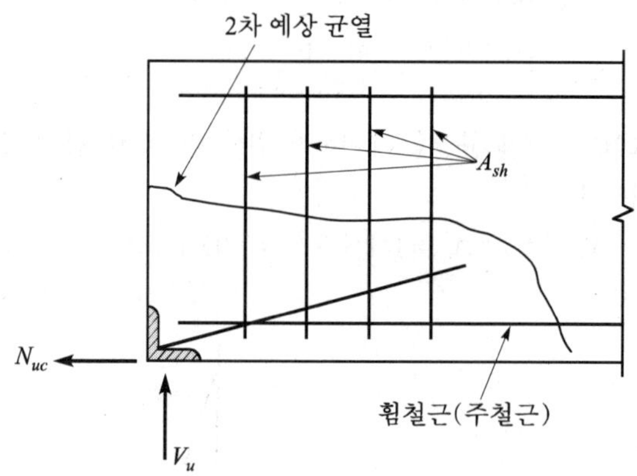

그림 5.30(d) 2차 균열 및 철근 배치

전단마찰 철근에 작용하는 인장력은 그림 5.30(d)와 같은 2차 균열을 일으킬 것이다. 이 전단면에 작용하는 전단력은 수직스터럽 A_{sh}로 부담하게 한다. 따라서, 수직스터럽은

$$A_{sh}=\frac{A_{vf}f_y\cos 15°}{f_y\mu}=\frac{1{,}095\times\cos 15°}{1.4}=756\text{mm}^2$$

이에 대하여 $4-D16(796\text{mm}^2)$의 폐쇄스터럽을 그림 5.30(d)와 같이 배치한다. 위의 계산에 ϕ를 사용하지 않은 것은 A_{vf}의 계산에서 이미 사용하였기 때문이다.

2차 균열이 예상되는 전단면의 공칭전단강도 V_n는 다음 중 작은 값이다.

$$0.2f_{ck}A_c=0.2\times 35\times(600\times 400)\times 10^{-3}=1{,}680\text{kN}$$

$$5.6A_c=5.6\times(600\times 400)\times 10^{-3}=1{,}344\text{kN}$$

설계전단강도는 $\phi V_n=0.75\times 1{,}344=1{,}008\text{kN}$

이 전단면에 작용하는 전단력은

$$V_u=A_{vf}f_y\cos 15°=1{,}146\times 400\times\cos 15°\times 10^{-3}$$
$$=442.8\text{kN}<1{,}008\text{kN}$$

즉, 식(5.37)의 $\phi V_n>V_u$ 의 관계를 만족한다.

다음에 수직방향의 할렬에 대비하여 그림 5.30(e)에 보인 바와 같이 받침부 가까이에 수평스터럽을 배치한다. 그 철근량은 PCI Design Handbook에서는 $\dfrac{V_u}{8f_y}$로 주고 있다. 즉

$$A_{cv}=A_{ch}=\frac{V_u}{8f_y}=\frac{450\times 10^3}{8\times 400}=141\text{mm}^2$$

이에 대하여 2-$D10(142\text{mm}^2)$ 스터럽을 그림 5.30(e)에 보인 바와 같이 보의 하부에 평행하게 배치한다. 또 $D13$의 폐쇄 수직스터럽 1개를 단부 가까이에 추가 배치하는

동시에 $D16$철근 1개씩을 수직스터럽의 네 모퉁이에 종방향 철근을 배치하여 수직스터럽을 지지한다.

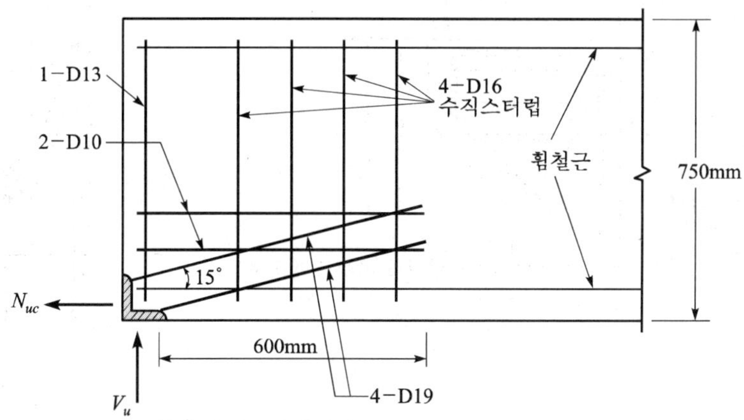

그림 5.30(e) 마찰전단철근의 배치

5.8 브래킷과 내민받침

이 절은 콘크리트구조 설계기준 [KDS 14 20 22 콘크리트구조 전단 및 비틀림 설계기준, 4.8 브래킷과 내민받침에 대한 전단설계]의 규정에 따라 작성한 것이다.

5.8.1 브래킷과 내민받침의 거동

그림 5.31(a)와 같은 브래킷은 기둥에서 프리캐스트 보를 지지하기 위한 프리캐스트 시공에 널리 사용된다. 기둥이 아닌 벽에서 돌출될 때, 두 용어는 종종 상호 교환적으로 사용되지만, 실은 내민 받침이라고 한다. 브래킷은 주로 지지보 끝에서 수직반력 V_u에 저항하도록 설계하지만, 건조수축, 크리프, 또는 온도 변화에 의한 수평력을 피하기 위한 특별한 조치를 취하지 않을 경우 수평력 N_{uc}에 저항하도록 설계하여야 한다.

강제 지압판이나 L형강은 브래킷 상면에 설치되어 균일한 접촉면을 제공하고 반력을 분배시키는 역할을 한다. 지압판 또는 L형강은 일반적으로 내민 받침 상단부 모서리에 설치한다. 만약 이들 2개의 판이 용접된다면 설계할 때 수평력이 허용되어야 한다.

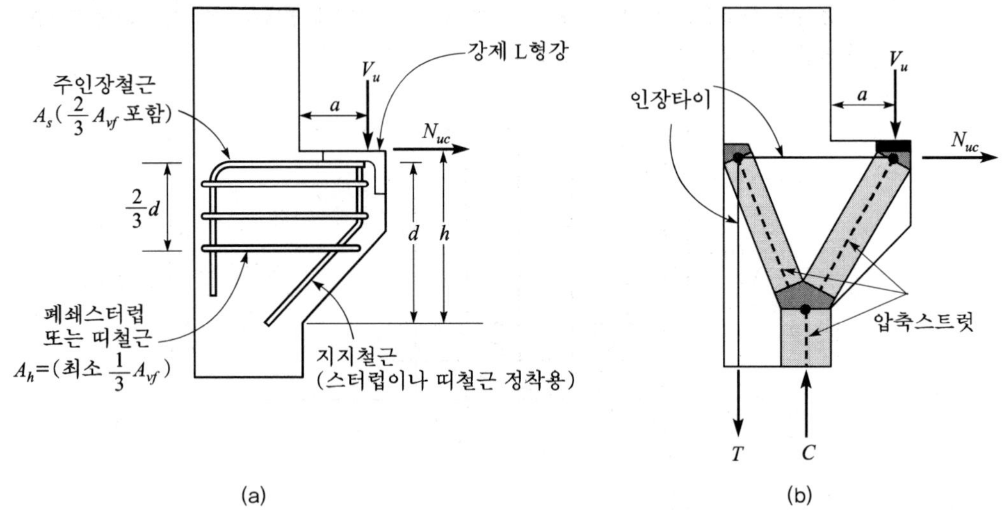

그림 5.31 철근콘크리트 브래킷

브래킷의 구조적 성능은 그림 5.31(b)에 보인 바와 같이 스트럿 타이 모델을 이용하면 쉽게 이해할 수 있다.(9장 스트럿 타이 모델 참조) 수직 하중 V_u는 기둥 쪽으로 하중을 전달하는 사방향 압축 스트럿에 발생하는 반력의 수직분력과 평형을 이루고 있다. 스트럿 상부의 외력은 브래킷 상단을 가로지르는 수평 타이 철근의 인장과 평형상태를 이루고 있으며, 이들은 또한 수평력 N_{uc}에 의해 전달된 인장력을 받는다. 수평 타이의 왼쪽 끝에서 인장력은 두 번째 압축 스트럿에서 전달되는 힘의 수평분력과 평형을 이루고 있다. 이 힘의 수직분력은 지지하고 있는 기둥의 왼쪽에서 하향으로 작용하는 인장력을 필요로 한다.

스트럿 타이 모델로부터 요구되는 철근은 그림 5.31(a)에 나타낸 바와 같다. 주철근 A_s는 확실하게 정착시켜야 한다. 주철근은 하중 V_u가 작용할 때 항복강도 f_y가 유발되도록 하여야 한다. 이러한 목적을 달성시키기 위해 주철근은 항상 L형강 하면과 용접되며, 왼쪽에 90° 갈고리를 정착을 위해 배치한다. 폐합스터럽 A_h는 2개의 압축 스트럿에서 콘크리트를 구속하며, 힘과 평행한 방향으로 할렬을 일으키려는 조짐에 대해 저항한다. 지지철근(framing bar)은 일반적으로 스터럽과 거의 같은 지름을 가지며, 주로 브래킷의 외면에서 스터럽의 정착을 개선시키는 역할을 한다. 브래킷은 또한 매우 짧은 캔틸레버 보로 생각할 수 있으며, 이 보에는 기둥면에서 발생하는 휨인장력에 저항시키기 위해 상부철근을 배치한다.

가능한 2차 파괴모드로서는 기둥의 외측 수직면과 거의 같은 평면을 따라 직접 전단에 의한 것이다. 이러한 균열과 교차하는 전단마찰 철근[5장 5.7절 참조]으로서는 상부 타이에 배치된 A_s와 그 아래의 스터럽 A_h가 있다. 다른 파괴모드로서는 브래킷의 아래 부분에서 콘크리트가 파쇄됨에 따라 일어나는 상부철근의 항복을 유발하는 휨인장 파괴, L형강 하면의 콘크리트 파쇄, 수평력 N_{uc}가 예상 보다 큰 경우의 직접인장파괴 등이 있다.

5.8.2 브래킷과 내민받침의 설계

브래킷과 내민받침의 설계에 대한 콘크리트구조 설계기준은 주로 시험을 기반으로 개발된 것이며, 브래킷 거동의 휨모델과 연관되어 있다. 이 설계기준은 전단지간 비 $\frac{a}{d}$가 1.0 이하이고, $V_u \geq N_{uc}$인 브래킷과 내민받침에 적용된다. $\frac{a}{d}$가 2 이하인 브래킷과 내민받침은 스트럿 타이 모델을 사용하여 설계할 수 있다. 유효깊이 d는 기둥면에서 측정되며, 지압영역 바깥쪽 측면에서 깊이는 $0.5d$ 이상이어야 한다. 일반적인 설계 기준, 즉 $M_u \leq \phi M_n$와 $V_u \leq \phi V_n$이 적용되며, 전단이 설계를 지배하는 브래킷과 내민받침의 경우, 전단뿐만 아니라 휨과 직접 인장을 포함한 모든 강도 계산에 대해서는 전단에 대한 강도감소계수 $\phi = 0.75$를 사용한다.

기둥면에서의 단면은 그림 5.31(a)에 나타낸 바와 같은 계수전단력 V_u와 계수휨모멘트 $M_u = V_u a + N_{uc}(h-d)$ 및 계수수평인장력 N_{uc} 등에 저항하도록 설계하여야 한다. 브래킷 또는 내민받침 위에 놓이는 부재가 인장력을 피하도록 특별한 조치를 취하지 않는 한, N_{uc}는 수직반력 V_u의 20% 이상의 작용하는 것으로 한다. 이 때 인장력 N_{uc}는 비록 크리프, 건조수축 또는 온도변화에 의해 발생한 경우라도 활하중으로 간주하여야 하며, 하중계수는 1.6을 적용한다.

(1) 계수휨모멘트 $M_u = V_u a + N_{uc}(h-d)$에 저항하는 철근량 A_f는 제4장 휨부재의 설계 규정에 따른다.

(2) 추가되는 철근량 A_n은 인장력 N_{uc}에 저항하도록 다음 식(5.42)에 따라 구한다.

$$A_n = \frac{N_{uc}}{\phi f_y} \tag{5.42}$$

(3) 브래킷 상단에서 휨모멘트 및 직접인장에 대해 소요되는 총 철근 단면적 A_s는 다음 식(5.44)와 같다.

$$A_s \geq A_f + A_n \tag{5.43}$$

(4) 전단설계는 전단마찰 방법을 적용하며, 총 전단마찰 철근 단면적 A_{vf}는 다음 식 (5.44)와 같이 된다.

$$A_{vf} = \frac{V_u}{\phi \mu f_y} \tag{5.44}$$

여기서, 일체식 구조물에 대한 마찰계수는 $\mu = 1.4\lambda$이며, 보통 골재를 사용한 콘크리트의 경우 $\lambda = 1.0$, 경량골재(잔골재 및 굵은골재)를 사용한 콘크리트의 경우 $\lambda = 0.75$이다.

$V_n = \dfrac{V_u}{\phi}$은 보통골재를 사용한 일반콘크리트의 경우 지지면에서 ① $0.2 f_{ck} b_w d$, ② $(3.3 + 0.08 f_{ck}) b_w d$, ③ $11 b_w d$ 중 가장 작은 값을 초과해서는 안 되며, 경량골재(전부 혹은 모래만 사용한 경우)를 사용한 경량콘크리트인 경우는 ① $(0.2 - 0.07\dfrac{a_v}{d}) f_{ck} b_w d$, ② $(5.6 - 2.0\dfrac{a_v}{d}) f_{ck} b_w d$ 중 가장 작은 값을 초과해서는 안 된다.

(5) 브래킷 상부에서 전단과 직접인장에 대해 요구되는 총 단면적 A_s는 다음 식과 같다.

$$A_s \geq \frac{2}{3} A_{vf} + A_n \tag{5.45}$$

나머지 $\dfrac{1}{3} A_{vf}$는 그림 5.31(a)에 보인 바와 같이, 브래킷 하면에서 단면적 A_h을 가지는 폐합스터럽 형태로 배치된다.
브래킷 상부에서 요구되는 철근의 총 단면적 A_s는 식(5.43) 및 식(5.45)로 구한 값 중 큰 값을 취한다.

(6) 브래킷이나 내민받침의 콘크리트가 휨모멘트와 인장력 N_{uc}가 작용하여 휨인장 균열이 생길 때 갑작스러운 파괴 가능성을 방지하기 위해 주철근 A_s는 다음 값 이상이어야 한다.

$$A_{s(\min)} = 0.04 \left(\frac{f_{ck}}{f_y} \right) b_w d \tag{5.46}$$

(7) A_s와 나란한 폐쇄스터럽이나 띠철근의 총 단면적 A_h(그림 11.31(a) 참조)는 다음 조건을 만족하여야 한다.

$$A_h \geq \frac{1}{2} (A_s - A_n) \tag{5.47}$$

위의 식의 A_s 대신 식(5.43)을 대입하거나, A_n 대신 식(5.45)의 A_n을 대입하여 정

리하면 다음과 같은 두 식을 얻을 수 있다. 즉

$$A_h \geq 0.5A_f \tag{5.48}$$

또는

$$A_h \geq \frac{1}{3}A_{vf} \tag{5.49}$$

폐쇄 스터럽 A_h는 A_s에 인접한 유효 깊이의 3분의 2 내에 균일하게 배치하여야 한다.

예제 5.8 그림 5.32에 보인 바와 같이 일반적인 형상을 갖는 기둥 브래킷은 장경간 프리캐스트 거더로부터 전달되는 단부반력을 받을 수 있도록 설계하여야 한다. 사용 사하중 및 활하중의 수직 반력은 각각 110kN 및 225kN이며, 기둥면으로부터 $a = 140\text{mm}$에 작용한다. 강제 지압판은 거더를 놓기 위해 설치하며, 브래킷의 최외측 모서리에 정착된 강제 앵글($125 \times 75 \times 10\text{mm}$) 위에 바로 설치한다. 브래킷 철근은 강제 앵글의 하면에 용접되는 주철근 A_s, 브래킷 깊이에 걸쳐 적절하게 분포되는 총 단면적 A_h를 가지는 폐합 스터럽, 그리고 외측면에 가까운 수직 평면에서의 지지철근 등을 포함할 것이다. 적절한 콘크리트의 치수를 선정하고, 모든 철근에 대하여 상세 설계를 하시오. 재료 강도는 $f_{ck} = 35\text{MPa}$, $f_y = 420\text{MPa}$이다.

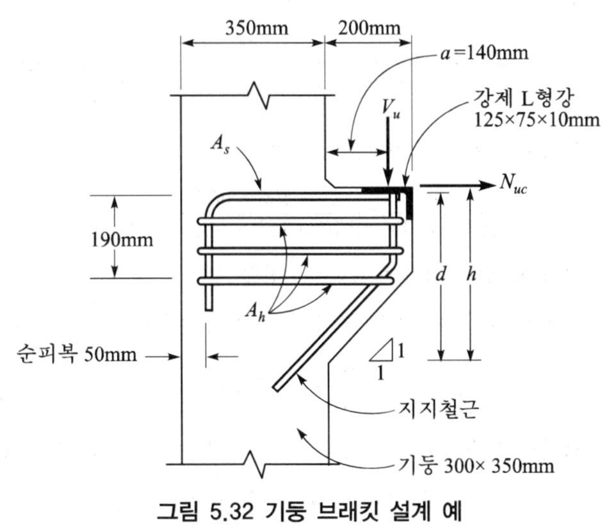

그림 5.32 기둥 브래킷 설계 예

풀이

(1) 하중 및 유효깊이의 산정

재하되고 있는 수직방향 계수하중은

$$V_u = 1.2 \times 110 + 1.6 \times 225 = 492\text{kN}$$

이동 지점이거나 혹은 마찰이 작은 지지부 패드에 있어서, 수평 인장력은

$$N_{uc} = 0.20 \times 492 = 98\text{kN}$$

공칭전단강도 V_n은 $0.2f_{ck}b_w d = 7b_w d$, $(3.3 + 0.08f_{ck})b_w d = 6.1b_w d$ 혹은 $11b_w d$ 중에서 가장 작은 값인 $6.1b_w d$이며, 기둥 폭은 $b = 300\text{mm}$이므로 $V_u = \phi V_n$의 관계로부터

$$492 \times 10^3 = 0.75 \times 6.1 \times 300d \therefore d = 358\text{mm}$$

주철근 중심으로부터 브래킷 상면까지의 거리를 25mm, 총 깊이를 $h = 400\text{mm}$로 선택하면, d는 대략 375mm이며, 정확한 값은 A_s 철근의 지름 선택에 따라 정해질 것이다. 그림 5.32와 같이 브래킷 하부를 45°의 경사로 한다면, 지압 영역의 외측에서 브래킷의 깊이는 200mm가 되며, $0.5d = 187\text{mm}$ 이상이므로 적합하다. 선택한 브래킷의 기하학적인 형상에 대하여, 전단지간은 $a/d = 140/375 = 0.37 < 1.0$(한계값)이므로 적합하다.

(2) 철근량의 계산 및 배치

총 전단마찰 철근은 식(5.44)에 의해 다음과 같이 계산된다.

$$A_{vf} = \frac{V_u}{\phi \mu f_y} = \frac{492 \times 10^3}{0.75 \times 1.4 \times 420} - 1{,}116\text{mm}^2$$

계수휨모멘트는 다음과 같이 계산된다.

$$M_u = V_u a + N_{uc}(h - d) = 492 \times 0.14 + 98 \times 0.025 = 71\text{kN} \cdot \text{m}$$

휨압축응력 블록의 깊이를 30mm으로 가정하면, 계수휨모멘트에 저항하는 철근량 A_f는

$$A_f = \frac{M_u}{\phi f_y (d - \frac{a}{2})} = \frac{71 \times 10^6}{0.75 \times 400 \times (375 - \frac{30}{2})} = 658\text{mm}^2$$

등가응력 블록의 깊이를 검토해 보면,

$$a = \frac{f_y A_f}{\eta(0.85f_{ck})b} = \frac{400 \times 658}{1.0 \times (0.85 \times 35) \times 300} = 30\text{mm}\ (\text{가정값과 일치})$$

따라서, 철근 단면적 A_f는 수정할 필요가 없다.

인장력 $N_{uc} = 98\text{kN}$은 추가 철근량을 필요로 하므로 식(5.42)로부터

$$A_n = \frac{N_{uc}}{\phi f_y} = \frac{98 \times 10^3}{0.75 \times 400} = 327\text{mm}^2$$

브래킷 상면에서의 총 철근 단면적 A_s는 식(5.43) 및 식(5.45)보다 커야 하므로,

$$A_s \geq A_f + A_n = 658 + 327 = 985\text{mm}^2$$

$$A_s \geq \frac{2}{3}A_{vf} + A_n = \frac{2}{3} \times 1{,}116 + 327 = 1{,}071\text{mm}^2$$

$$\therefore A_s \geq 1{,}071\text{mm}^2$$

두 번째로 최소철근에 대한 요구조건을 검토하면,

$$A_{s(\min)} = 0.04\frac{f_{ck}}{f_y}b_w d = 0.04 \times \frac{35}{420} \times 300 \times 400 = 400\text{mm}^2 < 1{,}071\text{mm}^2$$

$\therefore$ 3-D22($A_s = 1{,}161\text{mm}^2$)을 배치한다.

$0.5(A_s - A_n)$ 이상인 총 단면적 A_h를 가지는 폐합스터럽을 배치하여야 하므로 식(5.48), 식(5.49)로부터

$$A_h \ge 0.5A_f = 0.5 \times 658 = 329\text{mm}^2$$

또는

$$A_h \ge 0.5 \times \frac{2}{3}A_{vf} = \frac{1}{3} \times 1{,}116 = 372\text{mm}^2$$

D10 철근 3개를 배치하면, 단면적은 $A_h = 426\text{mm}^2$이므로 만족한다. 이 철근은 주철근의 유효깊이의 $\frac{2}{3}$내에 배치하여야 한다. 그림 5.32에 나타낸 바와 같이 철근 간격을 63mm(=190mm/3)로 하면 충분하다.

그림 5.32와 같이 정착을 개선하기 위해 갈고리 철근 내측 모서리에 한 쌍의 D10 지지철근이 추가된다. D22 철근은 오른 쪽 끝에서는 강제 L형강의 하부에 용접을 하고, 왼쪽 끝은 90° 표준갈고리로 정착한다.

5.9 비틀림

이 절은 콘크리트구조 설계기준 [KDS 14 20 22 콘크리트구조 전단 및 비틀림 설계기준, 4.4 비틀림 설계]의 규정에 따라 작성한 것이다.

5.9.1 비틀림 거동

철근콘크리트 부재에는 일반적으로 전단력, 휨모멘트 외에 비틀림(torsion)까지 받는 경우가 있다. 비틀림은 부재의 종방향 축에 대해 회전변위를 일으킨다. 그림 5.33은 보(girder)가 5개로 구성된 교량 지간 중앙단면에 대한 처짐과 비틀림이 발생하는 사례를 나타낸 것이다. 가운데에 위치한 보는 하중이 좌우로 대칭이기 때문에 처짐만이 발생하지만, 외측 보(spandrel beam)는 지점부에 대해 회전을 일으키게 된다.

이렇게 부재를 비틀리게 하는 모멘트를 비틀림모멘트(torsional moment)라 하며, 이와 같은 구조부재는 회전을 일으켜 부재 표면에 비틀림 응력(torsional stress)을 발생시키며, 이로 인해 비틀림균열이 생길 수가 있다.

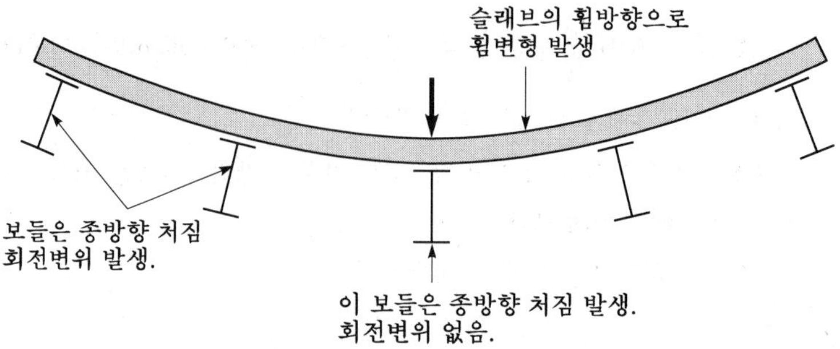

그림 5.33 교량 지간 중앙단면의 처짐 및 비틀림

그림 5.34와 같은 균등질한 봉(bar)의 축에 순수 비틀림모멘트 T가 작용하면 부재 단면에 전단응력 v_t가 발생한다. 그림과 같은 원형단면에 대하여 비틀림을 받기 전의 단면의 평면은 비틀림모멘트를 받은 후에도 평면을 유지한다. 그러므로 임의의 점에서의 전단응력 v_t는 도심으로부터의 거리에 비례하며, 반지름에 수직인 방향으로 작용한다. 순수 비틀림 모멘트에 의해 발생한 전단응력은 그림 5.34(c) 및 그림 (d)와 같이 전단변형 $\overline{bb'}$를 일으키며, $\overline{bb'} = rd\phi$ 로 나타낼 수 있다. 따라서, 이때의 전단변형률 γ는 다음 식과 같이 된다.

$$\gamma = \frac{bb'}{ab} = \frac{\gamma d\phi}{dx} \tag{a}$$

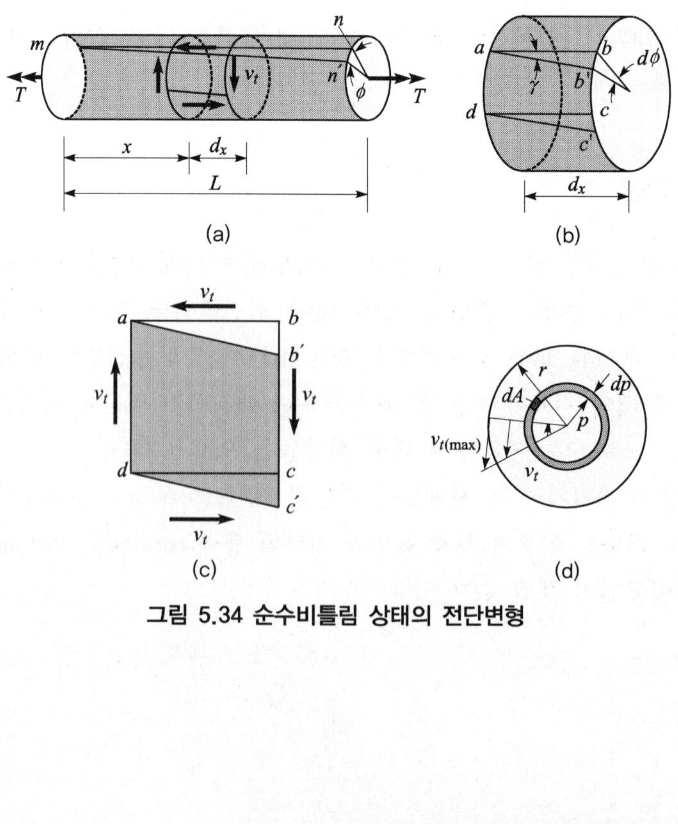

그림 5.34 순수비틀림 상태의 전단변형

$\dfrac{d\phi}{dx}$는 비틀림각 ϕ의 변화율이며, $\dfrac{d\phi}{dx}$을 ϕ로 표시하고 단위길이에 대한 비틀림각 γ로 나타내면, 다음 식과 같이 된다.

$$\gamma = \frac{rd\phi}{dx} = v_t\theta \tag{b}$$

일반적으로 ϕ와 θ는 x의 함수이다. 따라서 $\theta = \dfrac{\phi}{L}$ 이므로 전단변형률 γ는 식(5.50)과 같이 된다.

$$\gamma = r\theta = \frac{r\phi}{L} \tag{5.50}$$

선형탄성재료에 대해서 전단응력은 Hooke의 법칙에 의해 다음 식(5.51)과 같다.

$$v_t = G\gamma = G\,r\theta \tag{5.51}$$

여기서, v_t : 비틀림에 의한 전단응력(MPa)
G : 전단탄성계수(MPa)

철근콘크리트 보와 같은 휨부재는 일반적으로 휨과 전단을 동시 받으며, 외측보와 같이 경우에 따라서는 비틀림도 함께 받을 수 있다. 부재가 비틀림모멘트를 받을 때 생기는 비틀림응력은 통상적으로 전단응력과 성질이 같기 때문에 전단응력에 포함시키는 것이 일반적이다. 비틀림에 의해서 무근콘크리트 부재의 종방향 축에 대해 45° 경사진 요소에 작용하는 인장응력과 압축응력은 그림 5.35와 같다. 이때 최대전단응력 $v_{t(\max)}$는 그림 5.35(b)에 나타난 바와 같이 긴 변의 중앙에서 발생하며, 콘크리트가 비탄성적으로 변형하는 경우에는 단면 내부의 응력분포가 점선으로 나타낸 바와 같이 비선형 거동을 한다.

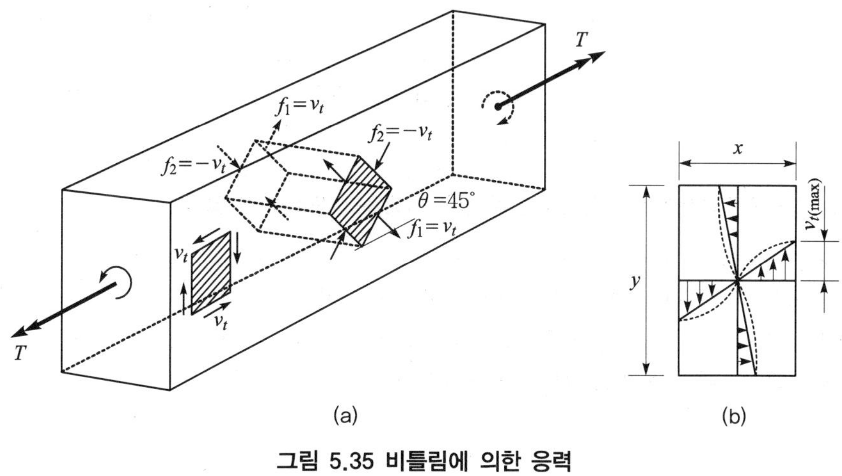

그림 5.35 비틀림에 의한 응력

콘크리트 부재에서 사인장응력이 콘크리트의 인장강도를 초과하면 균열이 발생한다. 이와 같이 무근콘크리트 보나 복부철근이 없는 철근콘크리트 보에서 사인장균열을 일으키는 비틀림모멘트를 균열 비틀림모멘트(cracking torsional moment)라 하고, T_{cr}로 표기한다.

5.9.2 균열 비틀림모멘트

철근콘크리트에서 직사각형 보의 비틀림 강도를 평가하기 위해서는 박벽관 입체 트러스 이론(thin-walled tube and space truss analogy)을 사용한다. 이 이론은 Rausch에 의해 최초로 제안되었으며, Lampart와 Thurlimann에 의해 더욱 발전하였다. 이 이론에 의하면, 그림 5.36과 같이 전단응력 v_t는 부재 둘레를 둘러 감은 박벽관(thin-walled tube, 薄壁管) 두께 t에 걸쳐서 일정한 것으로 본다.

폐쇄된 박벽관의 중심선 상의 한 점에서 전단응력 v_t와 벽두께 t를 곱하면 전단흐름(shear flow) $q = v_t t$를 얻을 수 있다. 비틀림모멘트에 의한 전단흐름 q는 그림 5.36(b)와 같이 둘레의 모든 점에서 일정하고 벽의 중심선을 따라 일주한다. 여기서 x_0 및 y_0는 박벽의 도심선에서 측정된 값이다.

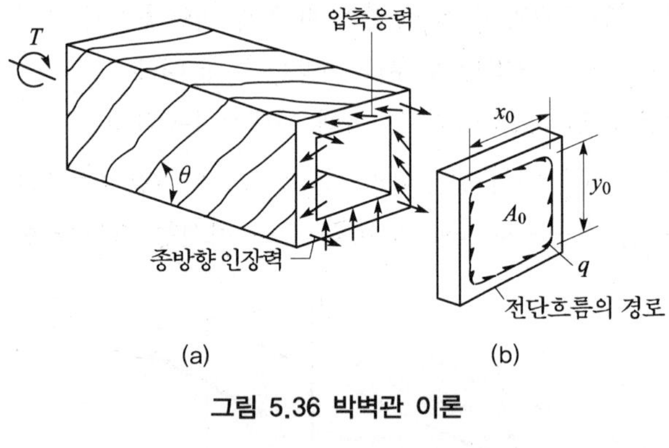

그림 5.36 박벽관 이론

참고 3 **박벽관 입체트러스 이론은 다음과 같은 가정을 전제로 하고 있다.**

① 부재는 박벽관으로 되어 있다고 가정한다.
② 전단응력 v_t는 부재 둘레를 둘러 감은 두께 t에 걸쳐 일정하다.
③ 박벽관 내부에서 발생하는 전단흐름 q는 비틀림 모멘트에 저항한다.
④ 전단흐름 q는 관의 둘레길이에 따라 일정하다.

그림 5.36(b)의 박벽관 중심선에 대하여 전단흐름에 의한 비틀림모멘트 T를 취하면 다음 식(5.52)와 같이 된다.

$$
\begin{aligned}
T &= 2qx_0 \times \frac{1}{2}y_0 + 2qy_0 \times \frac{1}{2}x_0 \\
&= 2qx_0y_0 \qquad (5.52)
\end{aligned}
$$

여기서, T : 전단흐름에 의한 비틀림모멘트(N·mm, kN·m)

q : 전단흐름(N/mm^2)

x_0 : 전단흐름 중심선 간의 수평길이(mm)

y_0 : 전단흐름 중심선 간의 수직길이(mm)

식(5.52)에서 x_0y_0는 전단흐름 경로로 둘러싸인 내부면적이며, 이것을 A_0로 나타내면 전단흐름 q는 다음 식(5.53)과 같이 된다.

$$T = 2qA_0 \qquad \therefore q = \frac{T}{2A_0} \qquad (5.53)$$

여기서, A_0 : 전단흐름의 중심선으로 둘러싸인 콘크리트 단면적(mm^2)

전단흐름 경로의 내부면적 A_0는 폐쇄스터럽의 중심선으로 둘러싸인 내부 면적 A_{0h} 보다 약간 적으며, 일반적으로 $A_0 = 0.85A_{0h}$의 값을 갖는다. A_0는 속빈 단면(hollow section)의 경우에도 속찬 단면(solid section)으로 간주하여 구한다.

박벽관에 작용하는 전단흐름 $q = v_t t$와 식(5.53)을 이용하면 비틀림 전단응력 v_t는 다음 식과 같이 된다.

$$v_t = \frac{q}{t} = \frac{T}{2A_0t} \qquad (5.54)$$

그림 5.35(a)에서 설명한 바와 같이 비틀림 전단응력 v_t는 법선응력 f_1과 그 크기가 같다. 콘크리트 스터럿이 압축파괴될 때, 주인장응력은 콘크리트의 파괴계수 $f_r = 0.63\lambda\sqrt{f_{ck}}$ 보다 작다. 이것은 비틀림을 받고 있는 콘크리트 스트럿은 인장과 압축의 2축 응력 상태에 있으므로 1축 인장일 때의 파괴계수 $f_r = 0.63\lambda\sqrt{f_{ck}}$의 대략 절반 정도인 $\frac{1}{3}\lambda\sqrt{f_{ck}}$의 값을 갖는다. 그러므로 식(5.54)에 $v_t = f_r = \frac{1}{3}\lambda\sqrt{f_{ck}}$을 대입하고, T에 관해 정리하면 균열 비틀림모멘트 T_{cr}은 다음 식과 같이 된다.

$$T_{cr} = \frac{1}{3}\lambda\sqrt{f_{ck}}\,(2A_0 t) \tag{5.55}$$

여기서, T_{cr} : 콘크리트의 균열 비틀림모멘트(N·mm, kN·m)

λ : 경량콘크리트계수로서 보통콘크리트의 경우 1.0

참고 4 $[A_0 = \frac{2}{3}A_{cp}]$ 및 $[t = \frac{3A_{cp}}{4p_{cp}}]$

그림 5.37과 같이 속찬 밀실형 직사각형 단면에서 박벽관 벽두께 t는 단면 최소폭 b에 대하여 $t = \left(\frac{1}{6} \sim \frac{1}{4}\right)b$의 범위에 있다. 단면의 폭이 높이의 $\frac{1}{2}$인 콘크리트 부재에 대하여 $t = \frac{1}{4}b$를 취하고, $\frac{b}{h} = \frac{1}{2}$ 이므로,

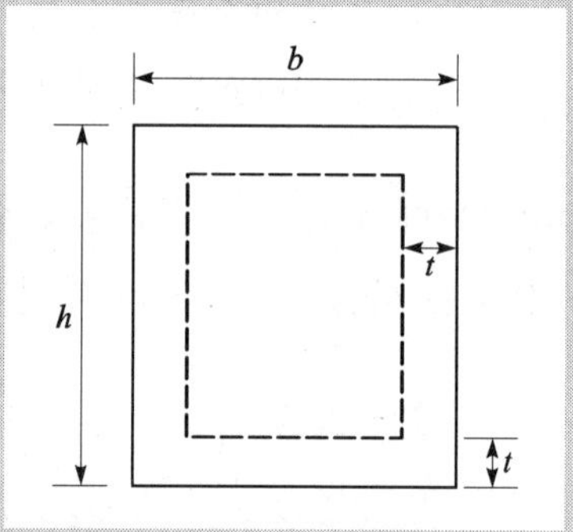

그림 5.37 속이 찬 단면

$$A_{cp} = bh = 2b^2$$

$$A_0 = \left(b - \frac{b}{4}\right)\left(h - \frac{b}{4}\right) = bh - \frac{bh}{4} - \frac{b^2}{4} + \frac{b^2}{16}$$

$$= 2b^2 - \frac{b^2}{2} - \frac{b^2}{4} + \frac{b^2}{16} = \frac{21}{16}b^2$$

$$\therefore \frac{A_0}{A_{cp}} = \frac{21}{16}b^2 \times \frac{1}{2b^2} = \frac{21}{32} \fallingdotseq \frac{2}{3}$$

그러므로 A_0 는 다음과 같이 된다.

$$A_0 = \frac{2}{3}A_{cp} \qquad ①$$

또한, $A_{cp} = 2b^2, p_{cp} = 6b$ 이므로

$$\frac{A_{cp}}{p_{cp}} = \frac{2b^2}{6b} = \frac{b}{3} \quad \therefore b = \frac{3A_{cp}}{p_{cp}}$$

따라서, 박벽관의 두께는 다음과 같이 된다.

$$t = \frac{b}{4} = \frac{1}{4} \times \frac{3A_{cp}}{p_{cp}} = \frac{3A_{cp}}{4p_{cp}} \qquad ②$$

균열 비틀림모멘트 T_{cr}은 위의 [참고]에서 구한 A_0 및 t를 식(5.55)에 대입하면 다음 식 (5.56)과 같이 된다.

$$T_{cr} = \frac{1}{3}\lambda\sqrt{f_{ck}}\,(2A_0 t) = \frac{1}{3}\lambda\sqrt{f_{ck}}\,(2\times\frac{2}{3}A_{cp}\times\frac{3}{4}\frac{A_{cp}}{p_{cp}})$$

$$\therefore\ T_{cr} = \frac{1}{3}\lambda\sqrt{f_{ck}}\left(\frac{A_{cp}^2}{p_{cp}}\right) \tag{5.56}$$

여기서, A_{cp} : 콘크리트의 단면적(mm^2)

p_{cp} : 콘크리트 단면의 외부 둘레(mm)

비틀림을 받는 보가 플랜지를 갖는 독립 부재 및 보에 접속된 돌출 슬래브와 일체로 타설하여 외부하중에 저항하는 구조 부재일 경우에는 A_{cp}와 p_{cp}를 계산할 때, 돌출된 슬래브 단면 두께의 4배 이하의 구간을 보의 단면에 포함시켜 계산하여야 한다.

5.9.3 비틀림철근을 배치한 보의 거동

철근콘크리트 보에서 비틀림 모멘트에 저항하기 위하여 사용되는 폐쇄스터럽과 종방향철근을 비틀림철근(torsional reinforcement)이라고 한다.

그림 5.38(a)는 비틀림모멘트에 저항하기 위해 폐쇄스터럽 및 종방향철근으로 보강한 보의 단면을 보인 것이다. 이 보가 균열 비틀림모멘트를 받으면 그림 5.38(b)와 같이 경사방향의 균열이 발생할 것이다. 철근콘크리트 보의 비틀림 거동은 부재를 나선형 콘크리트 사재로 이루어지는 입체트러스로 간주함으로써 해석할 수 있다. 박벽관 입체트러스 이론은 횡방향 인장력은 폐쇄스터럽이 저항하고, 트러스의 인장현재(tension chord member)의 인장력은 종방향철근이 저항하는 개념이다.

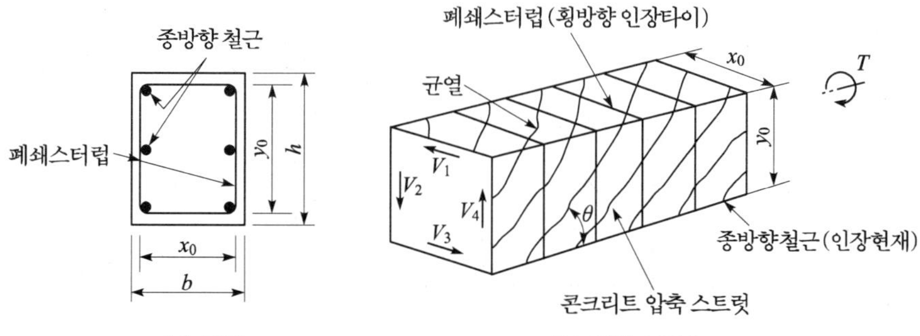

(a) 단면 (b) 입체 트러스

그림 5.38 입체트러스 모델

즉, 보가 균열 비틀림모멘트를 받으면 나선형의 균열이 발생하며, 이때 박벽관 입체트러스 이론에 의한 부재의 비틀림 해석은 다음 사항을 전제로 하고 있다.

① 사방향균열 사이의 콘크리트 단면은 압축스트럿 역할을 한다.

② 종방향 철근은 인장현재로서 작용한다.

③ 폐쇄스터럽은 수직, 또는 횡방향의 인장재로서 작용한다.

(1) 폐쇄스터럽의 단면적

그림 5.38(b)와 같은 박벽관에서 주어진 변의 전단력 V_2는 전단흐름 $q = v_t t$에 변의 길이 y_0를 곱한 것이며, V_1은 q에 x_0를 곱한 것이다. 즉,

$$V_2 = qy_0, \quad V_1 = qx_0 \tag{5.57}$$

식(5.57)에 식(5.53)을 대입하면 각각 다음과 같은 식이 얻어진다.

$$V_2 = \frac{T}{2A_0} y_0 \ , \ V_1 = \frac{T}{2A_0} x_0 \tag{5.58}$$

그림 5.39는 박벽관 한 면의 일부분을 나타낸 것이다. 여기서 s는 폐쇄스터럽의 간격이고, θ는 균열각이다. y_0가 폐쇄스터럽의 중심간 거리라면, $y_0 \cot\theta$ 구간에서 균열과 교차하는 스터럽의 갯수 m은

$$ms = y_0 \cot\theta \tag{5.59}$$

스터럽 다리 한 가닥의 단면적을 A_t라고 하면

$$V_2 = m A_t f_{yt} \tag{5.60}$$

식(5.59)의 m값을 식(5.60)에 대입하면 전단력 V_2는

$$V_2 = mA_t f_{yt} = A_t f_{yt} \frac{y_0}{s} \cot\theta \tag{5.61}$$

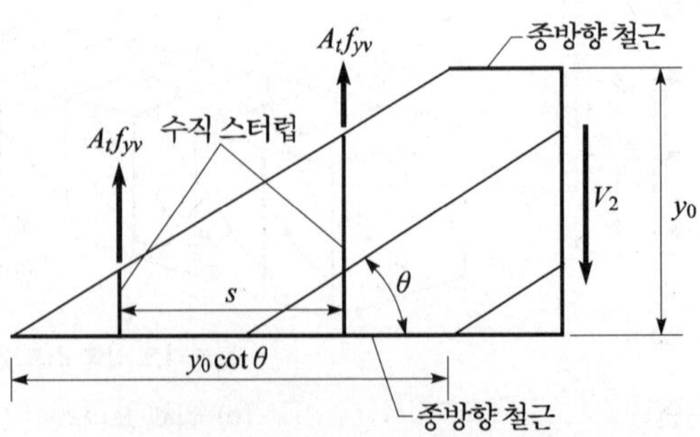

그림 5.39 입체트러스 한 면에서의 수직력

식(5.58)으로부터 $T = \dfrac{2A_0 V_2}{y_0}$가 되고, 여기에 식(5.61)의 V_2를 대입하여 T를 T_n으로 대치하면, 다음과 같은 공칭비틀림강도를 얻을 수 있다.

$$T_n = \frac{2A_0\ A_t\, f_{yt}}{s}\cot\theta \tag{5.62}$$

여기서, T_n : 공칭비틀림강도(N·mm, kN·m)

A_t : 폐쇄스터럽 다리 한 가닥의 단면적(mm^2)

f_{yt} : 폐쇄스터럽의 설계기준 항복강도(MPa)

s : 종방향철근에 평행한 방향으로 전단철근 또는 비틀림철근의 간격(mm)

그러므로, 단면의 각 면에서 스터럽 간격 s에 대한 소요 폐쇄스터럽 단면적 A_t는 식(5.62)로부터 다음 식과 같이 된다.

$$\frac{A_t}{s} = \frac{T_n}{2A_0 f_{yt}}\tan\theta = \frac{T_u}{2\phi A_0 f_{yt}}\tan\theta \tag{5.63}$$

(2) 종방향철근

그림 5.40은 그림 5.38(b)의 입체트러스 모델에서 전단력 V_2가 작용하는 한 면에서의 힘의 관계를 보여주고 있다. 전단력 V_2는 사방향 압축력 D_2와 종방향 인장력 N_2로 표현할 수 있다. 즉,

$$D_2 = \frac{V_2}{\sin\theta} \tag{5.64}$$

$$N_2 = V_2\cot\theta \tag{5.65}$$

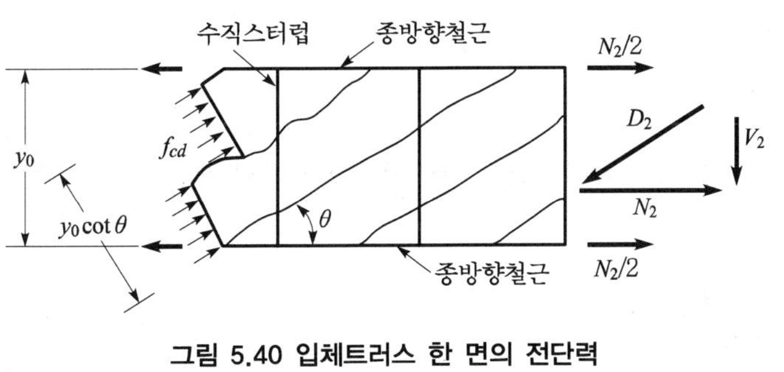

그림 5.40 입체트러스 한 면의 전단력

마찬가지로 전단력 V_1이 작용하는 한 면의 종방향 인장력 N_1은 다음과 같이 된다.

$$N_1 = V_1 \cot\theta \tag{5.66}$$

전단흐름이 박벽관의 면을 따라 일정하다고 가정하면, D_2와 N_2는 면의 중간 높이에 작용한다고 가정할 수 있다. 종방향 철근은 네 모서리에 모두 배근된다고 볼 수 있으므로 박벽관 네 면에 종방향으로 작용하는 힘 N은 다음과 같이 된다.

$$N = 2(N_1 + N_2) \tag{5.67}$$

식(5.58)의 V_1 및 V_2 을 식(5.65) 및 식(5.66)을 대입하면 N_1 및 N_2는 각각 다음과 같이 된다.

$$N_1 = V_1 \cot\theta = \frac{T}{2A_0} x_0 \cot\theta \ , \quad N_2 = V_2 \cot\theta = \frac{T}{2A_0} y_0 \cot\theta$$

따라서, 윗 식을 식(5.67)에 대입하여 정리하면, 종방향의 힘 N은 다음 식(5.68)과 같이 된다.

$$N = 2\left(\frac{T}{2A_0} y_0 \cot\theta + \frac{T}{2A_0} x_0 \cot\theta\right) \tag{5.68}$$

식(5.68)을 공칭강도의 식으로 표현하여 정리하면,

$$N_n = \frac{T_n}{A_0}(x_0 + y_0)\cot\theta \tag{5.69}$$

여기서, $(x_0 + y_0)$ 는 폐쇄스터럽의 둘레길이 p_h의 $\frac{1}{2}$이므로 식(5.69)는 다음과 같이 된다.

$$N_n = \frac{T_n p_h}{2A_0} \cot\theta \tag{5.70}$$

또한, 종방향철근의 공칭강도는

$$N_n = A_l f_{yl} \tag{5.71}$$

따라서, 식(5.70)와 식(5.71)을 같게 놓으면, 종방향철근량 A_l는 다음 식(5.72)와 같이 된다.

$$A_l = \frac{T_n p_h}{2A_0 f_{yl}} \cot\theta \tag{5.72}$$

식(5.62)를 식(5.72)에 대입하여 정리하면, 소요되는 종방향철근량 A_l은 다음 식(5.73)과 같이 된다.

$$A_l = \frac{2A_0 A_t f_{yt}}{s} \cdot \frac{p_h}{2A_0 f_y} \cot^2\theta$$

$$\therefore A_l = \frac{A_t}{s} p_h \left(\frac{f_{yt}}{f_y}\right) \cot^2\theta \tag{5.73}$$

여기서, A_l : 비틀림모멘트에 저항하는 종방향철근 단면적(mm^2)

f_{yt} : 스터럽의 설계기준 항복강도(MPa)

f_y : 종방향철근의 설계기준 항복강도(MPa)

5.9.4 전단력과 비틀림모멘트의 조합작용

철근콘크리트 보에 전단력과 비틀림모멘트가 동시에 작용할 때, 보 단면에 발생하는 비틀림응력 v_t는 식(5.54)에 $A_0 = 0.85A_{0h}$, $t = \dfrac{A_{0h}}{p_h}$를 대입하고, T 를 T_u로 치환하여 정리하면 다음 식과 같이 된다.

$$v_t = \frac{T}{2A_0 t} = \frac{T_u}{2 \times 0.85A_{0h}} \times \frac{p_h}{A_{0h}} = \frac{T_u p_h}{1.7A_{0h}^2} \tag{5.74}$$

속빈 단면의 경우 그림 5.41(a)에 나타낸 바와 같이 비틀림응력과 전단응력은 동일 위치의 벽에 동일 방향으로 작용하고 있으므로 서로의 상관성이 없기 때문에 중첩하면 다음 식(5.75)가 얻어진다.

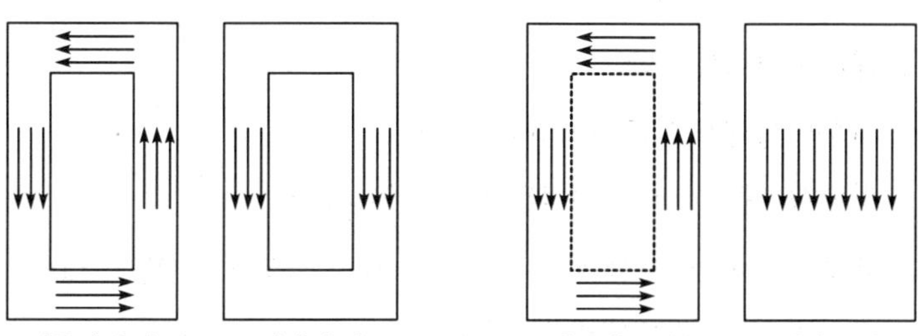

(a) 속빈 단면(hollow section) (b) 속찬 단면(solid section)

그림 5.41 비틀림응력과 전단응력의 합

$$v = v_c + v_t = \frac{V_u}{b_w d} + \frac{T_u p_h}{1.7 A_{oh}^2} \tag{5.75}$$

그러나, 속찬 단면의 경우에는 그림 5.41(b)에 나타낸 바와 같이 전단응력은 단면 전체에 걸쳐 균일하게 작용하고 있지만, 비틀림에 의한 전단응력은 유사 박벽관의 벽체에 동일한 방향 혹은 반대 방향으로 작용하기 때문에 최대응력이 일어나는 부위의 전단응력은 속빈 단면에 비해 작아지게 된다. 이러한 전단응력의 거동에 대한 상관성을 콘크리트구조 설계기준에서는 다음 식과 같이 곡선 형태를 취하고 있다. 즉,

$$v = v_c + v_t = \sqrt{\left(\frac{V_u}{b_w d}\right)^2 + \left(\frac{T_u p_h}{1.7 A_{0h}^2}\right)^2} \tag{5.76}$$

5.9.5 비틀림 강도의 계산

비틀림을 받는 철근콘크리트 보는 균열 감소 및 전단과 비틀림에 의한 압축파괴를 방지하기 위하여 속찬 단면(solide section, 中實단면)과 속빈 단면(hollow section)의 치수는 각각 다음 식을 만족하여야 한다.

1) 속찬 단면

전단에 의한 응력은 단면의 전체 폭에 걸쳐서 발생하지만, 비틀림에 의한 응력도 박벽관에 의하여 저항한다고 가정하여 얻어진 다음 식을 만족하여야 한다.

$$\sqrt{\left(\frac{V_u}{b_w d}\right)^2 + \left[\frac{T_u p_h}{1.7 A_{oh}^2}\right]^2} \le \phi\left(\frac{V_c}{b_w d} + \frac{2}{3}\sqrt{f_{ck}}\right) \tag{5.77}$$

여기서, V_u : 계수전단력(N, kN)

T_u : 계수비틀림모멘트(N·mm, kN·m)

p_h : 횡방향 폐쇄스터럽 중심선의 둘레(mm)

A_{0h} : 폐쇄스터럽의 중심선으로 둘러싸인 콘크리트 단면적(mm^2)

V_c : 콘크리트의 공칭전단강도(N, kN)

ϕ : 전단에 대한 부재의 강도감소계수 0.75

2) 속빈 단면

전단력과 비틀림모멘트에 의하여 발생한 전단응력은 다음 식과 같은 관계를 만족하여야 한다.

$$\left(\frac{V_u}{b_w d}\right) + \left(\frac{T_u p_h}{1.7 A_{oh}^2}\right) \le \phi\left(\frac{V_c}{b_w d} + \frac{2}{3}\sqrt{f_{ck}}\right) \tag{5.78}$$

3) A_{oh}의 정의

비틀림 균열이 발생한 후 비틀림 저항은 폐쇄스터럽, 종방향철근 및 콘크리트 스트럿(concrete struct)에 의하여 주로 이루어진다. 폐쇄스터럽의 바깥쪽에 있는 콘크리트는 비틀림에 저항하는 효과가 거의 없다. 이 때문에 균열이 발생한 후에는 박벽관 둘레의 전단흐름 경로에 의하여 폐쇄되는 면적 A_0를 가장 바깥쪽 폐쇄스터럽의 중심선에 의하여 폐쇄되는 면적 $A_{0h} = x_1 y_1$로 정의한다. 여러 형태의 단면에 대한 A_{0h}는 그림 5.42에 나타낸 바와 같다.

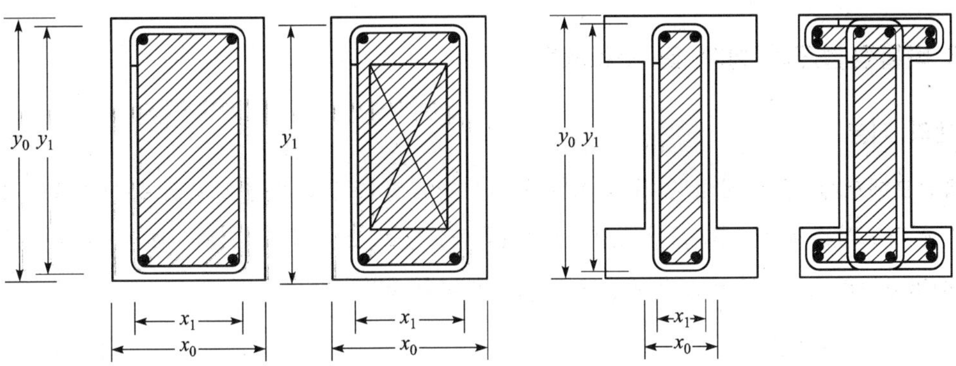

그림 5.42 비틀림에 대한 A_{oh}의 정의

① 플랜지를 갖는 독립부재 및 슬래브와 일체로 타설한 부재에서 A_{cp} 및 p_{cp}를 산정할 때 사용한 돌출플랜지 폭은 아래의 ②의 규정에 따라야 한다. 다만, 플랜지를 포함하여 산정한 $\frac{A_{cp}^2}{p_{cp}}$값이 플랜지를 포함하지 않은 값보다 작은 경우는 이 규정에 따르지 않아도 된다.

② 보가 슬래브와 일체로 되거나 완전한 합성구조로 되어 있을 때, 보의 단면은 보가 슬래브의 위 또는 아래로 내민 깊이 중 큰 깊이만큼을 보의 양측으로 연장한 슬래브 부

분을 포함한 것으로서 보의 한 쪽으로 연장되는 거리는 슬래브 두께의 4배 이하로 하여야 한다.

4) 속빈 단면의 벽두께

전단과 비틀림에 의해 발생되는 전단응력은 그림 5.41(a)와 같이 가상의 속빈 단면 벽에 일어나며, 속찬 단면에서도 비틀림에 의한 전단응력은 그림 5.41(b)와 같이 단면의 외측 부분에 집중하게 된다. 속빈 단면의 벽두께가 변한다면 식(5.77)의 좌변이 최대가 되는 위치에서 이 식을 검토하여야 한다. 또한 벽두께가 $\dfrac{A_{0h}}{p_h}$ 보다 작은 경우에는 식(5.78)의 좌변은 다음과 같은 식으로 대체해야 한다.

$$\left(\frac{V_u}{b_w d}\right)+\left(\frac{T_u}{1.7A_{oh}t}\right) \tag{5.79}$$

여기서, t는 응력이 검토되는 위치에서 속빈 단면의 벽두께이다. 비틀림에 의한 사방향 균열폭을 제어하기 위해 비틀림 철근의 설계기준 항복강도는 500MPa을 초과할 수 없다.

5.9.6 비틀림철근의 설계 및 구조세목

1) 설계의 기본

비틀림모멘트에 대한 설계 원칙은 휨모멘트나 전단의 경우와 마찬가지로 공칭 비틀림강도 T_n에 강도감소계수 ϕ를 곱한 값이 계수비틀림모멘트 T_u보다 크거나 같아야 한다. 즉, 다음 식(5.80)과 같은 조건을 만족하도록 설계하여야 한다.

$$T_u \leq \phi T_n \tag{5.80}$$

여기서, T_u : 계수비틀림모멘트(N · mm, kN · m)

T_n : 공칭비틀림강도(N · mm, kN · m)

ϕ : 비틀림에 대한 강도감소계수 0.75

소요 비틀림모멘트는 계수하중을 작용시켜 계산하며, 이때의 위험단면은 전단과 마찬가지로 받침부 전면에서 유효높이 d만큼 떨어진 단면에서 발생한다. 다만 집중적인 비틀림 모멘트가 d 이내에 작용할 때는 받침부 전면이 위험단면이 된다.

2) 비틀림 영향을 고려하지 않아도 되는 최소 비틀림모멘트

비틀림을 받는 철근콘크리트 부재에서 계수비틀림모멘트 M_u가 균열 비틀림모멘트 T_{cr}의 $\frac{1}{4}$보다 작을 경우 비틀림의 영향을 무시해도 좋다. 즉

$$T_u < \frac{1}{4}\phi T_{cr} = \phi\left(\frac{1}{12}\lambda\sqrt{f_{ck}}\right)\frac{A_{cp}^2}{p_{cp}} \tag{5.81}$$

여기서, A_{cp} : 콘크리트 단면에서 외부 둘레로 둘러싸인 단면적(mm^2)
p_{cp} : 콘크리트 단면의 외부 둘레길이(mm)

3) 비틀림 철근의 설계

(1) 폐쇄스터럽

비틀림모멘트에 저항하기 위한 스터럽의 다리 한 가닥의 단면적은 앞에서 정의한 식 (5.63)과 같다.

$$\frac{A_t}{s} = \frac{T_u}{2\phi_t A_0 f_{yt}}\tan\theta \tag{5.63}$$

여기서, $A_0 = 0.85A_{0h}$로 취할 수 있으며, 압축 경사각은 $30° \le \theta \le 60°$로서 프리스트레싱이 도입되지 않은 부재나 프리스트레스힘이 주철근 인장강도의 40% 미만인 경우는 45°로 취할 수 있다.

비틀림과 전단에 의해 계산된 스터럽의 요구량은 모두 더하며, 최소한 전체 소요량이 충족되도록 스터럽을 배치하여야 한다. 전단에 대한 스터럽의 단면적 A_v는 주어진 스터럽의 모든 다리의 면적의 합이고, 비틀림에 대한 폐쇄스터럽의 단면적 A_t 는 다리 한 가닥의 면적이기 때문에 스터럽 면적의 합은 다음 식과 같이 된다.

$$\text{전체}\left(\frac{A_{v+t}}{s}\right) = \frac{A_v}{s} + \frac{2A_t}{s} \tag{5.82}$$

다만, 전단력에 저항하기 위한 스터럽을 한 단면에서 여러 개 사용하는 경우, 보의 측면 가까이에 있는 다리만을 스터럽 단면적에 포함시킨다. 이것은 내부의 스터럽 다리는 비틀림모멘트에 저항하는 효과가 거의 없기 때문이다.

휨을 받는 부재의 휨압축 영역에서의 압축력은 비틀림모멘트에 의한 축인장력을 부분적으로 감소시키므로, 휨압축 영역에서 요구되는 종방향 비틀림철근의 소요 단면적은

$\dfrac{M_u}{0.9df_y}$ 만큼 감소시킬 수 있다. 그러나 감소시킨 종방향 비틀림철근량은 최소 비틀림철근량의 조건을 만족시켜야 한다.

(2) 종방향철근

비틀림에 저항하는 종방향 철근의 단면적은 앞에서 정의한 식(5.73)과 같다.

$$A_l = \frac{A_t}{s} p_h \left(\frac{f_{yt}}{f_y} \right) \cot^2 \theta \tag{5.73}$$

여기서 θ는 식(5.62)에 사용된 값이며, $\dfrac{A_t}{s}$는 식(5.62)에 의해 계산되는 값으로서 최소 비틀림철근량의 규정을 적용하지 않은 값이다.

(3) 최소 비틀림철근량

계수비틀림모멘트 T_u가 설계비틀림강도 ϕT_n의 $\dfrac{1}{4}$을 초과하여 비틀림철근이 필요한 경우, 다음 식으로 계산되는 횡방향철근 및 종방향철근을 배치하여야 한다.

① 최소 횡방향 철근량

$$(A_v + 2A_t)_{\min} = 0.0625\sqrt{f_{ck}}\,\frac{b_w s}{f_{yt}} \geq 0.35\,\frac{b_w s}{f_{yt}} \tag{5.83}$$

여기서, A_v : 전단력에 저항하는 전단 철근량(mm^2)

A_t : 비틀림에 저항하는 폐쇄스터럽 다리 한 가닥의 단면적(mm^2)

f_{yt} : 비틀림에 저항하는 폐쇄스터럽의 항복강도(MPa)

② 최소 종방향 철근량

$$A_{l(\min)} = \frac{0.42\sqrt{f_{ck}}\,A_{cp}}{f_y} - \left(\frac{A_t}{s}\right) p_h \frac{f_{yt}}{f_y} \tag{5.84}$$

여기서, $\dfrac{A_t}{s} \geq 0.175\,\dfrac{b_w}{f_{yt}}$ (5.85)

A_{cp} : 콘크리트의 단면적(mm^2)

p_h : 가장 바깥의 횡방향 폐쇄스터럽 중심선의 둘레(mm)

f_y : 종방향철근의 항복강도(MPa)

(4) 비틀림철근의 상세 및 간격

① 비틀림철근은 종방향철근 또는 종방향 긴장재와 다음의 해당 철근으로 구성하여야 한다.

㉠ 부재축에 수직인 폐쇄스터럽 또는 폐쇄 띠철근

㉡ 부재에 수직인 횡방향 강선으로 구성된 폐쇄 용접철망

㉢ 철근콘크리트 보의 나선철근

② 횡방향 비틀림철근은 다음 중 하나의 방법으로 정착한다.

㉠ 종방향철근 주위로 135° 표준갈고리로 정착한다.

㉡ 정착부를 둘러싸는 콘크리트가 플랜지나 슬래브 또는 기타 유사한 부재에 의하여 박리가 일어나지 않도록 U형 스터럽의 단부를 정착하는 방법에 따라 정착하여야 한다.

㉢ U형 스터럽의 단부 정착방법은 [제6장 정착과 이음]에서 제시한 방법에 따른다.

③ 종방향 비틀림철근은 양단에 정착하여야 한다.

④ 비틀림모멘트를 받는 속빈 단면에서 횡방향 비틀림철근의 중심선부터 내부 벽면까지 거리는 $\dfrac{0.5A_{0h}}{p_h}$ 이상이 되도록 하여야 한다.

⑤ 보의 공칭비틀림강도를 확보하고 균열발생 후 비틀림 강성의 손실을 방지하며 균열폭을 제어하기 위하여, 횡방향 비틀림철근(폐쇄스터럽)의 간격은 $\dfrac{p_h}{8}$ 보다 작아야 하고, 또한 300mm 보다 작아야 한다.

⑥ 비틀림에 요구되는 종방향철근은 폐쇄스터럽의 둘레를 따라 300mm 이하의 간격으로 분포시켜야 한다. 종방향철근이나 긴장재는 스터럽 내측에 배치해야 하며, 스터럽의 각 모서리에 적어도 하나의 종방향철근을 배치해야 한다.

⑦ 종방향철근의 지름은 폐쇄스터럽 간격의 $\dfrac{1}{24}$ 이상이어야 하며, 또한 $D10$ 이상의 철근을 사용하여야 한다.

⑧ 비틀림에 의한 사인장균열은 나선형으로 발생하므로 비틀림철근은 설계에서 필요로 하는 구간을 지나 (b_t+d) 이상 더 연장하여 배치하여야 한다. 여기서 b_t는 폐쇄스터럽이 배근된 단면의 폭이다.

예제 5.9 $b = 300\,\text{mm}$, $d = 500\,\text{mm}$, $d' = 50\,\text{mm}$, $h = 550\,\text{mm}$ 인 철근콘크리트 직사각형 단면에 계수비틀림모멘트 $T_u = 25\,\text{kN}\cdot\text{m}$ 가 작용할 때 이에 저항하기 위한 비틀림 철근을 계산하시오. $f_{ck} = 35\,\text{MPa}$, $f_y = 400\,\text{MPa}$이며, 최소전단철근이 배치되어 있다.

풀이

(1) 비틀림철근의 필요성 검토

콘크리트의 단면적 $A_{cp} = 300 \times 550 = 165{,}000\,\text{mm}^2$

콘크리트 단면의 외부 둘레 $p_{cp} = 2(300 + 550) = 1{,}700\,\text{mm}$

식(5.81)을 사용하여 비틀림의 영향을 무시할 수 있는지 여부를 검토한다.

$$T_c = \phi\left(\frac{1}{12}\lambda\sqrt{f_{ck}}\right)\frac{A_{cp}^2}{p_{cp}} = 0.75 \times \left[\left(\frac{1}{12} \times 1.0 \times \sqrt{35}\right) \times \frac{165{,}000^2}{1{,}700}\right] \times 10^6$$

$$= 5.92\,\text{kN}\cdot\text{m} < T_u$$

∴ 비틀림모멘트에 저항하기 위한 비틀림철근의 보강이 필요하다.

(2) 설계전단강도 V_u의 계산

콘크리트가 부담하는 공칭전단강도는 식(5.12)에 ϕ를 곱하면

$$\phi V_c = \phi\frac{1}{6}\lambda\sqrt{f_{ck}}\,b_w d$$

$$= \left(0.75 \times \frac{1}{6} \times 1.0 \times \sqrt{35} \times 300 \times 500\right) \times 10^{-3}$$

$$= 110.926\,\text{kN}$$

최소 전단철근은 식(5.33)으로부터

$$A_{v(\min)} = 0.0625\sqrt{f_{ck}}\frac{b_w s}{f_y} = 0.0625 \times \sqrt{35} \times \frac{300s}{400} = 0.278s$$

$$A_{v(\min)} = 0.35\frac{b_w s}{f_y} = 0.35 \times \frac{300 \times s}{400} = 0.263s$$

따라서, 위의 두 값 중 큰 값이 최소 전단철근에 해당되므로

∴ $A_{v(\min)} = 0.278s$

설계전단강도는 식(5.24)로부터

$$\phi V_s = \phi A_v f_{yt}\frac{d}{s} = \phi\frac{A_v}{s}f_{yt}d$$

$$= 0.75 \times (0.278 \times 400 \times 500) \times 10^{-3} = 41.7\,\text{kN}$$

∴ $V_u = \phi V_c + \phi V_s = 110.926 + 41.700 = 152.626\,\text{kN}$

(3) 비틀림에 대한 설계

① A_{0h}, p_h의 계산

D13을 비틀림모멘트에 저항하는 스터럽으로 사용한다.

$$x_1 = 300 - 2\times 50 - 12.7 = 187\,\text{mm}$$

$$y_1 = 550 - 2\times 50 - 12.7 = 437\,\text{mm}$$

$$\therefore\ A_{oh} = x_1 y_1 = 187\times 437 = 81{,}719\,\text{mm}^2$$

$$\therefore\ p_h = 2(x_1 + y_1) = 2\times(187+437) = 1{,}248\,\text{mm}$$

② 단면치수 검토

속찬 단면이므로 식(5.77)로부터 단면치수를 검토하기로 한다.

$$\sqrt{\left(\frac{V_u}{b_w d}\right)^2 + \left(\frac{T_u p_h}{1.7A_{oh}^2}\right)^2} \le \phi\left[\left(\frac{V_c}{b_w d}\right) + \frac{2}{3}\sqrt{f_{ck}}\right]$$

$$\text{좌변} = \sqrt{\left(\frac{152{,}626}{300\times 500}\right)^2 + \left(\frac{25\times 10^6\times 1{,}248}{1.7\times 81{,}719^2}\right)^2} = \sqrt{1.035 + 7.553}$$

$$= 2.931\,\text{MPa}$$

$$\text{우변} = 0.75\times\left[\left(\frac{110{,}926/0.75}{300\times 500}\right) + \frac{2}{3}\times\sqrt{35}\right] = 0.75\times(0.986 + 3.944)$$

$$= 3.698\text{MPa}$$

좌변 2.931MPa < 우변 3.698MPa

∴ 이 보의 단면은 적합하다.

③ 폐쇄스터럽 산정

$$A_o = 0.85A_{oh} = 0.85\times 81{,}719 = 69{,}461\,\text{mm}^2$$

그러므로 비틀림모멘트에 저항하기 위한 스터럽 다리 한 가닥의 단면적은 식(5.63)으로부터

$$\frac{A_t}{s} = \frac{T_u}{2\phi A_0 f_{yt}}\tan\theta = \frac{25\times 10^6}{2\times 0.75\times 69{,}461\times 400}\times\tan 45° = 0.6$$

④ 총 폐쇄스터럽 계산 및 간격

폐합스터럽의 총 단면적의 합은 식(5.82)로부터

$$\frac{A_{v+t}}{s} = \frac{2A_t}{s} + \frac{A_v}{s} = 2\times 0.6 + 0.278 = 1.478\,\text{mm}^2/\text{mm}$$

폐쇄스터럽 D13의 단면적은 $A_s = 126.7\,\text{mm}^2$이므로, 스터럽 간격은 다음과 같이 계산된다.

$$\text{간격 } s = \frac{126.7}{1.478} = 85\,\text{mm}$$

또한, 폐쇄스터럽의 간격 s는 $\frac{p_h}{8}\left(= \frac{1{,}248}{8} = 156\,\text{mm}\right)$보다 작고, 또한 300mm 보다 작아야 한다. 그런데 계산상 폐쇄스터럽의 간격이 $s = 85\text{mm}$로 계산되었으므로 이 조건에 만족한다.

(4) 종방향철근의 계산

비틀림모멘트에 저항하는 종방향철근의 단면적은 식(5.73)으로부터

$$A_l = \left(\frac{A_t}{s}\right) p_h \left(\frac{f_{yt}}{f_y}\right) \cot^2\theta$$

$$= 0.6 \times 1{,}248 \times \left(\frac{400}{400}\right) \times \cot^2 45°$$

$$= 749\,\text{mm}^2$$

최소 종방향철근의 단면적은 식(5.84)로부터

$$A_{l(\min)} = \frac{0.42\sqrt{f_{ck}}\,A_{cp}}{f_y} - \left(\frac{A_t}{s}\right) p_h \frac{f_{yt}}{f_y}$$

$$= \frac{0.42 \times \sqrt{35} \times 165{,}000}{400} - 0.6 \times 1{,}248 \times \left(\frac{400}{400}\right) = 276\,\text{mm}^2$$

또한 식(5.85)의 조건을 검토한다.

$\frac{A_t}{s} = 0.6$ 이고, $0.175\frac{b_w}{f_{yt}} = 0.175 \times \frac{300}{400} = 0.13$ 로서 좌변의 값이 크므로 만족한다.

$\therefore\ A_{l(\min)} = 276\,\text{mm}^2 < A_l = 749\,\text{mm}^2$

따라서, 비틀림모멘트에 저항하기 위해 배치된 종방향철근은 최소량 이상을 사용하고 있으므로 콘크리트구조 설계기준 규정에 만족한다.

예제 5.10 지간 8m의 역 L형보가 그림 5.43과 같이 보의 중심선에서 1.6m 돌출된 슬래브와 일체로 외부하중을 지지하고 있다. 이 보는 중심선을 따라 8,000N/m 크기의 활하중과 슬래브에 분포된 활하중 2,000N/m^{2}을 받고 있다. 이 보의 유효깊이가 $d = 550\,\text{mm}$ 이고, $f_{ck} = 32\,\text{MPa}$, $f_y = 350\,\text{MPa}$일 때, 이 보의 전단과 비틀림에 대해 설계하시오.

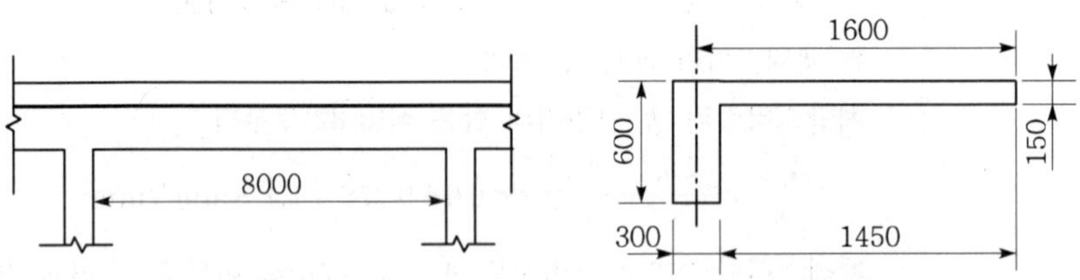

(a) 종방향도 (b) 횡단면도

그림 5.43

풀이

(1) 계수전단력과 계수비틀림모멘트 계산

철근콘크리트의 단위중량이 25,000N/m^{3}이므로

돌출된 슬래브에 작용하는 계수하중은

$$w_{u(slab)} = 1.2 \times (25{,}000 \times 0.15 \times 1.45) + 1.6 \times (2{,}000 \times 1.45)$$
$$= (6{,}325 + 4{,}640) = 11{,}165\text{N/m}$$

슬래브에 작용된 하중의 편심거리는

$$e = \frac{1{,}450}{2} + \frac{300}{2} = 875\,\text{mm}$$

보에 작용하는 계수하중은

수직하중 : $w_{u(beam)} = w_{u(slab)} + 1.2 \times (25{,}000 \times 0.3 \times 0.6) + 1.6 \times 8000$
$= 29{,}365\,\text{N/m}$

비틀림모멘트 : $T_{u(beam)} = w_{u(beam)} \times e = 11{,}165 \times 0.875$
$= 9{,}769\,\text{N} \cdot \text{m} / \text{m}$

따라서 기둥의 전면에 작용하는 계수전단력과 계수비틀림모멘트는

$$V_u = \frac{1}{2} \times 29{,}365 \times 8 = 117{,}460\,\text{N}$$

$$T_u = \frac{1}{2} \times 9{,}769 \times 8 = 39{,}076\,\text{N} \cdot \text{m}$$

위험단면에서의 계수전단력과 계수비틀림모멘트는 다음과 같이 계산된다.

$$V_u = 117{,}460 \times \frac{4{,}000 - 550}{4{,}000} = 101{,}309\,\text{N}$$

$$T_u = 39{,}076 \times \frac{4{,}000 - 550}{4{,}000} = 33{,}703\,\text{N} \cdot \text{m}$$

그림 5.44는 계수 전단력과 계수 비틀림모멘트를 나타낸 것이다.

(2) 비틀림철근의 필요성 검토

그림 5.43과 같이 보가 돌출된 슬래브와 일체로 거동하고 있으므로, 슬래브 두께의 4배 이하만큼 슬래브 돌출부분을 보의 저항단면에 포함시켜야 한다. 따라서 안전측으로 슬래브 두께(150mm)의 3배를 취하면, 보의 전면에서 450mm구간까지의 슬래브를 보의 단면으로 고려하도록 한다.

$$A_{cp} = 300 \times 600 + 450 \times 150 = 247{,}500\,\text{mm}^2$$

$$p_{cp} = 600 \times 2 + (300 + 450) \times 2 = 2{,}700\,\text{mm}$$

식(5.81)로부터 비틀림철근 보강 여부를 검토하면,

$$\phi\left(\frac{1}{12}\sqrt{f_{ck}}\right)\frac{A_{cp}^2}{p_{cp}} = 0.75 \times \frac{1}{12}\sqrt{32} \times \frac{247{,}500^2}{2{,}700}$$
$$= 8{,}021{,}243\,\text{N} \cdot \text{mm} < T_u$$

∴ 비틀림철근을 보강하여야 한다.

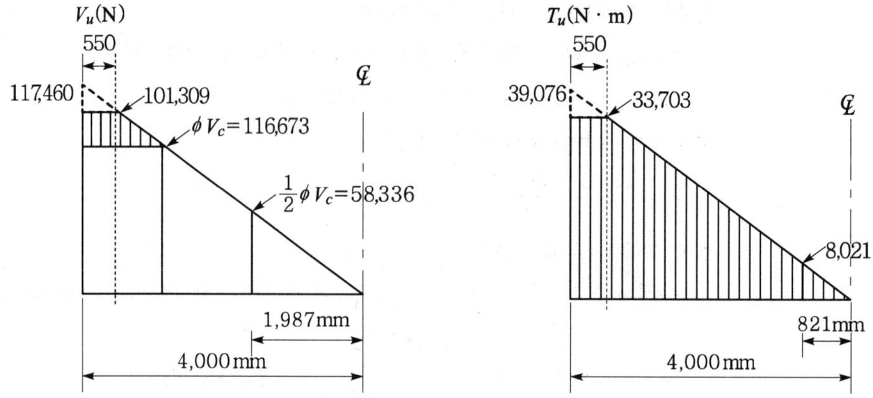

(a) 전단력도(S.F.D) (b) 비틀림 모멘트도(T.M.D)

그림 5.44

(3) 단면치수 검토

비틀림철근의 필요성 검토에서는 돌출 플랜지부(450mm)를 고려하여 A_{cp}를 계산했지만, 전단과 비틀림철근량을 계산하는 과정에서는 돌출부 플랜지 단면을 무시한다. 보 표면에서 스터럽 중심까지의 거리를 50mm로 가정하면

$$x_o = 300 - 50 \times 2 = 200\text{mm},\ \ y_o = 600 - 50 \times 2 = 500\text{mm}$$

$$A_{oh} = x_o y_o = 200 \times 500 = 100{,}000\text{mm}^2$$

$$A_o = 0.85 A_{oh} = 0.85 \times 100{,}000 = 85{,}000\text{mm}^2$$

$$p_{cp} = 2(b+h) = 2 \times (300+600) = 1{,}800\text{mm}$$

$$p_h = 2(x_o + y_o) = 2 \times (200+500) = 1{,}400\text{mm}$$

식(5.12)로부터 콘크리트가 부담할 수 있는 전단강도는

$V_c = \frac{1}{6}\sqrt{f_{ck}}\,b_w d$이므로 $\frac{V_c}{b_w d} = \frac{1}{6}\sqrt{f_{ck}}$ 가 된다.

따라서 속찬단면이므로 식(5.77)로부터

$$\sqrt{\left(\frac{V_u}{b_w d}\right)^2 + \left(\frac{T_u p_h}{1.7 A_{oh}^2}\right)^2} \le \phi\left[\left(\frac{V_c}{b_w d}\right) + \frac{2}{3}\sqrt{f_{ck}}\right]$$

$$\sqrt{\left(\frac{101{,}309}{300 \times 550}\right)^2 + \left(\frac{33{,}703 \times 10^3 \times 1{,}400}{1.7 \times 100{,}000^2}\right)^2} \le 0.75\left(\frac{1}{6}\sqrt{32} + \frac{2}{3}\sqrt{32}\right)$$

$$\sqrt{0.381 + 7.704} = 2.843\text{N/mm}^2 < 0.75 \times 4.71 = 3.533\text{N/mm}^2$$

∴ 단면은 적합하다.

(4) 횡방향 비틀림철근의 설계

비틀림에 필요한 스터럽의 단면적을 $\theta=45°$로 보고, 식(5.63)을 사용하여 기둥 전면에 대하여 계산하면,

$$\frac{A_t}{s}=\frac{T_u}{2\phi A_o f_{yv}}\tan\theta=\frac{39.076\times10^6}{2\times0.75\times85{,}000\times350}\times\tan45°$$

$$=0.876\text{mm}^2/\text{mm}$$

이것은 폐쇄스터럽 다리 한 가닥에 대한 값이다.

콘크리트가 부담해야 하는 설계전단강도는 식(5.12)에 ϕ를 곱하면

$$\phi V_c=\phi\left(\frac{1}{6}\sqrt{f_{ck}}\,b_w d\right)=0.75\times\frac{1}{6}\times\sqrt{32}\times300\times550=116{,}673\text{N}$$

보의 지지부 전면(기둥면)에서 전단에 필요한 스터럽의 단면적은 식(5.26)으로부터

$$\frac{A_v}{s}=\frac{V_u-\phi V_c}{\phi f_{yt}d}=\frac{117{,}460-116{,}673}{0.75\times350\times550}=0.005\text{mm}^2/\text{mm}$$

이것은 스터럽 다리 두 가닥에 대한 값이다.

따라서, 전단과 비틀림의 조합작용에 대해 필요한 전단철근과 비틀림철근의 합은 식(5.82)로부터

$$\left(\frac{A_{v+t}}{s}\right)=\frac{A_v}{s}+2\frac{A_t}{s}=0.005+2\times0.876=1.76\text{mm}^2/\text{mm}$$

최소 횡방향철근량은 식(5.83)으로부터 다음과 같이 구할 수 있다. 즉,

$$(A_v+2A_t)_{\min}=0.0625\sqrt{f_{ck}}\frac{b_w s}{f_{yt}}\geq0.35\frac{b_w s}{f_{yt}}$$

$$\frac{A_v+2A_t}{s}=0.0625\sqrt{f_{ck}}\frac{b_w}{f_{yt}}=0.0625\times\sqrt{32}\times\frac{300}{350}$$

$$=0.31\text{mm}^2/\text{mm}>0.35\frac{b_w}{y_{yt}}=0.35\times\frac{300}{350}=0.3\text{mm}^2/\text{mm}$$

$$\frac{A_v+2A_t}{s}=0.31\text{ mm}^2/\text{mm}<\text{사용 횡방향 철근량 }1.76\text{mm}^2/\text{mm}$$

∴ 횡방향 철근량은 적합하다.

횡방향철근으로 D16을 사용한다면 단면적은 $A_v+2A_t=198.6\times2=397\text{mm}^2$이므로 간격은 다음과 같이 된다.

$$\frac{397}{s}=1.76\text{mm}^2/\text{mm},\quad\therefore s=225\text{mm}$$

횡방향 비틀림철근의 최대간격은 다음과 같다.

$$\frac{p_h}{8}=\frac{1{,}440}{8}=180\text{mm 또는 }300\text{mm}$$

또한, 전단에 대한 스터럽의 최대간격은 다음과 같다.

$$0.5d=0.5\times550=275\text{mm 또는 }600\text{mm}$$

$V_u < \frac{1}{2}\phi V_c$인 경우에는 전단철근이 불필요하다. 즉, 지간중앙에서 지점방향으로 $\frac{1}{2}\phi V_c$가 되는 위치까지의 거리 1,987mm$(=\frac{4,000}{117,460}\times 58,336)$ 구간은 전단철근이 불필요하다. 그러나, 비틀림철근은 지간중앙에서 지점방향으로 $\phi\left(\frac{1}{12}\sqrt{f_{ck}}\frac{A_{cp}^2}{p_{cp}}\right)$가 되는 위치까지의 거리 821mm$(=\frac{4,000}{39,076}\times 8,021)$까지는 이론적으로 비틀림철근이 불필요하지만 안전을 위해 이 점을 지나 $b+d(300+550=850\text{mm})$만큼 지간 중앙방향으로 연장하여 배치해야 하므로, 결국 폐쇄스터럽은 전체 지간에 걸쳐 배근한다. 따라서, D16의 폐쇄스터럽을 위험단면 부근까지는 안전 측으로 설계하기 위하여 150mm의 간격으로 배치하고, 그 외 구간은 최대간격인 180mm 간격으로 배치한다. 즉 지점에서 지간중앙 방향으로 1.0m까지는 D16 폐쇄스터럽을 150mm 간격으로 배치하고, 이 단면부터 지간중앙까지 3.0m구간은 180mm 간격으로 배치한다.

(5) 종방향 비틀림철근 설계

종방향 비틀림철근량은 식(5.73)으로부터

$$A_l = \frac{A_t}{s}p_h\frac{f_{yv}}{f_{yl}}\cot^2\theta$$

$$= 0.876\times 1,400\times\frac{350}{350}\times(\cot 45°)^2 = 1,266\text{mm}^2$$

최소 종방향철근량은 식(5.84)로부터

$$A_{l(\min)} = \frac{0.42\sqrt{f_{ck}}A_{cp}}{f_{yl}} - \frac{A_t}{s}p_h\frac{f_{yv}}{f_{yl}}$$

$$= \frac{0.42\times\sqrt{32}\times 247,500}{350} - 0.876\times 1,400\times\frac{350}{350}$$

$$= 1,680 - 1,266 = 454\text{mm}^2$$

또한, 최소 종방향철근량 계산에서 식(5.85) $\frac{A_t}{s}\geq 0.175\frac{b_w}{f_{yv}}$를 만족해야 한다. 따라서 이 조건을 검토한 결과, 다음과 같이 만족하는 결과를 얻었다.

$$0.175\frac{b_w}{f_{yv}} = 0.175\times\frac{300}{350} = 0.15\text{mm}^2/\text{mm} < \frac{A_t}{s} = 0.876\text{mm}^2/\text{mm}$$

D16(단면적 =198.6mm^2)을 종방향철근으로 사용하면, 필요한 철근 갯수는

$$\frac{1,266}{198.6} = 6.4$$

그러므로, D16 철근 8개를 보의 양변에 각각 4개씩 배치한다. 그러면 그 간격은

$$\frac{550-50}{3} = 167\text{mm} < 300\text{mm}$$

폐쇄스터럽 간격 150mm의 $\frac{1}{24} = 6.25$mm 보다 D16의 공칭지름 15.9mm가 더 크므로, 종방향철근의 구조세목은 모두 적합하다.

연습문제

5-1 D22철근 4개를 인장측에 배근한 직사각형단면의 철근콘크리트 보가 65kN 의 계수전단력을 받을 때 최대전단응력과 평균전단응력을 구하시오.
단, $b = 300\text{mm}$, $d = 600\text{mm}$, $f_{ck} = 28\text{MPa}$, $f_y = 240\,\text{MPa}$이다.

5-2 직사각형 콘크리트단면이 계수전단력 $V_u = 95{,}000\,\text{N}$에 저항하여야 한다. 콘크리트의 설계기준강도가 $f_{ck} = 21\text{MPa}$일 때, 다음 사항에 답하시오.
(가) 전단철근이 없어도 저항할 수 있는 단면의 최소 크기는? (b_w 는 가정)
(나) 최소 전단철근으로 저항할 수 있는 단면의 최소 크기는? (b_w 는 가정)

5-3 지간 $l = 6.7\text{m}$인 계수등분포하중 80kN/m를 지지하는 직사각형 단면을 가지는 단순보가 있다. 수직스터럽을 사용하여 이 보의 전단설계를 수행하시오. 이 보는 $b = 300\text{mm}$, $d = 490\text{mm}$이며, 콘크리트의 설계기준강도는$f_{ck} = 24\text{MPa}$이고, 수직스터럽의 항복강도는 $f_y = 240\text{MPa}$이다.

5-4 $95\,\text{kN/m}$의 계수 등분포하중(자중 포함)과 보의 중앙에 $110\,\text{kN}$의 계수 집중하중을 받는 지간 $l = 4.5\,\text{m}$의 철근콘크리트 단순보의 전단철근을 설계하시오. 이 보는 $b = 400\,\text{mm}$, $d = 500\,\text{mm}$이며, 콘크리트의 설계기준강도는 $f_{ck} = 28\text{MPa}$, 전단철근의 항복강도는 $f_y = 300\text{MPa}$이다.

5-5 활하중 $5.5\,kN/m$ 을 받고 있는 지간 $l = 8.5\,m$ 의 철근콘크리트 단순보가 있다. 직사각형 단면의 폭과 높이는 $350 \times 650\,mm$ 이고, 보의 유효높이는 $d = 600\,mm$ 이다. 콘크리트의 설계기준강도가 $f_{ck} = 24\,MPa$일 때, 이 보의 전단보강 여부를 검토하시오.

5-6 [문제 5-5]에서 $115\,kN$ 의 집중 활하중이 보의 중앙에 추가로 작용한다면 어떠한 변화가 나타나는지 검토하시오. 그리고 만약에 전단철근이 필요하게 된다면 수직스터럽으로 설계하시오. 스터럽의 항복강도는 $f_y = 350MPa$ 이다.

5-7 지간 $l = 6.0m$ 의 단순보에 자중을 포함한 고정하중 $15kN/m$ 과 활하중으로서 등분포하중 $40kN/m$ 및 지간 중앙에 집중하중 $50kN$ 가 작용하고 있다. 이 보의 단면결정과 전단철근의 설계 구간을 정하시오. 콘크리트의 설계기준강도는 $f_{ck} = 24MPa$이다.

5-8 문제 5-7에서 구한 설계구간에 대해 수직스터럽을 사용하여 전단설계를 수행하시오. 여기서, 수직스터럽의 항복강도는 $f_y = 240MPa$이다.

5-9 한 변의 치수가 $350mm$ 인 정사각형 띠철근 기둥에 돌출된 일반적인 브래킷을 설계하시오. 이 브래킷은 수직으로 사하중 반력 $130kN$, 활하중 반력 $220kN$ 를 지지해야 한다. 받침부 지압판 위해 PSC 거더가 설치되어 있으며, 수평 구속력은 발생하지 않는 것으로 가정한다. 브래킷에 작용하는 수직하중은 기둥 전면으로부터 $100mm$ 이격된 곳이다. 콘크리트와 철근의 응력은 $f_{ck} = 35MPa$, $f_y = 400MPa$ 이다.

5-10 자중에 의한 사하중 70kN과 활하중 110kN을 지지하고 있는 브래킷을 설계하시오. 수직 반력은 정사각형 기둥 전면으로부터 250mm 이격되어 있으며, 기둥 한 변의 치수는 380mm이다. 구속된 보의 크리프와 건조수축에 의한 수평 반력은 40kN이다. $f_{ck} = 35\text{MPa}$, $f_y = 400\text{MPa}$이다.

5-11 한 변의 치수가 400mm인 정사각형 띠철근 기둥에 돌출된 일반적인 브래킷을 설계하시오. 이 브래킷은 수직하중으로서 사하중 반력 150kN, 활하중 반력 300kN를 지지해야 한다. 받침부 수평 구속력은 발생하지 않는 것으로 가정한다. 수직하중은 기둥 전면으로부터 125mm 이격된 곳에서 작용한다. 여기서, 콘크리트 및 철근의 강도는 $f_{ck} = 35\text{MPa}$, $f_y = 400\text{MPa}$이다.

5-12 계수비틀림모멘트 $T_u = 20\,\text{kN}\cdot\text{m}$을 받는 단순 지지보에 필요한 비틀림철근을 설계하시오. 보의 단면은 폭 $b = 300\,\text{mm}$, $d = 500\text{mm}$, $d' = 60\text{mm}$ 높이 $h = 560\,\text{mm}$인 직사각형 단면이고, 종방향으로 D22 철근 4개가 보강되어 있다. $f_{ck} = 24\,\text{MPa}$, $f_y = 300\,\text{MPa}$이다.

5-13 그림 5.45에 보인 바와 같이 철근 콘크리트 가장자리 보(spandrel beam)는 단면 치수가 $250 \times 450\text{mm}$이며, 두께 $t = 150\text{mm}$인 슬래브와 일체로 되어 있다. 그림에 보인 이 보의 단면은 지지부 내측 전면으로부터 유효깊이 d만큼 떨어진 곳의 위험단면을 나타낸 것이다. 이 단면에 작용하는 계수하중은 $M_u = 100\text{kN}\cdot\text{m}$, $V_u = 90\text{kN}$, $T_u = 12\text{kN}\cdot\text{m}$이다. 이 단면의 적합성을 검토하고, 필요하다면 횡방향철근을 배치하시오. 콘크리트 및 철근의 강도는 $f_{ck} = 35\text{MPa}$, $f_y = 400\text{MPa}$이다.

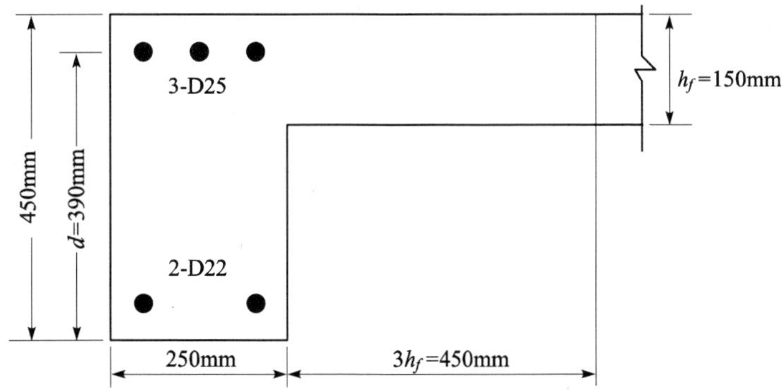

그림 5.45

제6장

정착과 이음

이 장은 콘크리트구조 설계기준 [*KDS* 14 20 52 콘크리트구조 정착 및 이음 설계기준]의 규정에 따라 작성한 것이다.

6.1 개요

그림 6.1(a)의 철근콘크리트 보에 원형철근을 배치하여 철근과 콘크리트가 서로 부착되지 않도록 철근 표면에 그리스나 윤활유 등을 도포한 경우, 이 보는 무근콘크리트 보와 거의 동등한 정도의 파괴강도를 가질 것이다. 이 보에 하중이 작용하면 철근은 원래의 길이를 유지하려고 하며, 그림 6.1(b)에 보인 바와 같이 주변 콘크리트에 대해 길이방향으로 활동(slip)하려고 한다. 또한 콘크리트는 휨모멘트의 작용에 의해 인장 변형을 일으키게 된다. 이와 같이 철근과 콘크리트가 일체로 작용하지 않을 경우, 철근의 변형률은 주변 콘크리트의 변형률과 같다는 이른바 평면보존의 법칙이 성립되지 않는다. 그러므로 철근과 콘크리트의 경계면에서 발생하는 큰 활동을 억제하기 위해서는 이들 상호간의 부착(bond)이 요구된다.

그림 6.1(c)는 철근이 주변 콘크리트에 의해 완전히 부착된 경우, 철근 표면에 작용하는 콘크리트의 부착력(bond force)을 나타낸 것이며, 그림 6.1(d)는 크기가 같고 방향이 반대인 철근에 작용하는 부착력을 나타낸 것이다. 이러한 경계면에서의 부착력이 작용하게 되면 그림 5.1(b)에 나타낸 바와 같은 활동은 방지된다.

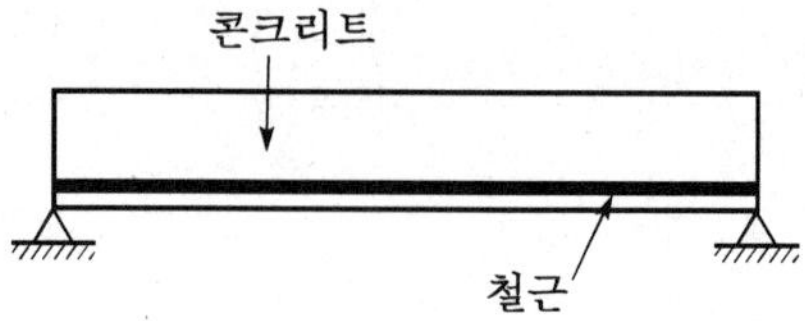

(a) 비부착 철근콘크리트 보

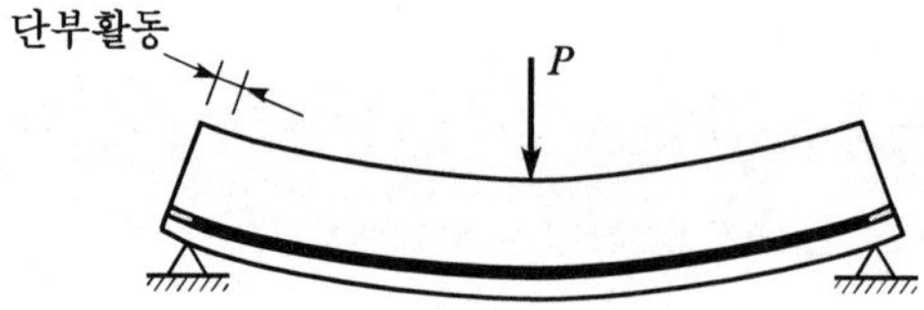

(b) 재하 후 비부착 철근의 활동

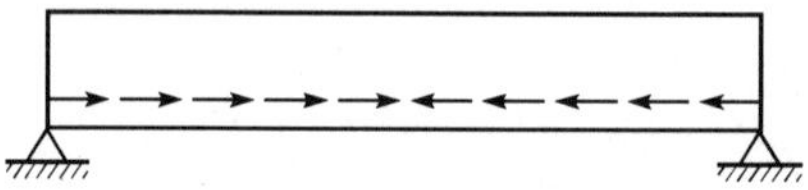

(c) 콘크리트의 부착력

(d) 철근의 부착력

그림 6.1 휨에 의한 부착력

원형철근의 부착강도는 철근과 콘크리트 사이의 점착력(adhesion)과 철근 표면의 마찰(friction)에 의해 발현되므로, 부착강도가 작아서 콘크리트로부터 뽑혀 나오는 이른바 인발파괴(pullout farcture)를 일으킨다. 이에 대하여 이형철근은 마디 및 리브 등의 돌기에 의한 억물림(interlocking)으로 콘크리트가 철근의 변형을 억제함으로서 매우 큰 부착응력이 발생한다. 이러한 부착응력이 한계치를 초과하게 되면 철근을 둘러싸고 있는 콘크리트에 할렬파괴(splitting farcture)가 발생한다. 일반적인 구조물에서는 이형철근에 갈고리와 같은 특별한 정착장치를 두지 않더라도 철근의 인발에 의한 파괴를 방지할 수 있으며, 또한 균열폭 뿐만 아니라 처짐을 감소시키는데도 효과가 있다. 이형철근의 할렬파괴에 대한 저항력은 콘크리트의 인장 저항력에 의존하기 때문에, 콘크리트의 피복두께를 증가시키고, 철근간격을 크게 하며, 띠철근과 스터럽의 구속 능력을 증가시키면 커지게 된다.

철근의 부착과 관련하여 종전에는 설계기준에서 휨부착(flexural bond)과 정착부착(anchorage bond) 두 개념의 요구조건을 규정하였지만, 현행 콘크리트구조 설계기준에서는 이를 대체하기 위하여 철근의 정착에 대한 정착길이(development length) 개념이 도입되었다.

6.2 철근의 정착 및 부착파괴

6.2.1 정착길이

보에 작용하는 휨모멘트와 전단력에 저항하기 위한 휨철근 및 전단철근에 대한 설계에 대해서는 앞 장에서 이미 다루었다. 보의 휨모멘트에 의한 인장력을 전달하기 위해서는 휨철근을 배치한다. 그러나 철근이 콘크리트에 충분히 매입되어 있어야 이러한 인장력을 유발시킬 수가 있다. 정착길이가 적절하지 않으면 뽑혀 나오거나 주변 콘크리트를 할렬시킬 것이다. 따라서, 보의 휨모멘트 저항능력은 철근의 단면적뿐만 아니라 철근의 양 끝을 잡아주는 철근의 매입길이(embedment length)와도 관계가 있다.

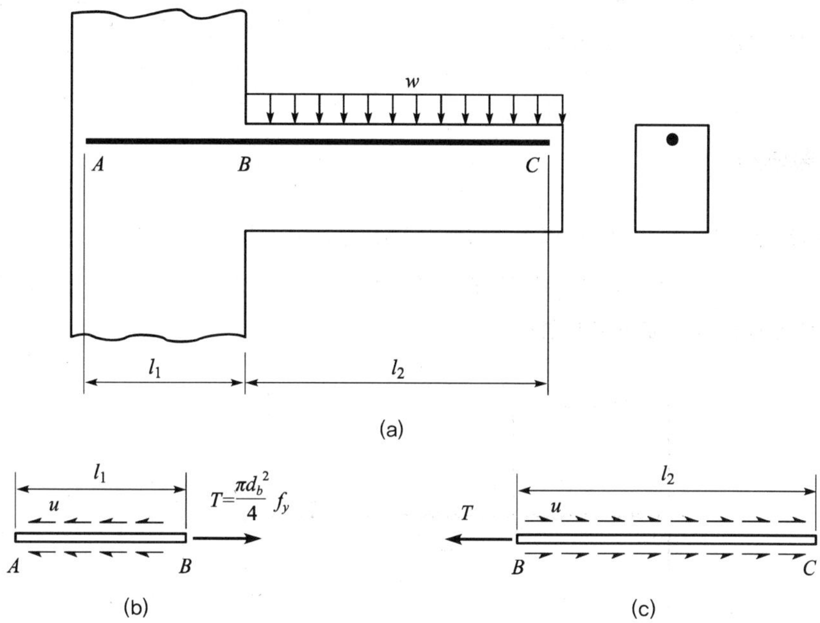

그림 6.2 철근의 정착

그림 6.2(a)에 보인 바와 같은 분포하중을 받는 캔틸레버를 생각해보자. 정착길이의 개념을 설명하기 위해, 지름 d_b인 인장철근 한 개가 배치되어 있다고 가정하자. 그림 6.2(b)와 같이 철근 AB를 자유물체로 생각할 경우, B에서의 철근의 인장력은 $f_y A_b$이고, 이 인장력은 정착길이 l_1에서 발휘되는 부착응력에 의해 콘크리트에 전달된다. AB 부분의 철근 표면적 $\pi d_b l_1$에 작용하는 평균부착응력을 u라고 하면, 다음과 같은 관계가 성립된다.

$$u\pi d_b l_1 = f_y A_s = f_y \frac{\pi d_b^2}{4}$$

따라서, 정착길이는 다음 식(6.1)과 같이 된다.

$$l_1 = \frac{f_y}{4u} d_b \tag{6.1}$$

그림 6.2(c)에 보인 바와 같이 동일한 위치에 자유물체도 BC를 생각해 보자. B에서의 최대 인장력은 AB 또는 BC의 매입길이에 의해 유발되어야 한다. 공간적인 제한으로 적절한 길이를 충분히 매입시키지 못할 경우, 철근에는 표준갈고리(standard hook)를 붙여 사용한다. 표준갈고리는 기계적인 작용에 의해 등가정착길이(equivalent anchorge length)에 기여하며, 따라서 필요한 매입길이를 줄이는데 유효하다. 철근의 정착길이는 인장뿐만 아니라 압축을 받는 경우에도 사용된다.

6.2.2 휨부착

휨모멘트는 지간의 위치에 따라 변화하므로 철근의 인장력도 그에 상응하여 변화한다. 즉, 이는 철근과 콘크리트의 경계면에서 철근의 길이방향으로 상호작용이 일어나며, 이를 휨부착(flexural length)이라 한다.

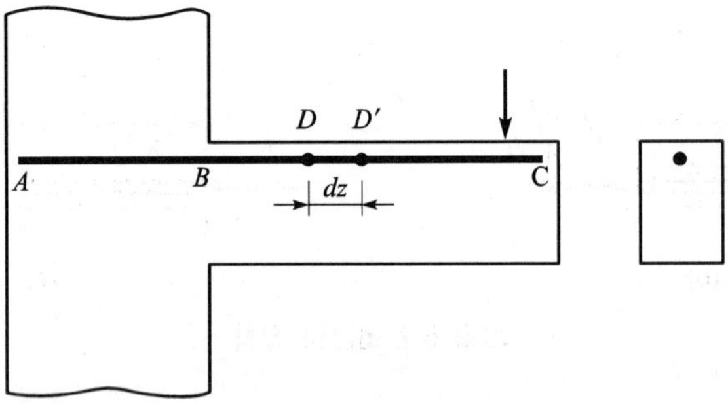

(a)

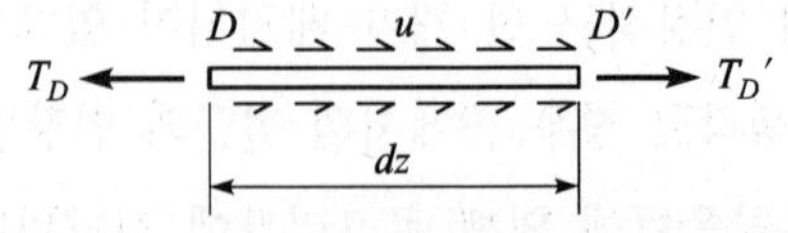

(b)

그림 6.3 인장철근의 휨부착

그림 6.3(a)와 같은 캔틸레버에 대하여 철근의 세그먼트 DD'에 대하여 생각해 보자. 그림 6.3(b)와 같은 DD'의 자유물체에서 T_D는 $T_D{}'$보다 약간 크다. 휨모멘트 M_D는 내력 C 또는 T와 이들 사이의 모멘트 팔거리 z의 곱이므로 다음과 같은 식이 얻어진다.

$$T_D = \frac{M_D}{z} \quad \text{그리고} \quad T_D{}' = \frac{M_D{}'}{z} \tag{6.2}$$

또한, 평형조건식 $\Sigma H = 0$으로부터 수평력의 합은 0이어야 하므로,

$$u\pi d_b dx = T_D - T_D{}' = \frac{M_D - M_D{}'}{z} = \frac{dM}{z}$$

$$\therefore\ u = \frac{1}{\pi d_b z}\frac{dM}{dx} = \frac{V}{\pi d_b z} \tag{6.3}$$

여기서, u는 휨부착응력이고, πd_b는 철근의 둘레이다.

과거의 허용응력설계법에서는 이와 같은 휨부착을 검토하였지만, 이 식은 이론상의 평균 부착응력이며, 실제의 부착응력을 나타내는 것은 아니다. 또 높은 휨부착 응력으로 인한 국부활동과 인장철근의 정착기능이 감소되었을 때 보의 강도와 상관성이 적다는 이유 등 때문에 강도설계법에서는 채용하고 있지 않다.

6.2.3 부착 파괴 형태

만약 철근이 주변 콘크리트에 의해 충분히 구속된다면 철근의 인장력이 증가하며, 접착력과 마찰력을 초과하게 되면 콘크리트는 결국 철근의 변형에 앞서 국부적으로 파쇄된다. 이형철근의 경우, 철근의 변형을 콘크리트가 억제함으로서 일어나는 기계적인 억물림(interlocking) 효과에 비하면 접착력과 마찰력은 철근의 정착에 그다지 큰 영향을 미치지 않는다. 보에서는 콘크리트의 할렬로 인한 부착파괴가 주류를 이루고 있다. 이러한 콘크리트의 할렬은 주로 이형철근의 리브가 콘크리트에 저항하는 쐐기 작용에서 비롯된다.

콘크리트의 할렬에 의한 균열은 그림 6.4(a)와 같이 수직면으로 발생하거나, 또는 그림 6.4(b)와 같이 철근의 평면에 수평방향으로 발생한다. 수평방향으로 발생하는 할렬은 주로 사방향 균열에서 시작된다. 이 경우 다월작용(dowel action)은 할렬의 경향을 증가시기며, 이는 전단 및 부착파괴가 종종 복잡하게 상호 연관되어 있다. 인발 저항을 초과하거나 할렬이 정착되지 않은 철근의 단부의 모든 곳으로 퍼지게 되면 완전한 부착파괴가 발생한다. 콘크리트에 대한 철근의 활동은 보의 즉각적인 붕괴로 이어진다.

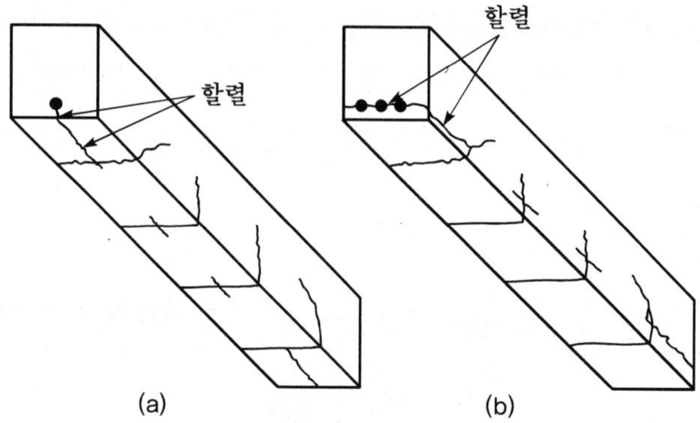

그림 6.4 콘크리트의 할렬파괴

그림 6.5는 이형철근과 콘크리트 사이에서 부착력의 상호작용을 보인 것이다. 할렬이 부착파괴의 일반적인 형태이지만 초기 할렬이 곧 보의 파괴를 가져오지는 않는다. 계속 진전하는 할렬은 부착력 감소의 첫 신호이고 부착붕괴의 원인이 된다. 인장철근을 스터럽이나 나선철근으로 둘러 감으면 여러 개의 할렬이 일어날 때까지 부착파괴를 상당히 지연시킬 수 있다.

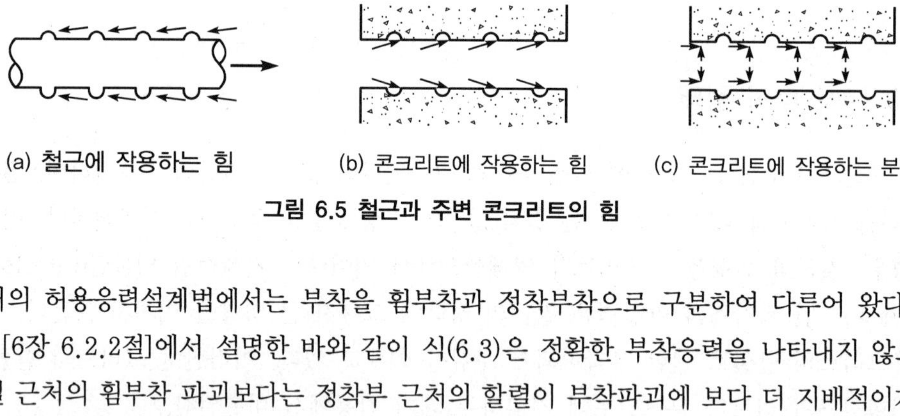

그림 6.5 철근과 주변 콘크리트의 힘

과거의 허용응력설계법에서는 부착을 휨부착과 정착부착으로 구분하여 다루어 왔다. 그러나, [6장 6.2.2절]에서 설명한 바와 같이 식(6.3)은 정확한 부착응력을 나타내지 않으며, 휨균열 근처의 휨부착 파괴보다는 정착부 근처의 할렬이 부착파괴에 보다 더 지배적이기 때문에, 콘크리트구조 설계기준에서는 휨부착의 검토는 폐지하고 철근의 정착만을 검토하도록 규정하고 있다.

6.2.4 정착길이에 영향을 미치는 요인

철근의 정착에 영향을 미치는 가장 기본적인 요인으로서는 콘크리트의 인장강도, 피복두께, 철근의 간격, 횡방향 철근 등이 포함된다. 콘크리트의 인장강도는 보에서 부착파괴의 가장 일반적은 형태가 그림 6.4에 보인 바와 같이 할렬파괴의 형태를 갖기 때문에 중요하다. 비록 인장강도가 실험적으로 도출된 정착길이를 구하는 식에 직접 표현되어 있지는 않지만, $\sqrt{f_{ck}}$ 항은 해당식의 분모이며, 이것으로서 콘크리트 인장강도의 영향을 반영하고 있다.

경량골재 콘크리트의 경우, 인장 강도는 일반적으로 동일한 압축 강도를 갖는 일반콘크리트보다 낮다. 그러므로 경량골재 콘크리트를 사용할 경우 정착길이를 증가시켜야 한다.

철근의 피복두께는 할렬의 영향을 받는다. 피복두께는 일반적으로 철근의 중심에서 가장 가까운 콘크리트 표면까지의 거리로 측정한다. 수직 또는 수평 방향의 피복두께가 증가하면, 콘크리트가 이형철근의 쐐기 작용에 따른 인장력에 저항할 수 있는 효과가 커지고, 할렬에 대한 저항성이 향상되어 정착길이가 단축된다.

그림 6.4(b)는 철근 간격이 증가할 경우(예를 들어, 철근 3개 대신 2개만 사용하는 경우), 콘크리트의 수평방향으로 발생하는 할렬 저항 효과가 커질 것이라는 사실을 보여주고 있다. 보에서 철근은 일반적으로 철근지름 한 개 또는 두 개 정도의 간격으로 배치한다. 슬래브, 확대기초 및 기타 특정 유형의 부재의 경우에는 일반적으로 철근간격이 더 커지고 필요한 정착길이는 줄어들게 된다.

스터럽과 같은 횡방향철근은 그의 인장력이 실제 또는 잠재적 균열의 개방을 방해하기 때문에 수직 또는 수평방향으로 발생하는 할렬 파괴에 대한 인장 철근의 저항력을 개선시킨다. 이러한 횡방향철근의 보강의 효과는 그의 단면적과 정착길이에 따른 간격에 따라 달라진다.

깊이가 깊은 보에 콘크리트를 타설할 경우, 상부 철근 하면에는 워커빌리티를 확보하기 위해 가해지는 여분의 배합수와 콘크리트 상면으로 올라오는 연행공기 등에 의해 수막이 생겨 부착에 나쁜 영향을 끼치게 된다. 실험결과, 철근 하면에 콘크리트를 300mm 이상 타설한 경우, 그 철근의 부착강도는 현저하게 감소하는 것으로 나타났다.

에폭시 도막 철근은 고속도로 교량 바닥판 및 주차장과 같이 구조물이 부식성 환경 조건 또는 제빙 화학 물질에 노출될 수 있는 경우에 사용된다. 에폭시 도막은 콘크리트와 철근 사이의 마찰을 감소시켜 부착강도를 감소시키기 때문에 정착길이를 증가시켜야 한다. 에폭시 도막 철근의 부착강도는 접착력이 부족하여 이미 감소된 상태이므로 수평철근 하면의 콘크리트 깊이를 고려한 위치계수와 에폭시 도막 계수의 곱에 대한 상한값이 설정되어 있다.

한편, 설계기준에 따라 계산상 요구되는 철근량을 다소 초과하는 인장철근이 배치되는 경우가 있다. 예를 들어, 철근 지름이 선정되거나 최소 철근 요구 조건에 의해 실재로 배치되는 철근량이 증가하게 된다. 이 경우, 실제로 배치되는 철근 면적에 대한 요구되는 철근 면적의 비율에 의해 정착길이는 단축된다.

매우 짧은 정착길이를 가지는 철근(대부분 $l_d/d_b < 15$)에 기초한 연구결과, 지름이 작은

철근은 콘크리트구조 설계기준에서 제시하고 있는 정착길이 예측식보다 더 작은 값을 갖는다는 사실이 관찰되었다. 그 결과, $D19$ 이하의 지름을 가지는 철근에서 필요로 하는 정착길이는 감소시키는 것으로 규정하고 있다.

이상의 결과로부터 정착길이에 대한 모든 보정계수는 콘크리트구조 설계기준에 명시적으로 정의되어 있으며 적절한 제한을 두고 있다.

6.3 철근의 정착

6.3.1 정착의 일반

철근을 정착하는 데는 철근의 최대 응력점으로부터 얼마만큼의 철근의 매입길이, 즉 정착길이가 필요하며, 이 정착길이는 최대 응력이 발생하는 단면에서 양 쪽에 대해 검토해야 한다. 그러나, 짧은 쪽의 청착길이가 충분하면 긴 쪽의 정착길이는 검토할 필요가 없다. 이러한 사례는 받침부를 지나 다음 경간의 중심까지 연속되는 부모멘트 철근에서 볼 수 있다. 따라서 철근의 단부를 적절하게 콘크리트 내에 정착시키기 위해서는 정착에 유효한 방법으로 설계하고, 철근과 콘크리트가 서로 부착이 잘 되도록 시공하여야 한다.

철근콘크리트 부재에서 각 단면의 철근에 작용하는 인장력 또는 압축력이 단면의 양측에서 발휘될 수 있도록 정착길이, 갈고리, 기계적 정착, 또는 이들의 조합에 의하여 철근을 정착시켜야 한다. 이때 갈고리는 압축철근의 정착에 유효하지 않은 것으로 본다. 또한, $\sqrt{f_{ck}}$ 값은 8.4MPa을 초과하지 않도록 규정하고 있다.

6.3.2 인장 이형철근 및 이형철선의 정착

콘크리트구조 설계기준에서는 갈고리 없이 묻힘길이만으로 인장 이형철근 또는 이형철선을 정착할 경우, 그 정착길이 l_d를 구하는 데는 ① 기본정착길이에 보정계수를 곱하는 간편식, ② 정착길이를 구하는 기본식 가운데 한 가지 방법을 선택하여 사용할 수 있도록 규정하고 있다. 식(6.5)는 정착길이를 구하는 기본식을 사용하는 방법이며, 식(6.4)는 기본정착길이에 보정계수를 곱하여 구하는 방법으로서 간편성을 위한 보조적인 방법이다. 다만, 이렇게 구한 정착길이 l_d는 항상 300mm 이상이라야 한다.

1) 간편식에 의한 정착길이 계산 방법

이형 인장철근 및 이형철선의 간편식에 의한 정착길이는 기본 정착길이에 보정계수를 곱하여 구한다. 이 때 기본 정착길이 l_{db}는 식(6.4)와 같다.

$$l_{db} = \frac{0.6 d_b f_y}{\lambda \sqrt{f_{ck}}} \tag{6.4}$$

여기서, d_b : 철근의 공칭지름(mm)

f_y : 철근의 항복강도(MPa)

f_{ck} : 콘크리트의 설계기준강도(MPa)

λ : 경량콘크리트계수([2장 2.2.5절] 참고)

인장 이형철근 및 이형철선의 간편식에 의해 정착길이를 구할 때의 보정계수는 표 6.1에 나타낸 바와 같이 철근의 종류, 철근의 간격, 피복두께 등에 따라 정해진다.

표 6.1 보정계수

철근의 간격, 피복두께 등의 조건	철근의 종류	
	D19 이하의 철근과 이형철근	D22 이상의 철근
① 정착되거나 이어지는 철근의 순간격이 d_b 이상이고, 피복두께도 d_b 이상이면서, l_d의 전 구간에 콘크리트구조 설계기준에 규정된 최소량 이상의 스터럽 또는 띠철근이 배근된 경우 ② 정착되거나 이어지는 철근의 순간격이 $2d_b$ 이상이고, 피복두께가 d_b 이상인 경우	$0.8\alpha\beta$	$\alpha\beta$
③ 기타	$1.2\alpha\beta$	$1.5\alpha\beta$

표 6.1의 보정계수 및 기본 정착길이 계산에 사용되고 있는 계수 α, β, λ는 각각 다음과 같다.

(1) 철근배치 위치계수 α

① 상부철근(정착길이 또는 겹침 이음부 아래에 300mm 이상 굳지 않은 콘크리트를 타설한 수평철근) ······ 1.3

② 그 밖의 철근 ······ 1.0

(2) 도막계수 β

① 피복두께가 $3d_b$미만 또는 순간격이 $6d_b$ 미만인 에폭시 도막 혹은 아연-에폭시 이중 도막 철근 또는 철선 ······ 1.5

② 기타의 에폭시 도막 혹은 아연-에폭시 이중 도막 철근 또는 철선 ······ 1.2

③ 아연도금 혹은 도막되지 않은 철근 또는 철선 ······ 1.0

(3) 경량콘크리트계수 λ

① f_{sp}값이 규정되어 있지 않은 경우

- 전경량 콘크리트 ······ 0.75
- 모래경량 콘크리트 ······ 0.85
- 다만, 0.75에서 0.85의 값은 모래경량 콘크리트의 잔골재를 경량잔골재로 치환하는 체적비에 따라 직선보간한다. 0.85에서 1.0 사이의 값은 일반콘크리트의 굵은골재를 경량골재로 치환하는 체적비에 따라 직선보간한다,

② f_{sp}가 주어진 경량 콘크리트 ······ $\lambda = \dfrac{f_{sp}}{0.56\sqrt{f_{ck}}} \leq 1.0$

③ 일반 콘크리트 ······ 1.0

(4) 에폭시 도막철근이 상부철근인 경우

상부철근의 위치계수 α와 도막계수 β의 곱, $\alpha\beta$가 1.7보다 클 필요는 없다.

2) 기본식에 의한 정착길이 계산 방법

기본식에 의한 인장 이형철근 및 이형철근의 정착길이 l_d는 다음 식(6.5)에 의해 구한다.

$$\left.\begin{aligned} & l_d = \frac{0.90 d_b f_y}{\lambda\sqrt{f_{ck}}} \cdot \frac{\alpha\beta\gamma}{\left(\dfrac{c+K_{tr}}{d_b}\right)} \\ & \frac{c+K_{tr}}{d_b} \leq 2.5 \end{aligned}\right\} \qquad (6.5)$$

여기서, 계수 γ, c 및 K_{tr}은 다음과 같다.

(1) 철근 또는 철선의 크기계수 γ

① D19 이하의 철근과 이형철선 ······ 0.8

② D22 이상의 철근 ······ 1.0

(2) 철근 간격 또는 피복두께에 관련된 치수 c

철근 또는 철선의 중심부터 가장 가까운 콘크리트 표면까지의 거리와 정착되는 철근 또는 철선의 중심간 거리의 1/2 중 작은 값을 사용한다.

(3) 횡방향철근 지수

$$K_{tr} = \frac{40A_{tr}}{sn} \tag{6.6}$$

여기서, A_{tr} : 정착된 철근을 따라 쪼개질 가능성이 있는 면을 가로질러 배치된 간격 s 이내에 있는 횡방향철근의 전체 단면적(mm^2)

f_{yt} : 횡방향철근의 설계기준 항복강도(MPa)

s : 정착길이 l_d구간 내에 있는 횡방향철근의 최대 중심간격(mm)

n : 쪼개질 가능성이 있는 평면을 따라 정착되거나 이어지는 철근의 갯수로서 횡방향 철근이 배치되어 있더라도 설계의 간편을 위해 $K_{tr}=0$ 으로 사용할 수 있다.

3) 소요 철근량 이상 배근된 경우의 보정

휨부재에 배치된 철근량이 해석에 의해 요구되는 소요 철근량을 초과하는 경우는 계산된 정착길이에 $\left(\frac{\text{소요}\ A_s}{\text{배근}\ A_s}\right)$를 곱하여 정착길이 l_d를 감소시킬 수 있다. 다만, 이때 감소시킨 정착길이 l_d는 300mm 이상이어야 한다. 또한 f_y를 발휘하도록 정착을 특별히 요구하는 경우에는 이를 적용하지 않는다.

4) 설계기준 항복강도가 550MPa을 초과하는 철근에 대해서는 다음 사항을 만족하여야 한다.

① 횡방향 철근을 배치하지 않는 경우에는 $\frac{c}{d_b}$이 2.5 이상이어야 한다.

② 횡방향 철근을 배치하는 경우에는 $\frac{K_{tr}}{d_b} \geq 0.25$와 $\frac{(c+K_{tr})}{d_b} \geq 2.25$를 만족하여야 한다.

예제 6.1 인장을 받고 있는 상부에 배치된 수평철근(철근 아래쪽 콘크리트의 깊이는 300mm를 초과함) $D22(d_b = 22\text{mm})$가 1단으로 배치되어 있다. 철근의 순간격은 25mm, 측면 순피복두께는 40mm이며, 스터럽은 $D10$ 철근을 사용하여 콘크리트구조 설계기준에 적합하도록 배치하였다. 재료의 강도는 $f_{ck} = 24\text{MPa}$, $f_y = 400\text{MPa}$이며, 일반콘크리트로 시공하였다. 간편식과 기본식을 사용하여 각각의 정착길이를 계산하시오. 다만, 철근의 이음이 없다고 가정한다.

풀이

1) 간편식을 사용하는 정착길이의 계산

(1) 보정계수의 계산

상부에 배치된 수평철근 하부의 콘크리트 깊이가 300mm 이상이므로 철근의 위치계수는 $\alpha = 1.3$, 에폭시 도막이 없으므로 철근의 표면처리계수는 $\beta = 1.0$, 일반콘크리트이므로 경량콘크리트계수 $\lambda = 1.0$이다.

정착철근 조건	$D19$ 이하	$D22$ 이상
① 순간격 d_b, 피복두께 d_b 이상 스터럽 배치	$0.8\alpha\beta$	$\alpha\beta$ (○)
② 순간격 $2d_b$, 피복두께 d_b 이상		
③ 기타	$1.2\alpha\beta$	$1.5\alpha\beta$

따라서, $D22$ 철근의 경우 철근 순간격이 $25\text{mm} > d_b = 22\text{mm}$이고 측면의 피복두께가 $40\text{mm} > d_b$이며, 스터럽을 콘크리트구조 설계기준 [KDS 14 20 22 콘크리트구조 전단 및 비틀림 설계기준]의 규정에 따라 배치하였으므로, 보정계수는 표 6.1을 요약한 윗쪽 표의 ○ 표시 부분에 해당된다. 그러므로 보정계수는 다음과 같이 계산된다.

$$\alpha\beta = 1.3 \times 1.0 = 1.3 < 1,7$$

(2) 정착길이의 계산

인장철근의 기본정착길이는 식(6.4)로부터 다음과 같이 계산된다.

$$l_{db} = \frac{0.6 d_b f_y}{\lambda\sqrt{f_{ck}}} = \frac{0.6 \times 22 \times 400}{1.0 \times \sqrt{24}} = 1,078\text{mm}$$

간편식에 의한 정착길이는 기본 정착길이에 보정계수를 곱하여 구하므로 다음과 같이 계산된다.

$$l_d = l_{db} \times \text{보정계수} = l_{db} \times \alpha\beta$$
$$= 1,078 \times 1.0 = 1,078\text{mm}$$

2) 기본식을 사용하는 정착길이 계산

(1) $\dfrac{(c+K_{tr})}{d_b}$ 의 계산

$d_b=22\text{mm}$이고, c는 철근중심으로부터 가장 가까운 콘크리트 표면까지의 거리 또는 철근 중심간 거리의 1/2중 작은 값으로서 다음과 같이 계산된다.

① 철근 중심부터 가장 가까운 콘크리트 표면까지의 거리

$$c_1=40+\frac{22}{2}=51\text{mm}$$

② 철근 중심간격의 $\dfrac{1}{2}$

$$c_2=\frac{25+22}{2}=23.5\text{mm}<51\text{mm}$$

$$\therefore\ c=23.5\text{mm}$$

K_{tr} 은 횡방향철근이 배근되어있다 하더라도 설계의 간편을 위해 0으로 가정할 수 있으므로, $K_{tr}=0$로 놓으면,

$$\frac{(c+K_{tr})}{d_b}=\frac{(23.5+0)}{22}=1.07<2.5$$

따라서, 1.07을 적용한다.

(2) 기본식에 의한 정착길이의 계산

$D22$ 철근을 사용하므로 철근의 크기계수는 $\gamma=1.0$이며, 그 밖의 계수는 간편식에서 산정한 값을 그대로 사용한다.

식(6.5)를 사용하여 기본식에 의한 정착길이는 다음과 같이 계산된다.

$$l_d=\frac{0.90\,d_b f_y}{\lambda\sqrt{f_{ck}}}\frac{\alpha\beta\gamma}{\left(\dfrac{c+K_{tr}}{d_b}\right)}=\frac{0.90\times22\times350}{1.0\times\sqrt{24}}\times\frac{1.3\times1.0}{1.07}$$

$$=1{,}719\text{mm}$$

예제 6.2 예제 6.1에서 철근의 순간격이 $1.5d_b$이고, 에폭시 도막 철근을 사용한다면, 이 때 필요한 정착길이를 간편식과 기본식을 사용하여 각각 계산하시오.

풀이

1) 간편식을 사용한 정착길이 계산

(1) 보정계수의 계산

$\alpha=1.3$(보의 유효깊이가 300mm 이상인 상부철근), $\beta=1.5$(에폭시 도막 철근), $\gamma=1.0$(일반콘크리트)이다.

그런데, 에폭시 도막철근이 상부철근인 경우 $\alpha\beta\le1.7$이어야 하므로

$$\alpha\beta=1.95>1.70\ ,\quad \therefore\ \alpha\beta=1.70$$

(2) 정착길이의 계산

인장철근의 기본정착길이는 식(6.4)로부터

$$l_{db}=\frac{0.6d_b f_y}{\lambda\sqrt{f_{ck}}}=\frac{0.6\times 22\times 400}{1.0\times\sqrt{24}}=1{,}078\text{mm}$$

간편식에 의한 정착길이는 기본 정착길이에 보정계수를 곱하여 구하므로 다음과 같이 계산된다.

$$l_d=l_{db}\times \text{보정계수}=l_{db}\times\alpha\beta$$
$$=1{,}078\times 1.7=1{,}833\text{mm}$$

2) 기본식을 사용한 정착길이 계산

(1) $\dfrac{(c+K_{tr})}{d_b}$ 의 계산

$d_b=22\text{mm}$ 이고, c는 철근중심으로부터 가장 가까운 콘크리트 표면까지의 거리 또는 철근 중심간 거리의 1/2중 작은 값으로서 다음과 같이 계산된다.

① 철근 중심부터 가장 가까운 콘크리트 표면까지의 거리

$$c_1=40+\frac{22}{2}=51\text{mm}$$

② 철근 중심간격의 $\dfrac{1}{2}$

$$c_2=\frac{1.5d_b+d_b}{2}=\frac{1.5\times 22+22}{2}=27.5\text{mm}<51\text{mm}$$

$\therefore\ c=27.5\text{mm}$

$K_{tr}=0$으로 놓으면

$$\frac{(c+K_{tr})}{d_b}=\frac{(27.5+0)}{22}=1.25<2.5$$

(2) 기본식에 의한 정착길이의 계산

$D22$ 철근을 사용하므로 철근의 크기계수는 $\gamma=1.0$이며, 그 밖의 계수는 간편식에서 산정한 값을 그대로 사용한다.

식(6.5)를 사용하여 기본식에 의한 정착길이는 다음과 같이 계산된다.

$$l_d=\frac{0.90\,d_b f_y}{\lambda\sqrt{f_{ck}}}\frac{\alpha\beta\gamma}{\left(\dfrac{c+K_{tr}}{d_b}\right)}=\frac{0.90\times 22\times 350}{1.0\times\sqrt{24}}\times\frac{1.7\times 1.0}{1.25}$$
$$=1{,}924\text{mm}$$

예제 6.3 예제 6.1에서 철근사이의 순간격이 $3d_b$이고, 철근 하면에서의 콘크리트 타설 깊이가 300mm 이하일 경우라면, 이때 필요 정착길이를 기본식에 의해 구하시오.

풀이

(1) 보정계수의 계산

$\alpha=1.0$(그 밖의 철근), $\beta=1.0$(도막되지 않은 철근), $\gamma=1.0$($D22$ 이상의 철근)이므로, $\alpha\beta\gamma=1.0\times1.0=1.0$

(2) $\dfrac{c+k_{tr}}{d_b}$의 계산

$$c_2=\frac{3d_b+d_b}{2}=\frac{4\times22}{2}=44\text{mm}<51\text{mm}=c_1\ \text{(예제 6.1)}$$

$$\therefore\ \frac{c+k_{tr}}{d_b}=\frac{44+0}{22}=2.0$$

(3) 기본식에 의한 정착길이의 계산

식(6.5)를 사용하여 기본식에 의한 정착길이는 다음과 같이 계산된다.

$$l_d=\frac{0.90\,d_b f_y}{\lambda\sqrt{f_{ck}}}\,\frac{\alpha\beta\gamma}{\left(\dfrac{c+K_{tr}}{d_b}\right)}=\frac{0.90\times22\times350}{1.0\times\sqrt{24}}\times\frac{1.0\times1.0}{2.0}=708\text{mm}$$

예제 6.4 그림 6.6은 기둥(400×600mm)과 보(250×540mm)의 접합부를 나타낸 라멘구조이다. 이 라멘구조 접합부의 보의 단부에서 필요로 하는 철근 단면적은 $1,820\text{mm}^2$이다. 그러나 실제로 이 보에는 2개의 $D35\,(1,913\text{mm}^2)$ 부(-)철근이 배치되어 있다. 스터럽은 $D13$ 철근을 사용하였으며 스터럽의 피복두께는 40mm이다. 접합부에서 스터럽 간격은 125mm이며, $f_y=300\text{MPa}$, $f_{ck}=24\text{MPa}$인 보통콘크리트이다. 이 보에서 부철근의 필요한 정착길이 l_d를 다음의 각 경우에 대하여 계산하시오.

(1) 기본 정착길이에 보정계수를 곱하는 간편식의 경우

(2) 기본식을 사용하는 경우

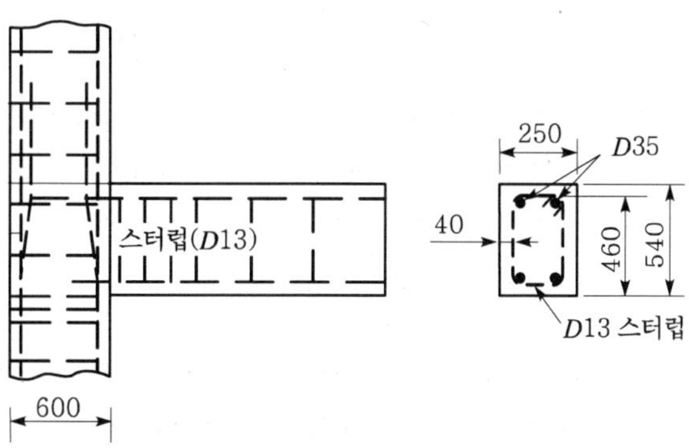

그림 6.6

풀이

1) 기본 정착길이에 보정계수를 곱하는 간편식의 경우

(1) 철근의 간격 및 피복조건 검토

① 정착 부철근($D35$)의 수평 순간격

그림 6.6으로부터 피복두께는 40mm, $D13$ 스터럽의 지름은 12.7mm, $D35$철근의 지름은 34.9mm, 보의 폭은 250mm이므로 정착 부철근의 수평 순간격은

$$250-2\times(40+12.7+34.9)=75\,\text{mm}>2d_b(3\times 34.9=69.8\text{mm})$$

② 정착 부철근의 측면에 대한 피복두께

$$40+12.7=52.7\text{mm}>d_b=34.9\text{mm}$$

③ 정착 부철근의 상면에 대한 피복두께

$$(540-460)-\frac{34.9}{2}=62.5\text{mm}>d_b=34.9\text{mm}$$

(2) 보정계수의 계산

부철근의 위치계수 $\alpha=1.3$(철근은 300mm 이상의 콘크리트에 묻혀있는 상부 수평철근), $\beta=1.0$(에폭시 도막철근이 아님)이다. 부철근은 $D35$로서 $D22$보다 크고, 순간격은 $75\text{mm}>2d_b$이며 피복두께는 $34.9\text{mm}>d_b$이다. 또한, 콘크리트구조 설계기준 [KDS 14.21.22 콘크리트구조 전단 및 비틀림 설계기준]에 적합한 스터럽이 배치되어 있으므로 보정계수는 표 6.1을 요약한 윗쪽 표에서 ○표시 부분에 해당된다. 따라서, 보정계수는 $\alpha\beta=1.3\times1.0=1.3$이 된다.

정착철근 조건	$D19$ 이하	$D22$ 이상
① 순간격 d_b, 피복두께 d_b 이상 스터럽 배치	$0.8\alpha\beta$	($\alpha\beta$)
② 순간격 $2d_b$, 피복두께 d_b 이상		
③ 기 타	$1.2\alpha\beta$	$1.5\alpha\beta$

(3) 정착길이의 계산

기본 정착길이는 식(6.4)에 의해

$$l_{db}=\frac{0.6d_bf_y}{\lambda\sqrt{f_{ck}}}=\frac{0.6\times34.9\times300}{1.0\times\sqrt{24}}=1{,}282\,\text{mm}$$

기본 정착길이에 보정계수를 곱하면 정착길이는 다음과 같이 된다.

$$l_d=l_{db}\times\alpha\beta=1{,}282\times1.3=1{,}667\,\text{mm}$$

배근된 철근이 계산상 필요로 하는 양 이상 배치되어 있으므로

$$\frac{\text{소요}\,A_s}{\text{사용}\,A_s}=\frac{1{,}820}{1{,}913}=0.95$$

따라서 이 철근의 설계 정착길이는 다음과 같이 된다.

$$l_d=1{,}667\times0.95=1{,}584\,\text{mm}>300\,\text{mm}$$

2) 기본식을 사용하는 경우

(1) c의 계산

인장철근($D35$)의 수평 중심간격은

$$250-2(40+12.7+34.9/2)=110\text{mm}$$

$$\therefore\ c_1=\frac{100}{2}=55\text{mm}$$

$D35$의 중심으로부터 가장 가까운 콘크리트 표면까지의 거리는

보의 측면에서 $c_2=40+12.7+34.9/2=70\text{mm}>55\text{mm}$

보의 상면에서 $c_3=(540-460)+\dfrac{34.9}{2}=97.5\text{mm}>55\text{mm}$

위의 세 값 중에서 가장 작은 값은 $c=55\text{mm}$이다.

(2) 횡방향철근 지수의 계산

A_{tr}은 스터럽 $D13$ 철근 단면적의 2배를 사용하여 계산한다. 이때 $D13$ 스터럽의 최대간격은 125mm이고, $D13$의 단면적은 126.7mm^2이며, 정착될 철근의 수는 $n=2$이므로 횡방향철근 지수 K_{tr}은 식(6.6)으로부터 다음과 같이 된다.

$$K_{tr}=\frac{40A_{tr}}{sn}=\frac{40\times(2\times 127)}{125\times 2}=40.6$$

$$\therefore\ \frac{c+K_{tr}}{d_b}=\frac{55+40.6}{34.9}=2.7>2.5$$, 그러므로 2.5를 사용한다.

(3) 정착길이의 계산

$D35$ 철근은 철근크기 계수가 $\gamma=1.0$이므로 식(6.5)에 의해

$$l_d=\frac{0.90d_bf_y}{\lambda\sqrt{f_{ck}}}\frac{\alpha\beta\gamma}{\dfrac{c+K_{tr}}{d_b}}=\frac{0.90\times 34.9\times 300}{1.0\times\sqrt{24}}\times\frac{1.3\times 1.0\times 1.0}{2.5}$$

$$=1{,}000\text{mm}$$

철근이 계산상 필요로 하는 양 이상 배근되어 있으므로, 설계 정착길이는

$$l_d=1{,}000\times\frac{1{,}820}{1{,}913}$$

$$=951\text{mm}>300\text{mm}$$

일반적으로 기본식(정밀해법)인 2)가 간편식(개략식)인 1)의 방식보다 정착길이가 상당히 감소하는 경향을 나타내고 있다.

6.3.3 압축 이형철근의 정착

압축 이형철근의 정착길이 l_d는 기본정착길이 l_{db}에 표 6.2의 적용 가능한 모든 보정계수를 곱하여 구하여야 한다. 다만, 이때 구한 l_d는 200mm 이상이어야 한다. 이형 압축철근의 기본정착길이 l_{db}는 다음 식(6.7)과 같다.

$$l_{db} = \frac{0.25 d_b f_y}{\lambda \sqrt{f_{ck}}} \geq 0.043 d_b f_y \tag{6.7}$$

압축 이형철근의 기본정착길이 l_{db}에 대한 보정계수는 표 6.2와 같다.

표 6.2 압축철근의 기본정착길이와 보정계수

압축철근의 기본정착길이		
보정계수	해석결과 요구되는 철근량을 초과하여 배치한 경우	$\frac{소요 A_s}{배근 A_s}$
	지름이 6mm 이상이고 나선 간격이 100mm 이하인 나선철근, 또는 중심간격 100mm 이하로 콘크리트구조 설계기준의 요구조건에 따라 D13 띠철근으로 둘러싸인 압축 이형철근	0.75

예제 6.5 연속보에서 $D22$(지름 22.2mm)의 압축철근과 경량골재를 사용하여 콘크리트를 제작하였다. 실제로 배근된 A_s는 계산상 필요한 A_s보다 10% 더 많으며, $f_{ck} = 30\text{MPa}$, $f_y = 350\text{MPa}$이다. 이 압축철근의 정착길이를 계산하시오.

풀이

(1) 보정계수의 계산

$\lambda = 0.75$(전경량골재 콘크리트를 사용한 경우)이며, 표 6.2로부터 해석결과에서 요구하는 철근량을 초과하여 철근을 배치한 경우에 해당되므로

$$\frac{소요 A_s}{배근 A_s} = \frac{1.0}{1.1} = 0.91$$

(2) 필요한 정착길이의 계산

압축철근의 기본 정착길이는 식(6.7)로부터

$$l_{db} = \frac{0.25 d_b f_y}{\lambda \sqrt{f_{ck}}} = \frac{0.25 \times 22.2 \times 350}{0.75 \times \sqrt{28}} = 490\text{mm}$$

$$l_{db} = 0.043 d_b f_y = 0.043 \times 22.2 \times 350 = 335\text{mm} < 490\text{mm}$$

$$\therefore \quad l_d = l_{db} \times 0.91 = 490 \times 0.91 = 446\text{mm}$$

6.3.4 표준갈고리를 갖는 인장 이형철근의 정착

1) 표준갈고리

콘크리트 속에 묻힌 철근은 확실한 정착을 위해 단부에 콘크리트구조 설계기준의 규정에 따라 제작한 갈고리를 붙이는 경우가 있다. 이러한 갈고리를 표준갈고리(standard hook)라고 하며, 제작할 때의 규정은 다음과 같다.

(1) 주철근의 표준갈고리는 그림 6.7(a)와 같이 180° 표준갈고리와 90° 표준갈고리로 분류되며, 각 표준갈고리는 다음과 같이 제작하여야 한다.

① 180° 표준갈고리는 구부린 반원 끝에서 $4d_b$ 이상, 또한 60mm 이상 더 연장되어야 한다.

② 90° 표준갈고리는 구부린 끝에서 $12d_b$ 이상 더 연장되어야 한다.

(2) 스터럽과 띠철근의 표준갈고리는 그림 6.7(b)와 같이 90° 표준갈고리와 135° 표준갈고리로 분류되며, 다음과 같이 제작하여야 한다.

① 90° 표준갈고리

- D16 이하의 철근은 구부린 끝에서 $6d_b$ 이상 더 연장되어야 한다.
- D19, D22 및 D25 철근은 구부린 끝에서 $12d_b$ 이상 더 연장한다.

① 135° 표준갈고리

D25 이하의 철근은 구부린 끝에서 $6d_b$ 이상 더 연장되어야 한다.

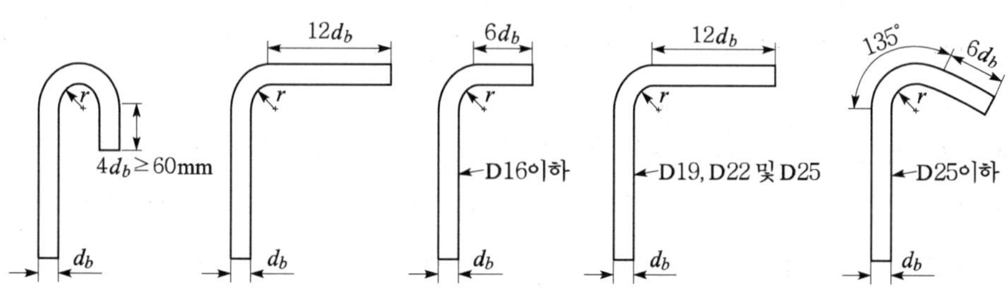

(a) 주철근 (b) 스터럽 또는 띠철근

그림 6.7 표준갈고리

2) 표준갈고리의 구부림 최소 내면 반지름

갈고리 철근의 할렬 파괴는 국부적인 응력 집중 현상이 매우 큰 갈고리 안쪽 면에서 시작되며, 갈고리 철근의 정착은 갈고리 내면의 압축응력 크기를 지배하는 철근지름 d_b와 직접적인 관계가 있는 것으로 알려져 있다. 따라서, 이러한 할렬 파괴를 방지하기 위해 표준갈고리의 최소 내면 반지름은 다음과 같이 규정하고 있다.

(1) 주철근의 180°표준갈고리와 90°표준갈고리의 구부림 최소 내면 반지름은 표 6.3의 값 이상으로 하여야 한다.

(2) 스터럽과 띠철근용 표준갈고리의 내면 반지름은 다음 규정을 따라야 한다.

① D16 이하의 철근을 스터럽과 띠철근으로 사용할 때, 표준갈고리의 구부림 내면 반지름은 $2d_b$ 이상으로 하여야 한다.

② D19 이상의 철근을 스터럽과 띠철근으로 사용할 때, 표준갈고리의 구부림 내면 반지름은 표 6.3에 따라야 한다.

(3) 표준갈고리 외의 모든 철근의 구부림 내면 반지름은 표 6.3의 값 이상이어야 한다.

표 6.3 구부림의 최소 내면 반지름

철근 크기	최소 내면 반지름 (r)
D10~D25	$3d_b$
D29~D35	$4d_b$
D38 이상	$5d_b$

3) 표준갈고리를 갖는 인장 이형철근의 정착

철근의 정착길이만으로 인장 이형철근을 정착할 수 없을 경우, 철근 끝에 표준갈고리를 붙여 갈고리의 기계적인 정착력과의 합에 의해 정착시키는 방법이 있다. 표준갈고리를 가지는 인장 이형철근의 정착길이는 그림 6.8(a)와 같이 위험단면으로부터 갈고리 외측면까지의 거리로 취한다. 즉, 정착길이는 위험단면으로부터 갈고리 시작점까지의 거리에 갈고리의 내면 반지름과 철근 지름을 합한 값이다.

표준갈고리를 붙인 인장 이형철근의 소요 정착길이 l_h는 기본 정착길이 l_{bh}에 보정계수를 곱해서 구한다. 이 때의 기본 정착길이 l_{dh}는 다음 식(6.8)을 사용하여 계산하며, 보정계수는 표 6.4에 나타낸 바와 같다. 다만, 이렇게 구한 정착길이 l_{dh}는 항상 $8d_b$ 이상, 또한 150mm 이상이어야 한다.

$$l_{hb} = \frac{0.24\beta d_b f_y}{\lambda\sqrt{f_{ck}}} \qquad (6.8)$$

그림 6.8(a)는 표준 갈고리의 정착을 위한 갈고리 철근 상세를 나타낸 것이며, 그림(b) 및 그림 (c)는 정착된 철근에 평행하게 또는 수직으로 띠철근이나 스터럽을 사용하여 갈고리 인장부를 둘러싼 경우이다.

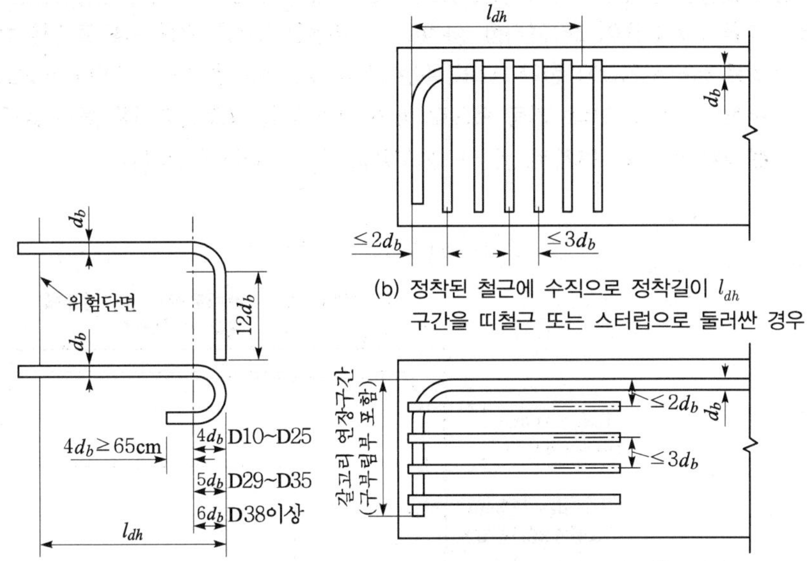

(a) 표준 갈고리의 정착을 위한 갈고리 철근 상세

(b) 정착된 철근에 수직으로 정착길이 l_{dh} 구간을 띠철근 또는 스터럽으로 둘러싼 경우

(c) 정착된 철근에 평행하게 띠철근이나 스터럽으로 갈고리 연장부를 둘러싼 경우

그림 6.8 표준갈고리에 의한 정착

표 6.4 표준갈고리를 갖는 인장 이형철근의 기본 정착길이와 보정계수

기본 정착길이		
보정계수	① D35 이하 철근에서 갈고리 평면에 수직방향인 측면 피복두께가 70mm 이상이며, 90°갈고리에 대해서는 갈고리를 넘어선 부분의 철근 피복두께가 50mm 이상인 경우	0.7
	② D35 이하 90°갈고리 철근에서 정착길이 l_{dh}구간을 $3d_b$ 이하 간격으로 띠철근 또는 스터럽이 정착되는 철근을 수직으로 둘러싼 경우, 또는 갈고리 끝 연장부와 구부림부의 전 구간을 $3d_b$ 이하 간격으로 띠철근 또는 스터럽이 정착되는 철근을 평행하게 둘러싼 경우	0.8
	③ D35 이하의 180°갈고리에서 정착길이 l_{dh}구간을 $3d_b$ 이하 간격으로 띠철근 또는 스터럽이 정착되는 철근을 수직으로 둘러싼 경우	0.8
	④ 전체 f_y를 발휘하도록 정착을 특별히 요구하지 않는 단면에서 휨 철근이 소요철근량 이상 배치된 경우	$\frac{소요 A_s}{배근 A_s}$

예제 6.6 그림 6.9와 같이 $D35$(지름 34.9mm) 부철근 2개를 기둥 속으로 연장하여 90° 갈고리로 정착시키고자 한다. 보의 폭은 250mm, 기둥은 400×400mm이고, 보의 피복두께는 50mm이다. 기둥 속으로 묻어 넣어야 할 표준갈고리를 붙인 철근의 정착길이를 계산하시오. 여기서, $f_{ck} = 24\text{MPa}$, $f_y = 300\text{MPa}$이다.

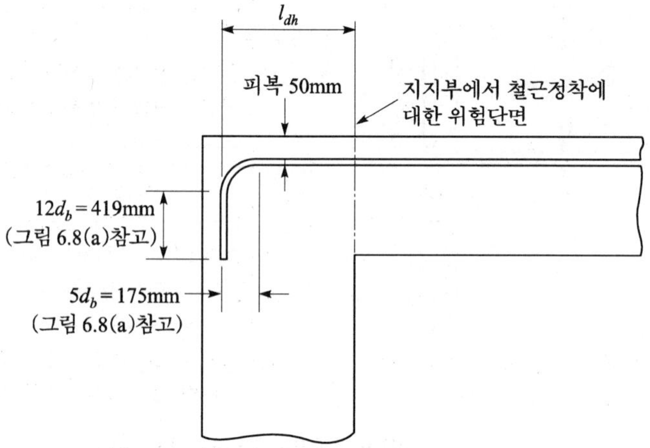

그림 6.9 표준갈고리 철근의 정착길이 계산예

풀이

(1) 보정계수의 계산

기둥보에서 90°표준갈고리 평면에 수직 방향인 측면의 피복두께를 계산하면,

$$(400-250)\times 1/2+50=125\text{mm}>70\text{mm}$$

그러므로 보정계수는 표 6.4의 ①의 조항에 해당되므로 0.7이 된다.

(2) 표준갈고리를 붙인 철근의 정착길이 계산

$\lambda=1.0$(보통중량콘크리트), $\beta=1.0$(도막하지 않은 철근)이므로, 표준갈고리를 붙인 $D35$ 철근의 기본 정착길이는 식(6.8)로부터

$$l_{hb}=\frac{0.24\beta d_b f_y}{\lambda\sqrt{f_{ck}}}=\frac{0.24\times 1.0\times 24.9\times 300}{1.0\times\sqrt{24}}=366\text{mm}$$

따라서, 표준갈고리를 붙인 $D35$ 철근의 필요한 정착길이는 표 6.4의 보정계수를 적용하면

$$l_{dh}=l_{hb}\times 0.7=366\times 0.7$$

$$=257\text{mm}<8d_b=8\times 34.9=280\text{mm}\text{ 이고, 150mm 보다 크므로}$$

$$\therefore\ l_{dh}=280\text{mm}$$

보와 접합하고 있는 기둥의 갈고리철근 매입 가능한 길이는 350mm(=400−50)이므로, 필요한 정착길이 280mm을 초과하여 충분한 정착길이가 확보되고 있음을 알 수 있다.

6.4 휨철근의 정착

6.4.1 휨철근 정착의 개요

최대 휨모멘트는 일반적으로 부모멘트가 발생하는 내부 지지면과 정모멘트가 발생하는 지간중앙 단면에서 발생한다. 때로는 보의 휨모멘트 용량이 단순 지간 또는 연속 지간에 따라 휨모멘트의 변화와 거의 일치하도록 헌치를 갖는 부재를 사용하는 경우도 있다.

그러나 일정한 콘크리트 단면적을 갖는 사각형 보가 공사비를 줄이기 위해 주로 사용된다. 철근량은 휨모멘트의 변화에 따라 달라지며, 응력에 저항하는데 더 이상 필요 없는 곳에서 철근을 절단한다. 연속보의 경우에는 응력에 더 이상 저항할 필요가 없는 곳에서 철근을 절단하거나 하부철근을 상부로 보통 45°로 절곡하여 보의 상면에서 지지부를 넘어 배치한다.

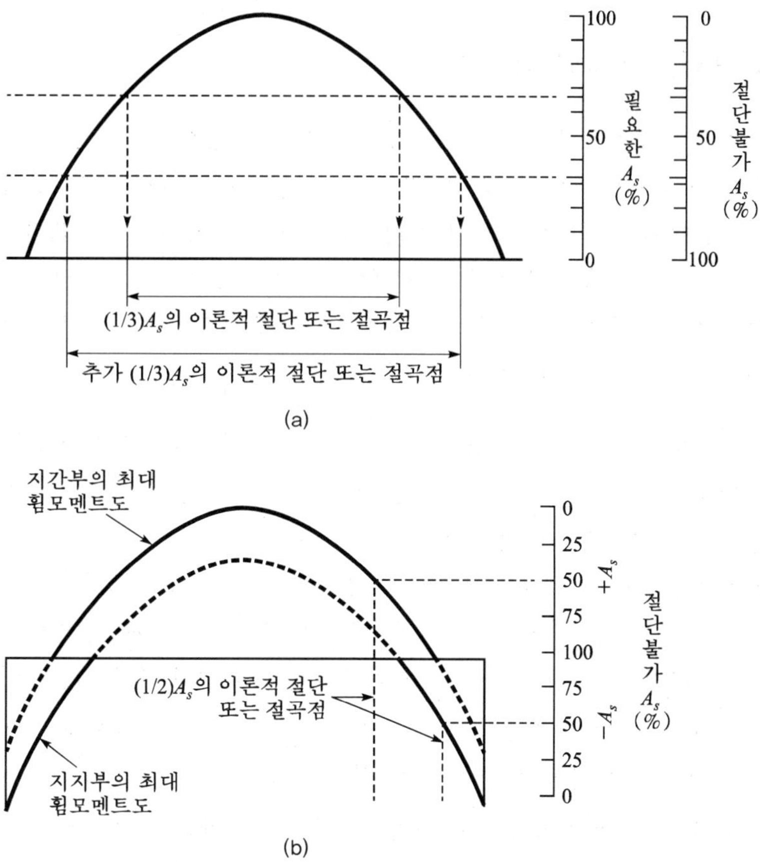

그림 6.10 휨모멘트도에서의 절곡 및 절단점

그림 6.10(a)는 분포하중을 받는 단순보에 대한 휨모멘트도를 나타낸 것이다. 최대 휨모멘트가 일어나는 단면에서는 100%의 인장철근이 필요하며, 지지부에서는 이론적으로 철근이 필요 없다. 그림 6.10(b)는 연속보에 대한 절단 또는 절곡점을 결정하기 위해, 지간 중앙의 최대 휨모멘트 및 지점부의 최대 휨모멘트가 발생하도록 하중을 교차로 재하하여 얻은 휨모멘트도 이다. 철근을 절단하거나 절곡하는 점은 휨모멘트도를 이용하면 쉽게 구할 수 있다. 즉, 이 보의 하부철근 및 상부철근을 이론적으로 50% 절단하거나 절곡할 수 있는 점의 위치를 나타낸 것이다.

이와 같이 철근이 절단(cutoff)된 점, 또는 절곡(bend)된 점은 철근의 정착에 주의해야 한다. 이러한 곳은 지간내에서의 최대 응력점과 함께 철근의 정착에 대한 위험단면이 되기 때문이다. 그림 6.11의 X로 표시됨 점은 철근의 일부가 절단된 후 연속된 철근의 최대 응력점이며, c로 표시된 점은 휨모멘트가 최대가 되는 응력 피크점으로서 연속보의 정착에 대한 일반적인 위험단면이 된다.

6.4.2 휨철근 정착의 일반적인 원칙

이론적으로 인장철근이 필요하지 않는 점에서 인장철근을 바로 절단하거나 절곡해서는 안 된다. 보에 사방향 인장 균열이 발생하면 힘의 재분배가 발생한다. 균열이 발생하기 전에 임의의 단면에서의 철근의 인장력은 그 단면의 휨모멘트에 비례한다. 그러나, 균열이 발생된 후에는 균열부에서 철근의 인장력은 지간 중앙에 가까운 단면의 휨모멘트에 의해 결정되며, 더욱이 설계에 사용되는 휨모멘트는 근사적인 값이므로 하중의 변화, 받침부의 침하, 그 밖의 다른 요인에 의해 최대 휨모멘트의 위치가 바뀔 수 있다.

(1) 휨부재에서 최대 응력점(c점)과 경간 내에서 인장철근이 절단되거나 절곡되는 위험단면(x점)에서 철근의 청착에 대한 안전을 검토하여야 한다. 그림 6.11은 연속보에서의 이러한 위치를 나타낸 것이다.

(2) 휨철근을 지간 내어서 절단하거나 절곡하고자 할 경우에는 단순지간의 지점과 캔틸레버의 자유단을 제외하고는 모든 철근은 이론적으로 휨모멘트를 저항하는데 더 이상 필요하지 않는 점을 지나 부재의 유효깊이 d 이상, 또는 $12d_b$ 이상 연장해야 한다. 그림 6.11은 연속보에서 철근의 절단 및 정착에 대한 사례를 보인 것이다. 정철근 N은 이론적인 최대 휨모멘트 점 c를 지나 l_d 이상 연장되며, 정모멘트도에 보인 바와 같이 이론적인 절단점 x를 넘어 d 또는 $12d_b$ 이상 연장되고 있다. 또한 절단하고 남은 정철근 O는 철근 N의 이론적 절단점 x를 지나 l_d 이상 연장되고 있다. 한편, 부

철근 L은 받침부를 넘어 정착길이 l_d만큼 연장하며, 부휨모멘트도에 보인 바와 같이 이론적인 절단점 x를 지나 d 또는 $12d_b$ 이상 연장되고 있다.

(3) 인장철근은 절곡해서 복부를 지나 정착하거나 부재의 반대 측에 있는 철근 쪽으로 연속하여 정착시켜야 한다. 이것은 철근의 상세 설계와 배근을 하는데 다소 복잡하여 비용이 증가될 수 있지만, 설계자들은 사방향 인장 균열의 확산을 억제할 수 있다는 관점에서 선호하는 경향이 있다.

(4) 철근응력이 직접적으로 휨모멘트에 비례하지 않는 휨부재의 인장철근은 적절한 정착장치를 마련해야 한다. 이와 같은 부재는 경사형, 계단형 또는 변단면 기초판, 브래킷, 깊은보, 또는 인장철근이 압축면에 평행하지 않는 경우이다.

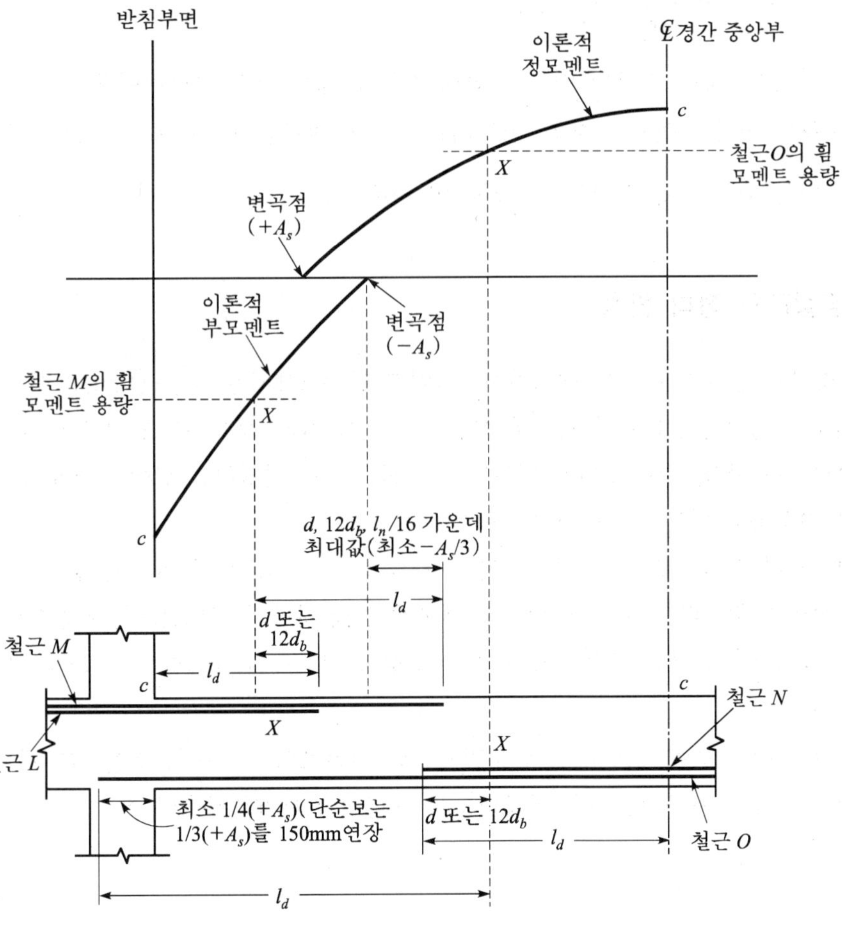

그림 6.11 휨철근의 절단 및 절곡

(5) 인장영역에서 철근을 절단하는 경우, 절단부 부근에 휨균열 및 사방향 인장균열이 형성되는 경향이 있다. 이는 전단 용량의 감소와 보의 전체 연성의 손실을 초래할 수 있다. 따라서, 다음의 세 가지 조건 중 하나를 만족하지 않는 한 인장구역에서 휨철근을 절단할 수 없으며, 원칙적으로 전체 철근량의 50%를 초과하여 한 단면에서 절단할 수 없다.

① 절단점의 계수전단력 V_u가 설계 전단강도 ϕV_n의 $\dfrac{2}{3}$ 이하인 경우.

② 전단과 비틀림에 필요로 하는 양 이상의 스터럽이 휨철근을 절단하는 점의 전후 $\dfrac{3}{4}d$ 구간에 배치되어 있는 경우. 이 때, 스터럽의 간격 s 및 단면적 A_v는 다음과 같아야 한다.

$$A_v \geq 0.42\frac{b_w s}{f_y},\ s \leq \frac{d}{8\beta_b} \tag{6.9}$$

여기서, β_b는 절단된 철근의 전체 철근에 대한 단면적의 비이다.

③ $D35$ 이하의 철근의 경우, 연장되는 철근이 절단점에서 휨에 필요한 철근량의 2배 이상 배치되고, 또 $V_u \leq \dfrac{3}{4}\phi V_n$인 경우

6.4.3 정철근의 정착 원칙

(1) 응력피크 점 x의 변동에 대비하여, 적어도 단순보에서는 정철근의 1/3 이상, 연속보에서는 정철근의 1/4 이상을 부재의 같은 면을 따라 받침부를 넘어 150mm 이상 연장하여야 한다. 그림 6.11은 연장되는 정철근 O를 받침부를 넘어 적어도 150mm 이상 연장하고 있는 모습을 나타낸 것이다.

(2) 휨부재가 횡하중을 저항하는 것이 주목적인 구조 시스템의 일부인 경우, 설계할 때 예상한 하중보다 큰 하중이 받침부 내에서 반대 방향의 휨모멘트를 유발할 수 있으므로 필요한 정철근을 받침부 내에 철근의 항복강도 f_y를 유발할 수 있도록 정착하여야 한다.

(3) 그림 6.12에 보인 바와 같이 단순받침부와 연속보의 변곡점의 정철근은 계산된 정착길이 l_d가 다음 식(6.10)을 만족하도록 철근지름을 제한하여야 한다.

$$l_d \leq \frac{M_n}{V_u} + l_a \tag{6.10}$$

여기서, M_n : 공칭휨강도(kN·m, N·mm)

V_u : 검토할 단면에서의 계수전단력(kN, N)

l_a : 연속보의 변곡점에서는 d 또는 $12d_b$ 중에서 큰 값이고, 단순보에서는 받침부 중심선에서 보의 단부까지 연장된 값(m, mm).

$\frac{M_n}{V_u}$: 철근의 끝부분이 압축 반력에 의해 눌려서 구속을 받는 경우는 30%를 증가시킬 수 있다.

식(6.10)은 전단력이 크고 휨모멘트가 작은 경우 할렬 방지를 위해 휨부착에 대한 설계 제한을 규정한 것이다. 이와 같은 조건은 경간이 짧고 재하 하중이 큰 경우에 존재한다. 따라서 정모멘트에 대한 철근지름은 그림 6.12(a)에 보인 바와 같이 위험단면까지의 길이 AC가 길이 AB보다 크더라도 철근의 크기는 식(6.10)과 같이 제한되어야 한다.

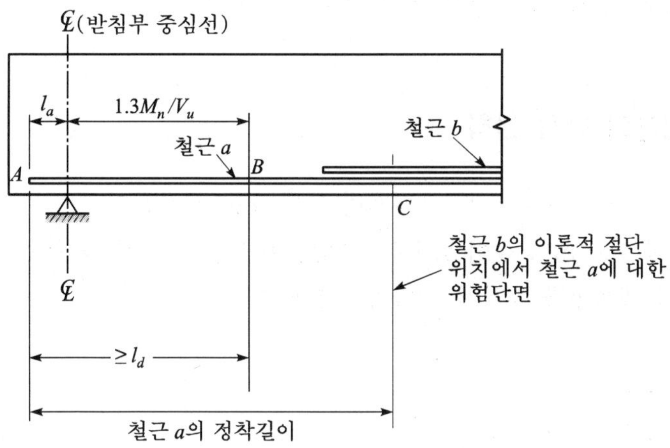

(a) 단순 받침 보

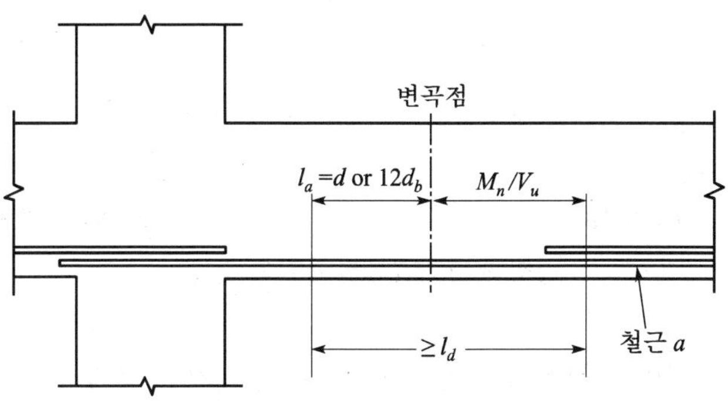

(b) 연속보

그림 6.12 휨부재에 대한 절단점

(4) 단순 받침부의 중심선을 지나 절단되는 철근에서 표준갈고리 또는 적어도 표준갈고리와 동등한 성능을 갖는 기계적 정착에 의해 정착되는 경우 식(6.10)을 만족하지 않아도 되며, 직선 철근으로 정착하는 경우 다음 식(6.11)을 만족하여야 한다.

$$\frac{V_u - 0.5\phi V_s}{M_n} \le \frac{l_a}{l_d z} \tag{6.11}$$

여기서, l_a : 받침부에서 그 중심선을 지난 묻힘길이(매입길이) 또는 변곡점을 지난 묻힘길이(mm)

$z = jd$: 휨모멘트의 팔길이(mm)

(5) 깊은 보의 단순 받침부에서 정철근은 받침부 전면에서 f_y를 발휘할 수 있도록 정착하여야 한다. 스트럿 타이 모델을 적용하여 설계하는 경우, 정철근은 이 규정에 따라 정착하여야 한다. 또한 깊은 보의 내부 받침부에서 정철근은 연속되거나 인접 경간의 정철근과 겹침이음이 되도록 설계하여야 한다.

6.4.4 부철근의 정착 원칙

(1) 연속되거나 구속된 부재, 캔틸레버 부재 또는 강결된 골조의 어느 부재에서나 부철근은 그림 6.13(a)와 같이 갈고리, 매입길이 또는 기계적 정착에 의해 받침부 내에 정착하거나 받침부를 지나서 정착하여야 한다.

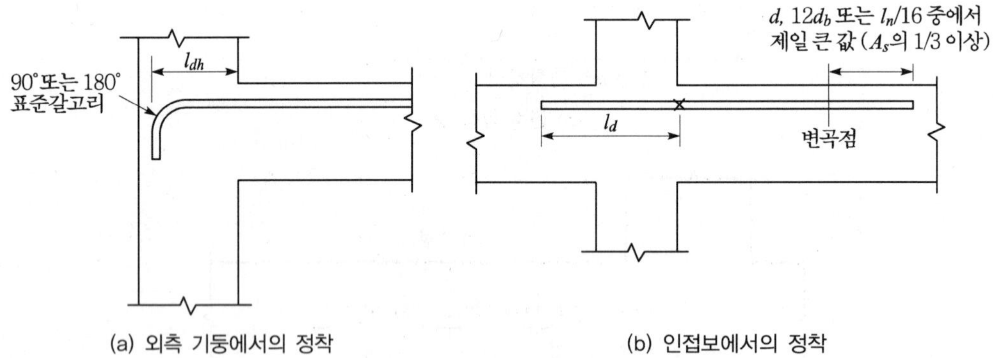

(a) 외측 기둥에서의 정착 (b) 인접보에서의 정착

그림 6.13 부모멘트 철근의 정착

(2) 그림 6.13(b)와 같이 받침부에서 부모멘트에 대해 배치된 전체 인장철근량의 $\frac{1}{3}$ 이상은 변곡점을 지나 부재의 유효깊이 d, $12d_b$ 또는 $l_n/16$ 중 제일 큰 값 이상의 매입길이를 확보하여야 한다. 이 규정은 변곡점에서 휨모멘트도의 이동 가능성을 고려한 것이

다. 그림 6.11은 부철근 M을 이 규정에 의해 절단한 경우를 나타낸 것이다. 즉, 절단하고 남은 부철근 M(부철근량의 1/3 이상)은 철근 L의 이론적 절단점 x를 넘어 적어도 l_d이상 연장하며, 또한 부모멘트도의 변곡점을 지나 d, $12d_b$ 또는 $l_n/16$ 가운데 가장 큰 값으로 연장한다.

(3) 깊은 보의 내민 받침부에서 부철근은 인접 경간의 부철근과 연속되도록 설계하여야 한다.

예제 6.7 그림 6.14(a)와 같은 단순보에 계수 등분포하중 $w_u = 33\,\mathrm{kN/m}$와 지간 중앙에 계수 집중하중 $P_u = 90\,\mathrm{kN}$이 작용하고 있다. 이 보의 단면은 $300 \times 510\,\mathrm{mm}$, 유효깊이는 $d = 450\,\mathrm{mm}$, 피복두께는 40mm이다. 인장철근은 3개의 $D32$ (1개의 단면적 $794.2\mathrm{mm}^2$, 공칭둘레 31.8mm)를 배치하였으며, U형 수직 스터럽으로서 $D10$ 철근을 200mm 간격으로 배치하였다. 이 보에서 인장철근을 절단할 수 있는 위치와 정착길이를 검토하시오. 여기서, $f_{ck} = 24\,\mathrm{MPa}$, $f_y = 350\,\mathrm{MPa}$이다.

풀이

1) 설계 휨강도 ϕM_n의 계산

그림 6.14(a)의 보에 배치된 3개의 인장철근이 저항하는 설계 휨강도 및 1개를 절단하고 남는 2개($A_s = 2\text{-}D32$)의 인장철근이 저항하는 설계휨강도를 등가 직사각형 응력블록을 사용하여 구해 보자.

(1) 인장철근 3개에 대한 설계 휨강도

직사각형 단면의 등가응력 깊이는 식(4.21)로부터

$$a = \frac{A_s f_y}{\eta(0.85 f_{ck})b} = \frac{(3 \times 794.2) \times 350}{1.0 \times (0.85 \times 24) \times 300} = 136\,\mathrm{mm}$$

ϕM_n은 식(4.23)으로부터 다음과 같이 계산된다.

$$\phi M_n = A_s f_y \left(d - \frac{a}{2}\right) = 0.85 \times \left[(3 \times 794.2) \times 350 \times \left(450 - \frac{136}{2}\right)\right] \times 10^{-6}$$
$$= 270.77\,\mathrm{kN \cdot m}$$

참고 1 인장지배단면의 검토

최외단 철근의 순인장변형률 ε_t를 계산하면, $f_{ck} = 24\mathrm{MPa}$이므로 $\beta_1 = 0.8$이다. 따라서, 중립축의 위치는

$$c = \frac{a}{\beta_1} = \frac{136}{0.8} = 170\,\mathrm{mm}$$

$d_t = d = 450\,\text{mm}$이므로 순인장변형률 ε_t는 식(3.25)로부터

$$\varepsilon_t = \epsilon_{cu}\frac{d_t - c}{c} = 0.0033 \times \frac{450 - 170}{170} = 0.0054 > 0.005$$

그러므로, 이 보는 인장지배단면이며, $\phi = 0.85$ 이다

(2) 인장철근 2개에 대한 설계 휨강도

$$a = \frac{A_s f_y}{\eta(0.85 f_{ck})b} = \frac{(2 \times 794.2) \times 350}{1.0 \times (0.85 \times 24) \times 300} = 91\,\text{mm}$$

$$\phi M_n = A_s f_y\left(d - \frac{a}{2}\right) = 0.85 \times \left[(2 \times 794.2) \times 350 \times \left(450 - \frac{91}{2}\right)\right] \times 10^{-6}$$

$$= 191.15\,\text{kN}\cdot\text{m}$$

참고 인장지배단면의 검토

최외단 철근의 순인장변형률 ε_t은 인장철근 3개를 사용한 경우 0.005이므로, 2개를 사용한 경우는 중립축이 상승하기 때문에 순인장변형률은 0.005를 초과한다. 그러므로 이 보는 인장지배단면이며, $\phi = 0.85$ 이다.

2) $D32$ 철근 1개를 절단할 수 있는 위치

그림 6.14(b)에 보인 바와 같이 철근 1개를 절단할 수 있는 A점에서 계수 휨모멘트와 설계 휨모멘트를 같다고 놓으면, 절단점의 위치 A는 다음과 같이 계산된다.

$$R_A = \frac{33 \times 5.8}{2} + \frac{90}{2} = 140.7\text{kN}$$

$$M_A = 140.7x - 33x \times \frac{x}{2} = \phi M_n = 191.15 \quad \therefore\ x = 1.696\text{m}$$

따라서, 철근 1개를 절단할 수 있는 위치는 그림 6.14(b)에 나타낸 M_u도의 A점, 즉 받침부에서 1,696mm 이격된 곳이다. 그러나 이론상으로는 A점에서 인장철근 1개를 절단할 수 있지만, 안전을 위해 d 이상, $12d_b$ 이상 연장하여 절단하도록 규정하고 있다. 따라서,

$$12\,d_b = 12 \times 31.8 = 382\,\text{mm} < d = 450\,\text{mm}$$

즉, 철근 1개를 A점으로부터 450mm 더 연장해서 B점에서 절단할 수 있으며, 받침부에서 절단점 B까지의 거리는 $1{,}696 - 450 = 1{,}246\,\text{mm}$, 지간중앙에서 B점까지의 거리는 $2{,}900 - 1{,}246 = 1{,}654\text{mm}$가 된다.

그러나, 인장측에서 철근을 절단할 수 있는 경우는 [6장 6.4.2절] (5)항에서 제시한 3가지 조건 중 하나를 만족하는 경우이다. 여기서는 이 항의 세 조건 중 첫 번째 조건을 적용하여 검토하기로 한다. 즉, 절단점 B의 계수 전단력 V_u는 보의 전단강도 ϕV_n의 $\frac{2}{3}$ 이하이어야 한다. 따라서 콘크리트가 부담하는 설계 전단강도 ϕV_c는 식(5.12)에 ϕ를 곱하면

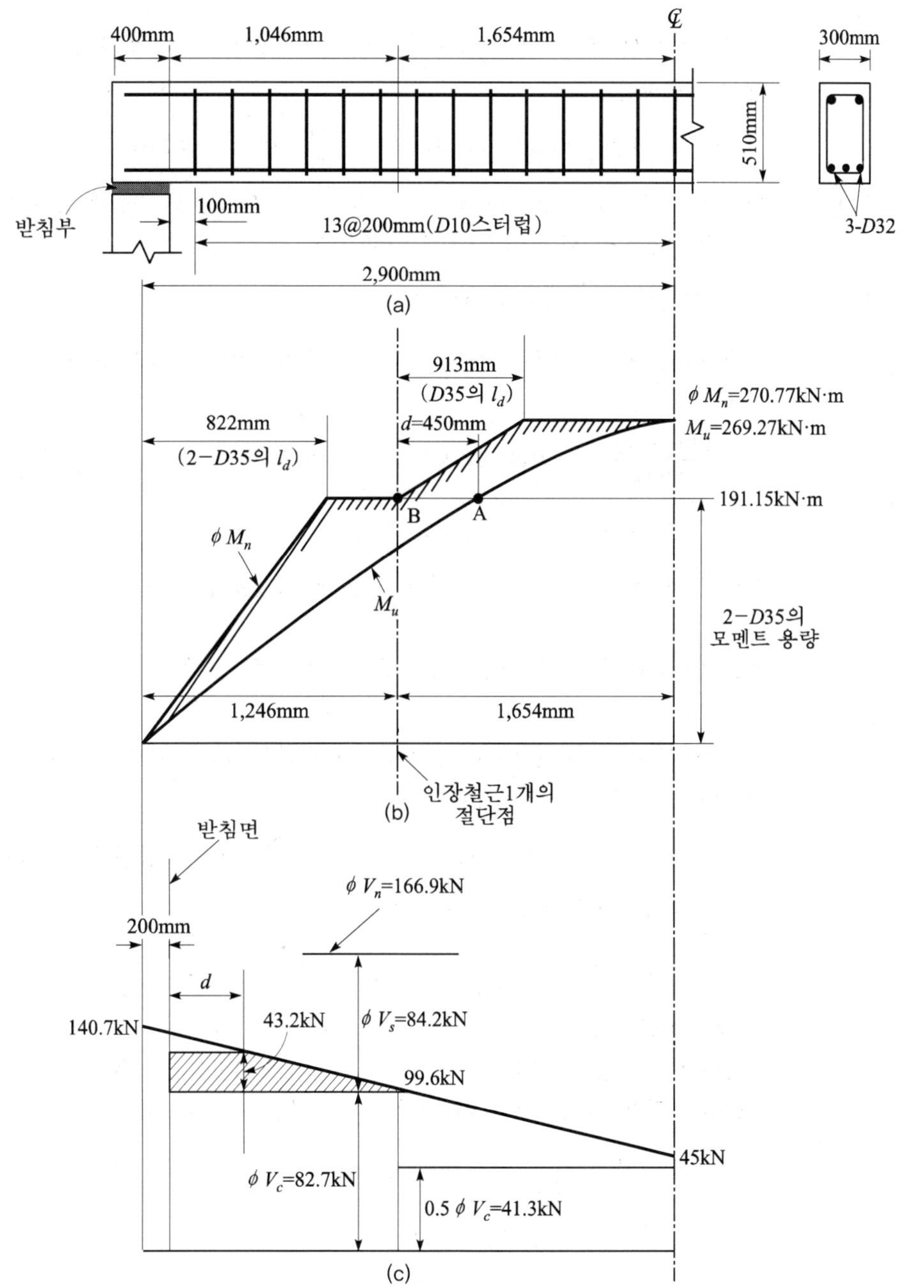

그림 6.14 휨철근의 정착에 대한 예

$$\phi V_c = \phi \frac{1}{6} \lambda \sqrt{f_{ck}}\, b_w d = 0.75 \times \frac{1}{6} \times 1.0 \times \sqrt{24} \times 300 \times 450 \times 10^{-3} = 82.7\,\text{kN}$$

수직스터럽 $D10(A_v = 2 \times 71.3 = 142.6\,\text{mm}^2)$이 부담하는 설계 전단강도는 식(5.20)에 ϕ를 곱하면

$$\phi V_s = \phi A_v f_y \frac{d}{s} = 0.75 \times 142.6 \times 350 \times \frac{450}{200} \times 10^{-3} = 84.2\,\text{kN}$$

따라서, 이 단면의 설계 전단강도는 식(5.19)에 ϕ를 곱하면 다음과 같이 계산된다.

$$\phi V_n = \phi V_c + \phi V_s = 82.7 + 84.2 = 166.9\,\text{kN}$$

$$\therefore \ \frac{2}{3}\phi V_n = \frac{2}{3} \times 166.9 = 111.3\,\text{kN}$$

그림 6.14(c)에서 받침부 중심으로부터 B점까지의 거리가 1,246mm이므로 B점의 계수 전단력 V_u는

$$\frac{(140.7 - 45)}{2{,}900} \times (2{,}900 - 1{,}246) + 45 = 99.6\,\text{kN}$$

$$V_u = 99.6\,\text{kN} < \frac{2}{3}\phi V_n = 111.3\,\text{kN}$$

따라서, 인장철근 1개를 인장구역인 B점에서 절단할 수 있다.

3) 기본식에 의해 절단되는 인장철근의 정착길이 검토

$$A_{tr} = 2 \times 71.3 = 143\,\text{mm}^2$$

c는 피복두께에 관련된 지수와 철근 간격에 관련된 지수 중 작은 값을 취한다. 즉, 피복두께에 관련된 지수를 c_1이라고 하면,

$$c_1 = 40(\text{피복두께}) + 9.53(D10\text{의 지름}) + \frac{31.8}{2}\left(D32\text{의 지름의 } \frac{1}{2}\right) = 65\,\text{mm}$$

철근 간격에 관련된 지수를 c_2라고 하면,

$$c_2 = (300 - 65 \times 2) \times \frac{1}{2} \times \frac{1}{2} = 42.5\,\text{mm} < 65\,\text{mm}$$

$$\therefore \ c = 42.5\,\text{mm}$$

정착해야 할 철근은 $D35$ 1개이므로 $n = 1$이고, 스터럽의 간격은 $s = 200\,\text{mm}$이므로, 식(6.6)으로부터 횡방향철근지수를 계산하면 다음과 같이 된다.

$$K_{tr} = \frac{40 A_{tr}}{s\, n} = \frac{40 \times 143}{200 \times 1} = 28.6\,\text{mm}$$

$$\therefore \ \frac{c + K_{tr}}{d_b} = \frac{42.5 + 28.6}{31.8} = 2.24 < 2.5$$

따라서, $\dfrac{c + K_{tr}}{d_b} = 2.24$ 를 계산에 사용한다. $\alpha = 1.0$(상부철근이 아님), $\beta = 1.0$(도막되지 않은 철근), $\gamma = 1.0$($D35$ 철근), $\lambda = 1.0$(일반콘크리트)이다. 따라서, 식(6.5)로부터 절단되는 철근의 소요 정착길이 l_d를 계산하면 다음과 같이 된다.

$$l_d = \frac{0.90\, d_b f_y}{\lambda\sqrt{f_{ck}}}\,\frac{\alpha\beta\gamma}{\dfrac{c+K_{tr}}{d_b}} = \frac{0.90\times31.8\times350}{1.0\times\sqrt{24}}\times\frac{1.0\times1.0\times1.0}{2.24}$$

$$= 913\text{mm} < 1{,}654\text{mm}$$

∴ 철근을 B점에서 절단하여도 정착길이는 충분하다.

4) 절단되지 않고 지점까지 연장되는 나머지 2-$D32$의 정착길이 검토

$D35$ 철근의 중심으로부터 인장연단까지의 최단거리는 $c = 67\text{mm}$이므로 식(6.6)로부터 횡방향철근지수는

$$K_{tr} = \frac{40A_{tr}}{s\,n} = \frac{40\times143}{200\times2} = 14.3\text{mm}$$

$$\therefore \frac{c+K_{tr}}{d_b} = \frac{65+14.3}{31.8} = 2.49 < 2.5$$

기본식 식(6.5)에 의해 나머지 철근의 정착길이를 계산하면 다음과 같이 된다.

$$l_d = \frac{0.90\, d_b f_y}{\lambda\sqrt{f_{ck}}}\,\frac{\alpha\beta\gamma}{\dfrac{c+K_{tr}}{d_b}} = \frac{0.90\times31.8\times350}{1.0\times\sqrt{24}}\times\frac{1.0\times1.0\times1.0}{2.49}$$

$= 822\text{mm}$ <받침부에서 A점까지의 거리$= 1{,}696\text{mm}$

∴ 받침부까지 연장되는 나머지 2-$D35$의 정착길이는 충분하다.

5) 받침부에서 정철근의 철근지름 제한 사항 검토

단순 받침부의 정철근은 계산된 정착길이 l_d는 식(6.10)을 만족하여야 하며, 특히 철근 끝부분이 압축 반력에 의해 눌려서 구속을 받는 경우, 식(6.10)에서 $\dfrac{M_n}{V_u}$항을 30% 증가시킬 수 있다. 따라서 식(6.10)을 수정하여 철근지름 제한 사항을 검토하면 다음과 같이 된다. 즉

$$\phi M_n = 191.15\text{kN}\cdot\text{m}$$

$$\therefore M_n = \frac{191.15}{\phi} = \frac{191.15}{0.85} = 224.88\text{kN}\cdot\text{m}$$

$$1.3\frac{M_n}{V_u} + l_a = 1.3\times\frac{224.88\times10^6}{140.7\times10^3} + 0$$

$$= 1{,}598\text{mm} > l_d = 976\text{mm}$$

∴ 받침부 철근은 철근지름 제한 사항을 만족하고 있음을 알 수 있다.

6.5 복부철근의 정착

1) 극한 하중에 근접하면 휨인장 균열이 깊게 발생하기 때문에 스터럽은 가능한 한 부재의 압축면 가까이 연장하여야 한다. 따라서, 단일 U형 또는 다중 U형 스터럽의 단부는 다음 중 한 가지 방법으로 정착시키도록 규정하고 있다.

(1) 복부철근은 D16이하 철근 또는 지름 16mm 이하 철선으로 종방향철근을 둘러싸는 표준갈고리로 정착하여야 한다. 그러나, $f_{yt} < 300\text{MPa}$인 경우 $D16$을 초과하는 스터럽에도 적용할 수 있다. (그림 6.15(a) 참조)

(2) $f_{yt} \geq 300\text{MPa}$인 $D19, D22, D25$인 스터럽에 대하여는 종방향철근을 둘러싸는 표준 갈고리 외에 추가로 부재의 중간 높이에서 갈고리 단부의 바깥면까지의 묻힘길이가 다음 식(6.12) 이상 확보되어야 한다.(그림 6.15(b) 참조)

$$\frac{0.17 d_b f_{yt}}{\lambda \sqrt{f_{ck}}} \tag{6.12}$$

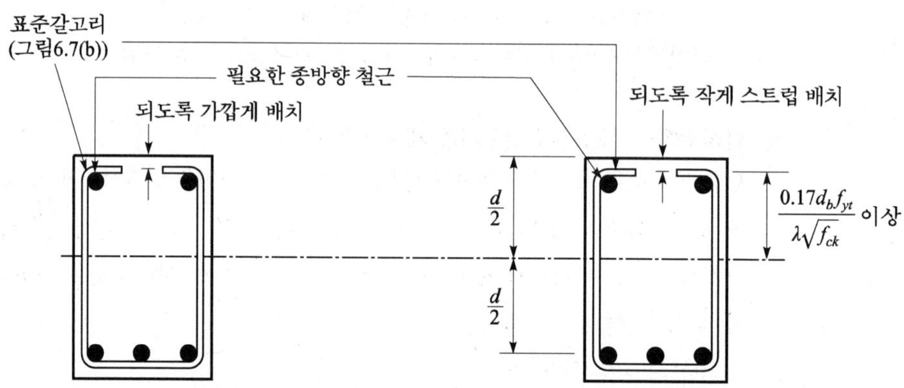

(a) $D16$, 16mm철선 이하 또는 $f_{yt} < 300\text{MPa}$인 $D19, D22, D25$철근

(b) $f_{yt} \geq 300\text{MPa}$인 $D19, D22, D25$철근

그림 6.15 스터럽의 정착

(3) U형 스터럽을 구성하는 용접원형철망의 각 가닥은 다음 중 하나의 방법으로 정착하여야 한다. (그림 6.16 참조)

① U형 스터럽의 가닥 상부에 50mm 이상 간격으로 2개의 종방향 철선을 배치하여야 한다.

② 종방향 철선 하나는 압축면에서 $d/4$ 이하에 배치하고, 두 번째 종방향 철선은

첫 번째 철선부터 50mm 이상의 간격으로 압축면에 가까이 배치하여야 한다. 이 때 두 번째 종방향 철선은 굴곡부 밖에 두거나 또는 굴곡부 내면 지름이 $8d_b$ 이상인 경우는 굴곡부에 둘 수 있다.

(4) 단일 U형 또는 다중 U형 스터럽의 양 정착단 사이의 연속구간 내의 굽혀진 부분은 종방향 철근을 둘러싸야 한다.

(5) 전단철근으로 사용하기 위해 굽혀진 종방향 주철근이 인장 구역으로 연장되는 경우에 종방향 주철근과 연속되어야 하고, 압축 구역으로 연장되는 경우에는 식 (5.32)를 만족시키는 응력 f_{yt}를 사용하여 부재의 중간 깊이 $d/2$를 지나서 이형인장철근 및 이형철선의 규정에서 계산된 정착길이 만큼 확보하여야 한다.

(6) 한 쌍의 U형 스터럽으로 폐합스터럽을 만들 경우에는 겹침이음 길이가 $1.3l_d$ 이상이라야 한다. 깊이가 450mm 이상인 부재에서 스터럽의 가닥이 부재의 전 깊이까지 연장된다면 폐합스터럽의 이음이 적절한 것으로 볼 수 있다. 이때 한 가닥의 이음부에서 발휘할 수 있는 인장력, $A_b f_{yt}$는 40kN 이하이어야 한다.

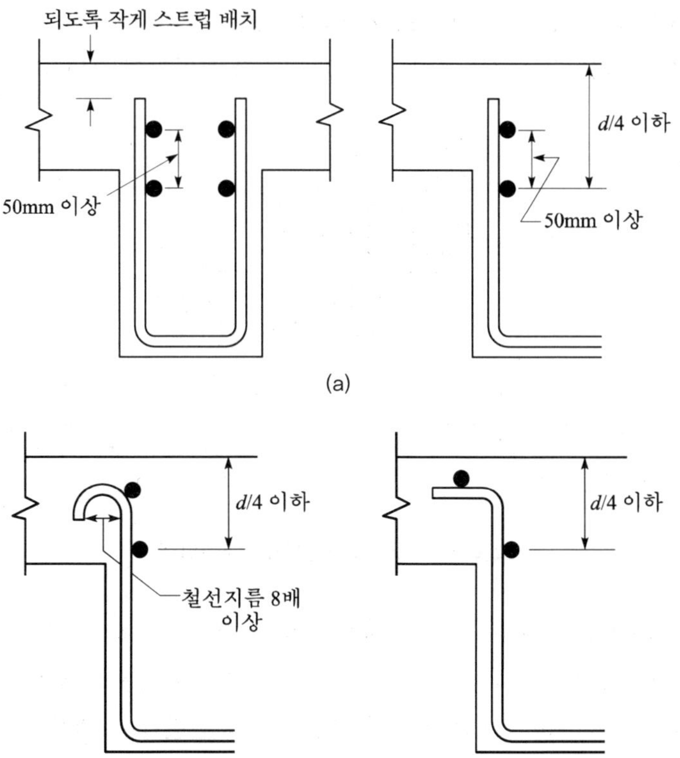

그림 6.16 용접원형철망 U형 스터럽의 압축측 정착

6.6 철근의 이음 및 간격

6.6.1 철근의 이음방법

철근콘크리트 부재에서 인장 보강재의 역할을 하는 철근은 공장의 제작 설비, 운반과 무게 등을 고려하여 정해진 길이(정척)로 생산한다. 일반적으로 우리나라에서 철근의 정척은 8m 등의 길이로 표준화 되어 있다. 이와 같은 길이의 철근은 구조부재의 설계내용에 따라 적당한 길이로 재단된다. 사용할 철근이 설계된 배치구간 거리보다 짧을 경우에는 하나의 철근을 서로 다른 철근까지 응력이 확실하게 전달될 수 있도록 이음을 두어야 한다.

이와 같은 철근의 이음부는 구조 조건의 취약부에 해당될 수 있으므로 인장응력이 최대로 작용되는 지점은 피하는 것이 좋다. 또한 이러한 취약부의 집중화를 벗어나기 위해 이음부는 한 곳에 두지 않고 서로 엇갈리게 분산 배치하는 것이 좋다.

철근의 이음은 경제적인 비용, 현장에서의 작업성 등을 고려하여 기본적으로 다음의 세 가지 유형이 있다.

(1) 겹침이음(겹이음, lap splice) : $D32$ 이하의 철근에 대하여 2개의 철근을 규정된 길이로 겹쳐서 이음을 하는 것으로서, 철근의 완전한 부착력의 유발을 이용하는 방법이다.

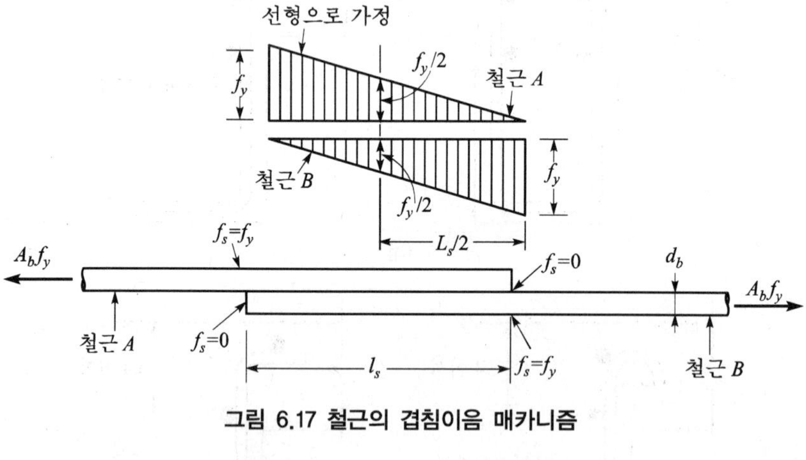

그림 6.17 철근의 겹침이음 매카니즘

(2) 용접이음(welding connection) : $D35$ 이상의 철근에 대하여 연결할 두 개의 철근을 서로 맞대어 용접하는 방법으로 지름이 큰 철근에서 비교적 경제적이다.

(3) 기계적 장치(mechanical devices)에 의한 이음 : 연결할 두 개의 철근 끝단을 맞대어 기계적 슬리브를 통해 연결하는 방법이다. 이 방법은 겹침 이음이 어렵거나 철근이 조밀하게 배치되는 큰 직경의 철근에 사용된다.

이상의 연결 방법 중에서 가장 널리 사용되는 것이 겹침이음 이며, 그림 6.17에 겹침이음의 역학적 메카니즘을 나타내고 있다.

6.6.2 이음 일반

철근의 이음에 대해서는 콘크리트구조 설계기준에서 다음과 같은 일반적인 조건의 규정을 두고 있다.

(1) 철근은 설계도, 또는 시방서에서 요구하거나 허용한 경우 또는 책임기술자가 승인하는 경우에만 이음을 둘 수 있으며, 되도록이면 최대 인장응력 점에서 떨어진 곳에 두어야 한다.

(2) 겹침이음은 다음 규정에 따라야 한다.
   ① D35를 초과하는 철근은 겹침이음을 할 수 없다. 다만, [6장 6.6.4절] (2)항 및 기초판에서 다월철근과 압축 겹침이음을 할 때에는 이 규정을 적용하지 않는다.
   ② 휨부재에서 서로 직접 접촉되지 않게 겹침이음된 철근은 횡방향으로 소요 겹침이음 길이의 1/5 또는 150mm 중 작은 값 이상 떨어지지 않아야 한다. 이 간격이 너무 크게 되면 보강되지 않은 무근콘크리트 단면이 생길 수가 있기 때문이다.

(3) 용접이음과 기계적 이음은 다음 규정에 따라야 한다.
   ① 용접이음은 용접용 철근을 사용하여야 하며, 철근의 설계기준 항복강도 f_y의 125% 이상을 발휘할 수 있는 용접이어야 한다.
   ② 기계적 이음은 철근의 설계기준 항복강도 f_y의 125% 이상을 발휘할 수 있는 기계적 이음이어야 한다.
   ③ ① 또는 ②의 요구조건을 만족하지 않는 용접이음이나 기계적 이음은 [6장 6.6.3절] (4)항을 만족하여야 하며, D16 이하의 철근에만 허용된다.

(4) 철근이 굽혀진 부위에서는 용접이음을 할 수 없으며, 굽힘이 시작되는 부위에서 철근 지름의 2배 이상 떨어진 곳에서부터 용접이음을 시작할 수 있다.

(5) 겹침용접이음은 한 면에서만 철근 바깥까지 용접되어야 하고, 이 경우 설계 용접 목두께는 $0.3d_b$로 한다. 용접 길이는 "강구조 연결 설계기준" 또는 시설물별 기준에 따라 산정한다.

(6) 지름이 22mm 이상인 철근을 겹침용접이음 할 때는 사용하중 상태에서 철근 이음부 주변 콘크리트에 유해한 균열이 발생하지 않도록 횡보강 철근을 배치하여야 한다.

6.6.3 인장 이형철근의 이음

(1) 이형철근을 인장철근으로 사용할 경우, 겹침이음 길이는 다음 식(6.13) 이상이라야 하고, 또 300mm 이상이라야 한다.

$$\left.\begin{aligned} &\text{A급 이음} : 1.0l_d \\ &\text{B급 이음} : 1.3l_d \end{aligned}\right\} \tag{6.13}$$

여기서, 이형 인장철근의 정착길이 l_d는 [6장 6.3.2절]에 따라 계산하며, 이 때 계산된 정착길이는 300mm 이상이어야 한다는 규정과 보정계수는 적용하지 않는다.

(2) 겹침이음에서 A급 이음과 B급 이음은 다음과 같이 분류한다.

① A급 이음 : 배치된 철근량이 이음부 전체구간에서 해석결과 요구되는 소요철근량의 2배 이상이고, 소요 겹침이음길이 내에서 겹침이음된 철근량이 전체 철근량의 1/2 이하인 경우

② B급 이음 : ①에 해당되지 않는 경우

표 6.5 인장 겹침이음

겹침이음 길이 내에서의 철근량의 조건	겹침이음의 종류
$\dfrac{\text{배근 } A_s}{\text{소요 } A_s} \geq 2$이고, $\dfrac{\text{겹침이음된 철근량}}{\text{전체 철근량}} \leq \dfrac{1}{2}$ 인 경우	A급 이음
위의 조건에 해당하지 않는 경우	B급 이음

(3) 이음부에 배치된 철근량이 해석결과 요구되는 소요 철근량의 2배 미만인 경우에 용접이음 또는 기계적 이음은 [6장 6.6.2절] (3)항 ① 또는 ②의 요구조건을 만족시켜야 한다.

(4) [6.6.2절] (3)항 ① 또는 ②를 만족하지 않더라도 이음부에 배치된 철근량이 해석결과 요구되는 소요 철근량의 2배 이상이고, 다음의 ①과 ②의 요구조건을 따르는 경우, D16 이하의 철근에 대해서 용접이음 또는 기계적 이음을 허용한다.

① 각 철근의 이음부는 서로 600mm 이상 엇갈려야 하고, 이음부에서 계산된 인장응력의 2배 이상을 발휘할 수 있도록 하여야 한다. 또한 배치된 전체 철근이 140MPa 이상의 응력을 발휘할 수 있어야 한다.

② 각 단면에서 발휘하는 인장력을 계산할 때 이어진 철근은 규정된 이음강도를 발휘하는 것으로 보아야 하지만 f_y보다 크지 않아야 한다. 이어지지 않은 연속철근의

인장응력은 f_y를 발휘할 수 있도록 계산된 정착길이 l_d에 대한 짧게 배치된 정착길이와의 비에 f_y를 곱하여 사용해야 하지만 f_y보다 크지 않아야 한다.

(5) 인장연결재의 철근이음은 [6장 6.6.2절] (3)항 ① 또는 ②에 따라 완전용접이나 기계적 이음으로 이루어져야 한다. 이때 인접철근의 이음은 750mm 이상 떨어져서 엇갈려야 한다.

6.6.4 압축 이형철근의 이음

압축 이형철근의 겹침이음길이는 식(6.14)와 같이 구할 수 있다.

$$l_s = \left(\frac{1.4 f_y}{\lambda \sqrt{f_{ck}}} - 52 \right) d_b \tag{6.14}$$

(1) 식(6.14)로 계산된 이음길이가 다음 식(6.15)로 계산한 값보다 긴 경우, 압축철근의 겹이음길이는 식(6.15)로 계산한 값을 사용할 수 있다.

$$\left. \begin{array}{l} l_s = 0.072 f_y d_b (f_y \le 400\text{MPa}\text{인 경우}) \\ l_s = (0.13 f_y - 24) d_b \, (f_y > 400\text{MPa}\text{인 경우}) \end{array} \right\} \tag{6.15}$$

이 때 겹이음길이는 300mm 이상이어야 하며, $f_{ck} < 21\text{MPa}$이면 그 겹침이음 길이를 위의 값의 1/3만큼 더 증가시켜야 한다.

(2) 서로 다른 크기의 철근을 압축부에서 겹침이음을 하는 경우, 이음길이는 크기가 큰 철근의 정착길이와 크기가 작은 철근의 겹침이음길이 중 큰 값 이상이어야 한다. 이때 D41과 D51 철근은 D35 이하 철근과의 겹침이음은 허용할 수 있다.

(3) 압축부에서 사용하는 용접이음 또는 기계적 이음은 [6장 6.6.2절] (3)항 ① 또는 ②의 요구조건을 만족하여야 한다.

(4) 철근이 압축력만을 받을 경우는 철근과 직각으로 절단된 철근의 양 끝을 적절한 장치에 의해 중심이 잘 맞도록 접촉시킴으로써 압축응력을 직접 지압에 의해 전달할 수 있다. 이때 철근의 양 단부는 철근 축의 직각면에 1.5° 내의 오차를 갖는 평탄한 면이 되어야 하고, 조립 후 지압면의 오차는 3° 이내이어야 한다.

(5) 단부 지압이음은 폐쇄 띠철근, 폐쇄 스터럽 또는 나선철근을 배치한 압축부재에서만 사용하여야 한다.

예제 6.8 하부에 배치된 $D22$의 인장철근의 겹칩이음 길이를 구하시오. 철근간격은 $2d_b$, $D22$ 철근의 공칭지름은 22.2mm이고, $f_{ck}=35\text{MPa}$, $f_y=400\text{MPa}$이다.
(a) 요구되는 철근량 보다 배근된 철근량이 2배 이상인 경우
(b) 요구되는 철근량 보다 배근된 철근량이 2배 이하인 경우9

풀이

(a) 요구되는 철근량 보다 배근된 철근량이 2배 이상인 경우
간편식에 의해 이형 인장철근의 기본 정착길이를 계산하면, 식(6.4)로부터

$$l_{db}=\frac{0.6d_bf_y}{\lambda\sqrt{f_{ck}}}=\frac{0.6\times22.2\times400}{1.0\times\sqrt{35}}=901\text{mm}$$

표 6.5으로부터 $\frac{\text{배근 }A_s}{\text{소요 }A_s}=2$이므로 A급 이음인 식(6.13)의 $1.0l_d$에 해당된다.
따라서, 이 조건에서 겹침이음 길이는 $l_d=901\text{mm}$가 된다.

(b) 요구되는 철근량 보다 배근된 철근량이 2배 이하인 경우
표 6.5로부터 $\frac{\text{배근 }A_s}{\text{소요 }A_s}<2$이므로 B급 이음인 식(6.13)의 $1.3l_d$에 해당된다.
따라서, 이 조건에서 겹침이음 길이는 $1.3l_d=1.3\times901=1{,}172\text{mm}$가 된다.

예제 6.9 보통골재를 사용한 철근콘크리트 연속보에서 이형 압축철근 $D29$(공칭지름 28.6mm)의 겹침이음 길이를 구하시오. $f_{ck}=45\text{MPa}$, $f_y=500\text{MPa}$이다.

풀이

압축 이형철근의 겹침이음 길이는 식(6.14) 및 식(6.15)으로 계산한 값 중 작은 값을 취한다. 따라서, 식(6.14)로부터,

$$l_s=\left(\frac{1.4f_y}{\lambda\sqrt{f_{ck}}}-52\right)d_b=\left(\frac{1.4\times500}{1.0\times\sqrt{45}}-52\right)\times28.6=1{,}498\text{mm}$$

또한, 식(6.15)에서 $f_y=500\text{MPa}>400\text{MPa}$의 조건에 해당되므로 겹침이음 길이는 다음과 같이 계산된다.

$$l_s=(0.13f_y-24)d_b=(0.13\times500-24)\times28.6$$
$$=1{,}173\text{mm}<300\text{mm}$$

따라서, 이형 압축철근의 겹침이음 길이는 두 식으로 계산한 값 중 작은 값을 취한다. 그러나 이형 인장철근의 겹침길이 보다 길게 취할 필요가 없으므로 이형 인장철근의 겹침길이를 B급이음으로 계산하면, 식(6.13)으로부터

$$l_d=1.3\times\frac{0.6d_bf_y}{\lambda\sqrt{f_{ck}}}=1.3\times\frac{0.6\times28.6\times500}{1.0\times\sqrt{40}}$$
$$=1{,}764\text{mm}>1{,}173\text{mm}$$

그러므로, 이형 압축철근의 겹침이음 길이는 $l_s=1{,}173\text{mm}$가 된다.

6.6.5 철근의 간격 제한

철근의 정착길이는 철근 간격에 따라 달라지므로 어떤 경우에는 최소 철근간격보다 더 큰 값을 사용하는 것이 바람직하다. 이러한 최소 철근간격의 제한 규정은 철근과 철근, 철근과 거푸집 사이로 공극 없이 콘크리트를 쉽게 타설할 수 있고, 철근이 한 위치에 집중됨으로써 전단 또는 수축균열이 발생하는 것을 방지하기 위한 것이다. 최소 철근간격을 규정하는 데 철근의 공칭지름을 사용하는 것은 모든 철근규격에 대해 통일된 척도를 제공하기 위한 것이며, 이와 같은 원칙에 의해 콘크리트구조 설계기준 [KDS 14 20 50 콘크리트구조 철근상세 설계기준, 4.2.2 간격제한]의 규정에서 철근의 간격 제한에 관하여 다음과 같이 규정하고 있다.

① 동일 평면에서 평행한 철근 사이의 수평 순간격은 25mm 이상, 또한 철근의 공칭지름 이상으로 하여야 한다.

② 상단과 하단에 2단 이상으로 배치된 경우 상하 철근은 동일 연직면 내에 배치되어야 하고, 이때 상하 철근의 순간격은 25mm 이상으로 하여야 한다.

③ 나선철근과 띠철근 기둥에서 축방향 철근의 순간격은 40mm 이상, 또한 철근 공칭 지름의 1.5배 이상으로 하여야 한다.

④ 철근의 순간격에 대한 규정은 서로 접촉된 겹침이음 철근과 인접된 이음철근 또는 연속철근 사이의 순간격에도 적용하여야 한다.

⑤ 벽체 또는 슬래브에서 휨 주철근의 간격은 벽체나 슬래브 두께의 3배 이하로 하여야 하고, 또한 450mm 이하로 하여야 한다.

연습문제

6-1 $f_{ck} = 24\,\mathrm{MPa}$, $f_y = 350\,\mathrm{MPa}$일 때 인장철근 $D25$의 기본 정착길이를 계산하시오.

6-2 콘크리트에 매입된 아래 조건의 이형철근들이 인장응력을 받고 있을 때 정착길이를 계산하시오.

(가) $D16$ 및 $D25$ 철근의 정착길이 :

$f_{ck} = 30\,\mathrm{MPa}$, $f_y = 350\,\mathrm{MPa}$, 철근의 순간격 $3d_b$, 피복두께 $2d_b$, 소요 $A_s =$ 배근 A_s이다. 다만, $D16$ 철근은 도막되지 않은 철근으로서, 철근 아래 400mm 깊이로 일반 콘크리트 속에 묻혀있는 상부 수평철근이며, $D25$ 철근은 에폭시 도막된 철근으로서 경량콘크리트 속에 묻혀 있는 하부철근이다.

(나) $D19$, $D32$ 철근의 정착길이 :

$f_{ck} = 28\,\mathrm{MPa}$, $f_y = 400\,\mathrm{MPa}$, 철근의 순간격 $1.5d_b$, 피복두께 d_b, 스터럽은 사용하지 않은 것으로 본다. 다만 $D19$ 철근은 $\alpha = 1.0$, $\beta = 1.0$, $\lambda = 1.0$이며, $D32$ 철근은 $\alpha = 1.3$, $\beta = 1.5$, $\lambda = 0.75$이다. 그리고 배근된 철근량은 소요철근량에 대해 $D19$ 철근은 30%, $D32$ 철근은 10% 초과 사용하였다.

6-3 문제 6-2에서 철근이 압축철근이며, $D13$ 스터럽 철근이 300mm 간격으로 전단철근이 배근된 경우에 대해 정착길이를 계산하시오. 다만, 모든 콘크리트는 보통 중량의 콘크리트이다.

6-4 $400\,\text{mm} \times 400\,\text{mm}$의 철근콘크리트 직사각형 기둥단면에 축방향철근으로서 8개의 $D29$ 철근을 배치하였다. 아래의 조건에서 이 철근의 압축 겹침이음 길이를 계산하시오.

(가) $f_{ck} = 30\text{MPa}$, $f_y = 420\,\text{MPa}$

(나) $f_{ck} = 18\,\text{MPa}$, $f_y = 350\,\text{MPa}$

6-5 보통골재를 사용한 일반 콘크리트의 캔틸레버보가 있다. 이 보에서 지지부 기둥에 정착되는 구간의 상부인장철근($D32$) 피복두께는 85mm이며, 갈고리 끝에서 기둥 속에 묻히는 피복두께는 50mm이다. 또한 배근된 상부철근량은 소요 철근량보다 25% 초과하였으며, 스터럽은 l_{dh} 구간에서 200mm 간격으로 배치되어 있다. 이 보에 배근된 상부철근($D32$)이 외력을 지지할 수 있도록 콘크리트 지지면 속으로 정착되는 90° 갈고리의 매입길이를 계산하시오. 단, $f_{ck} = 24\,\text{MPa}$, $f_y = 320\,\text{MPa}$이다.

6-6 자중을 포함한 고정하중 15kN/m와 등분포활하중 20kN/m 및 보의 중앙에서 집중활하중 62.5kN을 받고 있는 $b = 350\text{mm}$, $d = 530\text{mm}$, $d' = 70\text{mm}$, $h = 600\text{mm}$인 지간 5.9mm의 철근콘크리트 직사각형 단순보가 있다 이 보에 배치된 인장철근은 $D35 \times 3$개이며, 수직스터럽은 피복두께 40mm를 확보한 $D10$ 철근을 150mm 간격으로 배치하였다. 이 보에서 인장철근 3개 중 1개를 절단할 수 있다면 그 위치와 정착길이를 구하시오. 단 $f_{ck} = 24\text{MPa}$, $f_y = 350\text{MPa}$이다.

제7장

사용성 및 내구성

7.1 개요

철근콘크리트 구조물이 외력을 받고 있을 때 구조적으로 저항하고 있는 내력이 안전조건에 있어서 충분한 여유가 확보되어 있다면 강도 측면의 안전성에는 별 문제가 없다. 그러나 구조물이 강도상 안전하다고 하더라도, 사용하는데 있어서 그 구조물이 사용자에게 불편함이나 사용상 어떤 지장을 주고 있다면, 이는 구조물이 그 기능을 정상적으로 충실하게 수행하지 못하고 있다고 봐야 한다. 즉, 구조물의 어느 부재나 어떤 요소에 과도한 처짐이 발생하거나 구조부재에 균열, 피로, 내구성 저하 현상 등이 일어나게 된다면 구조물의 기능상 문제가 발생될 뿐만 아니라, 구조물의 질적 가치로 표현되는 미관이 손상되고 사용자로 하여금 위험을 느끼게 하는 불안감을 주기도 하기 때문이다.

철근콘크리트 구조물을 설계할 때에는 안전성(structural safety)은 물론이고 이용자의 편리성을 고려한 사용성(serviceability), 구조물의 수명 및 유지관리를 통한 사용수명 등의 연장 등에 관련된 내구성(durability) 등, 주된 세 가지 사항이 적극적으로 반영되고 있다. 특히, 가혹한 환경조건에 노출되는 철근콘크리트 구조물은 내구성을 심하게 떨어뜨리기도 한다. 그렇기 때문에 구조물은 어떠한 외력조건에 대해서도 안전해야 하지만, 이용자 측면에서 안전성 못지않게 사용성과 내구성도 충분히 확보되어야 한다.

최근에는 재료가 고강도화 되고 있으며, 설계기법 또한 과학적이고 상당히 정밀한 방법으로 수행되기 때문에 부재 단면이 상대적으로 작아지고 있다. 부재 단면이 작아진 구조 부재가 외력에 대해 충분히 안전하다고 하더라도 사용성 조건을 만족해야 한다. 구조물의 안전성은 계수하중에 의한 강도설계법으로 다루지만, 처짐이나 균열, 그리고 피로 등 사용성으로 분류되는 문제들은 사용하중에 의한 탄성해석을 토대로 검토한다. 그 이유는 구조부재의 처짐 문제나 부재단면의 균열 문제, 그리고 부재의 피로 등은 실제로 작용하고 있는 사용하중 상태에서 나타난 실제의 상황으로 평가해야하기 때문이다.

또한, 가혹한 환경조건, 특히 염분이나 동결융해 작용을 비롯하여 CO_2 농도 증가에 의한 탄산화, 부순골재(쇄석) 사용에 의한 알칼리 골재 반응 등에 대한 내구성 측면에서의 설계가 필요하다. 즉 철근콘크리트 구조물의 설계는 안전성, 사용성, 내구성 등이 포함되어야 하며, 이 장에서는 현행 콘크리트구조 설계기준을 적용하여 사용성과 내구성 설계 방법에 대하여 공부하기로 한다.

7.2 처짐

이 절은 콘크리트구조 설계기준 [KDS 14 20 30 콘크리트구조 사용성 설계기준, 4.2 처짐]의 규정에 따라 작성한 것이다.

7.2.1 처짐의 제어

사용성 검토를 위해 콘크리트구조 설계기준에서는 보의 처짐에 대한 허용치를 규정하고 있다. 이처럼 허용치를 설정하여 처짐을 제어하는 것은, 규정된 하중 하에서 주로 강도적인 측면에 대해 설계된 부재가 정상적인 사용 상태에서도 충분한 성능을 발휘할 수 있도록 하는 것이 중요하기 때문이다.

처짐을 제어하는 방법에는 두 가지 접근법이 있다. 하나는 간접적인 방법으로서 부재의 최소두께를 설정하는 것이다. 이것은 간단한 방법이며, 경간, 하중 및 하중 분포, 부재의 크기 및 비율이 일반적인 범위에 속하는 경우 만족스럽다. 또 하나는 처짐을 계산하고 콘크리트구조 설계기준이나 특별한 요구사항에 의한 특정 한계를 가지는 예측 값과 비교하는 방법이다.

처짐은 대상 부재에 대한 재료 특성, 균열 영향, 하중 이력 등의 불확실성 때문에 정확한 결과 값을 얻을 가능성이 낮다. 그래서 매우 높은 정밀도를 요구하지는 않는다. 처짐에 대한 관점은 일반적으로 부재의 정상적인 사용 수명 동안 발생하는 것이다. 사용 중에 부재는 규정된 사용 활하중의 일부 또는 전부에 더하여 전 고정하중(사하중)을 지지하고 있다. 콘크리트구조 설계기준 및 이와 유사한 설계 규정의 안전 조항은 전체의 활하중까지 받는 경우, 철근과 콘크리트의 응력이 모두 탄성 상태에 있다는 사실을 보장한다. 따라서 하중을 가했을 때 즉시 한 번에 발생하는 처짐을 탄성처짐(elastic deflection), 또는 순간처짐(immediate deflection)이라고 하며, 비균열 탄성 부재, 균열 탄성 부재 또는 이들의 일부 조합의 특성을 기반으로 하여 계산할 수 있다.

그러나, 하중이 재하될 때 즉시 발생하는 콘크리트 변형 외에도 오랜 시간 동안 점진적으로 발생하는 다른 변형이 있다. 이러한 시간 의존적 변형은 주로 콘크리트의 크리프 및 건조수축에 기인한다. 이러한 영향으로 철근콘크리트 부재는 시간이 경과함에 따라 처짐이 계속 증가하게 된다. 이러한 처짐을 장기처짐(long term deflection)이라고 하며, 몇 년 동안 지속되면서 순간처짐의 2배 이상 될 수도 있다. 철근콘크리트 구조물의 사용성 검토를 위해서는 순간처짐 및 시간 의존적 처짐인 장기처짐을 모두 예측할 필요가 있다.

7.2.2 순간처짐

순간처짐 즉 탄성처짐은 다음과 같은 일반적인 형태로 나타낼 수 있다.

$$\Delta = \frac{f(\text{하중, 경간, 지지조건})}{EI} \tag{7.1}$$

여기서, EI는 휨강성이고, f는 하중, 경간 및 지지조건 등의 함수이다. 예를 들어, 등분포 하중이 재하된 단순보의 경우 최대 처짐은 경간 중앙에서 일어나며, 그 값은 $5wl^4/384EI$이므로 $f = 5wl^4/384$가 된다. 이와 같은 값들은 표로 작성되어 있거나 단순보, 고정보 또는 연속보 등 다양한 구조물에 대하여 구조해석을 실시하면 쉽게 계산할 수 있다. 따라서 철근콘크리트 구조물의 처짐을 구하는데 있어서 특별한 문제는 서로 다른 재료적 특성을 갖는 철근과 콘크리트로 구성된 부재에 대해 그에 적합한 휨강성 EI를 구하는 것이다.

1) 균열이 발생하기 전의 처짐

콘크리트의 인장응력이 파괴계수를 초과하지 않을 정도로 휨부재의 최대 휨모멘트가 작으면 휨인장 균열은 발생하지 않는다. 이와 같이 균열이 발생하지 않는 범위에서 하중이 작용할 때, 유효한 단면2차 모멘트는 비균열 환산 단면 2차모멘트 I_{gt}이며 콘크리트의 탄성계수 E_c는 식(2.10)의 값이다. 따라서, 이 하중 범위에서의 탄성처짐은 다음 식으로 나타낼 수 있다.

$$\Delta_{iu} = \frac{f}{E_c I_{gt}} \tag{7.2}$$

여기서, I_{gt}는 계산의 간편을 위해 철근을 무시한 콘크리트 전체 단면의 중립축에 대한 단면2차모멘트 I_g를 사용하는 것이 일반적이다.

2) 균열이 발생한 후의 처짐

하중이 증가하여 콘크리트의 인장응력이 파괴계수를 초과하게 되면 휨균열이 발생한다. 휨균열 영역에서 중립축의 위치는 변화하게 된다. 각 균열에서 직접적으로 균열 환산 단면에 대해 계산된 수준에서 중립축이 위치하게 되고, 균열과 균열 사이의 중간에서는 비균열 환산 단면에 대해 계산된 중립축에 더 가깝다. 이에 상응하여 휨인장 균열에서는 I_e가 휨인장 균열 부근에서의 I_{cr}와 유사하며, 균열 사이에서는 $I_{gt}=I_g$에 근접한다. 이들 I_{cr}과 I_g 사이에서 I_e는 점진적으로 변화된다.

철근콘크리트 보가 균열이 발생할 때의 휨모멘트, 즉 균열모멘트 M_{cr}을 구해보자. 휨응력 공식 $f=\dfrac{M}{I}y$에서 휨응력 f 대신에 콘크리트의 파괴계수 f_r을 적용하고, 균열이 발생하는 임계상태이므로 균열발생 전으로 간주하여 단면2차 모멘트 $I_{gt}=I_g$ 및 중립축으로부터의 팔거리 y_t를 적용하면, 균열모멘트 M_{cr}은 다음 식과 같이 된다.

$$f_r=\frac{M_{cr}}{I_g}y_t \qquad \therefore\ M_{cr}=\frac{I_g f_r}{y_t} \tag{7.3}$$

여기서, 콘크리트의 파괴계수 f_r은 이 콘크리트구조 설계기준에서 다음 식(7.4)와 같이 규정하고 있다.

$$f_r=0.63\lambda\sqrt{f_{ck}}\,(\mathrm{MPa}) \tag{7.4}$$

I의 값은 휨모멘트도의 형태와 균열 패턴에 따라 달라지므로 일률적으로 정하기가 어렵기 때문에 처짐을 정확하게 계산하는 것은 쉽지 않다. 브랜슨(D. E. Branson)은 처짐을 구하고자 하는 위치에서의 휨모멘트 M_a가 균열 모멘트 M_{cr}보다 클 때, 보의 처짐 Δ_{ic}를 구하는데 사용하는 유효 환산 단면 2차모멘트 I_e를 다음 식(7.6)과 같이 제시하였으며, 콘크리트구조 설계기준에서도 이 식을 채택하고 있다.

$$\Delta_{ic}=\frac{f}{E_c I_e} \tag{7.5}$$

$$I_e=\left(\frac{M_{cr}}{M_a}\right)^3 I_{ut}+\left\{1-\left(\frac{M_{cr}}{M_a}\right)^3\right\}I_{cr}\le I_{ut} \tag{7.6}$$

여기서, M_{cr} : 외력에 의해 단면에서 휨균열을 일으키는 휨모멘트(N·mm, kN·m)

M_a : 처짐을 계산할 때 부재의 최대 휨모멘트(N·mm, kN·m)

I_g : 철근을 무시한 콘크리트 전체 단면의 중립축에 대한 단면2차모멘트(mm^4, m^4)

I_{cr} : 균열 단면 단면2차모멘트(mm^4, m^4)

식(7.6)은 다음 식(7.7)과 같은 형태로도 사용할 수 있다.

$$I_e = I_{cr} + \left(\frac{M_{cr}}{M_a}\right)^3 (I_g - I_{cr}) \leq I_g \quad (7.7)$$

또한, 유효 단면 2차모멘트 I_e는 다음 식(7.8)과 같은 범위에 있다.

$$I_g > I_e > I_{cr} \quad (7.8)$$

3) 유효 단면 2차모멘트와 M_a/M_{cr}의 관계

그림 7.1은 식(7.6)의 유효 단면 2차모멘트 I_e와 M_a/M_{cr}과의 관계를 나타낸 것이다. 처짐을 구하는 위치에서의 최대 휨모멘트 M_a가 균열 모멘트 M_{cr}보다 작은 경우, 즉 M_a/M_{cr} 값이 1.0 미만인 경우, $I_e = I_g$이다. M_a가 증가할 경우 I_e는 I_{cr}에 접근한다. M_a/M_{cr}이 3 이상인 경우, I_e는 대부분 I_{cr}와 같은 값이 된다. 설계하중이 작용할 경우 M_a/M_{cr}의 일반적인 값은 대략 1.5~3의 범위에 있다.

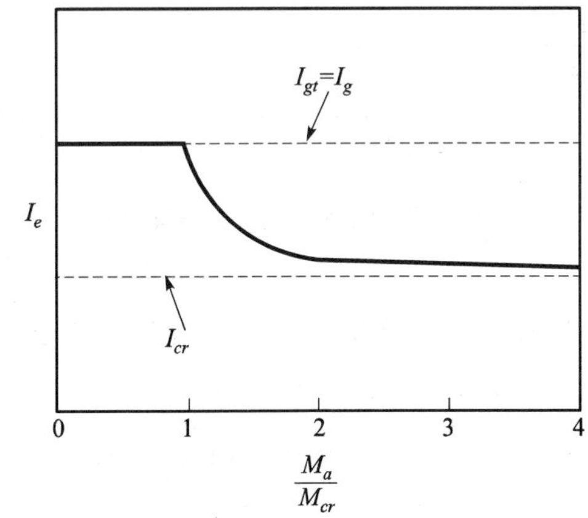

그림 7.1 I_e와 M_a/M_{cr}과의 관계

4) 휨강성과 처짐과의 관계

그림 7.2는 단순보에서 휨모멘트와 처짐과의 관계를 나타낸 것이다. M_{cr}보다 작은 휨모멘트 M_a가 작용할 때 처짐은 휨모멘트에 비례하며, 균열 임계점의 처짐은 $M = M_{cr}$을 사용하여 식(7.2)로 구할 수 있다.

균열이 발생하게 되면 식(7.6)로부터 알 수 있는 바와 같이 유효 단면 2차모멘트 I_e는 점점 작아지며, 처짐은 식(7.5)를 사용하여 구한다. 그림 7.2에서 예를 들면, 휨모멘트 M_2는 전 설계 하중에 해당되는 반면, 휨모멘트 M_1은 일반적인 경우 사하중 모멘트를 나타낸 것이다. 설계하중을 약간 초과하는 하중 하에서 철근과 콘크리트의 비선형 응답이 비선형 처짐 증가를 일으키는 경우를 제외하고는, 선분 E_cI_{cr}에 해당되는 휨모멘트-처짐 곡선은 상한치를 나타낸다.

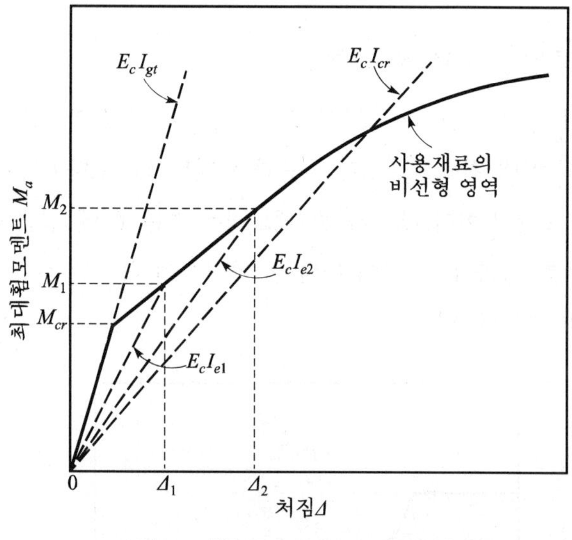

그림 7.2 철근콘크리트 보의 처짐 거동

$M_2 - M_1$의 휨모멘트를 일으키는 활하중으로 인한 처짐 증가량을 계산하기 위해서는 두 단계의 계산이 필요하다. 첫째는 활하중과 사하중으로 인한 처짐은 Δ_2이고 그 다음은 사하중 만에 의한 처짐은 Δ_1이며, 이들 처짐을 계산할 때에는 각각 적합한 I_e를 사용한다. 이렇게 하여 구한 활하중에 의한 처짐은 $\Delta_2 - \Delta_1$이 된다.

5) 연속보의 I_e 값의 산정

대부분의 철근콘크리트 구조물은 연속 경간이며 단순 지지가 아니다. 단순 경간에 대해서는 앞에서 설명한 개념을 적용할 수 있지만, 연속보의 거동에 있어서 단순 지간 단부의 회전 구속을 반영한 음의 영역과 양의 영역이 포함될 것이다. 따라서, 연속 경간에 대한 유효 단면 2차모멘트 I_e는 간단하게 평균을 통해 얻을 수 있다.

(1) 양단이 연속된 보

$$I_e = 0.70 I_{em} + 0.15(I_{e1} + I_{e2}) \tag{7.9}$$

여기서, I_{em} : 지간 중앙의 유효 단면2차모멘트(mm^4, m^4)

I_{e1}, I_{e2} : 양단의 부모멘트 단면에 대한 유효 단면2차모멘트(mm^4, m^4)

(2) 1단 연속 타단 불연속인 보

$$I_e = 0.85 I_{em} + 0.15 I_{e1} \tag{7.10}$$

여기서, I_{e1} : 연속단의 유효 단면2차모멘트(mm^4, m^4)

또한 가중평균 I_e는 식(7.11)로 포현되는 산술평균 I_e를 사용해도 무방하다.

$$I_e = 0.5 I_{em} + 0.25(I_{e1} + I_{e1}) \tag{7.11}$$

I_e를 구한 뒤, 지지부에서 처짐 곡선에 대한 접선의 회전을 고려하여 처짐을 계산할 수 있다. 일반적으로, 최대 처짐을 계산할 때, 최대 정모멘트를 일으키는 하중이 사용되며, 또 경간 중앙의 처짐은 일반적으로 최대 처짐의 개략적인 값으로서 사용될 수 있다.

7.2.3 장기처짐

하중이 장기간에 걸쳐 지속적으로 재하될 경우, 초기의 순간처짐은 크게 증가한다. 건조수축과 크리프의 영향은 일반적으로 처짐 계산에서 합산된다. 일반적으로 크리프가 처짐에 지배적인 영향을 주지만, 일부 유형의 부재의 경우 건조수축을 별도로 고려해야 한다.

콘크리트의 크리프 변형은 일반적인 설계 하중 범위를 초과하는 압축 응력에서도 정비례한다고 알려져 있다. 이들은 시간이 지남에 따라 점점 증가하며, 동일한 응력의 경우 고강도 콘크리트보다 낮은 강도에서 더 크다. 초기 탄성 변형률에 대한 추가 시간 의존 변형률은 크리프 계수에 의해 주어진다.

철근콘크리트 보의 경우, 장기 변형은 축방향으로 재하된 원주형 시험체 보다 훨씬 복잡하며, 이는 콘크리트가 지속적인 하중을 받는 동안 철근은 크리프 변형을 일으키지 않기 때문이다. 그림 7.3은 철근콘크리트 보의 크리프 변형률과 곡률과의 관계를 나타낸 것이다.

그림 7.3(b)로부터 지속적인 하중 하에서 보 상단의 초기 변형률 ϵ_i는 크리프로 인해 철근의 변형률 ϵ_s가 본질적으로 변하지 않는 동안 ϵ_t만큼 증가하고 있다. 따라서 변형률 분포도의 회전은 균열이 발생된 탄성 상태의 중립축이 아닌 철근 위치에 가까워지기 때문에 중립축은 크리프로 인해 아래로 이동하고 있다.

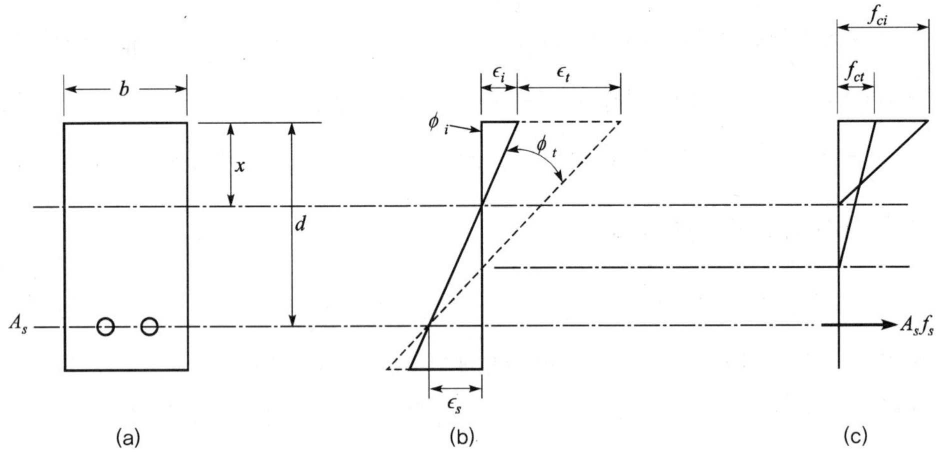

그림 7.3 철근콘크리트 보의 크리프 변형과 곡률

그림 7.3(c)로부터 크리프와 관련된 중립축의 하향과 그에 따른 압축면적의 증가로 인해, $T=A_sf_y$와 평형상태를 이루기 위해 주어진 합력 C를 발생시키는데 필요한 압축응력은 감소한다. 이러한 현상은 보의 크리프는 점차적으로 감소하는 응력에서 발생하기 때문이다. 반면에, 낮아진 중립축에서는 압축력과 인장력 사이의 내부 팔거리가 감소하여 일정한 모멘트를 유지하기 위해 두 합력의 증가가 요구된다. 이는 결과적으로 철근에 있어서 응력 및 변형률의 약간의 증가를 필요로 한다. 그러므로 ϵ_s는 원래 가정한 것과 같이 일정하지 않다.

이러한 복잡성 때문에, 실제로는 단순화된 방법을 사용하여 크리프로 인한 보의 시간 의존적인 추가 처짐을 계산할 필요가 있다. 이를 위해 초기의 순간처짐(탄성처짐)에 장기 추가처짐 계수를 곱하여 장기 추가처짐을 구하는 경험적인 접근법이 사용되고 있다. 설계에 사용하기 위한 장기 추가처짐 계수 λ_Δ 값은 철근콘크리트 보에 대한 장기처짐에 관련된 집적된 실험 결과로부터 얻은 값이다. 콘크리트구조 설계기준의 규정에 따라 장기 추가처짐은 다음 식(7.12)에 의해 구한다.

$$\Delta_t = \lambda_\Delta \Delta_i \tag{7.12}$$

여기서, Δ_t : 크리프와 건조수축의 결합 효과로 인한 장기 추가처짐(mm, m)

Δ_i : 순간처짐(탄성처짐)(mm, m)

λ_{Δ} : 장기 추가처짐 계수

장기 추가저침 계수 λ_{Δ}는 하중의 지속 시간에 따라 달라진다. 또한 보에 인장철근 A_s만 있는지, 압축철근 A_s'가 배치되어 있는지에 따라 달라진다. 압축철근이 배치되어 있는 경우 장기 처짐은 훨씬 감소한다. 이는 압축철근이 없을 때에는, 압축측 콘크리트가 구속되지 않은 크리프 및 건조수축의 영향을 받기 때문이다. 반면에, 철근은 크리프의 영향을 받지 않기 때문에, 추가적인 철근이 압축측 상면 가까이에 배치되는 경우, 크리프 및 건조수축과 그에 상응하는 처짐을 감소시킬 것이다.

콘크리트구조 설계기준에서는 이와 같은 현상을 설계에 반영하기 위하여 식(7.13)을 지속하중에 의한 영향계수로 정의하고, 이를 순간처짐(탄성처짐) 값에 곱하여 장기처짐의 값으로 사용하도록 규정하고 있다.

$$\lambda_{\Delta} = \frac{\xi}{1+50\rho'} \tag{7.13}$$

여기서, ρ' : 압축철근비

ξ : 지속하중에 대한 시간 경과 계수

다만, 압축철근비 ρ'은, 단순구조, 연속구조에서는 경간 중앙단면에서의 압축철근비를 사용하며, 캔틸레버 구조에서는 지지부 단면에서의 압축철근비를 사용한다.

또한, 지속하중에 대한 시간 경과 계수 ξ는 그림 7.4와 같다. 이 그림으로부터 지속하중 경과시간이 3개월인 경우 $\xi=1.0$으로서 크리프에 대한 영향은 거의 없으며, 6개월인 경우 $\xi=1.2$, 12개월인 경우 $\xi=1.4$, 5년 이상인 경우 $\xi=2.0$으로서 거의 수렴하고 있음을 알 수 있다.

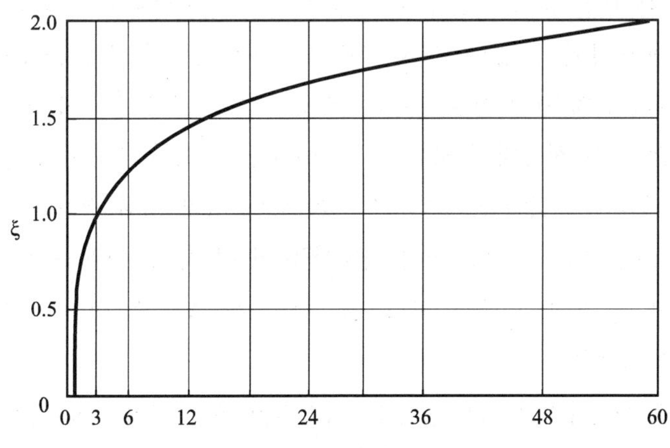

그림 7.4 재하시간에 의한 장기처짐 계수 ξ

7.2.4 처짐계산 방법

보가 지속적으로 재하되는 하중 W(예를 들면, 교량에 작용하는 고정하중과 평균 차량 하중)를 전달하고, 단기간에 재하되는 무거운 활하중 P(예를 들면, 특별한 중 차량 하중)을 받고 있다면, 이 조합하중 하에서 최대 총 처짐은 다음과 같이 구한다.

① 지속하중 W에 의해 발생하는 순간처짐 Δ_{iW}를 계산한다.
② W에 의해 발생하는 추가 장기처짐 $\Delta_{tW=}\lambda_\Delta \Delta_{iW}$를 계산한다.
③ 따라서 전체작용하중 가운데에서 지속하중 부분에 의해 발생하는 총 처짐은 $\Delta_W = \Delta_{iW} + \Delta_{tW}$가 된다.
④ 단기 하중 P에 의한 추가 순간처짐 Δ_{iP}를 계산할 때는 그림 7.2에 보인 바와 같이 균열 후 하중–처짐 관계가 비선형적이라는 사실을 고려해야 한다. 따라서 $\Delta_{iP} = \Delta_{i(W+P)} - \Delta_{iW}$를 계산한다. 여기서 $\Delta_{i(W+P)}$는 W 와 P가 동시에 작용할 때 얻을 수 있는 전체 순간처짐이며, $W+P$에 의해 발생한 휨모멘트에 대해 결정된 I_e를 사용하여 계산한다.
⑤ 따라서 지속하중과 무거운 단기하중에 의해 발생하는 총 처짐은 $\Delta = \Delta_W + \Delta_{iP}$가 된다.

보의 처짐을 계산할 때에는 하중이 작용하는 시간적 순서와 하중의 크기 등 하중 이력에 주의를 기울여야 한다. 교량의 거더에 대한 단기 최대하중은 시간 의존적 처짐이 발생하기 전 부재 초기에 작용할 수 있다. 마찬가지로, 건물의 경우, 시공 중에 적층된 재료와 같은 무거운 짐이 놓이는 경우가 많다. 이러한 가설 하중은 설계 활하중과 같거나 더 클 수 있다. 이러한 경우 균열 상태는 재하된 최대 하중에 해당되므로 지속하중의 크기에 의해 결정된 I_e보다는 순간 단기하중에 의해 계산된 I_e를 적용하여 순간처짐이나 장기처짐을 구해야 한다.

이것은 그림 7.5에 보인 규정된 고정하중과 활하중을 전달하도록 설계된 거더의 하중–처짐 관계로부터 쉽게 이해할 수 있다. 먼저 고정하중과 활하중이 단조 증가한다고 가정하자. 전 사하중 W_d가 작용함에 따라 하중–처짐 곡선은 경로 0–1을 따르며, 사하중 처짐 Δ_d는 식(7.6)으로 계산한 I_{e1}을 사용하여 구한다. 이 때 $M_a = M_d$를 적용한다. 고정하중의 시간 의존적 효과는 $\lambda_\Delta \Delta_d$가 될 것이다. 활하중이 작용함에 따라 처짐 경로는 1–2를 따를 것이다. 활하중 처짐 Δ_l은 [7장 7.2.2절]에서 설명한 바와 같이, 두 단계를 거처 구할 수 있다. 첫째로 식(7.6)에서 M_a를 M_{d+l}로 놓고 I_{e2}를 기반으로 Δ_{d+l}을 구하고, 다음으로 고정하중에 의한 처짐 Δ_d를 뺀다.

반면에 단기간에 가설하중이 작용한 다음 제거되었다면, 처짐 경로는 1–2–3을 따른다. 그렇게 되면 고정하중 작용 하에서만 그 결과의 처짐은 Δ_d'이 된다. 이 처짐은 한 단계에서

W_d를 사용하여 구할 수 있는데, 최대 하중이 도달하는데 해당되는 I_{e2}를 사용한다. 장기 처짐은 현재 $\lambda_d \Delta_d'$가 되며, 이전보다 훨씬 커지게 될 것이다. 전 설계 활하중이 작용할 경우, 처짐은 경로 3-4를 따르며, 이 때 활하중 처짐 Δ_l'는 처음 재하된 활하중 처짐 Δ_l보다 작을 것이다. 또한, 이 경우에도 W_l만 사용하여 한 단계로 계산할 수 있으며, 이 때 단면 2차모멘트는 I_{e2}를 사용한다.

위와 같은 차이 때문에 처짐을 계산할 때, 설계자는 가능한 한 하중의 크기와 시간 순서를 예측해야 한다. 대부분의 경우 하중이 단조 증가한다고 가정하며 활하중이 재하되기 전에 작용하는 고정하중에 의한 장기처짐을 계산하지만, 이것은 대부분의 경우 실제와 다르다.

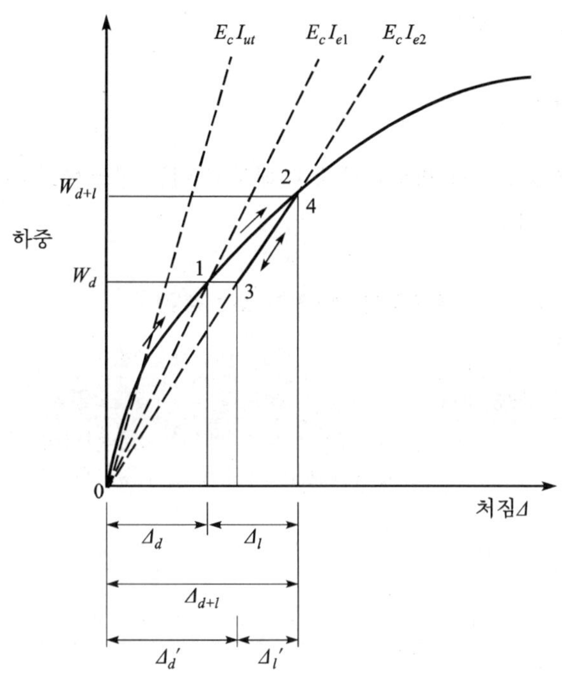

그림 7.5 거더의 처짐에 관한 하중 이력 효과

7.2.5 휨부재의 처짐 제한

1) 부재의 최소두께

철근콘크리트 부재의 처짐은 그 상황에 적합한 단면 2차모멘트를 평가할 수 없는 등 여러 가지 요인 때문에 정확하게 계산할 수가 없다. 그러므로 콘크리트구조 설계기준에서는 휨부재의 두께를 표 7.1에 제시된 값 이상이 되도록 규정하여 처짐을 간접적으로 규제하고 있다.

즉 보통 콘크리트로 된 보 및 1방향 슬래브에서 그 높이나 두께는 표 7.1의 값 이상으로 해야 한다.

이 표의 값은 보통 중량의 콘크리트($m_c = 2{,}300\text{kg/m}^3$)와 설계기준 항복강도 $f_y = 400\,\text{MPa}$의 철근을 사용한 부재에 대한 값이며, 이와 다른 조건에 대해서는 최소두께 h에 다음과 같은 값을 곱하여 보정해야 한다.

(1) 구조용 경량콘크리트($m_c = 1{,}500 \sim 2{,}000\text{kg/m}^3$)의 경우

$$(1.65 - 0.00031 m_c) \geq 1.09 \tag{7.14}$$

(2) f_y가 400MPa 이외의 경우

$$0.43 + \frac{f_y}{700} \tag{7.15}$$

한편, 2방향 구조 및 합성부재의 최소두께에 대해서도 이들 구조물의 사용성을 검토할 경우에는 이 규정을 따라야 한다.

표 7.1 보 또는 1방향 슬래브의 최소 두께(처짐을 계산하지 않는 경우)

부재	최소 두께 또는 높이			
	단순지지	1단 연속	양단 연속	캔틸레버
	큰 처짐에 의해 손상되기 쉬운 칸막이 벽이나 기타 구조물을 지지 또는 부착하지 않은 부재			
보 또는 리브가 있는 1방향 슬래브	$\frac{l}{16}$	$\frac{l}{18.5}$	$\frac{l}{21}$	$\frac{l}{8}$
1방향 슬래브	$\frac{l}{20}$	$\frac{l}{24}$	$\frac{l}{28}$	$\frac{l}{10}$

2) 처짐의 제한

유효 단면 2차모멘트 I_e 값과 장기 추가처짐에 계수 λ_Δ 효과를 고려하여 계산한 처짐량은 다음의 표 7.2에 제시된 최대 허용 처짐값 이하가 되도록 규정하고 있다. 이 규정에 의해 처짐을 계산한 값이 허용치를 초과하지 않을 경우에는, 표 7.1의 최소두께 규정을 적용할 필요가 없다.

표 7.2 최대 허용처짐

<table>
<tr><th>부재의 형태</th><th>초려해야할 처짐</th><th>처짐 한계</th></tr>
<tr><td>과도한 처짐에 의해 손상되기 위운 비구조 요소를 지지 또는 부착하지 않은 평지붕구조</td><td>활하중 L에 의한 순간처짐</td><td>$\frac{l}{180}$</td></tr>
<tr><td>과도한 처짐에 의해 손상되기 쉬운 비구조 요소를 지지 또는 부착하지 않은 바닥구조</td><td>활하중 L에 의한 순간처짐</td><td>$\frac{l}{360}$</td></tr>
<tr><td>과도한 처짐에 의해 손상되기 위운 비구조 요소를 지지 또는 부착한 지붕 또는 바닥구조</td><td rowspan="2">전체 처짐 중에서 비구조 요소가 부착된 후에 발생하는 처짐부분(모든 지속하중에 의한 장기처짐과 추가적인 활하중에 의한 순간처짐의 합)</td><td>$\frac{l}{480}$</td></tr>
<tr><td>과도한 처짐에 의해 손상될 염려가 없는 비구조 요소를 지지 또는 부착한 지붕 또는 바닥구조</td><td>$\frac{l}{240}$</td></tr>
</table>

도로교 설계기준(콘크리트 편)에서는 상부 구조물의 최소두께를 표 7.3과 같이 규정하고 있다. 그러나 처짐을 계산 결과, 다음과 같은 제한 규정을 만족할 경우에는 이 규정을 적용할 필요가 없다.

표 7.3 깊이가 일정한 부재의 최소 두께(도로교설계기준, 콘크리트교 편)

상부구조 형식	최소두께(m)	
	단순지간	연속지간
주철근이 차량 진행방향에 평행한 교량의 슬래브	$\frac{1.2(l+3)}{30}$	$\frac{l+3}{30}$
T형 거더	$0.070l$	$0.065l$
박스 거더	$0.060l$	$0.055l$
보행구조 거더	$0.033l$	$0.033l$

주1) l : 부재의 계산 지간(m)
주2) 높이가 변하는 부재의 경우에는 위의 값이 정모멘트와 부모멘트 단면의 상대적 강성변화를 고려하여 조정할 수 있다.

콘크리트구조 설계기준에서는 보행자 및 차량 하중 등 동하중을 주로 받는 철근콘크리트 구조물의 최대 허용처짐은 다음 사항을 만족하도록 규정하고 있다. 또한 도로교 설계기준(콘크리트교 편)에서는 처짐을 계산에 의해 제한할 경우, 다음과 같은 조건을 만족하도록 규정하고 있다,

① 단순 또는 연속 경간의 부재는 활하중과 충격으로 인한 처짐이 경간의 1/800을 초과하지 않아야 한다. 다만 부분적으로 보행자에 의해 사용되는 도시지역 교량의 경우 처

짐은 경간의 1/1,000 이하이어야 한다.

② 활하중과 충격으로 인한 캔틸레버의 처짐은 캔틸레버 길이의 1/300 이하이어야 한다. 다만 보행자의 이용이 고려된 경우 처짐은 캔틸레버 길이의 1/375까지 허용된다.

예제 7.1 지간이 12.0 m인 철근콘크리트 단순보에 고정하중에 의한 집중하중 40 kN과 활하중에 의한 집중하중 80 kN이 경간 중앙에 작용하고 있다. 보의 자중은 5.25 kN/m이다. 보의 단면은 $b = 350\text{mm}$, $h = 600\text{mm}$, $d = 546\text{mm}$이고, 인장철근 $A_s = 5{,}746\text{mm}^2$, $f_{ck} = 30\,\text{MPa}$, $f_y = 350\,\text{MPa}$ 이다. 이 보에 대하여 다음과 같은 처짐을 구하시오.

(1) 천체 하중에 의한 순간처짐

(2) 고정하중에 의한 처짐

(3) 활하중에 의한 처짐

풀이

처짐의 검토가 필요한지의 여부를 검토해보자.

$f_y = 350\,\text{MPa}$이므로, 식(7.15)에 의한 보정계수를 계산하면

$$0.43 + \frac{f_y}{700} = 0.43 + \frac{350}{700} = 0.93$$

표 7.1로부터 단순지지 보의 최소높이는

$$\frac{l}{16} = \frac{12.0 \times 10^3}{16} = 750\text{mm}$$

따라서, 이 보의 필요한 최소두께는 다음과 같이 계산된다.

$$h_{\min} = 750 \times 0.93 = 698\text{mm} > \text{h} = 600\text{mm}$$

즉 지간 12.0m에 대하여 보의 높이는 최소한 698mm는 되어야 하는데, 주어진 보의 높이는 600mm이므로 처짐에 대해 검토할 필요가 있다.

(1) 전체 하중 재하상태에서의 순간처짐

보의 비균열 단면 2차모멘트는

$$I_g = \frac{1}{12} \times 350 \times 600^3 = 6.3 \times 10^9\,\text{mm}^4$$

최대 처짐은 경간 중앙에서 일어나므로 $M_a = M_{\max}$는 다음과 같이 계산된다.

$$M_a = M_{\max} = \frac{Pl}{4} + \frac{wl^2}{8} = \frac{(40+80) \times 12}{4} + \frac{5.25 \times 12^2}{8} = 454.5\,\text{kN} \cdot \text{m}$$

균열 환산단면의 중립축 x는

$$bx \times \frac{x}{2} - nA_s(d-x) = 0$$

$$350x \times \frac{x}{2} - 7 \times 5746 \times (546 - x) = 0 \qquad \therefore x = 258\text{mm}$$

여기서, $n = \dfrac{E_s}{E_c} = \dfrac{2.0 \times 10^5}{8{,}500\sqrt[3]{30+4}} = 7$

따라서, 균열 환산 단면2차모멘트는

$$I_{cr} = \frac{bx^3}{3} + nA_s(d-x)^2$$

$$= \frac{1}{3} \times 350 \times 258^3 + 7 \times 5{,}746 \times (546 - 258)^2 = 5.34 \times 10^9\text{mm}^4$$

균열모멘트는 식(7.3) 및 식(7.4)로부터

$$M_{cr} = \frac{f_r}{y_t} I_g = \frac{0.63\lambda\sqrt{f_{ck}}}{y_t} I_g = \frac{0.63 \times 1.0 \times \sqrt{30}}{300} \times 6.3 \times 10^9$$

$$= 72.464 \times 10^6\text{N}\cdot\text{mm} = 72.464\text{kN}\cdot\text{m}$$

그림 7.1로부터 $\dfrac{M_a}{M_{cr}} = \dfrac{454.5}{72.464} = 6.3$ 이므로 $I_e \fallingdotseq I_{cr}$이다. 따라서 처짐을 구하는데는 $I_{cr} = 5.34 \times 10^9\text{mm}^4$을 사용해도 좋다. 여기서는 정확한 계산을 위해 I_e를 계산하여 사용하기로 한다.

$$\left(\frac{M_{cr}}{M_a}\right)^3 = \left(\frac{72.464}{454.5}\right)^3 = 0.0041$$

따라서, 식(7.6)으로부터 유효 단면2차모멘트 I_e는 다음과 같이 계산된다.

$$I_e = \left(\frac{M_{cr}}{M_a}\right)^3 I_g + \left\{1 - \left(\frac{M_{cr}}{M_a}\right)^3\right\} I_{cr}$$

$$= 0.0041 \times (6.3 \times 10^9) + (1 - 0.0041) \times (5.34 \times 10^9)$$

$$= 5.344 \times 10^9 < I_g$$

$$E_c = 8{,}500\sqrt[3]{f_{cu}} = 8500 \times \sqrt[3]{34} = 27{,}537\text{MPa}$$

보의 자중이 등분포 하중이므로 경간 중앙에서의 순간처짐(탄성처짐)은

$$\Delta_{iD1} = \frac{5w_{D1}l^4}{384E_cI_e} = \frac{5 \times 5.25 \times 12{,}000^4}{384 \times 27{,}537 \times 5.344 \times 10^9} = 9.6\text{mm}$$

고정하중인 집중하중 $P_{D2} = 40\text{kN}$에 의한 처짐은

$$\Delta_{iD2} = \frac{P_{D2}l^3}{48E_cI_e} = \frac{40 \times 10^3 \times (12 \times 10^3)^3}{48 \times 27{,}537 \times 5.344 \times 10^9} = 9.8\text{mm}$$

활하중에 의한 집중하중 $P_L = 80\text{kN}$에 의한 처짐은

$$\Delta_{iL} = \frac{P_L l^3}{48E_cI_e} = \frac{80 \times 10^3 \times (12 \times 10^3)^3}{48 \times 27{,}537 \times 5.344 \times 10^9} = 19.6\text{mm}$$

따라서, 고정하중 및 활하중에 의한 경간 중앙의 즉시 처짐은 다음과 같이 된다.

$$\Delta_{iD1} + \Delta_{iD2} + \Delta_{iL} = \Delta_{iD} + \Delta_{iL} = (9.6 + 9.8) + 19.6 = 39.0\text{mm}$$

(2) 고정하중에 의한 처짐

고정하중에 의한 경간 중앙의 M_a는

$$M_a = \frac{Pl}{4} + \frac{wl^2}{8} = \frac{40 \times 12}{4} + \frac{5.25 \times 12^2}{8} = 214.5\,\mathrm{kN \cdot m} > M_{cr}$$

그러므로 I_e 값을 계산하여야 한다.

$\frac{M_a}{M_{cr}} = \frac{214.5}{72.464} = 3.0$이므로, 그림 7.1로부터 $I_e \fallingdotseq I_{cr}$이다. 따라서, 처짐 계산에는 I_e는 I_{cr} 값을 사용하기로 한다.

$$\Delta_{iD1} = \frac{5w_{D1}l^4}{384E_cI_e} = \frac{5 \times 5.25 \times (12 \times 10^3)^4}{384 \times 27{,}537 \times 5.34 \times 10^9} = 9.6\,\mathrm{mm}$$

고정하중 $P_{D2} = 40\mathrm{kN}$에 의한 처짐은

$$\Delta_{iD2} = \frac{P_{D2}l^3}{48E_cI_e} = \frac{40 \times 10^3 \times (12 \times 10^3)^3}{48 \times 27{,}537 \times 5.34 \times 10^9} = 9.8\mathrm{mm}$$

총 고정하중에 의한 경간 중앙의 처짐은 다음과 같이 된다.

$$\Delta_{iD} = \Delta_{iD1} + \Delta_{iD2} = 9.6 + 9.8 = 19.4\,\mathrm{mm}$$

(3) 활하중에 의한 처짐

활하중 $P_L = 80\mathrm{kN}$에 의한 순간처짐을 계산할 때에는 고정하중이 재하되고 활하중이 재하되므로 I_e는 (2)항의 전체 하중 재하상태에서의 순간처짐에서 (3)항의 고정하중에 의한 처짐을 빼면 된다. 즉

$$\Delta_{iL} = \Delta_{i(D+L)} - \Delta_{iD} = 39.0 - 19.4 = 19.6\,\mathrm{mm}$$

예제 7.2 예제 7.1의 조건에서 지속하중이 고정하중뿐이라면, 이 보에 발생하는 5년 후의 전체 처짐량을 계산하시오.

풀이

(1) 고정하중에 의한 순간처짐

$$\Delta_{iD} = 9.6 + 9.8 = 19.4\,\mathrm{mm}$$

(2) 장기 추가처짐 계수

그림 7.4로부터 5년 지속하중에 대한 경과 계수 $\xi = 2.0$ 이고, 압축철근이 없으므로 ρ'는 0이다. 따라서 장기 추가처짐 계수는 식(7.13)으로부터 다음과 같이 계산된다.

$$\lambda_\Delta = \frac{\xi}{1 + 50\rho'} = \frac{2.0}{1 + 50 \times 0} = 2.0$$

(3) 장기 추가처짐의 계산

식(7.12)로부터

$$\Delta_t = \lambda_\Delta \, \Delta_{iD} = 2.0 \times 19.4 = 38.8\text{mm}$$

(4) 5년 장기 재하로 인한 전체 처짐량의 계산

$$\Delta_D = \Delta_{iD} + \Delta_t = 19.4 + 38.8 = 58.2\text{mm}$$

예제 7.3 그림 7.6에 보인 바와 같은 연속보에 사하중 $w_D = 24\text{kN/m}$, 활하중 $w_L = 48\text{kN/m}$가 작용하고 있다. 활하중의 20%는 지속적으로 작용하고 있으며, 활하중의 80%는 구조물의 수명 동안 단속적으로 작용한다. 고정하중 및 활하중에 의한 휨모멘트도는 그림 7.6(c)와 같다. 이 보는 과도한 처짐에 의해 손상될 수 있는 비구조 요소를 지지하고 있다. 비구조 요소에 부정적인 영향을 미치는 총 처짐 부분, 즉 고정하중 및 부분 활하중으로 인한 장기처짐과 지속되지 않는 활하중으로 인한 순간처짐의 합을 계산하시오. 재료의 강도는 $f_{ck} = 28\text{MPa}$, $f_y = 400\text{MPa}$이다.

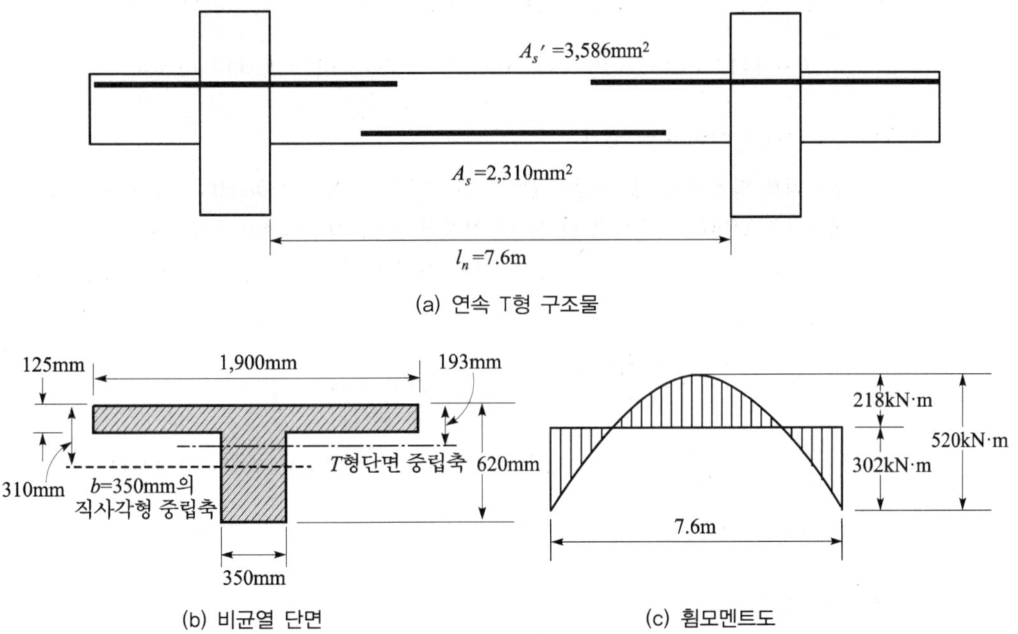

그림 7.6 연속 T형 구조물의 처짐 계산 예

풀이

(1) 비균열 단면의 I_g의 계산

식(2.11) 및 식(2.53)으로부터

$$E_c = 8{,}500\sqrt[3]{f_{cu}} = 8{,}500\sqrt[3]{28+4} = 26{,}986\text{MPa}, \quad E_s = 2.0\times10^5\text{MPa}$$

$$n = \frac{E_s}{E_c} = \frac{2.0 \times 10^5}{26{,}986} = 7$$

콘크리트의 파괴계수는 식(7.4)로부터

$$f_r = 0.63\lambda\sqrt{f_{ck}} = 0.63 \times 1.0 \times \sqrt{28} = 3.33\text{MPa}$$

I_e는 전체 사용하중의 재하에 해당되는 그림 7.6(c)의 휨모멘트도에서 활하중의 80%가 단속적으로 재하된다 하더라도 전체 하중이 작용할 때 균열이 발생한 상태이므로 이 점에 근거하여 계산한다. 정모멘트 구역에서 그림 7.6(b)의 비균열 T형단면의 중립축은 $x = 193\text{mm}$ 이며 $I_g = 13.47 \times 10^9 \text{mm}^4$로 계산된다.

(2) 정모멘트 영역의 I_e의 계산

균열 환산 T형 단면의 중립축은 슬래브 상면으로부터 95.7mm에 위치하며 $I_{cr} = 4.539 \times 10^9 \text{mm}^4$이다. 균열모멘트는 식(7.3)으로부터

$$M_{cr} = \frac{f_r I_g}{y_t} = \left(\frac{3.33 \times 13.47 \times 10^9}{620 - 193}\right) \times 10^{-6} = 105\text{kN} \cdot \text{m}$$

$\left(\frac{M_{cr}}{M_a}\right)^3 = \left(\frac{105}{218}\right)^3 = 0.112$이므로 정모멘트 영역의 I_e는 식(7.6)으로부터

$$I_e = 0.112 \times 13.47 \times 10^9 + (1 - 0.112) \times 4.539 \times 10^9 = 5.539 \times 10^9 \text{mm}^4$$

(3) 부모멘트 영역의 I_e의 계산

부모멘트 영역에서, 총 단면의 단면 2차 모멘트는 폭이 350mm이고 깊이가 620mm인 직사각형 단면을 기준으로 한다. 이 영역의 경우, 상면으로부터 중립축은 310mm이고 $I_g = 6.951 \times 10^9 \text{mm}^4$가 된다. 균열 환산 단면에 대하여 중심축은 하면에서 222mm이며 $I_{cr} = 4.730 \times 10^9 \text{mm}^4$가 된다. 균열모멘트는 식(7.3)으로부터

$$M_{cr} = \left(\frac{3.33 \times 6.951 \times 10^9}{310}\right) \times 10^{-6} = 74.67\text{kN} \cdot \text{m}$$

$\left(\frac{M_{cr}}{M_a}\right)^3 = \left(\frac{74.67}{302}\right)^3 = 0.015$이므로 부모멘트 영역의 I_e는 식(7.6)으로부터

$$I_e = 0.015 \times 6.951 \times 10^9 + (1 - 0.015) \times 4.530 \times 10^9 = 4.566 \times 10^9 \text{mm}^4$$

(4) 평균 I_e의 계산

처짐 계산에 사용되는 평균 I_e는 정모멘트 영역과 부모멘트 영역의 값을 평균한 것이다.

$$I_{e(av)} = \frac{1}{2}(5.539 + 4.566) \times 10^9 = 5.053 \times 10^9 \text{mm}^4$$

(5) 고정하중과 활하중에 의한 총 처짐의 계산

그림 7.6(c)의 휨모멘트도에 해당하는 전체 고정하중과 활하중 72kN/m가 작용할 때의 총 처짐을 구해보자. 모멘트 면적법을 사용하여

$$\Delta_{i(D+L)} = \frac{1}{EI}\left[\left(\frac{2}{3}\times 520\times 3.8\times\frac{5}{8}\times 3.8\right)-(302\times 3.8\times 1.9)\right]$$

$$= \frac{948\,\mathrm{kN\cdot m^3}}{EI} = \frac{948\times 10^{12}}{26{,}986\times 5.035\times 10^{9}} = 7.0\mathrm{mm}$$

(6) 고정하중으로 인한 장기처짐

식(7.13)으로부터 장기 추가처짐 계수는

$$\lambda_\Delta = \frac{\xi}{1+50\rho'} = \frac{2.0}{1+50\times 0} = 2.0$$

고정하중 w_D에 의한 추가 장기처짐은 다음과 같이 계산된다.

$$\Delta_{tD} = \lambda_\Delta \Delta_{iD} = \lambda_\Delta\left(\Delta_{i(D+L)}\times\frac{w_D}{w_{(D+L)}}\right)$$

$$= 2.0\times(7.0\times\frac{24}{72}) = 4.67\mathrm{mm}$$

(7) 활하중에 의한 처짐

활하중이 지속되는 부분($w_L\times 20\%$)에 기인한 순간처짐과 장기처짐의 합은 다음과 같이 된다.

$$\Delta_{0.20L} = \Delta_{i(D+L)}\times\frac{0.2w_L}{w_{(D+L)}}\times(1+\lambda_\Delta)$$

$$= 7.0\times\frac{0.2\times 48}{72}\times(1.0+2.0) = 2.80\mathrm{mm}$$

그리고, 활하중의 작용에 의한 순간처짐(탄성처짐)은 다음과 같이 된다.

$$\Delta_{0.80L} = 7.0\times\frac{0.8\times 48}{72} = 3.73\mathrm{mm}$$

(8) 처짐에 의한 사용성 검토

비구조 요소가 설치된 시점부터 모든 장기처짐 및 후속 순간처짐이 발생할 때까지 비구조 요소에 영향을 미치는 총 처짐은 다음과 같이 된다.

$$\Delta = 4.67+2.80+3.73 = 11.2\mathrm{mm}$$

이 구조물은 과도한 처짐에 의해 손상되기 쉬운 비구조 요소이므로, 처짐 한계 값은 표 7.2로부터 $l/480$이다. 따라서,

$$\frac{l}{480} = \frac{7.9\times 10^3}{480} = 16.5\mathrm{mm} < \Delta = 11.2\mathrm{mm}$$

처짐에 의해 비구조 요소는 손상을 받지 않음으로 사용성을 만족하고 있다.

7.3 균열의 제어

이 절은 콘크리트구조 설계기준 [*KDS* 14 20 30 콘크리트구조 사용성 설계기준, 4.1 균열]의 규정에 따라 작성한 것이다.

7.3.1 휨균열

철근콘크리트 부재는 일반적으로 사용하중 상태에서 인장측 콘크리트에 휨균열이 발생한다. 이러한 휨균열은 철근의 부식, 녹물에 의한 외관의 오염 등 장기적으로 구조부재에 유해한 결과를 초래할 수 있다. 따라서 균열폭의 예측과 제어는 장기 재하조건에서 구조부재의 사용성을 확보하는 주요 검토 대상이 된다.

콘크리트는 인장에 취약하여 하중이 작용하는 초기 단계에서부터 균열이 발생하기 쉽기 때문에 휨균열 폭을 제어할 필요가 있다. 철근콘크리트 부재의 설계에는 400~550MPa의 항복 강도가 높은 고강도 철근 및 압축 강도가 60MPa을 초과하는 고강도 콘크리트의 사용이 증가되어 해석 및 설계에 대한 강도 이론에서 재료의 최적의 활용도가 점점 높아지고 있다. 따라서 장기 하중 하에서 신뢰할 수 있는 사용 성능을 보장하기 위해서는 균열 폭의 예측 및 제어가 필요하다.

철근콘크리트 부재에 작용하는 휨모멘트가 인장측 콘크리트에 균열을 일으키는 균열 모멘트에 도달하게 되면, 그림 7.7(a)에 보인 바와 같이 할렬에 의한 휨균열이 발생하며, 콘크리트의 응력은 그림 7.7(d)와 같이 철근으로 옮겨가게 된다. 이러한 응력의 전이로 인해 균열 단면에서 콘크리트의 인장응력은 줄어들며, 그림 7.7(c)와 같이 균열 위치에서 0이 된다. 또한 중립축의 위치는 균열 단면에서 평형 상태를 유지하기 위해 상승하게 될 것이다. 인접한 주된 두 균열 사이의 거리 a_c는 안정화된 균열 간격이다. 이것은 주된 균열로서 하중을 받아 계속 넓어지지만, 전에 형성된 균열은 응력의 재분배로 인해 닫히게 된다. 즉, 구조부재에 새로운 균열이 형성되지 않을 때 균열은 안정화된다.

그림 7.8은 균열폭과 균열 간격의 개략도를 나타낸 것이다. 이 곡선에서 거의 수평인 부분은 균열 간격이 일정하고 균열 폭이 증가하는 균열 안정화 상태임을 보여주고 있다.

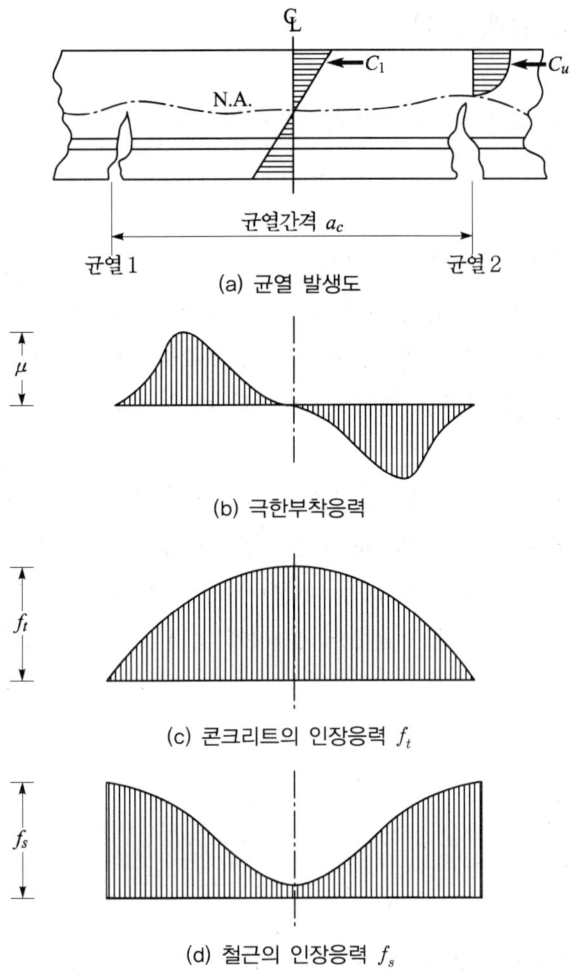

그림 7.7 균열 발생에 의한 응력분포

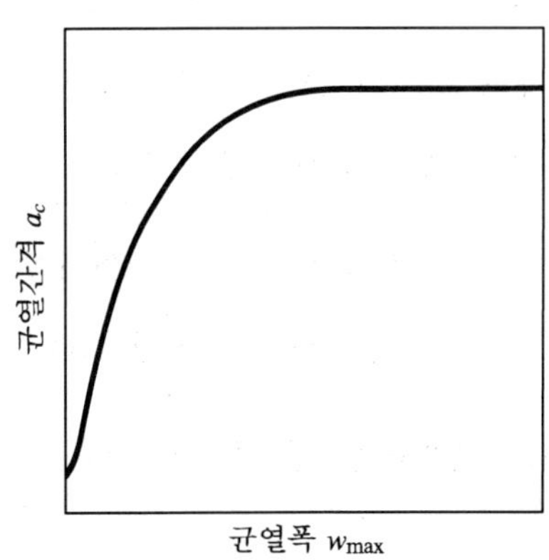

그림 7.8 균열간격과 균열폭의 상관관계도

7.3.2 휨균열 제어의 설계 규정

이 절은 콘크리트구조 설계기준 [*KDS* 14 20 20 콘크리트 휨 및 압축 설계기준, 4.2.3]에 따라 작성한 것이다.

콘크리트구조 설계기준에서는 인장철근을 단면의 인장영역(콘크리트의 유효 인장단면적)에 고르게 분산 배치하여 휨모멘트에 의해 발생되는 균열을 제어하도록 유도하는 방법을 취하고 있다. 이 규정은 인장철근의 배치간격을 다음과 같이 제한함으로써 지름이 작은 철근을 많이 사용하도록 하여 휨균열을 제어하고자 하는데 목적을 두고 있다.

1) 보와 1방향 슬래브의 휨균열 제어를 위하여 다음에 따라 휨철근을 배치하여야 한다. 그리고 인장측 연단에 가장 가까이 배치되는 철근의 중심간격 s는 식(7.16)으로 계산되는 값 가운데 작은 값 이하라야 한다. 콘크리트구조 설계기준 [*KDS* 14 20 30 콘크리트구조 사용성 설계기준, 부록 균열의 검증]에 따라 균열을 검증하는 경우에는 이 규정을 따르지 않을 수 있다.

$$s = 375\left(\frac{\kappa_{cr}}{f_s}\right) - 2.5\,c_c \tag{7.16a}$$

$$s = 300\left(\frac{\kappa_{cr}}{f_s}\right) \tag{7.16b}$$

여기서, c_c : 인장철근 표면과 콘크리트 표면 사이의 최소 두께

f_s : 사용하중 상태에서 인장측 연단에 가장 가까이 배치한 철근의 응력이며, 근사적으로 $\frac{2}{3}f_y$를 사용해도 좋다.

κ_{cr} : 표 7.4에서 정의된 건조 환경에 노출된 경우에는 280이고, 그 외의 환경에 노출된 경우에는 210이다.

2) T형보 구조에서 플랜지가 인장을 받는 경우에는 휨인장철근을 플랜지의 유효폭과 경간의 $\frac{1}{10}$에 해당하는 폭 중에서 작은 폭에 분산 배치해야 한다. 플랜지의 유효 폭이 경간의 $\frac{1}{10}$보다 큰 경우에는 종방향철근을 플랜지 바깥 부분에 추가로 배치해야 한다.

3) 보나 장선의 깊이 h가 900mm를 초과할 경우에는 종방향 표피철근(longitudinal skin reinforcenent)을 연장측 연단부터 $\frac{h}{2}$ 지점까지 부재 양쪽 측면을 따라 균일하게 배치하여야 한다. 이때 표피철근의 간격 s는 앞의 1) 항의 규정에 따라 결정하며, 여기서 c_c는 표피철근 표면으로부터 부재 측면까지의 최단거리이다.

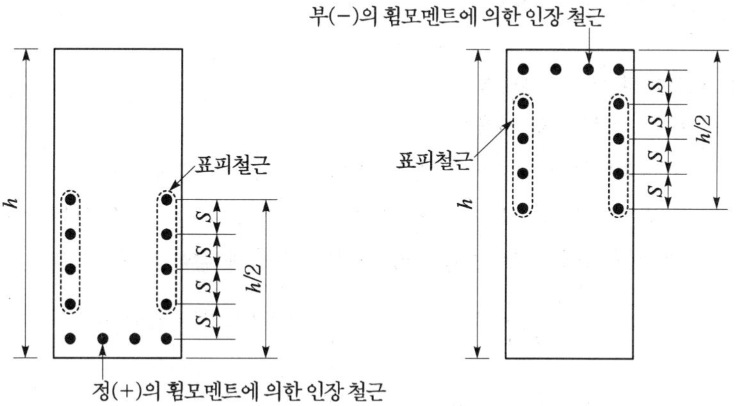

그림 7.9 직사각형 보에서의 표피철근

예제 7.4 $b= 460\text{mm}$, $h= 820\text{mm}$ 인 직사각형 단면에 $M= 600\text{kN}\cdot\text{m}$가 작용하고 있다. 인장철근은 8-$D$29를 2열로 배치하였고 스터럽은 D10을 사용하였다. 인장철근의 연직 순간격은 25mm이고, 인장연단으로부터 하단 철근 표면까지의 순 피복두께는 40mm이며 일반적인 환경에 노출된 단순보이다. 재료 강도는 $f_{ck} = 24\text{MPa}$ $f_y= 350\text{MPa}$이다. 이 보의 휨균열 제어를 위한 인장 주철근의 간격을 검토하시오.

풀이

(1) 최외단 인장철근의 응력

인장철근의 단면적 $A_s = 8\times 642.4 = 5{,}139\text{mm}^2$

탄성계수 n은

$$n = \frac{E_s}{E_c} = \frac{2.0\times 10^5}{8{,}500\sqrt[3]{(24+4)}} = 8$$

압축측 연단에서 인장철근 도심까지의 거리인 유효깊이는

$$d = 820-(40+28.6+25/2) = 739\text{mm}$$

사용상태(탄성상태)에서의 중립축 x의 위치는

$$460x\text{-}\frac{x}{2} - 8\times 5{,}139\times (739-x) = 0, \quad \therefore\ x = 285\text{mm}$$

사용 하중에 의한 철근의 휨 인장응력은 식(3.17)로부터

$$f_s = \frac{M}{A_s z} = \frac{M}{A_s(d - \frac{x}{3})} = \frac{400 \times 10^6}{5,139 \times (739 - \frac{285}{3})} \quad \therefore f_s = 121\text{MPa}$$

따라서, 최외단 인장철근의 인장응력은 식(3.17)로부터

$121 : 454 = f_{y(\text{하단})} : (454 + 12.5 + 14.5)$

$\therefore f_{s(\text{하단})} = 128\text{MPa}$

(2) 최하단 철근의 중심간격

① $f_s = 128\text{MPa}$을 사용하는 경우

콘크리트의 인장연단으로부터 최외단 철근 표면까지의 거리는 $c_c = 40\text{mm}$

일반적인 환경에 노출된 보이므로 표 7.4로부터 $\kappa_{cr} = 210$이다. 따라서, 철근의 최대 허용 중심간격은 식(7.16)으로부터 다음과 같이 된다.

$$s = 375\left(\frac{\kappa_{cr}}{f_s}\right) - 2.5c_c = 375 \times \frac{210}{128} - 2.5 \times 40 = 515\text{mm}$$

$$s = 300\left(\frac{\kappa_{cr}}{f_s}\right) = 300 \times \frac{210}{128} = 492\text{mm} < 515\text{mm}$$

∴ 인장철근의 중심간격은 최대 허용치 492mm 이하라야 한다.

따라서, 인장철근의 중심 간격을 계산해 보자. 측면에서 최측면 주철근 $D29$의 중심까지 최단 거리는

$$40 + \frac{1}{2} \times 28.6 = 54.3\text{mm}$$

그러므로 인장철근의 중심간 거리는

$(460 - 2 \times 54.3) \div 3 = 117\text{mm} < 492\text{mm}$ ∴ 적합하다.

② $f_s = \frac{2}{3} f_y$를 사용하는 경우

$$f_s = \frac{2}{3} f_y = \frac{2}{3} \times 350 = 233\text{MPa}$$

$$s = 375\left(\frac{210}{f_s}\right) - 2.5c_c = 375 \times \frac{210}{233} - 2.5 \times 40 = 238\text{mm}$$

$$s = 300\left(\frac{210}{f_s}\right) = 300 \times \frac{210}{233} = 270\text{mm} > 238\text{mm}$$

인장철근의 중심간 거리 117mm < 238mm ∴ 적합하다.

예제 7.5 $b=500\text{mm}$, $h=950\text{mm}$ 인 직사각형 단면에 10-$D29$를 2열로 배치한 철근콘크리트 보가 있다. 스터럽은 $D13$을 사용하였으며, 인장철근의 연직 순 간격은 25mm, 인장연단으로부터 스터럽 표면까지의 순 피복두께는 40mm이다. 재료의 강도는 $f_{ck}=24\text{MPa}$, $f_y=350\text{ MPa}$이다. 이 보의 표피철근을 설계하시오.

풀이

(1) 표피철근의 간격

이 보의 주철근량은 $A_s=10\times 642.4=6{,}424\text{mm}^2$

보의 높이 $h=950\text{mm}>900\text{mm}$ 이므로 종방향 표피철근이 필요하다.

표피철근으로 $D10$을 사용하고, $D10$의 피복두께를 $c_c=40+9.53=50\text{mm}$로 한다.

$f_s=\dfrac{2}{3}f_y$를 사용하면,

$$f_s=\frac{2}{3}f_y=\frac{2}{3}\times 350=233\text{MPa}$$

일반적인 환경에 노출된 보이므로 표 7.4로부터 $\kappa_{cr}=210$이다. 따라서, 철근의 최대 허용 중심간격은 식(7.16)으로부터 다음과 같이 된다.

$$s=375\left(\frac{\kappa_{cr}}{f_s}\right)-2.5c_c=375\times\frac{210}{233}-2.5\times 50=213\text{mm}$$

$$s=300\left(\frac{\kappa_{cr}}{f_s}\right)=300\times\frac{210}{233}=270\text{mm}>213\text{mm}$$

따라서 표피철근의 최대간격은 213mm보다 작은 200mm로 한다.

인장측 연단으로부터 인장철근 위단(상층) 배치의 철근 중심까지의 거리는

$$40+12.7+28.6+25+28.6/2=121\text{mm}$$

인장측 연단으로부터 121mm 이격된 높이에서부터 최소한 $\dfrac{h}{2}=\dfrac{950}{2}=475\text{mm}$ 높이까지는 종방향 표피철근($D10\times 2$개)을 200mm간격으로 양 측면에 종방향으로 배치한다.

7.3.3 균열의 검증

이 절은 콘크리트구조 설계기준 [*KSD* 14 20 30 콘크리트구조 사용성 설계기준, 부록 균열의 검증)의 규정에 따라 작성한 것이다.

1) 노출 환경

표 7.4 강재의 부식에 대한 환경조건의 구분

건조한 환경	일반 옥내 부재, 부식의 우려가 없을 정도로 보호한 경우의 보통 주거 및 사무실 건물 내부
습윤환경	일반옥외의 경우, 흙 속의 경우, 옥내의 경우에 있어서 습기가 찬 곳
부식성 환경	• 습윤환경과 비교하여 건습의 반복작용이 많은 경우, 특히 유해한 물질을 함유한 지하수위 이하의 흙 속에 있어서 강재의 부식에 해로운 영향을 주는 경우, 동결융해작용이 있는 경우, 결빙 방지제를 사용하는 경우 • 해양 콘크리트 구조물 중 해수 속에 있거나 극심하지 않은 해양환경에 있는 경우(가스, 액체, 고체)
고(高)부식성 환경	• 강재의 부식에 현저하게 해로운 영향을 주는 경우 • 해양 콘크리트 구조물 중 간만조위의 영향을 받거나 비말대에 있는 경우, 극심한 해풍의 영향을 받는 경우

2) 균열폭의 검증

(1) 허용 균열폭

해석에 의해 균열폭을 검토할 때는 식(7.17)을 만족시켜야 한다.

$$w_d \le w_a \tag{7.17}$$

여기서, w_d : 사용하중이 작용할 때 계산된 균열폭(mm)

w_a : 내구성, 사용성(누수) 및 미관에 관련하여 허용되는 균열폭(mm)

철근콘크리트 구조물의 내구성 확보를 위하여 허용되는 균열폭은 표 7.5와 같다. 또한 수처리 구조물의 내구성과 누수방지를 위하여 허용되는 균열폭은 표 7.6과 같다.

표 7.5 철근콘크리트 구조물의 허용 균열폭(mm)

강재의 종류	강재의 부식에 대한 환경조건			
	건조한 환경	습윤 환경	부식성 환경	고 부식성 환경
이형철근	0.4mm와 $0.006c_c$중 큰 값	0.3mm와 $0.005c_c$중 큰 값	0.3mm와 $0.004c_c$중 큰 값	0.3mm와 $0.0035c_c$중 큰 값

주1) 표에서 c_c는 최외단 철근의 표면과 콘크리트 표면사이의 최소 피복두께(mm)

표 7.6 수처리 구조물의 허용 균열폭(mm)

	휨인장균열	전 단면 인장균열
오염되지 않은 물[1]	0.25	0.20
오염된 액체[2]	0.20	0.15

주1) 음용수(상수도) 시설물
주2) 오염이 매우 심한 경우 발주처와 협의하여 결정

(2) 균열폭의 계산

① 설계 균열폭 w_d는 다음 식(7.18)로 구한다.

$$w_d = \kappa_{st} w_m = \kappa_{st} l_s (\varepsilon_{sm} - \varepsilon_{cm}) \tag{7.18}$$

여기서, w_m : 평균 균열폭(mm)

l_s : 평균 균열간격(mm)

ε_{sm} : 균열간격 내의 평균 철근 변형률

ε_{cm} : 균열간격 내의 평균 콘크리트 변형률

② 평균 균열간격 l_s는 부착된 철근의 중심 간격이 $5(c_c + d_b/2)$ 이하인 경우에는 다음 식(7.19)로 계산하고, 부착된 철근 중심 간격이 $5(c_c + d_b/2)$를 초과하는 경우에는 다음 식(7.20)로 계산한다.

$$l_s = 2c_c + \frac{0.25 k_1 k_2 d_b}{\rho_c} \tag{7.19}$$

$$l_s = 0.75(h - x) \tag{7.20}$$

여기서, c_c : 최외단 인장철근의 표면과 콘크리트 표면 사이의 최소 피복두께(mm)

k_1 : 부착강도 계수로서 이형철근의 경우 0.8, 원형철근의 경우 1.6

k_2 : 부재의 하중 작용에 따른 계수로서 휨모멘트를 받는 부재는 0.5, 직접 인장을 받는 부재는 1.0이다. 또한 편심을 가진 직접 인장을 받는 부재나 부재의 국부적인 부분의 균열을 검증할 때에는 $(\epsilon_1+\epsilon_2)/2\epsilon_1$을 사용한다.

ϵ_1, ϵ_2 : 단면 표면의 인장변형률로서 큰 값을 ϵ_1로 한다.

ρ_c : 콘크리트의 유효 인장면적에 대한 철근비로서 다음 식(7.21)로 계산하며, 콘크리트의 유효 인장면적은 그림 7.10에 나타낸 바와 같다.

d_{cte} : 콘크리트의 유효 인장깊이로서 휨모멘트를 받는 부재는 $2.5(h-d)$와 $(h-x)/3$ 중 작은 값으로 하고, 직접 인장을 받는 부재는 $2.5(h-d)$와 $h/2$ 중 작은 값이다.

$$\rho_c = \frac{A_s}{A_{cte}} \tag{7.21}$$

$$A_{cte} = b\,d_{cte} \tag{7.22}$$

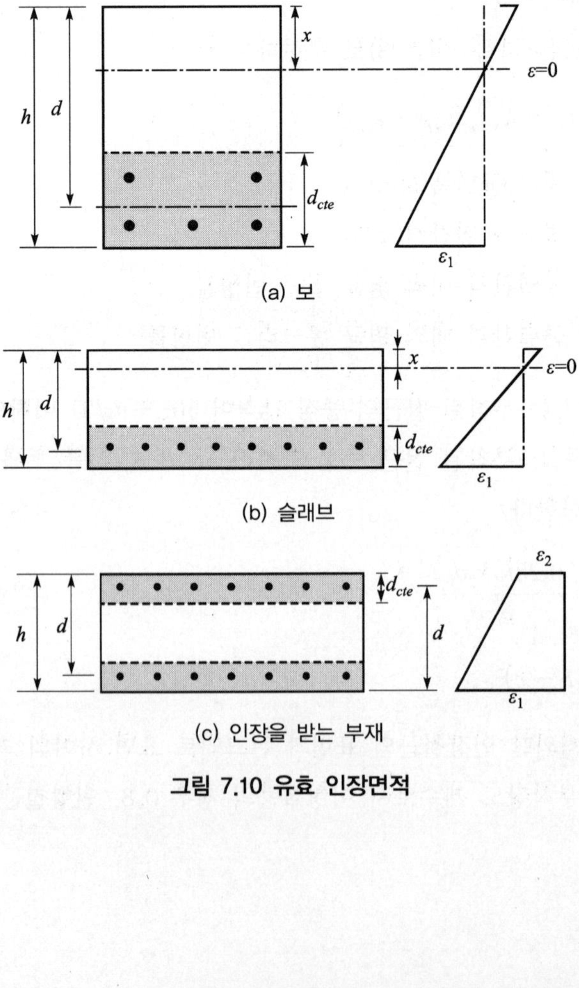

그림 7.10 유효 인장면적

③ 평균 변형률 $(\epsilon_{sm}-\epsilon_{cm})$은 다음 식에 의해 계산한다.

$$\epsilon_{sm}-\epsilon_{cm}=\frac{f_{so}}{E_s}-0.4\frac{f_{cte}}{E_s\rho_c}(1+n\rho_c)\geq 0.6\frac{f_{so}}{E_s} \tag{7.23}$$

여기서, f_{so} : 균열단면의 철근응력(MPa)

f_{cte} : 콘크리트의 유효 인장강도로서 일반적인 경우에는 평균 인장강도 f_{ctm}를 적용하고, 재령 28일 이전의 균열을 검토할 때에는 그 재령에서의 인장강도를 적용한다. 여기서, 콘크리트의 평균 인장강도는 다음 식(7.24)에 의해 계산한다.

$$f_{ctm}=0.30(f_{cm})^{\frac{2}{3}} \tag{7.24}$$

여기서, f_{cm}은 [2장 2.2.2절] 식(2,5)에 의해 계산한다.

④ 균열폭 평가계수 κ_{st}의 값은 평균 균열폭을 계산할 경우에는 1.0을 적용하며, 최대 균열폭을 계산할 경우에는 1.7을 적용한다. 철근이 직교 2방향으로 보강된 부재에서 주응력 축과 철근 방향 사이의 각이 15°보다 클 때에는 다음 식(7.25)에 의해 최대 균열간격 l_s를 산정할 수 있다.

$$l_s=\left(\frac{\sin\theta}{l_{sx}}+\frac{\cos\theta}{l_{xy}}\right)^{-1} \tag{7.25}$$

여기서, θ : x방향 철근과 압축 주응력 방향 사이각(°)

$l_{sx},\ l_{sy}$: x방향과 y방향으로 각각 계산한 균열간격(mm)

⑤ 주응력 방향으로의 철근비 ρ_c는 다음 식(7.26)에 의해 계산하며, 여기서 ρ_x와 ρ_y는 x방향과 y방향에서 콘크리트 유효인장면적을 기준으로 계산한 철근비이다.

$$\rho_c=\rho_x\sin\theta^4+\rho_y\cos\theta^4 \tag{7.26}$$

예제 7.6 그림 7.11과 같은 T단면을 갖는 일반콘크리트 보에 사용 하중에 의한 휨모멘트 $M = 480\text{kN}\cdot\text{m}$가 작용할 때 균열폭을 검토하시오. 이 보의 인장철근은 8-$D35$ ($A_s = 7{,}653\text{mm}^2$)가 2단으로 배치되어 있으며, 스터럽은 $D13$ U형을 사용하고 있다. 주철근의 피복두께는 53mm이고 옥외 구조물이며, 재료의 강도는 $f_{ck} = 24\text{MPa}$, $f_y = 400\text{MPa}$이다.

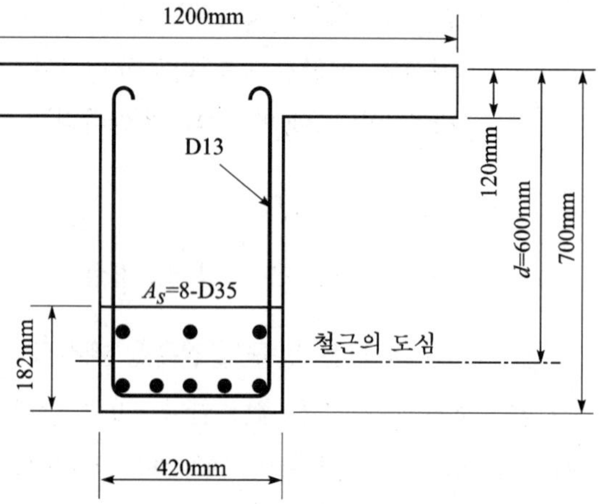

그림 7.11 T형보의 균열폭 검토 예

풀이

(1) 평균 균열 간격의 계산

철근의 중심 간격은 $\dfrac{420 - 2\times 53 - 35}{4} = 70\text{mm}$, 최외단 인장철근의 최소 피복두께는 $c_c = 53\text{mm}$, 이형철근은 $k_1 = 0.8$, 휨모멘트를 받는 부재는 $k_2 = 0.5$이다. 또한 콘크리트의 유효 인장 깊이 d_{cte}는 $2.5(h-d) = 2.5\times(700-600) = 250\text{mm}$와 $(h-x)/3 = (700-202)/3 = 166\text{mm}$ 중 작은 값을 취해야 하므로 $d_{cte} = 166\text{mm}$이다. 식(7.21), 식(7.22)로부터 ρ_c를 계산하면 다음과 같다.

$$A_{cte} = bd_{cte} = 1{,}200\times 166 = 199{,}2000\text{mm}^2$$

$$\therefore\ \rho_c = \frac{A_s}{A_{cte}} = \frac{7{,}653}{199{,}200} = 0.038$$

따라서, 평균 균열간격은 l_s는 $5(c_c + d_b/2) = 5\times(53 + \dfrac{35}{2}) = 353\text{mm} > 70\text{mm}$ (철근의 중심간격)이므로 식(7.19)로부터 다음과 같이 계산된다.

$$l_s = 2c_c + \frac{0.25k_1k_2d_b}{\rho_c} = 2\times 53 + \frac{0.25\times 0.8\times 0.5\times 35}{0.038} = 198\text{mm}$$

(2) 평균 변형률 $(\epsilon_{sm}-\epsilon_{cm})$의 산정

이 보는 인반적인 경우에 해당되며 콘크리트의 유효 인장강도는 평균 인장강도와 같으므로 식(7.24)로부터 다음과 같이 된다.

$$f_{cte}=f_{ctm}=0.30(f_{cm})^{\frac{2}{3}}=0.30\times(24+4)^{\frac{2}{3}}=2.766$$

따라서, $(\epsilon_{sm}-\epsilon_{cm})$는 식(7.23)으로부터 다음과 같이 계산된다.

$$\begin{aligned}\epsilon_{sm}-\epsilon_{cm}&=\frac{f_{so}}{E_s}-0.4\frac{f_{cte}}{E_s\rho_c}(1+n\rho_c)\geq 0.6\frac{f_{so}}{E_s}\\&=\frac{116}{2.0\times10^5}-0.4\times\frac{2.766}{2.0\times10^5\times0.038}\times(1+8\times0.038)\\&=3.9\times10^{-4}>0.6\frac{f_{so}}{E_s}=0.6\times\frac{116}{2.0\times10^5}=3.32\times10^{-4}\end{aligned}$$

$\therefore\ \epsilon_{sm}-\epsilon_{cm}=3.9\times10^{-4}$

(3) 설계 균열폭 w_d의 계산 및 검토

균열폭 평가계수는 $\kappa_{st}=1.0$, 평균 균열간격은 $l_s=198\text{mm}$, $\epsilon_{sm}-\epsilon_{cm}=3.9\times10^{-4}$이므로 설계 균열폭은 식(7.18)로부터 다음과 같이 계산된다.

$$\begin{aligned}w_d&=\kappa_{st}w_m=\kappa_{st}l_s(\varepsilon_{sm}-\varepsilon_{cm})=1.0\times198\times3.9\times10^{-4}\\&=0.077\text{mm}\end{aligned}$$

이 구조물은 옥외 구조물이므로 표 7.5로부터 습윤환경에 해당하므로 0.3mm와 $0.004t_c=0.004\times40=0.16\text{mm}$ 중 작은 값이므로 허용 균열폭은 $w_a=0.16\text{mm}$가 된다. 따라서,

$$w_d=0.077\text{mm}<w_a=0.16\text{mm}$$

∴ 균열에 대한 사용성은 만족한다.

참고 1 탄성 상태의 중립축 x와 f_{so}의 계산

$$1{,}200x\times\frac{x}{2}-\left[780\times(x-120)\times(\frac{x-120}{2})\right]-8\times7{,}653\times(600-x)=0$$

$$210x^2+154{,}824x-42{,}350{,}400=0\quad\therefore\ x=212\text{mm}$$

$$\begin{aligned}I&=\frac{1{,}200\times212^3}{12}+1{,}200\times212\times106^2-\left[\frac{780\times92^3}{12}+780\times92\times46^2\right]\\&\quad+8\times7{,}653\times388^2\\&=12.8257\times10^9\text{mm}^4\end{aligned}$$

$$\therefore\ f_{so}=n\frac{M_n}{I_{cr}}y_t=8\times\frac{480\times10^6}{12.8257\times10^9}\times(600-212)=116\text{MPa}$$

7.4 피로

이 절의 피로에 대한 검토는 콘크리트구조 설계기준 [*KSD* 14 20 26 콘크리트구조 피로 설계기준]의 규정에 따라 작성한 것이다.

교통량의 증가로 교량은 극심한 반복하중을 받게 되면서부터 피로(fatigue) 문제가 발생하게 되었다. 즉, 공용기간 중에 수백만 회의 반복하중을 받게 되는 철근콘크리트 구조물은 큰 하중에 의한 파괴 위험보다는 오히려 반복되는 하중에 의해서 누가 손상으로 말미암아 급격한 취성파괴 양상을 보이는 피로파괴가 유발될 수 있다. 따라서 이러한 피로 문제를 다룰 필요가 있는 철근콘크리트 구조물에 대해서는 반드시 피로에 대한 안정성을 검토해야 한다.

콘크리트구조 설계기준에서는 하중 가운데 변동하중이 차지하는 비중이 크거나, 작용 빈도가 큰 경우에는 피로에 대한 안전성을 검토하도록 규정하고 있다. 보 및 슬래브의 피로는 휨 및 전단에 대하여 검토해야 한다. 기둥의 피로는 검토하지 않아도 좋지만, 휨모멘트나 축방향 인장력의 영향이 특히 큰 경우에는 기둥도 보에 준하여 검토해야 한다.

피로에 대한 안전성을 검토할 경우, 충격을 포함한 사용 활하중에 의해 발생되는 철근의 응력이 표 7.7의 응력범위 안에 있으면 피로 문제는 검토할 필요가 없다. 반복하중에 의한 철근의 응력이 표 7.7의 값을 초과하여 피로 검토가 필요할 경우에는 합리적 방법에 의해 피로에 대해 안전성을 검토해야 한다. 피로에 대한 검토가 필요한 구조부재에서 높은 응력을 받는 부위에서는 철근을 구부려서는 안 된다.

또한, 콘크리트 교량에 있어서 활하중과 충격에 의해 일어나는 직선철근의 최대 인장응력과 최소응력 사이의 범위 등은 도로교설계기준, 철도설계기준에 주어져 있다.

표 7.7 피로를 고려하지 않아도 되는 철근의 응력범위

강재의 종류	설계기준 항복강도	철근의 응력 범위
이형철근	$f_y = 300\text{MPa}$	130MPa
	$f_y = 350\text{MPa}$	140MPa
	$f_y = 400\text{MPa}$ 이상	150MPa

예제 7.6 폭 $b=800\,\text{mm}$, 유효깊이 $d=500\,\text{mm}$인 단철근 직사각형 보에 인장철근 $A_s=8\text{-}D32(6{,}354\,\text{mm}^2)$가 배치되어 있다. 이 보에 고정하중 모멘트 150kN·m, 충격을 포함한 활하중 모멘트 300kN·m가 작용할 때 피로에 대하여 검토하시오. 다만, 재료 강도는 $f_{ck}=30\,\text{MPa}$, $f_y=400\,\text{MPa}$이다.

풀이

피로 검토의 필요 여부는 사용하중 상태에서 인장철근이 받고 있는 응력의 최대치와 최소치의 차이 즉, 충격을 포함한 사용 활하중에 의한 철근의 응력범위가 표 7.7의 규정에 만족하고 있는지를 검토하는 것이다.

(1) 사용하중 상태에서의 중립축 계산

탄성계수비 n은

$$n=\frac{E_s}{E_c}=\frac{2.0\times10^5}{8{,}500\sqrt[3]{30+4}}=7$$

중립축에 대한 단면 1차 모멘트는 0이므로

$$800x\times\frac{x}{2}-nA_s(d-x)=0$$

$$400x^2-7\times6{,}354\times(500-x)=0 \quad \therefore x=186.7\,\text{mm}$$

(2) 최대 및 최소 휨모멘트의 계산

인장력 T와 압축력 C의 내력의 팔 거리는

$$z=d-\frac{x}{3}=500-\frac{186.7}{3}=437.8\,\text{mm}$$

사용하중에 의해 이 보에 일어나는 최대 및 최소 휨모멘트는

$$M_{\max}=150+300=450\,\text{kN}\cdot\text{m}$$

$$M_{\min}=150\text{kN}\cdot\text{m}$$

(3) 인장철근의 최대 및 최소응력 계산

식(3.17)을 적용하면

$$f_{s.\max}=\frac{M_{\max}}{A_s\left(d-\dfrac{x}{3}\right)}=\frac{450\times10^3\times10^3}{6{,}354\times437.8}=161.8\text{MPa}$$

$$f_{s.\min}=\frac{M_{\min}}{A_s\left(d-\dfrac{x}{3}\right)}=\frac{150\times10^3\times10^3}{6{,}354\times437.8}=53.9\text{MPa}$$

(4) 피로검토의 필요성 여부

철근응력의 범위는

$$f_{s.\max}-f_{s.\min}=161.8-53.9=107.9\,\text{MPa}<150\,\text{MPa}$$

이 보는 표 7.7로부터 사용하중 조건에서 인장철근의 항복강도 $f_y=400\,\text{MPa}$에 대한 허용응력범위가 150MPa 이내이므로 피로에 대한 검토는 불필요하다.

7.5 콘크리트의 내구성 설계

이 절은 콘크리트구조 설계기준 [*KDS* 14 20 40 콘크리트구조 내구성 설계기준]의 규정에 따라 작성한 것이다.

7.5.1 내구성 설계의 개요

시멘트는 물과의 수화반응에 의해 높은 강도를 가지는 콘크리트를 만든다. 이때 생성되는 주된 수화물은 칼슘실리케이트수화물(C-S-H)과 수산화칼슘(Ca(OH)2)이며, 수산화칼슘은 시멘트량의 대략 25% 정도가 생성되는 것으로 알려져 있다. 수산화칼슘이 공극수에 용해되면 공극수는 pH=12.4 정도의 알칼리성을 띠고 있다. 따라서 이와 같이 공극수의 pH가 12.4 정도를 가지게 되면 철근표면에 얇고 치밀한 산화막을 형성하게 된다. 이러한 산화막을 부동태피막(passive film)이라고 부르기도 한다. 그런데 이 부동태피막은 산소와 물의 공급을 차단하기 때문에 콘크리트 내부에 묻혀 있는 철근은 부식하지 않는다.

그러나 콘크리트의 pH가 10 이하로 감소하게 되면 부동태피막이 파괴되기 시작하여 산소와 물의 공급을 통해 부식이 시작될 수 있다. 이와 같은 pH의 저하는 대기 중의 이산화탄소나 산의 침투 등에 의해 발생된다. 또한 콘크리트 공극수의 pH가 12.4로서 높은 알칼리 상태를 유지하더라도 동결기에 살포되는 제빙화학제(deicing chemicals)나 해안에 건설되는 구조물은 해풍이나 물보라(비말, splash), 해수 등에 직접 노출될 경우, 염화물이온이 허용치 이상 철근콘크리트 구조물에 침투하게 되면 부동태 피막의 파괴로 철근 부식의 위험성이 높아져 결과적으로 구조물의 내구수명이 크게 단축될 수 있다.

표 7.10에서 규정하고 있는 최소 설계기준 압축강도와 표 7.11에서 규정하고 있는 최소 피복 두께의 규정에 따라 설계할 경우, 일반적인 환경에서는 내구성능을 만족하는 것으로 간주할 수 있다. 만약 이 보다 더 명확한 내구성능을 규정할 필요가 있는 구조물에서는 구조물의 중요도, 구조거동, 환경조건 등에 따라 적절한 내구수명을 설정하고, 이에 부합하는 설계, 시공, 유지관리방안 등을 통해 내구성능을 입증할 필요가 있다.

7.5.2 내구성 설계기준 및 노출 등급

해풍, 해수, 제빙화학제, 황산염 및 기타 유해물질에 노출된 철근콘크리트 구조물은 표 7.8에서 규정하는 노출 등급에 따라 표 7.10의 최소설계기준 압축강도를 만족하는 콘크리트를 사용하여야 한다. 노출 등급은 구조용 콘크리트 부재에 대해 예측되는 노출 정도를 고려하여 표 7.8에 따라 정하며, 노출 범주는 내구성 환경 조건에 따라 5가지로 분류한다.

① 노출범주 일반 : 물리적 · 화학적 작용에 의한 콘크리트 손상의 우려가 없는 경우, 그리고 철근이나 내부 금속의 부식 위험이 없는 경우에 해당되며 단일 노출등급 $E0$으로 정의한다.

② 노출범주 EC : 탄산화에 의한 철근 부식이 우려되는 노출 환경을 규정한다.

③ 노출범주 ES : 염화물에 의한 철근 부식을 방지하기 위해 추가적인 방식(anti-corrosion)이 요구되는 철근콘크리트에 적용된다.

④ 노출범주 EF : 제빙화학제가 사용되거나 혹은 사용되지 않으며 수분에 접촉되면서 동결융해의 반복 작용에 노출된 외부 콘크리트에 적용된다.

⑤ 노출범주 EA : 수용성 황산염이온을 유해한 정도로 포함한 물 또는 흙과 접촉하고 있는 콘크리트에 적용된다.

표 7.8 노출 범위 및 등급

범주	등급	조건
일반	$E0$	물리 화학적 작용에 손상의 우려가 없는 콘크리트 철근이나 내부 금속의 부식 위험이 없는 콘크리트
EC (탄산화)	$EC1$	건조하거나 수분으로부터 보호되는 또는 영구적으로 습윤한 콘크리트
	$EC2$	습윤하고 드물게 건조되며 탄산화 위험이 보통인 콘크리트
	$EC3$	보통 정도의 습도에 노출되며 탄산화에 대한 위험이 비교적 높은 콘크리트
	$EC4$	건습이 반복되며 매우 높은 탄산화 위험에 노출된 콘크리트
ES (염화물)	$ES1$	보통 정도의 습도에서 대기중 염화물애 노출되지만 해수 또는 염화물을 함유한 물에 직접 접하지 않는 콘크리트
	$ES2$	습윤하고 드물게 건조되며 염화물에 노출되는 콘크리트
	$ES3$	항상 해수에 침지되는 콘크리트
	$ES4$	건습이 반복되면서 해수 또는 염화물에 노출되는 콘크리트
EF (동해)	$EF1$	간혹 수분과 접촉하나 염화물에 노출되지 않고 동결융해 반복 작용에 노출되는 콘크리트
	$EF2$	간혹 수분과 접촉하고 염화물에 노출되며 동결융해의 반복 작용에 노출되는 콘크리트
	$EF3$	지속적으로 수분과 접촉하나 염화물에 노출되지 않고 동결융해 반복 작용에 노출되는 콘크리트
	$EF4$	지속적으로 수분과 접촉하나 염화물에 노출되며 동결융해 반복 작용에 노출되는 콘크리트
EA (황산염)	$EA1$	보통 수준의 황산염이온에 노출되는 콘크리트
	$EA2$	유해한 수준의 황산염이온에 노출되는 콘크리트
	$EA3$	매우 유해한 수준의 황산염이온에 노출되는 콘크리트

표 7.9 수용성 황산염이온 농도에 따른 노출 등급 구분

등급	토양 내의 수용성 황산염(SO_4^{2-})의 질량비(%)	물속에 용해된 황산염(SO_4^{2-})(ppm)
$EA1$	$0.10 \le SO_4^{2-} < 2.0$	$150 \le SO_4^{2-} < 1{,}500$, 해수
$EA2$	$0.20 \le SO_4^{2-} \le 2.0$	$1{,}500 \le SO_4^{2-} \le 10{,}000$
$EA3$	$SO_4^{2-} > 2.0$	$SO_4^{2-} > 10{,}000$

주1) 토양 내의 황산염은 *KS I ISO* 11048에 따라 측정한다.
주2) 수용성 황산염은 *ASTM D*516 또는 *ASTM D*4130에 따라 측정한다.

7.5.3 내구성 확보를 위한 요구조건

콘크리트 설계기준 압축강도는 표 7.8의 노출 등급에 따라 표 7.10에서 규정하고 있는 값 이상이라야 한다, 다만, 별도의 내구성 설계를 통해 입증된 경우나 성능이 확인된 별도의 보호 조치를 취하는 경우에는 표 7.10에서 규정하고 있는 값보다 낮은 강도를 적용할 수 있다. 노출범주 *EC*와 *ES*의 경우에는 표 7.11의 최소 피복 두께 규정을 만족하여야 한다.

또한 콘크리트 배합은 표 7.10의 노출 등급에 따라 콘크리트 표준시방서 [KCS 14 20 10 일반콘크리트, 1.9 콘크리트의 내구성에 관한 지정]에 규정하는 물-결합재비, 결합재 종류, 연행공기량, 염화물 함유량 등에 대한 요구조건을 만족하여야 한다.

표 7.10 노출등급에 대한 최소 설계기준 압축강도 및 최대 물-결합재비

노출 등급 및 설계기준 압축강도 f_{ck}(MPa)															
–	*EC*				*ES*				*EF*				*EA*		
E0	*EC1*	*EC2*	*EC3*	*EC4*	*ES1*	*ES2*	*ES3*	*ES4*	*EF1*	*EF2*	*EF3*	*EF4*	*EA1*	*EA2*	*EA3*
21	21	24	27	30	30	30	35	35	24	27	30	30	27	30	30
–	0.60	0.55	0.50	0.45	0.45	0.45	0.40	0.40	0.55	0.50	0.45	0.45	0.50	0.45	0.45

표 7.11 프리스트레스하지 않는 부재의 현장타설 콘크리트

프리스트레스하지 않는 부재의 현장타설 콘크리트		최소 피복두께(mm)
수중에서 타설하는 콘크리트		100
흙에 접하여 콘크리트를 타설한 후 영구히 흙에 묻혀 있는 콘크리트		75
흙에 접하거나 옥외의 공기에 직접 노출되는 콘크리트	*D*19 이상 철근	50
	*D*19 이하 철근, 지름 16mm 이하 철선	40
옥외의 공기나 흙에 직접 접하지 않는 콘크리트	슬래브, 벽체, 장선(*D*35 초과 철근 사용)	40
	슬래브, 벽체, 장선(*D*35 이하인 철근 사용)	20
	보, 기둥($f_{ck} \le 40$MPa의 경우) 10mm 저감	40
	쉘, 절판 부재	20

7.6 콘크리트의 내구성 평가

이 절은 콘크리트구조 설계기준 [*KDS* 14 20 40 콘크리트구조 내구성 설계기준, 부록 콘크리트의 내구성 평가]의 규정에 따라 작성한 것이다.

7.6.1 내구성 평가 원칙

콘크리트 구조물의 목표내구수명은 구조물을 특별한 유지관리 없이 일상적으로 유지관리를 실시할 때, 내구적 한계상태에 도달하기까지의 기간으로서 콘크리트 구조물의 목표내구등급은 표 7.12의 값을 참고하여 정할 수 있다.

내구성 평가에는 염해, 탄산화, 동결융해, 화학적 침식, 알칼리 골재 반응 등을 주된 성능저하 원인으로 고려하며, 시공할 구조물이 갖게 될 성능저하 환경을 조사하여 이에 따라 성능저하 원인별 내구성 평가 항목을 선정한다. 콘크리트 구조물이 복합적인 성능저하가 지배적인 환경에 시공되는 경우에는 각각의 성능저하 인자에 대하여 내구성 평가를 수행하여 가장 지배적인 성능저하 인자에 대한 내구성 평가 결과를 적용한다.

콘크리트 구조물은 공사 착수 전에 시공될 콘크리트 구조물과 배합 콘크리트 재료 자체에 대해 내구성을 평가한다, 즉 시공될 대상 구조물 및 배합 콘크리트가 내구등급에 따른 목표내구수명까지 내구성능을 만족하는지를 평가한다. 이들 콘크리트의 내구성 평가 절차는 그림 7.12에 나타낸 바와 같다.

또한 콘크리트 구조물이 시공된 후 내구성을 확보하려면 초기에 발생할 수 있는 균열을 제어하여야 한다. 즉, 시공계획 단계에서 초기 재령 콘크리트의 균열평가를 수행하며, 이에 따라 시공방법 및 배합을 확정하여야 한다.

표 7.12 콘크리트 구조물의 목표내구수명에 대한 내구등급

구조물의 내구등급	구조물의 내구성 수준	목표내구수명
1등급	특별히 높은 내구성이 요구되는 구조물	100년
2등급	높은 내구성이 요구되는 구조물	65년
3등급	비교적 낮은 내구성이 요구되는 구조물	30년

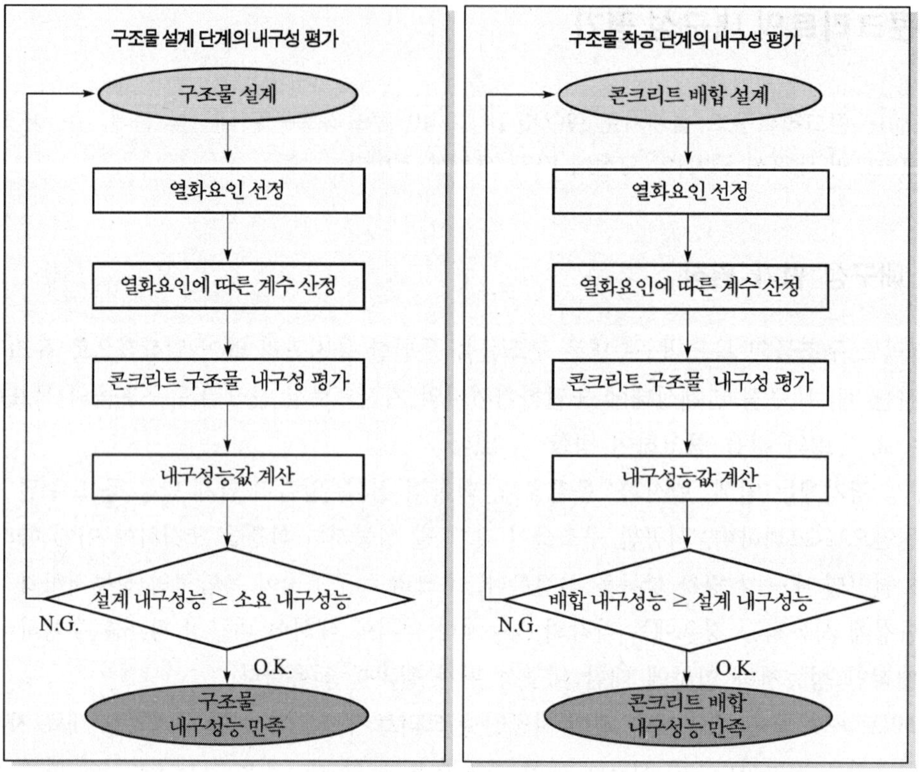

그림 7.12 콘크리트의 내구성 평가

7.6.2 콘크리트의 내구성 평가

1) 콘크리트 구조물의 내구성 평가

시공될 콘크리트 구조물에 사용될 콘크리트에 대한 내구성 평가는 다음 식(7.25)에 의해 수행한다.

$$\gamma_P A_P \leq \phi_K A_K \tag{7.25}$$

여기서, γ_P : 콘크리트 구조물의 환경계수

A_P : 콘크리트 구조물의 내구성능 예측값

ϕ_K : 콘크리트 구조물의 내구성 감소계수

A_K : 콘크리트 구조물의 내구성능 특성값

2) 배합 콘크리트의 내구성 평가

배합 콘크리트에 대한 내구성 평가는 다음 식(5.26)에 의해 수행한다.

$$\gamma_p B_p \le \phi_k B_k \tag{7.26}$$

여기서, γ_p : 콘크리트의 환경계수

ϕ_k : 콘크리트의 내구성 감소계수

B_p : 콘크리트의 내구성능 예측값

B_k : 콘크리트의 내구성능 특성값

3) 환경계수와 내구성 감소계수

환경계수와 내구성 감소계수는 콘크리트구조 설계기준의 강도설계법과 일관되도록 안전계수로서 도입한 것이며, 표 7.13에 따른다.

표 7.13 각 성능저하별 안전계수(환경계수, 내구성 감소계수, 안전율)

성능저하 원인	콘크리트 구조물			배합 콘크리트		
	γ_P	ϕ_K	α	γ_p	ϕ_k	α
염해	1.11	0.86	1.3	1.11	0.86	1.3
탄산화	1.1	0.92	1.2	1.1	0.92	1.2
동결융해	1.0	1.0~0.8	1.0~1.25	1.0	1.0~0.8	1.0~1.25
화학적 침식	1.1	0.92	1.2	1.1	0.92	1.2
알칼리 골재반응	1.1	0.92	1.2	1.1	0.92	1.2

7.6.3 콘크리트 구조물의 내구성 평가

1) 염해에 관한 내구성 평가

(1) 콘크리트의 염해

콘크리트 속에 묻혀 있는 철근은 산화막인 부동태피막으로 보호되어 있다. 그런데 이 피막은 염화물이온의 침투로 부식되며, 부식에 의한 팽창압은 콘크리트에 균열이나 박리를 일으켜 콘크리트의 내구성을 저하시킨다. 이러한 현상을 염해(slat damage)라고 한다. 염화물이온은 골재나 혼합수, 혼화재 등에서 유입되는 혼입염분과 해수나 해양 대기 중에 비산되는 염분 또는 제빙화학제 등에 의해 염화물이온의 농도확산으로 콘크리트 내부에 침투하는 침입염분 등 두 종류가 있다. 강재는 염화물이온 침투만으로 부식하는 것은 아니며, 산소와 물이 있어야 한다. 콘크리트는 강한 알칼리성 상태에 있으므로 강재 부식이 발생하지 않지만, 염화물이온이 1.2 kg/m^3 이상 존재하게 되면 부동태피막의 파괴로 강재의 부식이 시작된다.

(2) 염해에 관한 내구성 평가

일반적인 콘크리트 구조물은 시공하기 전에 내구성 평가를 실시하여 내구수명 동안 충분한 내구성 확보 여부를 검토하여야 한다. 평가 결과 만족스럽지 못할 경우 콘크리트 배합 및 철근 피복 등을 변경하여 충분한 내구성이 확보되는지를 확인하여야 한다. 염해에 대한 내구성 평가는 콘크리트 표면에 농축되는 최대 염화물이온농도를 알아야 하며, 이 값은 지역 및 해수가 접촉하는 부위에 따라 다르다, 지역으로서는 동해안, 서남해안으로 구분하며, 해수 접촉부위는 간만대(tidal zone), 물보라 지역, 해상 대기 중의 3가지 조건으로 구분하고 있다.

염화물이온 침투에 의한 콘크리트 구조물의 내구성은 식(7.27)에 의해 평가할 수 있다.

$$\gamma_P \, C_d \leqq \phi_K \, C_{\lim} \tag{7.27}$$

여기서, γ_P : 염해에 대한 환경계수 1.11

ϕ_K : 염해에 대한 내구성 감소계수 0.86

$C_{\lim}$: 철근부식 임계염화물이온 농도(kg/m^3)

$$C_{\lim} = 0.004 C_{bind} \tag{7.28}$$

C_d : 철근 위치의 염화물이온 농도 예측값(설계값)(kg/m^3)

C_{bind} : 단위결합재량(kg/m^3)

(3) 염소이온 농도 설계값 C_d의 예측

염해에 대한 콘크리트 구조물의 내구성 평가를 위해서는 철근 위치에서의 염화물이온 농도 설계값 C_d를 예측하여야 한다. 이를 위해서는 콘크리트 중의 염화물이온의 확산에 관한 기초방정식인 피크(Fick)의 제2법칙을 유한요소법 또는 유한차분법을 사용하여 구하거나 다음 식(7.29)와 같은 간편식을 사용하여 구할 수 있다.

$$C_d - C_i = (C_s - C_i)\left[1 - erf\left(\frac{x}{2\sqrt{D_d \, t}}\right)\right] \tag{7.29}$$

여기서, C_d : 표면에서 x만큼 이격된 곳의 재령 t에서 염화물이온 농도 설계값 (예측값)(kg/m^3)

C_i : 초기 염화물이온 농도로서 최대값 0.3kg/m^3

C_s : 콘크리트 표면 염화물이온 농도(표 7.14 참조)

erf : 오차함수, $erf(s) = \dfrac{2}{\pi^{1/2}} \displaystyle\int_0^s e^{-\lambda^2} d\lambda$

D_d : 염화물이온의 유효확산계수(m^2/year 또는 m^2/sec)

$$D_d = \gamma_c D_k \qquad (7.30)$$

γ_c : 콘크리트의 재료계수, 일반적인 경우 1.0, 구조물 최상부 1.3

D_k : 콘크리트 염화물이온 확산계수 특성값(m^2/year 또는 m^2/sec)

콘크리트 염화물이온 확산계수 특성값 D_k는 식(7.29) 및 식(7.30)으로부터 구할 수 있지만, 그림 7.13 또는 그림 7.14를 이용할 경우, 설계피복두께와 $(C_d - C_i)/(C_s - C_i)$의 비로부터 간단하게 구할 수 있다.

표 7.14 콘크리트 표면의 염소이온 농도 C_s(kg/m^3)

해안환경	간만대	비말대 (물보라지역)	해안선으로부터의 거리(km)				
			해안선	0.1	0.25	0.5	1.0
동해안	–	13.0	9.0	6.5	2.5	1.5	1.0
서/남해안	20.0	5.0	2.5	2.0	1.5	–	–

주) 연직높이의 영향은 해발 1m의 차이가 해안선으로부터의 거리 25m의 차이와 같다고 본다.

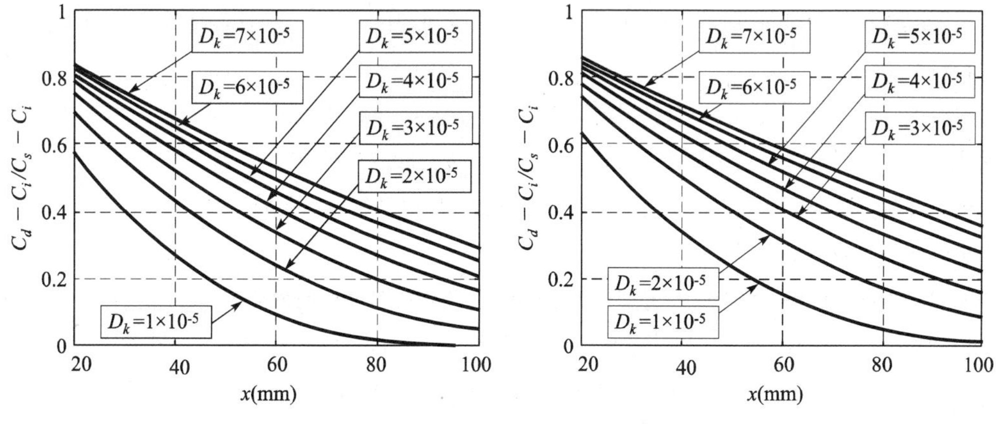

(a) 일반적인 경우($\gamma_c = 1.0$)　　(b) 구조물 최상부($\gamma_c = 1.3$)

그림 7.13 콘크리트 표면으로부터의 깊이 x(mm)와 염소이온 농도비$(C_d - C_i)/(C_s - C_i)$의 관계(내구연한 65년)

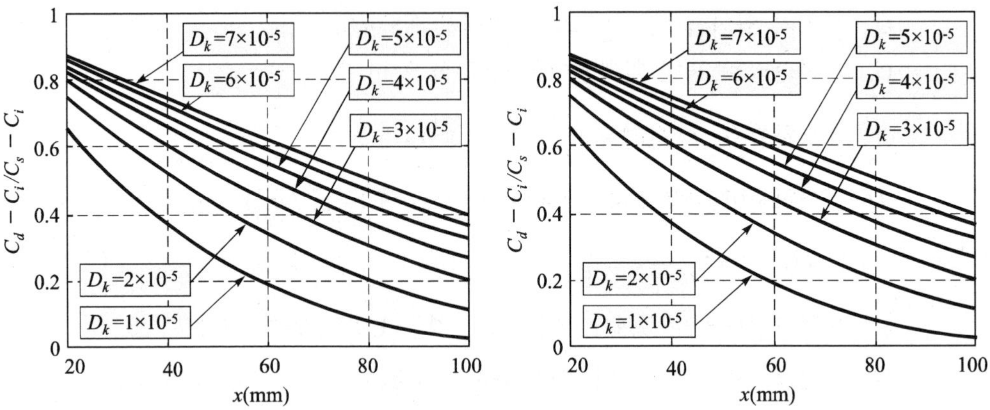

(a) 일반적인 경우($\gamma_c = 1.0$)　　(b) 구조물 최상부($\gamma_c = 1.3$)

그림 7.14 콘크리트 표면으로부터의 깊이 x(mm)와 염소이온 농도비$(C_d - C_i)/(C_s - C_i)$의 관계(내구연한 100년)

2) 탄산화에 관한 내구성 평가

(1) 콘크리트의 탄산화

건전한 콘크리트는 수화반응에 의해 $Ca(OH)_2$의 생성으로 공극수 pH는 12.4 정도로서 강알칼리성을 띠게 된다. 그러나 대기 중의 CO_2 등의 물질이 확산에 의해 콘크리트에 침투하게 되면 $Ca(OH)_2$의 소비에 의한 $CaCO_3$의 생성으로 공극수는 알칼리성을 상실하여 pH가 10 이하로 저하하는 이른바 탄산화(carbonation) 현상이 발생한다.

콘크리트 구조물의 탄산화에 대한 내구성 평가는 목표내구수명에 도달하였을 때의 철근부식이 발생하는 탄산화 한계깊이와 구조물의 열화에 따른 예측 탄산화깊이를 비교함으로써 평가할 수 있다.

탄산화에 의한 철근 부식은 철근위치까지 탄산화가 진행된 후에 발생하지만, 콘크리트 구조물 조사 결과, 철근위치로부터 10mm 전방까지 탄산화가 진행되면 철근부식이 시작되고 있으며, 특히, 염해 지역에서는 철근위치 25mm 전방까지 탄산화가 진행되면 철근부식이 시작된다는 결과를 얻었다.

탄산화 진행에 대한 속도식은 모두 실험식이며, 콘크리트가 설치되는 환경조건이 달라지면 탄산화 속도가 달라져 정확한 값을 얻기 어렵다. 따라서 탄산화 속도는 기존 구조물 조사에 의한 축적된 실험결과 등을 참고하여 정하는 경우가 대부분이다.

(2) 탄산화에 관한 내구성 평가

콘크리트의 탄산화에 대한 내구성 평가는 목표내구수명에 도달하였을 때의 철근부식이 발생하는 탄산화 한계깊이 $y_{\lim}$와 구조물의 성능저하에 따른 탄산화 깊이 예측값 y_p에 각각 내구성 감소계수 ϕ_K와 환경계수 γ_P를 곱하여 비교함으로써 다음 식(7.31)에 의해 계산할 수 있다.

$$\gamma_P \, y_P \le \phi_K \, y_{\lim} \tag{7.31}$$

여기서, γ_P : 탄산화에 대한 환경계수로서 일반적으로 1.1

ϕ_K : 탄산화에 대한 내구성 감소계수로서 일반적으로 0.92

$y_{\lim}$: 철근부식 탄산화 한계깊이(mm), $y_{\lim} = c - c_k$

c : 설계 피복두께(mm)

c_k : 자연환경의 경우 10 mm, 심한 염해환경의 경우 25 mm

y_P : 탄산화 깊이의 예측값(설계값)(mm)

(3) 탄산화 깊이 설계값 y_P의 예측

탄산화 깊이 예측값(설계값)은 다음 식(7.32)에 의해 계산할 수 있다.

$$y_P = \gamma_{cb} \alpha_d \sqrt{t} \tag{7.32}$$

여기서, γ_{cb} : 탄산화깊이의 안전계수로서 일반적인 경우 1.15, 고유동화 콘크리트의 경우 1.1

t : 재령(연, year)

α_d : 탄산화 속도계수 설계값(mm/$\sqrt{\text{year}}$)

$$\alpha_d = \beta_c \gamma_c \alpha_k \tag{7.33}$$

β_c : 환경작용의 정도를 나타내는 방향계수로서 건조되기 어려운 환경인 북향한 면에서는 1.0, 건조되기 쉬운 환경인 남향 면에서는 1.6

γ_c : 콘크리트의 재료계수로서 일반적으로 1.0이고, 구조물의 상면 부위에서는 1.3을 사용하나, 구조물의 콘크리트와 표준양생공시체 간에 품질의 차이가 생기지 않는 경우에는 1.0

α_k : 탄산화 속도계수 특성값(mm/$\sqrt{\text{year}}$)

3) 동해에 콘크리트의 열화

(1) 콘크리트의 동해

추운 지역의 콘크리트 구조물은 겨울에 외기온의 변화 및 햇빛에 의해 동결융해 작용을 받는다. 콘크리트의 동해는 콘크리트의 함수율이 한계치 이상으로 높아진 상태에서 동결융해의 반복 작용에 의해 표면부분에서부터 열화되는 현상이다.

콘크리트가 동해를 받으면 초기에는 균열이 발생하며, 동해가 진행된 단계에서는 전체적인 붕괴에 이른다. 동해에 의한 균열은 거북등 균열로 나타나며, 백화현상을 수반한다. 동해에 의한 콘크리트 표면 균열은 콘크리트 조직의 팽창에 의해 발생한다.

T.C Powers의 수압설에 따르면, 콘크리트의 동해는 공극수의 동결에 의한 얼음의 직접적인 팽창 때문에 발생하는 것이 아니라, 아직 동결하지 않은 물의 이동에 의한 압력에 기인하는 것으로 알려져 있다. 따라서 연행공기가 콘크리트의 동결에 의한 팽창을 효과적으로 완화시킬 수 있으며, 수압의 완화에는 물의 이동거리, 즉 기포 사이의 거리가 중요하다.

물이 동결하면 9% 정도의 체적팽창을 일으키게 되며, 팽창압이 발생한다. 따라서 수분동결에 의한 팽창압을 완화하는 정도의 기포가 콘크리트 내부에 있으면 동해를 받지 않게 된다. 즉 콘크리트의 포수상태와 밀접한 관계가 있으며, 젖어있는 콘크리트의 포수도를 낮추는 데는 공기량이 매우 중요한 역할을 한다.

(2) 동해에 관한 내구성 평가

동해에 대한 내구성 평가에는 동결융해시험을 통하여 구한 상대동탄성계수와 콘크리트의 질량 감소율을 지표로 사용한다. 이때 동해에 대한 콘크리트의 내구성 평가는 다음 식 (7.34)에 의해 수행할 수 있다.

$$\gamma_P F_d \leqq \phi_K F_{\lim} \tag{7.34}$$

여기서, γ_P : 동해에 대한 환경계수로서 1.0

ϕ_K : 동해에 대한 내구성 감소계수로서 일반적인 구조물의 경우 보통부위에서 1.0, 구조물 상부에서 0.8을 사용하며, 중요 구조물의 경우 보통부위에서 0.9, 구조물 상부에서 0.7을 사용함.

$$F_d = \frac{1}{E_d}, \quad F_{\lim} = \frac{1}{E_{\min}} \tag{7.35}$$

E_d : 상대동탄성계수의 예측값(설계값)(%)

$E_{\min}$: 상대동탄성계수의 최소 한계값(%)(표 7.15 참조)

표 7.15 동결융해작용에 대한 구조물의 성능을 만족하기 위하 상대동탄성계수의 최소 한계값 E_{min}(%)

기상조건		기상작용이 심하고 동결융해가 반복될 때		기상작용이 심하지 않고 동결점 이하 드믄 경우	
단면		얇은 경우	보통의 경우	얇은 경우	보통의 경우
구조물의 노출상태	연속해서 또는 반복해서 물에 포화되는 경우	85	70	85	60
	일반적인 노출상태	70	60	70	60

주) 얇은 경우 : 단면의 두께가 0.2m 이하인 경우

4) 알칼리골재반응에 관한 내구성 평가

(1) 콘크리트의 알칼리골재반응

알칼리골재반응(alkali aggregate reaction)은 시멘트로부터 공급되는 콘크리트 중의 수산화알칼리(NaOH 및 KOH)를 주성분으로 하는 수용액과 골재 중의 반응성 광물이 화학반응을 일으키고, 그 반응 생성물이 물을 흡수하여 팽창을 일으켜서 균열이 발생하는 현상이다.

알칼리 골재반응은 골재 중의 SiO_2와 알칼리 성분이 반응하는 알칼리실리카반응, 골재 중의 탄산염과 알칼리 성분이 반응하는 알칼리탄산염반응 등이 있다. 그러나 골재 중에 SiO_2나 탄산염이 존재한다고 해서 반드시 알칼리골재반응을 일으키는 것은 아니다. 알칼리골재반응은 대부분 알칼리실리카반응이며, 따라서 알칼리실리카반응을 보통 알칼리골재반응이라 한다.

알칼리골재반응이 장기간에 걸쳐 진행하면 균열, 팝아웃(pop out), 백색 용출물, 표면 변색, 줄눈의 변형 등 여러 가지 현상을 일으키며, 이 가운데 가장 특징적인 것이 균열이다. 일반적으로 무근크리트는 구속이 없기 때문에 거북등(龜甲狀) 균열이 발생하며, 철근콘크리트나 프리스트레트콘크리트에서는 구속되는 방향과 나란하게 균열이 발생한다.

(2) 알칼리골재반응의 내구성 평가

알칼리골재반응에 대한 콘크리트 구조물의 내구성은 다음 식(7.36)에 의해 평가할 수 있다.

$$\gamma_P R_P \leq \phi_K R_{\lim} \tag{7.36}$$

여기서, γ_P : 알칼리골재반응에 대한 환경계수로서 1.1

ϕ_K : 알칼리골재반응에 대한 내구성 감소계수로서 0.92

R_P : 알칼리골재반응의 화학적 안정성 예측값(설계값)

$R_{\lim}$: 알칼리 골재 반응의 화학적 한계 안정성

5) 화학적 침식에 관한 내구성 평가

(1) 콘크리트의 화학적 침식

산에 의한 콘크리트 열화는 콘크리트가 알칼리성이라는 사실로부터 옛날부터 문제점으로서 거론되어 왔다. 콘크리트 화학적 열화를 일으키는 원인이 되는 것으로서는 산성비, 온천수, 하수, 화학공장에서 낮은 pH배수 등이 있다.

시멘트에는 4가지의 주된 광물이 있으며, 이들의 광물과 물이 반응하여 생성된 시멘트 수화물이 콘크리트에서 결합재로서의 열할을 하여 강도를 발현한다. 주된 수화물로서는 $Ca(OH)_2$, 칼슘리케이드 수화물인 $C\text{-}S\text{-}H$, 에트린자이드(ettringite) 등이 있다. 이들 수화물에 산이 작용하면 수소이온의 작용으로 시멘트 수화물이 분해되어 콘크리트가 열화한다. 특히 이 가운데 가장 산과 반응하기 쉬운 수화물은 $Ca(OH)_2$이다.

(2) 화학적 열화에 관한 내구성 평가

화학적 침식에 의한 콘크리트 구조물의 내구성은 다음 식(7.37)에 의해 평가할 수 있다.

$$\gamma_P \, Z_P \le \phi_K \, Z_{\lim} \tag{7.37}$$

여기서, γ_P : 환경계수 1.1

ϕ_K : 내구성 감소계수 0.92

Z_P : 화학적 침식 깊이의 예측값(설계값)(mm)

$Z_{\lim}$: 화학적 침식 한계깊이(mm)

$$Z_{\lim} = c - c_K$$

c : 설계피복두께(mm)

c_K : 한계 화학적 침식 깊이 여유값으로서 일반적으로 철근의 지름을 사용

예제 7.7 동해안의 해안선으로부터 0.25km 떨어진 곳에 있는 철근콘크리트 구조물의 보통 부위에 대한 탄산화, 염해, 동결융해에 대한 내구성을 평가하시오. 목표 내구년한은 65년이며, 철근의 순 피복두께는 80mm이다. 환경조건에 대한 노출등급은 염해의 경우 ES1, 탄산화의 경우 ES2, 동결융해의 경우 EF2 이다. 시멘트는 고로슬래그미분말이나 플라이애쉬를 혼합하여 사용하며, 굵은골재 최대치수는 20mm이다.

풀이

(1) 염해에 관한 내구성 평가

염해의 환경조건 ES1에 대해, 최대 물-결합재비는 표 7.10으로부터 $W/C = 0.45$, 최소 설계기준강도 $f_{ck} = 30\text{MPa}$이며, 최소 단위결합재량은 [*KCS* 14 20 44 해양콘크리트]

로부터 $C=340\text{kg/m}^3$이지만, 내구성 향상을 위해 $C=500\text{kg/m}^3$을 사용한다.

철근부식의 임계 염소이온 농도는 식(7.28)로부터

$$C_{\lim}=0.004C_{bind}=0.004\times 500=2.0\text{kg/m}^3$$

내구년한 65년에 대한 철근 위치까지 도달하는 염소이온 예측값(설계값)은 식(7.27)로부터

$$1.11\times C_d=0.86\times 2.0,\ \ \therefore\ C_d=1.55\,\text{kg/m}^3$$

초기 염화물 농도 C_i는 최대값 0.3kg/m^3이므로 염화물이온 농도비는 다음과 같이 계산된다.

$$\frac{C_d-C_i}{C_s-C_i}=\frac{1.55-0.3}{5-0.3}=0.27$$

따라서, 그림 7.13(a)를 이용하여 그림 7.15에 콘크리트 피복두께 80mm와 염소이온 농도비 0.27에 대한 콘크리트 염화물이온 특성값 D_k를 나타내면 $4.5\times 10^{-5}\text{m}^2/\text{year}$의 값을 얻을 수 있다.

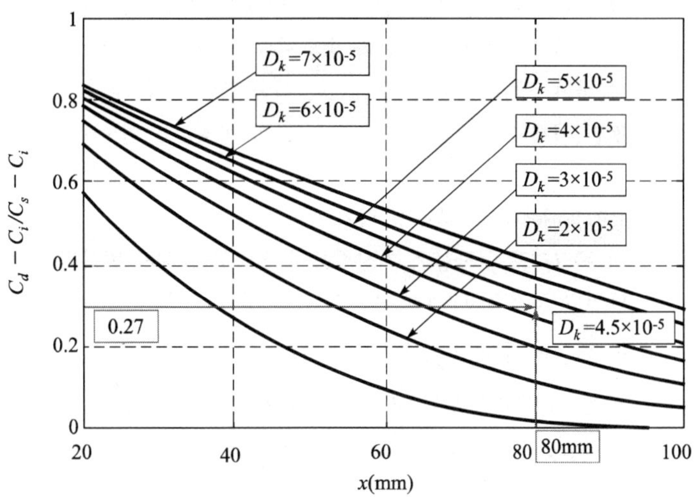

그림 7.15 콘크리트의 염화물이온 특성값의 산정

따라서, 염해 환경에 노출된 콘크리트 구조물의 설계단계에서 결정된 설계기준 염화물이온 확산계수 D_k의 범위는 $D_k\le 4.5\times 10^{-5}\text{m}^2/\text{year}$이며, 배합단계에서의 내구성 평가는 D_k를 통해 배합 염화물 이온 확산계수 D_p의 범위를 설정하고, 만족하는지를 평가한다.

(2) 탄산화에 관한 내구성 평가

철근 부식이 발생할 수 있는 탄산화 한계 깊이 y_{lim}은, 설계 피복두께 $c = 80\text{mm}$, 심한 염해 환경에서 $c_k = 25\text{mm}$ 이므로 다음과 같이 계산된다.

$$y_{\text{lim}} = c - c_k = 80 - 25 = 55\text{mm}$$

탄산화 깊이 예측값 y_P는 식(7.31)로부터

$$1.1 \times y_P \le 0.92 \times 55 \quad \therefore y_P \le 46\text{mm}$$

탄산화 속도계수 설계값은 식(7.32)로부터 탄산화 깊이의 안전계수 1.15를 적용하면 다음과 같이 계산된다.

$$46 = 1.15 \times \alpha_d \times \sqrt{65} \qquad \therefore \alpha_d = 4.96(\text{mm}/\sqrt{\text{year}})$$

탄산화 속도계수는 특성값은 식(7.33)으로부터 환경작용의 정도를 나타내는 방향계수는 남향면으로 간주하여 $\beta_e = 1.6$, 재료계수는 일반적인 경우에 해당되므로 $\gamma_c = 1.0$을 적용하면 다음과 같이 된다.

$$4.96 = 1.6 \times 1.0 \times \alpha_k \qquad \therefore \alpha_k = 3.10(\text{mm}/\sqrt{\text{year}})$$

탄산화 환경에 노출된 콘크리트 구조물을 설계하기 위해서는 콘크리트 구조물의 콘크리트 재료 설계기준 탄산화 속도계수 α_k가 $3.10(\text{mm}/\sqrt{\text{year}})$이하의 성능을 확보해야 하며, 배합단계에서 구해지는 예측 탄산화 속도계수 α_k이 구조물 설계단계에서 결정된 설계기준 탄산화 속도계수 α_p의 범위값을 만족해야 한다.

(3) 동결융해에 관한 내구성 평가

이 콘크리트 구조물은 기상작용이 심하고 동해가 반복되는 일반적인 노출상태로서 단면의 크기가 0.2m를 초과한다. 또한 $\gamma_P = 1.0$, $\phi_K = 1.0$(일반 구조물로서 보통부위에 해당됨)이며, F_{lim}은 식(7.35)로부터 $\dfrac{1}{E_{\min}}$이다. 따라서, 상대동탄성계수의 예측값 E_d는 식(7.34)로부터 다음과 같이 계산할 수 있다.

$$1.0 \times F_d \le 1.0 \times \frac{1}{E_{\min}}, \quad \frac{1}{E_d} \le \frac{1}{60(\%)} \quad \therefore E_d \ge 60\%$$

따라서, 이와 같은 동결융해 환경에 노출된 콘크리트 구조물을 설계하기 위해서는 콘크리트 구조물의 배합 콘크리트는 상대동탄성계수 E_d가 60% 이상의 성능을 확보해야 한다.

(4) 내구성 평가의 결과값

대상 콘크리트 구조물에 대한 염해, 탄산화, 동결융해에 대한 구조물단계에서의 내구성 평가 결과를 요약하면 표 7.16과 같다.

표 7.16 구조물 설계단계의 내구성 평가결과

구분		구조물 설계단계의 내구성 평가 결과	노출등급
염해	설계기준 염화물 확산계수 D_k(m^2/year)	$D_k \leq 4.5\times10^{-5}$	ES1
	f_{ck}(MPa)(표 7.10 기준)	30 이상	
	물-결합재비(%)(표 7.10 기준)	45 이하	
	염소이온량(결합재 중량비 %)(KCS 기준)	0.15 이하	
탄산화	설계기준 탄산화 속도계수 α_k(mm/$\sqrt{\text{year}}$)	3.10 이하	EC2
	f_{ck}(MPa)(표 7.10 기준)	24 이상	
	물-결합재비(%)(표 7.10 기준)	55 이하	
	염소이온량(결합재 중량비 %)(KCS 기준)	0.30 이하	
동결융해	설계기준 상대동탄성계수 E_d(%)	50 이하	EF2
	f_{ck}(MPa)(표 7.10 기준)	27 이상	
	물-결합재비(%)(표 7.10 기준)	60% 이상	
	염소이온량(결합재 중량비 %)(KCS 기준)	0.30 이하	

7.6.4 배합 콘크리트의 내구성 평가

배합 계획 단계에서 콘크리트의 배합설계에 따라 제조될 콘크리트가 염소이온, 탄산화, 동결융해, 화학적 침식, 알칼리 골재 반응성 등 지배적은 성능저하 인자에 대해 요구되는 내구성을 만족하는지를 평가하는 절차이다. 만약 설정된 콘크리트 성능이 평가조건을 만족하지 못한다면, 콘크리트에 대한 내구성 화보를 위해 배합 또는 사용재료를 변경하여 콘크리트의 내구성을 다시 평가하여야 한다.

1) 염소이온 확산계수의 평가

콘크리트의 염해에 대한 내구성을 평가하기 위해 다음 식(7.38)과 같이 염소이온의 확산계수를 평가한다.

$$\gamma_p D_p \leq \phi_k D_k \tag{7.38}$$

여기서, γ_p : 염해에 대한 환경계수로서 일반적으로 1.11

ϕ_k : 염해에 대한 내구성 감소계수로서 일반적으로 0.86

D_k : 콘크리트의 염소이온 확산계수 특성값(m^2/year, m^2/sec)

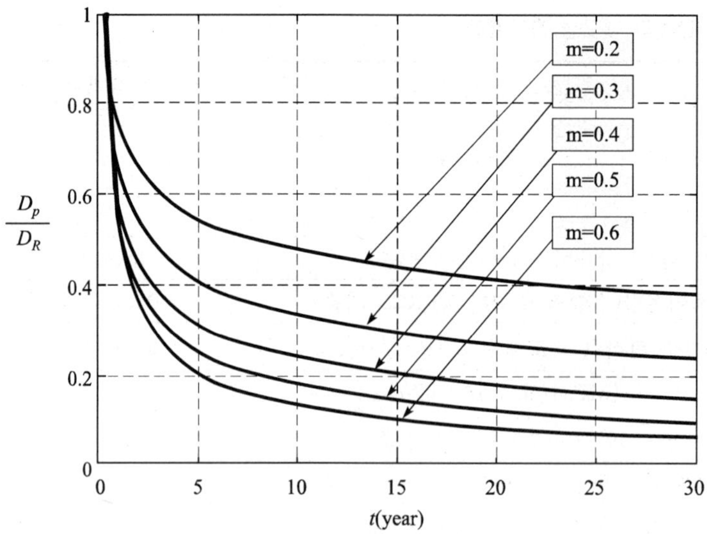

(a) $t < t_c = 30$년인 경우

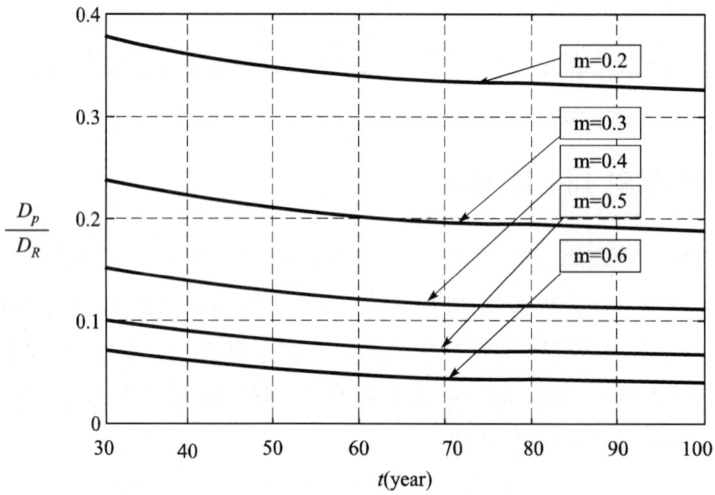

(b) $t \geq t_c = 30$년의 경우

그림 7.16 배합 콘크리트의 염소이온 확산계수에 대한 보정계수((D_p/D_R))

또한, 염소이온 확산계수의 예측값 D_p는 평가 대상 콘크리트에 대해 실험이나 실측된 자료를 통해 구한 환산계수 D_R에 물-결합재비의 영향을 보정한 다음 식(7.39) 및 식(7.40)에 따라 계산할 수 있다.

$$t < t_c = 30\text{년의 경우}: \quad D_p = \frac{D_R}{1-m}\left(\frac{t_R}{t_c}\right)^m \tag{7.39}$$

$$t \geq t_c = 30\text{년의 경우}: \quad D_p = \frac{D_R}{1-m}\left[(1-m) + m\frac{t_c}{t}\right]\left(\frac{t_R}{t_c}\right)^m \tag{7.40}$$

여기서, D_R : 기준 시간(t_R)에서의 염소이온 확산계수(m^2/year)

t_R : 기준 시간(일반적으로 28일=0.077년)

t_c : 확산계수 감소한계(일반적으로 30년)

m : 재령에 대한 영향을 나타내는 재령계수로서 실험값

재령계수 m의 경우, 신뢰할 만한 실험값을 얻지 못한 경우에는 다음 식(7.41)로 계산된 값을 사용해도 좋다.

$$m = 0.2 + 0.4\left[\frac{FA(\%)}{50} + \frac{SG(\%)}{70}\right] \tag{7.41}$$

기준시간(t_R)에서의 염소이온 확산계수는 실험에 의해 구하며, 이 경우 물-결합재비에 의한 예측식은 다음 식(7.42)로 나타낼 수 있다.

$$\log D_R = a + b\left(\frac{W}{B}\right) \tag{7.42}$$

이 경우, FA(%)는 총 결합재 중량에 대한 플라이애시 함유율(%)로서 50%를 초과할 수 없으며, SG(%)는 총 결합재 중량에 대한 고로슬래그 함유율(%)로서 70%를 초과할 수 없다.

다만, 실험 등에 의해 신뢰할 만한 예측식을 구하지 못한 경우에는 다음 식(7.43) 및 식(7.44)을 사용할 수도 있다.

① 포틀랜드시멘트 또는 포틀랜드시멘트와 플라이애시, 고로슬래그미분말을 혼합한 경우

$$D_R = 10^{-4.56 + 2.40(W/B)} \tag{7.43}$$

그림 7.17은 식(7.43)을 나타낸 것이다.

② 포틀랜드시멘트와 실리카퓸을 혼합한 경우

$$D_R = e^{-16.5a_{SF}}10^{-12.06 + 2.40(W/B)} \tag{7.44}$$

여기서, a_{SF} : 총 결합재 중량에 대한 실리카퓸 중량비($0 \leq a_{SF} \leq 0.15$)

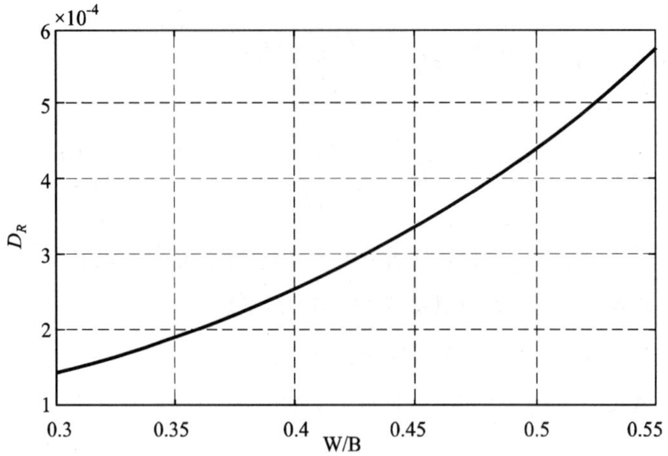

그림 7.17 포틀랜드시멘트 또는 플라이애시, 고로슬래그 미분말을 혼합한 콘크리트의 물-결합재비에 따른 염소이온 확산계수 $D_R(\mathrm{m^2/year})$

2) 탄산화 속도계수의 평가

콘크리트의 탄산화에 대한 내구성 평가는 다음 식(7.45)를 적용한다.

$$\gamma_p \alpha_p \leq \phi_k \alpha_k \tag{7.45}$$

여기서, γ_p : 탄산화를 고려한 환경계수로서 일반적으로 1.1

ϕ_k : 탄산화를 고려한 내구성 감소계수로서 일반적으로 0.92

α_k : 콘크리트 특성 탄산화 속도계수($\mathrm{mm}/\sqrt{\mathrm{year}}$)

α_p : 콘크리트 탄산화 속도계수의 예측값($\mathrm{mm}/\sqrt{\mathrm{year}}$)

또한, 탄산화 속도계수 예측값 α_p는 실험이나 실측자료를 통해 다음 식(7.46)와 같이 나타낼 수 있다.

$$\alpha_p = a + b\left(\frac{W}{B}\right) \tag{7.46}$$

그러나, 신뢰할 만한 예측식을 얻지 못한 경우에는 다음 식(7.47)의 예측식을 평가에 사용할 수 있으며, 그림 7.18은 이들 식의 관계를 나타낸 것이다.

$$\alpha_p = -3.57 + 9.0(\mathrm{W/B}) \tag{7.47}$$

여기서, W/B : 물-결합재비, $\mathrm{W/B = W/(}C_p + kA_d\mathrm{)}$ (7.48)

C_p : 단위체적당 포틀랜드시멘트의 질량($\mathrm{kg/m^3}$)

A_d : 단위체적당 혼화재의 질량(kg/m^3)

k : 재료상수로서 플라이애시를 혼합하는 경우 k=0, 고로슬래그 미분말을 혼합하는 경우 k=0.7

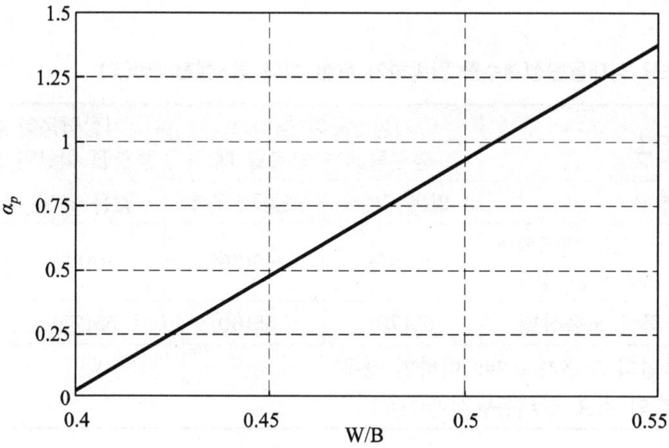

그림 7.18 물-결합재비와 배합 탄산화 속도계수 α_p의 관계

3) 상대동탄성계수의 평가

콘크리트의 동해에 대한 내구성 평가는 다음 식(7.49)를 적용한다.

$$\gamma_p F_d \leq \phi_k F_{\lim} \tag{7.49}$$

여기서, γ_P : 동해에 대한 환경계수로서 일반적으로 1.0

ϕ_k : 동해에 대한 내구성 감소계수로서 일반적으로 0.8~1.0을 사용하며, KS F 2456(A법)에 따라 콘크리트의 상대동탄성계수를 구하는 경우에는 일반적으로 1.0

E_d : 콘크리트의 상대동탄성계수의 예측값 혹은 설계값(%)이며, 일반적으로 콘크리트의 동결융해시험(수중 동결융해 시험법) KS F 2456(A법)으로 구함

$$F_d = \frac{1}{E_d},\ F_{\lim} = \frac{1}{E_{\min}} \tag{7.50}$$

$E_{\min}$: 상대동탄성계수의 최소한계값(표 7.17에서 ( ) 안의 값)

콘크리트의 상대동탄성계수는 콘크리트의 제조 및 시공 조건 등에 따라 크게 영향을 받기 때문에 배합설계를 실시할 때에는 물-결합재비를 표 7.17에 제시된 값보다 작게 하여야 한다. 콘크리트의 물-결합재비가 표 7.17의 값 이하이고, 연행공기량이 4~7%인 경우 상대동탄성계수의 평가를 생략할 수 있다.

표 7.17 콘크리트의 소요 상대동탄성계수를 만족하기 위한 최대 물-결합재비(%)

기상조건		기상작용이 심하고 동결융해가 반복될 때		기상작용이 심하지 않고 동결점 이하인 경우가 드물 때	
단면		얇은 경우	보통의 경우	얇은 경우	보통의 경우
구조물의 노출상태	연속해서 또는 반복해서 물에 포화되는 경우	45(85)	50(70)	50(85)	55(60)
	일반적인 노출상태	50(70)	55(60)	55(70)	60(60)

주1) 얇은 경우 : 단면의 두께가 0.2m 이하인 경우
주2) ( )는 콘크리트의 소요 상대동탄성계수(%)

4) 화학적 침식성의 평가

화학적 침식에 의한 콘크리트 구조물의 내구성 평가는 다음 식(7.51)을 적용한다.

$$\gamma_p S_p \le \phi_k S_k \qquad (7.51)$$

여기서, γ_p : 화학적 침식에 대한 환경계수로서 일반적으로 1.1

ϕ_k : 화학적 침식에 대한 내구성 감소 계수로서 일반적으로 0.92

S_p : 콘크리트의 침식 속도계수의 예측값(mm)

S_k : 콘크리트의 특성 침식 속도계수

다만, 화학적 침식에 의한 콘크리트의 침식속도계수 예측값 S_p에 대한 신뢰할 만한 자료가 없는 경우에는 촉진침식시험에 의한 시험 결과 및 검증된 실험 결과로부터 제시된 예측식을 사용할 수 있다. 이때 환경계수는 1.0을 사용한다.

5) 알칼리 골재 반응성의 평가

(1) 알칼리 골재 반응성 평가 방법

알칼리 골재반응에 대한 콘크리트 구조물의 내구성 평가는 다음 식(7.52)를 적용한다.

$$\gamma_p L_p \le \phi_k L_{\max} \qquad (7.52)$$

여기서, γ_p : 알칼리 골재반응에 대한 환경계수로서 일반적으로 1.1

ϕ_k : 알칼리 골재반응에 대한 내구성 감소계수로서 일반적으로 0.92

L_p : 알칼리 골재반응에 의한 콘크리트의 팽창량 예측값(%)

L_{max} : 알칼리 골재반응의 화학적 한계 안정성으로서 일반적으로 0.05%

다만, 알칼리 골재반응에 의한 콘크리트 팽창률의 예측값 L_p에 대한 신뢰할 만한 자료가 없을 경우에는 *KS F* 2585의 재령 6개월의 길이 변화로부터 구할 수 있다. 이 때 환경계수는 1.0으로 한다.

(2) 알칼리 골재 반응성 평가의 생략

다음과 같은 두 가지 조건 중 하나를 만족하는 경우에는 알칼리 골재 반응성 평가를 생략할 수 있다.

① *KS F* 2545, *KS F* 2546 중에서 해당 실험을 통해 무해하거나 혹은 반응성이 없는 것으로 판정된 골재를 사용하는 경우

② 알칼리 금속 이온(K^+, Na^+)이 혼입될 염려가 없는 환경이지만 알칼리 골재반응에 대한 콘크리트 구조물의 내구성 평가에서 만족되지 않은 경우, 또는 내구성 평가에 관련된 시험을 하지 않은 골재를 사용하지만, 다음과 같은 알칼리 골재반응 억제 대책 중 하나를 실시하는 경우

가. 시멘트 등가 알칼리량(Na_2O 환산값)이 0.6% 이하인 저알칼리형 시멘트의 사용

나. 알칼리 골재반응 억제 효과를 가진 혼합시멘트의 사용

다. 콘크리트 중의 알칼리이온 총량을 3kg/m^3 이하로 규제

예제 7.8 예제 7.7에 대하여 염해에 대한 배합 단계에서의 내구성을 평가하시오.

풀이

이 예제에서는 보통포틀랜드시멘트와 고로슬래그미분말을 50% 혼합하여 사용하는 것으로 하면, 재령계수 m은 식(7.41)로부터 다음과 같이 계산된다.

$$m = 0.2 + 0.4\left[\frac{FA(\%)}{50} + \frac{SG(\%)}{70}\right] = 0.2 + 0.4 \times (0 + \frac{50}{70}) = 0.49$$

따라서, 그림 7.16(b)로부터 재령계수 $m = 0.49$에 대한 재령 65년에서의 $\dfrac{D_p}{D_R}$ 값은 0.75이 된다.

한편, 내구성 감소계수 $\phi_k = 0.86$, 환경계수 $\gamma_p = 1.11$, 콘크리트의 염화물이온 확산계수

의 특성값은 $D_k = 4.5 \times 10^{-5} \mathrm{m^2/year}$ (구조물 설계단계에서의 내구성 평가 결과, 표 7.16)이며, 배합 염화물 확산계수 D_p는 $D_p = D_R \times \left(\frac{D_p}{D_R}\right)$로 나타낼 수 있다. 따라서 식(7.38)에 대입하면 D_R은 다음과 같이 계산할 수 있다.

$$\gamma_p D_p \leq \phi_k D_k \,, \gamma_p \times D_R \times \left(\frac{D_p}{D_R}\right) \leq \phi_k D_k$$

$$\therefore\ D_R \leq \frac{\phi_k}{\gamma_p} \times D_k \times \left(\frac{D_p}{D_R}\right)^{-1}$$

$$\therefore\ D_R \leq \frac{0.86}{1.11} \times 4.5 \times 10^{-5} \times 0.75^{-1} = 2.051 \times 10^{-4}$$

계산된 배합 염화물이온 확산계수는 $D_R \leq 2.051 \times 10^{-4} \mathrm{m^2/year}$의 범위를 가진다.

보통포틀랜드시멘트에 고로슬래그 미분말을 혼합한 경우, 식(7.43)에 배합 염화물 확산계수 D_R을 대입하면 W/B를 계산하면 다음과 같이 된다.

$$D_R = 10^{-4.56 + 2.40(\mathrm{W/B})}$$

$$2.051 \times 10^{-4} = 10^{-4.56 + 2.40(\mathrm{W/B})}$$

$$\therefore\ \frac{W}{B} \leq 0.36$$

이상의 평가 결과로부터 이 콘크리트 구조물이 재령 65년 내구성 확보를 위해서는 설계단계에서의 내구성 평가 결과, 염소이온 확산계수는 $D_k \leq 4.5 \times 10^{-5}$이어야 하며, 이를 만족시키기 위한 배합 단계에서의 내구성 평가 결과 배합 염소이온 확산계수는 $D_R \leq 2.051 \times 10^{-4} \mathrm{m^2/year}$이어야 한다. 최종적으로 본 예시의 염해에 대한 내구성 평가 결과, 콘크리트 배합설계에서 물-결합재비를 36% 이하로 할 경우 재령 65년 동안 염해에 대한 내구성은 확보되는 것으로 판정한다.

연습문제

7-1 지간이 9.0 m인 철근콘크리트 단순보가 지간 중앙에서 등분포하중에 의해 고정하중(자중포함)과 활하중 휨모멘트를 각각 30 kN·m와 25 kN·m 받고 있다. 이 보의 최대 탄성처짐(즉시 처짐) 및 5년 후에 발생되는 장기처짐을 계산하시오.
직사각형 단면은 $b = 260\,\mathrm{mm}$, $h = 430\,\mathrm{mm}$, $d = 360\,\mathrm{mm}$이며, 사용 철근량은 $A_s = 3 - D25$이다. 사용 재료의 강도는 $f_{ck} = 21\mathrm{MPa}$, $f_y = 300\,\mathrm{MPa}$이며, $f_r = 0.63\sqrt{f_{ck}}$이다. 그리고 지속하중은 활하중의 60%로 가정한다.

7-2 그림 7.19와 같이 받침부 중심간격이 3.5 m 되는 150 mm 두께의 단순슬래브(순경간 3.3m)에 대해 최대 크기의 즉시 처짐과 장기 처짐을 계산하시오.
이 슬래브에 재하되는 고정하중(자중 포함)과 활하중은 각각 $4.0\,\mathrm{kN/m^2}$와 $6.0\,\mathrm{kN/m^2}$이고, 철근은 $D16$을 150 mm 간격($d = 120\mathrm{mm}$)으로 배근하였다. 이때, 적재하중의 65%가 60개월 동안 지속적으로 재하되고 있는 상태로 가정하시오. 사용 재료는 $f_{ck} = 30\,\mathrm{MPa}$, $f_y = 400\,\mathrm{MPa}$ 이다.

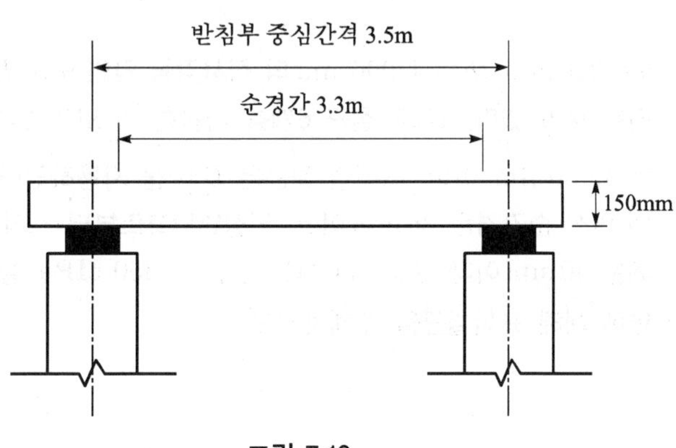

그림 7.19

7-3 그림 7.20과 같이 받침부와 일체로 된 4경간 연속지간(일방향 슬래브)으로 가정하고 처짐을 검토하시오. 지점에서 상부 인장철근은 $D16$ 철근을 중심간격 $100\,\mathrm{mm}$로 배근하였고 압축철근은 $D16$ 철근을 중심간격 $200\,\mathrm{mm}$ 간격으로 배근하였다. 그 밖의 조건은 문제 [7-2]와 같다.

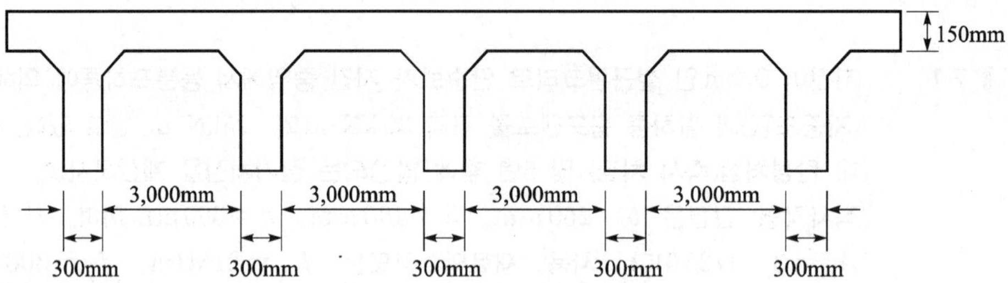

그림 7.20

7-4 $b = 400\,\mathrm{mm}$, $h = 550\,\mathrm{mm}$, $d = 475\,\mathrm{mm}$, 피복두께 $40\,\mathrm{mm}$의 직사각형 철근콘크리트 단면의 보가 사용하중에 의한 휨모멘트 $M = 65\mathrm{kN\cdot m}$를 받고 있다. 인장철근은 $D25$철근 3개 $(3 \times 506.7 = 1,520\,\mathrm{mm}^2)$를 사용하였고, 스터럽은 $D10$ 철근을 사용하였다. $f_{ck} = 28\,\mathrm{MPa}$, $f_y = 400\,\mathrm{MPa}$이다. 균열제어를 위하여 이 보의 주철근 간격이 적절한지 여부를 검토하시오.

7-5 $b = 350\,\mathrm{mm}$, $h = 1,000\,\mathrm{mm}$의 직사각형 단면에 3-$D25$를 2열로 배치한 철근콘크리트 보가 있다. $D25$ 철근 6개를 사용한 이 보의 인장 주철근량은 $A_s = 6 \times D25 = 3,040\,\mathrm{mm}^2$이며, 스터럽 철근은 $D10$을 사용하였다. 상하 2열로 배치된 인장철근의 연직 순간격은 $25\,\mathrm{mm}$이고, 인장연단으로부터 스터럽 철근 표면까지의 순 피복두께는 $40\,\mathrm{mm}$이다. $f_{ck} = 30\,\mathrm{MPa}$, $f_y = 350\,\mathrm{MPa}$ 철근을 사용하였을 때, 이 보 단면에 대해 표피철근을 설계하시오.

7-6 습윤 환경에 노출된 $b = 450\,\mathrm{mm}$, $h = 800\,\mathrm{mm}$, $d = 736\,\mathrm{mm}$의 직사각형 철근콘크리트 단면에 4-$D29$를 2열로 배치하여 주철근량이 $A_s = 8 \times D29 = 5{,}139\,\mathrm{mm}^2$이며, 스터럽 철근 $D10$을 사용한 단순보가 휨모멘트 $M = 580\,\mathrm{kN \cdot m}$를 받고 있다. 2열로 배치된 인장철근의 연직 순 간격은 $25\,\mathrm{mm}$이고, 인장연단으로부터 스터럽 철근 표면까지의 순 피복두께는 $40\,\mathrm{mm}$이다. $f_y = 400\mathrm{MPa}$ 철근을 사용하였다면 이 보의 휨균열 제어를 위한 인장 주철근의 간격을 검토하시오.

7-7 인장철근으로 $8 - D29\,(A_s = 5{,}139\,\mathrm{mm}^2)$를 사용한 $b = 380\,\mathrm{mm}$, $d = 609\,\mathrm{mm}$인 단철근 직사각형 단면의 단순보가 있다. 이 보가 자중 포함의 사용고정하중 모멘트 $144\,\mathrm{kN \cdot m}$와 충격 포함의 활하중 모멘트 $232\,\mathrm{kN \cdot m}$를 받고 있다. 이 보의 사용성과 관련하여 피로에 대해 검토하시오. 사용재료는 $f_{ck} = 30\mathrm{MPa}$, $f_y = 400\mathrm{MPa}$이다.

7-8 [예제 7.7]에 대하여 내구수명 100년 확보를 위한 구조물 설계 단계에서의 내구성을 평가하시오.

7-9 [예제 7.7]에 대하여 염해에 대한 배합 단계에서의 내구성을 평가하시오. 모든 조건은 [예제 7.7]과 같다.

7-10 [예제 7.7]에 대하여 탄산화에 대한 배합 단계에서의 내구성을 평가하시오. 모든 조건은 [예제 7.7]과 같다.

제8장

기 둥

이 장은 콘크리트구조 설계기준 [*KDS* 14 20 20 콘크리트구조 휨 및 압축 설계기준]의 규정에 따라 작성한 것이다.

8.1 개요

기둥은 상부구조의 하중을 하부구조로 전달하기 위해 지지되는 수직 압축재이다. 이와 같이 축방향 압축력을 지지하는 부재를 기둥(column) 또는 압축부재(compression member)라고 하는데, 축방향 압축하중을 받는 데 사용하는 부재라도 높이가 단면의 최소치수의 3배 이상이 되어야 기둥이라고 정의한다. 실제 구조물에서 기둥이 축방향 압축 하중 하나만을 받는 경우는 거의 없다. 대부분의 기둥은 단부의 구속조건이나 하중의 편심조건 등 여러 가지 원인에 의해 축방향 하중 외에 모멘트를 추가로 받는다.

압축부재는 세장비 조건에 따라 단주와 장주로 구분되는데, 좌굴의 영향을 받는 장주조건에서는 기둥의 지지성능(저항강도)이 감소하게 된다. 그리고 기둥의 양단부 지지조건에 의해서도 기둥의 지지성능은 변화한다. 따라서 압축부재인 기둥을 설계할 때에는 세심한 주의가 필요하다. 다만 휨모멘트와 축력을 동시에 받는 철근콘크리트 부재로서 계수축력이 $0.1 f_{ck} A_g$ 보다 작은 경우는 축력의 영향을 무시하고 휨부재로 취급하여 휨강도를 계산할 수 있다.

8.2 기둥의 종류

일반적으로 사용되고 있는 철근콘크리트 기둥은 크게 다음의 3종류이다.

1) 띠철근 기둥

축방향 철근을 횡방향의 띠철근(tie)을 사용하여 적당한 간격을 유지하여 매어 감은 압축부재로서 띠철근은 축방향 철근의 좌굴길이, 전단저항, 콘크리트의 구속 등에 영향을 미친다. 띠철근은 보통 사각형 단면을 갖는 압축부재에 적용된다.

2) 나선철근 기둥

축방향 철근을 나선철근(spiral)을 사용하여 나선 형태로 둘러감은 압축부재로서 나선철근은 띠철근과 동일한 역할을 하지만 콘크리트의 구속효과는 띠철근 보다 월등하다. 나선철근은 원형 단면을 갖는 기둥에 적용될 수 있으나, 기둥 단면이 비교적 큰 경우 길이에 제약이 없는 코일철근을 사용해야 나선형 구현이 가능하다.

3) 합성기둥

철근콘크리트 기둥에 구조용 강재나 강관을 축방향으로 보강한 압축부재를 일컫는다. 동일 단면 크기를 갖는 일반적인 철근콘크리트 기둥 대비 비교적 많은 강재량이 적용되며, 높은 강도와 연성을 갖는다.

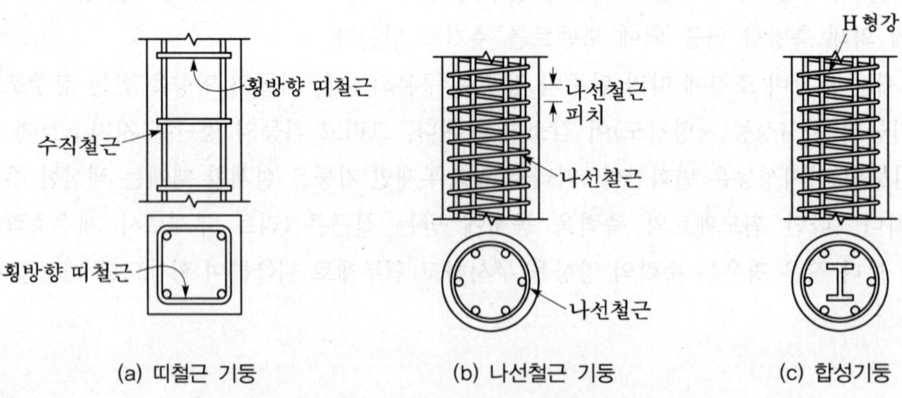

(a) 띠철근 기둥　　(b) 나선철근 기둥　　(c) 합성기둥

그림 8.1 기둥의 종류

8.3 축방향 하중을 받는 기둥의 거동

콘크리트의 크리프 및 건조수축은 축방향 하중을 받는 철근콘크리트 기둥의 철근 및 콘크리트의 응력에 큰 영향을 미치며, 그 결과 축방향 철근의 응력을 증가시키고 콘크리트 응력을 감소시키는 경향이 있다. 철근비가 크고 초기하중이 큰 기둥의 경우, 콘크리트는 인장을 철근은 압축을 받을 수도 있다. 그러므로 탄성 이론과 허용응력으로는 기둥의 안전성을 평가하는 것이 매우 어렵다.

반면에 기둥의 극한하중은 하중의 이력에 따라 크게 달라지지 않는다. 하중이 증가하면 철근은 일반적으로 콘크리트가 최대 강도에 도달하기 전에 항복강도에 도달한다. 그러나 이 단계에서 기둥은 극한하중에 도달하지는 않는다. 기둥은 콘크리트가 최대 강도에 도달할 때까지 철근이 항복고원에 의해 항복응력을 유지하기 때문에 추가 하중을 전달할 수 있다. 그림 8.2는 이와 같은 거동을 보여준 것이다.

또는 콘크리트가 철근 항복 전에 최대강도에 접근하는 경우, 콘크리트의 증가된 변형은 철근이 항복강도에 도달할 수 있도록 한다. 따라서 중심축 하중을 받는 철근콘크리트 기둥의 극한하중 P_0는 철근의 항복에 의한 힘 P_s와 콘크리트의 강도에 의한 힘 P_c를 합한 것이다.

중심축 하중을 받는 기둥에서 콘크리트의 강도는 $0.85f_{ck}$ 정도로서 기둥의 압축강도는 공시체의 압축강도보다 15% 정도 작아지는 것으로 알려져 있다. 왜냐하면 시험체의 형상과 크기의 차이, 타설시 기둥 콘크리트의 침강, 배합수의 상승 등이 기둥 콘크리트의 압축강도는 감소시키기 때문이다. 또한 이러한 강도 저하는 재하속도와도 관련이 있다. 원주형 공시체의 압축강도 시험에서는 재하속도가 빠른 반면, 실제 하중이 기둥에 작용할 때는 느린 속도로 작용하기 때문이다.

따라서, 축방향 하중을 받는 기둥의 극한하중, 즉 기둥의 공칭 축하중 강도는 다음 식 (8.1)과 같이 된다.

$$P_o = 0.85 f_{ck} A_c + A_{st} f_y \tag{8.1}$$

여기서, $A_c = A_g - A_{st}$: 기둥의 콘크리트 순 단면적

A_g : 기둥의 총단면적

A_{st} : 기둥단면에서 압축철근의 단면적

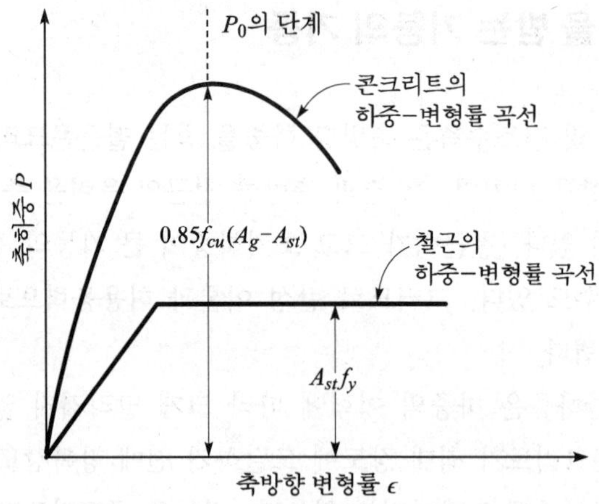

그림 8.2 중심축 하중을 받는 철근콘크리트 기둥의 측하중-변형률 곡선

실험결과 기둥은 띠철근과 나선철근의 사용에 따라 각각 다른 형태의 파괴양상을 나타낸다. 띠철근 기둥의 경우, 파괴는 갑자기 일어나며 콘크리트 공시체 실험과 유사한 형태로 파괴된다. 나선철근 기둥은 띠철근 기둥과는 달리 갑작스런 파괴가 일어나지 않는다.

그림 8.3은 띠철근과 나선철근 기둥에 대한 하중-변형률 곡선을 나타내는데, 축방향 철근이 항복하는 점에 이르기까지 두 기둥은 거동에 별 차이가 없다. 그러나 기둥의 축방향 철근이 항복하면 나선철근의 외곽 콘크리트는 탈락현상을 보이며 떨어져 나간다. 그리고 극한하중에 도달하게 되면, 띠철근 기둥은 그림과 같이 갑작스럽게 파괴되지만, 나선철근 기둥은 나선구속 효과로 인해 그림의 곡선과 같이 연성의 증가현상을 나타낸다.

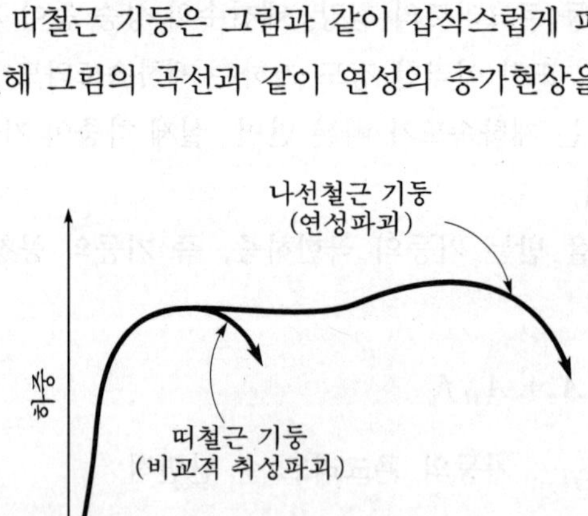

그림 8.3 기둥의 하중-변형률 거동

8.4 기둥의 제한사항

콘크리트구조 설계기준 [KDS 14 20 20 콘크리트구조 휨 및 압축 설계기준]과 [KDS 14 20 50 콘크리트구조 철근상세 설계기준]에서는 기둥(압축부재)에 대하여 다음과 같은 제한을 두고 있다.

8.4.1 띠철근 기둥

1) 축방향 철근

축방향 주철근의 최소 개수는 사각형이나 원형 띠철근으로 둘러싸인 경우 4개, 삼각형 띠철근으로 둘러싸인 경우 3개로 한다.

축방향 철근의 단면적 A_{st}는 기둥의 총단면적에 대하여 1%($0.01A_g$)이상, 그리고 최대는 8%($0.08A_g$)이하라야 한다. 축방향 주철근이 겹침이음되는 경우의 철근비는 4%($0.04A_g$)를 초과하지 않아야 한다. 여기서 A_g는 기둥의 총단면적이며, 다음의 범위 안에서 축방향 철근을 사용하도록 제한하고 있다.

$$0.01A_g \le A_{st} \le 0.08A_g \tag{8.2}$$

그리고 철근비로 나타내면, 즉 $\dfrac{A_{st}}{A_g} = \rho_g$(축방향 철근비)로 놓으면 위의 제한은 식(8.3)과 같이 된다.

$$0.01 \le \rho_g \le 0.08 \tag{8.3}$$

기둥의 축방향으로 배근되는 철근 단면적에 대해 최소 한도의 배근량을 규정하는 이유는 압축을 받는 부재가 휨모멘트도 동시에 부담해야 하므로 구조거동 상 예상 외의 휨에 대비할 필요가 있으며, 또한 콘크리트는 크리프와 건조수축 현상으로 인해 기둥의 축방향으로 압축현상이 발생하게 되는데, 이들의 영향을 축방향 철근으로 감소시킬 필요가 있다. 그리고 기둥 내부에 철근이 밀집되게 배근되는 경우 콘크리트의 작업이 여의치 못함으로써 야기될 수 있는 콘크리트의 강도손실을 방지할 필요는 물론, 기둥 내부에 타설된 콘크리트가 부분적으로 결함이 있다면 이들의 취약부를 구조성능 측면에서 보상하기 위함 등이다.

2) 띠철근

기둥에서 띠철근은 축방향 철근을 정위치에 확보시키고, 좌굴을 방지하기 위하여 축방향 철근을 일정한 간격의 횡방향으로 매어 감아 결속시키는 횡방향 철근이다.

띠철근은 D10 이상의 철근을 사용하여야 하며, 축방향 철근을 D35 이상의 철근으로 사용할 경우에는 띠철근은 반드시 D13 이상의 철근으로 사용해야 한다.

띠철근의 수직간격은 축방향 철근지름의 16배 이하, 띠철근이나 철선지름의 48배 이하, 또한 기둥단면의 최소 치수 이하로 하여야 한다.

모든 모서리 축방향 철근과 하나 건너 위치하고 있는 축방향 철근들은 그림 8.4에 보인 바와 같이 135° 이하로 구부린 띠철근의 모서리에 의해 횡지지되어야 한다. 다만, 띠철근을 따라 횡지지된 인접한 축방향 철근의 순간격이 150mm 이상 떨어진 경우에는 추가 띠철근을 배치하여 축방향 철근을 횡지지하여야 한다. 또한 축방향 철근이 원형으로 배치된 경우에는 원형 띠철근을 사용할 수 있다. 이때 원형 띠철근을 150mm 이상 겹쳐서 표준갈고리로 기둥주근을 감싸야 한다.

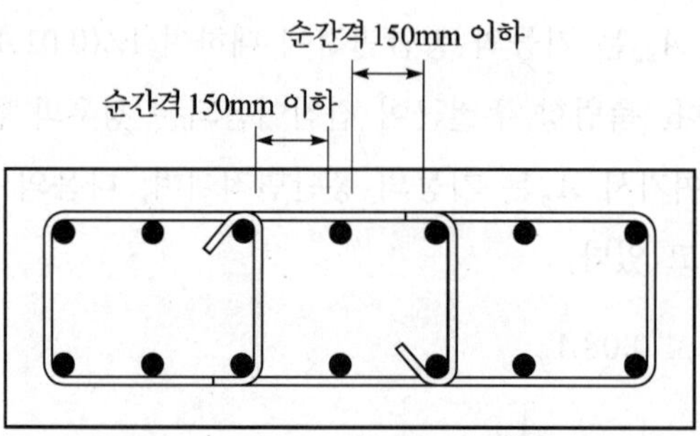

그림 8.4 띠철근 배근 예

8.4.2 나선철근 기둥

축방향 주철근의 최소 개수는 다음 식(8.4) 이상의 나선철근으로 둘러싸인 경우 6개로 한다. 철근비에 관해서는 띠철근 기둥의 축방향 철근과 동일한 기준을 적용한다.

기둥에서 나선철근은 콘크리트의 갑작스러운 붕괴나 축방향 철근의 좌굴을 방지한다. 나선철근의 구속효과가 나타나기 위한 최소 조건으로 최소 나선철근비를 식(8.4)의 값 이상으로 하도록 규정하고 있다.

기둥에서 나선철근은 콘크리트의 갑작스러운 붕괴나 축방향 철근의 좌굴을 방지한다. 그림 8.2에 나타낸 바와 같이 연성적인 파괴는 인성이 강한 기둥으로서 구조적으로 매우 유리하다. 최소 나선철근비는 콘크리트구조 설계기준에서 기둥 외곽부(shell)의 파괴를 보완하기 위하여 식(8.4)와 같이 계산한다. 외곽부위의 강도를 P_u라고 하면,

$$\rho_s = 0.45\left(\frac{A_g}{A_c} - 1\right)\frac{f_{ck}}{f_y} \tag{8.4}$$

여기서, ρ_s : 나선 철근비$= \dfrac{\text{나선철근의 체적}}{\text{심부의 체적}} = \dfrac{4A_{sp}}{sd_c}$

A_g : 기둥의 전체 단면적(mm^2)

A_{ch} : 나선철근 바깥선을 지름으로 하여 측정된 나선철근 기둥의 심부 단면적(mm^2)

A_{sp} : 원형단면의 횡구속 철근 한 개의 단면적(mm^2)

d_c : 원형 단면의 횡구속 철근 외측표면을 기준으로 한 콘크리트 심부의 단면 치수(mm)

f_{ck} : 콘크리트의 설계기준압축강도(MPa)

f_{yt} : 나선철근의 설계기준 항복강도(MPa)(700MPa 이하로 하여야 하며, 400MPa을 초과하는 경우 겹침이음을 할 수 없다.)

s : 나선철근의 중심 간격(mm)

나선철근 기둥이 현장치기 콘크리트일 경우, 나선철근의 최소 지름은 10mm이며, 순간격은 25mm 이상 75mm 이하이어야 한다. 정착을 확실하게 하기 위하여 나선철근의 끝에서 추가로 1.5회전만큼 더 확보해야 한다.

나선철근 이음은 기계적이음, 용접이음 또는 겹침이음으로 하되, 겹침이음의 길이는 나선철근 지름의 48배 이상(단, 원형철근, 원형철선, 에폭시 도막 이형철근인 경우에는 지름의 72배 이상)이어야 하며, 300mm 보다 작지 않아야 한다.

나선철근은 균등한 간격을 갖는 연속된 철근이나 철선으로 이루어지며, 설계된 치수로부터 벗어남이 없이 제작, 설치할 수 있도록 그 크기가 확보되어야 한다.

8.4.3 축방향 철근의 간격과 이음

나선철근 또는 띠철근이 배근된 압축부재에서 축방향 철근의 순간격은 40mm 이상, 또한 철근 공칭 지름의 1.5배 이상으로 하여야 하고, 굵은 골재 최대 공칭치수의 4/3 이상이어야 한다.

축방향 철근이음은 겹침이음, 맞댐용접이음, 기계적이음 또는 단부 지압이음이 적용될 수 있다. 겹침이음은 기본적으로 [제6장 장착과 이음]의 내용을 따르되, 기둥 철근이음에 대한 특별 규정은 콘크리트구조 설계기준 [KDS 14 20 52 콘크리트구조 정착 및 이음 설계기준,

4.7 기둥 철근이음에 관한 특별 규정]에 따라 다음과 같다.

(1) 계수하중에 의해 철근이 압축응력을 받는 경우 겹침이음은 해당되는 경우 다음 ①과 ②에 따라야 한다.
  ① 띠철근 압축부재의 경우 겹침이음길이 전체에 걸쳐서 띠철근의 유효단면적이 각 방향 모두 $0.0015hs$ 이상이면 겹침이음길이에 계수 0.83을 곱할 수 있다. 그러나 겹침이음길이는 300mm 이상이어야 한다. 여기서, 유효단면적은 부재의 치수 h에 수직한 띠철근 가닥의 전체 단면적이다.
  ② 나선철근 압축부재의 경우 나선철근으로 둘러싸인 축방향 철근의 겹침이음길이에 계수 0.75를 곱할 수 있다. 그러나 겹침이음길이는 300mm 이상이어야 한다.

(2) 계수하중이 작용할 때 철근이 $0.5f_y$ 이하의 인장응력을 받고 어느 한 단면에서 전체 철근의 1/2을 초과하는 철근이 겹침이음되면 B급 이음으로 한다. 또한 전체 철근의 1/2 이하가 겹침이음되고 그 겹침이음이 교대로 l_d 이상 서로 엇갈려 있으면 A급 이음으로 하여야 한다.

(3) 계수하중이 작용할 때 철근이 $0.5f_y$ 보다 큰 인장응력을 받는 경우 겹침이음은 B급 이음으로 하여야 한다.

8.5 휨과 압축을 받는 기둥

축하중이 부재의 단면에 편심으로 작용하면 외력을 받는 부재에는 휨모멘트가 작용하게 된다. 편심거리 e의 크기에 따라 작용하는 휨모멘트($M = P \cdot e$)의 크기에 따라 부재 단면은 압축응력 또는 압축과 인장의 조합응력을 받게 된다. 이와 같이 기둥부재가 압축력 P와 휨모멘트 M을 받게 되면 이들의 조합에 따라 극한상태에서의 변형률과 응력분포는 변화하고, 결과적으로 $P-M$ 조합에 따라 극한상태를 나타내는 파괴포락선(failure envelope)이 그려질 수 있다. 이를 $P-M$ 상관도($P-M$ interaction diagram) 또는 축하중-모멘트 상관도라고 하며, 그림 8.5에 나타낸 바와 같이 그려진다. 축력 P와 휨모멘트 M의 하중조합을 나타내는 값이 이 곡선으로 둘러싸인 구간 내부에 들어 있으면 기둥은 강도상 안전하지만, 곡선 외측으로 벗어나 있으면 기둥은 파괴된다.

그림 8.5에 보인 바와 같이 편심거리 $e = 0$인 경우인 $P_n = P_0$는 중심축 압축강도로서 $M_n = 0$이다. 그리고 $P_n = 0$일 때는 편심거리 $e = \infty$인 경우로 $M_n = M_0$가 된다.

$e \le e_b$ (e_b : 균형편심)인 경우, 단면 내 압축측 연단에서 콘크리트가 극한변형률 ϵ_{cu}에 도달할 때 인장철근의 변형률은 $\epsilon_s \le \epsilon_y$로 압축지배를 받게되고, 축하중의 편심이 증가함에 따라 극한상태에서의 휨모멘트는 증가하나 축하중은 감소하게 된다.

$e > e_b$인 경우, 단면 내 압축측 연단에서 콘크리트가 극한변형률 ϵ_{cu}에 도달할 때 인장철근의 변형률은 $\epsilon_s > \epsilon_y$로 변화구간 또는 인장지배를 받게 되는데, 이 구간에서는 축하중의 편심이 증가함에 따라 극한상태에서의 축하중과 휨모멘트는 동시에 감소하게 된다.

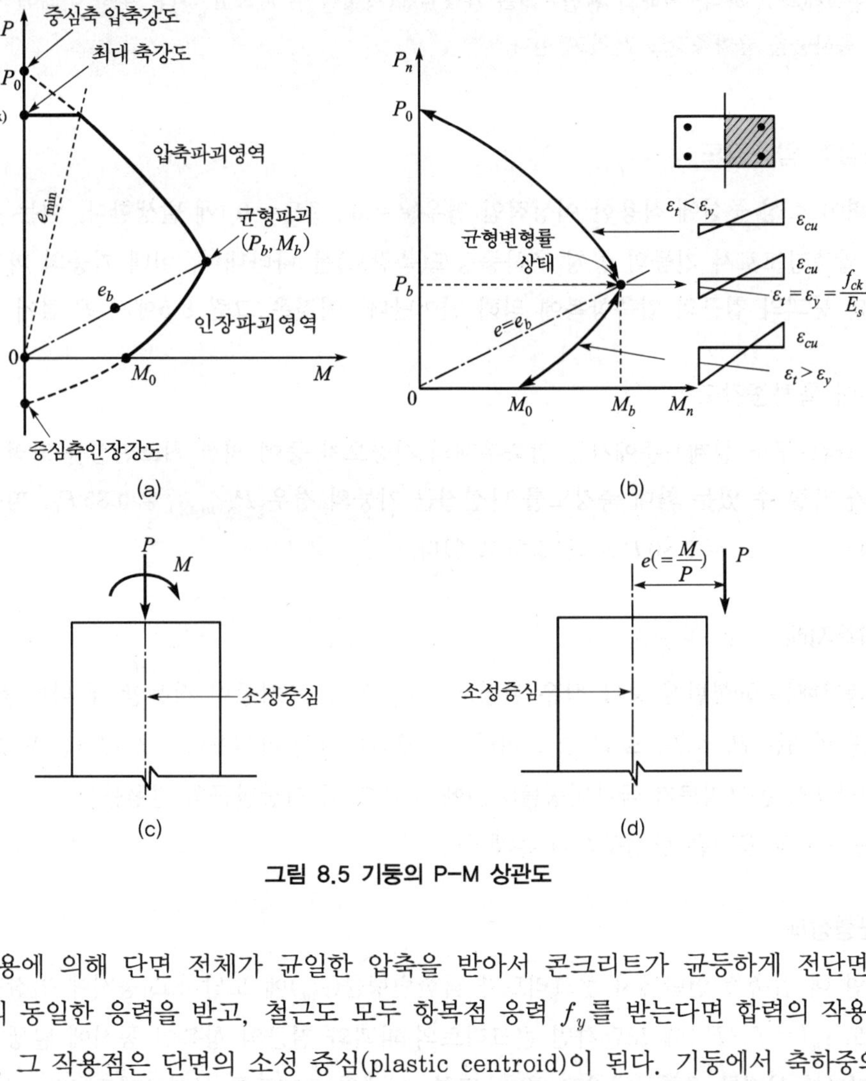

그림 8.5 기둥의 P-M 상관도

하중작용에 의해 단면 전체가 균일한 압축을 받아서 콘크리트가 균등하게 전단면에서 $0.85f_{ck}$의 동일한 응력을 받고, 철근도 모두 항복점 응력 f_y를 받는다면 합력의 작용점은 유일하며, 그 작용점은 단면의 소성 중심(plastic centroid)이 된다. 기둥에서 축하중의 편심거리는 이 소성 중심에서의 거리이며, 편심하중에 의한 휨모멘트는 이 소성 중심에 대해서 일어나는 것이다. 기둥부재는 일반적으로 대칭단면을 가지는데, 대칭단면에서는 소성 중심과 도심이 동일한 위치에 존재하기 때문에 단면 도심을 기준으로 휨모멘트를 산정할 수 있다.

참고 1 균형편심 e_b, 균형하중 P_b

> 축하중 P와 휨모멘트 M을 동시에 받는 부재(기둥)에서 콘크리트의 변형률이 극한변형률 ϵ_{cu}에 도달하고 동시에 철근의 변형률이 항복변형률 ϵ_y에 도달하는 상태가 있다. 이러한 상태를 균형상태라고 하며, 이때의 편심거리를 균형편심(평형편심) e_b라고 한다. 또한 이때에 작용하는 축하중을 균형축강도 P_b라고 한다.

1) 중심축 압축강도

축력이 소성 중심에 작용한 이상적인 경우($e = 0$, $M_n = 0$)에 발생한다. 이는 부재의 축방향 압축강도로서 기둥의 공칭 축하중강도(축강도)를 나타내며, 이때 기둥의 파괴는 콘크리트의 붕괴와 철근의 압축항복에 의해 일어난다. 이것은 그림 8.5에서 P_0점에 해당된다.

2) 최대 축하중강도

콘크리트구조 설계기준에서는 압축부재의 시공오차 등에 의한 최소편심을 고려하여 압축부재가 가질 수 있는 최대 축강도를 나선철근 기둥의 경우 $P_{n(\max)} = 0.85P_0$, 띠철근 기둥의 경우 $P_{n(\max)} = 0.80P_0$로 규정하고 있다.

3) 압축지배

압축지배는 균형편심 보다 작은 편심($e \le e_b$)으로 축하중이 작용할 때 나타난다. 이때, 축강도 범위는 $P_b \le P_n \le P_{n(\max)}$이다. 이 구간에서의 파괴포락선 상에서는 단면 내 압축측 연단에서 콘크리트가 극한변형률(ϵ_{cu})에 도달할 때 인장철근의 변형률은 $\epsilon_s \le \epsilon_y$으로 인장철근에서의 응력은 탄성구간에 존재한다.

4) 균형상태

단면 내 압축측 연단에서 콘크리트가 극한변형률(ϵ_{cu})에 도달하고 동시에 인장철근의 변형률도 $\varepsilon_y(= f_y/E_s)$에 도달하면 콘크리트의 파괴와 철근의 항복이 동시에 발생하게 되는데, 이러한 상태를 균형상태라고 한다. 또한, 이때의 모멘트를 균형모멘트 M_b, 이때의 축하중을 균형축강도라고 한다.

5) 인장지배

인장지배는 편심이 균형편심 보다 월등히 커 축하중 보다는 휨모멘트의 영향이 상대적으로 클 때이며, 단면 내 압축측 연단에서 콘크리트가 극한변형률(ϵ_{cu})에 도달할 때 인장철근의 변형률은 $\epsilon_s \geq \max(0.005,\ 2.5\epsilon_y)$ 이상의 값을 갖게된다. 이때, 축강도 범위는 $P_n \leq P_b$이다.

6) 순수 휨

축강도 $P_n = 0$이며, 휨모멘트는 $M_n = M_0$가 된다. 파괴는 보가 휨모멘트만을 받을 때와 동일한 상태이다. 그리고 편심은 무한한 상태로 가정해야 한다.

그림 8.5에서 균형변형률 상태의 점(M_b, P_b)을 기준으로, 상향 구간은 압축파괴영역으로서 압축지배단면(compression-controlled section) 구역이고, 하향 구간은 인장파괴영역으로서 변화구간(transition region)과 인장지배단면(tension-controlled section) 구역으로 나눠진다. 압축지배단면 구역에서는 강도감소계수가 띠철근 기둥은 $\phi = 0.65$, 나선철근 기둥은 $\phi = 0.70$이고, 인장지배 단면 구역에서는 $\phi = 0.85$를 기준으로 설계한다.

8.6 기둥에 대한 설계가정

콘크리트구조 설계기준에서는 기둥을 설계할 때 다음과 같은 가정을 두고 있다.

① 단면 내의 변형률은 중립축으로부터의 거리에 비례한다.

② 힘의 평형조건과 변형률의 적합조건은 만족된다.

③ 콘크리트 압축연단의 극한변형률 ϵ_{cu}는 설계기준압축강도 f_{ck}가 40 MPa 이하인 경우에는 0.0033으로 가정하며, 40 MPa을 초과할 경우에는 매 10 MPa의 강도 증가에 대하여 0.0001씩 감소시킨다. 콘크리트의 설계기준압축강도가 90 MPa을 초과하는 경우에는 성능실험을 통한 조사연구에 의하여 콘크리트 압축연단의 극한변형률을 선정하고 근거를 명시하여야 한다.

④ 콘크리트의 인장강도는 무시한다.

⑤ 철근의 응력은 $f_s = E_s\varepsilon_s \leq f_y$이다.

⑥ 강도를 계산할 때 콘크리트 압축응력 블록은, 휨부재와 마찬가지로 평균압축응력블록이나 등가압축응력블록을 사용할 수 있다.

⑦ 다만, 단면의 압축영역이 사각형이 아니거나 축력과 휨모멘트가 동시에 작용하여 중립축이 단면의 외부에 위치하는 경우에는 해석의 복잡성을 고려하여 등가 직사각형 압축응력블록을 적용할 수 있다.

8.7 기둥설계의 기본

축방향으로 압축을 받는 부재이거나, 축방향 압축과 휨모멘트를 함께 받는 부재에 대해 다음 표 8.1과 같이 강도감소계수 ϕ를 규정하고 있다.

표 8.1 기둥의 강도감소계수

ϕ	압축연단 콘크리트 변형율	인장철근 변형률	편심
$\phi=0.65$(띠철근) $\phi=0.70$(나선철근)	$\epsilon_c=\epsilon_{cu}$	$\epsilon_s \le \epsilon_y$	$e \le e_b$
변화구간[1]	$\epsilon_c=\epsilon_{cu}$	$\epsilon_y \le \epsilon_s \le 0.005$ ($f_y \le 400$MPa) $\epsilon_y \le \epsilon_s \le 2.5\epsilon_y$ ($f_y \ge 400$MPa)	$e \ge e_b$
$\phi=0.85$	$\epsilon_c=\epsilon_{cu}$	$\epsilon_s \ge 0.005$ ($f_y \le 400$MPa) $\epsilon_s \ge 2.5\epsilon_y$ ($f_y \ge 400$MPa)	$e \gg e_b$

1) 띠철근 : $\phi=0.65+\dfrac{0.2}{0.005-\epsilon_y}(\epsilon_s-\epsilon_y)$ ($f_y \le 400$MPa),

$\phi=0.65+\dfrac{0.2}{2.5\epsilon_y-\epsilon_y}(\epsilon_s-\epsilon_y)$ ($f_y \ge 400$MPa)

1) 나선철근 : $\phi=0.70+\dfrac{0.15}{0.005-\epsilon_y}(\epsilon_s-\epsilon_y)$ ($f_y \le 400$MPa),

$\phi=0.70+\dfrac{0.15}{2.5\epsilon_y-\epsilon_y}(\epsilon_s-\epsilon_y)$ ($f_y \ge 400$MPa)

축방향 압축력과 휨모멘트를 함께 받는 부재의 설계강도(design strength)는 다음 식과 같이 된다.

$$P_d=\phi P_n \tag{8.5}$$

$$M_d=\phi M_n \tag{8.6}$$

그림 8.5와 그림 8.6에서 P_0(점 A)는 기둥의 공칭 축강도를 나타낸다. 이 강도를 강도감소계수 ϕ로 감소시킨 강도는 그림 8.6에서 점 a이며, 그 값은 ϕP_0이다. 그리고 이 점의 휨

모멘트는 $M=0$이다. 즉, 이 점은 축방향으로 압축만을 받는 상태이지만, 시공과정의 오차나 기타의 원인을 알 수 없는 이유 등으로 인해 편심하중이 걸릴 수가 있다. 이와 같은 문제에 대처하고자 콘크리트구조 설계기준에서는 설계축강도 ϕP_n이 식(8.9), 식(8.10)의 값을 초과하지 않도록 하고 있다. 식(8.9), 식(8.10)의 한계값이 그림 8.6에서 점 a'이고, 이 점이 최소 편심거리 $e_{\min}$의 기준이 된다.

즉, 기둥에 작용하는 축하중의 편심거리 e가 $e < e_{\min}$이면, 그림 8.6에서 a'b 구간에 해당되며, 설계축강도 $\phi P_{n(\max)}$를 띠철근과 나선철근 기둥에서 각각 $0.80\phi P_0$, $0.85\phi P_0$로 결정한다.

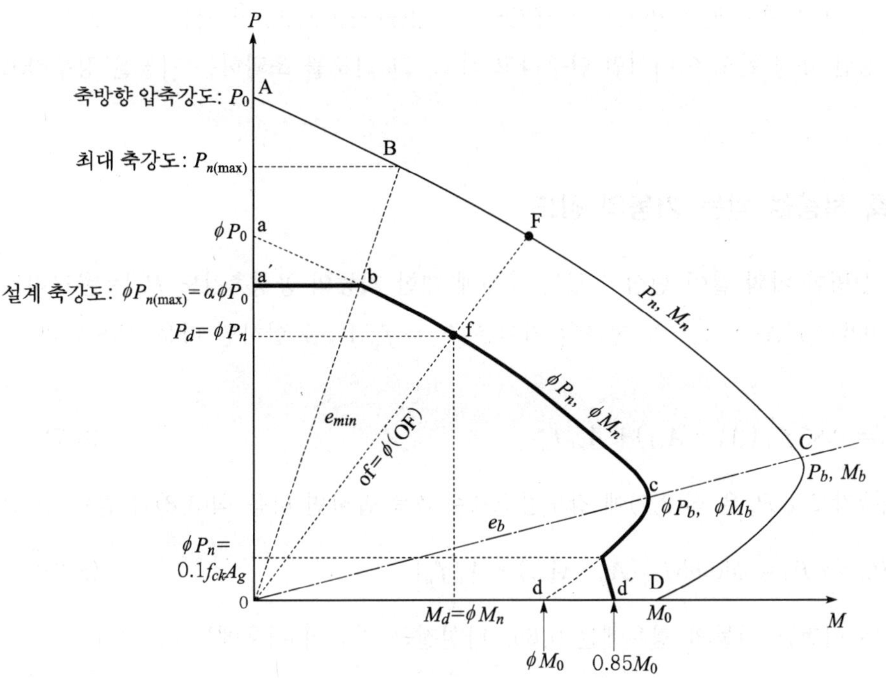

그림 8.6 기둥의 공칭강도와 설계강도 P-M 상관도

편심거리 e가 $e_{\min} < e < e_b$에 해당되면, ϕP_n과 ϕM_n의 조합으로 설계해야 한다. 이 구간에서 부재의 강도는 $e < e_b$이므로 콘크리트의 압축강도에 의해 지배하게 된다.

그러나 편심거리 e가 $e > e_b$이면 역시 ϕP_n과 ϕM_n의 조합에 대해 설계해야 하지만, 이때의 부재 강도는 $e > e_b$이므로 철근의 강도(인장)에 의해 지배된다.

8.8 단주

기둥의 파괴는 인장측 철근의 항복여부에 관계없이 콘크리트 압축측 연단의 변형률이 극한변형률(ϵ_{cu})에 도달하면 발생된다. 그리고 구조체가 횡방향으로 안정성을 상실(즉, 좌굴 발생 상태)할 경우에도 파괴가 일어날 수 있다.

기둥이 길이가 비교적 짧아 횡방향으로 변위가 없는 상태에서 재료의 저항성능에 의해 파괴가 일어난다면, 이 기둥은 단주로 분류된다. 그러나 기둥의 길이가 증가하여 좌굴에 의해 영향을 받아 강도감소가 발생한다면, 이 기둥은 장주로 분류된다.

기둥은 이와 같이 파괴양상에 따라 단주(short column)와 장주(long column, slender column)로 구분하게 되는데, 일반적으로 세장비(slenderness ratio)가 기둥의 단부 구속조건에 따라서 정한 규정 한도 이내이면 단주라고 하고, 그 한도를 초과하는 기둥을 장주라고 정의한다.

8.8.1 중심축 하중을 받는 기둥의 강도

8.3절에서 설명한 바와 같이 편심이 없는 상태에 대한 기둥의 공칭축강도 P_0는 콘크리트 기여분 $P_c = 0.85 f_{ck}(A_g - A_{st})$와 철근의 기여분 $P_s = f_y A_{st}$을 합하면 다음 식(8.7)과 같이 된다.

$$P_0 = 0.85 f_{ck}(A_g - A_{st}) + A_{st} f_y \tag{8.7}$$

또한, 설계축강도 ϕP_n은 식(8.7)에 강도감소계수 ϕ를 곱하면 다음 식(8.8)과 같이 된다.

$$\phi P_n = \phi P_0 = \phi[0.85 f_{ck}(A_g - A_{st}) + A_{st} f_y] \tag{8.8}$$

여기서, ϕ는 띠철근 기둥의 경우에는 0.65, 나설철근 기둥의 경우에는 0.7이다.

1) 나선철근 기둥

이상적으로 축방향 압축만을 받는 기둥이라 하더라도 앞에서 설명한 바와 같이 시공오차 등 알 수 없는 원인에 의해서 편심하중이 작용할 수 있는 것으로 보고 설계한다.

즉, 식(8.8)의 ϕP_n에 최소편심을 고려해서 나선철근 기둥의 경우 다시 85%만큼 축강도를 낮추도록 제한하고 있다. 즉, 나선철근 기둥(단주)의 설계축강도는 다음 식(8.9)와 같이 된다.

$$\phi P_{n(\max)} = 0.85\phi[0.85 f_{ck}(A_g - A_{st}) + A_{st} f_y] \tag{8.9}$$

2) 띠철근 기둥

띠철근 기둥에서 설계축강도는 식(8.8)의 ϕP_n에 80%를 적용하여 띠철근 기둥의 설계축강도는 다음 식(8.10)과 같이 규정하고 있다.

$$\phi P_{n(\max)} = 0.80\phi[0.85 f_{ck}(A_g - A_{st}) + A_{st} f_y] \tag{8.10}$$

식(8.9)와 식(8.10)의 설계축강도($\phi P_{n(\max)}$)는 그림 8.6에서 a′에 해당하는 점이다. 그리고 이와 같은 최소편심의 영향을 고려한 설계축강도는 b점까지 수평으로 연장하여 적용한다. 그림 8.6에서 $\phi P_{n(\max)}$을 사용하는 점 b점까지의 편심거리는 단면제원 및 재료강도에 따라 달라지지만 대략적으로 나선철근 기둥에서는 $0.05h$이고, 띠철근 기둥에서는 $0.10h$이다.

예제 8.1 횡방향 상대변위가 없는 철근콘크리트 단주로서 정사각형 단면(450 mm × 450 mm)으로 이루어진 띠철근 기둥이 있다. 축방향 철근으로 6개의 D29철근을 사용하였으며, 규정에 적합한 일정 간격의 띠철근을 사용하였다. 이 기둥에는 외력으로서 고정하중 900 kN, 활하중 800 kN, 활하중에 의한 모멘트 60.0 kN · m가 작용한다. 기둥의 안전도 여부를 검토하시오. 여기서, $f_{ck} = 24\text{MPa}$, $f_y = 350\text{MPa}$이다.

풀이

(1) 계수 축방향력과 계수 휨모멘트의 계산 :

① 계수 축방향력 : $P_u = 1.2 \times 900 + 1.6 \times 800 = 2{,}360\text{kN}$

② 계수 휨모멘트 : $M_u = 1.6 \times 60.0 = 96.0\text{kN}\cdot\text{m}$

(2) 기둥의 설계지배조건 판단

① 축하중의 편심거리 : $e = \dfrac{M_u}{P_u} = \dfrac{96.0}{2{,}360} = 0.041\text{m} = 41\text{mm}$

② 띠 철근 부재의 최소편심 가정 : $0.10h$로 가정하면

$e_{\min} = 0.10h = 0.10 \times 450 = 45\text{mm} > 41\text{mm}$

$e < e_{\min}$이므로 이 부재의 강도는 축방향 압축으로 지배된다. 바꾸어 말하면, 이 부재는 그림 8.6의 a′b 구역에 해당되며, 따라서 식(8.10)의 설계축강도에 의해 설계가 지배된다.

(3) 기둥의 안전도 여부 검토

① 축방향 철근의 단면적 : $A_{st} = 6 \times 642.4 = 3{,}854\text{mm}^2$

② $\phi P_{n(\max)}$의 계산 : 식(8.10)으로부터

$$\phi P_{n(\max)} = 0.80\phi[0.85f_{ck}(A_g - A_{st}) + A_{st}f_y]$$
$$= 0.80 \times 0.65 \times [0.85 \times 24 \times (450 \times 450 - 3{,}854) + 3{,}854 \times 350]$$
$$= 2{,}808{,}665\,\text{N} = 2{,}808.7\,\text{kN} > 2{,}360\,\text{kN}$$

즉, $\phi P_{n(\max)} > P_u$ 이므로 안전하다.

8.8.2 편심 축하중을 받는 띠철근 기둥의 강도

보에서 휨 거동에 적용한 응력분포와 등가 직사각형 응력블록의 가정은 기둥에서도 동일한 조건으로 적용된다. 그림 8.7은 편심하중을 받는 직사각형 기둥에서 응력과 힘의 분포도를 나타낸 것이다. 이 그림에 힘의 평형조건을 취하면 식(8.11)과 같이 나타낼 수 있다.

$$P_n = C_c + C_s - T \tag{8.11}$$

여기서, $C_c = \eta(0.85f_{ck})ab$

$C_s = A_s{}'f_y$ (압축철근 항복 시)

$C_s = A_s{}'f_s{}' = A_s{}'E_s\epsilon_s{}'$ (압축철근 미항복 시)

$T = A_sf_y$(인장철근 항복 시)

$T = A_sf_s = A_sE_s\epsilon_s$ (인장철근 미항복 시)

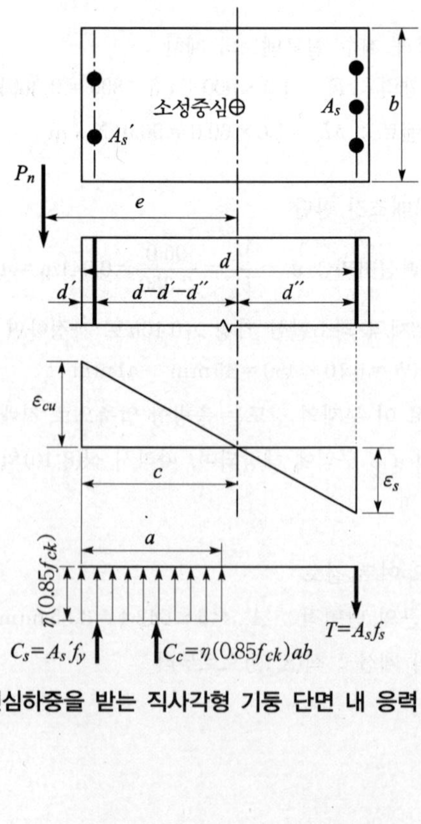

그림 8.7 편심하중을 받는 직사각형 기둥 단면 내 응력 및 하중분포

철근의 항복 여부에 따라 편심 축하중을 받는 띠철근 기둥의 공칭축강도와 설계축강도는 표 8.2, 표 8.3과 같다.

표 8.2 편심 축하중을 받는 띠철근 기둥의 공칭축강도

ϵ_s and $\epsilon_s{}' < \epsilon_y$	$P_n = 0.85\eta f_{ck}ab + A_s{}'f_s{}' - A_sf_s$	식(8.12(a))
$\epsilon_s \geq \epsilon_y$, $\epsilon_s{}' < \epsilon_y$	$P_n = 0.85\eta f_{ck}ab + A_s{}'f_s{}' - A_sf_y$	식(8.12(b))
$\epsilon_s < \epsilon_y$, $\epsilon_s{}' \geq \epsilon_y$	$P_n = 0.85\eta f_{ck}ab + A_s{}'f_y - A_sf_s$	식(8.12(c))
ϵ_s and $\epsilon_s{}' \geq \epsilon_y$	$P_n = 0.85\eta f_{ck}ab + A_s{}'f_y - A_sf_y$	식(8.12(d))

표 8.3 편심 축하중을 받는 띠철근 기둥의 설계축강도

ϵ_s and $\epsilon_s{}' < \epsilon_y$	$\phi P_n = \phi(0.85\eta f_{ck}ab + A_s{}'f_s{}' - A_sf_s)$	식(8.13(a))
$\epsilon_s \geq \epsilon_y$, $\epsilon_s{}' < \epsilon_y$	$\phi P_n = \phi(0.85\eta f_{ck}ab + A_s{}'f_s{}' - A_sf_y)$	식(8.13(b))
$\epsilon_s < \epsilon_y$, $\epsilon_s{}' \geq \epsilon_y$	$\phi P_n = \phi(0.85\eta f_{ck}ab + A_s{}'f_y - A_sf_s)$	식(8.13(c))
ϵ_s and $\epsilon_s{}' \geq \epsilon_y$	$\phi P_n = \phi(0.85\eta f_{ck}ab + A_s{}'f_y - A_sf_y)$	식(8.13(d))

1) 균형상태

압축연단 콘크리트의 변형률이 ϵ_{cu}이고, 인장측 철근의 응력이 동시에 항복점 응력 f_y에 도달하는 상태가 균형상태(balanced condition)이다. 기둥단면이 균형상태를 이루게 되는 축하중 크기를 균형 축하중이라 하고, P_b로 나타낸다. 그리고 균형 축하중이 재하된 상태의 모멘트를 균형모멘트 M_b라고 한다.

그림 8.8과 같이 균형상태에 있는 직사각형 기둥에서 중립축의 위치 c_b는

$$c_b = \frac{\epsilon_{cu}}{\epsilon_{cu} + f_y/E_s}d = \frac{\epsilon_{cu}}{\epsilon_{cu} + \epsilon_y}d \text{ 이다.}$$

균형상태에서 콘크리트의 직사각형 응력블록 깊이는

$$a_b = \beta_1 c_b = \beta_1 \frac{\epsilon_{cu}}{\epsilon_{cu} + f_y/E_s}d = \beta_1 \frac{\epsilon_{cu}}{\epsilon_{cu} + \epsilon_y}d \text{이다.}$$

균형상태에서는 인장철근이 항복하고 있는 상태이며, 균형상태의 축하중은 균형 축하중 P_b이므로 공칭강도와 설계강도는 압축철근의 항복여부에 따라 표 8.4, 표 8.5와 같다.

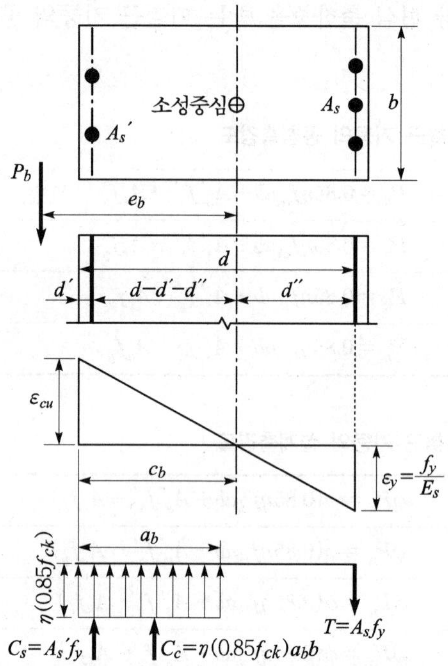

그림 8.8 균형상태 직사각형 기둥 단면 내 응력 및 하중분포

표 8.4 균형상태 띠철근 기둥의 축강도(P_b) 및 휨모멘트($M_b = P_b \cdot e_b$)

$\epsilon_s' < \epsilon_y$	$P_b = 0.85\eta f_{ck}a_bb + A_s'f_s' - A_sf_y$	식(8.14(a))
	$M_b = P_b \cdot e_b$ $= 0.85\eta f_{ck}a_bb\left(d-d''-\frac{a_b}{2}\right) + A_s'f_s'(d-d'-d'') + A_sf_yd''$	식(8.15(a))
$\epsilon_s' \geq \epsilon_y$	$P_b = 0.85\eta f_{ck}a_bb + A_s'f_y - A_sf_y$	식(8.16(a))
	$M_b = P_b \cdot e_b$ $= 0.85\eta f_{ck}a_bb\left(d-d''-\frac{a_b}{2}\right) + A_s'f_y(d-d'-d'') + A_sf_yd''$	식(8.17(a))

표 8.5 균형상태 띠철근 기둥의 설계축강도(ϕP_b) 및 설계휨모멘트($\phi M_b = \phi P_b \cdot e_b$)

$\epsilon_s' < \epsilon_y$	$\phi P_b = \phi(0.85\eta f_{ck}a_bb + A_s'f_s' - A_sf_y)$	식(8.14(b))
	$\phi M_b = \phi P_b \cdot e_b$ $= \phi\left[0.85\eta f_{ck}a_bb\left(d-d''-\frac{a_b}{2}\right) + A_s'f_s'(d-d'-d'') + A_sf_yd''\right]$	식(8.15(b))
$\epsilon_s' \geq \epsilon_y$	$\phi P_b = \phi(0.85\eta f_{ck}a_bb + A_s'f_y - A_sf_y)$	식(8.16(b))
	$\phi M_b = \phi P_b \cdot e_b$ $= \phi\left[0.85\eta f_{ck}a_bb\left(d-d''-\frac{a_b}{2}\right) + A_s'f_y(d-d'-d'') + A_sf_yd''\right]$	식(8.17(c))

압축철근의 변형률은 변형률 적합조건으로부터 구할 수 있다. 콘크리트 압축연단에서 중립축까지의 거리는 $c_b = \frac{\epsilon_{cu}}{\epsilon_{cu}+\epsilon_{cy}}d$이므로, 압축철근의 변형률($\epsilon_s{}'$)은 식(8.16)과 같이 나타낼 수 있다. 압축철근 응력은 압축철근 변형률이 철근의 항복변형률 초과할 때에는 $f_s{}' = f_y$, 미만일 때에는 $f_s{}' = E_s\epsilon_s{}'$이다.

$$\epsilon_s{}' = \frac{c_b - d'}{c_b}\epsilon_{cu} = \frac{\frac{\epsilon_{cu}}{\epsilon_{cu}+\epsilon_y}d - d'}{\frac{\epsilon_{cu}}{\epsilon_{cu}+\epsilon_y}d}\epsilon_{cu}$$

$$= \frac{\epsilon_{cu}d - (\epsilon_{cu}+\epsilon_y)d'}{d} = \frac{\epsilon_{cu}(d-d') - \epsilon_y d'}{d} \tag{8.18}$$

P_b와 M_b를 알면 균형편심 e_b는 아래와 같이 간단하게 계산할 수 있다.

$$e_b = \frac{M_b}{P_b} \tag{8.19}$$

휨을 받고 있는 보의 균형상태는 단면에 대해 어떤 특정한 비율의 철근을 사용하였을 때만 나타난다. 즉 균형철근비 상태에서 나타나는 것이다. 그러나 압축력을 받는 부재의 균형상태는 유일한 하중조건에서 발생된다. 즉, 기둥단면에서는 특정한 편심 e_b인 위치에서 특정하중 P_b의 크기로 하중이 작용해야만 균형상태가 발생되는 것이다.

즉, 균형보가 단면비에 의해 일어난다면, 균형상태를 유지하는 기둥은 기둥에 작용하는 하중의 크기와 작용점에 관한 재하조건의 문제가 된다. 보의 경우는 압축파괴를 피하고 연성파괴로 설계를 유도할 수 있으나, 기둥의 경우는 하중조건에 의해 압축파괴나 인장파괴의 상태가 결정되어 버린다.

2) 기둥이 압축지배인 경우

하중 재하의 편심거리가 균형편심보다 작으면($e < e_b$), 압축연단 콘크리트의 변형률이 ϵ_{cu}일 때 인장측 철근의 변형률은 항복변형률 보다 작고($\epsilon_s < \epsilon_y$), 이 기둥은 압축지배를 받는다.

이와 같이 기둥이 압축지배를 받는 경우 압축철근의 항복 여부에 따라 공칭강도와 설계강도는 표 8.6, 표 8.7과 같이 된다. 다만, 이들 표에서 압축철근 반대쪽에 있는 철근이 압축을 받게 되면, [$\pm A_s f_y$]항은 [$+A_s f_y$]를 취하고, 인장을 받게 되면 [$\pm A_s f_y$]항은 [$-A_s f_y$]를 취하면 된다.

표 8.6 압축지배의 경우, 띠철근 기둥의 공칭축강도(P_n) 및 공칭휨모멘트($M_n = P_n \cdot e$)

$\epsilon_s' < \epsilon_y$	$P_n = 0.85\eta f_{ck}ab + A_s'f_s' \pm A_s f_y$	식(8.20(a))
	$M_n = P_n \cdot e$ $= 0.85\eta f_{ck}ab\left(d - d'' - \dfrac{a}{2}\right) + A_s'f_s'(d - d' - d'') \pm A_s f_y d''$	식(8.21(a))
$\epsilon_s' \ge \epsilon_y$	$P_n = 0.85\eta f_{ck}ab + A_s'f_y \pm A_s f_y$	식(8.22(a))
	$M_n = P_n \cdot e$ $= 0.85\eta f_{ck}ab\left(d - d'' - \dfrac{a}{2}\right) + A_s'f_y(d - d' - d'') \pm A_s f_y d''$	식(8.23(a))

표 8.7 압축지배의 경우, 띠철근 기둥의 설계축강도(ϕP_n) 및 설계휨모멘트($\phi M_n = \phi P_n \cdot e$)

$\epsilon_s' < \epsilon_y$	$\phi P_b = \phi(0.85\eta f_{ck}ab + A_s'f_s' \pm A_s f_y)$	식(8.20(b))
	$\phi M_n = \phi P_n \cdot e$ $= \phi\left[0.85\eta f_{ck}ab\left(d - d'' - \dfrac{a}{2}\right) + A_s'f_s'(d - d' - d'') \pm A_s f_y d''\right]$	식(8.21(b))
$\epsilon_s' \ge \epsilon_y$	$\phi P_b = \phi(0.85\eta f_{ck}ab + A_s'f_y \pm A_s f_y)$	식(8.22(b))
	$\phi M_n = \phi P_n \cdot e$ $= \phi\left[0.85\eta f_{ck}ab\left(d - d'' - \dfrac{a}{2}\right) + A_s'f_y(d - d' - d'') \pm A_s f_y d''\right]$	식(8.23(b))

3) 기둥이 인장지배인 경우

압축연단 콘크리트의 변형률이 ϵ_{cu}일 때 인장측 철근의 변형률이 0.005($f_y \le 400$MPa인 경우) 또는 $2.5\epsilon_y$($f_y \ge 400$MPa인 경우) 이상인 경우 기둥은 인장지배를 받게 된다. 이 경우 인장철근의 변형률과 편심 모두 균형상태 보다 크다.

만약, 압축연단 콘크리트의 변형률이 ϵ_{cu}일 때 인장측 철근의 변형률 $\epsilon_s = 2.5\epsilon_y$ ($f_y \ge 400$MPa)이면, 공칭강도와 설계강도는 다음 과정을 통해 계산될 수 있다.

콘크리트 압축연단에서 중립축까지의 거리 $c = \dfrac{\epsilon_{cu}}{\epsilon_{cu} + 2.5\epsilon_y}d$이고, 이때 압축철근의 변형률은 $\epsilon_s' = \dfrac{c - d'}{c}\epsilon_{cu}$로 나타낼 수 있다. 따라서 압축연단 콘크리트의 변형률이 ϵ_{cu}일 때 인장측 철근의 변형률 $\epsilon_s = 2.5\epsilon_y$($f_y \ge 400$MPa)이면, 공칭강도와 설계강도는 압축철근의 항복여부에 따라 표 8.8, 표 8.9와 같다.

표 8.8 인장지배, $\epsilon_s = 2.5\epsilon_y$인 경우 띠철근 기둥의 공칭축강도($P_n$) 및 공칭휨모멘트($M_n = P_n \cdot e$)

$\epsilon_s' < \epsilon_y$	$P_n = 0.85\eta f_{ck}ab + A_s' f_s' - A_s f_y$	식(8.24(a))
	$M_n = P_n \cdot e$ $= 0.85\eta f_{ck}ab\left(d - d'' - \frac{a}{2}\right) + A_s' f_s' (d - d' - d'') + A_s f_y d''$	식(8.25(a))
$\epsilon_s' \geq \epsilon_y$	$P_n = 0.85\eta f_{ck}ab + A_s' f_y - A_s f_y$	식(8.26(a))
	$M_n = P_n \cdot e$ $= 0.85\eta f_{ck}ab\left(d - d'' - \frac{a}{2}\right) + A_s' f_y (d - d' - d'') + A_s f_y d''$	식(8.27(a))

표 8.9 인장지배, $\epsilon_s = 2.5\epsilon_y$인 경우 띠철근 기둥의 설계축강도($\phi P_n$) 및 설계휨모멘트($\phi M_n = \phi P_n \cdot e$)

$\epsilon_s' < \epsilon_y$	$\phi P_b = \phi(0.85\eta f_{ck}ab + A_s' f_s' - A_s f_y)$	식(8.24(b))
	$\phi M_n = \phi P_n \cdot e$ $= \phi\left[0.85\eta f_{ck}ab\left(d - d'' - \frac{a}{2}\right) + A_s' f_s' (d - d' - d'') + A_s f_y d''\right]$	식(8.25(b))
$\epsilon_s' \geq \epsilon_y$	$\phi P_b = \phi(0.85\eta f_{ck}ab + A_s' f_y - A_s f_y)$	식(8.26(b))
	$\phi M_n = \phi P_n \cdot e$ $= \phi\left[0.85\eta f_{ck}ab\left(d - d'' - \frac{a}{2}\right) + A_s' f_y (d - d' - d'') + A_s f_y d''\right]$	식(8.27(b))

4) 기둥이 인장-압축 지배의 변화구간에 해당하는 편심을 받는 경우

압축연단 콘크리트의 변형률이 ϵ_{cu}일 때 인장측 철근의 변형률이 압축지배 한계인 항복변형률 보다는 크고 인장지배 한계인 0.005($f_y \leq 400$MPa인 경우) 또는 $2.5\epsilon_y$($f_y \geq 400$MPa인 경우) 보다 작은 경우 변화구간으로 정의한다.

이 경우 강도감소계수(ϕ)는 인장 최외측 철근의 변형률에 따라 표 8.1에서와 같이 보간하여 결정한다. 변화구간에 해당하는 편심을 받는 경우, 강도감소계수 ϕ는 표 8.1에 따라 별도로 결정하고, 축강도와 휨강도는 표 8.8, 표 8.9를 적용하여 산정한다.

5) 기둥의 $P-M$ 상관도 작성

기둥에 대한 강도설계는 P-M 상관도를 기반으로 하기 때문에 정확히 P-M 상관도를 그려야 하지만, 설계의 편의를 위해 그림 8.9의 예시와 같이 몇 개의 편심에 대한 공칭강도와 설계강도를 구하고 이를 연결함으로써 P-M 상관도를 작성할 수 있다.

편심에 따른 축강도와 설계강도를 구하는 과정은 다소 복잡할 수 있다. 보다 평이한 방법으로는 1)~3)과 같이 압축연단 콘크리트의 변형률이 ϵ_{cu} 일 때 인장측 철근의 변형률을 가정하는 방법이다. 이 방법을 따를 경우 콘크리트 압축연단에서 중립축까지의 거리 c를 간단히 계산할 수 있고, 이를 이용하여 a를 계산하고 나아가 P_n과 M_n을 쉽게 계산할 수 있기 때문이다.

기둥을 설계할 때에는 이론적인 계산에 의해 해석함이 원칙이지만, 실제 설계과정에서는 아래 예로 제시한 그림 8.9와 같이 사전에 작성한 정규화된 P-M 상관도를 활용하여 보다 편리하게 강도를 산정하고 설계를 할 수 있다. 그림 8.9는 단면형상, 철근비, 재료강도, 편심을 기준으로 정규화한 P-M 상관도이며, 특히 $f_{ck} = 24\text{MPa}$, $f_y = 400\text{MPa}$, $\gamma(= rh/h) = 0.8$

참고 $f_{ck} = 24\text{MPa}$, $f_y = 400\text{MPa}$, $\gamma(= rh/h) = 0.8$ **인 경우** $P-M$ **상관도 사례**

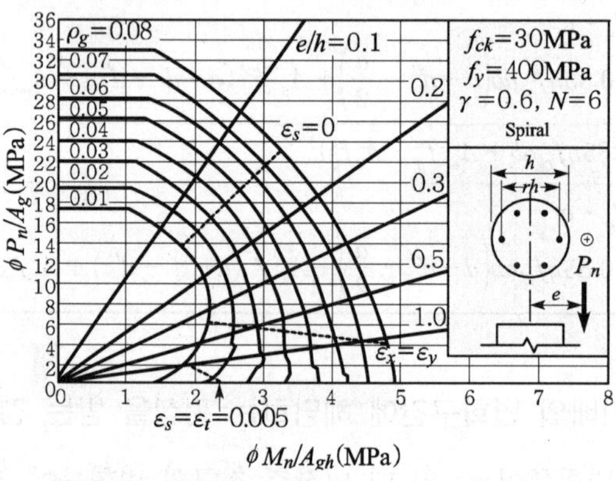

(a) 나선철근 기둥의 강도 상관도

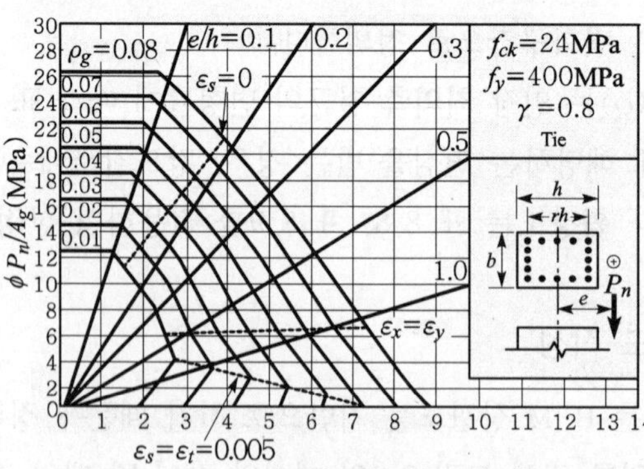

(b) 띠철근 기둥의 강도 상관도

그림 8.9 기둥의 P–M 상관도

인 경우에 대해 작성된 것이다. 즉, f_{ck}, f_y, A_g, h, $\gamma(=rh/h)$, e/h에 대한 정보가 주어지면 그림 8.9와 같이 사전에 작성된 정규화된 P-M 상관도와 비교하여 $(P_n,\ M_n)$과 $\phi(P_n,\ M_n)$을 구할 수 있다.

예제 8.2 그림 8.10과 같이 $320\,\mathrm{mm}\times 520\,\mathrm{mm}$의 직사각형 단면에 D29철근 4개를 배치한 띠철근으로 기둥을 설계하고자 한다. 기둥의 재료가 $f_{ck}=28\mathrm{MPa}$이고 $f_y=400\mathrm{MPa}$인 강도조건에서 설계과정의 다음 사항들을 결정하시오.

(1) P_o(축하중강도)

(2) M_o(휨강도)

(3) e_b(균형편심)

(4) $\epsilon_c=\epsilon_{cu}$, $\epsilon_s=0$일 때, $(P_n,\ M_n)$

(5) $\epsilon_c=\epsilon_{cu}$, $\epsilon_s=0.005$일 때, $(P_n,\ M_n)$

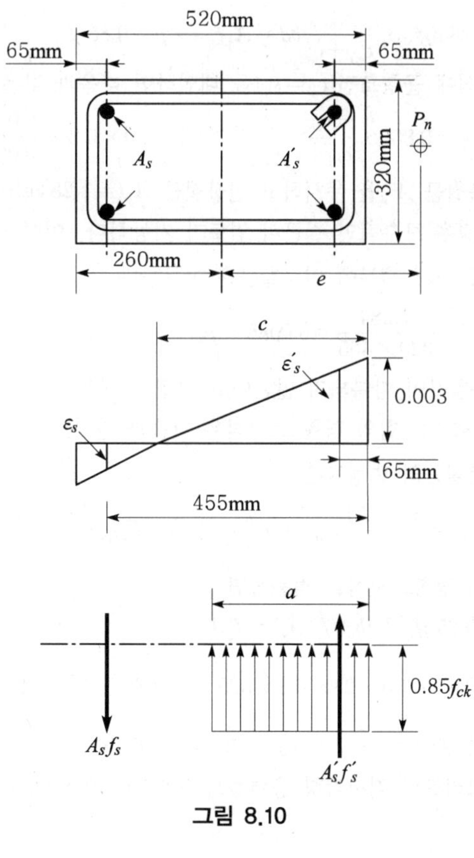

그림 8.10

풀이

(1) P_o(축하중강도)의 계산

하중이 단면 도심에 작용할 경우, 즉 $e=0$, $c=\infty$일 때 기둥의 축방향 강도는

(단, $A_{st}=642.4\times4=2{,}570\text{mm}^2$)

$$P_0=0.85f_{ck}(A_g-A_{st})+A_{st}f_y$$
$$=0.85\times28\times(320\times520-2{,}570)+2{,}570\times400$$
$$=4{,}927{,}154\text{N}=4{,}927\text{kN}$$

(2) M_o(휨강도)의 계산

단면에 P는 작용하지 않고 M만 작용하는 보로 보고 휨강도를 계산한다.

① 우선, 균형철근비를 계산하고 이를 인장철근비와 비교하여 인장철근의 항복여부를 결정한다.

힘의 형평조건 : $0.85\eta f_{ck}a_bb=A_sf_y\rightarrow0.85\eta f_{ck}\beta_1c_bb=A_sf_y$

변형 적합조건 : $c_b:d-c_b=\epsilon_{cu}:\epsilon_s\rightarrow\epsilon_{cu}(d-c_b)=\epsilon_sc_b\rightarrow c_b=\dfrac{\epsilon_{cu}}{\epsilon_{cu}+\epsilon_s}d$

위의 두 조건을 조합하면

$$0.85\eta f_{ck}\beta_1\frac{\epsilon_{cu}}{\epsilon_{cu}+\epsilon_s}bd=A_sf_y\rightarrow\rho=0.85\eta\beta_1\frac{\epsilon_{cu}}{\epsilon_{cu}+\epsilon_s}\frac{f_{ck}}{f_y}$$

윗 식에 균형조건($\epsilon_s=\epsilon_y$)을 대입하면 다음과 같은 균형철근비가 계산된다.

$$\rho_b=0.85\eta\beta_1\frac{\epsilon_{cu}}{\epsilon_{cu}+\epsilon_y}\frac{f_{ck}}{f_y}=0.85\times1.0\times0.8\times\frac{0.0033}{0.0053}\times\frac{28}{400}=0.030$$

압축철근 A'_s을 무시하고 인장철근 $A_s(=1{,}284\text{mm}^2)$만 배근된 단철근 보로 가정할 경우 보수적인 철근비 검토가 가능하다. 이때 인장철근비 ρ는 다음과 같이 ρ_b보다 작기 때문에 인장철근은 항복한다.

$$\rho=\frac{1{,}284}{320\times455}=0.0088<\rho_b$$

② 압축철근이 항복되지 않는다고 가정할 경우

($\epsilon_s'<\epsilon_y$), 힘의 평형 조건식은 다음과 같다.

압축철근의 변형률은

$$\epsilon_s'=\frac{(c-d')}{c}\epsilon_{cu}\rightarrow f_s'=E_s\epsilon_s'=E_s\epsilon_{cu}\frac{(c-d')}{c}=660\frac{(c-d')}{c}$$

힘의 평형조건식을 적용하면

$$0.85\eta f_{ck}\beta_1cb+f_s'A_s'=f_yA_s$$

$$0.85\times1.0\times28\times0.8\times320\times c+660\frac{c-65}{c}\times1{,}284=400\times1{,}284$$

$$6092.8c^2+847{,}440(c-65)=513{,}600c\rightarrow c=71.6\text{mm}$$

콘크리트의 직사각형 응력블록 깊이 $a=\beta_1c=0.8\times71.6=57.3\text{mm}$

③ 압축철근은 항복하지 않는다는 가정에 대해 확인한다.

$$\epsilon_s' = \frac{(c-d')}{c}\epsilon_{cu} = \frac{71.6-65}{71.6}\times 0.0033 = 0.0003 < \epsilon_y \rightarrow f_s' = 60\text{MPa}$$

④ 따라서 이 단면의 휨강도는 다음과 같이 계산된다.

$$M_0 = M_n = 0.85\eta f_{ck} a_b b(d-\frac{a}{2}) + A_s' f_s'(d-d')$$
$$= \left[0.85\times 1.0\times 28\times 57\times 320\times(455-\frac{57}{2}) + 1{,}285\times 60\times(455-65)\right]\times 10^{-6}$$
$$= 215.2\text{kN}\cdot\text{m}$$

참고 2 M_0 **간략하게 구하기**

기둥의 압축측에 배치되어 있는 압축철근을 무시하고 인장철근만이 배치된 단철근 직사각형으로 간주하여 공칭휨강도를 구한다. 이 방법은 기둥의 공칭휨강도를 간단하게 구할 때 적용된다.

$$a = \frac{f_y A_s}{\eta(0.85 f_{ck})b} = \frac{400\times 1{,}285}{1.0\times 0.85\times 28\times 320} = 67\text{mm}$$

$$M_0 = M_n = f_y A_s(d-\frac{a}{2}) = 400\times 1{,}285\times(455-\frac{67}{2})\times 10^{-6}$$
$$= 216.6\text{kN}\cdot\text{m} \text{ (정밀 계산값 215.2kN·m와 유사함)}$$

(3) 균형강도 및 e_b의 계산

① 균형상태에서 콘크리트의 직사각형 응력블록 깊이

균형편심은 $e_b = \frac{M_b}{P_b}$ 이므로 균형하중 P_b와 균형모멘트 M_b를 구한다.

균형상태에서의 중립축은

$$c_b = \frac{\epsilon_{cu}}{\epsilon_{cu}+\epsilon_y}d = \frac{0.0033}{0.0053}\times 455 = 283.3\text{mm}$$

$$\therefore\ a_b = \beta_1 c_b = 0.8\times 283.3 = 226.6\text{mm}$$

② 압축철근의 응력

균형파괴상태, 즉 균형변형률 상태에서 인장철근 A_s의 응력은 f_y에 달해야 한다.

이때 압축철근 A'_s의 변형률은

$$\epsilon'_s = \epsilon_{cu}\frac{c_b-d'}{c_b} = 0.0033\times\frac{283.3-65}{283.3} = 0.00254 > \epsilon_y = 0.002 = \frac{f_y}{E_s}$$

즉, 압축철근이 항복하기 때문에 $f_s' = f_y = 400\text{MPa}$을 적용한다.

③ 균형 축강도

균형 축강도 P_b는 식(8.16(a))에 의해 다음과 같이 계산된다.

$$A_s = A'_s = 2\times 642.4 = 1{,}284\,\text{mm}^2$$

$$P_b = 0.85\eta f_{ck} a_b b + A'_s f_y - A_s f_y$$
$$= [0.85 \times 1.0 \times 28 \times 226.6 \times 320 + 1{,}284 \times 400 - 1{,}284 \times 400] \times 10^{-6}$$
$$= 1{,}726\text{kN}$$

④ 균형 모멘트

균형모멘트 M_b는 단면의 중심선(소성 중심, 대칭단면에서는 도심과 소성 중심은 동일한 위치에 있음)에 대해 모멘트를 취하여 구한다. 이러한 방법에 의해 구한 균형모멘트는 식(8.17(a))와 같으며, 이 식을 적용하면,

$$M_b = 0.85\eta f_{ck} a_b b\left(d - d'' - \frac{a_b}{2}\right) + A'_s f_y (d - d' - d'') + A_s f_y d''$$
$$= [0.85 \times 1.0 \times 28 \times 227 \times 320\left(455 - 195 - \frac{227}{2}\right)$$
$$+ 1{,}284 \times 400 \times (455 - 65 - 195) + 1{,}284 \times 400 \times 195] \times 10^{-6}]$$
$$= 453.7\text{kN} \cdot \text{m}$$

⑤ 균형편심

$$e_b = \frac{M_b}{P_b} = \frac{453.5}{1{,}726} \times 1000 = 263\text{mm}$$

(4) $\epsilon_c = \epsilon_{cu}$, $\epsilon_s = 0$일 때, (P_n, M_n)

① 콘크리트 압축연단에서 중립축까지의 깊이 $c = d = 455\text{mm}$이고,
콘크리트 직사각형 응력블록 깊이 $a = \beta_1 c = 0.8 \times 455 = 364\text{mm}$이다.

② 이때 압축철근의 변형률은

$$\epsilon'_s = \epsilon_{cu}\frac{c - d'}{c} = 0.0033 \times \frac{455 - 65}{455} = 0.00283 > \epsilon_y = 0.002$$

즉, 압축철근이 항복하기 때문에 $f_s' = f_y = 400\text{MPa}$을 적용한다.
인장철근의 변형률은 0이므로, $f_s = 0$이고, 압축지배 단면이다.

③ $\epsilon_s = 0$인 경우 공칭축강도 P_n은 식(8.22(a))를 적용하면, $\pm A_s f_s = 0$이므로

$$A_s = A'_s = 2 \times 642.4 = 1{,}284\text{mm}^2$$
$$P_n = 0.85\eta f_{ck} ab + A'_s f_y = [0.85 \times 1.0 \times 28 \times 226.6 \times 320 + 1{,}284 \times 400] \times 10^{-3}$$
$$= 2{,}239\text{kN}$$

④ $\epsilon_s = 0$인 경우 공칭휨강도 M_n은 식(8.23(a))를 적용하면, $\pm A_s f_s d'' = 0$이므로

$$M_n = 0.85\eta f_{ck} ab\left(d - d'' - \frac{a}{2}\right) + A'_s f_y (d - d' - d'')$$
$$= [0.85 \times 1.0 \times 28 \times 227 \times 320 \times \left(455 - 65 - \frac{364}{2}\right)$$
$$+ 1{,}284 \times 400 \times (455 - 65 - 195)] \times 10^{-6}$$
$$= 353.3\text{kN} \cdot \text{m}$$

⑤ 이때 편심

$$e = \frac{M_n}{P_n} = \frac{353.3}{2,239} \times 1000 = 158\text{mm}$$

(5) $\epsilon_c = \epsilon_{cu}$, $\epsilon_s = 0.005$일 때, (P_n, M_n)

① $c = \dfrac{\epsilon_{cu}}{\epsilon_{cu} + 0.005} d = \dfrac{0.0033}{0.0033 + 0.005} \times 455 = 180.9\text{mm}$

$a = \beta_1 c = 0.8 \times 180.9 = 145\text{mm}$ 이다.

② 이때 압축철근의 변형률은

$$\epsilon'_s = \epsilon_{cu} \frac{c - d'}{c} = 0.0033 \times \frac{180.9 - 65}{180.9} = 0.0021 > \epsilon_y = 0.002$$

즉, 압축철근이 항복하기 때문에 $f_s' = f_y = 400\text{MPa}$을 적용한다.

인장철근의 변형률은 0.005이므로, $f_s = f_y = 400\text{MPa}$을 적용한다.

③ 공칭축강도 P_n은 식(8.26(a))를 적용하면,

$$A_s = A'_s = 2 \times 642.4 = 1,284\text{mm}^2$$

$$P_n = 0.85 \eta f_{ck} ab + A'_s f_y - A_s f_y = 0.85 \eta f_{ck} ab$$

$$= 0.85 \times 1.0 \times 28 \times 145 \times 320 \times 10^{-3}$$

$$= 1,104.3\text{kN}$$

④ 공휨휨강도 M_n은 식(8.27(a))를 적용하면,

$$M_n = 0.85 \eta f_{ck} ab \left(d - d'' - \frac{a}{2}\right) + A'_s f_y (d - d' - d'') + A_s f_y d''$$

$$= [0.85 \times 1.0 \times 28 \times 145 \times 320 \times \left(455 - 195 - \frac{145}{2}\right)$$

$$+ 1,284 \times 400 \times (455 - 65 - 195) + 1,284 \times 400 \times 195] \times 10^{-6}$$

$$= 407.4\text{kN} \cdot \text{m}$$

⑤ 이때 편심

$$e = \frac{M_n}{P_n} = \frac{407.1}{1,102} \times 1000 = 369\text{mm}$$

예제 8.3 예제 8.2의 결과를 활용하여 기둥의 공칭강도에 대한 P-M 상관도를 그리고, 강도감소계수를 적용한 설계강도에 대한 P-M 상관도를 그리시오.

풀이

(1) 예제 8.2의 결과를 좌표계에서 표시하고 선으로 연결하면 그림 8.11(a)와 같이 공칭강도에 대한 P-M 상관도를 그릴 수 있다.

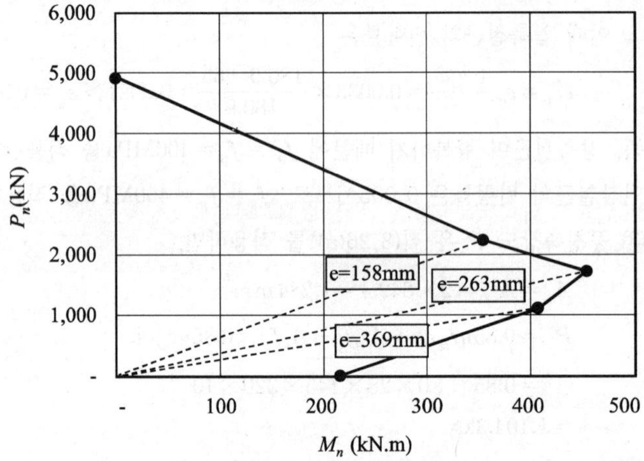

그림 8.11(a) $P_n - M_n$ 상관도

(2) 설계강도를 구하기 위해서는 설계축강도와 각 위치에서의 강도감소 계수를 산정해야 한다.

최소편심 등 영향을 고려한 공칭축강도는 $P_n = 0.80[0.85f_{ck}(A_g - A_{st}) + A_{st}f_y]$이며, 설계축강도는 $\phi P_n = 0.80\phi[0.85f_{ck}(A_g - A_{st}) + A_{st}f_y]$ 이하로 한정하고 있다. 여기서 축강도와 설계축강도의 한계값은 다음과 같이 계산된다.

$$P_n = 0.8 \times [0.85 \times 28 \times (520 \times 320 - 2{,}570) + 2{,}570 \times 400] \times 10^{-3}$$
$$= 3{,}942\text{kN}$$
$$\phi P_n = 0.65 \times 3.942 = 2{,}562.3\text{kN}$$

공칭강도(P_n, M_n) (kN, kN,m)	편심(e) (mm)	강도감소 계수(ϕ)	설계강도(ϕP_n, ϕM_n) (kN, kN,m)	참고
(4,927, 0)	0	0.65 (압축지배)	-	$e=0$
(3,942, ...)	최소편심	0.65 (압축지배)	(2,562, 약 85)	$e_{\min}$
(2,239, 353.3)	158mm	0.65 (압축지배)	(1,455, 229.6)	$\epsilon_s=0$
(1,726, 453.5)	263mm	0.65 (압축지배)	(1,122, 294.8)	균형상태
(1,104.3, 407.4)	369mm	0.85 (인장지배)	(937, 348.0)	$\epsilon_s=0.005$
(0, 215.2)	∞	0.85 (인장지배)	(0, 182.9)	휨부재

설계축강도의 한계값에 해당하는 $\phi(P_n, M_n)$ 상관도에서의 휨강도는 정밀 해석을 통해서만 정확한 값을 산정할 수 있기 때문에 다음의 방법으로 그 값을 간편히 추정할 수도 있다. 즉, $e=0$인 점을 포함한 $\phi(P_n, M_n)$의 그래프를 그린 후 그림 8.11(b)에 보인 바와 같이 설계축강도의 한계값에서 수평으로 선을 그어 만나는 점을 찾아 개략적인 휨강도를 산정할 수 있다.

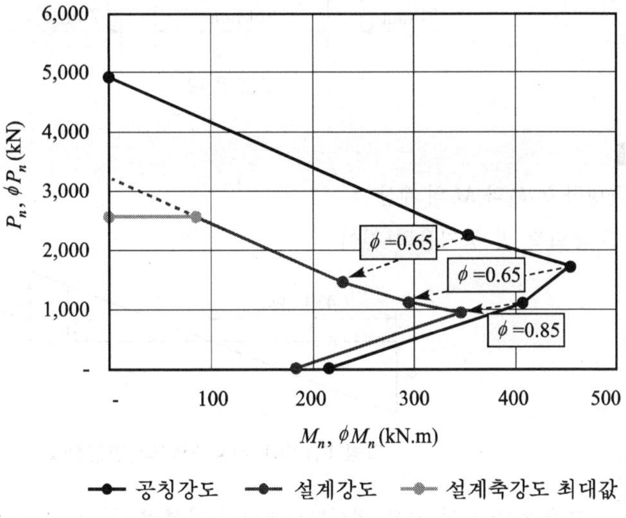

그림 8.11(b) $P_n - M_n$ 및 $\phi P_n - \phi M_n$ 상관도

예제 8.4 그림 8.12와 같은 철근콘크리트 단면 500mm×500mm을 가지는 띠철근 압축부재가 있다. 4-D25의 축방향 철근이 소정 간격의 띠철근(D13)으로 배치되어 있다. 이 기둥은 횡방향 상대변위가 없는 단주이다. 다음 내용을 검토하시오. 철근피복은 70mm, $f_{ck}=28\text{MPa}$, $f_y=400\text{ MPa}$, D25철근의 1개의 단면적은 506.7mm^2이다.

(1) 균형하중 P_b 및 M_b를 계산하시오.

(2) 중립축의 깊이가 $c=500\text{mm}$일 때 P_n 및 M_n을 계산하시오.

(3) 중립축의 깊이가 $c=150\text{mm}$일 때 P_n 및 M_n을 계산하시오.

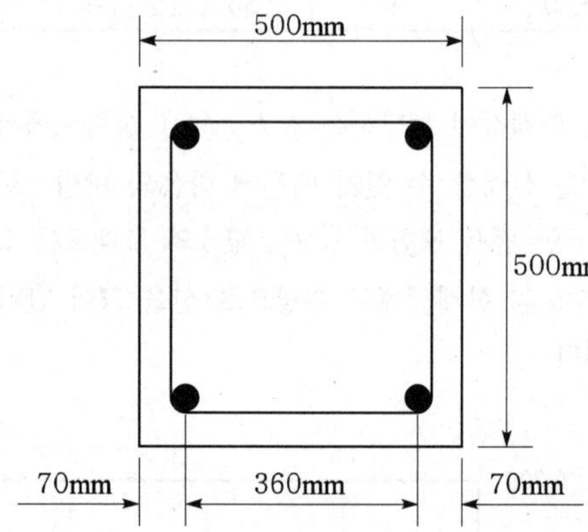

그림 8.12

풀이

(1) 균형하중 P_b와 M_b의 계산

① 중립축 및 등가응력 깊이

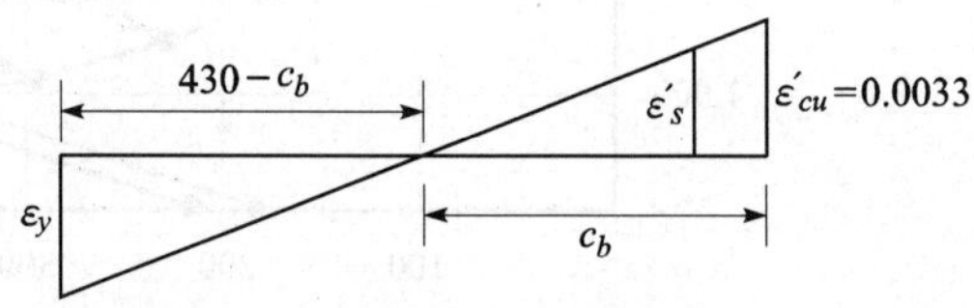

그림 8.13(a) 기둥 단면의 변형률도

그림 8.13(a)와 같은 변형도로부터 삼각형의 닮은비를 적용하면, 균형상태에서의 중립축의 위치는

$$0.0033 : c_b = \epsilon_y : (430-c_b)$$

$$0.002\times c_b = (430-c_b)\times 0.0033$$

$$\therefore\ c_b = \frac{430\times 0.0033}{0.0053} = 268\text{mm}$$

등가응력 깊이는

$$a_b = \beta_1 c_b = 0.80\times 268 = 214\text{mm}$$

② 압축철근의 응력 검토

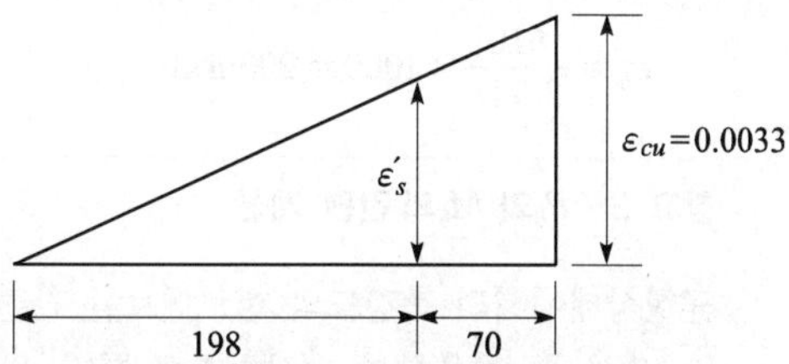

그림 8.13(b) 기둥 단면의 변형률도

그림 8.13(b)의 변형률도로부터 삼각형의 닮은비를 적용하면, 압축철근의 변형률은

$198 : \varepsilon'_s = 268 : 0.0033$

$\therefore \quad \varepsilon'_s = \dfrac{198 \times 0.0033}{268} = 0.0024$

$\therefore$ $\varepsilon'_s > \varepsilon_y$ 이므로 압축철근은 항복한다.

③ 균형하중 P_b

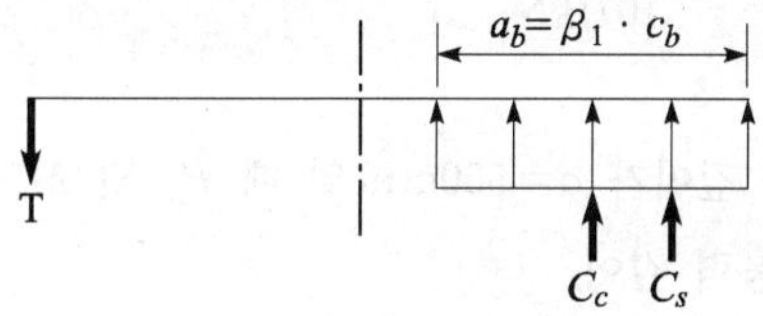

그림 8.13(c) 기둥 단면의 콘크리트 및 철근의 축강도

그림 8.13(c)에서 힘의 평형조건을 적용하면

$\sum V = P_b - C_c - C_s + T = 0, \; P_b = C_c + C_s - T = 2{,}547\text{kN}$

콘크리트의 압축응력의 합력은

$C_c = 0.85\eta f_{ck} a_b b = 0.85 \times 1.0 \times 28 \times 214 \times 500 \times 10^{-3} = 2{,}547\text{kN}$

압축철근의 압축력은

$C_s = A_s' f_y = (506.7 \times 2) \times 400 \times 10^{-3} = 405\text{kN}$

인장철근의 인장력은

$T = A_s f_y = (506.7 \times 2) \times 400 \times 10^{-3} = 405\text{kN}$

④ 균형상태의 휨모멘트 M_b

그림 8.13(c)에서 단면의 도심축에 대해 $\Sigma M = 0$의 관계를 적용하면,

$$\sum M_{at(\text{도심})} = (P_b e_b) - \left[C_c \times \left(250 - \frac{a_b}{2}\right)\right] - [C_s \times (250 - 70)] - [T \times (250 - 70)] = 0$$

$$M_b = P_b \cdot e_b = 2{,}547 \times \left(250 - \frac{214}{2}\right) + 405 \times (250 - 70) + 405 \times (250 - 70) = 510{,}021\,\text{kN} \cdot \text{mm} = 510\,\text{kN} \cdot \text{m}$$

⑤ 균형편심 e_b

$$e_b = \frac{510}{2,547} \times 1000 = 200\text{mm}$$

참고 3 P_b와 M_b의 간편 계산

균형상태에서의 축강도와 힘모멘트를 간편하게 이미 유도한 식(8.16(a)) 및 식(8.17(a))를 사용하여 계산하기로 한다.

$$P_b = 0.85\eta f_{ck} a_b b + A'_s f_y - A_s f_y = 0.85\eta f_{ck} a_b b$$
$$= [0.85 \times 1.0 \times 28 \times 214 \times 500] \times 10^{-3}$$
$$= 2,536.7\text{kN}$$

$$M_b = 0.85\eta f_{ck} a_b b\left(d - d'' - \frac{a_b}{2}\right) + A'_s f_y(d - d' - d'') + A_s f_y d''$$
$$= [0.85 \times 1.0 \times 28 \times 214 \times 500 \times \left(430 - 180 - \frac{214}{2}\right)$$
$$+ 1,013 \times 400 \times (430 - 70 - 180) + 1,013 \times 400 \times 180] \times 10^{-6}$$
$$= 510.0\text{kN} \cdot \text{m}$$

(2) 중립축의 깊이가 $c = 500\text{mm}$일 때 P_n 및 M_n을 계산

① 등가응력 깊이

$$a = \beta_1 c = 0.80 \times 500 = 400\text{mm}$$

② 압축철근의 응력 검토

그림 8.14(a)의 변형률도로부터 삼각형의 닮음비를 적용하면,

$$500 : 0.0033 = (500 - 70) : \epsilon_{s1}'$$

$$\varepsilon_{s1}' = \frac{(500 - 70)}{500} \times 0.0033 = 0.00284$$

$\therefore\ \varepsilon_{s1}' > \varepsilon_y$이므로 압축철근은 항복한다.

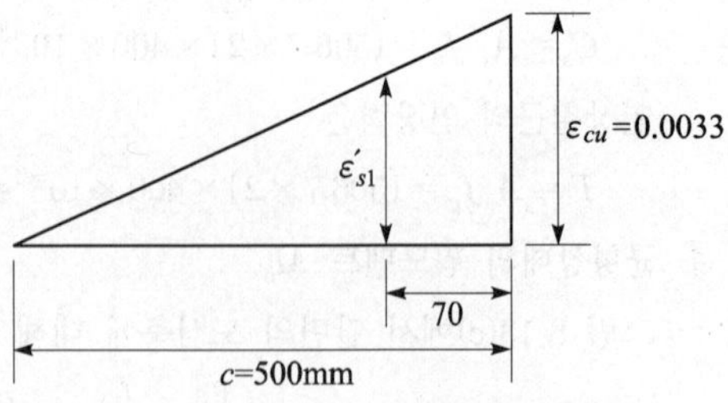

그림 8.14(a) 기둥 단면의 변형률도

③ 인장철근 위치에서의 철근의 응력 검토

그림 8.14(b)의 변형률도로부터 삼각형의 닮음비를 적용하면,

$$500 : 0.0033 = 70 : \epsilon_{s2}'$$

$$\varepsilon_{s2}' = \frac{70}{500} \times 0.0033 = 0.000462$$

$$f_{s2}' = \varepsilon_{s2}' \times E_s = 0.00046 \times 2.0 \times 10^5$$
$$= 92\text{MPa}$$

∴ 인장철근 위치에서의 철근은 압축응력을 받고 있음을 알 수 있다.

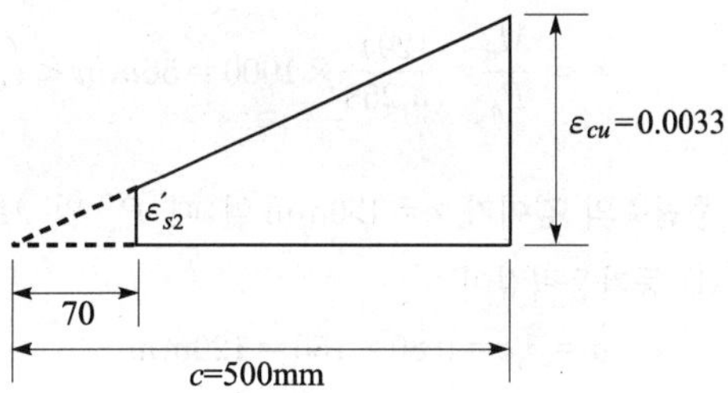

그림 8.14(b) 기둥 단면의 변형률도

④ 축강도 P_n

콘크리트의 압축응력의 합력은

$$C_c = 0.85\eta f_{ck} a b$$
$$= 0.85 \times 1.0 \times 28 \times 400 \times 500 \times 10^{-3}$$
$$= 4{,}760\text{kN}$$

압축철근의 압축력은

$$C_{s1} = A_s f_y$$
$$= (506.7 \times 2) \times 400 \times 10^{-3} = 405\text{kN}$$

인장철근 위치에서의 철근의 압축력은

$$T = C_{s2} = A_s f_s$$
$$= (506.7 \times 2) \times 92 \times 10^{-3} = 93\text{kN}$$

그림 8.14(c)에서 힘의 평형조건 $\Sigma V = 0$를 적용하면

$$\sum V = P_n - C_c - C_{s1} - C_{s2} = 0$$

$$\therefore \quad P_n = C_c + C_{s1} + C_{s2}$$
$$= 4{,}760 + 405 + 93 = 5{,}258\text{kN}$$

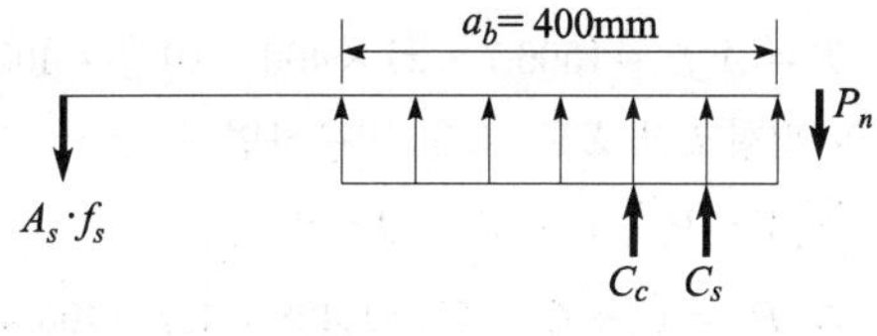

그림 8.14(c) 기둥 단면의 콘크리트 및 철근의 축강도]

⑤ 휨모멘트 M_n

위 그림에서 기둥 단면의 도심축에 힘의 평형조건 $\Sigma M = 0$의 관계를 도입하면,

$$\sum M_{at(\text{도심})} = P_n e - C_c \times \left(250 - \frac{a}{2}\right) - C_s \times (250-70) + T \times (250-70) = 0$$

$$M_n = P_n e = [4{,}760 \times \left(250 - \frac{400}{2}\right) + 405 \times 180 - 93 \times 180] \times 10^{-6}$$

$$= 294\text{kN} \cdot \text{m}$$

⑥ 편심거리 e

$$e = \frac{M_n}{P_n} = \frac{294}{5{,}258} \times 1000 = 56mm < e_b (= 200mm)$$

(3) 중립축의 깊이가 $c = 150\text{mm}$ 일 때 P_n 및 M_n을 계산

① 등가응력깊이

$$a = \beta_1 c = 0.80 \times 150 = 120\text{mm}$$

② 압축철근의 응력 검토

$$150 : 0.0033 = (150 - 70) : \varepsilon'_s$$

$$\varepsilon'_s = \frac{80}{150} \times 0.0033 = 0.00176$$

$\therefore\ \varepsilon_s' < \varepsilon_y = 0.002$ 압축철근은 항복하지 않는다.

$\therefore\ f_s' = \varepsilon_s' \times E_s = 2.0 \times 10^5 \times 0.00176 = 352\text{MPa}$

③ 인장철근의 응력 검토

$$150 : 0.0033 = (430 - 150) : \varepsilon_s$$

$$\varepsilon_s = \frac{430 - 150}{150} \times 0.0033 = 0.00616$$

$\therefore\ \varepsilon_s > \varepsilon_y$이므로 인장철근은 항복한다.

④ 공칭축강도 P_n

콘크리트의 압축응력의 합력은

$$C_c = 0.85\eta f_{ck} ab$$

$$= 0.85 \times 1.0 \times 28 \times 120 \times 500 \times 10^{-3} = 1{,}428\text{kN}$$

압축철근의 압축력은

$$C_s = A_s' f_s' = (506.7 \times 2) \times 352 \times 10^{-3} = 357kN$$

인장철근의 인장력은

$$T = A_s f_y = (506.7 \times 2) \times 400 \times 10^{-3} = 405\text{kN}$$

힘의 평형조건 $\Sigma V = 0$을 적용하면

$$\sum V = P_n - C_c - C_s + T = 0$$

$$\therefore\ P_n = C_c + C_s - T = 1{,}428 + 357 - 405 = 1{,}380\text{kN}$$

⑤ 공칭휨강도 M_n

단면의 도심축에 힘의 평형조건 $\Sigma M = 0$을 적용하면

$$\sum M_{at(\text{도심})} = P_n e - C_c \times \left(250 - \frac{a_b}{2}\right) - C_s \times (250-70) - T \times (250-70) = 0$$

$$M_n = P_n e = 1{,}428 \times \left(250 - \frac{120}{2}\right) + 357 \times 180 + 405 \times 180$$

$$= 408{,}480\,\text{kN} \cdot \text{mm} = 408\text{kN} \cdot \text{m}$$

⑥ 편심거리 e

$$e = \frac{M_n}{P_n} = \frac{408}{1{,}380} \times 1000 = 296\text{mm} > e_b (= 200\text{mm})$$

8.8.3 편심 축하중을 받는 나선철근 기둥의 강도

원형의 나선철근 기둥도 직사각형 띠철근 기둥과 마찬가지로 축방향력과 휨모멘트에 의한 평형방정식을 임의의 편심거리에 대한 미지의 공칭 축하중강도 P_n을 구하는 데 이용할 수 있다. 나선철근 기둥은 보통 다음 두가지가 띠철근 기둥과 다르게 고려된다.

첫째, 띠철근 기둥에서 압축지배 단면에 대한 강도감소계수가 0.65이나, 나선철근 기둥에서는 압축지배 단면에 대한 강도감소계수가 0.7이다.

둘째, 나선철근 기둥은 그림 8.15와 같이 원형단면을 가지기 때문에 콘크리트에 의한 압축력(C_c)을 산정할 때 활꼴(circular segment) 면적을 구해야 하고, 원형 단면 내 축방향 철근이 원주방향으로 일정 간격으로 배치되기 때문에 각 위치에서 철근의 변형률과 응력을 각각 구해야 한다.

나선철근 기둥의 P-M 상관도 작성은 다음 프로세스를 따른다.

① 띠철근 기둥에서와 같이 단면내 변형률 분포를 가정하고, 그 가정에 따라 중립축 깊이 c_b와 콘크리트 등가응력 깊이 $a_b = \beta_1 c_b$를 결정한다.

② 각 철근 위치에서의 변형률을 변형률 적합조건으로부터 구하고, 항복여부를 판정한 후 각 철근에 작용하는 응력을 산정한다.

③ 콘크리트와 철근에 작용하는 하중(C_c, F_{s1}, F_{s2}, ...)을 각각 구한다. 여기서 콘크리트에 작용하는 압축력은 $C_c = 0.85\eta f_{ck} A_c$로 그림 8.16에 따라 활꼴면적($A_c$)을 계산 후 이를 이용하여 산정한다.

④ 공칭축력(P_n)과 공칭휨강도(M_n)를 산정한다.

$$P_n = C_c + \Sigma F_{si} \text{ (하중 부호는 압축일 때 양수, 인장일 때 음수)}$$

$$M_n = C_c\left(\frac{D}{2} - \frac{a_b}{2}\right) + \Sigma\left[F_{si}\left(\frac{D}{2} - d_i\right)\right] \text{ (d_i: 압축 연단에서 철근중심까지 거리)}$$

⑤ 최외측(압축 연단에서 가장 멀리 있는) 철근에서의 변형률을 이용하여 강도감소계수를 산정한다.

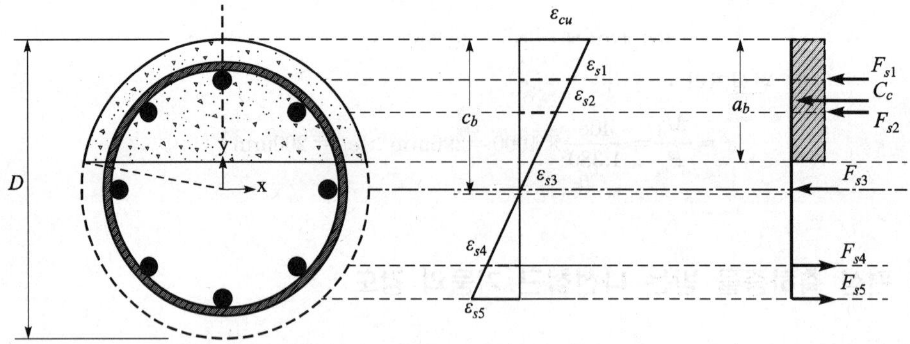

그림 8.15 원형 기둥의 단면 내 변형률 및 하중분포 예

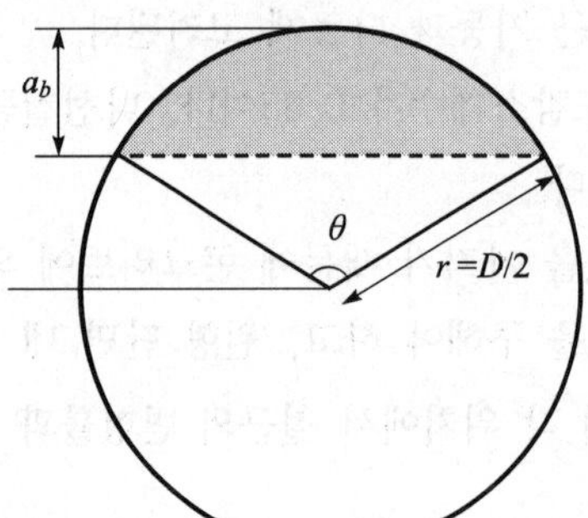

$$A_c = \frac{1}{2}r^2[\theta - \sin\theta]$$

$$\theta = \cos^{-1}\left\{\frac{r-a_b}{r}\right\}$$

(θ in radian)

그림 8.16 원형 기둥의 단면의 활꼴면적 산정

8.8.4 2축 방향의 휨모멘트를 받는 단주

기둥이 압축력과 함께 동시에 두 축방향의 휨모멘트, 즉, 2축 휨(biaxial bending)을 받는 경우에는 이에 대해 설계하여야 한다.

그림 8.17과 같이 압축하중 P_n이 2축 방향에서 복편심 상태로 작용하게 되면, 단면은 2축 방향의 휨모멘트를 받게 된다. 건물에서 모서리 기둥은 물론, 규칙적이지 않은 배치로 기둥이 설치된 건물의 내부기둥이 바로 이러한 경우이다. 교

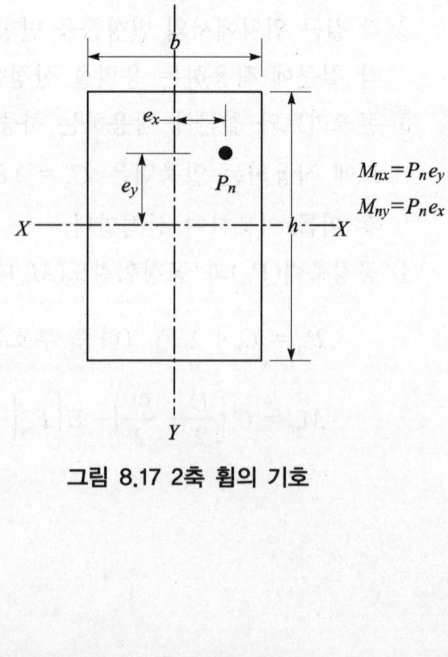

그림 8.17 2축 휨의 기호

량에 있어서는 비대칭적 수직하중과 풍하중 등에 의해 교각이 2축 방향으로 휨모멘트를 받게 된다.

2축 방향의 휨모멘트를 받는 기둥의 P-M 상관도는 그림 8.18과 같다. 이때 기둥의 강도는 2축상태 상관도인 상호작용 곡선(interaction curve)으로 정의된다. 즉 P_u, M_{ux} 및 M_{uy}가 이 상관도 내부에 위치하면 기둥은 안전상태이며, 하중들이 상관도를 벗어난 외측에 존재하면 이 기둥은 파괴하게 된다. 그리고 일정한 P에 대하여 얻어지는 일정한 크기의 P면(plane at constant P)이 나타내는 곡선이 그림 8.18과 같은 등하중선(load contour)이 된다.

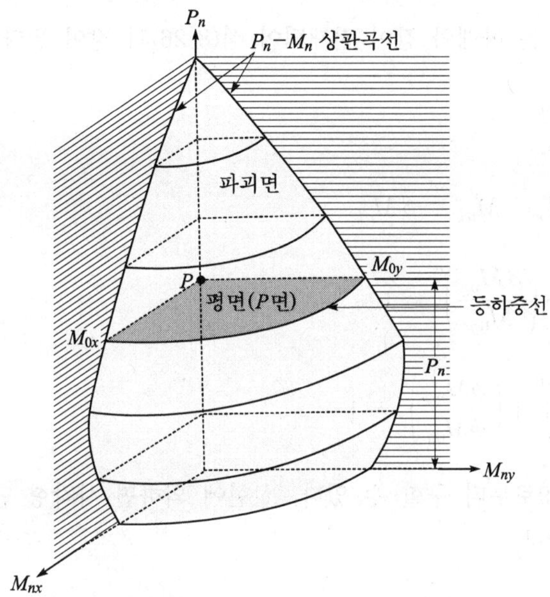

그림 8.18 2축 휨을 받는 기둥에서 P_n에 대한 등하중선

2축 방향의 휨모멘트를 받는 기둥의 설계는 다음과 같은 방법을 사용할 수 있다.

1) 등하중선법

P의 고정 값에 대응되는 곡선인 등하중선에 의해 얻어지는 파괴면을 기준으로 접근하는 설계방법이 등하중선법(load contour method)이다. 이 방법에서 곡선의 기본적 형태는 다음 식(8.28)과 같이 일반적으로 무차원 상호작용방정식(interaction equation)으로 표현된다.

$$\left(\frac{M_{nx}}{M_{0x}}\right)^{\alpha_1}+\left(\frac{M_{ny}}{M_{0y}}\right)^{\alpha_2}=1 \tag{8.28}$$

여기서, $M_{nx} = P_n e_y$

$M_{0x} = M_{nx}(M_{ny} = 0)$

$M_{ny} = P_n e_x$

$M_{0y} = M_{ny}(M_{ny} = 0)$

α_1, α_2 : 기둥의 단면 크기, 철근량, 재료의 응력-변형률 곡선, 철근의 피복 등에 따라 변화되는 지수

하나의 축하중 P에 대해서 계수 β를 도입하고 또 $\alpha_1 = \alpha_2 = \alpha$로 놓고, 강도감소계수 ϕ를 사용하면, 식(8.22)는 아래와 같이 전개되어 식(8.26)과 같이 된다.

즉, $\dfrac{M_{ny}}{M_{nx}} = \dfrac{M_{oy}}{M_{ox}}$

$M_{nx} = \beta M_{ox}$, $M_{ny} = \beta M_{oy}$

$$\left(\frac{\beta M_{0x}}{M_{0x}}\right)^{\alpha} + \left(\frac{\beta M_{0y}}{M_{0y}}\right)^{\alpha} = 1$$

$$\therefore \left(\frac{\phi M_{nx}}{\phi M_{0x}}\right)^{\alpha} + \left(\frac{\phi M_{ny}}{\phi M_{0y}}\right)^{\alpha} = 1 \qquad (8.29)$$

α의 값은 그림 8.19로부터 구할 수 있다. 실험에 의하면 사각형 단면에서 $\alpha =$ 1.15~1.55의 범위로 나타난다.

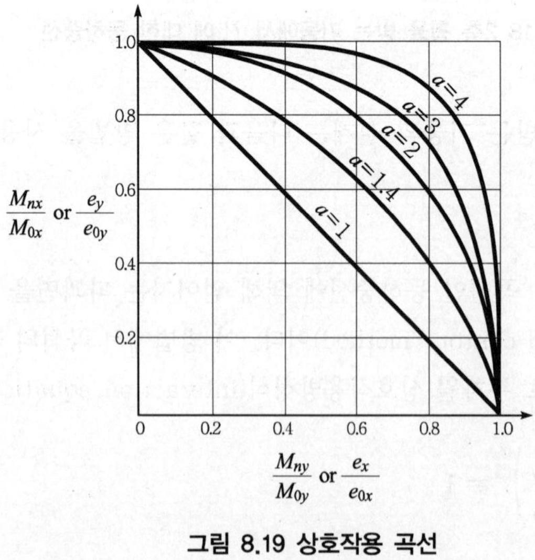

그림 8.19 상호작용 곡선

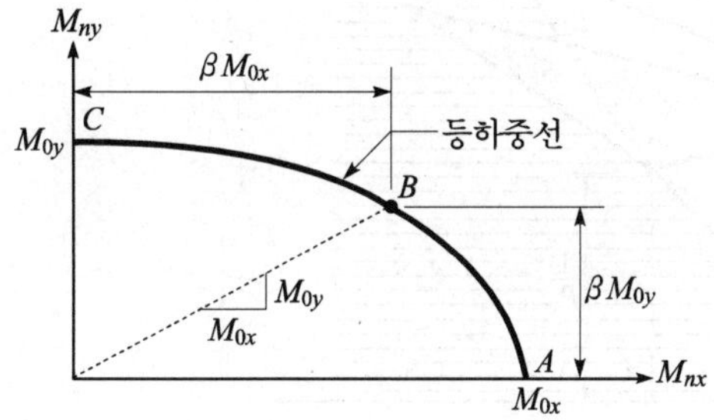

그림 8.20 P 평면에서의 등하중선

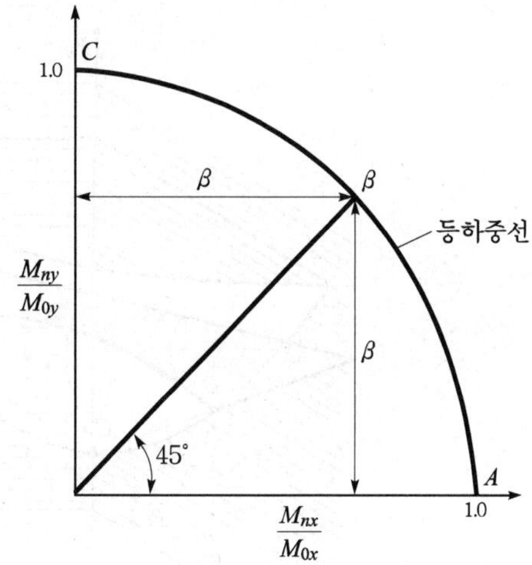

그림 8.21 무차원 등하중선

2) 상반하중법

그림 8.18의 P_n, M_{nx}, M_{ny} 상관도에서 그림 8.22의 $\frac{1}{P_n}$, e_x, e_y 상관도를 얻을 수 있다. 여기서 그림 8.22의 상관도는 파괴면을 하중의 역수로 나타내고 있다.

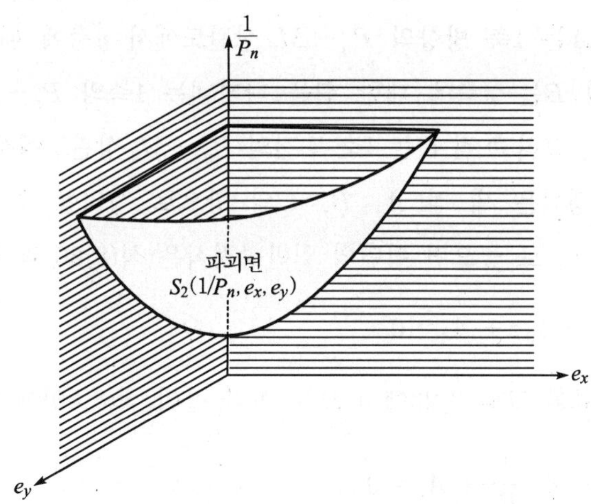

그림 8.22 상반하중 파괴면

이로부터 Bresler는 그림 8.23에서 A, B, C점들의 좌표를 다음과 같이 놓고 식을 전개하였다.

$$A(e_{xA}, 0, \frac{1}{P_y}), \quad B(0, e_{yB}, \frac{1}{P_x}), \quad C(0, 0, \frac{1}{P_0})$$

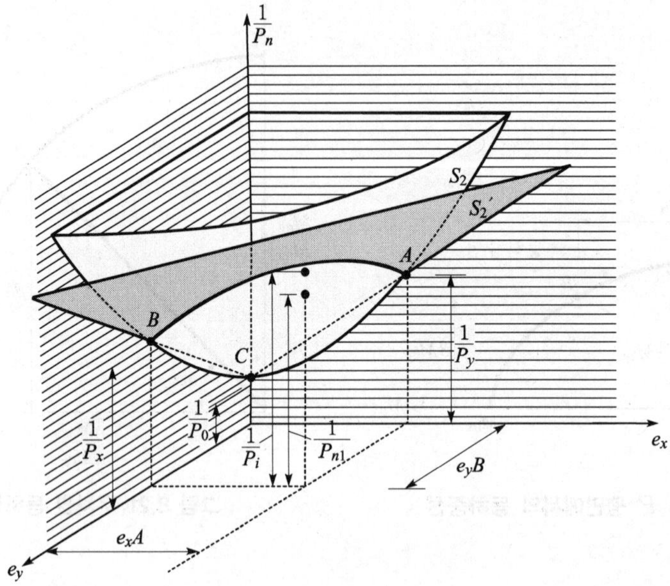

그림 8.23 상반하중법의 도해적 표현

여기서 P_0는 편심이 없는 공칭 축강도이다. 그리고 P_x는 1축 방향의 편심 $e_{yB}(M_{nx}=P_x e_{yB})$에서의 공칭강도이다. 또한 P_y는 1축 편심 $e_{xA}(M_{ny}=P_y e_{xA})$ 에서의 공칭강도이다. 다시 말해서 점 A는 1축 방향의 P_n-M_n 상관도에서 y축에 대한 휨으로서 점(P_y, M_{ny})를 나타낸다. 점 B는 x축에 대한 휨을 나타내는 1축의 P_n-M_n 상관도에서 점(P_x, M_{nx})를 나타낸다. 그리고 점 C는 1축 조건의 P_n-M_n 상관도에서 2개축 모두에 관계된다. 평면 S_2'의 방정식은 세 점 A, B, C의 항으로 정의할 수 있다. 즉, $x=e_x$, $y=e_y$, 그리고 $z=1/P_n$로 놓으면 평면의 일반방정식은 식(8.30)과 같이 된다.

$$A_1 x + A_2 y + A_3 z + A_4 = 0 \tag{8.30}$$

점 A, B, C의 좌표를 그림 8.23에서 보는 바와 같이 식(8.30)에 대입하면

$$A_1 e_{xA} + 0 + A_3 \frac{1}{P_y} + A_4 = 0 \tag{8.31(a)}$$

$$0 + A_2 e_{yB} + A_3 \frac{1}{P_x} + A_4 = 0 \tag{8.31(b)}$$

$$0 + 0 + A_3 \frac{1}{P_0} + A_4 = 0 \tag{8.31(c)}$$

A_1, A_2를 A_4의 항으로 식(8.31)을 풀면

$$A_1 = \frac{1}{e_{xA}}\left(\frac{P_o}{P_y} - 1\right)A_4 \tag{8.32(a)}$$

$$A_2 = \frac{1}{e_{yB}}\left(\frac{P_o}{P_x} - 1\right)A_4 \tag{8.32(b)}$$

$$A_3 = -P_o A_4 \tag{8.32(c)}$$

식(8.32)를 식(8.30)에 대입하면

$$A_4\left[\frac{x}{e_{xA}}\left(\frac{P_o}{P_y} - 1\right) + \frac{y}{e_{yB}}\left(\frac{P_o}{P_x} - 1\right) - P_o z + 1\right] = 0 \tag{8.33}$$

식(8.33)을 P_0로 나누면 다음 식(8.34)와 같이 된다.

$$\frac{x}{e_{xA}}\left(\frac{1}{P_y} - \frac{1}{P_o}\right) + \frac{y}{e_{yB}}\left(\frac{1}{P_x} - \frac{1}{P_o}\right) - z + \frac{1}{P_o}\Bigg] = 0 \tag{8.34}$$

그림 8.23에서 실제 파괴면의 점($x = e_{xA},\ y = e_{yB},\ z = \frac{1}{P_{n1}}$)을 근사화시키는 평면의 점($x = e_{xA},\ y = e_{yB},\ z = \frac{1}{P_i}$)에서 식(8.34)는 다음 식(8.35)와 같이 된다.

$$\left[\left(\frac{1}{P_y} - \frac{1}{P_o}\right) + \left(\frac{1}{P_x} - \frac{1}{P_o}\right) - \frac{1}{P_i} + \frac{1}{P_o}\right] = 0 \tag{8.35}$$

Bresler는 식(8.30)~식(8.35)의 과정을 거쳐 최종적으로 식(8.36)과 같이 P_i로 표현된 상반하중 방정식(reciprocal load equation)을 제시하였다.

$$\frac{1}{P_i} = \frac{1}{P_x} + \frac{1}{P_y} - \frac{1}{P_o} \tag{8.36}$$

여기서 P_i : 편심거리 e_x, e_y를 가지고 2축 휨이 작용할 때의 공칭 축하중강도

P_x : $e_x = 0$이고, e_y만 있을 때의 공칭 축하중강도

P_y : $e_y = 0$이고, e_y만 있을 때의 공칭 축하중강도

P_0 : $e_x = e_y = 0$일 때의 공칭 축하중강도

설계를 위하여 강도감소계수 ϕ를 적용하면 식(8.36)은 식(8.37)과 같이 된다.

$$\frac{1}{\phi P_i} = \frac{1}{\phi P_x} + \frac{1}{\phi P_y} - \frac{1}{\phi P_0} \tag{8.37}$$

이 설계방법을 상반하중법(reciprocal load method)이라고 한다.

예제 8.6 그림 8.24와 같은 단면이 $400\text{mm} \times 600\text{mm}$인 띠철근 단주가 있다. 이 기둥 단면에 아래 그림과 같이 철근 8-D32 ($A_{st} = 8 \times 642.4 = 5{,}139\,\text{mm}^2$)가 배치되어 있다. 이 기둥에 양 방향으로 편심거리가 $e_x = 200\text{mm}$, $e_y = 300\text{mm}$인 편심하중이 작용한다면 2축 휨 작용시의 공칭 축하중강도 P_i는 얼마인가? 단, $f_{ck} = 24\text{MPa}$, $f_y = 400\text{MPa}$이다.

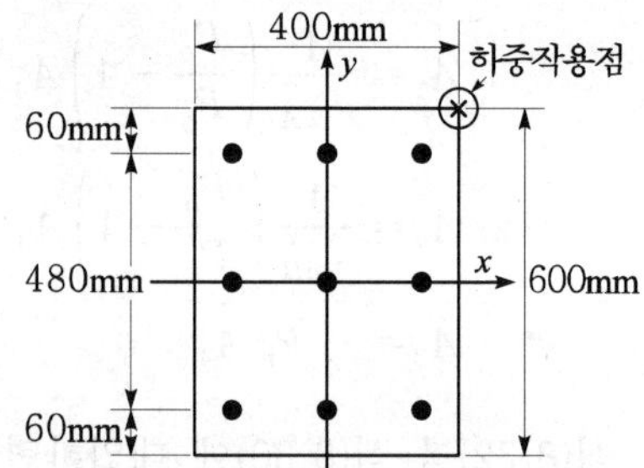

그림 8.24

풀이

상반하중법으로 해석한다.

(1) x축에 관한 공칭 축하중강도 P_x의 계산

$$\gamma = \frac{480}{600} = 0.8, \quad \frac{e_y}{h} = \frac{300}{600} = 0.5$$

$$\rho_g = \frac{5{,}139}{400 \times 600} = 0.021 \simeq 0.02$$

그림 8.9(b) 띠철근 기둥의 강도에 대한 P-M 상관도표에서 $e/h = 0.5$인 직선과 $\rho = 0.02$의 파괴포락선이 만나는 점에서 $\dfrac{\phi P_x}{A_g} = 6.0\,\text{MPa}$이므로,

$\therefore \phi P_x = 6.0 \times (400 \times 600) = 1{,}440{,}000\text{N} = 1{,}440\text{kN}$

(2) y축에 관한 공칭 축하중강도 P_y의 계산

$$\gamma = \frac{320}{400} = 0.8, \quad \frac{e_x}{b} = \frac{200}{400} = 0.5$$

$$\rho_g = \frac{5{,}139}{400 \times 600} = 0.021$$

그림 8.9(b) 띠철근 기둥의 강도에 대한 P-M 상관도표에서 $e/h = 0.5$인 직선과 $\rho = 0.02$의 파괴포락선이 만나는 점에서 $\dfrac{\phi P_y}{A_g} = 6.0\,\text{MPa}$이므로,

$\therefore \phi P_y = 6.0 \times (400 \times 600) = 1{,}440{,}000\text{N} = 1{,}440\text{kN}$

(3) 소성 중심에서의 공칭 축하중강도 P_o 계산

그림 8.9(b) 띠철근 기둥의 강도에 대한 P-M 상관도표에서 철근비 $\rho_g = 0.02$의 파괴포락선이 수직축 $\left(\dfrac{\phi P_n}{A_g}\right)$과 만나는 점이 $\dfrac{\phi P_0}{A_g}$이므로,

도표에서 $\dfrac{\phi P_0}{A_g} = 14.5\,\text{MPa}$

$\therefore\ \phi P_0 = 14.5 \times (400 \times 600) = 3{,}480{,}000\text{N} = 3{,}480\,\text{kN}$

(4) 2축 휨을 받는 단면의 공칭 축하중강도 P_i는 다음과 같이 계산된다. 여기서 강도감소계수(ϕ) 또한 그림 8.9를 이용하여 결정한다. 그림 8.9(b)에서 $e/h = 0.5$ 직선과 $\rho_g = 0.02$의 파괴포락선 교점을 압축지배($\epsilon_s = \epsilon_y$), 인장지배($\epsilon_s = 0.005$) 기준 선과 비교하여 강도감소계수(ϕ)를 근사적으로 결정할 수 있다.

$$\frac{1}{\phi P_i} = \frac{1}{\phi P_x} + \frac{1}{\phi P_y} - \frac{1}{\phi P_0} \quad \text{이므로}$$

$$\frac{1}{\phi P_i} = \frac{1}{1{,}440} + \frac{1}{1{,}440} - \frac{1}{3{,}480}$$

$$= \frac{2 \times 3{,}480 - 1{,}440}{5{,}011{,}200} = \frac{5{,}520}{5{,}011{,}200} = \frac{1}{907.8}$$

$\therefore\ P_i = 907.8 \div 0.658 = 1{,}397\,\text{kN}$

8.9 장주

장주는 중심 축하중이 작용할 때 그 크기가 작더라도 어느 한계에 도달하게 되면 면외변형의 좌굴이 발생되어 파괴가 일어날 수 있다. 여기서 좌굴하중의 크기는 기둥의 길이, 횡방향 상대변위(sidesway, 또는 횡구속)을 결정하는 기둥 단부의 지지방법, 단면의 크기와 형상, 탄성계수 등에 따라 다르다. 오일러(Leonhard Euler)는 중심 축하중을 받는 장주의 좌굴하중을 탄성이론에 의해서 구하였다.

단주는 일반적으로 콘크리트의 파쇄(crushing)나 철근의 항복으로 파괴되지만 장주는 좌굴(buckling), 또는 좌굴의 영향을 받아 감소된 강도에 의하여 파괴되는데 이것은 장주의 세장효과(effect of slenderness)에 의해 결정된다. 그리고 장주의 거동은 횡방향 상대변위가 있는 경우와 없는 경우의 횡변위 조건으로 나누어진다.

8.9.1 장주에서 오일러의 좌굴하중

기둥의 비지지 길이를 l_u, 탄성계수를 E, 최소 단면2차모멘트를 I라고 하면 양단의 지지조건에 따라 장주조건에서 오일러의 좌굴하중을 구하면 다음과 같이 된다.

1) 기둥의 양단이 힌지인 경우의 장주

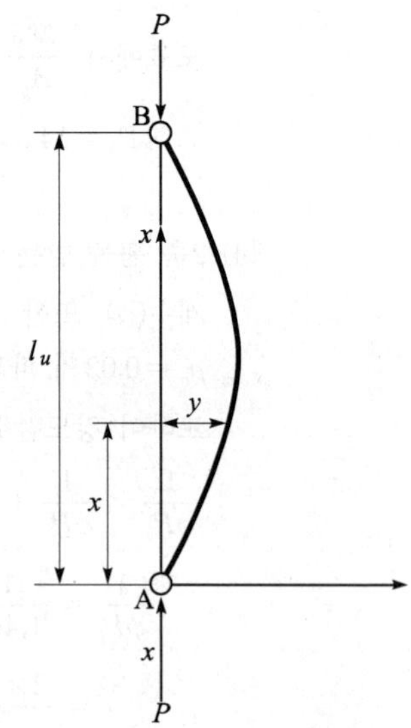

그림 8.25 탄성처짐곡선도

그림 8.25와 같이 양단이 힌지인 장주 AB에 중심 축방향 압축력이 0에서 점차 증가하여 재하되는 경우를 가정해 보자. 이 기둥에 작용하고 있는 하중이 P에 이르렀을 때 임의의 점 x에서의 부재축 직각방향에 대한 변위를 y라고 하면, 장주에서 임의의 단면 x의 휨모멘트는 $M_x = P \cdot y$ 이므로, 이를 탄성처짐곡선의 미분방정식에 대입하면,

$$\frac{d^2y}{dx^2} = -\frac{M}{EI} = -\frac{Py}{EI} \qquad ①$$

여기서 $\frac{P}{EI} = \kappa^2$ 으로 놓으면, 식 ①은 아래의 식 ②가 된다.

$$\frac{d^2y}{dx^2} + \kappa^2 y = 0 \qquad ②$$

이 미분방정식의 일반해는

$$y = A\sin\kappa x + B\cos\kappa x \qquad ③$$

여기서 A, B는 상수이며, 이 값들은 경계조건(boundary condition)에 의해 구할 수 있다.
첫 번째 경계조건은 $x = 0$ 에서 $y = 0$ 이다. 따라서 $B = 0$ 이다.
두 번째 경계조건은 $x = l_u$ 에서 $y = 0$ 이다. 따라서 $\sin\kappa l = 0$ 이다.
$\sin\kappa l_u = 0$이므로 $\kappa l_u = m\pi (m = 1, 2, 3, \cdots)$이다.

$$즉,\ \kappa = \frac{m\pi}{l_u} \qquad ④$$

식 ④에 $\frac{P}{EI} = \kappa^2$ 을 대입하면,

$$\frac{P}{EI} = \frac{m^2\pi^2}{l_u^2},\ 따라서\ P = \frac{m^2\pi^2 EI}{l_u^2} \qquad ⑤$$

식 ⑤에서 P의 값이 최소가 되는 경우는 $m = 1$ 일 때이다. 이때의 P를 오일러의 좌굴하중(bucking load), 또는 임계하중(critical load)이라고 하며 P_c로 표시한다. 따라서 기둥의 양단이 힌지로 지지된 경우의 좌굴하중은 식(8.38(a))와 같다.

$$P_c = \frac{\pi^2 EI}{l_u^2} \qquad (8.38(a))$$

2) 기둥의 1단은 고정단, 타단은 자유단인 경우의 장주

$$P_c = \frac{\pi^2 EI}{4l_u^2} = \frac{\pi^2 EI}{(2l_u)^2} \tag{8.38(b)}$$

3) 기둥의 양단이 모두 고정단인 경우의 장주

$$P_c = \frac{4\pi^2 EI}{l_u^2} = \frac{\pi^2 EI}{(0.5l_u)^2} \tag{8.38(c)}$$

4) 기둥의 1단은 고정단, 타단은 회전단인 경우의 장주

$$P_c = \frac{2\pi^2 EI}{4l_u^2} = \frac{\pi^2 EI}{(0.7l_u)^2} \tag{8.38(d)}$$

기둥의 양단 지지조건에 따른 각기 다른 4종류의 장주가 좌굴할 때 탄성곡선의 형상은 서로 다르며 식의 계수 값도 같지 않다. 따라서 이들을 일반식으로 표현하면 식(8.39)와 같다.

$$P_c = \frac{n\pi^2 EI}{l_u^2} = \frac{\pi^2 EI}{(kl_u)^2} \tag{8.39}$$

여기서 n은 기둥의 양단 지지조건에 따른 구속계수이며, k는 기둥의 유효좌굴길이계수이다. 그림 8.26에 기둥의 단부 구속조건별로 각각 이들의 값을 나타내었다. 기둥의 단면적을 A, 단면의 최소 회전반경을 r, 세장비를 $\lambda = \dfrac{l}{r}$ 이라고 하면, $I = Ar^2$이므로 식(8.39)는 다음과 같은 일반적인 조건으로 표현된다.

$$P_c = \frac{n\pi^2 EA}{\left(\dfrac{l_u}{r}\right)^2} = \frac{\pi^2 EA}{\left(\dfrac{kl_u}{r}\right)^2} \tag{8.40(a)}$$

$$P_c = \frac{n\pi^2 EA}{\lambda^2} = \frac{\pi^2 EA}{(k\lambda)^2} \tag{8.40(b)}$$

그리고 좌굴응력은 식(8.41)과 같다.

$$f_c = \frac{P_c}{A} = \frac{n\pi^2 E}{\left(\dfrac{l_u}{r}\right)^2} = \frac{\pi^2 E}{\left(\dfrac{kl_u}{r}\right)^2} \tag{8.41}$$

그림 8.26의 (b)~(d) 기둥은 단부에서 횡방향으로 상대적 변위가 없는 경우이다. 1단이 고정되고 타단이 자유단인 캔틸레버 기둥은 그림 8.26(a)와 같이 좌굴이 일어난다. 이 기둥은 하단에 대해 상단이 횡방향으로 이동된다. 이와 같이 횡방향으로 변형이 일어나는 것을 가로 흔들림(sidesway), 횡방향 상대변위, 또한 횡변위라고 한다. 이 기둥은 상단에서의 반

곡점과 곡선의 연장선상의 반곡점은 $2l$이 되어, 유효길이는 $l_r = kl_u = 2l_u$가 된다.

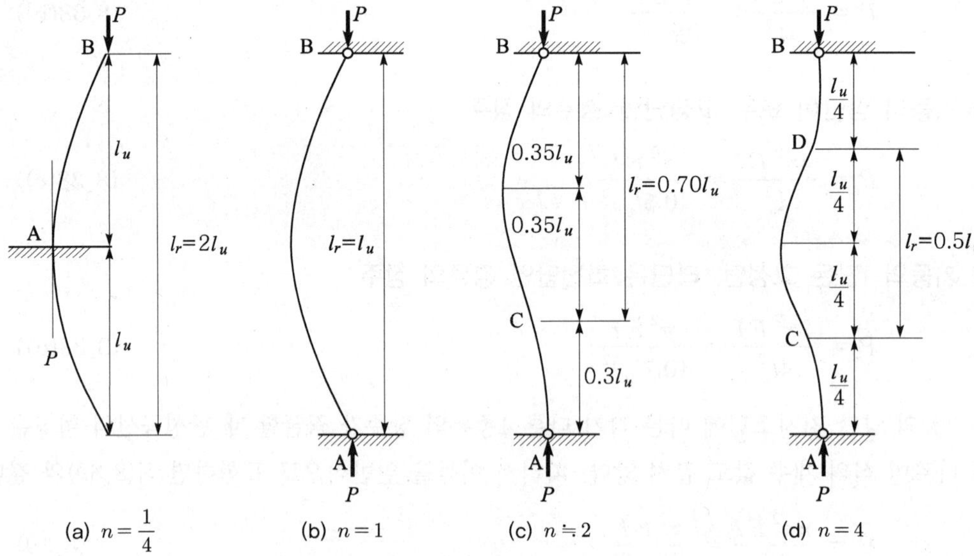

그림 8.26 기둥의 지지조건별 좌굴형상과 유효길이

기둥의 유효좌굴길이는 그림 8.27과 같이 기둥단부의 회전에 대한 구속도(degree of restraint)에 따라 직선 연결도표(alignment chart)를 이용하여 구할 수도 있다. 유효좌굴길이계수 k를 구하기 위하여 기둥의 상단과 하단 각 지점의 강성도비(restraint factor) Ψ_A와 Ψ_B를 다음 식(8.42)에 의해 계산하여 도표에서 직선으로 연결하여 만나는 점이 k값이 된다.

$$\Psi_A = \Psi_B = \frac{\sum(EI_c/l_c)}{\sum(EI_b/l_b)} \tag{8.42}$$

좌굴과 관련하여 철근콘크리트 구조물은 라멘구조로 설명하는 것이 쉽다. 즉, 라멘의 좌굴거동은 그림 8.28과 같은 라멘구조로 설명할 수 있는데, 그림 8.28(b)와 같이 브레이싱에 의해 횡방향 상대변위가 방지된 경우의 좌굴형태는 점선과 같이 될 것이다. 이 라멘기둥의 유효길이 kl은 l보다 작다. 그러나 이와 똑같은 라멘구조라고 하더라도 브레이싱이 없다면 좌굴은 그림 8.28(a)와 같이 될 것이며, 이 라멘들의 기둥은 그림의 점선과 같이 거동할 것이다. 그러므로 횡방향 상대변위가 있는 구조의 유효길이 kl_u는 단부 구속도의 영향에 의해 $2l$을 초과하게 된다. 따라서 라멘구조의 모든 조건이 같다 하더라도 횡방향 상대변위가 있고 없고 여부에 따라서 횡변위에 큰 차이가 있음을 알 수가 있다. 이러한 사실을 요약하면 다음과 같다.

① 중심 축하중을 받는 기둥의 강도는 세장비 kl_u/r의 크기에 따라 변화된다.

② 횡방향으로 상대변위가 방지된 기둥은 유효길이 kl_u이 $l_u/2$과 l_u 사이에 존재한다.

③ 횡방향으로 상대변위가 방지되어 있지 않은 기둥의 유효길이 kl_u은 l_u보다 크다. 따라서 횡방향 상대변위가 있는 라멘기둥의 좌굴하중은 횡방향 상대변위가 없는 라멘기둥의 좌굴하중보다 작게 된다.

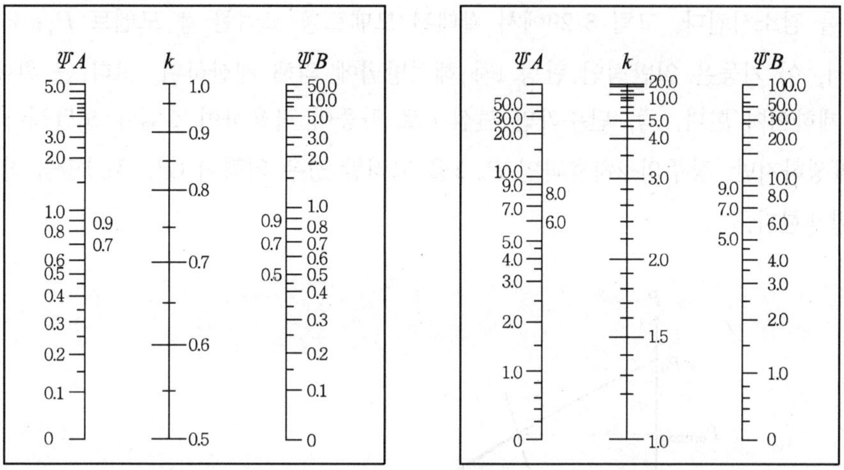

(a) 횡방향 상대변위가 없는 경우(횡구속골조) (b) 횡방향 상대변위가 있는 경우(비횡구속골조)

그림 8.27 유효길이계수의 직선연결도표

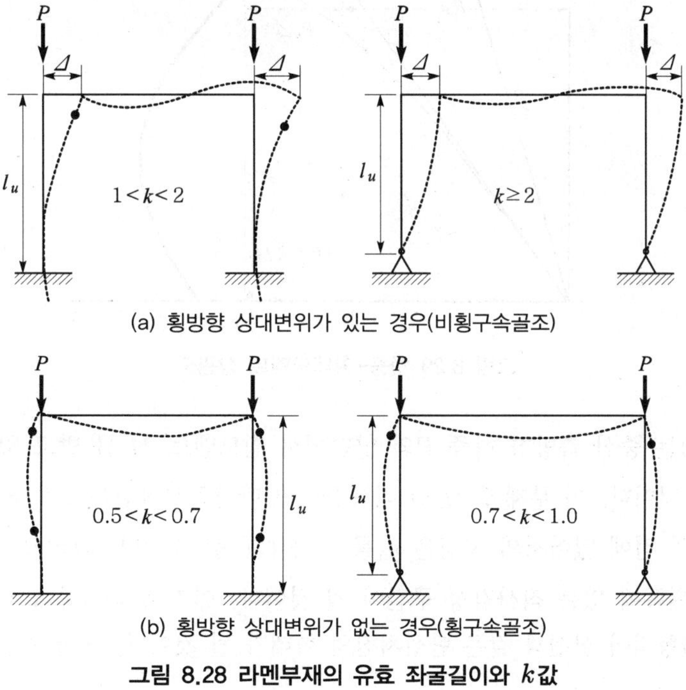

(a) 횡방향 상대변위가 있는 경우(비횡구속골조)

(b) 횡방향 상대변위가 없는 경우(횡구속골조)

그림 8.28 라멘부재의 유효 좌굴길이와 k값

8.9.2 장주의 확대모멘트

축하중 P가 편심거리 e만큼 떨어져서 작용하는 장주를 고려할 때 좌굴효과는 확대모멘트 $P\Delta$를 일으키게 된다. 여기서 Δ는 수직방향에 대해 기둥의 양단 사이에서 발생된 압축부재의 최대 횡방향 변위이다. 이 확대모멘트는 그림 8.29의 상관도에서 C점에서 B점으로 재하능력을 감소시킨다. 그림 8.29에서 확대된 모멘트를 고려한 총 모멘트 $P_u e + P_u \Delta$는 B점으로서, 이 기둥은 일반적인 탄성 1차 해석방법에 의해 계산하며, 보다 큰 확대모멘트 M_c로 설계하여야 한다. 즉, 단주라면 편심 e로 하중이 작용하여 C점에 도달해야 단면의 파괴가 발생하지만, 장주의 2차효과인 $P_u\Delta$을 고려할 경우 외력이 $(P_u,\ M_c)$만큼 작용할 때 파괴가 발생한다.

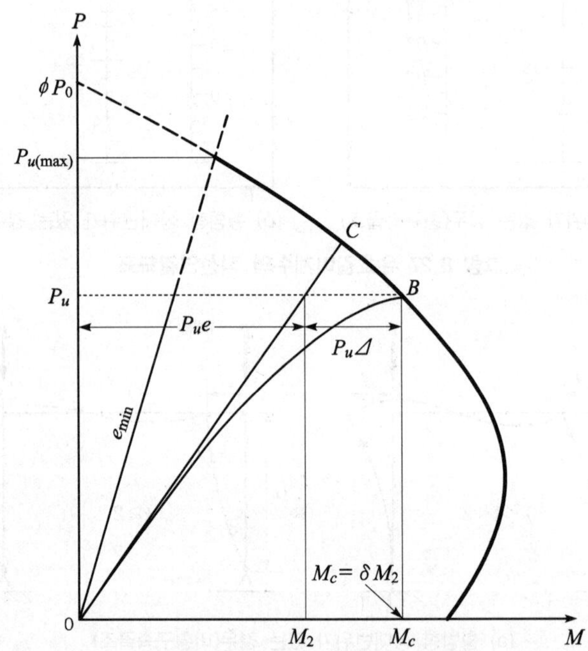

그림 8.29 하중-확대모멘트 상관도

그림 8.30(a)는 중심 축방향 하중 P와 양단에서 휨모멘트 M_0를 받고 있는 부재의 변형 상태를 나타낸 것이다. 이 부재에 M_0만 작용한다면 탄성처짐곡선은 그림 8.30(a)의 점선과 같이 되고, 임의 점에 있어서의 처짐은 y_0를 나타내게 될 것이다. 그리고 휨모멘트도는 그림 8.30(b)의 왼쪽에 있는 직사각형 구간이 될 것이다. 여기에 축하중 P가 작용되면 기둥 부재는 더욱 변형되어 실선과 같은 탄성처짐의 형태가 될 것이다. 또한 기둥의 임의 점에서

는 Py만큼의 편심하중 모멘트가 추가로 발생될 것이다. 따라서 기둥의 임의 점에 대한 휨모멘트 M은 다음과 같이 변화하게 된다.

$$M = M_0 + Py$$

그리고 M_{max}은 근사적으로 다음 식(8.43)과 같이 된다.

$$M_{max} = \frac{1}{1 - P/P_c} M_0 \tag{8.43}$$

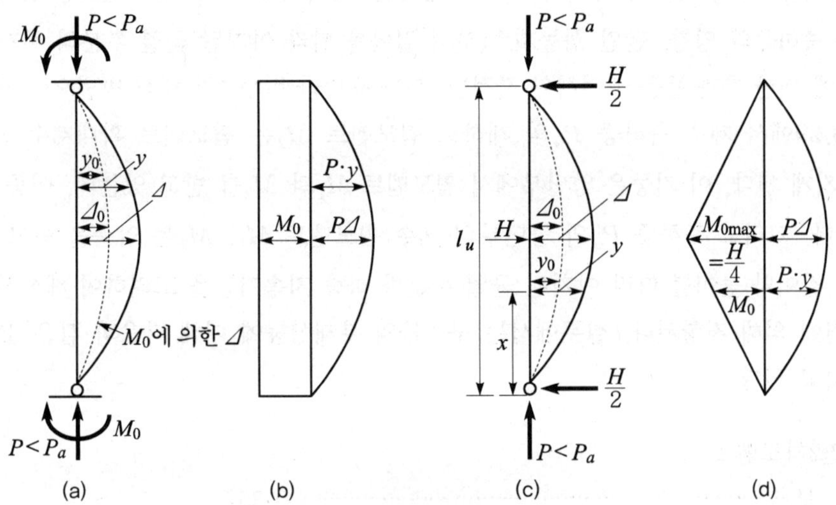

그림 8.30 압축과 휨을 받는 장주

식(8.41)에서 M_0를 M_{max}로 증대시키는 계수 $\left(\frac{1}{1 - P/P_c}\right)$을 모멘트 확대계수(moment magnification factor)라고 한다.

모멘트의 확대는 양단부에 작용하는 모멘트의 상대적 크기에 영향을 받기 때문에 식(8.43)은 다음 식(8.44)와 같이 된다.

$$M_{max} = \frac{C_m}{\left(1 - \frac{P}{P_c}\right)} M_0 \tag{8.44}$$

여기서, C_m은 실제 휨모멘트도를 등가 균일 분포 휨모멘트도로 치환하는데 관련된 등가모멘트계수(equivalent moment factor)이다. 그리고 그 값은 다음 식(8.45)와 같다.

$$C_m = 0.6 + 0.4 \frac{M_1}{M_2} \geq 0.4 \tag{8.45}$$

식(8.43)에서 M_1은 양단부의 모멘트 중 작은 값이며, M_2는 큰 값이다. 양단부의 모멘트로 인한 부재의 탄성처짐곡선이 단일 곡률을 일으키면 M_1/M_2는 양(+), 2중 곡률을 일으키면 음(−)의 부호를 취한다. 기둥의 양단 사이에 횡하중이 있는 경우에는 C_m을 1.0으로 취하여야 한다. 식(8.45)는 횡방향 상대변위가 방지된 부재에만 적용된다.

8.9.3 휨모멘트 확대법

계수 축하중 P_u와 기둥 양단에서의 계수 휨모멘트 M_1과 M_2, 그리고 필요한 곳에서의 층간변위는 축하중의 영향, 단면 성능계수(부재 길이를 따라 야기된 균열 부분의 존재와 하중 지속기간에 대한 효과 등을 고려하여 결정된 계수)에 따라 탄성 1차 해석 방법으로 계산한다.

그림 8.29에서 계수 축하중 P_u의 재하로 휨모멘트 M_2는 휨모멘트 확대계수 δ에 의해 M_c로 커지게 된다. 이 기둥은 양단부에서 휨모멘트 M_1과 M_2를 받고 있는데, 이중 큰 값을 M_2로 한다. 그리고 축하중 P_u와 양단부의 계수 휨모멘트 M_1, M_2는 압축을 받고 있는 기둥부재의 길이와 높이를 따라 야기된 균열 부분과 하중 지속기간을 고려하여 해석적으로 선택한 단면에 의해 저항된다. 실무에서는 구조물의 부재성능에 대해 다음과 같은 값의 사용을 허용하고 있다.

① 단면2차모멘트

보 ·· $0.35I_g$

기둥 ·· $0.70I_g$

비균열 벽체 ·· $0.70I_g$

균열 벽체 ·· $0.35I_g$

플랫 플레이트 및 플랫 슬래브 ························ $0.25I_g$

② 압축부재의 단면회전반지름(r)은 직사각형 압축부재의 경우 좌굴안정성이 고려되는 방향의 단면치수의 0.3배($r=0.3h$), 원형 압축부재의 경우 지름의 0.25배($r=0.25D$)로 사용할 수 있다. 그 이외의 형상에 대한 회전반지름은 콘크리트 전체 단면적에 대하여 계산할 수 있다.

횡방향 지속하중이 작용할 경우 크리프에 의한 영향을 간접적으로 고려하기 위해 상기의 단면2차모멘트를 $(1+\beta_{ds})$로 나누어 사용한다. 여기서 β_{ds}는 크리프의 영향을 고려한 계수로서 다음과 같다.

$$\beta_{ds}=\frac{\text{1개층의 최대 계수 지속전단력}}{\text{1개층 전체의 계수 전단력의 합계}}$$

기둥 하중은 그림 8.29에서 편심거리 $e+\Delta$에 작용하여 휨모멘트 M_c를 일으킨다고 가정한다. 이때 M_c와 M_2의 비 M_c/M_2를 휨모멘트 확대계수 δ라고 한다. 휨모멘트 확대 정도는 세장비 kl_u/r에 좌우된다.

1) 횡방향 상대변위가 없는 압축부재의 휨모멘트 확대(횡구속의 경우)

횡방향 상대변위가 무시될 수 있는 압축부재 즉, 횡 지지된 구조물의 압축부재는 유효길이계수 k가 1.0보다 크더라도 1.0을 취할 수 있다. 그리고 세장의 영향은 식(8.46)을 만족할 경우 무시할 수 있다.

$$\frac{kl_u}{r} \le 34 - 12\frac{M_1}{M_2} \le 40 \tag{8.46}$$

여기서, 부재가 단일곡률로 휠 때 $\frac{M_1}{M_2}$는 정(+), 부재가 이중곡률로 휠 때 $\frac{M_1}{M_2}$는 부(-)를 취한다.

횡방향 상대변위가 없는 압축부재에 있어서 계수 축하중 P_u에 의해 확대되는 휨모멘트는 식(8.47)과 같다.

$$M_c = \delta_{ns} M_2 \tag{8.47}$$

여기서 δ_{ns}는 휨모멘트 확대계수이며, 식(8.48)에 의해 계산된다.

$$\delta_{ns} = \frac{C_m}{1 - P_u/0.75P_c} \ge 1 \tag{8.48}$$

여기서 C_m은 식(8.45)로 계산된다.

식(8.39)에 의해 오일러의 좌굴하중을 계산할 때 사용하는 휨강성 EI는 식(8.49)와 같이 구한다.

$$EI = \frac{0.2E_c I_g + E_s I_{se}}{1+\beta_{dns}} \tag{8.49(a)}$$

여기서 E_c : 콘크리트의 탄성계수(MPa)

I_g : 기둥의 총단면에 대한 단면2차모멘트(mm^4)

E_s : 철근의 탄성계수(MPa)

I_{se} : 부재단면의 도심축에 대한 철근의 단면2차모멘트(mm^4)

β_{dns} : $\dfrac{\text{축방향 계수지속하중}}{\text{최대 축방향 계수하중}} \le 1.0$

또는 안전 측으로 식(8.49(b))와 같이 단순화 시킬 수 있다.

$$EI = \frac{0.4 E_c I_g}{1+\beta_d} \tag{8.49(b)}$$

그리고 횡방향 상대변위가 없는 압축부재에 있어서 M_2의 최소값은 식(8.50)의 값 이상으로 하여야 한다.

$$M_{2,\min} = P_u(15 + 0.03h)\ (\text{mm}) \tag{8.50}$$

여기서 $e'_{\min} = 15 + 0.03h$ 는 세장한 기둥의 최소 편심거리에 해당된다. $M_{2,\min}$이 작용 휨모멘트 M_2를 초과하면, 식(8.45)에서 C_m의 값을 1.0으로 취하거나 실제로 계산한 단부 휨모멘트 M_1과 M_2의 비를 이용하여 계산해야 한다.

2) 횡방향 상대변위가 있는 압축부재의 휨모멘트 확대(비횡구속의 경우)

횡방향 상대변위에 대해 횡방향으로 구속되거나 지지되어 있지 않은 구조의 압축부재 즉, 횡 지지되지 않은 구조물의 압축부재에 대해서는, 식(8.42)와 그림 8.27에 따라 유효길이계수 k를 결정하는데, 이때 EI 값은 식(8.49)로 결정할 수 있다. 세장의 영향은 식(8.51)을 만족할 경우 무시할 수 있다.

$$\frac{kl_u}{r} < 22 \tag{8.51}$$

장주효과를 고려할 경우 기둥의 단부 휨모멘트 M_1과 M_2는 식(8.52)와 같이 확대시켜야 한다. 다만, 횡방향으로 상대변위를 일으키지 않는 하중에 의한 단부 휨모멘트(M_{1ns}, M_{2ns})는 확대시키지 않는다.

$$M_1 = M_{1ns} + \delta_s M_{1s} \tag{8.52(a)}$$

$$M_2 = M_{2ns} + \delta_s M_{2s} \tag{8.52(b)}$$

식(8.52)는 횡방향 상대변위가 있는 구조, 즉 브레이싱이 없는 골조에서는 압축부재의 최대 휨모멘트가 단부에서 발생한다는 가정에 근거한 것이다. 그리고 $M_2 > M_1$ 이므로, 설계 휨모멘트는 M_2를 대상으로 한다.

여기서, M_{2ns}, M_{1ns}는 횡방향으로 상대변위를 일으키지 않는 하중에 따른 압축부재 각 단부의 계수 휨모멘트이며, 이는 탄성 1차 해석(linear elastic analysis)으로 계산한다. 그리고 M_{1s}, M_{2s}는 횡방향 상대변위를 일으키는 하중에 따른 압축부재 각 단부의 휨모멘트

(탄성 1차 해석 결과 값)이다. 비횡구속 골조의 휨모멘트 확대계수 δ_s는 식(8.53(a))에 따라 계산한다. 이 방법으로 계산된 δ_s가 1.5를 초과하면 δ_s는 탄성 2차 해석 또는 식(8.53(b))에 따라 계산하여야 한다.

$$\delta_s = \frac{1}{1-Q} \geq 1.0 \tag{8.53(a)}$$

$$\delta_s = \frac{1}{1-\sum P_u / 0.75\sum P_c} \geq 1.0 \tag{8.53(b)}$$

여기서, Q : 식(8.54)를 사용한다.

$\sum P_u$: 한 층(story)의 모든 기둥에 작용하고 있는 연직계수축력의 합계

$\sum P_c$: 횡방향 변위에 저항하는 모든 기둥의 오일러 좌굴하중 P_c의 합계이다. P_c는 식(8.39)에 의해 계산해야 하며, 이때 EI의 계산식에서 계수 축력에 의한 βd_{ns} 대신 계수 전단력에 의한 β_{ds}를 사용해야 한다. β_{ds}는 비횡구속골조에서 1개층 전체의 최대 계수전단력에 대한 최대 계수 지속전단력의 비이다.

예제 8.7 철근콘크리트 기둥단면은 $b = 350\,\text{mm}$, $d = 500\,\text{mm}$, $h = 560\,\text{mm}$, $d' = 60\,\text{mm}$이고 사용 철근량은 $A_s = A_s' = 4 - D29$ 이다. 이 기둥에 고정하중에 의한 축하중과 휨모멘트가 각각 $P_D = 560\,\text{kN}$, $M_D = 150\,\text{kN} \cdot \text{m}$ 작용하고 있고, 활하중에 의한 축하중과 휨모멘트도 각각 $P_L = 500\,\text{kN}$, $M_L = 140\,\text{kN} \cdot \text{m}$이 작용하고 있다. 이 기둥은 횡방향 변위에 대해서 지지되어 있고 주축에 대해 하나의 곡률을 나타내는 골조의 한 부분이다. 기둥의 비지지길이 $l_u = 5.8\,\text{m}$ ($k = 1.0$으로 가정)이고 양 지점의 단부 모멘트가 같다고 할 때, 이 기둥의 확대모멘트와 최종 편심을 계산하시오. 단, $f_{ck} = 28\,\text{MPa}$이고, $f_y = 420\,\text{MPa}$이다.

풀이

(1) 계수 단면력을 계산

$$P_u = 1.2P_D + 1.6P_L = 1.2 \times 560 + 1.6 \times 500 = 1{,}472\,\text{kN}$$

$$M_u = 1.2M_D + 1.6M_L = 1.2 \times 150 + 1.6 \times 140 = 404\,\text{kN} \cdot \text{m}$$

$$e = \frac{M_u}{P_u} = \frac{404}{1{,}472} \times 1000 = 274\,\text{mm}$$

(2) 기둥의 장주 여부 검토

골조가 횡방향 변위에 대해 지지되어 있고, 단일 곡률을 형성하고 있고 유효길이계수 $k=1.0$, 회전반경 $r=0.3h=0.3\times 560\,\text{mm}=168\text{mm}$이라고 가정하면 비지지길이 $l_u=5.8\text{m}$이므로, 식(8.46)을 적용하면

$$\therefore\ \frac{kl_u}{r}=\frac{1.0\times 5.8\times 1{,}000}{168}=34.5$$

횡방향 지지된 기둥에서 만약 $kl_u/r<34-12(M_1/M_2)$ 조건을 만족하면 세장비의 영향을 무시할 수 있다. 또한 하나의 곡률을 갖기 때문에 $M_1=M_2$이고 M_1/M_2가 하나의 단일곡률일 때 (+)이므로 우변 항의 값이 $34-12\dfrac{M_1}{M_2}=34-12\times 1=22$ 이다.

따라서 $kl_u/r=34.5>22$ 는 장주 조건으로서 세장비의 영향을 고려하여야 한다.

(3) 모멘트 확대계수 δ_{ns}의 계산($\delta_s=0$)

식(8.45)로부터

$$C_m=0.6+0.4\frac{M_1}{M_2}\geq 0.4=0.6+0.4\times 1=1.0$$

$$E_c=8{,}500\sqrt[3]{f_{cm}}=8{,}500\sqrt[3]{28+4}=26{,}986\,\text{MPa}$$

$$E_s=200{,}000\,\text{MPa}$$

① 단면2차모멘트의 계산

$$I_g=\frac{350\times 560^3}{12}=5{,}122{,}130{,}000\,\text{mm}^4$$

$$A_s=A_s{}'=2{,}570\,\text{mm}^2$$

부재단면의 도심축에 대한 철근의 단면2차모멘트는

$$I_{se}=2\times 2{,}570\times\left(\frac{500-60}{2}\right)^2=2{,}487.7\times 10^5\,\text{mm}^4$$

② 고정하중 모멘트 계수

$$\beta_{nds}=\frac{\text{축방향 계수지속하중}}{\text{축방향 계수하중}}=\frac{1.2\times 560}{1{,}472}=0.457$$

③ 휨 강성의 계산

휨강성 EI는 식(8.49(a))로부터

$$EI=\frac{0.2E_cI_g+E_sI_{se}}{1+\beta_{nds}}$$

$$=\frac{(0.2\times 26{,}986\times 5{,}122.1\times 10^6)+(200{,}000\times 2{,}487.7\times 10^5)}{1+0.457}$$

$$=5{,}311.3\times 10^{10}\,\text{MPa}$$

④ P_c의 계산

오일러 좌굴하중(임계하중)은 식(8.38(a))로부터 다음과 같이 계산된다.

$$P_c = \frac{\pi^2 EI}{l_u^2} = \frac{\pi^2 \times 5{,}311.3 \times 10^{10}}{(5.8 \times 1{,}000)^2} = 15{,}567\text{N}$$

⑤ 모멘트 확대계수의 계산

횡방향 상대변위가 없는 경우이므로 모멘트확대계수 δ_{ns}는 식(8.48)을 적용하면 다음과 같이 된다.

$$\delta_{ns} = \frac{C_m}{1 - \left(\dfrac{P_u}{0.75P_c}\right)} = \frac{1.0}{1 - \dfrac{1{,}472}{0.75 \times 15{,}567}} = 1.14$$

(4) 확대된 계수 모멘트($\delta_{ns}M_u$)와 최종 작용편심 계산

① 확대된 계수 모멘트 : $\delta_{ns}M_u = 1.14 \times 404 = 460.6\,\text{kN} \cdot \text{m}$

② 최종 작용 편심 : $e = (460.6 \times 1{,}000)/1{,}472 = 313\,\text{mm}$

3) 횡방향 상대변위가 있는 구조에서 안정성 지수 Q를 사용한 모멘트 확대

2차 해석에 의한 기둥단부 휨모멘트 증가량이 탄성 1차 해석에 의한 단부 휨모멘트의 5%를 초과하지 않는다면, 횡방향 상대변위가 없는 횡 지지된 구조물의 기둥으로 가정할 수 있다. 한 구조물 내에서 한 층은 식(8.54)의 안정성 지수 Q가 0.05의 값을 초과하지 않는다면 해당 구조물층은 횡구속된 구조물로 간주할 수 있다.

$$Q = \frac{\sum P_u \Delta_0}{V_u l_c} \tag{8.54}$$

여기서 V_u : 해당 층의 총 계수전단력(N, kN)

Δ_0 : 전단력 V_u로 인한 그 층의 상·하단 사이의 탄성 1차 해석에 의한 상대변위

l_c : 절점의 중심과 중심 사이에서 측정된 압축부재의 길이(mm, m)

Q 값이 0.05를 초과하게 되면 탄성 2차 해석이 필요하다. 이러한 경우의 해석은 $P-\Delta$ 효과에 따른 반복되는 휨모멘트와 횡방향 상대변위 Δ_0를 합리적으로 정확하고 신속하게 계산을 수행하여야 한다. 탄성 2차 해석을 하지 않을 경우, 휨모멘트 확대계수는 식(8.53)에 의해 계산할 수 있다.

예제 8.8 앞의 예제 8.7에서 골조가 횡방향 상대변위에 대해 지지되어 있지 않다면 이 기둥의 확대모멘트와 최종 편심을 계산하시오. 단 유효길이계수 $k=1.4$이고, 비지지길이 $l_u=4.9\text{m}$이다.

풀이

(1) 세장비효과 고려 여부 검토

$$\frac{kl_u}{r}=\frac{1.4\times(4.9\times1{,}000)}{168}=40.8$$

횡방향으로 지지되어 있지 않은 골조의 경우 $\frac{kl_u}{r}\le 22$(식(8.51))이면 기둥은 단주로 취급하지만, 계산 결과 $\frac{kl_u}{r}>22$ 이므로, 이 기둥은 세장비 효과를 고려하여야 한다.

(2) 모멘트 확대계수 δ_s의 계산

$k=1.4$, $EI=5{,}311.3\times10^{10}\,\text{MPa}$일 때, 모멘트 확대계수 δ_s를 계산한다.

오일러의 좌굴하중은 식(8.39)로부터

$$P_c=\frac{\pi^2EI}{(kl_u)^2}=\frac{\pi^2\times5{,}311.3\times10^{10}}{(1.4\times4.9\times10^3)^2}=11{,}127{,}866\,\text{N}$$

모멘트 확대계수는 양단에 작용하는 휨모멘트가 같으므로 식(8.48)에서 $C_m=1$을 대입하면 다음과 같이 계산된다.

$$\delta_s=\frac{1}{1-\left(\dfrac{P_u}{0.75P_c}\right)}=\frac{1}{1-\left(\dfrac{1{,}472{,}000}{0.75\times11{,}127{,}866}\right)}=1.21$$

(3) 확대모멘트와 설계편심의 계산

$P_u=1{,}472\,\text{kN}$, $M_u=404\,\text{kN}\cdot\text{m}$ 이므로

확대된 계수 모멘트 : $\delta_sM_u=1.21\times404=488.8\,\text{kN}\cdot\text{m}$

최종 작용편심 : $e=488.8\times10^3/1{,}472=332\,\text{mm}$

예제 8.9 철근콘크리트 직사각형 띠철근 기둥이 다층 다경간 골조건물의 일부로 축조되어 있다. 이 기둥의 순 높이는 $l_u = 5.5\,\mathrm{m}$이고, 횡방향 변위에 대해 지지되어 있지 않다. 계수 축방향력은 $P_u = 2{,}400\,\mathrm{kN}$이고 계수 휨모멘트는 각 단부에서 각각 $M_1 = 65\,\mathrm{kN \cdot m}$, $M_2 = 175\,\mathrm{kN \cdot m}$이며, $k = 1.7$, $f_{ck} = 35\,\mathrm{MPa}$, $f_y = 400\,\mathrm{MPa}$이다. 각 층의 슬래브 두께가 300mm이다. 다음 조건에 대해 기둥을 설계하시오.

(1) 단부에서 횡변위를 무시하고 기둥의 안전을 검토하시오. $\beta_{nds} = 0.5$를 적용한다.

(2) 단부에서 횡변위를 일으키는 추가 계수하중 $P_u = 450\,\mathrm{kN}$, $M_u = 95\,\mathrm{kN \cdot m}$가 작용할 때 기둥의 안전을 검토하시오. 다만, 기둥에 적용된 조건은 다음과 같다.
$\Sigma P_u = 70{,}000\,\mathrm{kN}$, $\Sigma P_c = 150{,}000\,\mathrm{kN}$, $V_u = 645\,\mathrm{kN/}$층, $\Delta_0 = 40\,\mathrm{mm}$, $\beta_{ds} = 0.5$

풀이

(1) 횡방향으로 지지된 조건

기둥 단면을 $520\mathrm{mm} \times 520\mathrm{mm}$ 로 가정한다.

① 횡변위가 발생하는 라멘 해석 필요여부 검토

횡변위 발생이 없다는 조건이 제시됨

② 세장비의 영향 검토

횡변위가 없는 경우이므로 식(8.46)에 의해 세장비의 영향을 검토하면,

$$34 - 12\left(\frac{M_1}{M_2}\right) = 34 - 12 \times \left(\frac{65}{175}\right) = 30 < 40$$

$$\frac{kl_u}{r} = \frac{1.7 \times 5{,}500}{0.3 \times 520} = 60 > 30$$

∴ 세장비의 영향을 고려하여야 함.

③ 횡변위를 일으키지 않는 하중에 의한 계수 단부 모멘트 및 최소값 검토

$$M_{1ns} = M_1 = 65\mathrm{kN \cdot m},\quad M_{2ns} = M_2 = 175\,\mathrm{kN \cdot m}$$

최소 모멘트는 식(8.50)으로부터

$$M_{2,\min} = P_u(15 + 0.03h) = 2{,}400 \times (15 + 0.03 \times 520) \times 10^{-3}$$

$$= 73.44\mathrm{kN \cdot m} < M_2 = 175\mathrm{kN \cdot m}$$

∴ M_2는 최소 모멘트의 조건에 만족함.

④ 횡변위 영향에 의한 계수 단부 휨모멘트의 계산

횡변위가 없는 조건이므로 단부 휨모멘트는 발생하지 않음.

⑤ 좌굴하중의 계산

$$E_c = 8{,}500\sqrt[3]{f_{cm}} = 8{,}500\sqrt[3]{35 + 4} = 28{,}825\,\mathrm{MPa}$$

$$I_g = \frac{520 \times 520^3}{12} = 6{,}093 \times 10^6\,\mathrm{mm}^4$$

단순화된 식(8.49(b))를 적용하면

$$EI=\frac{0.4E_cI_g}{1+\beta_d}=\frac{0.4\times 28{,}825\times 6{,}093\times 10^6}{1+0.5}=4{,}683.4\times 10^{10}\ \mathrm{N\cdot mm^2}$$

$$(kl_u)^2=(1.7\times 5{,}500)^2=87{,}422.5\times 10^3\mathrm{mm}^2$$

좌굴하중은 식(8.39)로부터

$$P_c=\frac{\pi^2EI}{(kl_u)^2}=\frac{\pi^2\times 4{,}683.4\times 10^{10}}{87{,}422.5\times 10^3\times 10^3}=5{,}282\,\mathrm{kN}$$

⑥ 모멘트 확대계수 및 확대모멘트의 계산

등가모멘트계수는 식(8.45)로부터

$$C_m=0.6+0.4\frac{M_1}{M_2}=0.6+0.4\frac{65}{175}=0.75>0.4$$

모멘트 확대계수는 식(8.48)로부터

$$\delta_{ns}=\frac{C_m}{1-\dfrac{P_u}{0.75P_c}}=\frac{0.75}{1-\dfrac{2{,}400}{0.75\times 5{,}282}}=1.90>1.0$$

따라서, 횡변위가 없는 기둥에서 확대모멘트는 식(8.47)로부터

$$M_c=\delta_{ns}M_{2ns}=1.90\times 175=332.5\,\mathrm{kN\cdot m}$$

또한, 이 때의 편심거리는 다음과 같이 계산된다.

$$e=\frac{M_c}{P_u}=\frac{332.5\times 10^6}{2{,}400\times 10^3}=139\mathrm{mm}$$

⑦ 균형상태의 단주 설계

$d=455\mathrm{mm}$, $d'=65\mathrm{mm}$, $\rho=\rho'\fallingdotseq 1.25\%$로 가정하면

$$A_s=A_s'=0.0125\times(520\times 520)=3{,}380\,\mathrm{mm}^2$$

이 기둥에는 그림 8.31과 같이 인장, 압축 양면에 각각 5개씩 $D29$ 철근을 배치하기로 한다.

$$A_s=A_s'=5\times 642.4=3{,}212\mathrm{mm}^2$$

$$c_b=d\times\frac{660}{660+f_y}=455\times\frac{660}{660+400}=283\,\mathrm{mm}$$

$$a_b=\beta_1c_b=0.8\times 283=226\mathrm{mm}$$

$$f_s'=0.0033\times 2.0\times 10^5\times\left(\frac{283-65}{283}\right)=508\,\mathrm{MPa}>f_y$$

$$\therefore\ f_s'=f_y=400\,\mathrm{MPa}\rightarrow \mathrm{C_s}=\mathrm{T}=400\times 3{,}212\times 10^{-3}=1{,}285\mathrm{kN}$$

힘의 평형조건을 적용하거나(그림 8.7 참조)

$$P_b=0.85\eta f_{ck}a_bb+f_yA_s'-f_yA_s=0.85\times 1.0\times 35\times 226\times 520\times 10^{-3}$$

$$=3{,}496\,\mathrm{kN}$$

$$\phi P_n=0.65\times 3{,}496=2272.4\mathrm{kN}$$

$$M_b = \left[3{,}496 \times \left(\frac{520}{2} - \frac{226}{2}\right) + 2 \times 1{,}285 \times \left(\frac{520}{2} - 65\right)\right] \times 10^{-6}$$
$$= 1{,}015\text{kN.m}$$
$$\phi M_n = 0.65 \times 1{,}015 = 659.8\text{kN}\cdot\text{m}$$
$$e_b = \frac{1{,}015}{3{,}496} \times 1000 = 290\text{mm} > e = 139\text{mm}$$

따라서, 이 기둥은 압축지배 단면이므로 $\phi = 0.65$가 된다.

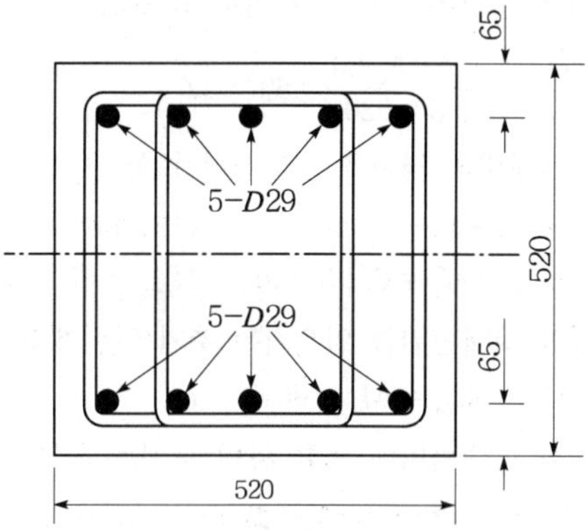

그림 8.31 기둥의 철근 배치

⑧ 안전성의 검토

중심축 하중을 받는 기둥의 공칭축강도는 식(8.8)식을 사용하면

$$\phi P_n = \phi P_0 = \phi\left[0.85 \times f_{ck}(A_g - A_{st}) + f_y A_{st}\right]$$
$$= 0.65 \times \left[0.85 \times 35 \times (520^2 - 2 \times 3{,}380) + 400 \times 2 \times 3{,}380\right]$$
$$= 6{,}855.7\text{kN}$$

이 기둥은 압축지배이므로 $P-M$ 상관도에서 $\phi P_n = \phi P_0$과 ϕP_b 사이를 직선으로 연결하더라도 안전측이 된다. 따라서, 이 $P-M$ 상관도에 삼각형의 닮음비를 적용하면,

$$(6{,}855.7 - 2{,}272.4) : 659.8 = (2{,}400 - 2{,}272.4) : (659.8 - \phi M_n)$$
$$\therefore \ \phi M_n = 642.4\text{kN}\cdot\text{m} > M_c = 332.5\text{kN}\cdot\text{m}$$

∴ 이 기둥은 안전하게 설계됨.

⑨ 띠철근의 설계

띠철근을 D10으로 사용한다고 하자. 간격은 $h = 520$mm를 초과할 수 없으며, 주철근 직경의 16배 이하($16 \times 28.6 = 457.6$mm), 또는 띠철근 직경의 48배 이하($48 \times 9.53 = 457.4$mm)라야 한다. 따라서 띠철근 간격으로서, 주철근을 결속시키는 효과를 고려하여 $D10$철근을 중심간격 300mm로 배근한다. 이는 전단강도에 대해서는 고려되지 않은 것으로, 전단강도에 대한 검토 후 필요시 이 간격을 좁힐 수도 있다.

(2) 횡방향 상대변위가 발생되는 조건

① 횡변위 상대변위가 발생하는 라멘으로 해석할지의 여부 검토

안정성 지수는 식(8.54)로부터

$$Q = \frac{\Sigma P_u \Delta_o}{V_u l_c} = \frac{70,000 \times 40}{645 \times (5,500 + 300)} = 0.75 > 0.05$$

횡방향 상대변위가 발생하는 라멘으로 해석하여야 함.

② 세장비의 영향 검토

세장의 영향을 판단하기 위해 식(8.51)을 적용하면

$$\frac{kl_u}{r} = \frac{1.7 \times 5,500}{0.3 \times 520} = 60 > 22$$

즉, 세장비의 영향을 고려하여야 함.

③ 횡방향 상대변위를 일으키지 않는 하중에 의한 계수 단부 휨모멘트

$$M_{1ns} = M_1 = 65\,\text{kN} \cdot \text{m}, \quad M_{2ns} = M_2 = 175\,\text{kN} \cdot \text{m}$$

④ 횡방향 상대변위를 일으키는 추가되는 계수 단부 휨모멘트

$$M_{1s} = M_{2s} = M_u = 95\,\text{kN} \cdot \text{m}$$

⑤ 횡방향 상대변위에 의한 확대 모멘트 $\delta_s M_s$ 계산

비횡구속 골조의 모멘트 확대계수 δ_s는 식(8.53(a))로부터

$$\delta_s = \frac{1}{1-Q} = \frac{1}{1-0.75} = 4 > 1.5$$

모멘트 확대계수가 1.5를 초과하므로, 식(8.53(b))에 의해 휨모멘트 확대계수를 결정한다.

$$\delta_s = \frac{1}{1 - \dfrac{\Sigma P_u}{0.75 \Sigma P_c}} = \frac{1}{1 - \dfrac{70,000}{0.75 \times 150,000}} = 2.65 > 1.0$$

∴ 비횡구속 골조의 휨모멘트 확대계수는 $\delta_s = 2.65$

⑥ 확대 휨모멘트 및 편심거리의 계산

비횡구속 골조의 압축부재 단부에 대한 확대 휨모멘트는 식(8.52)를 적용하면

$$\delta_s M_{1s} = \delta_s M_{2s} = 96 \times 2.65 = 254.4\text{kN·m}$$

$$\therefore \; M_c = M_{2ns} + \delta_s M_{2s} = 175 + 254.4 = 429.4\text{kN·m}$$

계수 축방향력은

$$P_u = (2,400 + 450) = 2,850\,\text{kN}$$

따라서, 이 기둥의 편심거리는 다음과 같이 된다.

$$e = \frac{429.4 \times 10^3}{2,850} = 151\,\text{mm} < e_b = 290\,\text{mm}$$

∴ 이 기둥은 압축지배이므로 강도감소계수는 $\phi = 0.65$

⑦ 안전성의 검토

중심축 하중을 받는 기둥의 공칭축강도는 앞에서 계산한 바와 같이

$\phi P_n = \phi P_0 = 6{,}855.7\text{kN}$

이 기둥은 압축지배이므로 $P-M$ 상관도에서 $\phi P_n = \phi P_0$과 ϕP_b 사이를 직선으로 연결하더라도 안전측이 된다. 따라서, 이 $P-M$ 상관도에 삼각형의 닮음비를 적용하면,

$(6{,}855.7 - 2{,}272.4) : 659.8 = (2{,}850 - 2{,}272.4) : (659.8 - \phi M_n)$

$\therefore \quad \phi M_n = 576.7\text{kN}\cdot\text{m} > M_c = 429.4\text{kN}\cdot\text{m}$

∴ 이 기둥은 안전하게 설계된 것을 알 수 있다.

연습문제

8-1 횡방향 상대변위가 없는 양단힌지 기둥의 좌굴하중이 2,000kN 일 때, 이와 동일한 단면과 부재길이를 가진 다음과 같은 기둥의 좌굴하중을 계산하시오.

(가) 일단고정 타단자유 기둥

(나) 양단고정 기둥

8-2 그림 8.32와 같이 철근콘크리트 기둥단면이 $b = 550\,\mathrm{mm}$, $d = 540\,\mathrm{mm}$, $h = 600\,\mathrm{mm}$, $d' = 60\,\mathrm{mm}$ 인 단주를 주철근 $6 - D29$를 사용한 띠철근(D10) 기둥으로 설계하고자 한다. 이 기둥 단면의 단주에 대하여 다음 항목에 대해 계산하시오.

단, $f_{ck} = 28\,\mathrm{MPa}$이고, $f_y = 420\,\mathrm{MPa}$이다.

(가) 이 기둥의 중심축 압축강도(P_0)

(나) 이 기둥에 허용될 수 있는 최대 축하중강도 ($P_{n(\max)}$)

(다) 균형하중 P_b 및 M_b, 균형편심 e_b

(라) 이 기둥의 $P - M$ 상관도

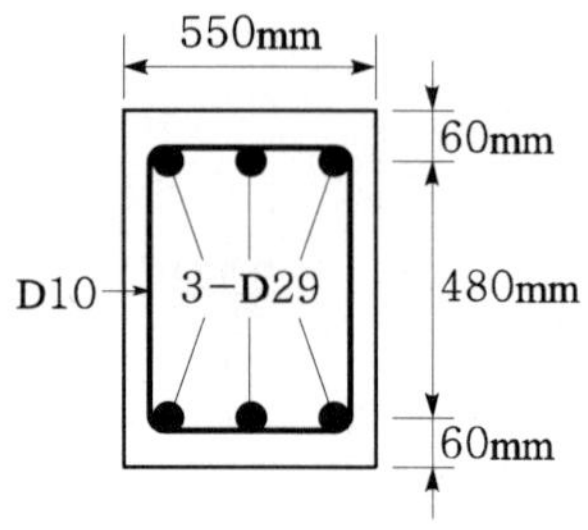

그림 8.32

8-3 단면의 소성 중심에서 800 kN 의 축방향 고정하중과 700 kN 의 축방향 활하중을 받게 되는 정사각형 띠철근 단주를 설계하시오. 필요한 띠철근도 결정하고 철근배치를 나타내는 단면을 그리시오. (단, $f_{ck} = 30\,\mathrm{MPa}$, $f_y = 420\,\mathrm{MPa}$, 철근비는 3.5%를 사용하시오)

8-4 단면이 $b = 300\,\text{mm}$의 직사각형이고, 철근비를 2%만 사용할 때 [문제 8-3]을 다시 해석하시오.

8-5 가장 작은 정사각형 단면이 되도록 [문제 8-3]의 띠철근 기둥 문제를 해석하시오. 다만 철근비를 8%로 증가시키시오.

8-6 [문제 8-3]에서 장주효과로 인해 기둥의 축방향하중 저항능력이 15% 감소되었을 경우에 대하여 해석하시오.

8-7 $b = 300\,\text{mm}$, $d = 500\text{mm}$, $d' = 50\text{mm}$, $h = 550\,\text{mm}$이고, 마주 보는 두 짧은 변에 $D32$ 주철근이 각 3개($2{,}383\,\text{mm}^2$)씩 배근된 사각형 단면에서 균형축방향력 P_b, 균형모멘트 M_b, 균형편심 e_b를 구하시오. $f_{ck} = 30\,\text{MPa}$, $f_y = 400\,\text{MPa}$이다.

8-8 편심거리가 $e = 450\text{mm}$일 때 [문제 8-7]의 단면에 대한 공칭 축하중강도 P_n을 구하시오.

8-9 [문제 8-8]에서 $e = 55\text{mm}$인 경우에 대하여 해석하시오. 그리고 e값의 변화에 따른 P_n의 계산결과를 비교하시오.

8-10 고정하중에 의한 축하중 $P_d = 500\,\text{kN}$, 휨모멘트 $M_d = 60\,\text{kN} \cdot \text{m}$ 와 활하중에 의한 축하중 $P_l = 500\,\text{kN}$, 휨모멘트 $M_l = 40\,\text{kN} \cdot \text{m}$ 를 받는 길이 4m의 사각형 기둥을 설계하시오.
이 기둥은 주축에 대해 하나의 곡률로 휘어지고, 횡방향 변위에 대해 지지되어 있으며 양단의 모멘트는 동일하다. 구속계수 $\Psi_A = 2.5$(위), $\Psi_B = 1.4$(아래)이고, $f_{ck} = 30\,\text{MPa}$, $f_y = 400\,\text{MPa}$이다.

8-11 [문제 8-10]에서 기둥의 길이가 5m일 때에 대해 설계하시오.

8-12 [문제 8-10]에서 기둥이 횡방향 변위에 대해 지지되어 있지 않다고 가정하고 계산하시오.
다만, 횡방향 상대변위를 일으키는 하중에 의한 기둥 양단의 휨모멘트는 동일한 크기로서, 고정하중에 의한 휨모멘트 $M_d = 60\text{kN} \cdot \text{m}$ 가운데 $20\text{kN} \cdot \text{m}$ 이며, 활하중에 의한 휨모멘트 $M_l = 40\text{kN} \cdot \text{m}$ 가운데 $10\,\text{kN} \cdot \text{m}$ 이다. 그리고 한 층의 모든 기둥에 작용하고 있는 수직하중의 합계는 $\Sigma P_u = 12{,}600\text{kN}$ 이고, 같은 층의 모든 기둥에 대한 오일러 좌굴하중의 합계는 $\Sigma P_c = 66{,}000\text{kN}$ 이다.

제9장

스트럿-타이 모델

이 장은 콘크리트구조 설계기준 [KDS 14 20 24 콘크리트구조 스트럿-타이모델 기준]의 규정에 따라 작성한 것이다.

9.1 개요

철근콘크리트 보이론(beam theory)은 평형조건, 변형적합조건, 철근 및 콘크리트의 구성재료에 대한 거동에 기초를 두고 있다. 특히 중요한 것은 변형률이 부재의 깊이에 따라 선형적으로 변화하는 이른바 변형전의 평면인 단면은 변형 후에도 평면인 단면을 유지한다는 가정 조건이다. 이 가정은 쌩 브낭(St.Venant)에 의해 검증되었다. 이 가정은 하중 또는 부재의 하중 작용점으로부터 최대 단면치수 이상의 거리에서 변형률이 대략 선형적으로 변화한다고 하는 쌩 브낭의 원리가 적용되고 있다. 그러나 이 원리는 작용 하중 또는 기하학적 불연속부까지 거리가 부재 최대높이 h보다 가까운 위치의 단면에서는 적용되지 않는다. 이러한 사실은 집중하중 작용점, 개구부(opening) 또는 단면 변화부에 가까운 철근콘크리트 부재 부분을 불연속 영역으로 구분해야 할 필요가 있다. 이러한 기하학적 구조 때문에 깊은 보(deep beam) 및 기둥의 브래킷은 불연속 영역으로 간주된다.

따라서 철근콘크리트 구조물은 보이론이 유효한 영역인 B-영역(B-region)과 불연속성이 부재 거동에 영향을 미치는 영역인 D-영역(D-region)으로 나눌 수가 있다. 그림 9.1은 D-영역에 속하는 경우를 나타낸 것이다. 낮은 응력 상태에서 콘크리트가 탄성이고 균열이 없을 때, D-영역 내의 응력은 유한요소 해석 또는 탄성이론을 사용하여 계산할 수 있다. 콘크리트에 균열이 생기면 변형률 분포(strain field)가 교란되어 내부의 힘이 재분배된다. 일단

이러한 현상이 발생하면, 스트럿-타이 모델(strut-and-tie model)이라고 불리는 정정트러스를 사용하여 불연속 영역 내의 내부 힘을 나타낼 수가 있다. 이 모델은 복잡한 설계 문제를 매우 간단하며 동시에 안전한 설계가 가능하도록 하며, 철근의 인장 타이(steel tension tie) 및 절점영역(nodal zone)으로 나타내는 조인트로 구성된다.

그림 9.2는 스트럿-타이 모델을 나타낸 것으로서 콘크리트 압축 스트럿(concrete compression struts), 철근의 인장 타이(steel tension tie) 및 절점 영역(nodal zone)이라 부르는 조인트로 구성되며, 스트럿은 점선으로 타이는 실선으로 나타낸다.

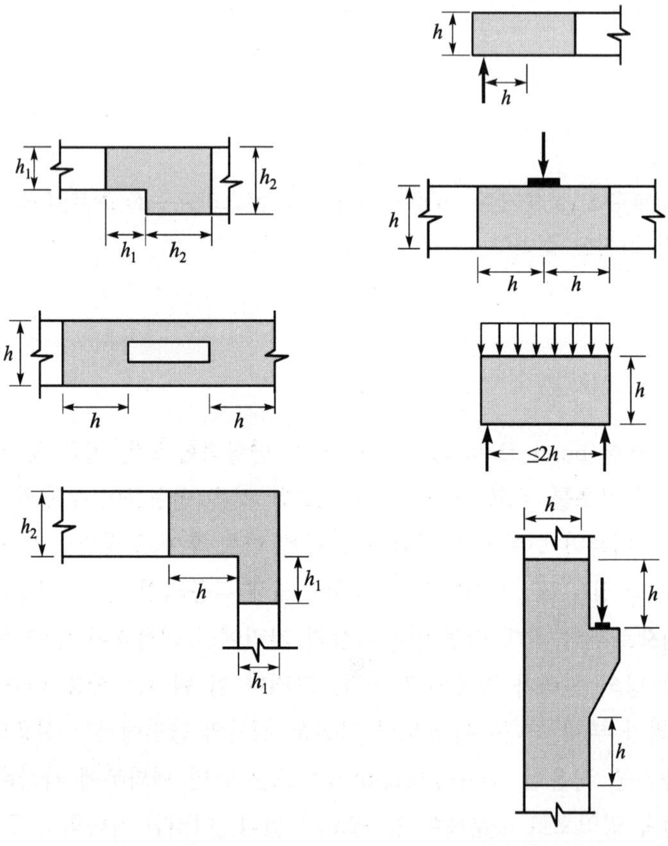

(a) 기하학적 (b) 하중 불연속부

그림 9.1 D-영역에 대한 기하학적 불연속부 및 하중 불연속부

9.2 스트럿-타이 모델

스트럿-타이 모델은 1980년대 초 유럽에서 발전했다. ACI Code 8.3.4에 의해 사용이 허용되고 있으며, 우리나라 콘크리트구조 설계기준에서도 이 모델을 사용한 설계방법이 제시되어 있다. 스트럿-타이 모델은 부재를 그림 9.1에 나타낸 바와 같이 D-영역과 B-영역으로 나눈다. D-영역은 힘이 작용하는 곳이나, 기하학적 불연속부로부터 부재 높이 h와 동일한 거리 이내의 부분에 해당된다. B-영역은 일반적으로 D-영역의 부재 이외의 모든 부분이다. B-영역 내에서 변형률은 부재 단면을 통해 선형적으로 변화하고 평면보존의 법칙이 유지된다고 가정한 것이다.

스트럿-타이 모델은 D-영역 내에서 적용된다. 이 모델은 스트럿, 타이 및 절점영역으로 구성되어 하중을 받침부나 인접 B-영역으로 전달한다. 스트럿과 타이의 단면 치수는 두께와 폭으로 나타낸다. 그림 9.2와 같이 두께 b는 트러스 모델의 평면에 직각으로, 폭 w는 이 모델의 평면 방향으로 측정한 치수이다.

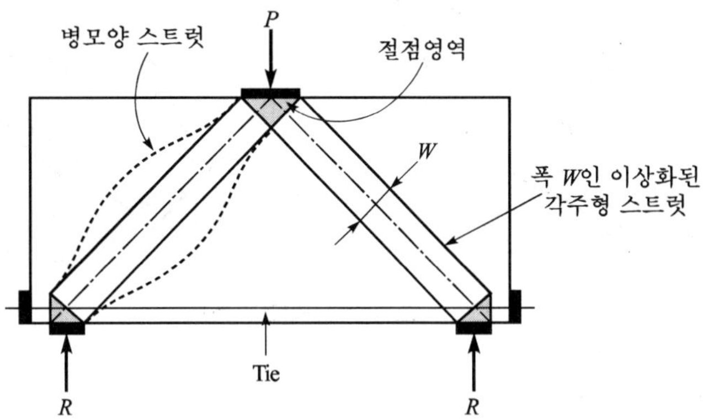

그림 9.2 스트럿-타이 모델

9.2.1 스트럿

스트럿은 내부 압축 부재이다. 단일 요소, 병렬 요소 또는 부채꼴 압축장으로 구성될 수 있다. 스트럿은 그 길이를 따라 직사각형 모양 또는 병모양이며, 이 경우 압축장은 그림 9.3과 같이 절점영역 사이에서 옆으로 확장된 형태이다. 그러나 설계를 위해, 스트럿은 일반적으로 두 절점 사이에서 등단면 부재(prismatic member)로 이상화한다. 바람직하지는 않지만, 스트럿 양단에서 서로 다른 폭을 요구하는 경우, 스트럿은 균일하게 축소되는 압축부재로 이상화할 수 있다. 스트럿 단면 치수는 스트럿과 절점영역 사이의 접촉면에 의해 설정된다.

병모양의 스트럿은 양단부에서 보다 중앙부에서 넓어지며, 둘러싸고 있는 콘크리트가 구속없이 횡방향으로 확장되는 압축장을 허용할 때에 형성된다. 압축 구역이 병모양의 스트럿의 길이를 따라 확장되기 때문에, 스트럿의 축에 직각방향의 인장응력에 의해 종방향 균열을 일으킬 수 있다.

설계의 단순화를 위해 병모양의 스트럿은 선형으로 축소되는 단부와 균일한 단면을 갖지는 중앙부로 이상화한다. 선형 축소부는 그림 9.3(b)와 같이 압축력이 작용하는 축과 1:2의 기울기를 갖는다. 스트럿 강도는 스트럿 내부의 횡방향 응력에 의해 결정되는 콘크리트의 유효 압축강도의 함수이다. 병모양의 스트럿은 직사각형 스트럿 보다 중앙부에서 더 큰 단면을 가지고 있음에도 불구하고 쪼갬균열 때문에 그 강도가 더 작다. 이러한 쪼갬균열을 억제하기 위해 그림 9.3(b)와 같이 스트럿-타이 모델을 적용하여 횡방향철근을 설계한다. 병모양 스트럿의 단면적 A_c는 스트럿 양단의 단면적 중 작은 값을 취한다.

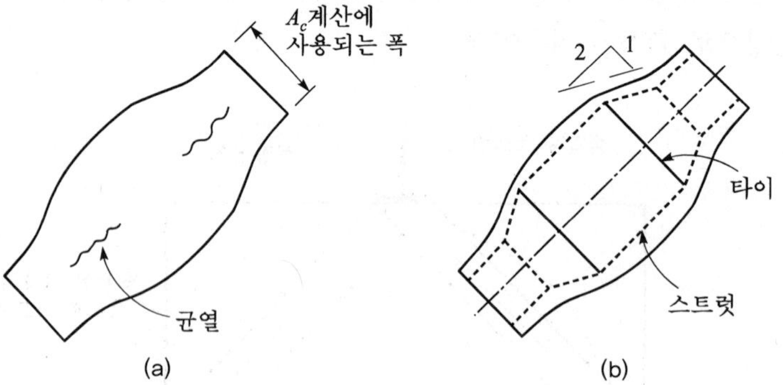

그림 9.3 병모양 스트럿

9.2.2 타이

타이는 스트럿-타이 모델 내의 인장부재이다. 타이는 보강재(철근이나 PSC 강재)와 콘크리트 부분으로 구성되어 있다. 콘크리트는 타이의 축을 둘러싸고 있으며 도심과 일치한다. 둘러싸고 있는 콘크리트는 타이 면적과 타이를 정착할 수 있는 영역을 결정한다. 설계 목적을 위해, 타이 내의 콘크리트는 어떠한 인장력도 받을 수 없다고 가정한다. 그러나 콘크리트의 인장강도는 설계에 사용되지 않지만 하중이 작용할 때 타이의 변형을 줄이는 역할을 한다.

9.2.3 절점영역

절점(node)은 스트럿-타이 모델 내의 스트럿, 타이 및 집중하중이 교차하는 점이다. 절점영역(nodal zone)은 힘의 전달이 일어날 수 있는 절점과 둘러싸고 있는 콘크리트의 체적이다. 절점영역은 힘의 평형을 유지하는 단일 영역으로 취급할 수도 있고, 2개의 작은 영역으로 나눌 수도 있다. 예를 들면, 그림 9.4(a)의 절점영역은 그림 (b)에 보인 바와 같이 나눌 수가 있다. 여기서, 2개의 반력 R_1과 R_2는 각각 스트럿에 압축력 C_1및 C_2의 수직력과 평형을 이루고 있다.

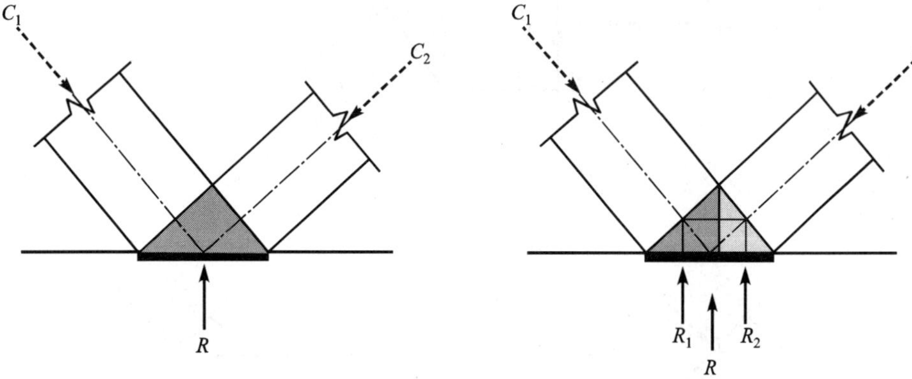

(a) 절점영역 (b) 분할된 절점영역

그림 9.4 절점영역의 분할

평형상태가 되기 위해서는 적어도 세 개의 힘이 절점에 작용해야 한다. 절점은 이들 힘의 부호에 따라 그림 9.5와 같이 분류한다. 그러므로 CCC 절점은 3개의 압축력에 저항하며, CCT 절점은 2개의 압축력과 1개의 인장력에 저항하며, CTT 절점은 1개의 압축력과 2개의 인장력에 저항하며, TTT 절점은 3개의 인장력에 저항한다.

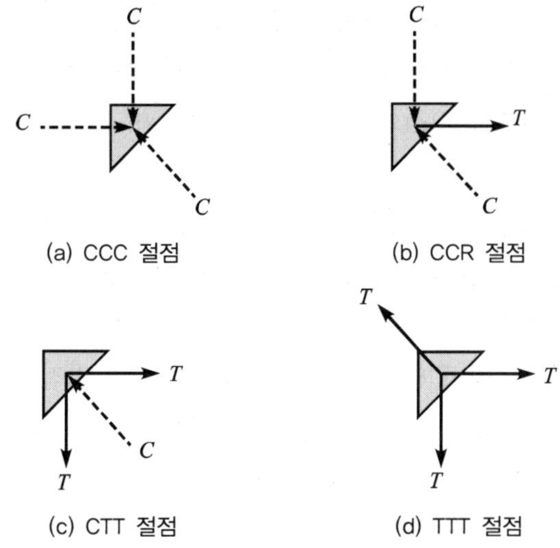

(a) CCC 절점 (b) CCR 절점

(c) CTT 절점 (d) TTT 절점

그림 9.5 절점의 분류

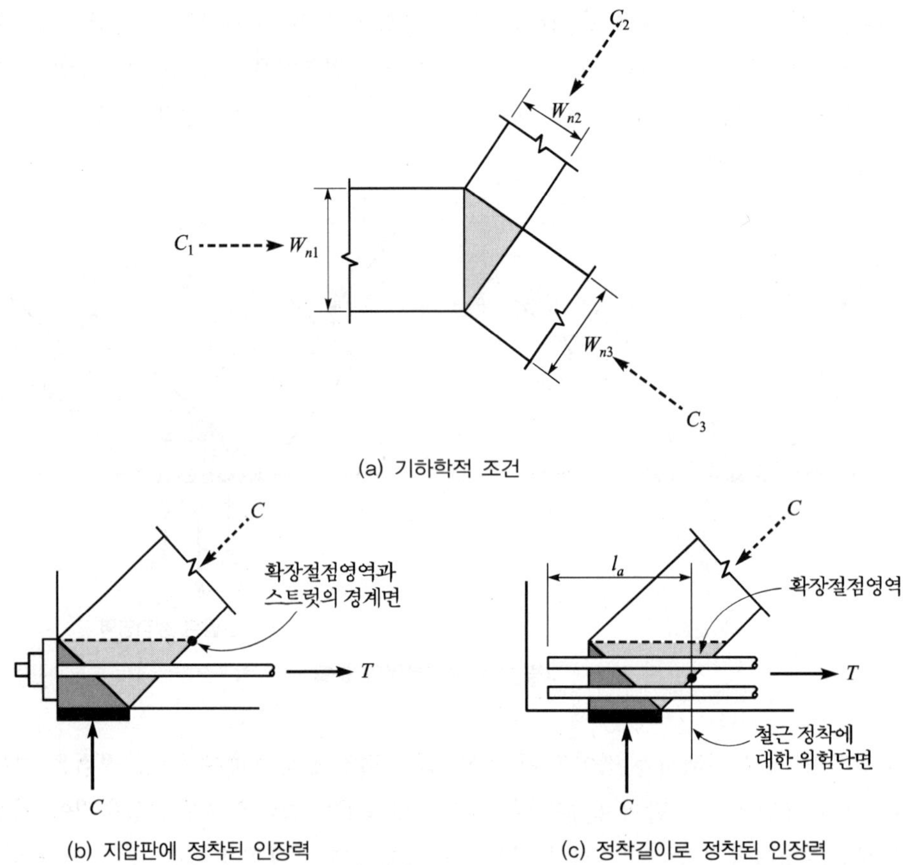

그림 9.6 절점영역과 확장절점영역

그런데 인장력과 압축력은 모두 절점에서 압축력으로 취급하는데, 이것은 절점영역에 작용하는 인장력을 절점을 지나 반대 면으로 옮기면 절점영역에 압축력처럼 작용하기 때문이다. 따라서 절점영역은 그림 9.6(a)와 같이 평면 정수압(hydrostatic pressure) 상태로 간주할 수 있다.

절점영역의 치수 w_{n1}, w_{n2} 및 w_{n3}은 작용하는 압축력에 비례한다면, 응력상태는 정수압의 하나가 된다. 이전에는 그림 9.6(a)와 같은 정수압 절점영역(hydrostatic nodal zone)을 사용하였으나, 지금은 그림 (b)와 같은 확장절점영역(extened nodal zone)으로 대체되었다, 정수압 절점영역은 스트럿과 타이의 축에 직각인 하중면(절점영역의 경계면)을 가지며, 모든 하중면에서는 같은 크기의 응력이 작용하도록 한 것이다. 면내 응력이 모든 방향에서 동일하게 작용하므로 정수압 절점영역이라고 한다.

절점 영역 한 면의 치수는 일반적으로 지압판, 기둥 기초 또는 보의 받침부의 접촉면에 따라 결정된다. 정수압 상태의 응력을 원하는 경우, 절점 내에서 일정한 수준의 응력 p를 유지하기 위해 나머지 면들의 치수가 선정된다. 재하하중에 비례하는 절점영역 치수를 결정함으로써, 절점영역의 각 면의 응력은 동일하게 된다. 대신에 그 치수가 사전에 결정된 스트럿 치수에 의해 결정된다면, 응력 상태는 더 이상 정수압 상태가 아닐 수 있다. 정수압 상태의 응력을 사용하거나 비정수압 상태의 응력을 사용하는 것은 설계자가 결정하지만, 비정수압 상태는 설계를 복잡하게 할 수가 있기 때문에 정수압 상태의 응력을 사용하는 것이 일반적이다.

정수압 영역의 길이는 타이 철근을 정착하는데 적절하지 않은 경우가 종종 발생한다. 그러므로, 지압판을 포함한 스트럿 유효폭 w_s와 타이 유효폭 w_t의 교차점을 연결한 부분인 확장절점영역(그림 9.6(b) 및 (c)의 밝은 음영 표시 부분)이 사용된다. 확장절점영역은 타이로부터의 인장력을 콘크리트에 전달할 수 있도록 그 길이를 증가시켜 준다. 그림 9.6(c)에서 절점 왼쪽에 보인 바와 같이, 정착에 필요하다면 타이 철근은 결절영역 및 확장결절영역을 지나 연장시킬 수 있다.

9.3 스트럿-타이 설계 방법

9.3.1 설계 절차

스트럿-타이 모델을 스케치하는 것은 구조적 거동에 대한 이해와 상세한 사항을 알게 하는데 필요하다. 스트럿-타이 모델은 특별한 철근 배근과 같은 세부 사항을 검증하고, 부재의 상세 설계에 대한 기본을 알 수 있게 한다.

다음은 스트럿-타이 모델의 설계 절차를 나타낸 것이다.

① D-영역을 결정하고 분리한다.
② D-영역의 경계에서 합력을 계산한다.
③ D-영역을 통과하여 합력이 전달될 수 있는 트러스 모델을 선정한다.
④ 스트럿과 타이의 절점영역에 대한 치수를 정한다.
⑤ 절점 강도 및 스트럿 강도를 확인한다.
⑥ 타이 철근의 정착에 대한 설계를 한다.
⑦ 설계 세부 사항 및 최소 철근 요구조건을 검토한다.

스트럿-타이 모델을 사용하는 설계에서는 다음 식(9.1)을 만족해야 한다.

$$\phi F_n \geq F_n \tag{9.1}$$

여기서, F_u : 스트럿, 타이, 지압영역 또는 절점영역에 작용하는 계수하중(N, kN)

F_n : 스트럿, 타이 또는 절점영역의 공칭강도(N, kN)

ϕ : 강도 감소 계수 0.75

깊은 보를 설계할 때에는 반드시 사용성을 고려해야 하다. 이러한 사용성을 만족하기 위해서 단부에 대하여 타이의 철근간격은 식(7.16)을 사용하여 검토해야 한다. 깊은 보의 공칭전단강도 V_n은 $\frac{5}{6}\lambda\sqrt{f_{ck}}b_w d$ 로 제한하며, 상세 설계를 시작하기 전에 검토해야 한다.

9.3.2 D-영역의 결정

D-영역은 불연속부 양쪽에서 부재의 높이 h와 동일한 거리만큼 연장한 부분이다. 기하학적 불연속부에서, D-영역은 불연속부 양쪽으로 다른 치수를 가질 수 있다. 그림 9.1은 D-영역에 대한 기하학적 불연속부 및 하중 불연속부를 보인 것이다.

9.3.3 D-영역 경계면에서의 힘의 합력

D-영역이 결정되면, 다음 단계는 D-영역 경계면에 작용하는 힘의 합력의 크기, 위치 및 방향을 결정한다. 이러한 힘은 스트럿-타이 모델의 입력 자료로서 사용되며, 트러스 모델의 기하학적 구조를 설정하는 데 기준이 된다.

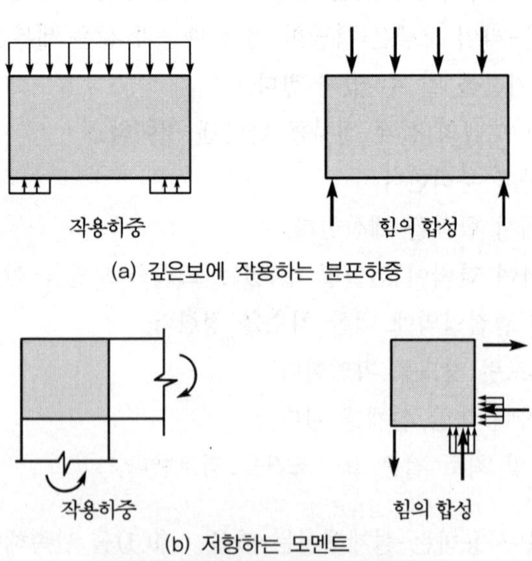

그림 9.7 D-절점에서의 힘의 분해

D-영역의 한 면에 등분포하중이 작용할 때, 또는 콘크리트 단면에 휨모멘트가 발생하는 경우, 그림 9.7에 나타낸 바와 같이, 그 경계면을 스트럿 또는 타이에 해당하는 세그먼트로 분리한 후, 각 세그먼트에 작용하는 힘의 합력을 계산한다.

예를 들어, 그림 9.7(a)에서 깊은 보의 상면을 따라 분포하는 하중은 4개의 집중하중으로 분리하여 나타낼 수 있으며, 보-기둥 접합부 경계면에서 응력은 집중 반력에 의해 나타낼 수 있다. 그림 9.7(b)에서 보와 기둥의 연결부에서 경계면에 작용하는 휨모멘트는 인장력과 압축력에 의한 우력으로 분리시켜 나타낼 수 있다.

9.3.4 트러스 모델

스트럿-타이 모델을 나타내는 트러스는 D-영역에 의해 정의된 한계 내에서 적합해야 한다. 스트럿과 타이의 선정은 설계자의 판단에 따라 이루어지며, 다양한 선택이 가능하다. 트러스 부재의 축은 인장 및 압축장의 중심축과 일치하도록 선정해야 하며, 이렇게 선정된 기하학적 형상은 부재에 있어서 힘을 계산하는 데 사용된다. 트러스 모델의 레이아웃은 스트럿이 절점영역에서만 교차해야 한다는 기하학적 요구 사항에 의해 정해진다. 타이는 스트럿을 교차할 수 있다.

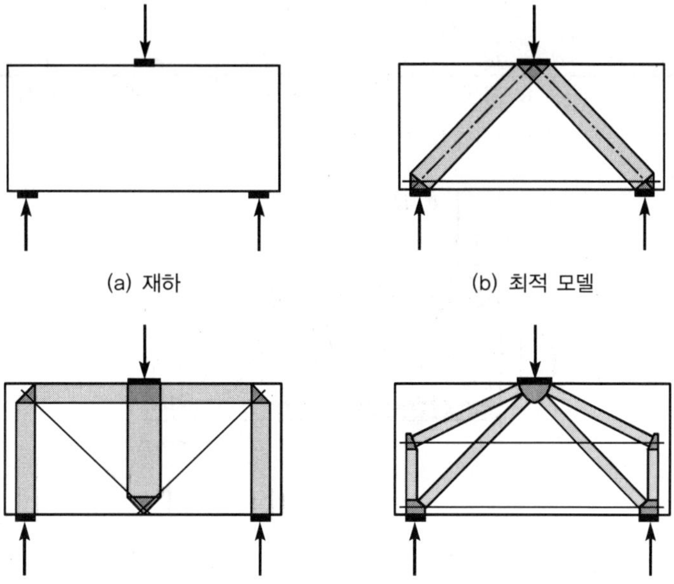

(a) 재하　(b) 최적 모델

(c) 비효율적인 하중 경로　(d) 불완전한 하중 경로

그림 9.8 깊은보의 트러스 모델

효과적인 모델은 D-영역을 통과하는 최소 에너지 배분이 가능하도록 모델 내에서 가장 강성이 큰 하중 경로를 표현할 수 있어야 한다. 스트럿은 일반적으로 타이보다 훨씬 강성이 크기 때문에, 인장 타이의 최소 개수를 가지는 모델을 일반적으로 선호한다.

그림 9.8은 깊은 보에 대한 트러스 모델을 비교한 것이다. 그림 9.8(a)는 경간 중앙에 집중하중이 작용하는 깊은 보를 나타낸 것이며, 그림 (b)는 이 보와 하중 조건에 대해 선호하는 스트럿-타이 모델을 보여준 것이다. 이 경우 스트럿은 지지부에서 절점영역으로 하중을 직접 전달하며, 이는 한 개의 인장 타이와 연결된다. 그림 9.8(c)의 모델은 비효율적인 하중 경로를 보여주고 있으며, 한 개의 수직 스트럿이 2개의 대각선 인장 타이에 의해 지지되어 보의 하부에 있는 절점으로 하중을 전달하고 있다. 이러한 경우, 하중을 전달하는 점 및 인장 타이의 수가 많아져, 그림 9.8(b)의 경우보다 훨씬 비효율적인 해석이 된다. 그림 9.8(d)는 많은 스트럿과 인장 타이로 구성된 비효율적인 트러스 모델을 보여주고 있다.

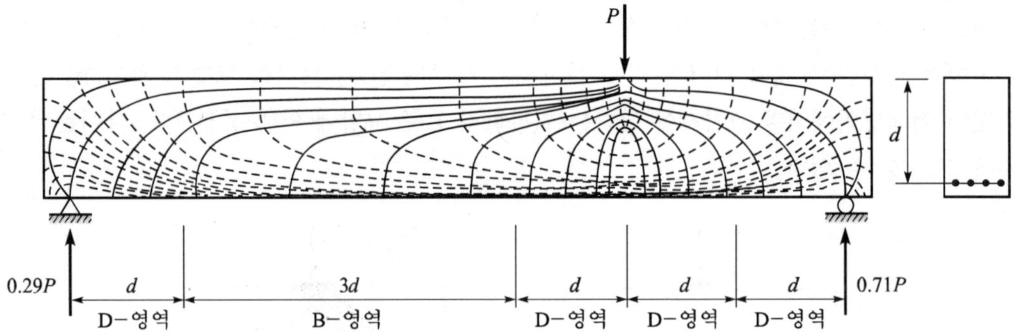

(a) 휨부재의 B-영역 및 D-영역에서의 주응력 궤적

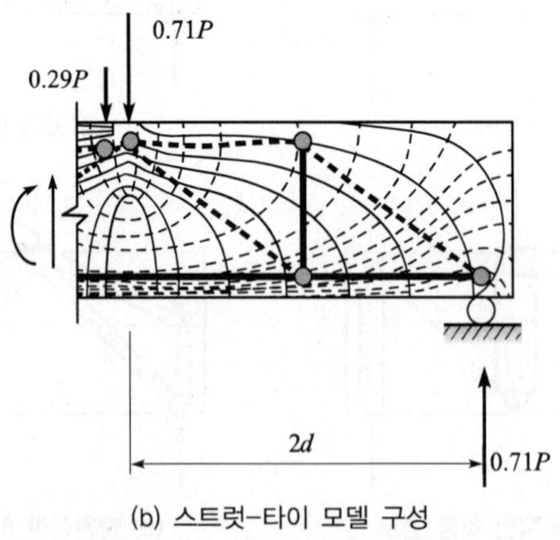

(b) 스트럿-타이 모델 구성

그림 9.9 깊은 보 영역에 대한 스트럿-타이 모델 사례

실제로 평형조건을 만족하고 구조적 강성을 고려한 모델은 깊은 보 설계에 있어서 만족스러운 결과를 줄 것이다. 전체 구조에 대하여 탄성 이론에 기초한 유한요소해석을 실시하여 최대 응력이 발생하는 위치 등을 통해 압축력이 큰 영역에 스트럿을 두고 인장력이 큰 영역에 타이를 둔다면, 효율적인 트러스 모델을 구성할 수 있을 것이다. 그림 9.9(a)는 유한요소해석을 실시한 결과로부터 주응력의 궤적을 나타낸 것이며, 그림(b)는 압축력이 큰 영역에 스트럿, 인장력이 큰 영역에 타이들 두어 스트럿-타이 모델을 구성한 결과를 나타낸 것이다.

9.3.5 스트럿 및 절점영역의 치수 선정

스트럿-타이 모델을 나타내는 트러스 내의 스트럿, 타이 및 절점영역은 일정한 폭과 크기를 가지며. 이것은 트러스의 치수를 선택할 때 고려한다. 각 트러스 부재의 폭은 힘의 크기와 인접 요소의 치수에 의해 정해진다. 지압판 또는 기둥과 같은 외부 요소가 절점영역을 결정하는 역할을 한다. 지압판 면적이 너무 작으면 큰 압축력(정수압)이 발생되며, 절점 또는 스트럿의 해당 폭은 하중을 감당하는데 충분하지 않을 것이다. 이를 해결하기 위해서는 지압판 크기를 증가시켜 접촉부의 압축력을 감소시켜야 한다. 설계자는 압축응력을 낮게 유지할 수 있을 만큼 충분히 큰 스트럿과 절점을 선택하는 경우도 있는데, 이 때는 인장 타이의 상세 설계만이 필요하다. 균열을 최소화하고 동일평면 내에서 스트럿의 단축과 타이의 늘음에 의한 변형부적합으로 인한 해석의 복잡성을 감소시키기 위해, 절점에서의 스트럿과 타이가 이루는 각은 25° 이상이어야 한다.

그러나, 스트럿과 타이가 이루는 각이 25°에 근접할수록 수직 타이의 수를 최소화할 수가 있다. 그림 9.10은 이들의 관계를 보인 것이다. 이 보의 왼쪽부분에는 수직 타이 1개를 배치한 반면, 오른쪽에는 스트럿과 타이가 이루는 각을 크게 하여 3개의 수직 타이를 배치

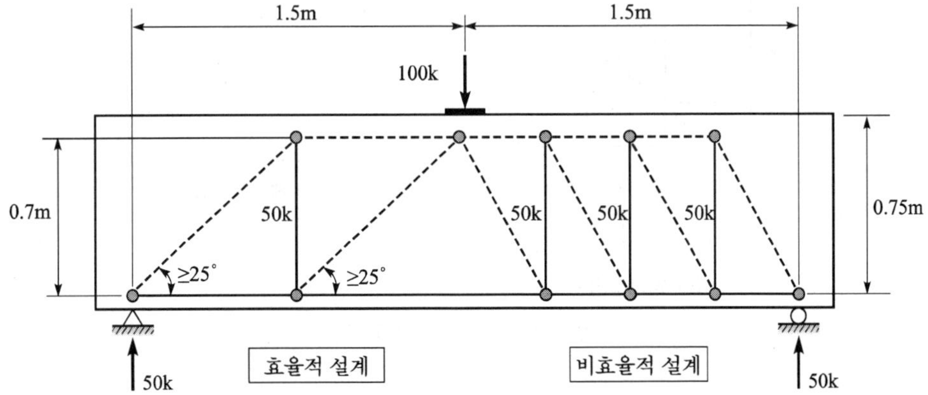

그림 9.10 수직 타이의 최소화

한 경우이다. 이와 같이 수직 타이 수가 많아질 경우 각각의 수직 타이가 받는 힘 50kN에 대하여 타이 철근을 배치하여야 하므로, 1개의 수직 타이를 사용하는 경우보다 설계가 복잡해진다.

절점영역의 설계는, 교차하는 스터럿과 타이에서의 주응력은 이들 트러스 부재의 축과 평행하다는 가정에 기초를 둔 것이다. 스터럿과 타이의 폭은 일반적으로 부재에서의 힘의 크기에 비례한다. 만약 두 개 혹은 그 이상의 스트럿이 그림 9.11(a)및 (b)에 보인 바와 같이 동일 면상에서 접근하면, 하나의 힘으로 합성한 후에 그림 9.11(c) 및 (d)에 보인 바와 같이 합성된 하나의 힘에 직각 방향으로 절점영역의 면을 설정한다. 이러한 경우, 그림 9.12(a)와 같이, 스트럿의 폭은 지압판 혹은 인장타이의 기하학적인 조건에 의해 결정된다.

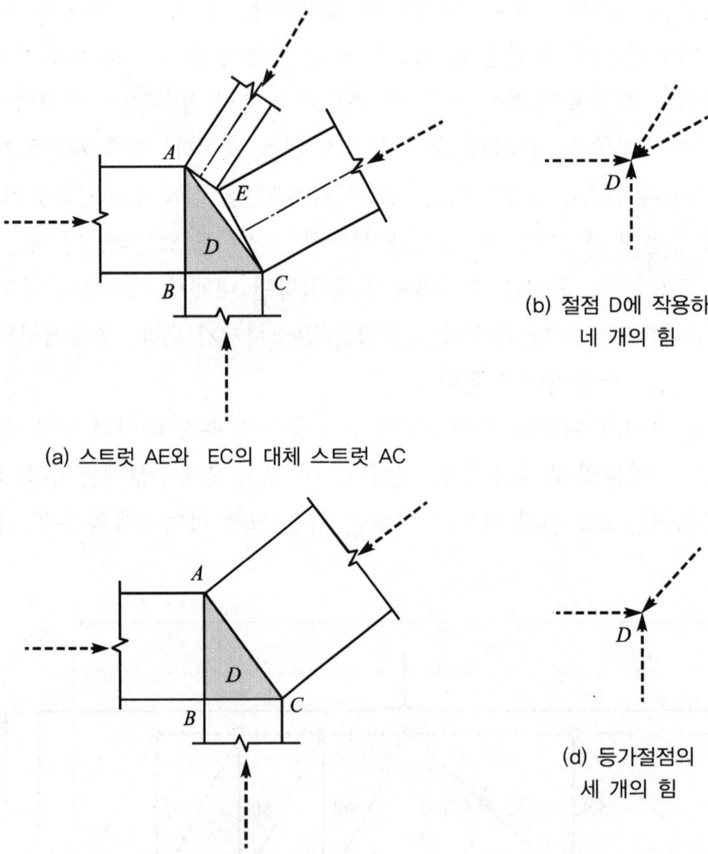

(a) 스트럿 AE와 EC의 대체 스트럿 AC

(b) 절점 D에 작용하는 네 개의 힘

(c) 등가절점

(d) 등가절점의 세 개의 힘

그림 9.11 절점영역에서의 힘

스트럿, 지압판 또는 인장 타이의 두께는 일반적으로 부재 두께와 같다. 지압면의 두께가 부재 두께보다 작을 경우에는, 부재의 주응력면에 수직인 구속 철근을 배치하여, 트러스 평면과 평행하게 균열이 발생하는 것을 방지할 필요가 있다. 이 경우 구속 철근량을 산정하기 위해서는 병모양 스트럿의 보강 철근량 산정방법과 동일한 논리를 적용하여야 한다.

9.3.6 타이 및 철근의 정착

D-영역에서 균열을 제어하기 위해, 타이는 재하 하중 하에서 철근이 항복강도 이하가 되도록 설계한다. 철근은 타이 치수에 적합하고 완전히 정착되도록 타이의 기하학적인 형상을 선택해야 한다.

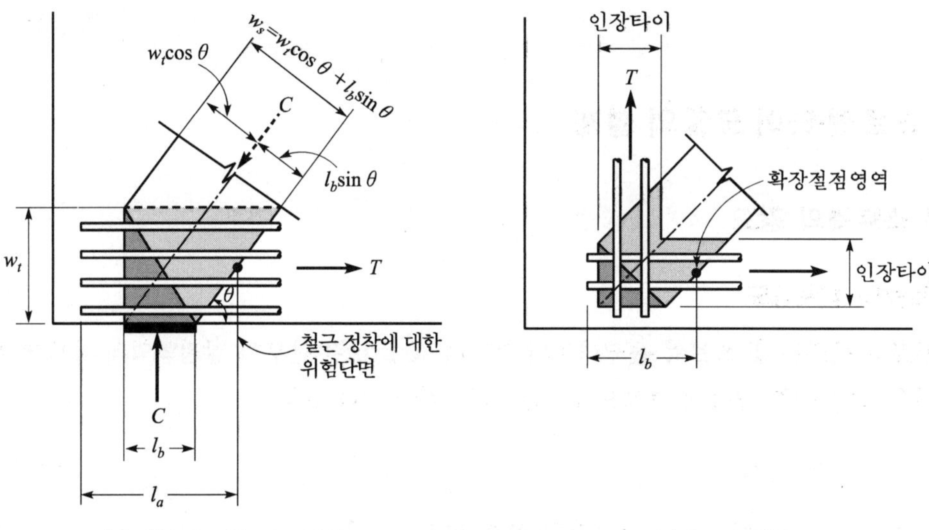

(a) 편심 스트럿 CCT 절점 (b) CTT 절점

그림 9.12 확장절점영역의 개념

타이 철근은 절점영역과 확장절점영역 내에서 정착되어야 한다. 그림 9.12(a)는 확장절점영역과 타이 철근을 정착시키는데 이용할 수 있는 길이 l_a을 나타낸 것이다. 이 경우 타철근은 충분한 정착을 위해 허용할 수 있는 절점영역 왼쪽으로 연장한다. 확장절점영역의 형상은 스트럿 각도 θ와 타이의 폭 w_t의 함수이다. 그림 9.12(a)는 여러 층의 철근으로 배근된 인장 타이를 갖는 기하학적인 형상과 CCT 절점의 치수를 나타낸 것이다. 그림 9.12(b)는 CTT 절점영역을 보인 것이다. 절점영역 및 확장절점영역 내에서 철근을 정착시키기가 부족한 경우에는, 절점을 넘어서 연장하거나 철근을 완전히 정착시키기 위해 갈고리나 기계적 정착장치를 사용해야 한다.

9.3.7 설계 상세와 최소철근의 요구조건

완전한 설계를 위해서는 다음의 3가지 사항, 즉 ① 타이 철근을 단면에 배치할 수 있으며, ② 절점영역은 압축력 또는 인장 타이에 의해 결정하며, ③ 최소 철근 요건을 충족하는 등을 검증해야 한다. 타이에 배치되는 철근 간격은 이 콘크리트구조 설계기준의 요구조건에 만족하여야 하며, 타이의 전폭과 두께에 적합해야 한다. 타이 상세에서는 인장에 대한 정착길이, 갈고리, 확대머리 철근에 의해 절점을 지나 적절하게 정착되고 있는지 등을 검토한다. 전단 보강은 [제5장 전단과 비틀림]에서 설명한 바와 같이 계수전단력이 설계전단력 이하인지를 확인한다. 또한, 병모양 스트럿의 세로 균열을 제어하거나 [9.4.4 깊은보에 대한 요구조건]에서 설명한 최소 보강 조건을 충족하고 있는지 확인한다.

9.4 스트럿-타이 모델의 설계

9.4.1 스트럿의 강도

1) 스트럿의 압축강도

스트럿의 강도는 ① 스트럿 콘크리트의 강도와 ② 스트럿 단부의 절점역역의 강도에 의해 정해진다. 스트럿의 공칭 압축강도 F_{ns}는 다음 식(9.2)과 같다.

$$F_{ns} = f_{ce} A_c \tag{9.2}$$

여기서, f_{ce} : ① 콘크리트 스트럿의 유효 압축강도와

② 절점영역에서의 콘크리트의 유효 압축강도 가운데 작은 값(MPa)

A_c : 스트럿 양쪽 단부에서의 최소 단면적(mm^2)

콘크리트 스트럿의 유효 압축강도는 다음 식(9.3)을 사용하여 구한다. 다만, 유효 압축강도에 영향을 미치는 여러 인자를 고려하여 실험과 적절한 해석을 통해 구한 값을 사용할 수도 있다.

$$f_{ce} = 0.85 \beta_s f_{ck} \tag{9.3}$$

여기서, β_s : 스트럿의 균열 및 구속철근의 영향을 고려한 계수(표 9.1 참조)

표 9.1 스트럿 강도에 대한 β_s의 값

스트럿의 조건	β_s
전 길이에 걸쳐 단면적이 일정한 경우	1.0
중간 단면의 폭이 절점에서의 폭보다 큰 경우(병모양 스트럿) ① 횡방향 요구조건을 만족하는 철근이 배치된 경우 ② 횡방향 요구조건을 만족하지 못하는 철근이 배치된 경우	 0.75 0.6λ
인장부재 또는 인장 플랜지의 부재에서의 스트럿	0.4
그 밖의 모든 경우	0.6

주) λ는 콘크리트 단위 중량과 관련된 보정계수이다. 일반 중량 콘크리트의 경우 $\lambda=1.0$, 모래만 경량인 콘크리트의 경우 $\lambda=0.85$, 모든 골재가 경량인 콘크리트의 경우 $\lambda=0.75$이다.

2) 압축철근에 의한 스트럿 보강

압축철근은 스트럿의 강도를 증가시키기 위해 추가로 배치할 수 있다. 이 경우 스트럿 강도는 다음 식(9.4)와 같다.

$$F_{ns}=f_{ce}A_c+1.13A_s{}'f_s{}' \tag{9.4}$$

이 때 철근의 압축응력 $f_s{}'$은 스트럿이 파쇄될 때의 스트럿 콘크리트의 변형률로부터 얻어지는 값이다. 그러나, SD 300, SD 350, SD 400 철근의 경우는 $f_s{}'=f_y$로 본다. 압축철근은 기둥에서와 같이 적절한 방법으로 정착시켜야 하며, 스트럿 내부로 축에 평행하게 배치하고 띠철근이나 나선형으로 폐쇄시켜야 한다.

병모양의 스트럿에 대한 횡방향철근을 설계하기 위해는 그림 9.3(b)에 보인 바와 같이 스트럿의 종방향에 대한 횡방향의 비가 2 : 1 의 경사로 스트럿에서 압축력이 확산된다고 가정한다. 횡방향철근에 대한 위의 조건은 $f_{ck}\le 40\text{MPa}$의 경우, 스트럿의 중심선이 식(9.5)를 만족하도록 배치된 횡방향철근과 교차할 때 만족하는 것으로 본다.

$$\sum\frac{A_{si}}{bs_i}sin\gamma_i\ge 0.003 \tag{9.5}$$

여기서, A_{si} : 스트럿과 교차하는 i번째 열에서의 철근 단면적(mm^2)(스트럿의 축과 이루는 각도 α_i와 철근의 간격 s_i로 배치된 철근의 총 단면적)

s_i : 부재 표면에 인접한 i번째 열에서의 철근의 간격(mm)

γ_i : 스트럿과 교차하는 i번째 열에서 철근과 스트럿이 이루는 각(°)

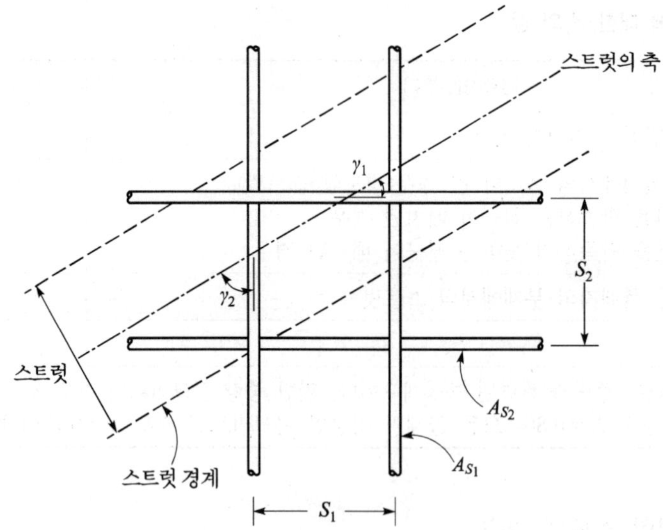

그림 9.13 스트럿과 전단철근

철근에 의해 교차되는 스트럿은 그림 9.13과 같이 스트럿 축에 수직이거나 직교 그리드 형태로 배치될 수 있다. 첨자 i는 철근의 층을 나타낸다. s_i와 γ_i는 그림 9.13에 나타낸 바와 같다. [9장 9.4.4절]의 깊은 보에 대한 최소 철근 요구조건 외에도 식(9.5)을 만족하여야 한다.

9.4.2 절점영역의 강도

절점영역의 공칭 압축강도는 다음 식(9.6)과 같다.

$$F_{nn} = f_{ce} A_n \tag{9.6}$$

여기서, f_{ce} : 절점 영역에서의 콘크리트의 유효 압축강도(MPa)

A_n : F_u의 작용선에 직각인 절점영역 경계면의 면적 또는 합력 작용선에 직각인 절점영역 경계면의 면적(mm^2).

절점영역에 배치된 구속철근이 없고 실험 및 해석을 통해 구속철근의 영향을 평가하지 않는다면, 스트럿과 타이의 단면력에 의한 절점영역 경계면의 유효 압축강도는 다음 식(9.7)에 의한 값 이하이어야 한다.

$$f_{ce} = 0.85 \beta_n f_{ck} \tag{9.7}$$

여기서, f_{ck} : 절점영역에서의 콘크리트의 압축강도(MPa)

β_n : 스트럿에서의 압축 변형률과 타이에서 인장 변형률의 부적합으로 인한 절점영역의 교란의 정도를 반영하는 계수(표 9.2)

표 9.2 절점영역의 유효 압축강도의 계산을 위한 β_n의 값

절점영역의 조건	절점의 분류	β_n
지지판, 스트럿 또는 지지판과 스트럿에 의해 형성된 절점영역	CCC 절점	1.0
하나의 타이가 연결된 절점영역	CCT 절점	0.8
두 개 이상의 타이가 연결된 절점영역	CTT 절점 TTT 절점	0.6

9.4.3 타이의 강도

1) 타이의 강도

타이의 공칭 강도 F_{nt}는 타이 내의 철근과 PSC 강재의 강도의 합이다.

$$F_{nt} = A_{st}f_y + A_{ps}(f_{pe} + \Delta f_p) \tag{9.8}$$

여기서, A_{st} : 철근타이의 단면적(mm^2)

A_{ps} : 긴장재 타이의 단면적(mm^2)

f_{pe} : 긴장재의 유효 프리스트레스 응력(MPa)

Δf_p : 계수축력에 의한 긴장재의 응력 증가분(MPa)

$f_{pe} + \Delta f_p$는 프리스트레스 보강재의 항복응력 f_{py} 이하이어야 하며, 긴장재가 없는 부재에서는 A_{ps}는 0이다. Δf_p는 부착된 긴장재의 경우 420 MPa, 부착되지 않은 긴장재의 경우 70 MPa이며, 해석에 의해 증명된 경우 이 값을 사용할 수 있다.

2) 중심선

철근의 중심선은 스트럿-타이 모델에서 타이의 중심선과 일치시켜야 한다. 설계에서 타이의 유효폭 w_t는 타이의 인장철근의 분포에 따라 달라지며, 다음 제한 값들의 범위 내에서 변경될 수 있다.

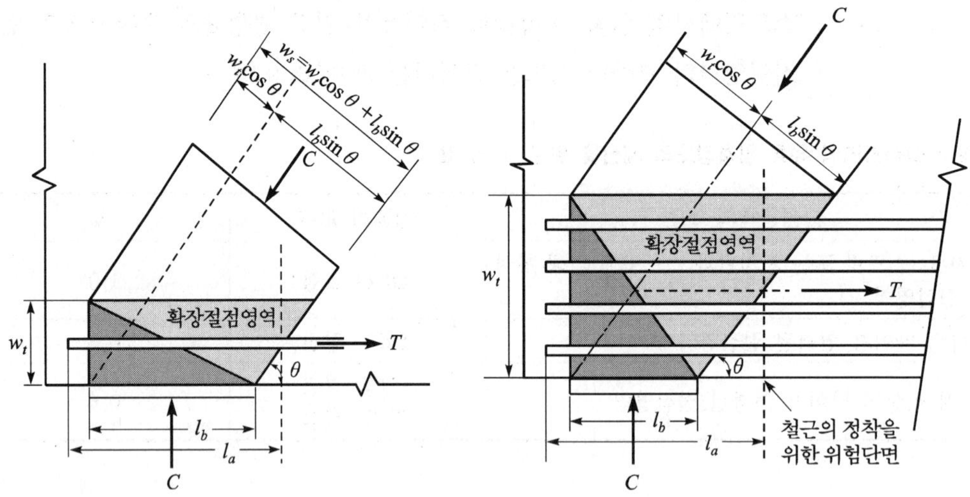

(a) 1열 철근을 배치할 때 (b) 다중 배열 철근의 경우

그림 9.14 인장력 분포를 고려한 확장절점영역

① 타이에서 철근이 1열로 배치되는 경우, 타이의 유효 폭은 그림 9.14(a)와 같이 부재 표면에서 철근 표면까지 거리의 2배에 타이에서 가장 큰 철근의 지름을 더한 값으로 할 수 있다.

② 타이의 폭은 타이 철근의 정착을 위한 지압판 폭으로 취할 수 있다.

③ 타이에 대한 실제적인 상한 폭 $w_{t(\max)}$는 정수압 절점영역의 폭에 해당되는 폭과 같으며, 다음 식(9.9)의 값으로 볼 수 있다.

$$w_{t(\max)} = \frac{F_{nt}}{f_{ce}} \tag{9.9}$$

여기서, f_{ce} : 식(9.7)에서 주어진 절점영역의 유효 압축강도(MPa)

철근 타이의 폭이 ①항의 값을 초과하는 경우, 인장철근은 그림 9.14(b)와 같이 철근 타이의 폭과 두께에 걸쳐 등분포로 분배시켜야 한다.

3) 타이철근의 정착

타이철근은 스트럿이나 지압부의 경계면과 철근타이 도심이 교차되는 점에서 확장절점영역 내측으로 정착되어야 한다(그림 9.14 참조). 만약 절점영역과 확장절점영역을 조합한 길이가 철근을 정착하는데 부족한 경우에는 추가로 90° 갈고리나 기계적 정착장치를 사용하여 절점영역을 지나 철근을 연장하여야 한다. 타이 철근을 90° 표준갈고리로 정착하는 경우, 갈고리는 정착영역 내에서 콘크리트의 할렬을 방지하기 위해 받침부에서 보 내부로 연장되는 철근 내에서 갈고리를 구속하여야 한다.

9.4.4 깊은 보에 대한 요구조건

깊은 보에 대한 전단설계 규정은 순경간 l_n이 부재 깊이의 4배 이하이거나 하중이 받침부로부터 부재 깊이의 2배 거리 이내에 작용하고, 하중의 작용점과 받침부가 서로 반대면에 있어서 이 사이에 압축대가 형성될 수 있는 부재에 적용한다. 깊은 보의 예는 그림 9.15에 보인 바와 같다. 깊은 보는 비선형 해석을 사용하거나 스트럿-타이 모델을 적용하여 설계할 수 있다. 깊은 보는 비선형 변형률 분포에 기반한 해석을 사용할 수 있지만, 스트럿-타이 모델은 합리적인 설계 및 해석을 가능하게 한다. 깊은 보의 공칭전단강도 V_n은 다음 식 (9.10) 이하이어야 한다.

$$V_u \le V_n = \frac{5}{6}\lambda\sqrt{f_{ck}}\,b_w d \tag{9.10}$$

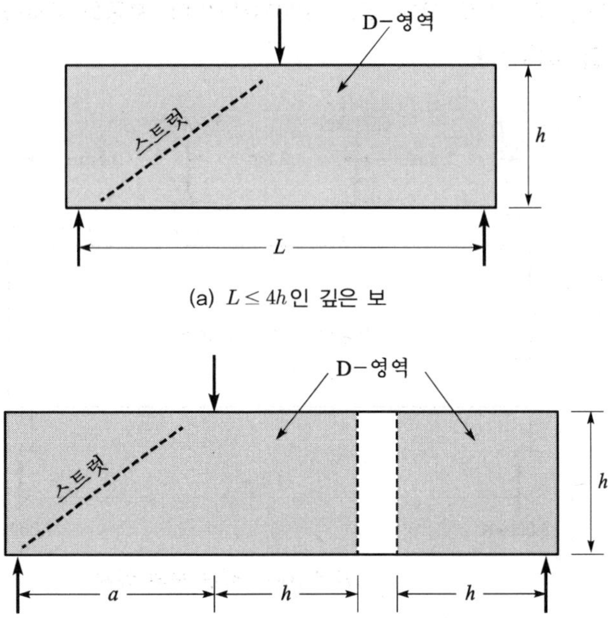

(a) $L \le 4h$인 깊은 보

(b) $a \le 2h$인 깊은 보

그림 9.15 깊은 보의 D-영역

깊은 보에는 휨인장철근과 직각인 수직전단철근의 단면적은 다음 식(9.11)을 만족하여야 한다.

$$A_v \geq 0.0025 b_w s \quad (9.11)$$

여기서, A_v : 수직전단철근의 단면적(mm^2)

s : 수직전단철근의 간격(mm)

휨인장철근과 평행인 수평전단철근의 단면적은 다음 식(9.12)를 만족하여야 한다.

$$A_{vh} \geq 0.0015 b_w s_h \quad (9.12)$$

수직 및 수평전단철근의 간격 s 및 s_h는 $\frac{d}{5}$ 또는 300mm를 초과할 수 없다.

예제 9.1

그림 9.16(a)와 같이 경간 11m의 $\frac{1}{3}$지점에 600mm×600mm의 정사각형 기둥에 의해 각각 5,000kN의 계수하중이 작용하고 있다. 보의 두께는 600mm이고 높이는 3.6m이고, $f_{ck} = 35\text{MPa}$, $f_y = 420\text{MPa}$이다. 자중을 무시하고 주어진 하중에 대하여 보를 설계한다.

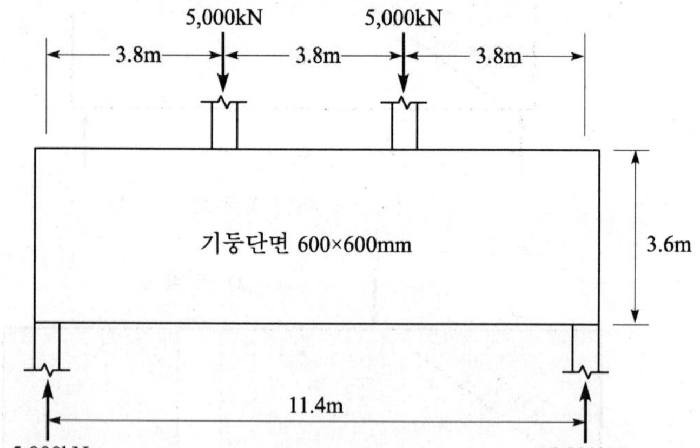

그림 9.16(a) 깊은 보의 설계

풀이

콘크리트구조 설계기준 [KDS 14 20 20 콘크리트구조 휨 및 압축 설계기준, 4.2.4 깊은보의 설계]에서 깊은 보로 설계하여야 하는 조건은 순경간 l_n이 부재 깊이의 4배 이하로 규정되어 있다.

순경간 $l_n = 12.0 - 0.6 = 11.4\text{m}$ 이므로

$$\frac{l_n}{h} = \frac{11.4}{3.6} = 3.2 < 4$$

따라서, 이 보는 깊은 보에 해당되므로 스트럿-타이 모델로 전단설계를 한다.

1) D-영역의 정의

모든 지지부와 하중은 서로 보의 높이 h 이내에 있으므로, 전체 구조는 D-영역으로 나타낼 수 있다. 스트럿과 타이의 두께는 보의 폭 $b = 600\text{mm}$ 와 같다. 보의 중앙 1/3 구간에서 유효깊이 $d = 0.9h = 0.9 \times 3.6 = 2.88\text{m}$ 로 가정할 때, 이 보의 최대 설계 전단강도는 식(9.10)에 의해 다음과 같이 계산된다.

$$V_n = \frac{5}{6}\sqrt{f_{ck}}\,b_w d = \frac{5}{6} \times \sqrt{35} \times 600 \times 2880 \times 10^{-3}$$

$$= 8{,}519\text{kN} > V_u = 5{,}000\text{kN}$$

∴ 깊은 보의 전단설계가 가능하다.

2) D-영역 경계면에서의 힘의 합력

보의 상부에 작용하는 기둥으로부터 전달되는 집중하중 5,000kN는 그림 9.16(b)에 보인 바와 같이 지점반력 5,000kN과 평형을 이루고 있다. 수평 스트럿과 타이 사이의 거리를 $0.8h$ 로 가정하면, 사방향 스트럿의 경사각은 $\theta = 37.2°$ 이며 $C = F_{AB} = 8{,}270\text{kN}$ 의 압축력을 받는다. 또한, 두 기둥 사이의 수평 압축 스트럿이 받는 힘은 $C' = F_{AC} = 6{,}587\text{kN}$ 이며, 하현의 인장 타이는 $T = F_{BD} = 6{,}377\text{kN}$ 의 힘을 받는다. 이들의 계산과정은 다음과 같다.

사방향 스트럿이 이루는 각은 다음과 같이 계산된다.

$$\sin^{-1}\left(\frac{2.88}{\sqrt{(3.8^2 + 2.88^2)}}\right) = \sin^{-1}0.6040, \quad \therefore\ \theta = 37.2°$$

절점 b에 힘의 평형조건식 $\Sigma V = 0$, $\Sigma H = 0$ 를 취하면, 사방향 압축스트럿 및 하현의 인장 타이가 받는 힘은 각각 다음과 같이 계산된다.

$$\Sigma V = -5{,}000 + F_{AB}\sin 37.2° = 0 \qquad \therefore\ F_{AB} = 8{,}270\text{kN}$$

$$\Sigma H = -F_{BD} + F_{AB}\cos 37.2° = 0 \qquad \therefore\ F_{BD} = 6{,}587\text{kN}$$

또한 절점 a에 힘의 평형조건식 $\Sigma H = 0$ 를 취하면 상현의 수평 압축스트럿이 받는 힘은 다음과 같이 계산된다.

$$\Sigma H = F_{AB}\cos 37.2° - F_{AC} = 0 \qquad \therefore\ F_{AC} = 6{,}587\text{kN}$$

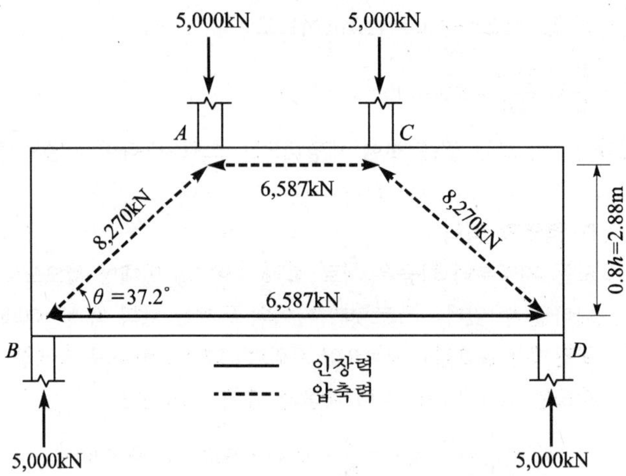

그림 9.16(b) 보의 내력 및 트러스 모델

3) 트러스 모델

보의 기하학적 조건 및 하중재하를 기반으로, 그림 9.16(c)와 같이 단일 트러스만으로도 기둥 하중을 감당하기에 충분하다. 트러스는 사다리꼴 모양이다. 절점은 실제로 핀(pin)이 아니고, 또 트러스 평면 내에서의 불안정이 스트럿-타이 모델에 영향을 주지 않으므로 트러스 모델이 허용된다.

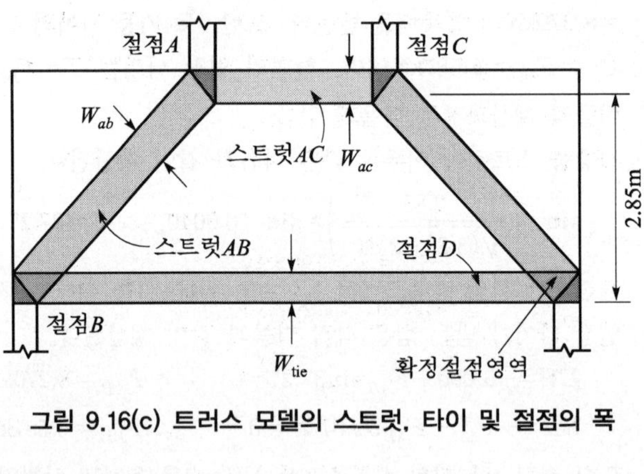

그림 9.16(c) 트러스 모델의 스트럿, 타이 및 절점의 폭

4) 스트럿 및 절점영역에 대한 치수 선택

두 가지 접근법이 스트럿 및 절점영역 크기를 선택하는데 사용된다. 즉, ① 응력 p의 일정한 수준을 유지하기 위한 하중-지압 전달 요소의 기하학적 구조에 기초한 선택과 ② 최소 스트럿 폭 w에 기초한 선택이다, 이 예에서는 첫 번째 접근법을 사용하기로 한다.

절점 응력 p는 기둥 아래의 평균 응력에 의해 결정되므로 다음과 같이 계산된다.

$$p = \frac{5,000 \times 10^3}{600 \times 600} = 14.5\text{MPa}$$

기둥부는 CCC 절점에 해당되기 때문에 $\beta_n = 1.0$이므로, 이 절점 B의 설계강도는 식(9.7)로부터 다음과 같이 계산된다.

$$\phi f_{ce} = \phi 0.85\beta_n f_{ck} = 0.75 \times 0.85 \times 1.0 \times 35 = 22.3\text{MPa},$$

따라서 정수압 최대치는 22.3MPa이므로, 여기서는 기둥 아래의 평균응력 $p = 14.5\text{MPa}$를 사용하여 각각의 스트럿 폭을 다음과 같이 구하기로 한다.

$$w_{AB} = \frac{F_{AB}}{b_s p} = \frac{8,270}{600 \times 14.5} = 951\text{mm}$$

$$w_{AC} = \frac{F_{AC}}{b_s p} = \frac{6,587 \times 10^3}{600 \times 14.5} = 758\text{mm}$$

$$w_{tie} = \frac{F_{BD}}{b_t p} = \frac{6,587 \times 10^3}{600 \times 14.5} = 758\text{mm}$$

수평 스트럿 AC와 타이 사이의 중심간 거리는 $3.600 - 0.758 = 2.842\text{m}$ ($0.79h$에 해당됨)이다. 따라서 사방향 스트럿 AB와 타이의 사잇각은 $\theta = 36.8°$가 된다. 이 각을 사용하여 다시 스트럿이 받는 힘을 계산하면 $F_{AB} = 8,681\text{kN}$, $F_{AC} = F_{BD} = 6,951\text{kN}$ 과 같은 수정된 값을 얻는다. 이러한 절차를 수렴할 때까지 반복하여 계산하면, 스트럿 폭은 각각 $w_{AB} = 964\text{mm}$ 및 $w_{AC} = 774\text{mm}$, 타이 폭은 $w_{BD} = 774\text{mm}$, 스트럿 경사각은 $\theta = 36.6°$가 되며, 이들 값을 사용하여 설계를 수행한다.

5) 스트럿의 축강도

(1) 수평 스트럿 AC의 축강도

① 스트럿 AC 콘크리트의 유효압축강도

스트럿 AC는 전체 길이에 걸쳐 단면적이 일정하므로 표 9.1로부터 $\beta_s = 1.0$이다. 그러므로 스트럿 콘크리트의 유효압축강도는 식(9.3)에 의해

$$f_{ce} = 0.85\beta_s f_{ck} = 0.85 \times 1.0 \times 35 = 29.75\text{MPa}$$

② 스트럿 AC 단부의 절점영역의 유효압축강도

절점영역 A의 조건은 표 9.2로부터 CCC 절점에 해당되므로 $\beta_n = 1.0$이다. 그러므로 단부의 절점영역 A의 유효압축강도는 식(9.7)에 의해

$$f_{ce} = 0.85\beta_n f_{ck} = 0.85 \times 1.0 \times 35 = 29.75\text{MPa}$$

③ 스트럿 AC의 설계압축강도

유효압축강도는 스트럿 콘크리트 및 절점영역에서 모두 동일한 값 $f_{ce} = 29.75\text{MPa}$이므로, 스트럿 AC의 설계압축강도는 식(9.2)를 이용하면

$$\phi F_{ns} = \phi f_{ce} A_c = \phi f_{ce}(w_{AC} \times b_s) = 0.75 \times 29.75 \times 774 \times 600 \times 10^{-3}$$

$$= 10,632\,\text{kN} > 6,951\text{MPa}$$

∴ 스트럿 AC의 축강도는 적합하다.

(2) 스트럿 AB의 축강도

① 스트럿 AB 콘크리트의 유효압축강도

스트럿 AB는 병모양으로서 철근을 보강하는 조건에서 표 9.1로부터 $\beta_s = 0.75$ 이므로 스터럿 AB의 유효압축강도는 식(9.3)에 의해

$$f_{ce} = 0.85\beta_s f_{ck} = 0.85 \times 0.75 \times 35 = 22.31\text{MPa}$$

② 스트럿 AB 단부의 절점영역의 유효압축강도

절점영역 B의 조건은 표 9.2로부터 CCT 절점에 해당되므로 $\beta_n = 0.80$이다. 그러므로 단부의 절점영역 B의 유효압축강도는 식(9.7)에 의해

$$f_{ce} = 0.85\beta_n f_{ck} = 0.85 \times 0.80 \times 35 = 23.8\text{MPa}$$

③ 스트럿 AB의 축강도 계산

스트럿 콘크리트의 유효 압축강도가 절점영역의 유효 압축강도 보다 작으므로 공칭압축강도 계산에는 스트럿의 유효 압축강도를 사용한다. 즉, $f_{ce} = 22.31\text{MPa}$ 이므로 식(9.2)를 이용하여 스트럿 AB의 설계압축강도를 계산하면

$$\phi F_{ns} = \phi f_{ce} A_c = \phi f_{ce}(w_{AB} \times b) = 0.75 \times 22.31 \times 964 \times 600 \times 10^{-3}$$
$$= 9{,}678\,\text{kN} > 8{,}681\text{MPa}$$

∴ 스트럿 AB의 축강도는 적합하다.

(3) 절점영역의 강도

절점영역 B의 조건은 표 9.2로부터 CCT 절점에 해당되므로 $\beta_n = 0.80$이다. 그러므로 단부의 절점영역 B의 유효압축강도는 식(9.7)에 의해

$$f_{ce} = 0.85\beta_n f_{ck} = 0.85 \times 0.80 \times 35 = 23.8\text{MPa}$$

식(9.6)을 이용하여 설계압축강도를 계산하면

$$\phi F_{nn} = \phi f_{ce} A_n = \phi f_{ce}(w_{AB} \times b) = 0.75 \times 23.8 \times 964 \times 600 \times 10^{-3}$$
$$= 10{,}325\,\text{kN} > 8{,}681\text{MPa}$$

∴ 절점영역 B의 경계면에서의 절점강도는 적합하다.

이상의 계산결과 스트럿 단부와 절점에서의 강도는 계수하중을 초과하므로, 스트럿은 적합하다.

6) 타이의 설계

타이의 설계는 3단계로 이루어진다. ㉠ 철근 면적의 선정, ㉡ 정착장치의 설계, ㉢ 타이 폭 내에 철근배치가 적합한지의 검증이다. 철근 면적은 다음과 같이 계산된다.

$$A_{ts} = \frac{F_{BD}}{\phi f_y} = \frac{6{,}951 \times 10^3}{0.75 \times 420} = 22{,}067\,\text{mm}^2$$

이것은 총 사용면적 $A_{ts} = 22{,}958\text{mm}^2$(D35 철근 24개)의 철근을 사용함으로써 만족된다. 1단에 5개씩 배치하며, 보의 순피복은 60mm, 수평 순간격 112mm로 하면, 필요한 타이의 총 폭을 다음과 같이 된다.

$w = 5 \times 34.9 + 4 \times 110 + 2 \times 60 = 735\text{mm}$

이것은 계산된 타이폭 $w_{AC} = 774\text{mm}$와 거의 같다.

7) 타이 철근의 장착

인장을 받는 타이 철근 D35의 기본정착길이는 식(6.4)로부터

$$l_{db} = \frac{0.6 d_b f_y}{\lambda \sqrt{f_{ck}}} = \frac{0.6 \times 34.9 \times 420}{1.0 \times \sqrt{35}} = 1{,}487\text{mm}$$

보정계수는 $\alpha = 1.0$, $\beta = 1.0$, $\gamma = 1.0$이므로(6장 참조) 이 인장타이 철근의 정착길이는 $l_d = 1{,}487\text{mm}$가 필요하다.

한편 절점영역과 확장절점영역의 길이, 즉 타이 철근의 필요로 하는 정착길이 l_a는

$$l_a = l_b + \frac{1}{2} w_t \cot\theta = 600 + \frac{1}{2} \times 774 \times \cot 36.6°$$

$$= 1{,}121\text{mm} < 1{,}487\text{mm}$$

따라서, 정착길이만으로는 타이 철근을 정착시킬 수 없기 때문에 90° 표준갈고리를 사용 한다.

보의 측면의 피복두께를 35mm로 하고, $D16$ 전단철근으로 보의 가로, 세로 두 방향으로 배치하고, 타이 철근 $D35$의 순간격을 $2d_b = 70\text{mm}$로 한다면, 5개 타이철근에 필요한 폭을 계산하면 다음과 같다.

$b_{req} = 5 \times 35 + 2 \times 2 \times 15.9 + 4 \times 70 + 34.9 \times 5$

$= 588\text{mm} < b = 600\text{mm}$

즉, 보의 폭 이내에 철근이 모두 들어간다.

8) 상세 및 최소철근 요구조건의 설계

① 타이의 휨철근에 수직으로 수직전단철근(간격 $s = 250\text{mm}$)을 배치한다면, 수직전단철근량은 식(9.11)로부터

$A_v \geq 0.0025 b_w s = 0.0025 \times 600 \times 250 = 375\text{mm}^2$

이것은 각 면에 $D16$ 철근(1개의 철근량 198.6mm^2)을 $s = 250\text{mm}$로 배치하는 것이므로, 실제로 배치되는 수직전단철근량은

$A_v = 198.6 \times 4 = 794\text{mm}^2 > 375\text{mm}^2$ ∴ 만족한다.

② 타이의 휨철근에 평행으로 수평전단철근(간격 $s = 250\text{mm}$)을 배치한다면, 수평전단철근량은 식(9.12)로부터

$A_{vh} \geq 0.0015 b_w s_2 = 0.0015 \times 600 \times 250 = 225\text{mm}^2$

이것은 각 면에 $D13$ 철근(1개의 철근량 126.7mm^2) 을 $s = 250\text{mm}$로 배치하는 것이므로, 실제로 배치되는 수평전단철근량은

$A_v = 126.7 \times 4 = 507\text{mm}^2 > 225\text{mm}^2$ ∴ 만족한다.

③ $f_{ck} = 40\text{MPa}$ 이하일 경우에는 식(9.5)의 조건을 만족하도록 스트럿 중심선이 전단철근과 교차하여야 한다. 여기서 사용된 $f_{ck} = 35\text{MPa} < 40\text{MPa}$이므로 이 식에 대하여 검토한다. 수직전단철근 $D16$ 2개($\gamma_1 = 53.4°$)는 $A_v = 397\text{mm}^2$이며, 수평전단철근 $D13$ 2개($\gamma_2 = 36.6°$)는 $A_{vh} = 254\text{mm}^2$이다. 식(9.5)에 의하여 스트럿 중심선이 전단철근과 교차해야 하는 조건을 검토하면 다음과 같이 된다.

$$\sum \frac{A_{si}}{bs_i} sin\gamma_i = \frac{397 \times \sin 53.4° + 254 \times \sin 36.6°}{600 \times 250}$$

$$= 0.0031 > 0.003$$

그러므로, 이 결과는 충분한 철근이 병 모양의 스트럿의 세로방향 균열을 제어할 수 있을 뿐만 아니라, 최소 철근 요구조건을 만족할 수 있음을 보장하고 있다. $D35$의 타이 철근은 기계적인 정착을 하거나 갈고리의 위치에 단차(staggered hook)를 둔다. 확대머리는 갈고리보다 공간이 덜 필요하며 콘크리트 타설이 용이하다. 그러나, $4d_b$의 순간격을 요구하기 때문에, 이런 경우 확대머리를 붙인 철근은 사용하지 않는 것이 좋다.

그림 9.16(d)는 최종 설계에 대한 단차를 둔 갈고리를 보여주고 있다. 또한, 불연속단에서 표준갈고리에 의해 철근을 정착시키는 경우, 전 정착길이 구간에 $3d_b$이하의 간격으로 띠철근이나 스터럽으로 갈고리 철근을 둘러싸야 한다. 따라서, D35 철근의 갈고리를 구속하기 위해 보 단부에 수평방향으로 ∩형 스터럽 철근(D13, 지름 34.9mm)을 100mm ($3d_b = 3 \times 34.9 = 105\text{mm}$)간격으로 배치한다. 최종적인 보의 상세는 그림 9.16(d)에 제시하고 있다.

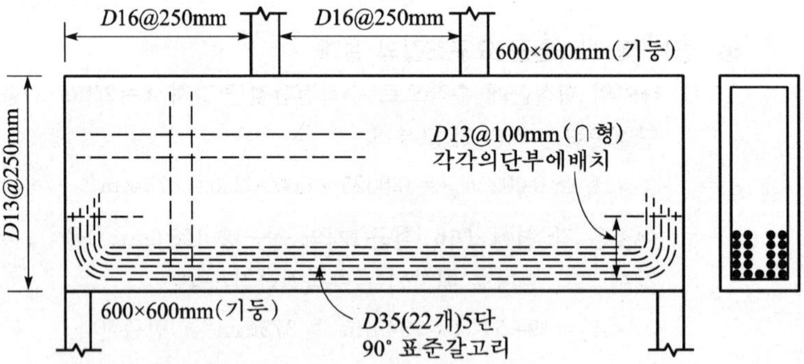

그림 9.16(d) 철근 배근 상세

연습문제

9-1 그림 9.17과 같은 깊은 보에 대해 설계하시오. 지점에서 4m 떨어진 곳에 1개의 기둥이 있으며, 이 기둥을 통해 보에 전달되는 계수하중은 $P_u = 7000\text{kN}$이다. 여기서, $f_{ck} = 35\text{MPa}$, $f_y = 400\text{MPa}$이며, 자중을 고려하시오.

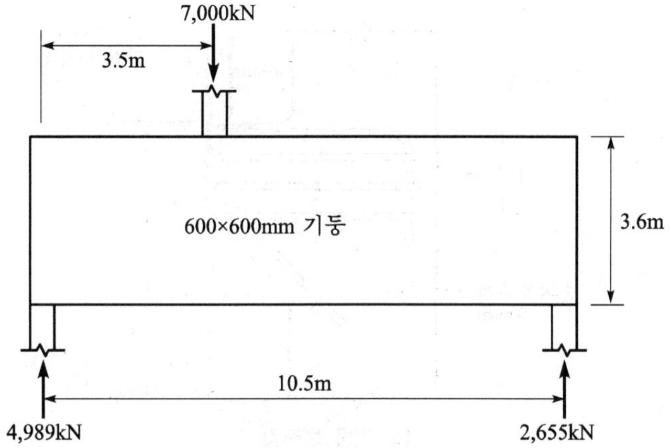

보의 치수 및 하중

그림 9.17 깊은 보의 설계

9-2 그림 9.18과 같은 프리케스트 거더로부터 전달되는 단부지점 반력을 받는 기둥 브래킷을 스트럿-타이 모델을 사용하여 설계하시오. 사용 활하중과 사용 사하중으로부터 전달되는 수직 반력은 각각 110kN 및 220kN이며, 이들 하중은 기둥 전면으로부터 $a_v = 140\text{mm}$ 이격된 곳에서 작용한다. 강제 지압판($125 \times 75 \times 10\text{mm}$)이 브래킷의 외부 모서리에 정착되어 거더로부터 전달되는 하중을 받도록 되어 있다. 브래킷에 배치되어 있는 철근은, 앵글 하면에 용접된 주철근 A_{sc}, 브래킷 깊이를 통과하여 분포된 폐합스터럽 A_h, 외측에 가까운 수직 평면에 배치된 골조철근 등으로 구성되어 있다. 여기서 사용된 콘크리트는 $f_{ck} = 35\text{MPa}$, 철근은 $f_y = 400\text{MPa}$이다. 그림(b)는 스트럿-타이 모델을 개략적으로 타나낸 것이다.

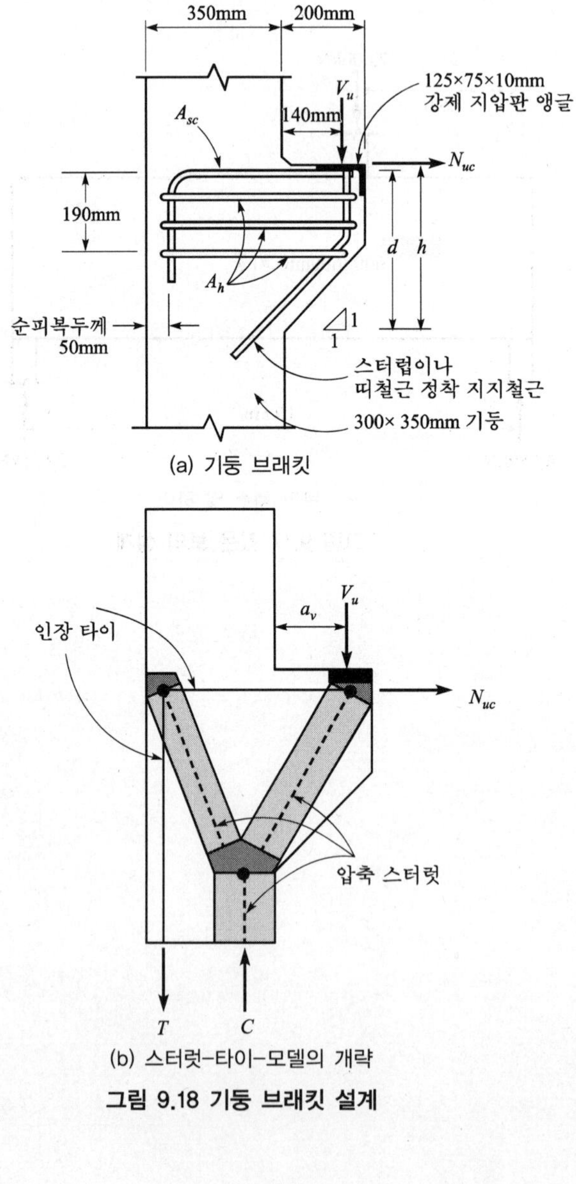

(a) 기둥 브래킷

(b) 스터럿-타이-모델의 개략

그림 9.18 기둥 브래킷 설계

제10장

슬래브

이 장은 콘크리트구조 설계기준 [*KDS* 14 20 70 콘크리트 슬래브와 기초판 설계기준]의 규정에 따라 작성한 것이다.

10.1 개요

슬래브는 보, 벽체 및 기둥으로 지지되는 판 요소로 된 구조이며, 주로 휨모멘트에 저항한다. 슬래브는 지지하는 경계 조건에 따라 그림 10.1과 같이 분류할 수 있다.

1) 1방향 슬래브

그림 10.1(a) 및 (b)와 같이 2개의 마주보는 보나 벽체로 지지되거나, 4변이 모두 지지되어도 긴 방향의 변(장변) 길이와 짧은 방향의 변(단변) 길이의 비가 2.0 이상인 슬래브를 1방향 슬래브(one way slab)라고 한다. 슬래브 하중 전달은 1방향인 단변 방향으로 작용하게 되며, 이에 따라 주철근도 하중 전달 방향인 단변 방향으로 배치한다.

2) 2방향 슬래브

그림 10.1(c)와 같이 4변으로 지지되며, 두 방향의 변의 길이의 비가 2.0 이하인 슬래브를 2방향 슬래브(two way slab)라고 한다. 슬래브에 작용하는 하중이 두 방향으로 전달됨에 따라 주철근도 두 방향으로 배치한다.

3) 플랫 플레이트 슬래브

그림 10.1(d)와 같이 보에 지지되지 않고 직접 기둥에 의해 지지되는 슬래브를 플랫 플레

이트 슬래브(flat plate slab) 또는 평판 슬래브라 한다. 하중이 작거나 지간이 작은 경우에 사용된다.

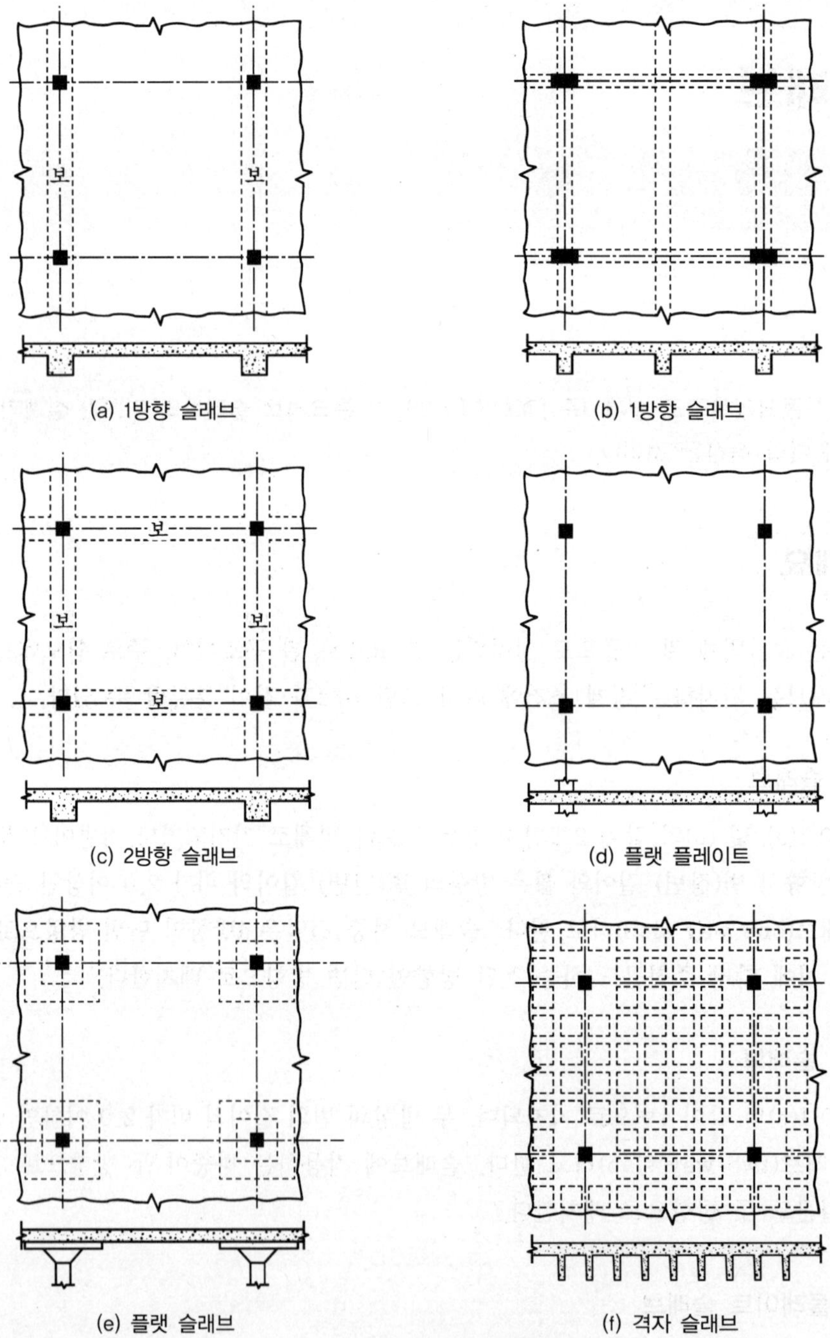

그림 10.1 슬래브의 종류

4) 플랫 슬래브

그림 10.1(e)와 같이 플랫 플레이트 슬래브의 기둥 주위에 드롭패널(지판, drop panel)과 기둥머리(column capital)를 기둥 주위의 전단력과 모멘트를 감소하기 위하여 설치한 슬래브를 플랫 슬래브(flat slab)라 한다. 드롭패늘과 기둥머리는 기둥 주변의 전단력과 부모멘트에 의해 발생되는 응력을 감소시켜 준다.

5) 격자 슬래브

그림 10.1(f)와 같이 슬래브의 고정하중을 줄이기 위하여 유리섬유나 철제로 만든 영구 거푸집을 사용하여 사각형 모양의 빈 공간을 갖는 장선 구조로 만든 슬래브를 격자 슬래브(grid slab)라고 한다. 일반적으로 기둥 부근에는 영구 거푸집을 두지 않으므로, 속 찬 슬래브가 형성되어 휨모멘트 및 전단력에 대한 저항력이 향상된다.

10.2 1방향 슬래브

1방향 슬래브는 마주보는 두 변을 보나 벽체 등 강성이 큰 단면으로 지지하거나, 4변이 지지되지만 장변 길이와 단변 길이의 비가 2배 이상 되는 슬래브이다. 1방향 슬래브의 하중은 단변 방향, 즉 지지경계 조건과 강성에 대해 짧은 경로로 하중이 전달되며, 따라서 주철근도 그림 10.2와 같이 단변의 지간방향으로 배근하게 된다.

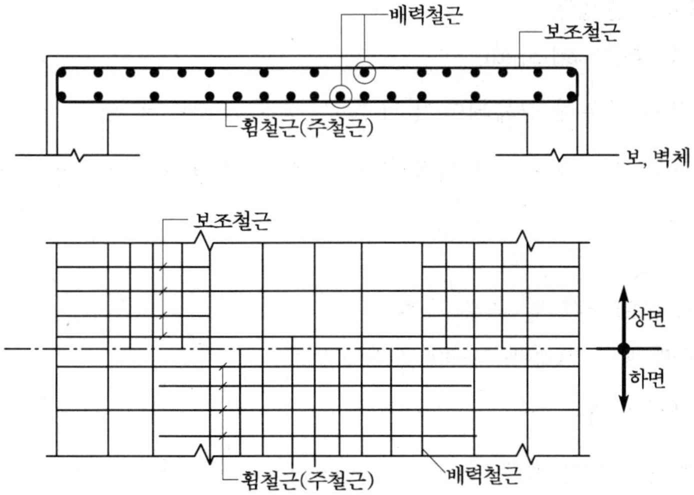

그림 10.2 단순지지 1방향 슬래브의 철근 배근

10.2.1 설계방법

1방향 슬래브는 단변의 지간방향으로 폭이 넓은 보와 같다고 생각하기 때문에, 구조해석이나 단면설계를 할 때에 단위 폭 1m인 직사각형 단면의 보로 가정하며, 휨모멘트에 대한 설계와 검토는 제4장, 전단에 대한 설계와 검토는 제5장에 따른다.

1방향 단순 슬래브 및 연속 슬래브의 부재력 계산은 공용기간 내에 안전성이 확보될 수 있도록 최대 휨모멘트와 최대 전단력이 발생하도록 활하중을 재하한 상태에서 탄성이론에 의한 구조해석을 실시하는 것이 보통이다.

또한, 콘크리트 구조설계기준 [KSD 14 20 10 콘크리트구조 해석과 설계 원칙, 4.3 구조해석 일반]에서는 다음의 제한조건을 모두 만족하는 경우 근사해법을 적용하여 연속보 또는 1방향 슬래브의 휨모멘트와 전단력을 계산할 수 있도록 규정하고 있다.

1) 제한 조건

① 2경간 이상인 경우
② 인접 2경간의 차이가 짧은 경간의 20% 이하인 경우
③ 등분포하중이 작용하는 경우
④ 활하중이 고정하중의 3배를 초과하지 않는 경우
⑤ 부재의 단면 크기가 일정한 경우

2) 근사해법에 의한 휨모멘트 및 전단력

(1) 정(+)모멘트(중앙부)

① 최외측 경간(end span)

- 불연속 단부가 구속되어 있지 않은 경우 ……………………………… $w_u l_n^2/11$
- 불연속 단부가 받침부(지점부)와 일체로 된 경우 ……………………… $w_u l_n^2/14$

② 내부경간 $w_u l_n^2/16$

(2) 부(-) 모멘트(단부 및 내부 지점부)

① 첫 번째 내부 지점부 외측면의 부모멘트

- 2경간인 경우 ……………………………………………………………… $w_u l_n^2/9$
- 3경간 이상인 경우 ……………………………………………………… $w_u l_n^2/10$

② ① 이외의 내부 받침부 부모멘트 ……………………………………… $w_u l_n^2/11$

③ 경간이 3m 이하인 슬래브의 받침부 부모멘트 ································ $w_u l_n^2/12$

④ 보의 경간 단부에서 보의 강성에 대한 기둥 강성의 합의 비가

- 8이상($K_c > 8K_b$)인 보의 받침부 부모멘트 ································ $w_u l_n^2/12$

⑤ 받침부와 일체로 된 부재의 최외단 받침부 내면의 부모멘트

- 받침부가 테두리보(spandrel beam)인 경우 ································ $w_u l_n^2/24$
- 받침부가 기둥인 경우 ································ $w_u l_n^2/16$

(3) 전단력(지지면 전면에서 유효깊이 d 떨어진 곳)

① 첫 번째 내부 받침부 외측면의 전단력 ································ $1.15\,w_u l_n/2$

② 그 밖의 받침부의 전단력 ································ $w_u l_n/2$

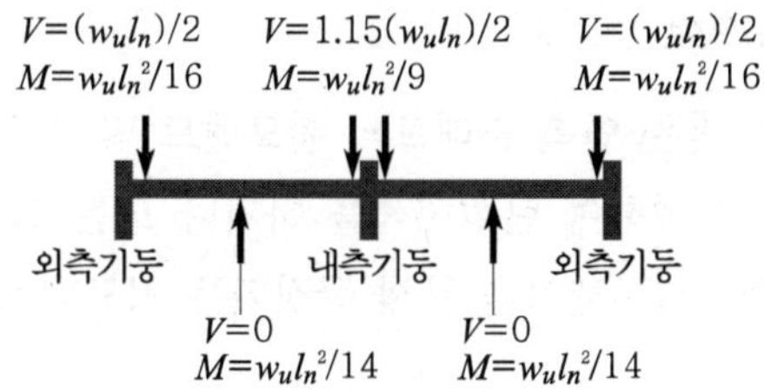

(a) 2경간 일 때

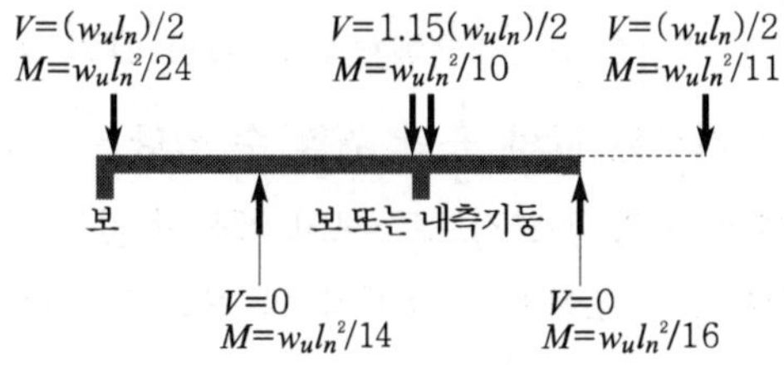

(b) 3경간 이상일 때(받침부가 테두리보)

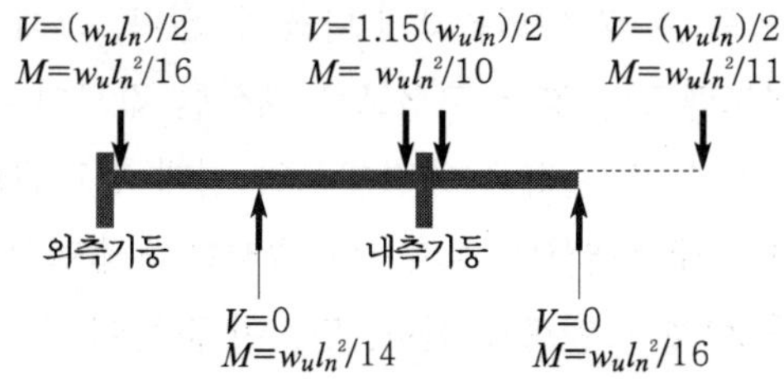

(c) 3경간 이상일 때(받침부가 외측기둥)

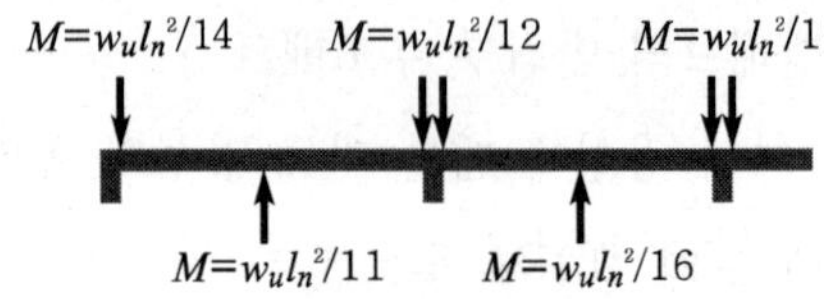

(d) 경간 3m 미만인 슬래브(경간의 수와 무관)

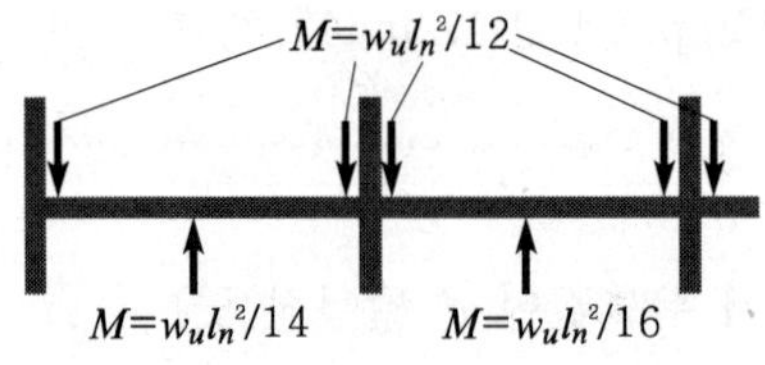

(e) (상하 기둥 강성의 합)/(좌우 보 강성의 합)>8일 때

그림 10.3 실용적인 휨모멘트와 전단력

3) 보와 일체로 된 연속 슬래브

철근콘크리트 보와 일체로 만든 연속 슬래브의 휨모멘트 및 전단력을 구하기 위해서는 단순 받침부에 놓인 연속보로 가정하여 탄성해석을 하거나 또는 그림 10.3과 같이 근사해석 방법을 사용할 수 있다. 이와 같은 해석을 통해 산정되는 휨모멘트는 다음과 같이 수정하여 설계하여야 한다.

(1) 그림 10.4 같이 활하중이 작용하는 경우 경간 중앙(C 단면)에 부모멘트가 발생한다. 슬래브와 보의 일체성을 고려하여 계산된 부모멘트의 값은 일체성을 무시한 단순 지지된 연속보로 보고 계산한 부(-)모멘트보다 훨씬 작기 때문에, 활하중에 의한 경간 중앙의 부모멘트는 계산된 값의 $\frac{1}{2}$만 취할 수 있다.

(2) 경간 중앙의 정모멘트는 양단 고정보로 보고 계산한 값보다 작게 취해서는 안된다. 슬래브와 보가 일체로 된 구조물을 단순지지 된 연속보로 모델링하여 구조 해석을 실시한 경우, 지점의 부모멘트가 양단고정으로 본 것보다 커져 경간 중앙부의 정모멘트가 작아지는 경우가 있다. 그러나 강성이 큰 보와 일체로 된 연속 슬래브에서는 그 부모멘트가 양단 고정으로 본 경우보다 크게 나올 수 없다. 그래서 이 경우의 안전을 위하여 경간 중앙의 정모멘트는 양단 고정보로 계산한 값보다 작게 취해서는 안 된다.

(3) 순경간이 3m를 초과할 때 순경간 내면에서의 설계 휨모멘트는 그림 10.5와 같이 보와 일체로 된 연속 슬래브에서의 지지보와 슬래브의 접합부 상면에 균열이 생기기 때문에 M_1 및 M_2를 설계 모멘트로 한다. 단, 이 값들이 순경간을 경간으로 하여 계산한 고정단 모멘트보다 작아서는 안 된다.

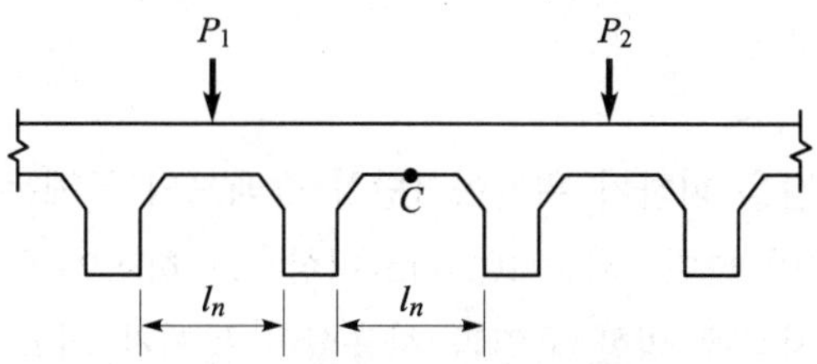

그림 10.4 슬래브 중앙에서의 부모멘트

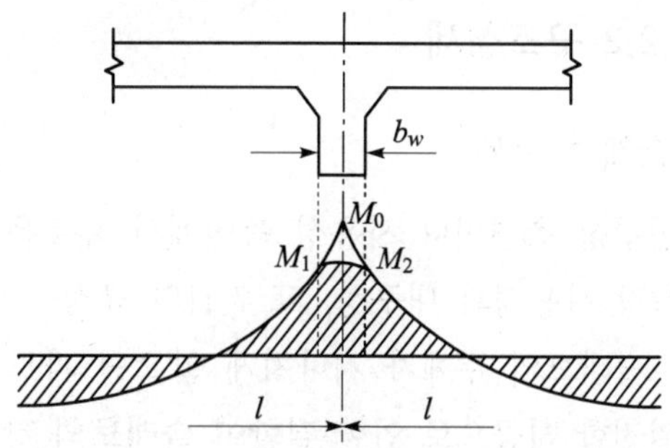

그림 10.5 연속 슬래브의 순경간 내면의 설계 휨모멘트

4) 구조해석에 사용하는 계산 경간

탄성이론이나 근사해법을 사용하여 슬래브를 설계할 때 사용하는 슬래브의 지간은 다음과 같이 취한다.

(1) 받침부와 일체로 되어 있지 않은 슬래브에서는 순경간에 슬래브 중앙의 두께를 더한 것을 지간으로 하되, 그 값이 받침부 중심간의 거리를 넘어서는 안 된다.

(2) 연속 슬래브의 응력 해석에서 휨모멘트를 구할 때는 받침부의 중심간 거리를 지간으로 하되 단면설계에는 순경간 내면에서의 휨모멘트로 설계할 수 있다.

(3) 받침부와 일체로 된 3m 이하의 순경간을 갖는 그림 10.6(a)와 같은 슬래브는 그림 10.6(b)와 같이 지지 폭이 없는 것으로 보고, 순경간을 지간으로 하는 연속보로 설계할 수 있다.

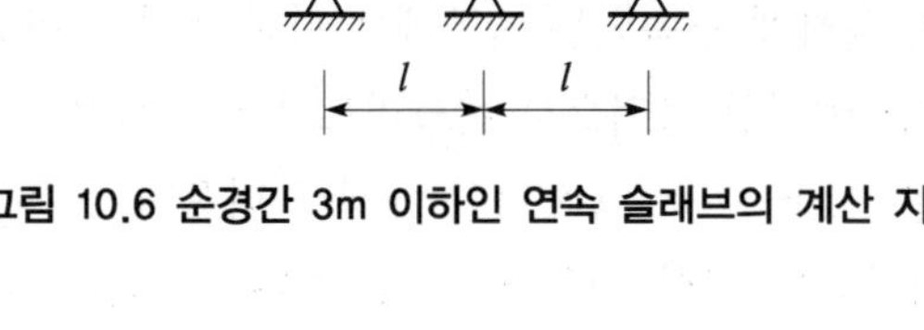

그림 10.6 순경간 3m 이하인 연속 슬래브의 계산 지간

10.2.2 구조상세

1) 슬래브 두께

안전성 측면이나 사용성 측면에서 해로운 처짐을 피하기 위하여 1방향 슬래브의 두께는 [제7장 사용성과 내구성, 표 7.1]의 규정을 따라야 하며, 최소 100mm 이상으로 하여야 한다. 슬래브의 두께가 지나치게 얇으면 과도한 처짐에 의한 균열과 사용성이 문제가 되고, 불완전한 시공으로 인한 결함이 슬래브의 강도에 나쁜 영향을 줄 수 있기 때문에 이 규정을 둔 것이다.

2) 주철근의 간격

슬래브의 정모멘트 철근 또는 부모멘트 철근의 중심간격은 최대 모멘트가 일어나는 위험단면에서는 슬래브 두께 2배 이하이어야 하고, 또한 300mm 이하로 하여야 한다. 그 밖의 단면에서는 슬래브 두께의 3배 이하이어야 하고, 또한 450mm 이하로 하여야 한다. 슬래브의 주철근의 간격을 너무 크게 하면 철근과 콘크리트가 일체로 작용하는 강성이 큰 슬래브를 만들 수 없기 때문이다.

3) 배력철근과 수축 · 온도철근

주철근인 정철근 또는 부철근에 직각 또는 직각에 가까운 방향으로 배치하는 철근을 배력철근(distribution bar)이라고 한다. 배력철근을 배치하는 이유는 슬래브에 놓인 하중에 의해 일어나는 응력을 분포시키고, 주철근의 간격을 유지시켜 주며, 콘크리트의 횡방향 수축이나 온도변화 등에 의한 균열을 줄이는 데 있다. 특히, 콘크리트의 횡방향 건조수축이나 온도변화에 의한 수축을 감소시켜 균열의 발생을 억제하고, 균열이 발생할 경우 슬래브에 고르게 분산시켜 균열폭을 줄일 목적으로 배치하는 철근을 수축 · 온도철근(shrinkage and temperature reinforcement)이라고 한다. 슬래브에서 휨철근이 1방향으로만 배치되는 경우, 이 휨철근에 직각방향으로 수축 · 온도철근을 배치한다. 그러나, 내력벽이나 대형 기둥에 의해 수축 및 온도 변형이 심하게 구속되는 경우에는 다른 기준의 하중조합을 고려하여 최소 철근량을 증가시켜야 한다. 이러한 목적으로 콘크리트구조 설계기준 [KSD 14 20 50 콘크리트구조 철근상세 설계기준, 4.6 수축 · 온도철근]에서는 다음과 같은 규정을 두고 있다.

수축 · 온도철근으로 배치되는 이형 철근 및 용접철망은 다음의 철근비 이상 사용하여야 하며, 어떠한 경우에도 0.0014 이상 이어야 한다.

① $f_y \leq 400\text{MPa}$인 이형철근을 사용한 슬래브 : 0.0020

② $f_y > 400\text{MPa}$인 이형철근 또는 용접철망을 사용한 슬래브 : $0.0020 \times \dfrac{400}{f_y}$

그러나, 위의 철근비에서 요구되는 수축·온도철근비에 콘크리트의 단면적을 곱하여 산정된 수축·온도철근 단면적을 단위 폭 1m당 1,800mm^{2}보다 크게 취하지 않도록 하고 있다. 또한 이들 수축·온도철근의 간격은 슬래브 두께의 5배 이하, 또한 450mm 이하로 하여야 하며, 이들 철근은 항복강도 f_y를 충분히 발휘할 수 있도록 콘크리트 내부에 정착하여야 한다.

4) 최소철근비

두께가 균일한 구조용 슬래브와 기초판에 대하여 경간 방향으로 보강되는 휨철근의 단면적은 수축·온도철근에서 규정하고 있는 값 이상을 사용하여야 한다. 이 때 철근의 최대 간격은 슬래브 두께 3배 이하, 450mm 이하이어야 한다.

5) 슬래브 장변 방향의 철근 배치

슬래브 끝의 단순 받침부에서도 내민 슬래브에 의하여 부모멘트가 일어나는 경우에는 이에 상응하는 철근을 배치하여야 한다. 단순지지 슬래브는 가동 받침부 밖으로 약간 내민 부분이 있어서, 이 부분에 하중이 작용하면 부모멘트가 발생하여 슬래브 상면에 단변방향으로 균열이 발생하기 때문이다.

슬래브의 단변방향 보의 상부에 부모멘트로 인해 발생하는 균열을 방지하기 위하여 슬래브의 장변방향으로 슬래브 상부에 철근을 배치하여야 한다. 이 때 장변방향으로 배치하는 철근은 T형보의 내민부 플랜지를 캔틸레버로 보고 그 플랜지에 작용하는 계수하중에 의하여 설계하며, 철근의 간격은 수축·온도철근과 같이 슬래브 두께 5배 이하, 450mm 이하로 한다.

예제 10.1 그림 10.7과 같은 경간이 3.8m인 연속 1방향 슬래브(과도한 처짐에 의해 손상되기 쉬운 비구조요소로 지지하지 않은 경우로 가정)를 설계하시오. 슬래브의 고정하중은 3.00kN/m^2(자중 미포함)이며, 활하중은 7.50kN/m^{2}이다. 콘크리트의 설계 압축강도는 $f_{ck}=27$MPa이며, 철근의 항복강도는 $f_y=400$MPa이다. 철근콘크리트 단위중량은 25kN/m^{3}이고, 지속 활하중은 활하중의 50%로 본다.

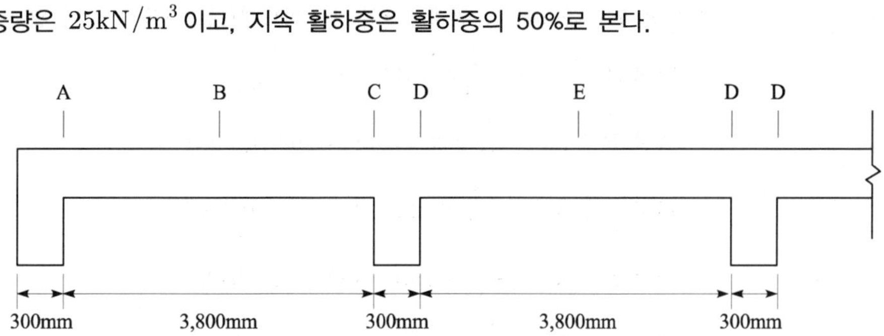

그림 10.7 1방향 슬래브의 설계 예

풀이

1) 슬래브 두께 가정

최외단 슬래브가 처짐에 대해 가장 불리하고 1단 연속 구조이므로, 표 7.1로부터 처짐을 계산하지 않아도 되는 슬래브의 최소두께는 다음과 같이 된다.

$$h = \frac{l}{24} = \frac{4,100}{24} = 171\,\text{mm} > 100\text{mm}$$

그런데, 철근 $f_y = 400\text{MPa}$ 이므로 값은 보정하지 않아도 되며, 처짐 검토를 전제로 하여 두께를 $h = 0.15\text{m}$ 로 가정한다.

2) 계수하중의 계산

1방향 슬래브이므로 작용하중은 단위 폭 1.0m에 대하여 계산하며, 사하중 및 계수하중은 다음과 같이 된다.

사하중 : $w_D =$ 자중 $+ 3.00 = 25.00 \times 0.15 + 3.00 = 6.75\,\text{kN/m}^2$

계수하중 $w_U = 1.2 w_D + 1.6 w_L = 1.2 \times 6.75 + 1.6 \times 7.50 = 20.1\text{kN/m}^2$

3) 계수휨모멘트의 계산

근사해석에 의해 계수휨모멘트와 계수전단력을 구하기로 한다. 이를 위해서는 근사해석 제한 조건 5가지를 만족하여야 하며, 검토결과 다음과 같이 모든 조건을 만족하고 있다.

① 2경간 이상인 경우 : 5경간 연속 슬래브

② 인접한 두 경간의 차이가 짧은 경간의 20% 이하 : 경간이 모두 3.8m로 일정함.

③ 등분포하중이 작용하는 경우 : 등분포하중이 작용함

④ 활하중이 고정하중의 3배를 초과하지 않은 경우

$$\frac{w_L}{w_D} = \frac{7.50}{6.75} = 1.11 < 3$$

⑤ 부재 단면의 크기가 일정한 경우 : 단면 두께 150mm로 일정함

따라서, 근사해석에 의한 계수휨모멘트는 $M_u =$ (모멘트 계수) $(w_u l_n^{\,2})$ 로 나타낼 수 있으며, 이 슬래브는 그림 10.3(b) 3경간 이상일 때(받침부가 테두리보)에 해당되므로 그림 10.7에 나타낸 각 위치에서의 계수휨모멘트는 다음과 같이 된다.

단면 A : $M_u = -\frac{1}{24} \times 20.1 \times 3.8^2 = -12.09\,\text{kN}\cdot\text{m}$

단면 B : $M_u = \frac{1}{14} \times 20.1 \times 3.8^2 = 20.73\,\text{kN}\cdot\text{m}$

단면 C : $M_u = -\frac{1}{10} \times 20.1 \times 3.8^2 = -29.02\,\text{kN}\cdot\text{m}$

단면 D : $M_u = -\frac{1}{11} \times 20.1 \times 3.8^2 = -26.39\,\text{kN}\cdot\text{m}$

단면 E : $M_u = \frac{1}{16} \times 20.1 \times 3.8^2 = 18.14\text{kN}\cdot\text{m}$

4) 철근량 계산 및 휨강도 검토

유효깊이 d는 철근피복과 주철근 지름의 1/2을 제외한 값이다. 따라서, 철근피복을 20mm, 주철근을 D13으로 가정하면,

$$d = 150 - 20 - \frac{12.7}{2} = 124\text{mm}$$

(1) 계수휨모멘트가 최대인 측경간 내부 받침부 단면 C에 대한 설계

설계휨강도 ϕM_n은 계수휨모멘트보다 크거나 적어도 같아야 하므로 $a = 13\text{mm}$로 가정하면 인장철근량은 식(4.34)를 이용하면 다음과 같이 계산된다.

$$M_u \leqq \phi M_n = \phi A_s f_y \left(d - \frac{a}{2}\right)$$

$$29.02 \times 10^6 \leqq 0.85 \times 400 \times A_s \times \left(124 - \frac{13}{2}\right)$$

$$\therefore \ A_s \geqq 726\text{mm}^2$$

등가 직사각형 압축응력 블록을 이용하면 식(4.21)로부터

$$a = \frac{A_s f_y}{\eta(0.85 f_{ck})b} = \frac{726 \times 400}{1.0 \times (0.85 \times 27) \times 1{,}000} = 13\text{mm}$$

따라서, 가정한 a값과 같으므로 필요한 인장철근량은 $A_s = 726\text{mm}^2$가 된다.

$D13$철근을 150mm로 배근하면 단위폭 1m에 배근되는 철근량은

$$A_s = 126.7 \times \frac{1{,}000}{150} = 845\text{mm}^2 (D13ⓐ150)$$

최대철근비는 식(4.15)로부터

$$\rho_{\max} = 0.85\beta_1 \eta \frac{f_{ck}}{f_y} \frac{\epsilon_{cu}}{\epsilon_{cu} + \epsilon_{t(\min)}} = 0.85 \times 0.8 \times 1.0 \times \frac{27}{400} \times \frac{0.0033}{0.0033 + 0.004}$$

$$= 0.0207$$

$$\rho = \frac{A_s}{bd} = \frac{845}{1{,}000 \times 124} = 0.0068 < \rho_{\max} = 0.0207$$

배근되는 인장철근량 $A_s = 845\text{mm}^2$이므로 식(4.21)로부터 등가응력 깊이를 다시 계산하면,

$$a = \frac{A_s f_y}{\eta(0.85 f_{ck})b} = \frac{845 \times 400}{1.0 \times (0.85 \times 27) \times 1{,}000} = 15\text{mm}$$

중립축 위치 c는

$$c = \frac{a}{\beta_1} = \frac{15}{0.8} = 19\text{mm}$$

최외단 철근의 순인장변형률은 식(3.25)로부터

$$\varepsilon_t = \epsilon_{cu} \frac{d_t - c}{c} = 0.0033 \times \frac{124 - 19}{19} = 0.0182 > 0.005$$

즉, 인장지배 단면이므로 $\phi = 0.85$가 된다. 따라서, 식(4.34)로부터 설계휨강도를 검토하면,

$$M_d = \phi M_n = \phi A_s f_y \left(d - \frac{a}{2} \right) = 0.85 \times 845 \times 400 \times (124 - \frac{15}{2}) \times 10^{-6}$$

$$= 33.47\text{kN}\cdot\text{m} > M_u = 29.02\text{kN}\cdot\text{m}$$

∴ 단면 C의 설계는 만족하게 이루어짐.

(2) 측경간 중앙부 단면 B의 설계

단면 C의 경우와 동일한 절차로 설계를 진행하면 되지만, 중복을 피하기 위해 여기서는 요점만을 정리하여 설계하기로 한다. 등가 응력블록 깊이 $a = 9\text{mm}$로 가정하면

$$20.73 \times 10^6 = 0.85 \times 400 \times A_s \times (124 - \frac{9}{2})$$

$$\therefore\ A_s = 510\,\text{mm}^2$$

다시 식(4.21)로부터 등가응력 깊이를 계산하면,

$$a = \frac{A_s f_y}{\eta(0.85 f_{ck})b} = \frac{510 \times 400}{1.0 \times 0.85 \times 27 \times 1{,}000} = 9\text{mm}$$

가정한 a값과 같으므로 사용할 인장 철근량은 $A_s = 510\,\text{mm}^2$가 된다.

$D13$를 300mm 간격($D13$ⓐ300), $D10$를 300mm 간격($D10$ⓐ300)할 경우, 실제로 배근되는 철근량은

$$A_s = (126.7 + 71.33) \times \frac{1{,}000}{300} = 661\,\text{mm}^2$$

$$a = \frac{661 \times 400}{1.0 \times 0.85 \times 27 \times 1{,}000} = 11.5\text{mm}$$

중립축의 위치 c를 계산하면,

$$c = \frac{a}{\beta_1} = \frac{11.5}{0.8} = 14.4\text{mm}$$

최외단 철근의 순인장변형률은

$$\varepsilon_t = 0.0033 \times \frac{124 - 14.4}{14.4} = 0.0251 > 0.005$$

$\therefore\ \phi = 0.85$(인장지배 단면이므로)

그러므로, 식(4.34)로부터 설계휨강도를 검토하면,

$$\phi M_n = 0.85 \times 661 \times 400 \times \left(124 - \frac{11.5}{2}\right) \times 10^{-6}$$

$$= 26.58\text{kN}\cdot\text{m} > \text{M}_\text{u} = 20.73\text{kN}\cdot\text{m}$$

∴ 단면 B의 설계는 만족하게 이루어짐.

이상과 같은 방법으로 각 단면에 대한 인장철근량을 구하면, 표 10.1과 같이 된다. 한편, 철근을 배치할 때에는 실제로 배근되는 철근량이 계산상 소요 철근량보다 많아지더라도 되도록 같은 종류의 철근을 같은 간격으로 배치하는 것이 시공성 측면에서 유리하다. 또한, 이들 정철근 및 부철근의 정착에 대하서는 6장의 규정에 따라 검토하여야 한다.

표 10.1 인장철근량 계산 결과 및 철근 배근 사항 요약

단면	M_u (kN·m)	ϕM_n (kN·m)	소요 A_s (mm^2)	배치 A_s (mm^2)	철근 배치	비고
A	−12.09	19.42	293	476	D10@150	만족
B	20.73	26.58	510	661	D13@300 D10@300	만족
C	−29.02	33.47	726	845	D13@150	만족
D	−26.39	33.47	655	845	D13@150	만족
E	18.14	26.58	445	661	D13@300 D10@300	만족

(3) 최소철근의 검토

두께가 균일한 구조용 슬래브의 경우 경간 방향으로 배치되는 휨철근의 단면적은 수축·온도철근의 규정한 값 이상이어야 하며, 철근의 최대간격은 슬래브 두께 3배 이하, 450mm 이하이어야 한다.

수축·온도철근비는 $f_y \le 400\text{MPa}$인 경우 0.0020 이상이어야 하므로, 수축·온도철근량은 다음과 같이 된다.

$$A_s = 0.002 \times (\text{콘크리트 천체 단면적}) = 0.002 \times 150 \times 1{,}000 = 300\text{mm}^2$$

따라서, 표 10.1로부터 배근되는 최소 휨철근량은 476mm^2이므로 최소철근량 300mm^2의 규정을 만족하고 있다.

5) 전단 검토

최대 전단력은 측경간 내부 받침부 단면 C에서 거리 d만큼 이격된 곳에서 발생한다. 그림 10.3(b)로부터 최대전단력은

$$V_u = 1.15\frac{w_u l_n}{2} = 1.15 \times \frac{20.1 \times 3.8}{2} = 43.92\text{kN}$$

위험단면에서의 최대 전단력은 다음과 같이 계산된다.

$$V_{u(d)} = 43.92 - 20.1 \times 0.124 = 41.43\text{kN}$$

콘크리트가 부담하는 전단력은 식(5.12)를 이용하면

$$\phi V_c = \phi\frac{1}{6}\lambda\sqrt{f_{ck}}bd = 0.75 \times \frac{1}{6} \times 1.0 \times \sqrt{27} \times 1{,}000 \times 124 \times 10^{-3}$$

$$= 80.54\text{kN} > V_{u(d)} = 41.06\text{kN}$$

그런데, 1방향 구조에서는 $\frac{1}{2}\phi V_c < V_u < \phi V_c$의 경우, 최소 전단철근을 배근하여야 하지만, 1방향 슬래브의 경우는 이 조항이 적용되지 않으므로, 전단철근 보강이 불필요하다.

6) 수축·온도철근

위에서 최소 수축·온도철근량이 300mm^2으로 계산되었으므로 D10을 200mm 간격(슬래브 두께 3배 이하, 450mm 이하의 규정 만족)으로 배치하면, 실제로 배치되는 수축·온도 철근량은 다음과 같이 된다.

$$A_s = 71.3 \times 5 = 357\text{mm}^2 > 300\text{mm}^2$$

따라서, 최소 수축·온도 철근량 조건을 만족하고 있다.

7) 주철근의 배근

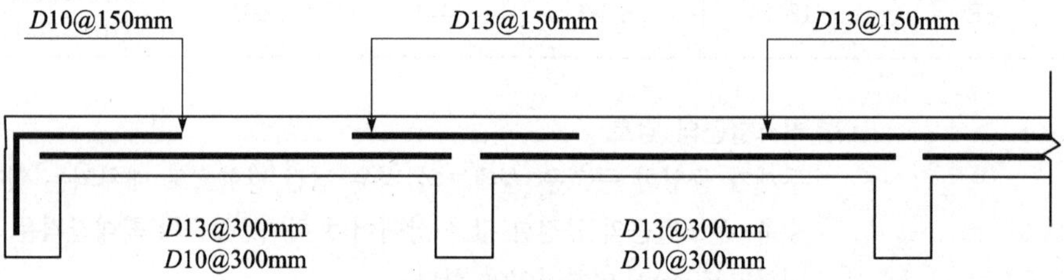

그림 10.8 주철근의 배근도 개략

10.3 2방향 슬래브

2방향 슬래브와 판은 그림 10.1(c)~그림 10.1(f)와 같이 강성이 큰 보나 벽체로 지지되고, 폭에 대한 길이의 비가 2 이하의 패널로서, 서로 직교하는 두 방향 휨모멘트를 전달하기 위하여 주철근이 배치된 슬래브를 말한다.

10.3.1 2방향 슬래브 판에 대한 휨 거동

전단벽이나 강성이 큰 보와 같은 경계조건에 의해 4변이 모두 지지된 단일 직사각형 슬래브에 작용하는 수직하중에 의한 물리적 거동은 그림 10.9(b)와 같이 중앙부 c를 향해 접시 같은 형태로 처짐이 발생하며, 슬래브의 모서리는 지점과 일체로 되어 있지 않으면 들려 올라가게 된다.

응력 등고선의 간격은 곡율을 나타내는 것으로 중앙 부분 c에서 모멘트 등고선의 경사가 장변 x방향에서 보다 단변 y방향에서 더 큰 것을 나타내고 있다. 이는 y방향의 휨모멘트 변화가 크다는 것을 나타내며, x와 y방향으로의 휨모멘트 분배에 대한 계산은 그 거동이

고차의 부정정이므로 매우 복잡하다.

그림 10.9(a)와 같이 장변 l_1, 단변 l_2인 4변 지지의 직사각형 2방향 슬래브가 등분포의 사용하중 w를 받을 때 각 변에 평행하고, 서로 직교하는 두 슬래브 대(strip) ab와 cd가 각각 분담 지지해야 할 하중 w_{ab} 및 w_{cd}은 다음과 같이 구할 수 있다. 즉,

ab대와 cd대의 교점 e의 처짐 y_c는 같아야 하므로

$$y_e = \frac{5w_{ab}l_2^4}{384EI} = \frac{5w_{cd}l_1^4}{384EI}$$

$$\therefore \quad \frac{w_{ab}}{w_{cd}} = \frac{l_1^4}{l_2^4} \qquad \text{(a)}$$

즉, 짧은 경간과 긴 경간이 분담하는 하중의 비는 경간 길이의 역비의 4제곱에 비례하게 되어 짧은 경간이 부담하는 하중이 크다는 것을 알 수 있다.

또한 슬래브에 작용하는 등분포하중 w는 긴 변과 짧은 변이 분담하는 등분포하중의 합으로서 다음 식(b)와 같이 나타낼 수 있다.

$$w = w_{ab} + w_{cd} \qquad \text{(b)}$$

그러므로 (a), (b) 두 식을 w_{ab} 및 w_{cd}에 대하여 연립하여 풀면 다음 식(10.1)이 얻어진다.

$$w_{ab} = \frac{l_1^4}{l_1^4 + l_2^4}w, \quad w_{cd} = \frac{l_2^4}{l_1^4 + l_2^4}w \qquad (10.1)$$

식(10.1)로부터 ab대와 cd대가 분담하는 하중은 슬래브의 두 경간 길이 l_1과 l_2에 관계됨을 알 수 있다. 만약, 긴 변이 2이고 짧은 변이 1로서 $l_1 = 2.0l_2$인 경우, 식(10.1)을 적용하여 계산하면 $w_{ab} = 0.941w$, $w_{cd} = 0.059w$가 된다.

즉, 긴 변 l_1이 짧은 변 l_2의 2배가 되면 슬래브에 작용하는 하중의 대부분은 짧은 변 방향의 슬래브가 부담하게 된다. 따라서 긴 변과 짧은 변의 비가 2를 넘으면 짧은 변을 경간으로 하는 1방향 슬래브로 설계한다. 즉, 2방향 슬래브 설계는 짧은 경간 l_2와 긴 경간 l_1의 비 l_2/l_1가 다음과 같은 범위에 있을 때에 적용하게 된다.

$$0.5 < \frac{l_2}{l_1} \leqq 1.0 \qquad (10.2)$$

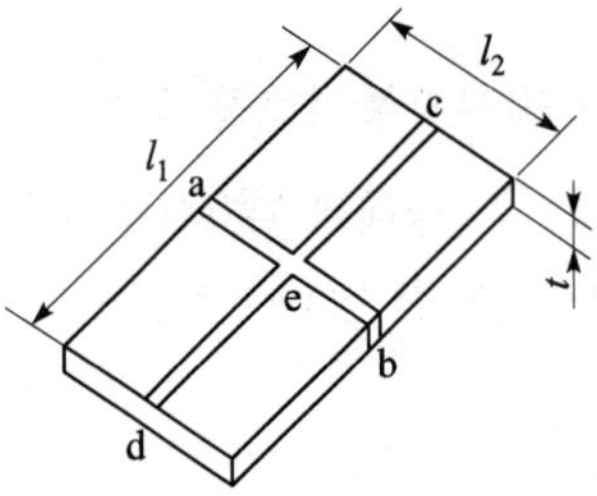

(a) 2방향 슬래브

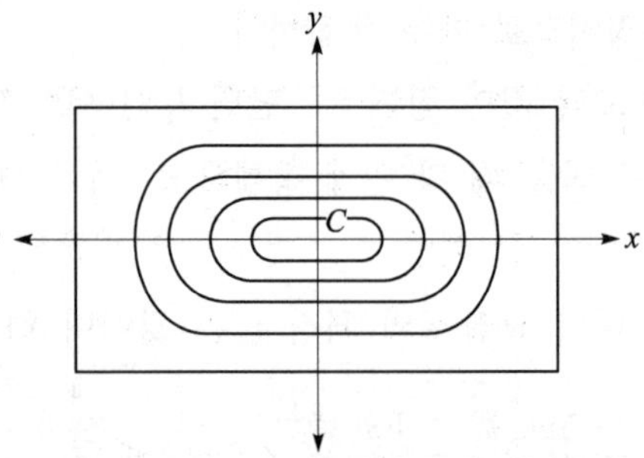

(b) 슬래브의 처짐 등고선과 곡율

그림 10.9 2방향 슬래브와 처짐 등고선

그림 10.9(a)에서 ab대가 이동하면, 점 e는 cd대의 중앙점이 아니므로 처짐을 계산하는 정수 $\frac{5}{384}$는 cd대에서는 성립되지 않는다. 따라서 ab대에는 휨 뿐 아니라 비틀림까지 받게 되며, ab대가 단부에 가까워지면 cd대의 처짐은 0에 가까워지고 ab대의 하중 부담률은 더욱 커지게 되어 2방향 슬래브 구조해석은 복잡하게 된다. 따라서 2방향 슬래브에 대한 부재력 계산 및 설계는 직접설계법((direct design method) 또는 등가골조법(equivalent frame method) 등의 근사해법이 콘크리트구조 설계기준에 제시되어 있다.

10.3.2 설계 방법

1) 주열대 및 중간대와 보의 유효 단면

2방향 슬래브는 주열대(column strip)와 중간대(middle strip)로 나누어 설계한다. 주열대는 그림 10.10에 보인 바와 같이 기둥 중심선 주위의 슬래브의 설계대로서 중심선 양측으로 $0.25l_1$과 $0.25l_2$ 중 작은 값을 한 쪽의 폭으로 하는 슬래브의 영역을 가리킨다. 만약 기둥 중심선을 따라 보가 있다면 이 보도 주열대에 포함한다. 또한 중간대는 2개의 주열대 사이의 슬래브 영역을 가리킨다. 이 때 l_1은 휨모멘트를 계산하고자 하는 방향의 경간이며, l_2는 l_1에 직교하는 방향의 경간이다. 특별한 언급이 없는 한 경간은 기둥 중심간 거리이다.

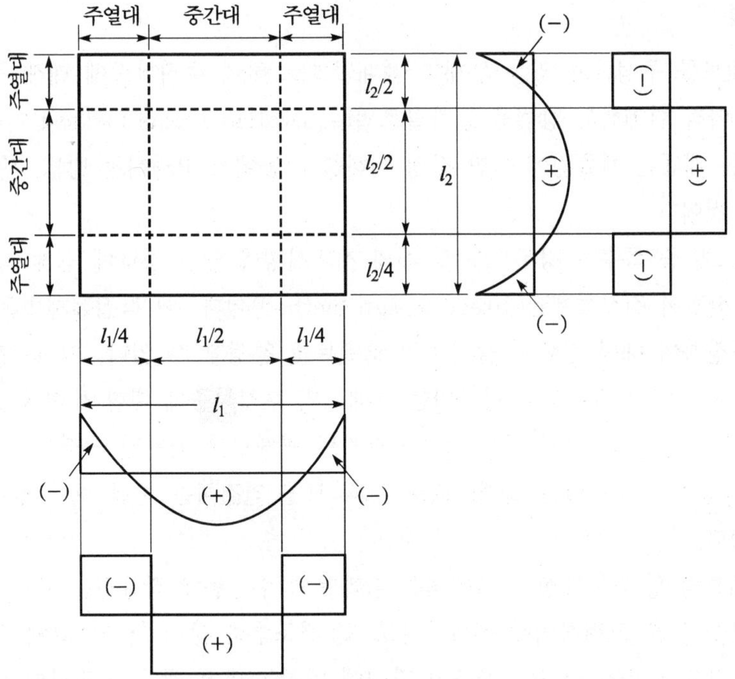

그림 10.10 주열대와 중간대

보가 슬래브와 일체로 되거나 완전한 합성구조로 되어 있을 때, 그림 10.11에 보인 바와 같이, 보의 단면은 보가 슬래브의 위 또는 아래로 내민 깊이 중 큰 깊이만큼을 보의 양측으로 연장한 슬래브 부분을 포함한 것으로서, 보의 한 측으로 연장되는 거리는 슬래브 두께의 4배 이하로 하여야 한다.

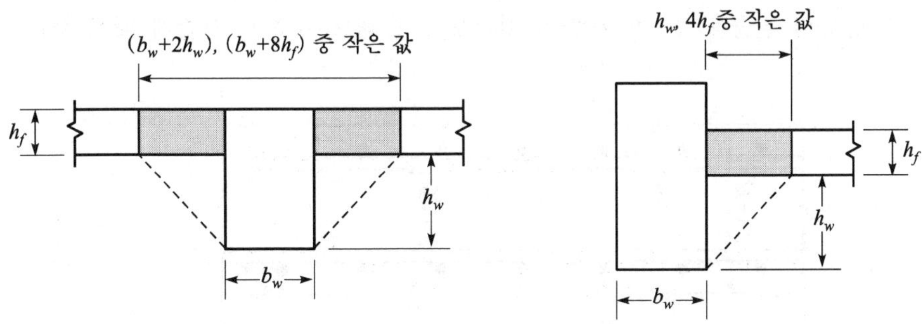

(a) 대칭 T형 보 (b) 비대칭 T형 보

그림 10.11 슬래브와 보의 유효 단면

2) 설계 방법

2방향 슬래브를 구성하고 있는 부재를 뼈대골조로 하여 수직하중에 대해 구조해석을 실시한 결과에 따라 설계하는 방법을 등가골조법(equivalent frame method)이라고 한다. 여기서 등가라는 개념은 비틀림에 의한 강성 저하를 기둥에서 고려하는 방법, 즉 등가기둥 개념에서 나온 것이다.

이 등가골조법 중 특수한 경우, 즉 몇 개의 제한사항에 있는 경우에 쉽게 적용할 수 있도록 제시한 약산법이 직접설계법(direct design method)이다. 이 직접설계법은 휨모멘트 계수를 미리 결정하여 해석 없이도 슬래브의 모멘트를 결정할 수 있다. 이 두 가지 설계방법은 단부에 벽체가 있고 기둥으로 지지되는 슬래브의 수직하중에 대한 해석과 설계에 적용할 수 있다. 그러나 이 설계 방법 등은 철근콘크리트 벽체로만 지지된 슬래브, 조적벽에 지지된 슬래브, 기둥으로 지지되는 슬래브라도 보와 보를 연결하는 중간 보가 있는 슬래브에는 적용할 수 없다.

2방향 슬래브의 횡력에 대한 구조해석은 슬래브의 수명동안 작용하는 지진 및 풍하중 등의 통상적 하중 등을 고려하여야 하며, 온도 및 건조수축 등의 체적변화에 의해 발생하는 균열로 인한 강성 저하와 철근이 골조의 강성에 미치는 효과 등을 고려하여 설계 초기단계에서 적절한 가정이 필요하다.

10.3.3 구조 상세

1) 소요 철근량과 간격

2방향 슬래브에서는 그림 10.12와 같이, 짧은 변 경간 방향의 하중 부담률이 크기 때문에 짧은 변 경간 방향의 철근을 긴 변 방향의 철근보다 슬래브 표면에 가깝게 배치한다.

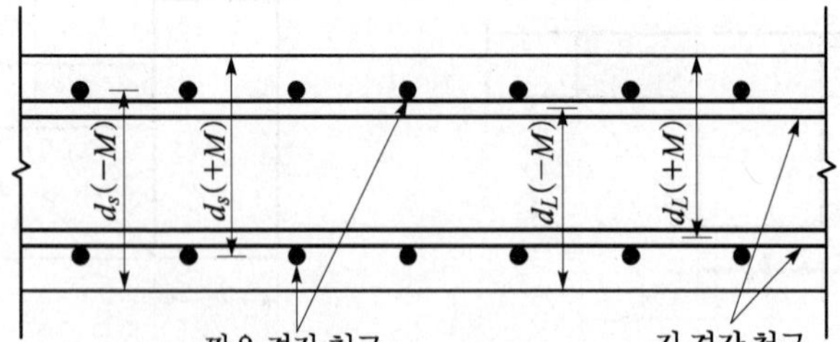

그림 10.12 2방향 슬래브의 주철근의 배치

2방향 슬래브 시스템의 각 방향의 철근 단면적은 위험단면의 휨모멘트에 의해 결정하며, [10장 10.2.2절] 수축·온도철근에서 요구하는 최소 철근량 이상이어야 한다. 위험단면에서의 주철근의 간격은 슬래브 두께의 2배 이하, 또한 300mm 이하로 하여야 한다. 다만, 와플 구조나 리브 구조로 된 부분은 예외로 한다. 와플 구조 상부의 슬래브 철근은 수축·온도철근의 요구사항에 따라야 하며, 그 간격은 슬래브 두께의 5배 이하, 또한 450mm 이하로 하여야 한다.

2) 철근의 정착

불연속 단부에 직각 방향인 정모멘트에 대한 철근은 슬래브 끝까지 연장하고 직선 또는 갈고리로 150mm 이상을 테두리보, 기둥 또는 벽체 속에 묻어 넣어야 한다. 부모멘트에 대한 철근은 [제6장 정착과 이음]의 규정에 따라 받침부 면에서 테두리보, 기둥 또는 벽체 속으로 정착하여야 한다.

불연속 단부에서 슬래브가 테두리보나 벽체로 지지되어 있지 않은 경우, 또는 슬래브가 받침부를 지나 캔틸레버로 되어 있는 경우에는 철근을 슬래브에 정착한다.

3) 슬래브 모퉁이의 보강철근

지지보와 일체로 되어 있지 않은 2방향 슬래브의 네 모퉁이는 하중이 작용할 때 위로 솟는 경향이 있다. 이러한 모퉁이가 테두리보나 벽체에 의해 구속된 경우, 이 모퉁이에 휨모멘트가 작용하게 되어 모퉁이 상면에는 슬래브 모퉁이의 대각선 방향으로 인장력이 일어나고, 하면에는 대각선에 직각 방향으로 인장력이 발생한다.

따라서, 모퉁이 부분의 슬래브 상부와 하부에는 긴 지간 l_1의 1/5길이만큼 각각 모퉁이 보강철근을 배치한다. 이 때 보강철근은 슬래브 단위폭 당 최대 정모멘트와 같은 크기의 휨모멘트에 견딜 만큼 충분하여야 한다.

보강철근은 그림 10.13(b)와 같이 슬래브 상면에는 대각선 방향으로, 하면에는 대각선에 직각방향으로 배치하거나, 또는 배근의 편의성을 고려하여 그림 10.13(a)와 같이 슬래브 상부와 하부에서 각각 슬래브 각 모서리에 평행하게 두 층으로 배치할 수 있다.

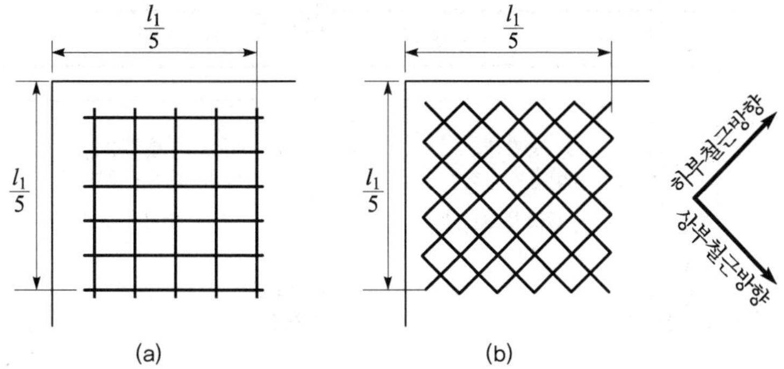

그림 10.13 슬래브 모서리의 보강

4) 보가 없는 슬래브의 철근 상세

그림 10.1(d)~(f)와 같이 보가 없는 슬래브의 철근은 2방향 슬래브 설계의 모든 요구 조건 외에 그림 10.14에 표시한 최소 정착길이를 확보하여야 한다. 인접한 경간의 길이가 다를 경우, 받침부에서부터 부모멘트에 대한 철근의 최소 연장은 그림 10.14에 보인 바와 같이 하되, 그 기준은 긴 경간으로 한다.

비횡구속 골조와 같이 횡방향 변위가 발생하는 2방향 슬래브가 주구조인 경우, 횡력과 중력의 조합하중에 의한 구조해석 결과로부터 얻어진 휨모멘트에 대한 철근은 그림 10.14에 규정된 최소 정착길이 이상으로 정착하여야 하며, 변곡점이 중앙으로 이동할 가능성이 높으므로 이에 대한 고려를 하여야 한다.

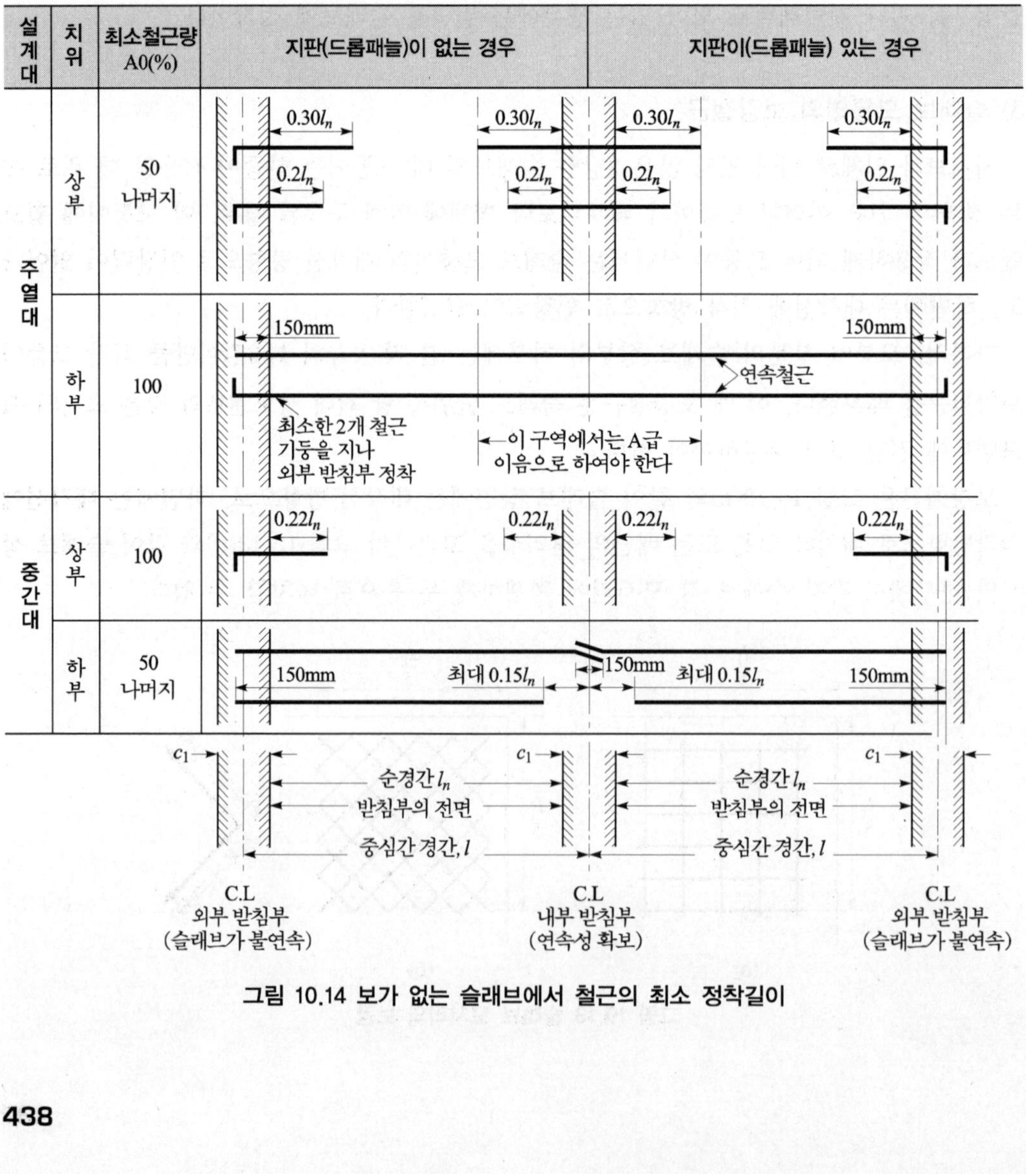

그림 10.14 보가 없는 슬래브에서 철근의 최소 정착길이

각 방향의 주열대 내의 모든 하부 철근이나 철선이 연속이거나 그림 10.14에 위치한 것과 같은 A급 겹침이음으로 이어져야 한다. 각 방향으로 적어도 2개의 주열대 하부철근이나 철선이 기둥 위를 지나야 하며, 외부 받침부에 정착되도록 한다.

5) 슬래브의 개구부 및 보강

(1) 구조해석 결과 설계강도가 소요강도 이상이고, 처짐 한계를 포함한 모든 사용성을 만족할 경우 어떤 크기의 개구부라도 슬래브 내에 둘 수 있다.

(2) 이와 같이 요구된 특별한 구조해석을 하지 않는다면, 보가 없는 슬래브 시스템의 경우 다음 항 ①~③에 따라 개구부를 둘 수 있으며, 그림 10.15는 각각의 항에 해당되는 위치를 표시한 것이다.

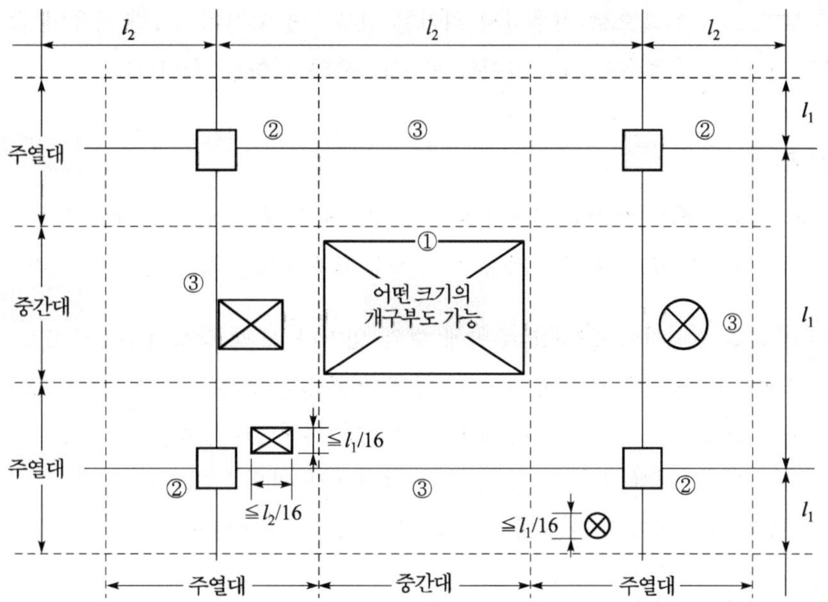

그림 10.15 보가 없는 슬래브의 개구부

① 일반적인 개구부를 보강할 때, 개구부가 슬래브 판 크기에 비해 작은 경우는 별도로 개구부 영향을 고려하지 않고 개구부에 의해 절단되는 철근량을 개구부 양쪽에 배근하여 보강한다.

② 양 방향의 중간대가 겹치는 부분은 개구부가 없을 때의 소요 철근량을 유지한다면 어떤 크기의 개구부도 둘 수 있다. 양 방향의 주열대가 겹치는 부분은 어느 쪽의 경간에서나 주열대 폭($l_1/2$ 혹은 $l_2/2$)의 1/8 이상이 개구부에 의해 절단되지 않도

록 한다. 개구부에 의해 절단된 철근량은 개구부 주변에 추가로 배근한다.

③ 한 개의 주열대와 한 개의 중간대가 겹치는 부분은 어느 설계대에서도 그 설계대의 1/4 이상의 철근이 개구부에 의해 절단되지 않도록 한다. 개구부에 의해 감소된 철근량은 개구부 주변에 추가로 배치한다.

④ 어느 경우든 콘크리트구조 설계기준 [KDS 14 20 22 콘크리트구조 전단 및 비틀림 설계기준, 4.11.6 슬래브의 개구부]의 전단에 대한 규정을 만족시키도록 하여야 한다.

(3) 개구부 크기가 슬래브 판 크기에 비해 상대적으로 작을 경우 개구부에 의해 절단되는 철근과 같은 단면적의 철근을 개구부 양쪽에 보강하도록 한다.

(4) 개구부가 슬래브 판 크기에 비해 큰 경우 각 변에서 캔틸레버 슬래브로 가정하여 설계할 수 있고, 인접슬래브를 설계할 때 개구부의 영향을 고려한다.

(5) 개구부가 크고 한쪽으로 치우쳐서 위치한 경우 3변 고정이고 1변 자유인 슬래브로 취급할 수 있고 인접슬래브를 설계할 때 개구부의 영향을 고려한다.

6) 슬래브 두께

슬래브의 두께는 짧은 경간에 일어나는 부모멘트에 의해 지배되는 것이 보통으로, 슬래브 두께 t는 유효깊이 d_s, 주철근 지름의 50%와 피복두께를 합한 값으로 한다.

(1) 테두리보를 제외하고 슬래브 주변에 보가 없거나 보의 강성비 α_m이 0.2 이하일 경우, 슬래브의 최소 두께는 표 10.2의 값을 만족하여야 한다. 또한 플랫 슬래브에서 지판(drop panel)의 설치 유무에 따라 다음 값 이상으로 한다.

① 플랫 슬래브에서 지판을 두지 않는 슬래브의 경우 : 120mm

② 플랫 슬래브에서 지판을 두는 슬래브의 경우 : 100mm

표 10.2 내부에 보가 없는 슬래브의 최소 두께

설계기준 항복강도 f_y (MPa)	지판이 없는 경우			지판이 있는 경우		
	외부 슬래브		내부 슬래브	외부 슬래브		내부 슬래브
	테두리보가 없는 경우	테두리보가 있는 경우		테두리보가 없는 경우	테두리보가 있는 경우	
300	$l_n/32$	$l_n/35$	$l_n/35$	$l_n/35$	$l_n/39$	$l_n/39$
350	$l_n/31$	$l_n/34$	$l_n/34$	$l_n/34$	$l_n/37.5$	$l_n/37.5$
400	$l_n/30$	$l_n/33$	$l_n/33$	$l_n/33$	$l_n/36$	$l_n/36$
600	$l_n/26$	$l_n/29$	$l_n/29$	$l_n/29$	$l_n/31$	$l_n/31$

(2) 보의 강성비 α_m이 0.2를 초과하는 보가 슬래브 주변에 있는 경우 슬래브의 최소두께는 다음 규정을 따라야 한다.

① 강성비 α_m이 0.2초과 2.0 미만인 경우 식(10.3)의 값 이상으로 하여야 한다.

$$h = \frac{l_n\left(800 + \dfrac{f_y}{1.4}\right)}{36{,}000 + 5{,}000\beta(\alpha_m - 0.2)} \geq 120\text{mm} \tag{10.3}$$

여기서, α_m : 한 슬래브 주변의 모든 보의 α값(식(10.9) 참조)의 평균값

β : 짧은 변 방향에 대한 긴 변 방향의 순경간비

② 강성비 α_m이 2.0 이상인 경우 다음 식(10.4) 이상으로 하여야 한다.

$$h = \frac{l_n\left(800 + \dfrac{f_y}{1.4}\right)}{36{,}000 + 9{,}000\beta} \geq 90\text{mm} \tag{10.4}$$

③ 불연속단을 갖는 슬래브에 대해서는 강성비 α의 값이 0.8 이상을 갖는 테두리보를 설치하거나, 식(10.3)과 식(10.4)에서 구한 최소 소요 두께를 적어도 10%이상 증대시켜야 한다. 여기서 α는 보 양쪽의 슬래브 판의 중앙선에 의하여 구획되는 슬래브의 휨강성에 대한 보의 휨강성의 비(식(10.9) 참조)이다.

(3) 처짐이 1방향 슬래브의 처짐 규정값 이하라는 것이 계산에 의해 확인된 경우, 이상에서 언급한 2방향 슬래브 최소두께 보다 작은 두께의 슬래브를 사용할 수 있다. 이 때 처짐은 패널의 크기, 모양, 지지조건, 패널 단부의 구속 상태들을 고려하여 계산하여야 한다.

10.3.4 지지보가 받는 하중

등분포 하중을 받는 2방향 슬래브의 지지보가 부담할 하중은 그림 10.16에 나타낸 바와 같이 슬래브의 네 모퉁이에서 짧은 변과 45°의 각을 이루는 선과 슬래브의 긴 변에 평행한 중심선이 만드는 삼각형 또는 사다리꼴 부분의 하중을 받는 것으로 본다. 또한 이들 하중은 설계에 편리하도록 등분포 하중으로 환산한다. 즉, 그림 10.16으로부터 보 AB는 한 측의 삼각형 부분의 하중을, 보 EF는 한 측의 사다리꼴 부분의 하중을 각각 받고 있으며, 보 CD는 양측의 삼각형 부분의 하중을, 보 GH는 양측의 사다리꼴 부분의 하중을 받는 다고 본다.

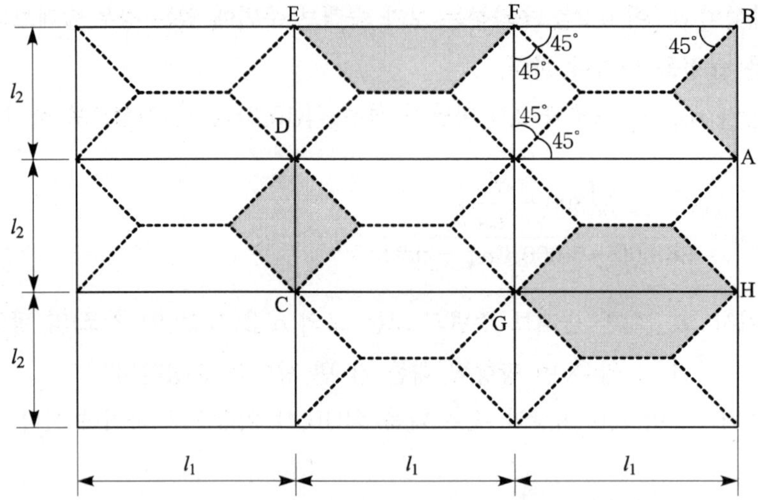

그림 10.16 2방향 슬래브의 지지보가 받는 하중

10.3.5 2방향 슬래브의 전단

2방향 슬래브의 전단설계는 콘크리트구조 설계기준 [*KDS* 14 20 22 콘크리트구조 전단 및 비틀림 설계기준 4.11 슬래브와 기초판에 대한 전단설계]의 규정에 따라 작성한 것이다.

1) 2방향 슬래브의 전단 설계 방법

2방향 슬래브 시스템이 보 또는 벽에 의해 지지되는 경우, 하중에 의한 계수전단력은 일반적으로 콘크리트의 전단강도보다 훨씬 작기 때문에 슬래브의 전단은 설계상 그다지 중요하지 않으며 전단보강이 거의 필요하지 않다.

플랫 플레이트나 플랫 슬래브와 같이 2방향 슬래브가 보 없이 기둥에 의해 직접 지지되는 경우, 기둥 주변에서 발생하는 전단은 매우 복잡하다. 외측부 슬래브의 부(-)의 휨모멘트는 기둥에 직접 전달되기 때문에 가장자리 보가 없는 슬래브-기둥 접합부의 전단강도는 특히 위험하다. 이와 같은 경우, 설계 초기 단계에서 그림 10.17에 보인 바와 같이 기둥 근처 슬래브의 전단 강도를 검토하는 것이 바람직하다.

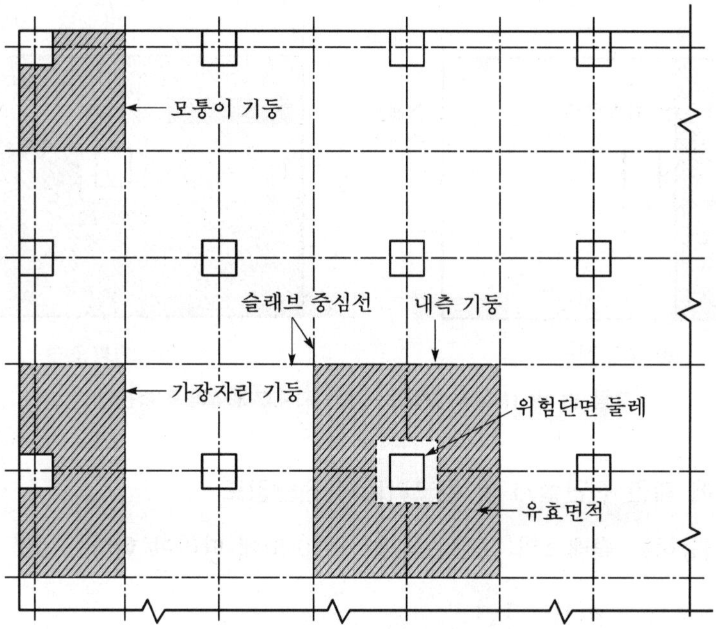

그림 10.17 슬래브 전단강도에 대한 위험단면

기둥에 직접 지지되는 플랫 플레이트나 플랫 슬래브의 설계에서는 다음과 같은 두 가지 유형의 전단을 고려하여야 한다.

(1) 경간이 길고 좁은 슬래브에서 위험한 1방향 또는 보 형태의 전단에 대한 해석에서는 슬래브가 기둥 사이에 걸쳐 있는 넓은 보로서 거동하는 것으로 간주한다. 전단에 대한 위험 단면은 그림 10.18(a)에 보인 바와 같이 기둥 전면에서 거리 d만큼 이격된 곳이다. 슬래브에서 보의 전단은 일반적으로 콘크리트의 전단 강도보다 훨씬 작기 때문에 설계에서 위험 요인이 되는 경우는 거의 없다. 이 경우 전단에 대한 검토 및 설계는 [5장 전단과 비틀림]의 규정에 따른다.

(2) 2방향 또는 뚫림전단(펀칭전단, punching shear)은 일반적으로 기둥에 직접 지지되는 슬래브 시스템에서 일어나는 전단에 대한 두 가지 유형 중 훨씬 위험한 경우이다. 뚫림전단은 기둥 주변으로 원뿔대 또는 각뿔대 형태의 표면을 따라 일어난다. 위험단면은 그림 10.18(b)와 같이 기둥 둘레에서 거리 $d/2$ 이격된 슬래브에 수직인 면이다. 계수전단력 V_u는 기둥 주위의 슬래브 판 중심선에 의해 형성되는 영역에 대한 총 계수하중에서 위험 단면의 둘레 길이에 의해 형성되는 영역 내에 작용하는 하중을 뺀 값이다.

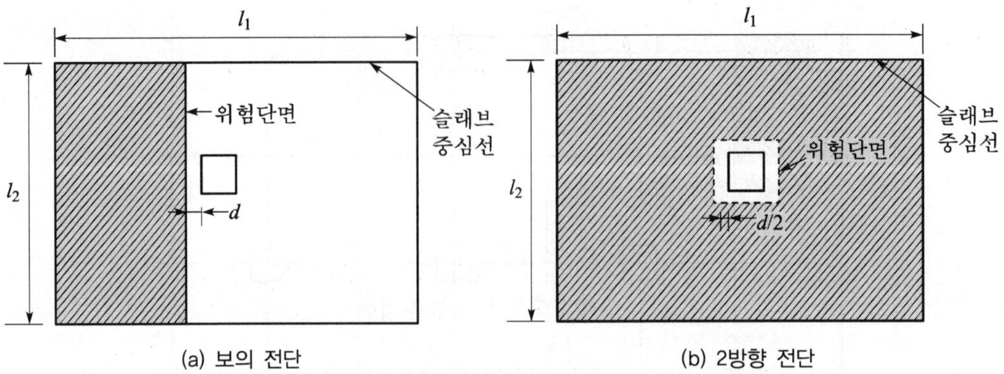

그림 10.18 내측부 슬래브-기둥 지지부에서의 직접전단

2) 2방향 거동에 대한 전단설계 및 콘크리트의 전단강도

2방향으로 거동하는 슬래브의 설계는 다음 식(10.5)에 따라야 한다.

$$V_u \leq \phi V_n = \phi(V_c + V_s) \tag{10.5}$$

$$V_n \leq 0.58 f_{ck} b_0 c_u \tag{10.6}$$

식(10.5)에서 콘크리트의 공칭전단강도 V_c는 다음 식(10.7) 및 식(10.8)로부터 계산할 수 있다.

$$V_c = v_c b_0 d \tag{10.7}$$

$$v_c = \lambda\, k_s\, k_{b_o}\, f_{te} \cot\psi (c_u/d) \tag{10.8}$$

여기서, v_c : 콘크리트의 공칭전단응력 강도(MPa)

λ : 경량콘크리트 계수

[참고 1]의 매개변수 계산식에서, b_0는 위험단면의 둘레길이, k_s는 슬래브 두께 계수(하한값 0.75), α_s는 내부기둥 1.0, 외부기둥 1.33, 모서리기둥의 경우는 2.0, k_{b_o}는 위험단면 둘레길이의 영향계수, f_{te}는 압축대 콘크리트의 인장강도, ψ는 슬래브 휨압축대의 균열각도, c_u는 슬래브 위험단면 압축대 깊이의 평균값, f_{cc}는 위험단면의 압축대에 작용하는 평균 압축응력, 그리고 c_u는 $\rho \leq 0.03$의 범위에서 사용할 수 있으며, ρ가 0.005 이하인 경우는 0.005를 사용한다.

참고 1　**콘크리트의 공칭전단응력강도를 구하기 위한 매개변수 계산**

$$b_o = 2x + 2y$$

$$k_s = (\frac{300}{d})^{0.25} \le 1.1$$

$$k_{b_0} = \frac{4}{\sqrt{\alpha_s (b_o/d)}} \le 1.25$$

$$f_{te} = 0.2\sqrt{f_{ck}}$$

$$\cot\psi = \frac{\sqrt{f_{te}(f_{te}+f_{cc})}}{f_{te}}$$

$$c_u = d(25\sqrt{\frac{\rho}{f_{ck}}} - 300\frac{\rho}{f_{ck}})$$

$$f_{cc} = \frac{2}{3} f_{ck}$$

3) 전단철근

계수전단력 V_u가 ϕV_c를 초과($V_u > \phi V_c$)하면, 전단철근은 식(10.9)에 따라 전단철근이 부담하는 전단력 V_s 및 그 단면적 A_v을 계산한다.

$$V_s = \frac{A_v f_s d}{s} \tag{10.9}$$

여기서, A_v는 전단 위험단면에 따라 배치된 모든 전단철근의 단면력이고, f_s는 뚫림전단 파괴시 전단철근에 작용하는 응력으로서 $f_s = 0.5 f_{yt}$로 정의하며, f_{yt}는 400MPa을 초과할 수 없다.

10.4 직접설계법

10.4.1 제한사항

직접설계법은 수직하중을 받는 전형적인 골조의 2방향 슬래브 구조를 해석하기 위한 근사적인 방법이다. 직접설계법은 다음과 같은 제한조건을 만족하는 경우에만 적용이 가능하며, 이러한 제한조건에 맞지 않으면 등가골조법과 같은 보다 정밀한 방법에 따라 해석한다.

① 각 방향으로 3경간 이상이 연속되어야 한다.

② 슬래브 판들은 단변 경간에 대한 장변 경간의 비가 2 이하인 직사각형이어야 한다.

③ 각 방향으로 연속한 받침부 경간 길이의 차이는 긴 경간의 1/3 이하이어야 한다.

④ 연속한 기둥 중심선으로 부터 기둥의 어긋남은 그 방향 경간의 최대 10%까지 허용 된다.

⑤ 모든 하중은 연직하중으로서 슬래브 판 전체에 등분포 되는 것으로 간주하고, 활하중은 고정하중의 2배 이하이어야 한다.

⑥ 보가 모든 변에서 슬래브 판을 지지할 경우, 직교하는 두 방향에서의 보의 상대강성은 다음 식(10.10)을 만족하여야 한다.

$$0.2 \le \frac{\alpha_1 {l_2}^2}{\alpha_2 {l_1}^2} \le 5.0\,, \quad \alpha = \frac{E_{cb} I_b}{E_{cs} I_s} \tag{10.10}$$

여기서, α_1, α_2 : 각각 l_1과 l_2 방향의 α

α: 양 측 또는 한 측에 인접하여 있는 슬래브 판의 중심선에 의해 구획된 폭으로 이루어진 슬래브의 휨강성에 대한 보의 휨강성의 비

l_1 : 휨모멘트를 산정하는 방향의 받침부 중심 사이의 경간(mm)

E_{cb}, E_{cs} : 각각 보와 슬래브의 콘크리트 탄성계수(MPa)

I_b, I_s : 각각 보와 슬래브의 단면2차모멘트(mm^4)

⑦ 직접설계법으로 설계된 슬래브의 경우, 휨모멘트의 재분배는 고려하는 방향에서 슬래브 판에 대한 전체 정적 계수휨모멘트가 M_0에 의해 요구된 휨모멘트보다 작지 않은 범위 내에서 정 및 부의 계수휨모멘트를 10%까지 감소시킬 수 있다.

10.4.2 전체 정적 계수휨모멘트 M_o의 결정

1) 2방향 슬래브의 설계 순서

2방향 슬래브 시스템은 그림 10.19와 같이 주열대와 두 개의 반쪽 중간대로 구성된 설계대로 나누어 해석한다.

2방향 슬래브 판의 설계는 기본적으로 다음의 4가지 단계에 의해 수행한다.

① 두 직각 방향에 대한 전체 정적 계수휨모멘트 M_0를 식(10.11)에 의해 계산한다.

② ①항의 전체 정적 계수휨모멘트를 정(+) 및 부(-)의 계수휨모멘트로 분배한다.

③ ②항의 정(+) 및 부(-)의 계수휨모멘트를 그림 10.19의 주열대, 중간대 및 보로 분배한다.

④ ③항의 계수휨모멘트에 대해 두 직각 방향의 철근과 그 간격을 설계한다.

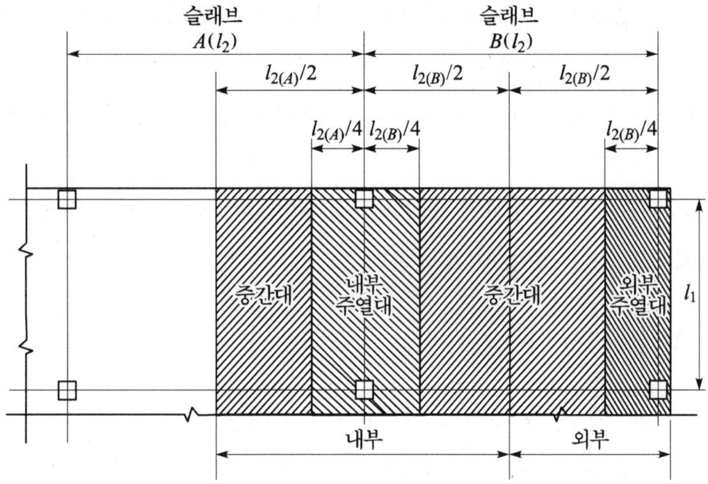

그림 10.19 설계대의 정의

2) 전체 정적 계수휨모멘트 M_0의 산정

그림 10.20(a)와 같은 대칭인 내부 슬래브에서, 절단된 요소의 연단 A와 B에 이 슬래브가 경간 l_n방향으로 단순 지지된 것으로 가정한다면, 그림 10.20(b)의 자유물체도로부터 경간 중앙에서 전체 정적 계수휨모멘트 M_0는 식(10.11)과 같이 된다.

$$M_0 = \frac{w_u l_2 l_n}{2} \times \frac{l_n}{2} - \frac{w_u l_2 l_n}{2} \times \frac{l_n}{4} = \frac{w_u l_2 l_n}{8} = \frac{w_u l_2 l_n^2}{8} \tag{10.11}$$

여기서, l_n : 휨모멘트가 결정되는 방향으로 측정한 받침부 사이의 순경간(mm, m)

l_2 : l_n과 직교하는 방향으로 측정한 받침부 중심사이의 거리(mm, m)

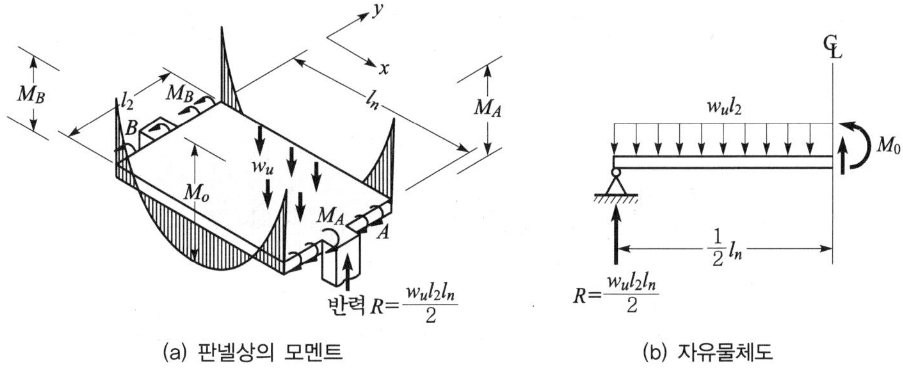

그림 10.20 내부 2방향 슬래브의 x방향에 작용하는 단순보 휨모멘트 M_0

즉, 받침부를 잇는 중심선으로부터 측정된 인접한 양측 슬래브 판의 직각방향 경간이 서로 다른 경우, 식(10.11)의 l_2는 이들 횡방향 두 경간의 평균값으로 하여야 한다. 가장자리에 인접하고 이에 평행한 경간은 식(10.11)의 l_2는 가장자리로부터 슬래브 판 중심선까지의 거리로 한다.

그러나 지점에서 구속이 존재하게 되면, x방향의 M_0는 지점의 강성 정도에 따라 식(10.12)와 같이 지점과 경간 중앙에 분배한다.

$$M_o = M_c + \frac{1}{2}(M_A + M_B) \tag{10.12}$$

그리고 순경간 l_n은 기둥, 기둥머리, 브래킷, 또는 벽체의 내면 사이의 거리이고 $0.65l_1$ 이상으로 한다. 원형이나 정다각형의 받침부는 그림 10.21과 같이 등가 단면적을 갖는 정사각형 받침부로 환산하여 산정한다.

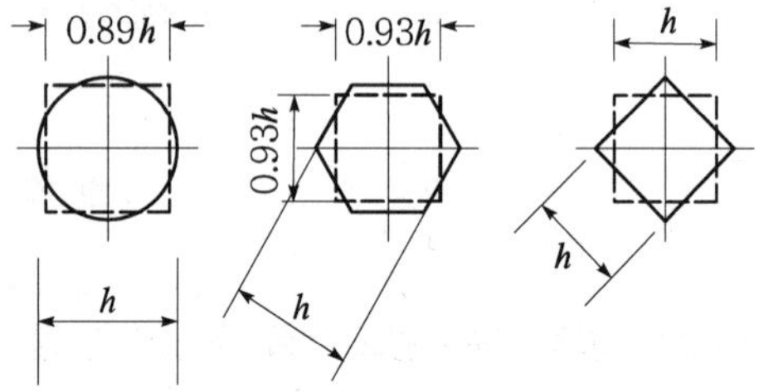

그림 10.21 받침부재의 등가 정사각형 단면

10.4.3 정 및 부의 계수휨모멘트 분배

내부 경간의 부(-)의 계수휨모멘트는 그림 10.22에 보인 바와 같이 전체 정적 계수휨모멘트 M_0의 0.65이고, 정(+)의 계수휨모멘트는 M_0의 0.35이다. 또한 단부 경간에서는 전체 정적 계수휨모멘트 M_0를 표 10.3과 같이 분배하여야 한다.

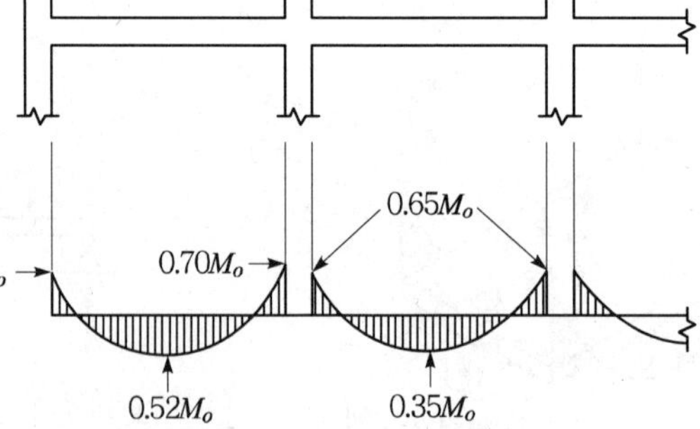

주) 외부경간의 모멘트 계수는 구속조건에 따라 표 10.3에 따름

그림 10.22 M_0에 대한 정 및 부의 계수휨모멘트 분배계수

표 10.3 단부 경간의 정 및 부의 계수휨모멘트의 M_0 분배계수

구분	구속되지 않은 외부 받침부	모든 받침부 사이에 보가 있는 슬래브	내부 받침부 사이에 보가 없는 슬래브		완전 구속된 외부 받침부
			테두리보가 없는 경우	테두리보가 있는 경우	
내부 받침부의 부의 계수휨모멘트	0.75	0.70	0.70	0.70	0.65
정의 계수휨모멘트	0.63	0.57	0.52	0.50	0.35
외부 받침부의 부의 계수휨모멘트	0	0.16	0.26	0.30	0.65

10.4.4 주열대의 계수휨모멘트

1) 주열대의 내부 받침부

주열대는 내부 받침부의 부(-)의 계수휨모멘트를 표 10.4의 비율로 분배한 휨모멘트에 저항하도록 설계하며, 이들 값 사이에서는 직선보간법을 적용한다. 이 표에서, α_1은 2방향 슬래브의 경간 l_1방향에 대한 보의 양측에 있는 인접 슬래브 판 중심선의 횡방향으로 둘러 쌓인 슬래브 폭의 휨강성에 대한 보 단면의 휨강성의 비로서 식(10.10)에 의해 계산한다.

표 10.4 주열대 내부 받침부의 분배 백분율(%)

l_2/l_1	0.5	1.0	2.0
$(\alpha_1 l_2/l_1)=0$	75	75	75
$(\alpha_1 l_2/l_1)\geq 0$	90	75	45

2) 주열대의 외부 받침부

주열대의 외부 받침부의 부(-)의 계수휨모멘트를 표 10.5에 따른 비율로 분배한 휨모멘트에 저항하도록 설계하여야 하며, 이들 값 사이에서는 직선보간법을 적용한다. 여기서 β_t는 슬래브 휨강성에 대한 테두리보의 비틀림 강성 비로서 다음 식(10.13)과 같이 나타낼 수 있으며, C는 비틀림 특성을 정의하는 상수로서 식(10.14)와 같다. 이 때 슬래브의 폭은 테두리보의 받침부 중심간 경간과 동일하다.

$$\beta_t = \frac{E_{cb}\,C}{2E_{cs}\,I_s} \tag{10.13}$$

$$C = \Sigma\left[1 - 0.63\frac{x}{y}\right]\frac{x^3 y}{3} \qquad (10.14)$$

여기서, x : 단면의 직사각형 부분 중 단변의 치수(mm)

y : 단면의 직사각형 부분 중 장변의 치수(mm)

표 10.5 주열대 외부 받침부의 분배 백분율(%)

l_2/l_1		0.5	1.0	2.0
$(\alpha_1 l_2/l_1)=0$	$\beta_t=0$	100	100	100
	$\beta_t \geq 2.5$	75	75	75
$(\alpha_1 l_2/l_1) \geq 1.0$	$\beta_t=0$	100	100	100
	$\beta_t \geq 2.5$	90	75	45

3) 주열대 중앙부

주열대 중앙부는 정의 계수휨모멘트가 표 10.6에 따른 백분율로 분배되는 휨모멘트에 저항할 수 있도록 설계하여야 하며, 이들 값 사이에서는 직선보간법을 적용한다.

표 10.6 주열대 중앙부의 분배 백분율

l_2/l_1	0.5	1.0	2.0
$(\alpha_1 l_2/l_1)=0$	60	60	60
$(\alpha_1 l_2/l_1) \geq 1.0$	90	75	45

10.4.5 중간대의 계수휨모멘트

주열대에 의해 저항되지 않는 정(+) 및 부(-)의 계수휨모멘트 부분은 주열대 양쪽의 1/2 중간대에 비례적으로 할당하고, 각 중간대는 2개의 1/2 중간대에 할당된 휨모멘트들의 합에 저항하도록 설계한다.

벽체에 의해 지지되는 단부에 인접하고, 그에 평행한 중간대는 첫 번째 내부 받침부의 1/2 중간대에 할당된 휨모멘트의 2배에 저항하도록 설계한다.

10.4.6 보의 계수휨모멘트

$\alpha_1 l_2 l_1$ 이 1.0 이상인 경우, 받침부 사이의 보는 주열대 휨모멘트의 85%에 견디도록 설계한다. 또한 $\alpha_1 l_2 l_1$ 이 1.0과 0사이인 경우에는 보가 견딜 주열대 휨모멘트 분담률은 85%와 0% 사이를 직선보간법을 적용하여 구한다. 그리고 보는 추가적으로 슬래브 상하로 내민보 부분의 무게를 포함하여, 보에 직접 작용하는 집중하중이나 분포하중에 의해 발생하는 휨모멘트에 저항하도록 설계한다.

10.4.7 보가 있는 슬래브의 계수전단력

① $\alpha_1 l_2/l_1$ 이 1 이상인 보는 그림 10.23과 같이 슬래브의 네 모퉁이에서 변과 45°의 각을 이루는 선과 장변에 평행한 슬래브 중심선이 만드는 재하면적에 작용하는 계수하중에 의한 전단력에 견디도록 설계한다.

② $\alpha_1 l_2/l_1$ 이 1 미만일 때에는 $\alpha_1 = 0$ 인 경우 보가 하중을 받지 않는다고 가정하여 직선보간법을 적용하여 보가 분담하는 전단력을 구한다.

③ 보는 ①과 ②항에 따라 산정된 전단력 이외에도 보에 직접 작용하는 계수하중에 의한 전단력에 견디도록 설계한다.

④ 슬래브의 전단강도는 ①과 ②항에 따라 보에 분배된다는 가정에 의해 산정한다. 또한 슬래브는 슬래브에 일어나는 전체 전단력에 견디도록 설계하여야 하며, 슬래브의 전단강도는 제5장의 규정을 만족하도록 한다.

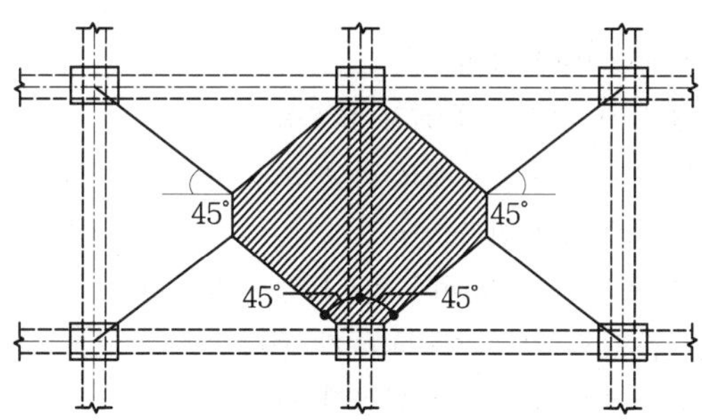

그림 10.23 내부 보의 전단력 산정을 위한 재하면적

예제 10.2 그림 10.24와 같은 보와 일체로 된 2방향 슬래브를 직접 설계법에 의해서 설계하시오.

〈설계조건〉

지 간 : 7.6m × 7.6m

층 고 : 3.60m

외측보 : 350 × 650mm

내측보 : 350 × 650mm

기 둥 : 450 × 450mm

슬래브 : 180mm

활하중 : 5kN/m^2

마감하중 : 1kN/m^2

$f_{ck} = 27\text{MPa}$, $f_y = 400\text{MPa}$

슬래브와 보 및 기둥의 콘크리트 탄성계수 E_c는 동일하고, 콘크리트의 단위중량은 25kN/m^3이다.

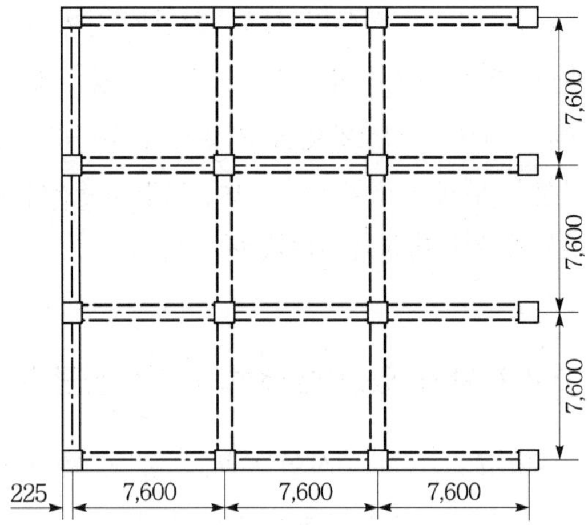

구조평면도

그림 10.24

풀이

직접설계법은 각 방향으로 3경간 이상 연속이고, 긴 경간이 짧은 경간의 2배 이하인 직사각형이며, 각 방향으로 연속한 받침부 중심간 경간 차이는 긴 경간의 1/3이하, 연속한 기둥 중심선을 기준으로 기둥의 어긋남은 그 방향 경간의 10% 이하이어야 하는 슬래브로서 활하중이 고정하중의 3배 이하이어야 하는 등의 조건이 충족되는 경우에만 적용할 수 있는 설계법이다. 여기서는 이러한 직접설계법의 제한 사항을 모두 만족하는 것으로 가정하고 설계를 진행한다.

1) 슬래브 두께 h의 예비 설계

(1) 슬래브에 두께 가정과 플랜지 유효폭

T형보 복부에서 내민 슬래브 폭은 보가 슬래브는 아래로 내민 깊이며, 슬래브 두께 4배 이하이어야 한다. 즉

$$(650 - 180) = 470\text{mm} < 4 \times 180 = 720\text{mm}$$

∴ 내민 부분 슬래브는 470mm가 된다.

따라서, T형보의 유효폭은 다음과 같이 된다.

지지보가 대칭 T형보인 경우 : $b_e = 470 \times 2 + 350 = 1{,}290\text{mm}$

지지보가 비대칭 T형보인 경우 : $b_e = 470 + 350 = 820\text{mm}$

(2) 외측부와 슬래브의 강성비

짧은 변과 긴 변 길이가 같으므로 한 변에 대해서만 검토한다. 그림 10.25(a)로부터,

$$y = \frac{0.35 \times 0.65 \times 0.325 + 0.18 \times 0.47 \times 0.56}{0.35 \times 0.65 + 0.18 \times 0.47} = 0.39\text{m}$$

$$I_b = \frac{0.35 \times 0.65^3}{12} + \frac{0.47 \times 0.18^3}{12} + 0.35 \times 0.65 \times (0.39 - 0.325)^2$$

$$+ 0.47 \times 0.18 \times (0.56 - 0.39)^2$$

$$= 1.16 \times 10^{-2}\text{m}^4$$

$$I_s = 4.025 \times 0.18^3/12 = 1.96 \times 10^{-3}\text{m}^4$$

보와 슬래브 강성비는 식(10.10)으로부터

$$\alpha = \frac{E_{cb} I_b}{E_{cs} I_s} = \frac{1.16 \times 10^{-2}}{1.96 \times 10^{-3}} = 5.92$$

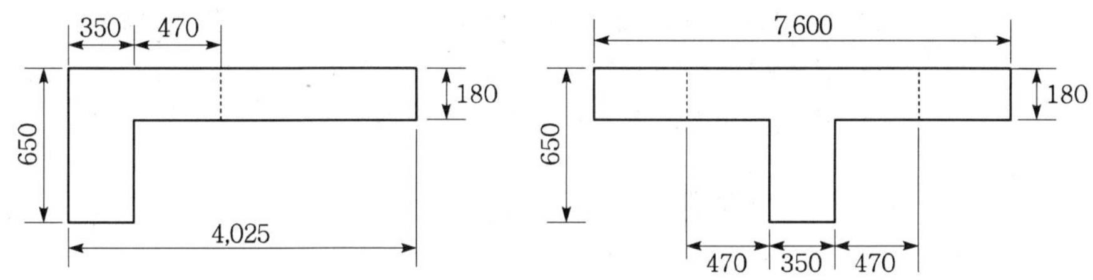

(a) 외측부 플랜지의 유효길이 (b) 중앙부 플랜지의 유효길이

그림 10.25 플랜지의 유효길이

(3) 중앙보와 슬래브의 강성비

짧은 변과 긴 변의 길이가 같으므로 한 변에 대해서만 검토한다. 만약 상이한 경우는 긴 변과 짧은 변을 구분하여 계산한다. 그림 10.25(b)로부터

$$y = \frac{0.35 \times 0.65 \times 0.325 + 0.94 \times 0.18 \times 0.56}{0.35 \times 0.65 + 0.94 \times 0.18} = 0.43\text{m}$$

$$I_b = \frac{0.35 \times 0.65^3}{12} + \frac{0.94 \times 0.18^3}{12} + 0.35 \times 0.65 \times (0.43 - 0.325)^2$$

$$+ 0.94 \times 0.18 \times (0.56 - 0.43)^2$$

$$= 0.0138\text{m}^4$$

$$I_s = \frac{7.6 \times 0.18^3}{12} = 3.7 \times 10^{-3}\text{m}^4$$

$$\alpha = \frac{E_{cb} I_b}{E_{cs} I_s} = \frac{1.38 \times 10^{-2}}{3.7 \times 10^{-3}} = 3.73$$

(4) 슬래브 두께의 검토

α의 평균값 α_m은 양방향이므로

$$\alpha_m = \frac{5.92\times 2+3.73\times 2}{2+2} = 4.83 > 2$$

따라서, $l_n = 7.6-0.35 = 7.25\text{m}$, $f_y = 400\text{MPa}$, $\beta = \frac{7.25}{7.25} = 1.00$를 식(10.4)에 대입하여 계산하면, 슬래브의 최소두께는 다음과 같이 계산된다.

$$h = \frac{l_n\left(800+\frac{f_y}{1.4}\right)}{36{,}000+9{,}000\beta} = \frac{7{,}250\times\left(800+\frac{400}{1.4}\right)}{36{,}000+9{,}000\times 1} = 133.5\text{mm} > \text{최소 } 90\text{mm}$$

∴ 슬래브 두께는 $h = 180\text{mm}$를 사용한다.

2) 직접설계법의 제한 규정 검토

① 각 방향에 최소 3개의 연속 경간이 있다.

② 긴 경간에 대한 짧은 경간의 비는 $1.0 < 2.0$이므로 적합하다.

③ 연속되는 경간의 길이는 같고, 기둥 위치는 일직선상에 있다.

④ 하중은 등분포 하중이며 활하중에 대한 고정하중의 비는

$$\frac{\text{활하중}}{\text{고정하중}} = \frac{5}{0.18\times 25+1} = 0.91 < 2.0$$

∴ 조건에 만족한다.

⑤ 직교하는 두 방향의 상대강성 검토

식(10.10)으로부터

$$\text{내측 슬래브}: \frac{\alpha_1 {l_2}^2}{\alpha_2 {l_1}^2} = \frac{3.73\times 7.6^2}{3.76\times 7.6^2} = 1.0$$

$$\text{외측 슬래브}: \frac{\alpha_1 {l_2}^2}{\alpha_2 {l_1}^2} = \frac{5.92\times 7.6^2}{5.92\times 7.6^2} = 1.0$$

따라서, 내측 및 외측 슬래브 모두 상대강성비가 0.2 ~ 5 구간에 있으므로 조건에 만족한다. 이상에서 검토한 바와 같이 제한조건에 모두 만족하므로 직접설계법을 적용할 수 있다.

3) 설계하중 및 계수휨모멘트의 계산

(1) 설계하중의 계산

고정하중(슬래브 자중+보 자중+마감하중)

$$w_d = 0.18\times 25+\frac{0.35\times 0.47\times 25}{7.6}+1 = 6.04\text{kN/m}$$

활하중 : $w_l = 5.0\text{kN/m}$

계수하중 : $w_u = 1.2\times 6.04+1.6\times 5 = 15.25\text{kN/m}$

(2) 전체 정적 계수휨모멘트

내측 지지부 및 단부를 포함한 중심선 양쪽 슬래브 중심선을 기준으로 각 방향의 슬래브에 대하여 식(10.11)로부터 M_o를 계산하고, 각 슬래브의 주열대와 중간대로 분배하여 설계한다.

$$M_o = \frac{w_u l_2 {l_n}^2}{8} = \frac{15.25 \times 7.6 \times 7.25^2}{8} = 761.5\text{kN} \cdot \text{m}$$

(3) 정 및 부의 계수휨모멘트의 분배

모든 지점 사이에 보가 있는 슬래브이므로, 표 10.3으로부터 각각의 위치에서의 계수휨모멘트는 다음 표 10.7과 같이 된다.

표 10.7 정 및 부의 계수휨모멘트

$M_o = 761.5\text{kN} \cdot \text{m}$			
경간	휨모멘트	분배율	계수휨모멘트(kN·m)
내부 경간	부모멘트	0.65	494.98
	정모멘트	0.35	266.53
단부 경간	외측 부모멘트	0.16	121.84
	정모멘트	0.57	434.06
	내측 부모멘트	0.70	533.05

(4) 주열대와 중간대의 계수휨모멘트

① 내부 경간

$$l_2/l_1 = 7.6/7.6 = 1.0\ ,\quad \alpha_1 l_2/l_1 = 3.73 \times 1.0 = 3.73 > 1.0$$

표 10.4로부터 위의 조건에 대한 주열대 내부 받침부의 분배 백분율을 구하면 75%가 된다. 또한 $\alpha_1 l_2/l_1$이 1.0 이상이므로 받침부 사이의 보는 주열대 휨모멘트의 85%가 된다.

② 외측 경간

그림 10.26(a)와 같은 외측보의 비틀림 단면상수 C는 식(10.14)를 사용하여 계산한다. 이 단면은 두 개의 직사각형 180×470mm와 350×650mm로 구성되며, 짧은 변의 길이는 x이고 긴 변의 길이는 y이므로

$$C = \Sigma\left[1 - 0.63\frac{x}{y}\right]\frac{x^3 y}{3}$$

$$= \left[1 - 0.63 \times \frac{0.18}{0.47}\right] \times \frac{0.18^3 \times 0.47}{3} + \left[1 - 0.63 \times \frac{0.35}{0.65}\right] \times \frac{0.35^3 \times 0.65}{3}$$

$$= 6.83 \times 10^{-3}$$

$$\therefore\ C = 6.83 \times 10^{-3}$$

슬래브의 단면2차모멘트는

$$I_s = \frac{7.6 \times 0.18^3}{12} = 3.69 \times 10^{-3}\text{m}^4$$

보와 슬래브의 콘크리트의 탄성계수가 동일하므로 식(10.13)으로부터

$$\beta_t = \frac{E_{cb}C}{E_{cs}I_s} = \frac{6.83 \times 10^{-3}}{2 \times 3.69 \times 10^{-3}} = 0.93$$

③ 주열대

표 10.6으로부터 $l_2/l_1 = 1.0$, $\alpha_1 l_2/l_1 = 5.92 \times 7.6/7.6 = 5.92$, $\beta_t = 0.93$에 해당되는 주열대 외부 받침부의 부의 계수휨모멘트 분담률은 75~100% 사이에 있으므로 다음과 같이 직선보간법을 적용하여 구할 수 있다.

$$75 + 25 \times \frac{2.5 - 0.93}{2.5} = 90.7\%$$

주열대 중앙부의 정의 계수휨모멘트 분담률은 $l_2/l_1 = 1.0$, $\alpha_1 l_2/l_1 = 5.92$이므로 표 10.6으로부터 75%가 된다.

④ 중간대

중간대의 계수휨모멘트는 주열대가 부담하지 않는 계수휨모멘트를 부담하여야 한다. 이 슬래브는 직교하는 두 방향의 경간이 동일하므로 중간대가 부담하는 계수휨모멘트의 1/2을 양 쪽에서 부담하기 때문에, 결국 주열대가 부담하지 않는 계수휨모멘트를 중간대가 부담하는 셈이 된다.

(5) 보

보의 계수휨모멘트는 $\alpha_1 l_2/l_1 = 5.92$가 1.0 이상이므로 받침부 사이의 보는 주열대 휨모멘트의 85%가 된다.

이상의 계산 결과로부터 주열대와 중간대의 계수휨모멘트 분담률과 계수휨모멘트를 정리하면 다음 표 10.8과 같이 된다.

표 10.8 주열대와 중간대의 계수휨모멘트

경간	휨모멘트 위치	계수 휨모멘트 (kN·m)	주열대		중간대 (kN·m)	보의 계수 휨모멘트 (kN·m)
			백분율	계수휨모멘트 (kN·m)		
단부 경간	외부 부모멘트	121.84	90.7	110.51	11.33	93.93
	정모멘트	434.06	75.0	325.55	108.51	276.72
	내부 부모멘트	533.05	75.0	399.79	133.26	339.82
내부 경간	부모멘트	494.98	75.0	371.24	123.74	315.55
	정모멘트	266.53	75.0	199.90	66.63	169.91

4) 철근량의 계산

(1) 단부 경간 주열대 내부 $M_u = 59.97\text{kN}\cdot\text{m}$ 의 철근량

유효깊이를 $d = 150\text{mm}$ 로 가정하면, 휨인장철근량은 식(4.20)을 이용하면 다음과 같이 계산된다.

$$M_u \leqq \phi M_n = \phi f_y A_s \left(d - \frac{a}{2}\right)$$

$$59.97 \times 10^6 \leqq 0.85 \times 400 \times A_s \left(150 - \frac{5.5}{2}\right)$$

$$\therefore\ A_s \geqq 1{,}198\text{mm}^2$$

등가응력 블록의 깊이 a를 구하면, 식(4.21)로부터

$$a = \frac{A_s f_y}{\eta(0.85 f_{ck})b} = \frac{1{,}198 \times 400}{1.0 \times 0.85 \times 27 \times 3{,}800} = 5.5\text{mm}\,(= \text{가정 } a)$$

$$c = \frac{a}{\beta} = \frac{5.5}{0.8} = 6.9\text{mm}$$

$$\epsilon_t = \epsilon_{cu} \frac{d_t - c}{c} = 0.0033 \times \frac{150 - 6.9}{6.9} = 0.068 > 0.005$$

이 슬래브는 인장지배 단면이므로 $\phi = 0.85$를 적용한 것은 합당하다.

(2) 단부 경간 중간대 내부 $M_u = 133.26\text{kN}\cdot\text{m}$ 의 철근량

유효깊이를 $d = 150\text{mm}$ 로 가정하면, 휨인장철근량은 식(4.20)을 이용하면 다음과 같이 계산된다.

$$M_u \leqq \phi M_n = \phi f_y A_s \left(d - \frac{a}{2}\right)$$

$$133.26 \times 10^6 \leqq 0.85 \times 400 \times A_s \left(150 - \frac{12.4}{2}\right)$$

$$\therefore\ A_s \geqq 2{,}726\text{mm}^2$$

등가응력 블록의 깊이 a를 구하면, 식(4.21)로부터

$$a = \frac{A_s f_y}{\eta(0.85 f_{ck})b} = \frac{2{,}726 \times 400}{1.0 \times 0.85 \times 27 \times 3{,}800} = 12.5\text{mm}\,(\fallingdotseq \text{가정 } a = 12.4\text{mm})$$

$$c = \frac{a}{\beta} = \frac{12.5}{0.8} = 15.6\text{mm}$$

$$\epsilon_t = \epsilon_{cu} \frac{d_t - c}{c} = 0.0033 \times \frac{150 - 15.6}{15.6} = 0.028 > 0.005$$

이 슬래브는 인장지배 단면이므로 $\phi = 0.85$를 적용한 것은 합당하다.

그 밖의 위치에 대한 철근량 계산 결과는 표 10.9에 나타낸 바와 같다.

표 10.9 각 경간별 휨모멘트에 대한 설계 결과

	단부 경간						내부 경간			
	주열대			중간대			주열대		중간대	
	외부	중앙부	내부	외부	중앙부	내부	양단	중앙부	양단	중앙부
M_u(kN·m)	16.58	48.83	59.97	11.33	108.51	133.26	55.69	29.99	123.74	66.63
ϕM_n(kN·m)	94.51	94.51	94.51	94.51	118.26	148.49	94.51	94.51	148.49	94.51
A_s(mm^2)	1,140	1,140	1,198	1,140	2,202	2,726	1,140	1,140	2,524	1,333
ρ(%)	최소	최소	0.210	최소	0.390	0.480	최소	최소	0.443	0.234
사용 A_s(mm^2)	D10+ D13 @200 =1909	D10+ D13 @200 =1909	D10+ D13 @200 =1909	D10+ D13 @200 =1909	D13 @200 =2407	D13 +D16 @200 =3054	D10+ D13 @200 =1909	D10+ D13 @200 =1909	D13 +D16 @200 =3054	D10+ D13 @200 =1909

6) 전단력 검토

(1) 보의 전단력

$\alpha_1 l_2/l_1$이 양방향 모두 1.0 이상인 보는 총 전단력에 저항하여야 한다.

$$d = 650 - 20 - 12.7(\text{스터럽 지름}) - 25.4/2(\text{주철근 지름})$$
$$= 604.6\text{mm}$$

보의 자중에 의한 계수하중은

$$1.2w_{d(\text{보})} = 1.2 \times (0.35 \times 0.47 \times 25) = 4.94\text{kN/m}$$

슬래브 자중 및 마감하중에 의한 계수하중은

$$1.2w_{d(s)} = 1.2 \times (0.18 \times 25 + 1) = 6.6\text{kN/m}$$

슬래브에 작용하는 활하중에 의한 계수하중은

$$1.6w_l = 1.6 \times 5 = 8\text{kN/m}$$

보의 계수전단력은 그림 10.26으로부터

$$V_u = \frac{1}{2}[(6.6+8) \times 7.6 \times 3.8] + \frac{1}{2} \times 4.94 \times 7.6 = 229.6\text{kN}$$

콘크리트가 부담하는 설계전단강도는 식(5.12)를 이용하면

$$\phi V_c = \phi \frac{1}{6} \lambda \sqrt{f_{ck}}\, b_w d$$
$$= 0.75 \times \frac{1}{6} \times \sqrt{27} \times 350 \times 604.6 \times 10^{-3}$$
$$= 137.4\text{kN} < V_u = 229.6\text{kN}$$

그러므로 양방향 모두 $V_u > \phi V_c$이므로 전단 보강철근이 필요하다. 전단철근 계산은 제5장에 따른다.

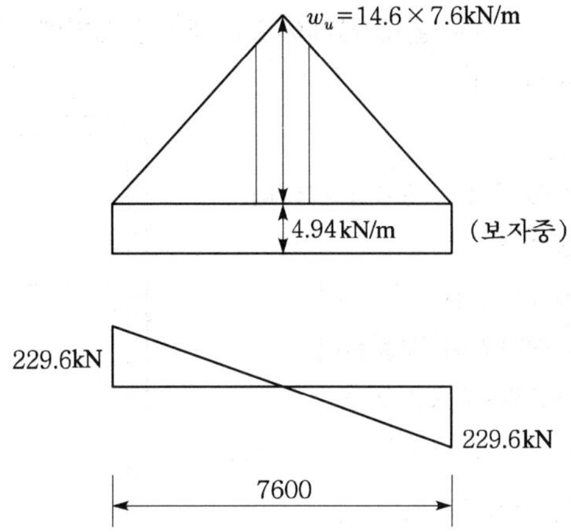

그림 10.26

(2) 슬래브의 전단강도

보에 지지되는 슬래브의 전단력에 대한 위험단면은 지지되고 있는 보의 면으로부터 유효깊이 d만큼 떨어진 곳에서 검토한다.(d는 150mm로 가정)

$$V_u = \frac{w_u l_2}{2} = \frac{14.6 \times 7.6}{2} = 55.48\text{kN}$$

$$V_{u(d)} = 55.48 - 14.60 \times \left(\frac{0.35}{2} + 0.15\right) = 50.74\text{kN}$$

$$\begin{aligned} \phi V_c &= \phi \frac{1}{6} \lambda \sqrt{f_{ck}}\, bd \\ &= 0.75 \times \frac{1}{6} \times \sqrt{27} \times 1{,}000 \times 150 \times 10^{-3} \\ &= 97.43\text{kN} > V_{u(d)} \end{aligned}$$

그러므로 슬래브의 전단강도는 콘크리트가 부담하는 전단강도로 충분하므로 전단보강철근이 불필요하다. 또한, 슬래브 요소이므로 $\frac{\phi V_c}{2} < V_u < \phi V_c$의 규정은 적용하지 않아도 된다.

예제 10.3 그림 10.27과 같은 플랫 플레이트를 직접설계법에 의해서 설계하시오. 단, 면내 축방향력은 무시한다.

〈설계조건〉
슬래브 판의 칫수 : 6.0m × 6.0m
층 고 : 3.3m
기 둥 : 0.4 × 0.4m
횡하중은 전단벽이 저항한다.
가장자리보(테두리보) 있음
마감하중 : 1.0kN/m^2
활 하 중 : 3.0kN/m^2
콘크리트 단위중량 : 24kN/m^3
$f_{ck} = 27\text{MPa}$, $f_y = 400\text{MPa}$

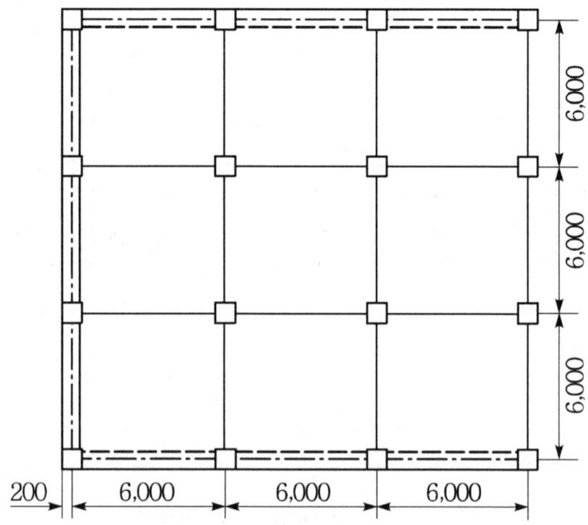

그림 10.27

풀이

1) 슬래브 두께 h의 예비 설계

(1) 처짐 제어를 위한 두께의 제한

표 10.2로부터 지판이 없는 경우로서 내측 슬래브이고 $f_y = 400\text{MPa}$이므로 최소 두께는 $l_n/33$ 이상이어야 하고, 또 식(10.4)로부터 계산한 값 이상이어야 한다. 따라서,

$$l_n = 6.00 - 0.40 = 5.60\text{m}$$

$$\beta = 5.6/5.6 = 1.0$$

$$h = \frac{l_n\left(800 + \frac{f_y}{1.4}\right)}{36{,}000 + 9{,}000\beta} = \frac{5{,}600\left(800 + \frac{400}{1.4}\right)}{36{,}000 + 9{,}000 \times 1}$$

$$= 135.1\text{mm} < \frac{l_n}{33} = 170\text{mm}$$

∴ 철근 배근 공간 등의 확보를 위해 $h = 270\text{mm}$를 적용한다.

(2) 슬래브의 전단강도

고정하중 $w_d = 0.27 \times 25 + 1.04 = 7.79\text{kN/m}^2$

활 하 중 $w_l = 3.0\text{kN/m}^2$

계수하중 $w_u = 1.2 \times 7.79 + 1.6 \times 3 = 14.15\text{kN/m}^2$

유효깊이 $d = 220\text{mm}$로 가정한다.

① 1방향 전단 검토

그림 10.18(a)에 나타낸 바와 같이, 기둥의 면에서 $d = 0.22\text{m}$ 만큼 떨어진 곳이 1방향 전단에 대한 위험단면이므로 계수 단위폭 1m에 대한 계수전단력은 다음과 같이 계산된다.

$$V_u = \left[\frac{(6-0.4)}{2} - 0.22\right] \times 14.15 = 36.507\text{kN}$$

콘크리트가 부담하는 전단력은 식(5.12)를 이용하면

$$\phi V_c = \phi \frac{1}{6} \lambda \sqrt{f_{ck}} b_w d$$

$$= 0.75 \times \frac{1}{6} \times 1.0 \times \sqrt{27} \times 1{,}000 \times 220 \times 10^{-3} = 142.89\text{kN} > V_u$$

∴ 1방향 전단에 대하여는 만족한다.

② 2방향 전단의 검토

그림 10.18(b)에 나타낸 바와 같이 기둥에서 $d/2$ 떨어진 기둥 둘레가 위험단면이 되므로 계수전단력을 계산하면,

$$V_u = 14.15 \times [6.0 \times 6.0 - (0.4 + 0.22)^2] = 504.0\text{kN}$$

또한 콘크리트가 부담하는 공칭전단강도 V_c는 식(10.7)을 사용하여 구하며, 이를 위해서는 먼저 콘크리트의 공칭전단응력 강도 v_c를 계산한다.

참고 2

콘크리트의 공칭전단강도를 계산하기 위한 각각의 매개변수 계산 결과는 다음과 같다.

$$b_o = 2x + 2y = 4 \times (0.4 + 0.22) = 2.48\text{m}$$

$$k_s = \left(\frac{300}{d}\right)^{0.25} = \left(\frac{300}{220}\right)^{0.25} = 1.08 < 1.1$$

$$k_{b_0} = \frac{4}{\sqrt{\alpha_s (b_o/d)}} = \frac{4}{\sqrt{1.0 \times (2.48/0.22)}} = 1.19 < 1.25$$

$$f_{te} = 0.2\sqrt{f_{ck}} = 0.2 \times \sqrt{27} = 1.04$$

$$f_{cc} = \frac{2}{3} f_{ck} = \frac{2}{3} \times 27 = 18\text{MPa}$$

$$\cot\psi = \sqrt{f_{te}(f_{te} + f_{cc})} / f_{te} = \sqrt{1.04 \times (1.04 + 18)} / 1.04 = 4.28$$

설계 위험단면에서 양방향으로 각각 슬래브 두께만큼 이격된 폭의 슬래브에 대한 평균 주 인장철근 비를 0.005 이하로 가정하면 슬래브 위험단면 압축대 깊이의 평균값은

$$c_u = d\left(25\sqrt{\frac{\rho}{f_{ck}}} - 300\frac{\rho}{f_{ck}}\right) = 220 \times \left(25 \times \sqrt{\frac{0.005}{27}} - 300 \times \frac{0.005}{27}\right) = 63\text{mm}$$

[참고 2]에서 계산된 값을 적용하여 콘크리트의 공칭전단응력 강도를 식(10.8)에 의해 구하면 다음과 같으며,

$$v_c = \lambda\, k_s\, k_{b_o}\, f_{te} \cot\psi (c_u/d)$$

$$= 1.0 \times 1.08 \times 1.19 \times 1.04 \times 4.28 \times (\frac{63}{220}) = 1.64\text{MPa}$$

따라서, 콘크리트의 공칭전단강도는 식(10.7)로부터 다음과 같이 계산할 수 있다.

$$V_c = v_c b_0 d = 1.64 \times 2{,}480 \times 220 \times 10^{-3} = 894.8\text{kN}$$

$$\phi V_c = 0.75 \times 894.78 = 671.1\text{kN} > V_u = 504.0\text{kN}$$

또한 식(10.6)에 대해 검토하면

$$V_n = V_c + V_s = 894.8 + 0 = 894.8\text{kN}$$

$$V_n = 894.8\text{kN}$$

$$< 0.58 f_{ck} b_o c_u = 0.58 \times 27 \times 2{,}480 \times 63 \times 10^3 = 2{,}446.7\text{kN}$$

따라서, 2방향 전단검토 결과, 슬래브 두께 $h = 220\text{mm}$로 하면 전단철근이 불필요하여 플랫 플래이트 설계에 적합하다.

2) 슬래브의 계수휨모멘트

(1) 슬래브의 전체 정적 계수모멘트

전체 정적 계수휨모멘트 M_0는 식(10.9)로부터 지간 $l_1 = 6\text{m}$, 경간 $l_n = 5.6\text{m}$을 대입하면 다음과 같이 계산된다.

$$M_0 = \frac{1}{8} w_u l_1 l_n^2 = \frac{1}{8} \times 12.62 \times 6.0 \times 5.6^2 = 296.82\text{kN} \cdot \text{m}$$

(2) 정 및 부의 계수휨모멘트

단부 경간 및 내부 경간의 각 위치에 대한 계수휨모멘트는 표 10.3 및 [10장 4.3절]로부터 다음 표 10.10과 같이 계산된다.

표 10.10 정 및 부의 계수휨모멘트

	위치	분배율	휨모멘트(kN·m)
내부경간	부모멘트	0.65	192.93
	정모멘트	0.35	103.89
외부경간	외측 부모멘트	0.30	89.05
	정모멘트	0.50	148.41
	내측 부모멘트	0.70	207.77

(3) 주열대와 중간대의 계수휨모멘트

주열대의 경우, 보가 없으므로 $\alpha_1 = E_{cb}I_b/E_{cs}I_s = 0$이고, 따라서 $(\alpha_1 l_2/l_1) = 0$이 되며, $l_2/l_1 = 6/6 = 1.0$이므로 각 위치에서의 분배 백분율 및 계수휨모멘트는 표 10.4~표 10.6로부터 각각 다음 표 10.11과 같이 된다. 또한 중간대의 경우는 [10장 4.5절]에 나타낸 바와 같다. 주열대 외부 받침부의 경우는 보가 없으므로 $\beta_t = 0$으로 본 것이다.

표 10.11 주열대와 중간대의 계수휨모멘트

		계수휨모멘트 (kN · m)	주 열 대		중간대 (kN · m)
			백분율 (%)	계수휨모멘트 (kN · m)	
외부 경간	외측 모멘트	89.05	100	89.05	–
	정모멘트	148.41	60	89.05	59.36
	내측 모멘트	207.77	75	155.83	51.94
내부 경간	부모멘트	192.93	75	144.70	48.23
	정모멘트	103.89	60	62.33	41.56

(4) 철근량의 계산

① 단부 경간 설계

주열대 내부 받침부에 가장 큰 계수휨모멘트가 작용하고 있으므로, 이에 대하여 철근량을 계산하면 다음과 같이 된다.

$$M_u \leq \phi M_n$$

$$155.83 \times 10^6 \leq 0.85 \times 400 \times A_s \times (220 - \frac{12.4}{2})$$

$$\therefore\ A_s \geq 2{,}144\text{mm}^2$$

$$a = \frac{400 \times 2{,}144}{1.0 \times 0.85 \times 27 \times 3{,}000} = 12.5\text{mm} \fallingdotseq \text{가정 } a = 12.4\text{mm}$$

$\therefore$ 계산 철근량은 $A_s = 2{,}144\text{mm}^2$

$$c = \frac{a}{\beta_1} = \frac{12.5}{0.8} = 15.6\text{mm}$$

인장철근의 순인장변형률은

$$\epsilon_t = \epsilon_{cu}\frac{d_t - c}{c} = 0.0033 \times \frac{220 - 15.6}{15.6} = 0.043 > 0.005$$

인장지배 단면이므로 $\phi = 0.85$를 적용한 것은 타당하다.

같은 방법으로 각 위치에서의 철근량을 구하면 표 10.12와 같이 된다.

표 10.12 외부 경간의 설계 결과

	주열대			중간대		
	외측 받침부	중앙부	내측 받침부	외측 받침부	중앙부	내측 받침부
M_u(kN·m)	89.05	89.05	155.83	–	59.36	51.94
A_s(mm^2)	1,211	1,211	2,144	–	803	802
$A_{s(\min)}$(mm^2)	1,320	1,320	1,320		1,320	1,320
ρ(%)	0.183	0.183	0.325	–	0.122	0.122
사용A_s(mm^2)	1,900	1,900	2,979	–	1,900	1,900
철근 배근	$D13$@200	$D16$@200	$D16$@200	–	$D16$@200	$D16$@200

② 내부 경간 설계

단부 경간 설계와 마찬가지로 내부 경간 설계 결과를 요약하면 다음 표 10.13과 같다.

표 10.13 내부 경간의 설계 결과

	주열대		중간대	
	양단	중앙부	양단	중앙부
M_u(kN·m)	144.70	62.33	48.23	41.56
A_s(mm^2)	1,987	843	651	560
$A_{s(\min)}$(mm^2)	1,320	1,320	1,320	1,320
ρ(%)	0.301	0.128	0.099	0.085
사용A_s(mm^2)	2,970	1,900	1,900	1,900
철근 배근	$D10$@200 $D13$@200	$D13$@200	$D13$@200	$D13$@200

연습문제

10-1 그림 10.28과 같은 경간이 5.0m인 연속 1방향 슬래브의 A, B 및 C 위치의 휨과 전단에 대하여 설계하시오. 단 단면두께 가정은 처짐을 검토하지 않는 것으로 한다. 슬래브의 고정하중은 자중을 포함하지 않고 4.00kN/m^2이며, 활하중은 9.00kN/m^2이다. $f_{ck}=27\text{MPa}$, $f_y=400\text{MPa}$이다. 철근콘크리트 단위중량은 25kN/m^3이고, 지속 활하중은 활하중의 50%로 가정한다.

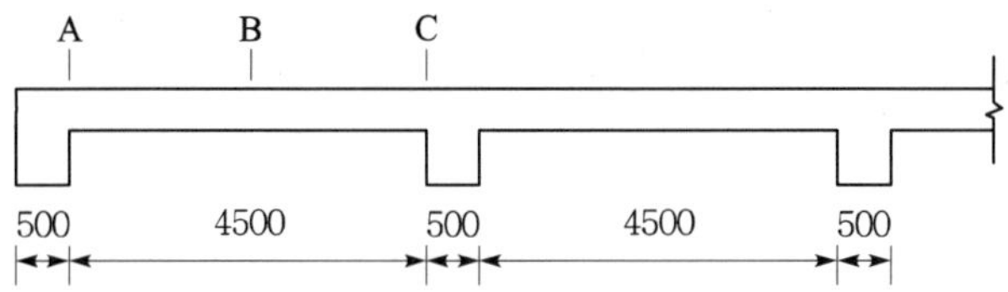

그림 10.28

10-2 그림 10.29와 같이 보와 일체로 된 2방향슬래브를 직접설계법에 의해 설계하시오.

〈설계조건〉

층　고 : 3.60m

연단보 : 400mm × 700mm

내부보 : 400mm × 700mm

기　둥 : 400mm × 400mm

슬래브 : 200mm

활하중 : 5kN/m^2

마감하중 : 2kN/m^2

$f_{ck}=27\text{MPa}$, $f_y=400\text{MPa}$

슬래브와 보 및 기둥의 탄성계수는 동일하고, 콘크리트 단위중량은 25kN/m^3이다.

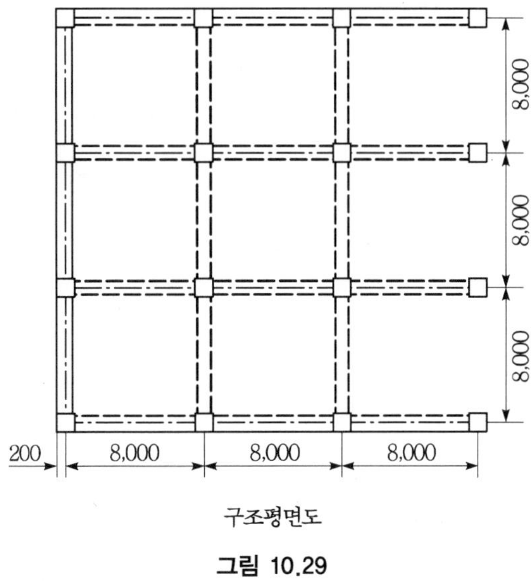

그림 10.29

제11장

확대기초

이 장은 콘크리트구조 설계기준 [*KDS* 14 20 70 콘크리트 슬래브와 기초판 설계기준]의 규정에 따라 작성한 것이다.

11.1 개요

상부구조물의 하중을 지반에 전달하기 위해 설치하는 구조물을 확대기초(footing) 또는 기초판이라고 한다. 즉 구조물이 침하, 전도 및 활동 등이 없이 안전하게 지지될 수 있도록 상부구조물의 하중을 넓은 면적에 분포시키기 위한 구조물이다. 이때 기초는 대개 지지력이 좋은 지반인 경우 직접기초로서 놓이는 경우가 많지만, 지지력이 부족한 지반인 경우에는 기초에 말뚝을 설치하는 말뚝기초 등이 사용된다. 확대기초의 종류는 그림 11.1에 보인 바와 같다.

1) 독립 확대기초

그림 11.1(a)와 같이 하나의 기둥을 지지하는 기초를 독립 확대기초(isolated footing)라고 하며, 주로 정사각형이나 직사각형으로 만들고 철근은 양방향으로 배치하는 경우가 보통이다. 독립 확대기초는 그림 11.1(b)와 같이 경사 확대기초 또는 그림 11.1(c)와 같이 계단식 확대기초로 만드는 경우도 있다. 이 기초는 하중이 작은 경우, 암반이나 지반 지지력이 충분한 지반에 기초가 놓이는 경우 비교적 경제적이다.

2) 벽 확대기초

그림 11.1(d)와 같이 벽체를 지지하는 확대기초를 벽 확대기초(wall footing) 또는 줄기초

라고 한다. 벽 방향에 대해 직각방향으로 주철근을 배근하게 되고 캔틸레버 구조로 취급하여 설계한다.

3) 연결 확대기초

그림 11.1(e) 또는 (f)와 같이 하나의 확대기초가 2개 이상의 기둥을 지지 하도록 만든 것을 연결 확대기초(combind footing)라고 한다. 그림 11.1(g)와 같이 2개의 독립 확대기초를 하나의 보로 연결한 것도 연결 확대기초의 하나이며, 이것을 특히 캔틸레버 확대기초라고 한다. 내부 및 외부 기둥에 대한 기초가 독립적으로 만들어지고, 이 기초들을 연결보로 연결하는 기초를 말하며, 이 연결보는 외부기둥의 편심에 의한 휨모멘트를 내부 기둥에 전달하는 역할을 한다.

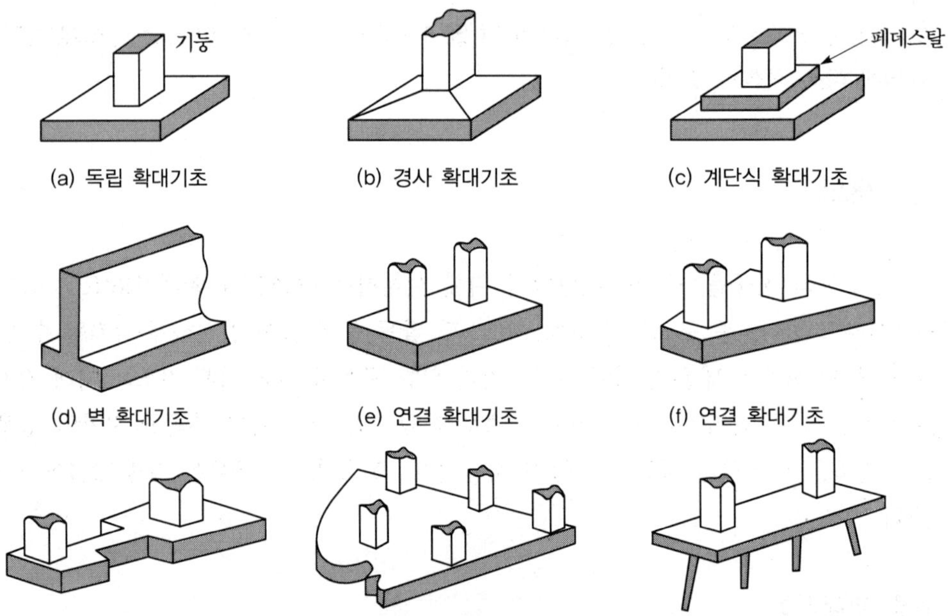

그림 11.1 확대기초의 종류

4) 전면기초

그림 11.1(h)와 같이 모든 기둥을 하나의 연속된 확대기초로 지지하도록 만든 기초를 전면기초(raft footing) 또는 매트기초(mat footing)라고 한다. 이 기초는 지반 지지력이 작고 기둥으로부터 작용하는 하중이 크며, 한 개의 기초로 사용할 수 없거나 전체 기초에서의 부등침하를 줄여야 할 경우에 주로 쓰이는데 구조적으로는 평판 슬래브와 같다. 일반적으로

전체 빌딩 구역 아래에 위치한 하나의 기초로 구성되고 빌딩의 기둥을 지지한다.

(5) 말뚝기초

그림 11.1(i)는 상부구조물의 하중을 깊은 지반에 말뚝을 통해 전달하는 기초를 말뚝기초(pile foundation)라고 한다. 일반적으로 지반지지력이 크지 않은 교량의 교대나 교각 기초에 주로 사용된다.

11.2 확대기초의 파괴형태

확대기초의 파괴는 보통 철근콘크리트 보의 파괴형태와 집중하중에 의한 슬래브 파괴 형태와 유사하게 일어난다. 확대기초의 파괴는 그림 11.2와 같이 전단지간 $\frac{a}{d}$의 관계에 따라 다음과 같이 몇 가지 형태로 구분된다.

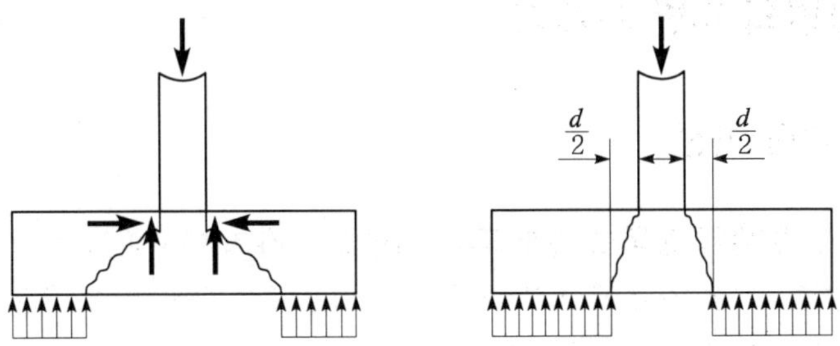

(a) 전단압축파괴 (b) 펀칭압축파괴

그림 11.2 확대기초의 파괴형태

1) 전단 압축파괴

전단지간 $\frac{a}{d}$가 작은 지간이 짧고 높이가 큰 확대기초에서는 그림 11.2(a)와 같이 먼저 사인장균열이 형성되고, 이것이 압축측으로 발달하여 압축구역을 감소시킴으로써 압축응력과 전단응력의 합성에 의해 파괴된다.

2) 사인장균열 후의 휨파괴

전단지간 $\frac{a}{d}$가 작은 확대기초에서 사인장균열이 발생한 후, 이것이 압축구역으로 발전하기 전에 인장철근의 항복으로 파괴가 시작된다.

3) 사인장파괴

전단지간 $\frac{a}{d}$가 중간 정도인 보통의 확대기초에서 그림 11.2(b)와 같이 집중하중의 네 주변에서 사인장균열이 발생함으로써 파괴되는 경우이다. 이런 파괴를 뚫림 전단(펀칭전단, punching shear) 파괴라고 한다.

4) 사인장균열 전의 휨파괴

전단지간 $\frac{a}{d}$가 큰 확대기초에서는 보와 마찬가지로, 사인장균열이 발생하기 전에 인장철근이 항복함으로써 휨파괴를 일으킨다. 보의 경우와 마찬가지로 확대기초에 있어서도 휨강도가 극한강도(ultimate strength)에 도달하기 전에 전단파괴가 먼저 일어나는 일은 거의 없다.

11.3 기초 밑면의 지반 지지력

11.3.1 설계를 위한 가정

기초에 작용하는 압력의 분포는 기둥 또는 벽하중이 기초 바닥판에 전달되는 방법과 기초의 강성에 좌우된다. 기초 하부의 지반이 균질한 탄성재료이며 기초 강성이 크다고 가정하고, 상부구조물 반력이 기초 바닥판 면적의 중심축에 작용한다면 지반반력의 분포형태는 등분포이고, 상부구조물 반력이 기초 바닥판 면적의 중심축에 작용하지 않는다면 지반 반력의 분포형태는 축하중과 휨의 합성효과에 의해 사다리꼴 분포를 하게 된다.

확대기초의 설계 계산과 지반 반력 산정의 단순화를 위해서는 다음과 같은 가정을 전제로 한다.

① 확대기초 밑면의 지반반력 분포를 직선으로 본다.
확대기초 밑면의 지반반력 분포는 기초지반의 흙의 성질과 확대기초의 휨강성에 따라 다르기 때문에 엄밀하게는 직선분포가 아니지만, 계산의 편의성을 위하여 지반반력 분포가 직선으로 변화하는 것으로 가정한다.

② 확대기초 밑면과 기초지반 사이에는 압축력만이 작용한다고 본다.
확대기초에 큰 휨모멘트가 발생하는 경우에는 기초 밑면에 계산상 인장응력이 일어난다. 그러나 특별한 공법을 사용하지 않는 한 기초 밑면과 지반사이에는 인장력이 작용

할 수 없으므로 압축력만 작용하는 것으로 생각한다.

③ 연결 확대기초에서는 설계 계산의 편의성을 고려하여 지반 반력의 합력의 작용선을 확대기초 도심과 일치시켜 지반반력이 기초 밑면에 등분포로 작용하도록 한다.

④ 보로 연결된 연결 확대기초(캔틸레버 확대기초)에서는 휨모멘트의 일부 또는 전부를 연결보에 부담시키고, 확대기초는 연직하중만을 받는 것으로 본다.

11.3.2 기초 밑면의 압력 분포

직접기초에서 가장 단순한 기초가 독립확대기초이다. 그림 11.3은 독립확대기초에 기둥의 편심하중 P가 x축 상에 단편심 e_1이 작용할 때 밑면에 발생하는 지반반력 포를 나타낸 것이다. 이러한 편심하중이 작용하면 편심 모멘트에 의해 기초 밑면에서 발생하는 지반반력은 그림 11.3과 같이 사다리꼴 분포를 하며, 이들의 최대값 및 최소값은 각각 다음 식(11.1)을 사용하여 구할 수 있다.

$$p_{\max} = \frac{P}{A} + \frac{P\,e_1}{I_y}x_1 \qquad (11.1(a))$$

$$p_{\min} = \frac{P}{A} - \frac{P\,e_1}{I_y}x_2 \qquad (11.1(b))$$

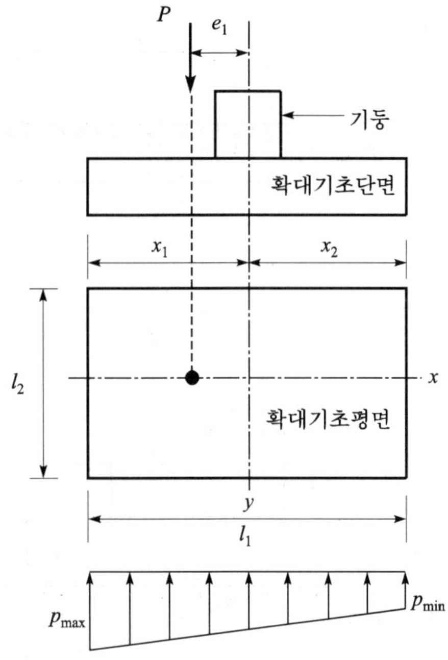

그림 11.3 독립 확대기초의 밑면의 압력

이와 같이 구한 $p_{\max}$는 지반의 허용지지력(표 12.2 참조)을 초과하지 않도록 하여야 한다.

기초 밑면에 작용하는 지반반력은 기둥 하중 P의 편심거리 e_1의 크기에 따라 다음과 같이 4가지 형태로 분류할 수가 있다.

1) 편심거리가 $e_1 = 0$인 경우

그림 11.4(a)와 같이 밑면의 지반반력은 일정한 값을 가지며, 그 값은 다음과 같이 계산된다.

$$p = \frac{\text{기둥하중}}{\text{저판면적}} = \frac{P}{A} \qquad (11.2)$$

2) $e_1 < \frac{L}{6}$인 경우

그림 11.4(b)와 같이 하중 P가 핵 범위 내에 작용하는 경우로서 지반반력은 사다리꼴 형상을 나타낸다. 이 때 밑면에 작용하는 지반반력은 식(11.1)에 의해 계산할 수 있다.

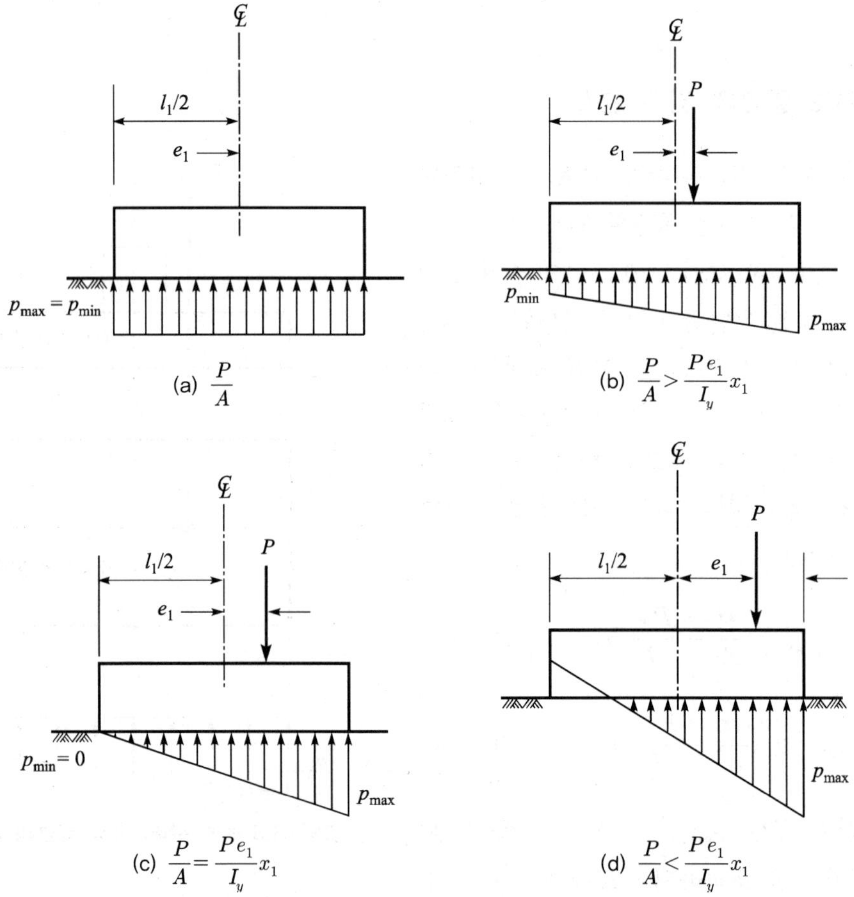

그림 11.4 기둥 하중의 편심에 의한 기초 밑면의 압력 분포

3) $e_1 = \frac{l_1}{6}$인 경우

그림 11.4(c)와 같이 기둥 하중 P가 편심거리 $e_1 = \frac{L}{6}$인 핵점에 작용하게 되는 경우이다. 압력분포는 삼각형 형상을 나타내며, 반대편 단면에서의 밑면의 지반반력은 0이 된다. 이 때 식(11.1(b))에서 $p_{\min} = 0$로 놓으면 핵점의 위치 $e_1 = \frac{L}{6}$을 구할 수 있다. 즉,

$$p_{\min} = \frac{P}{A} - \frac{P e_1}{I_y} x_2 = 0$$

$$\frac{P}{L \times 1} - \frac{P e_1}{1 \times L^3/12} \times \frac{L}{2} = 0\,, \quad \therefore\ e_1 = \frac{L}{6}$$

4) $e_1 > \dfrac{L}{6}$인 경우

그림 11.4(d)와 같이 기둥 하중의 편심이 커져서 핵점을 벗어나는 경우이다. 반대편 단면에서 인장응력이 발생하게 되어 지반과 기초는 서로 분리하게 되며, 압축응력이 작용하는 지반반력 분포의 영역은 감소하게 된다. 이러한 경우 기둥 하중을 지지하는 기초 밑면의 면적이 감소하게 되어 기반 침하 가능성이 높아진다. 확대기초를 설계할 때에는 되도록 이와 같은 밑면 지반반력 상태가 발생하지 않도록 하는 것이 일반적이다. 즉 기둥 하중 P가 핵 범위를 벗어나지 않도록 기초 저판의 크기를 조절한다.

11.4 독립 확대기초

11.4.1 확대기초의 넓이

확대기초는 기둥에 작용하는 하중이 허용 침하를 초과하는 일이 없이 안전하게 지반에 전달하기 위한 구조물이다. 그러기 위해서는 기둥의 사용하중에 의하여 확대 기초 밑면에 일어나는 지지력이 기초 지반의 허용 지지력보다 커서는 안 된다. 그림 11.5와 같은 독립 확대기초에서 기둥의 사용하중 P가 기초의 도심축에 작용하게 되면, 기초 밑면에 일어나는 압력 p는 식(11.3)과 같이 된다.

$$p = \frac{P}{A} = \frac{P}{LB} \tag{11.3}$$

여기서, A : 확대기초의 면적(mm^2, m^2)

L : 긴 변의 길이(mm, m)

B : 짧은 변의 길이(mm, m)

식(11.3)에서 p는 기초지반의 허용 지지력 p_a 보다 작아야 하므로, 확대기초의 필요한 최소 넓이는 식(11.3)을 이용하면 식(11.4)와 같이 된다.

$$A_{\min} = \frac{P}{p_a} \tag{11.4}$$

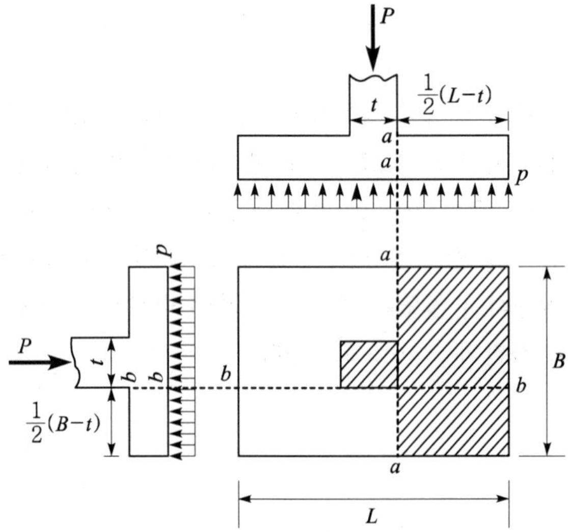

그림 11.5 휨에 대한 위험단면

11.4.2 휨모멘트

1) 위험단면

확대기초의 휨모멘트는 휨에 대한 위험단면을 고정단으로 하는 켄틸레버에 작용하는 계수하중에 의한 지반반력 p_u에 대하여 계산한다. 이러한 휨에 대한 위험단면은 다음과 같다.

(1) 콘크리트로 된 기둥, 받침대 또는 벽체를 지지하는 확대기초의 위험단면은 그림 11.5의 단면 aa 및 단면 bb에 보인 바와 같이 기둥, 받침대, 또는 벽체의 전면이 된다. 그러나, 콘크리트 기둥 또는 받침대의 단면이 원형 또는 정다각형인 경우에는 이것과 같은 단면적을 가지는 동심의 정사각형으로 환산하여 그 전면을 휨에 대한 위험단면으로 한다.

(2) 석공벽을 지지하는 확대기초는 그림 11.6(a)에 보인 바와 같이 벽의 중심선과 전면과의 중간선을 휨에 대한 위험단면으로 한다.

(3) 강재 베이스 플레이트을 통하여 강재 기둥을 지지하는 확대기초는 그림 11.6(b)와 같이 강재 베이스 플레이트 연단과 기둥 전면과의 중간선을 휨에 대한 위험단면으로 한다.

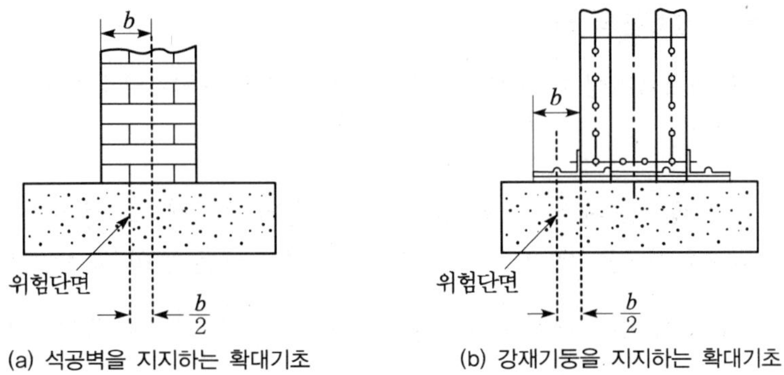

그림 11.6 휨에 대한 위험단면

2) 독립확대기초의 휨모멘트의 계산

그림 11.5와 같은 확대기초의 위험단면 aa에 대한 계수휨모멘트는 단면 aa를 고정단으로 하는 지간이 $\frac{1}{2}(L-t)$인 캔틸레버 보에 작용하는 지반반력 p_u에 대하여 구하면 다음 식(11.5(a))와 같이 된다.

$$M_{u(L)} = p_u \times \frac{1}{2}(L-t) \times B \times \frac{1}{4}(L-t)$$

$$= \frac{1}{8} p_u B (L-t)^2 \qquad (11.5(a))$$

또한, 위험단면 bb에 대한 계수휨모멘트도 같은 방법으로 구하면 다음 식(11.6(b))과 같이 된다.

$$M_{u(B)} = \frac{1}{8} p_u L (B-t)^2 \qquad (11.5(b))$$

$M_{u(L)}$에 의해 계산되는 철근량 $A_{s(L)}$은 긴 변(L변) 방향으로 배치하고, $M_{u(B)}$에 의해 계산되는 철근량$A_{s(S)}$는 짧은 변(B변) 방향으로 배치한다.

3) 휨에 대한 최소철근의 규정

두께가 균일한 구조용 기초판에 대하여 경간 방향으로 보강되는 휨철근의 단면적은 [제10장 10.2.2 구조상세 4) 최소철근비]에 규정한 값 이상이어야 한다. 철근의 최대 간격은 기초판 두께의 3배 이하, 450mm 이하이어야 한다.

4) 독립확대기초의 휨철근의 배치

직사각형 독립확대기초에서 휨철근은 콘크리트구조 설계기준의 규정에 따라 다음과 같이 배치한다.

(1) 긴 변 방향의 철근은 확대기초의 전 폭(B)에 걸쳐 등간격으로 배치한다.

(2) 짧은 변 방향의 철근은 식(11.6)으로 계산되는 양을 짧은 변의 폭 B만큼의 중앙 구간에 균등하게 배치하고, 나머지 철근량은 양쪽 구간$\left(\frac{L-B}{2}\right)$에 등간격으로 배치한다.

$$A_{sc} = \frac{2}{\beta + 1} A_{ss} \tag{11.6}$$

여기서, A_{sc} : 중앙구간(B)에 배치할 철근량(mm^2)(그림 11.7)

A_{ss} : 짧은 변 방향으로 배치해야 할 전체 철근량(mm^2)

β : 긴 변(L)과 짧은 변(B)의 비, 즉 $\beta = \frac{L}{B}$

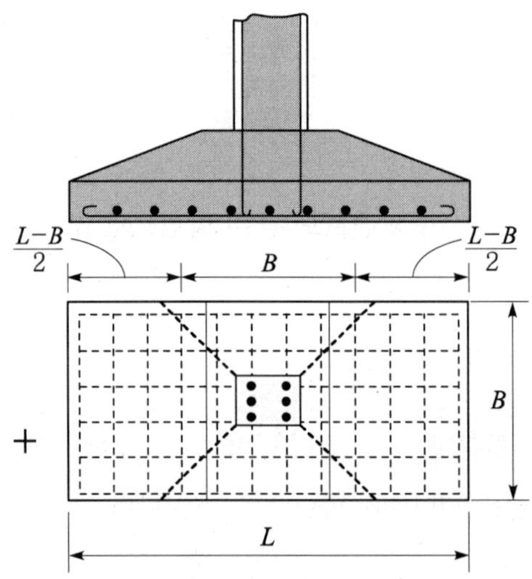

그림 11.7 휨철근의 배치

11.4.3 전 단

확대기초의 전단거동은 [10장 10.3.5절] 2방향 슬래브의 전단의 경우와 같으므로, 확대기초의 전단설계에서 다음 두 가지 유형의 전단을 고려해야 한다.

1) 1방향 작용의 경우

폭이 넓은 보와 같이 사인장균열이 전폭에 걸쳐 일어나는 1방향 작용(one way action)을 하는 경우, 그 전단 설계는 보의 경우와 동일하다. 이런 경우의 전단에 대한 위험단면은 그림 11.8(a)에 보인 바와 같이 기둥 전면에서 d만큼 떨어진 단면 cc이며, 이때의 위험단면에서의 계수전단력은 다음 식(11.7)과 같다.

$$V_u = p_u\left(\frac{L-t}{2} - d\right)B \tag{11.7}$$

2) 2방향 작용의 경우

사인장균열이 그림 11.8(b)와 같이 집중하중의 둘레에서 원뿔대 또는 각뿔대 모양인 2방향 작용(two way action)에 의하여 뚫림전단(펀칭전단)이 일어나게 되므로 집중하중을 받는 슬래브의 경우와 같다. 이때 위험단면은 그림 11.8(b)에 보인 바와 같이 기둥 전면에서 $\frac{d}{2}$만큼 떨어진 곳이다. 위험단면의 폭은 $b=(t+d)$가 되고, 위험단면의 둘레길이와 계수전단력은 각각 다음 식과 같이 된다.

$$b_0 = 4b = 4(t+d) \tag{11.8}$$

$$V_u = p_u(BL - b^2) \tag{11.9}$$

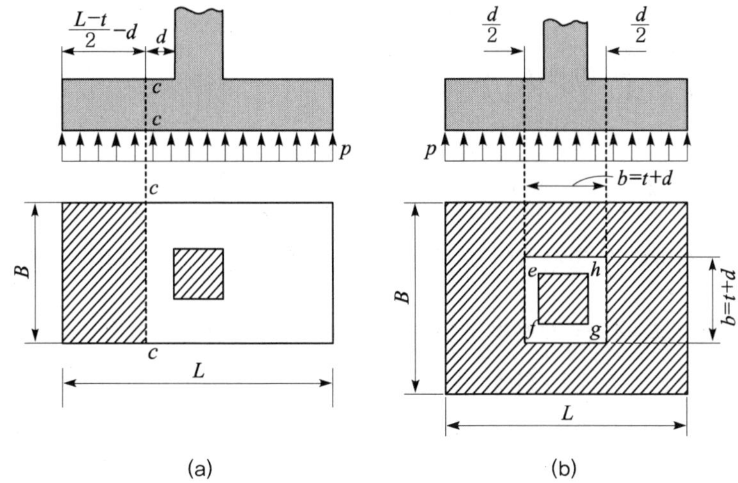

그림 11.8 전단에 대한 위험단면

11.4.4 지압강도

1) 지압강도의 평가

기둥에 작용하는 축하중과 휨모멘트 등의 모든 하중은 콘크리트의 지압과 철근, 다월바 및 기계적 결합장치 등에 의하여 확대기초 상부에 전달시켜야 한다. 이 가운데 압축력은 주로 기둥밑면과 확대기초 상면의 접합부에서 콘크리트의 지압강도(bearing strength)에 의하여 전달된다.

기둥 밑면이 견딜 수 있는 콘크리트의 공칭 지압강도는 $0.85f_{ck}$이며, 재하면적이 A_1인 기둥의 콘크리트의 설계지압강도는 다음 식(11.10)과 같이 된다.

$$B_{dc} = \phi(0.85 f_{ck} A_1) \tag{11.10}$$

여기서, ϕ : 콘크리트 지압에 대한 강도감소계수 $\phi = 0.65$

A_1 : 재하면적(mm^2, m^2)

기둥이 확대기초(기초판)이나 받침대 위에 놓이기 되면, 기둥에서 전달되는 축력은 확대기초의 일부에만 전달된다. 이 때 하중이 전달되지 않는 확대기초의 주변 부분은 하중을 받는 부분을 에워싸고 있기 때문에 횡방향 구속이 발생하게 되어 기둥 하중을 직접 받는 부분의 콘크리트 압축강도는 증가하게 된다.

따라서, 받침부의 면적이 재하 면적보다 넓을 때, 지압강도는 다음 식(11.11)과 같이 규정하고 있다.

$$B_{df} = \phi\sqrt{\frac{A_2}{A_1}}(0.85 f_{ck} A_1) \tag{11.11}$$

여기서, $\sqrt{\dfrac{A_2}{A_1}} \le 2$

A_2 : 재하면과 닮은꼴이고 중심이 같은 지지부 표면의 최대 면적(mm^2, m^2)

A_1은 재하면적이고, A_2는 재하면적 A_1과 기하적으로 닮은꼴이면서 그림 11.9와 같이 피라미드형으로 확대한 받침부의 최대 면적이다. 즉 A_2는 재하면 모서리에서 수평면으로 45° 로 확대하고, 수직으로 경사가 2 : 1 인 피라미드 형으로 확장하여 만들 수 있는 최대 면적이다.

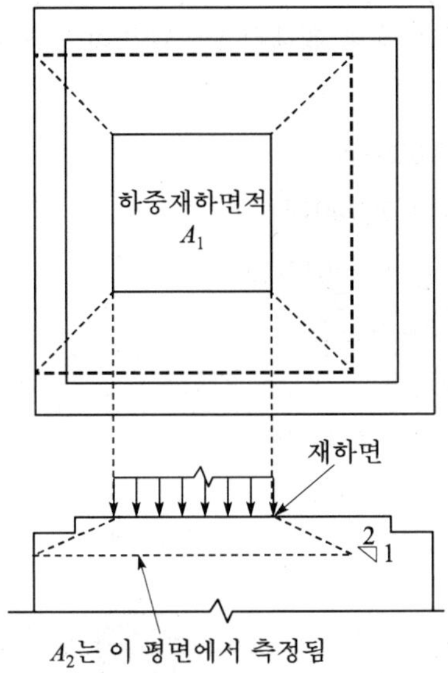

그림 11.9 면적 A_1과 A_2의 정의

2) 기초판과 기둥의 힘의 전달

확대기초 콘크리트는 기둥 콘크리트 강도보다 낮은 것을 사용하는 것이 보통이다. 이런 경우에는 확대기초의 상면이 지압에 문제가 되므로 기둥과 기초 사이에서의 힘의 전달에 대하여 고려하여야 한다. 만약 기둥에서 전달되는 하중이 식(11.10) 및 식(11.11)에 의해 계산한 지압강도를 초과하면, 지압에 의해 전달하고 남는 하중은 철근에 의하여 지지하도록 한다. 그러기 위해서는 기둥의 축방향철근을 기초판 속으로 연장하거나, 또는 기초판에 다월철근을 추가로 배치한다. 기둥의 축방향철근은 단순히 기초판 위에 올려 있는 상태로서 시공성을 위해 대부분 기초판 위로 돌출된 다월철근과 연결시키는 것이 보통이다.

기둥과 기초판의 일체적 거동을 확보하기 위해 두 부재의 경계인 지압면에 최소 연결철근량(다월철근량 또는 연장된 기둥의 축방향철근량)으로서 기둥 단면적의 0.5% 이상, 4개 이상을 사용한다. 다월철근이나 기둥의 축방향철근의 길이는 지압면 양쪽에서 각각 요구되는 압축철근의 정착길이 이상 확보하여야 한다.

굵은 철근 $D41$이나 $D51$을 큰 축방향력을 받는 기둥에 사용하는 경우가 있는데, $D35$ 이하의 다월철근이 기초판에 충분히 정착되어 있다면, 이들 철근을 겹침이음할 수 있도록 허용하고 있다.

또한, 기초판 윗면부터 하부철근까지의 깊이는 직접기초의 경우는 150mm 이상, 말뚝기초의 경우는 300mm 이상으로 하여야 한다.

예제 11.1 그림 11.10과 같은 정사각형 확대기초에 대하여 설계하시오.

〈설계조건〉

사용 활하중 : $P_L = 680\text{kN}$

사용 고정하중 : $P_D = 1{,}100\,\text{kN}$

지반 허용 지지력 : $q_a = 200\,\text{kN/m}^2$

기둥 단면 크기 : $0.5\text{m} \times 0.5\text{m}$

콘크리트의 설계기준강도 : $f_{ck} = 27\text{MPa}$

철근의 항복강도 : $f_y = 400\text{MPa}$

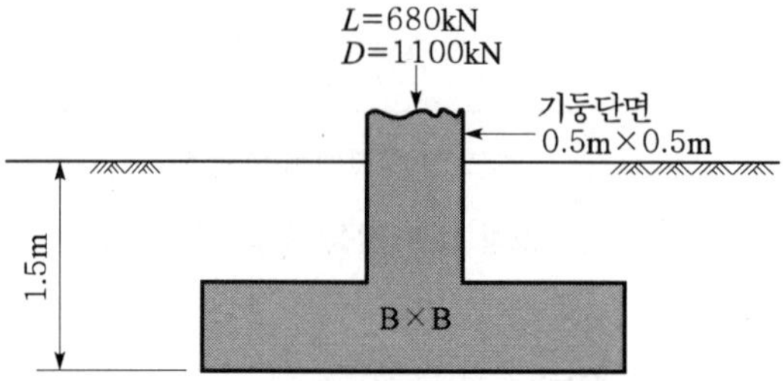

그림 11.10 독립확대기초 설계 예

풀이

1) 확대기초 면적과 계수하중의 계산

흙과 콘크리트의 단위중량의 평균치를 22kN/m^3으로 가정하고, 기초판의 두께는 0.70m, 철근의 직경은 $D22$, 기초 하부의 순수 피복두께는 80mm로 가정한다. 확대기초의 단면적을 계산하기 위해서는 사용하중(작용하중)을 적용하여야 한다.

기초 밑면에 있어서 기초 지반의 순 허용 지지력은

$q_{a(net)} = 200 - D_f \times 22.0 = 200 - 1.50 \times 22.0 = 167.0\text{kN/m}^2$

사용하중에 의한 확대기초 소요 면적은 식(11.4)로부터

$$A_{\min} = \frac{P_D + P_L}{q_{a(net)}} = \frac{680 + 1{,}100}{167.0} = 10.66\text{m}^2$$

따라서 다음과 같은 정사각형 확대기초를 사용한다.

$B \times B = 3.5 \times 3.5 = 12.25\text{m}^2 > 10.66\text{m}^2$

휨설계 및 전단 검토에 사용하는 계수하중은 작용하중에 하중계수를 곱하면

$P_u = 1.2P_D + 1.6P_L = 1.2 \times 1{,}100 + 1.6 \times 680 = 2{,}408.0\,\text{kN}$

지반에 작용하는 계수하중에 의한 지반 반력은

$$p_u = \frac{P_u}{B^2} = \frac{2{,}408.0}{3.5^2} = 196.57\,\text{kN/m}^2$$

2) 기초의 전단력에 대한 안전 검토

확대기초는 전단철근을 사용하지 않고 콘크리트로만 부담하도록 설계하는 것이 일반적이며, 1방향의 보의 전단과 2방향 펀칭전단에 대하여 안전하여야 한다.

(1) 1방향 전단

1방향 전단에 대한 위험 단면은 그림 11.11에 나타낸 바와 같이, 기둥 전면에서 d 만큼 떨어진 거리에서 위치하고 있으므로

$d = 700 - 80$(피복두께) $- 22.2$(주철근 지름) $= 598\text{mm}$

$L' = 1.5 - 0.598 = 0.902\text{m}$

따라서, 위험단면에서의 계수전단력은

$V_u = p_u \times (3.5 \times L') = 196.57 \times 3.5 \times 0.902 = 620.6\text{kN}$

콘크리트가 부담하는 전단강도는 식(5.12)를 이용하면

$$\phi V_c = \phi \frac{1}{6} \lambda \sqrt{f_{ck}} b_w d = 0.75 \times \frac{1}{6} \times 1.0 \times \sqrt{27} \times 3{,}500 \times 598 \times 10^{-3}$$

$$= 1{,}359.4\text{kN} > V_u = 620.6\text{kN}$$

따라서, 1방향 전단 검토 결과, 전단력을 모두 콘크리트가 부담할 수 있으므로 전단철근은 불필요하다.

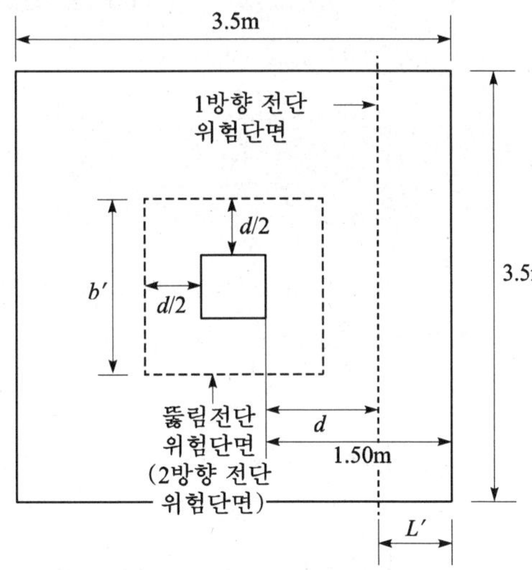

그림 11.11 전단에 대한 위험단면

(2) 2방향 전단

① 계수전단력의 계산

2방향 전단에 대한 위험 단면은 그림 11.11에 나타낸 바와 같이 기둥 전면에서 $\frac{d}{2}$ 만큼 떨어진 거리에 위치하므로 위험단면 둘레의 길이 b_0는 식(11.8)로부터

$b_0 = 4b' = 4(t+d) = 4 \times (0.5 + 0.598) = 4{,}392\text{mm}$

따라서, 위험단면에 작용하는 계수전단력 V_u는 식(11.9)로부터 다음과 같이 계산된다.

$$V_u = p_u(BL - b^2) = 196.57 \times (3.5 \times 3.5 - 1.098^2) = 2{,}171.0\text{kN}$$

② 콘크리트의 공칭전단응력강도의 계산

콘크리트의 공칭 전단응력강도 v_c는 [참고 1]의 계산 결과를 적용하면 식(10.8)에 의해 다음과 같이 계산된다.

$$\begin{aligned} v_c &= \lambda\, k_s\, k_{b_o}\, f_{te} \cot\psi (c_u/d) \\ &= 1.0 \times 0.842 \times 1.25 \times 1.04 \times 4.279 \times \left(\frac{0.221}{0.598}\right) \\ &= 1.73\text{MPa} \end{aligned}$$

참고 1

콘크리트의 공칭 전단응력강도를 계산하기 위한 매개변수는 식(10.8)로부터 다음과 같이 계산된다.

$$k_s = \left(\frac{300}{d}\right)^{0.25} = \left(\frac{300}{598}\right)^{0.25} = 0.842 < 1.1$$

$$k_{b_0} = \frac{4}{\sqrt{\alpha_s (b_o/d)}} = \frac{4}{\sqrt{1.0 \times (4{,}392/598)}} = 1.48 > 1.25 \therefore\ k_{b_0} = 1.25$$

$$f_{te} = 0.2\sqrt{f_{ck}} = 0.2 \times \sqrt{27} = 1.04\text{MPa}$$

$$\cot\psi = \frac{\sqrt{f_{te}(f_{te} + f_{cc})}}{f_{te}} = \frac{\sqrt{1.04 \times (1.04 + 18)}}{1.04} = 4.279$$

$$\begin{aligned} c_u &= d\left(25\sqrt{\frac{\rho}{f_{ck}}} - 300\frac{\rho}{f_{ck}}\right) = 598 \times \left(25 \times \sqrt{\frac{0.01}{27}} - 300 \times \frac{0.01}{27}\right) \\ &= 221\text{mm}\ (\text{인장철근비는 } 0.01\text{로 가정}) \end{aligned}$$

$$f_{cc} = \frac{2}{3} f_{ck} = \frac{2}{3} \times 27 = 18\text{MPa}$$

③ 콘크리트의 공칭전단강도의 계산 및 검토

콘크리트의 공칭전단강도 V_c는 식(10.7)로부터

$$V_c = v_c b_0 d = 1.73 \times 4{,}392 \times 598 \times 10^{-3} = 4{,}544\text{kN}$$

$$\phi V_c = 0.75 \times 4{,}544 = 3{,}408\text{kN} > V_u = 2{,}171.0\text{kN}$$

또한, 식(10.6)에 대하여 검토하면

$$V_n = V_c + V_s = 4{,}544 + 0 = 4{,}544\text{kN}$$

$$V_n = 4{,}544\text{kN} < 0.58 f_{ck} b_o c_u = 0.58 \times 27 \times 4{,}392 \times 221 \times 10^{-3} = 15{,}200\text{kN}$$

따라서, 2방향 전단(뚫림전단) 검토 결과, 두께를 $t = 700\text{mm}$로 설계할 경우 전단철근의 보강은 불필요하다.

3) 휨설계

(1) 인장철근량의 계산

휨에 대한 위험단면은 그림 11.12에 나타낸 바와 같이 기둥 전면이며, 이에 대한 계수휨모멘트를 계산하면 식(11.5(b))로부터 다음과 같이 된다.

$$M_{u(L)} = \frac{1}{8} p_u B (L - t)^2 = \frac{1}{8} \times 196.57 \times 3.5 \times (3.5 - 0.5)^2$$

$$= 774.0 \text{kN} \cdot \text{m} = M_{u(B)}$$

또는, 그림 11.12로부터 위험단면에 대한 휨모멘트를 직접 구해도 된다.

$$M_{u(L)} = p_u \times (B \times F) \times \frac{F}{2} \times = 196.57 \times (3.5 \times 1.50) \times \frac{1.50}{2} = 774.0 \text{kN} \cdot \text{m}$$

정사각형 기초판이므로 주철근(휨철근)은 두 방향으로 배근된다. 따라서, 안전을 위해 내측에 배근되는 휨철근량을 구하기로 한다.

내측에 배근되는 휨철근의 유효깊이는

$$d_t = 700 - 80 - 22.2 \times 1.5 = 587 \text{mm}$$

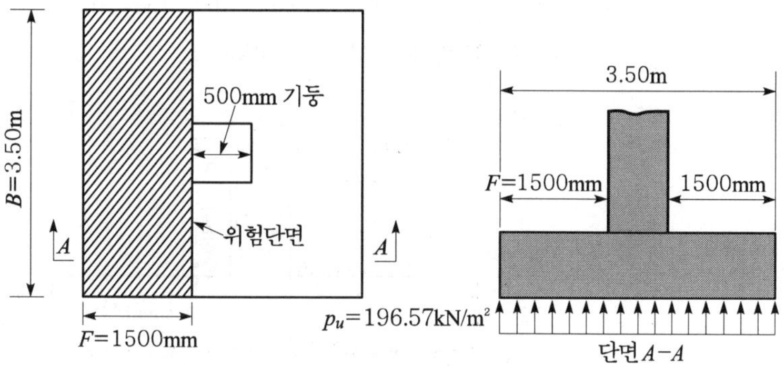

그림 11.12 휨의 위험단면

평균 압축응력 블록 깊이를 $c = 24$mm로 가정하면, 최외단 철근의 순 인장변형률은

$$\varepsilon_t = \frac{587 - 24}{24} \times 0.0033 = 0.077 > 0.005$$

즉, 인장지배 단면으로 $\phi = 0.85$이다. 따라서 인장철근량은 식(4.28)로부터

$$A_s = \frac{M_u}{\phi f_y (d - \beta c)} = \frac{774 \times 10^6}{0.85 \times 400 \times (587 - 0.4 \times 24)} = 3{,}943 \text{mm}^2$$

평균 압축응력 블록의 깊이 c는 식(4.26)으로부터

$$c = \frac{f_y A_s}{\alpha (0.85 f_{ck}) b} = \frac{400 \times 3{,}943}{0.8 \times 0.85 \times 27 \times 3500} = 24.5 \text{mm} \fallingdotseq 24 \text{mm} \ (\text{가정값})$$

$$\therefore \ A_s = 3{,}948 \text{mm}^2$$

(2) 최소철근의 검토

기초판의 최소철근은 수축·온도철근에서 규정하고 있는 값 이상이어야 한다.

$f_y = 400\text{MPa}$이므로 최소철근비는 $\rho_{\min} = 0.002$이므로

$$A_{s(\min)} = 0.002(Bd) = 0.002 \times 3{,}500 \times 586.7$$

$$= 4{,}107\text{mm}^2 > 3{,}948\text{mm}^2$$

∴ 필요한 인장철근량 $A_s = 4{,}107\text{mm}^2$

15-D22(배근 철근량$A_s = 5{,}807\text{mm}^2$)를 등간격으로 배치하며, 기초판이 정사각형이므로 동일한 양의 인장철근을 직각방향으로도 배치한다. 철근의 간격은 240mm이며, 이것은 기초판 두께의 3배 이하, 450mm 이하의 조건에 만족한다. 그림 11.13에 인장철근의 개략적인 배근도를 나타낸 것이다.

(3) 휨철근의 검토

$$c = \frac{f_y A_s}{\alpha(0.85 f_{ck})b} = \frac{400 \times 5{,}807}{0.8 \times 0.85 \times 27 \times 3{,}500} = 36\text{mm}$$

$$\phi M_n = \phi A_s f_y (d - \beta c) = 0.85 \times 5{,}807 \times 400 \times (587 - 0.4 \times 36) \times 10^{-6}$$

$$= 1{,}130.53\,\text{kN}\cdot\text{m} > \text{M}_\text{u} = 774.0\,\text{kN}\cdot\text{m} \qquad ∴ \text{ 안전하다.}$$

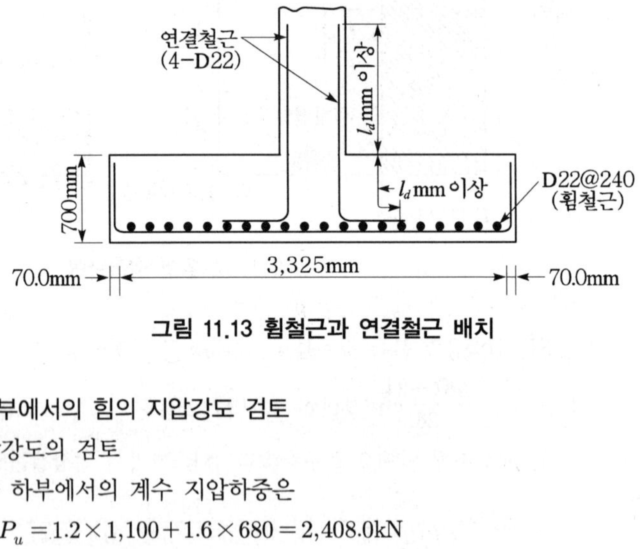

그림 11.13 휨철근과 연결철근 배치

4) 기둥 하부에서의 힘의 지압강도 검토

(1) 지압강도의 검토

기둥 하부에서의 계수 지압하중은

$$P_u = 1.2 \times 1{,}100 + 1.6 \times 680 = 2{,}408.0\text{kN}$$

기둥의 설계지압강도 식(11.10)으로부터 다음과 같이 계산된다.

$$B_{dc} = \phi 0.85 f_{ck} A_1 = 0.65 \times 0.85 \times 27 \times 500^2 \times 10^{-3}$$

$$= 3{,}730\,\text{kN}$$

그런데, 지지면적(확대기초)이 재하면(기둥)보다 크므로 식(11.11)로부터

$$\sqrt{\frac{A_2}{A_1}} = \sqrt{\frac{3.50^2}{0.50^2}} = 7.0 > 2$$

확대기초의 설계지압강도는 다음과 같이 계산된다.

$$B_{df} = \phi\sqrt{\frac{A_2}{A_1}}\,(0.85f_{ck}A_1) = 0.65\times2\times(0.85\times27\times500^2)\times10^{-3}$$

$$= 7{,}459\,\text{kN}$$

$$\therefore\ B_d = B_{dc} = 3{,}730\,\text{kN} > P_u = 2.408\,\text{kN}$$

따라서 이 확대기초는 기둥의 설계 지압강도에 의해 지배되며, 설계 지압강도는 계수 지압하중보다 크므로 기둥 하중은 콘크리트만으로 전달될 수 있기 때문에 보강철근은 필요하지 않다.

그러나, 기둥과 기초판의 일체적 거동을 확보하기 위해 두 부재의 경계인 지압면에 최소 연결철근량(다월철근량)으로서 기둥 단면적의 0.5% 이상, 4개 이상을 배치하도록 규정하고 있다. 즉,

$$A_s = 0.005A_g = 0.005\times500^2 = 1{,}250\text{mm}^2$$

따라서 연결철근(다월철근)은 4-$D22 = 1{,}548\text{mm}^2$를 기둥의 네 모서리에 배치하기로 한다.

(2) 연결철근의 정착길이 검토

압축 이형철근의 정착길이 l_d는 기본정착길이 l_{db}에 보정계수를 곱하여 구한다. 여기서는 특별히 보정해야할 사항이 없으므로 기본정착길이가 정착길이가 되며, 200mm 보다 길어야 한다. 따라서 압축 연결철근의 정착길이는 식(6.7)로부터 다음과 같이 계산된다.

$$l_d = \frac{0.25d_bf_y}{\lambda\sqrt{f_{ck}}} = \frac{0.25\times22.2\times400}{1.0\times\sqrt{27}} = 428\text{mm}$$

$$> 0.043d_bf_y = 0.043\times22.2\times400 = 382\text{mm}$$

$$\therefore\ l_d = 428\text{mm} > 200\text{mm}$$

그런데 기초판 두께는 700mm 이므로 피복두께 80mm 를 제외하면 정착할 수 있는 길이는 $700-80-22.2/2 = 609$mm 로서 요구되는 정착길이 $l_d = 428$mm 보다 크므로 충분한 정착길이가 확보되고 있다.

예제 11.2 그림 11.14와 같은 조건에 따라 띠철근 기둥을 지지할 확대기초를 설계하시오. 확대기초의 한 변의 길이는 2.20m로 제한한다.

〈설계조건〉
사용 활하중 : $L = 800\text{kN}$
사용 고정하중 : $D = 650\text{kN}$
지반 허용 지지력 : $q_a = 250\text{kN/m}^2$
기둥 단면 크기 : $0.50\text{m} \times 0.50\text{m}$
콘크리트 설계기준강도 : $f_{ck} = 24\text{MPa}$
철근의 항복강도 : $f_y = 300\text{MPa}$
콘크리트 단위중량 : 25kN/m^3
복토의 단위중량 : 18kN/m^3
축방향 철근은 $D25$를 사용하는 것으로 가정한다.

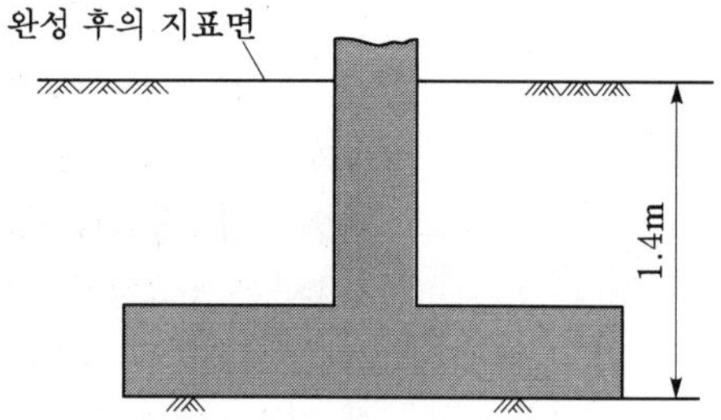

그림 11.14 독립확대기초 설계 예

풀이

1) 확대기초의 면적 결정

확대기초의 면적을 결정하기 위해서는 사용하중(작용하중)을 사용하여야 한다.
확대기초의 두께를 650mm로 가정하면, 확대기초의 중량은

$$w_{D1} = 25 \times 0.65 = 16.25\text{kN/m}^2$$

흙(복토)의 중량은

$$w_{D2} = 18 \times (1.4 - 0.65) = 13.50\text{kN/m}^2$$

따라서 기초 밑면에 있어서 지반의 순 허용지지력은

$$q_{(net)} = 250 - (16.25 + 13.50) = 220.25\text{kN/m}^2$$

사용하중에 의한 확대기초의 면적은 식(11.4)로부터

$$A_{\min} = \frac{L+D}{q_{(net)}} = \frac{800+650}{220.25} = 6.58\text{m}^2$$

한 변의 길이가 최대 $B = 2.2\text{m}$이므로 다른 한 변의 길이 L은

$$A = BL = 6.58\text{m}^2 \therefore\ L = \frac{A}{B} = \frac{6.58}{2.2} = 3.0\text{m}$$

확대기초의 안전성에 대한 여유를 고려하여 $L = 3.4\text{m}$를 사용하기로 한다.

2) 확대기초의 두께 검토

(1) 계수 지반지지력

기둥의 계수하중은

$$P_u = 1.2 \times 650 + 1.6 \times 800 = 2{,}060\text{kN}$$

따라서 계수 지반지지력은

$$p_u = \frac{P_u}{A} = \frac{2{,}060}{7.48} = 275.4\text{kN/m}^2 = 0.2754\text{N/mm}^2$$

(2) 기초판 두께의 산정

1방향 전단에 대한 위험단면은 그림 11.15(a)에 나타낸 바와 같이 기둥 전면에서 d 만큼 떨어진 곳이므로 위험단면에 대한 계수 전단력은 다음과 같이 된다.

$$V_u = p_u \times B \times \left(\frac{L-500}{2} - d \right)$$

$$= 0.2754 \times 2{,}200 \times \left(\frac{3{,}400-500}{2} - d \right) = 878{,}526 - 606d$$

콘크리트가 부담할 수 있는 공칭전단강도는 식(5.12)를 이용하면

$$V_c = \frac{1}{6}\lambda\sqrt{f_{ck}}\,bd = \frac{1}{6} \times 1.0 \times \sqrt{24} \times 2{,}200 \times d = 1{,}796d$$

$$\therefore\ \phi V_c = 0.75 \times 1{,}796d = 1{,}347d$$

1방향 전단에 의해 전단철근을 필요로 하지 않는 기초판의 유효깊이를 구하기 위해, 콘크리트가 부담할 수 있는 설계전단강도 ϕV_c가 위험단면의 계수 전단력 V_u 보다 커야 하므로

$$V_u = 878{,}526 - 606d \le \phi V_c = 1{,}347d$$

$$\therefore d \geqq\ 450\text{mm}\ ,$$

$$h = 450 + 80(\text{피복두께}) + 1.5 \times 25.4(D25\text{철근지름}) = 450 + 118 \fallingdotseq 570\text{mm}$$

$$\therefore\ \text{계산 두께 } h = 570\text{mm} < \text{적용 두께 } h = 650\text{mm}$$

$$\therefore\ \text{확대기초의 적용 유효깊이는 } d = 650 - 120(\fallingdotseq 118\text{mm}) = 530\text{mm}$$

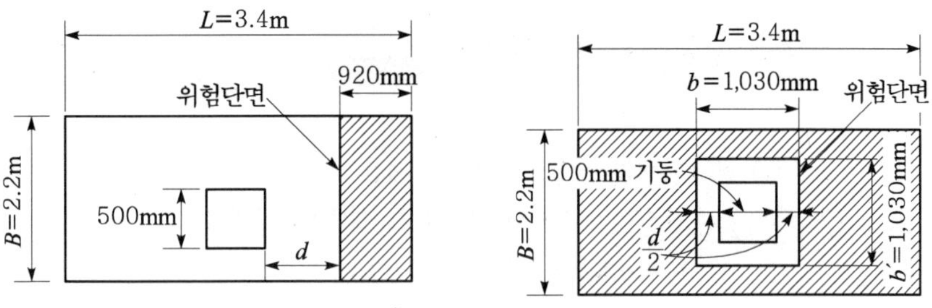

그림 11.15 전단에 대한 위험단면

3) 2방향 전단 검토

(1) 계수전단력의 계산

2방향 전단에 대한 위험 단면은 그림 11.15(b)에 나타낸 바와 같이 기둥 전면에서 $\frac{d}{2}$ 만큼 떨어진 거리에서 위치하므로 위험단면의 둘레의 길이 b_0는 식(11.8)로부터

$$b_0 = 4\,b = 4(t+d) = 4 \times (500+530) = 4{,}120\text{mm}$$

위험단면에 작용하는 계수전단력 V_u는 식(11.9)로부터 다음과 같이 계산된다.

$$V_u = p_u(BL - b^2) = 275.4 \times (2.2 \times 3.4 - 1.03^2) = 1{,}768\text{kN}$$

(2) 콘크리트의 공칭 전단응력강도의 계산

콘크리트의 공칭 전단응력강도는 [참고 2]에서 계산된 매개변수 계산결과를 적용하면 식(10.8)로부터 다음과 같이 계산된다.

$$v_c = \lambda\, k_s\, k_{b_o}\, f_{te} \cot\psi (c_u/d)$$

$$= 1.0 \times 0.867 \times 1.25 \times 0.98 \times 4.163 \times (\frac{0.204}{0.530}) = 1.70\,\text{MPa}$$

참고 2

콘크리트의 공칭 전단응력강도를 계산하는데 필요한 각각의 매개변수는 식(10.8)로부터 다음과 같이 계산된다.

$$k_s = (\frac{300}{d})^{0.25} = (\frac{300}{530})^{0.25} = 0.867 < 1.1$$

$$k_{b_0} = \frac{4}{\sqrt{\alpha_s (b_o/d)}} = \frac{4}{\sqrt{1.0 \times (4{,}120/530)}} = 1.43 > 1.25 \therefore\; k_{b_0} = 1.25$$

$$f_{te} = 0.2\sqrt{f_{ck}} = 0.2 \times \sqrt{24} = 0.98\text{MPa}$$

$$\cot\psi = \frac{\sqrt{f_{te}(f_{te} + f_{cc})}}{f_{te}} = \frac{\sqrt{0.98 \times (0.98 + 16)}}{0.98} = 4.163$$

$$c_u = d(25\sqrt{\frac{\rho}{f_{ck}}} - 300\frac{\rho}{f_{ck}}) = 530 \times (25 \times \sqrt{\frac{0.01}{24}} - 300 \times \frac{0.01}{24})$$

$$= 204\text{mm}$$ (인장철근비 0.01로 가정)

$$f_{cc} = \frac{2}{3} f_{ck} = \frac{2}{3} \times 24 = 16\text{MPa}$$

(3) 콘크리트의 공칭전단강도의 계산 및 검토

콘크리트의 공칭전단강도 V_c는 식(10.7)로부터

$$V_c = v_c b_0 d = 1.70 \times 4{,}120 \times 530 \times 10^{-3} = 3{,}712\text{kN}$$

$$\phi V_c = 0.75 \times 3{,}712 = 2{,}784\,\text{kN} > V_u = 1{,}768\,\text{kN}$$

또한, 식(10.5)에 대하여 검토하면

$$V_n = V_c + V_s = 3{,}712 + 0 = 3{,}712\text{kN}$$

$$V_n = 3{,}712\text{kN} < 0.58 f_{ck} b_o c_u = 0.58 \times 24 \times 4{,}120 \times 204 \times 10^{-3} = 11{,}699\text{kN}$$

그러므로, 이 확대기초는 두께 $h = 650\text{mm}$를 사용하면 2방향 전단(뚫음전단)에 대한 전단철근은 필요하지 않다.

4) 긴 변 방향의 휨철근 계산

(1) 철근량의 계산

긴 변 방향의 휨모멘트는 그림 11.17(b)의 위험단면으로부터

$$M_{u(L)} = 275.4 \times (2.2 \times 1.45) \times \frac{1.45}{2} = 636.9\text{kN} \cdot \text{m}$$

$c = 41\text{mm}$로 가정하면, 최외단 철근의 순 인장변형률은

$$\varepsilon_t = \frac{530 - 41}{41} \times 0.0033 = 0.039 > 0.005 \quad \therefore \ \phi = 0.85(\text{인장지배})$$

긴 변 방향의 인장철근량은 식(4.28)로부터

$$A_{s(L)} = \frac{M_{u(L)}}{\phi f_y (d - \beta c)} = \frac{636.9 \times 10^6}{0.85 \times 300 \times (530 - 0.4 \times 41)} = 4,864\text{mm}^2$$

$$c = \frac{f_y A_s}{\alpha (0.85 f_{ck}) b} = \frac{300 \times 4,864}{0.8 \times 0.85 \times 24 \times 2,200} = 40.6\text{mm} \fallingdotseq 41\text{mm}\ (\text{가정값})$$

$$\therefore \quad A_{s(L)} = 4,864\text{mm}^2$$

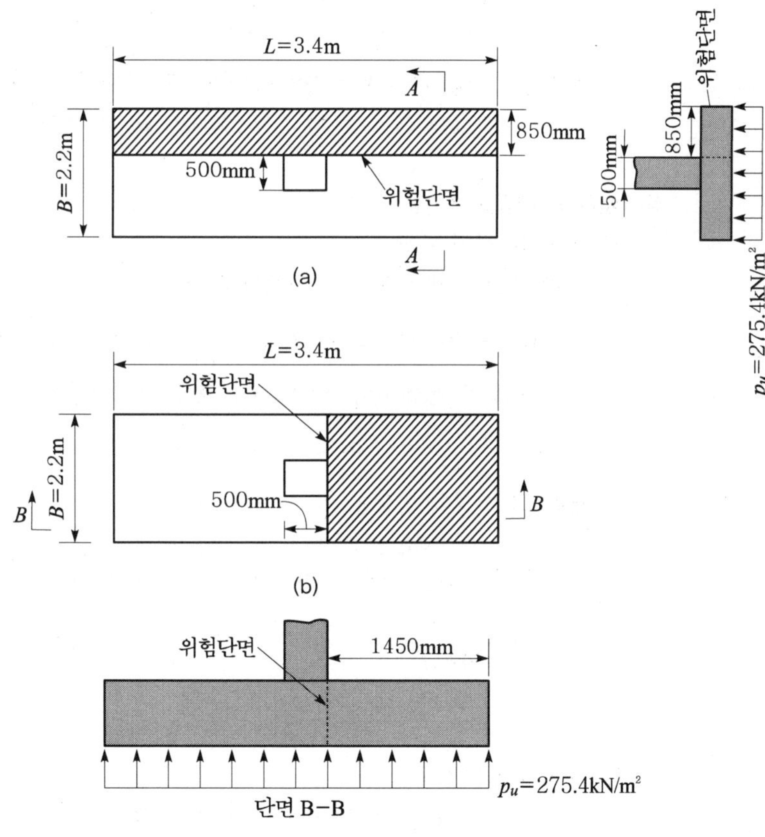

그림 11.16 휨에 대한 위험단면

(2) 최소철근의 검토

$f_y = 300\text{MPa}$일 때 최소철근비는 $\rho_{\min} = 0.002$이므로

$$A_{s(\min)} = \rho_{\min}(Bd) = 0.002 \times 2{,}200 \times 530$$

$$= 2{,}332\text{mm}^2 < A_s = 4{,}864\text{mm}^2$$

∴ 인장철근량은 $A_s = 4{,}864\text{mm}^2$〈 배근 철근량 $A_s = 6{,}080\,\text{mm}^2$(12-$D$25)

긴 변 방향으로 180mm 간격으로 배치한다. 이 배근 간격은 기초판 두께의 3배 이하, 450mm 이하의 조건에 부합한다.

(3) 휨강도의 검토

$$d = 650 - 80 - 1.5 \times 25.4 = 532\text{mm}$$

$$c = \frac{f_y A_s}{\alpha(0.85 f_{ck})\, b} = \frac{300 \times 6{,}080}{0.8 \times 0.85 \times 24 \times 2{,}200} = 51\text{mm}$$

$$\phi M_{n(L)} = \phi A_s f_y (d - \beta c) = 0.85 \times 6{,}080 \times 300 \times (532 - 0.4 \times 51) \times 10^{-6}$$

$$= 793.18\,\text{kN}\cdot\text{m} > M_{u(L)} = 636.9\text{kN}\cdot\text{m} \quad \therefore \text{ 안전한다.}$$

5) 짧은 변 방향의 휨철근 계산

(1) 인장철근량의 계산

그림 11.16(a)에서 짧은 변 방향의 위험단면에 대한 휨모멘트는

$$M_{u(S)} = 275.4 \times (3.4 \times 0.85) \times \frac{0.85}{2} = 338.3\text{kN}\cdot\text{m}$$

$c = 14\text{mm}$로 가정하면, 최외단 철근의 순 인장변형률은

$$\varepsilon_t = \frac{530 - 14}{14} \times 0.0033 = 0.122 > 0.005 \quad \therefore \ \phi = 0.85(\text{인장지배})$$

짧은 변 방향의 인장철근량을 계산하면

$$A_{s(S)} = \frac{M_{u(S)}}{\phi f_y (d - \beta c)} = \frac{338.3 \times 10^6}{0.85 \times 300 \times (530 - 0.4 \times 14)} = 2{,}530\text{mm}^2$$

$$c = \frac{f_y A_s}{\alpha(0.85 f_{ck})\, b} = \frac{300 \times 2{,}530}{0.8 \times 0.85 \times 24 \times 3{,}400} = 13.7\,\text{mm} \fallingdotseq 14\text{mm}\,(\text{가정값})$$

$$\therefore \ A_{s(S)} = 2{,}530\text{mm}^2$$

(2) 최소철근의 검토

$$A_{s(\min)} = \rho_{\min}(Bd) = 0.002 \times 3{,}400 \times 530$$

$$= 3{,}604\text{mm}^2 > A_s = 2{,}530\text{mm}^2$$

따라서, 짧은 변 방향의 인장철근은 최소철근에 의해 지배되므로, 실제로 배치하여야 할 인장철근량은 $A_s = 3{,}604\text{mm}^2$가 된다.

(3) 철근의 배근

17-$D19$($A_s = 4{,}871\,\text{mm}^2$)를 짧은 변 방향으로 배치하되, 짧은 변의 폭만큼의 중앙구간에 균등하게 배치하고 나머지는 양쪽에 균등하게 배치한다. 이 때 짧은 변의 폭만큼 중앙구간에 균등하게 배치해야 할 철근량은 식(11.6)에 의해 계산하면

$$\beta = \frac{L}{B} = \frac{3.4}{2.2} = 1.55,\quad \frac{2}{\beta+1} = \frac{2}{1.55+1} = 0.78$$

즉, 짧은 변 방향으로 배치할 철근 17개의 78%를 기둥을 중심으로 하는 중앙구간에 균등하게 배치해야 하므로 필요한 철근 개수는 다음과 같이 된다.

$$A_{sc} = \frac{2}{\beta+1} A_{ss} = 0.78 \times 17 = 13.3\ (\text{개})$$

즉, 중앙구간에 $D19$ 철근 13개를 175mm의 간격으로 배치하고 나머지 4개는 양쪽 외측구간에 275mm 간격으로 배치하기로 한다. 그림 11.17은 개략적인 철근 배근도를 나타낸 것이다.

휨철근의 정착길이와 이음에 대하여는 [제6장 정착과 이음]의 규정에 따라 검토하는 것으로 한다.

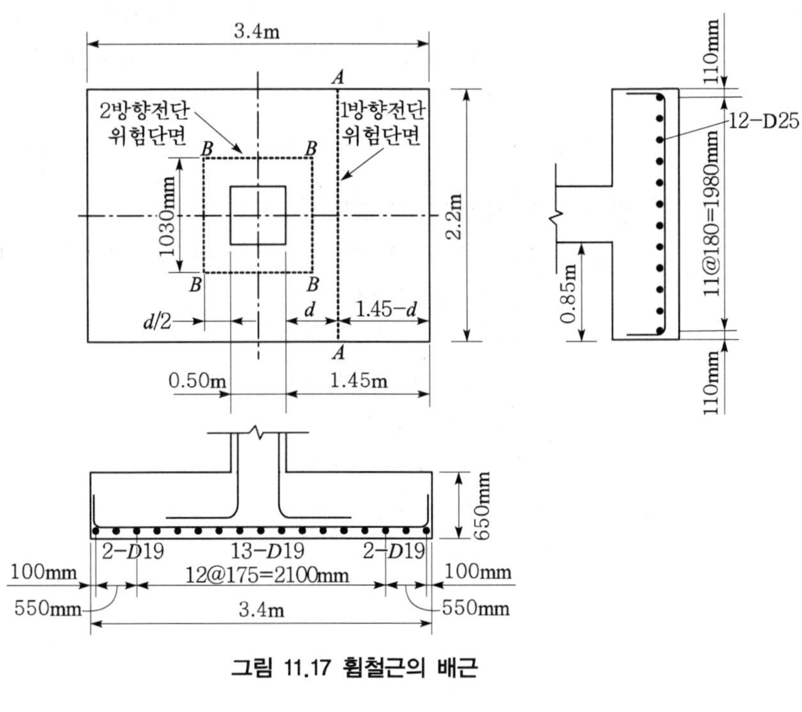

그림 11.17 휨철근의 배근

6) 기둥 연결부에서의 힘의 지압강도 검토

(1) 지압강도의 검토

기둥하부에서의 계수 지압하중은

$$P_u = 1.2\times 650 + 1.6\times 800 = 2{,}060\text{kN}$$

기둥의 설계지압강도 식(11.10)으로부터 다음과 같이 계산된다.

$$B_{dc} = \phi 0.85 f_{ck} A_1 = 0.65\times 0.85\times 24\times 500^2\times 10^{-3} = 3{,}315\,\text{kN}$$

그런데, 지지면적(확대기초)이 재하면(기둥)보다 크므로 식(11.11)로부터

$$\sqrt{\frac{A_2}{A_1}} = \sqrt{\frac{2.2^2}{0.5^2}} = 4.4 > 2$$

확대기초의 설계지압강도는 다음과 같이 계산된다.

$$B_{df} = \phi\sqrt{\frac{A_2}{A_1}}\,(0.85 f_{ck} A_1) = 0.65\times 2\times(0.85\times 24\times 500^2)\times 10^{-3} = 6{,}330\,\text{kN}$$

$$\therefore\ B_d = B_{dc} = 3{,}315\,\text{kN} > P_u = 2{,}060\,\text{kN}$$

이 확대기초는 기둥 하중을 콘크리트만으로 전달할 수 있기 때문에 보강철근은 필요하지 않다.

그러나, 기둥과 기초판의 일체적 거동을 확보하기 위해 최소 연결철근량(다월철근량)으로서 기둥 단면적의 0.5% 이상, 4개 이상을 배치한다. 즉,

$$A_s = 0.005A_g = 0.005\times 500^2 = 1{,}250\text{mm}^2$$

따라서 연결철근(다월철근)은 4-$D22 = 1{,}548\text{mm}^2$를 기둥의 네 모서리에 배치한다.

(2) 연결철근의 정착길이 검토

압축 연결철근의 정착길이는 식(6.7)로부터 다음과 같이 계산된다.

$$l_d = \frac{0.25 d_b f_y}{\lambda\sqrt{f_{ck}}} = \frac{0.25\times 22.2\times 300}{1.0\times\sqrt{24}} = 340\text{mm}$$

$$> 0.043 d_b f_y = 0.043\times 22.2\times 300 = 287\text{mm}$$

$$\therefore\ l_d = 340\text{mm} > 200\text{mm}$$

기초판의 두께는 650mm 이므로 피복두께 80mm 를 제외하면 정착할 수 있는 길이는 $650 - 80 - 22.2/2 = 559\text{mm}$ 로서 요구되는 정착길이 $l_d = 340\text{mm}$ 보다 크므로 충분한 정착길이가 확보되고 있다.

11.5 벽 확대기초

벽 확대기초(wall footing)는 그림 11.18과 같이 벽체를 지지하는 기초로서 연속기초라고도 한다. 벽 확대기초는 벽의 전후면을 고정단으로 하는 캔틸레버 보로서 휨이 1방향으로만 일어나기 때문에 그림 11.18에 보인 바와 같이 폭이 1m인 1방향 보로 가정하여 설계한다. 벽체에 모멘트가 작용하게 되면 옹벽과 같은 구조가 되므로, 이 경우는 [제12장 옹벽]의 규정에 따라 설계하면 된다.

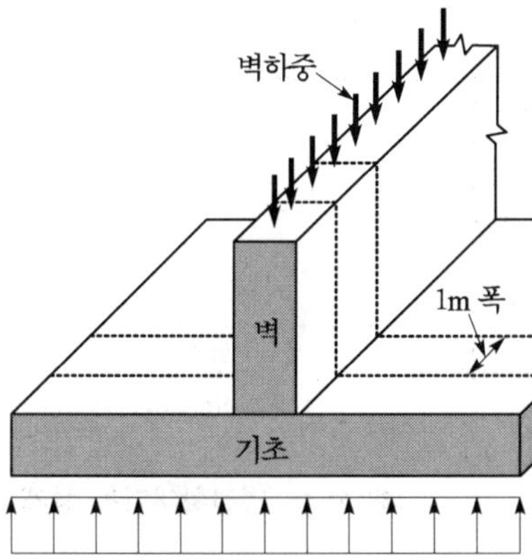

그림 11.18 벽의 확대기초

11.6 연결 확대기초

연결 확대기초(combind footing)는 그림 11.1의 (e), (f) 및 (g)와 같이 2개 이상의 기둥을 하나의 확대기초로 지지하는 구조를 말하며, 연결 확대기초가 필요한 경우는 다음과 같다.

① 2개의 기둥 사이가 너무 좁아서 독립 확대기초로 할 때 두 기초가 겹쳐지는 경우, 또는 2개의 독립 확대기초가 연결 확대기초보다 비경제적인 경우

② 토지의 경계선 또는 다른 제약 때문에 외측기둥의 확대기초를 대칭으로 만들 수 없는 경우

어떠한 경우라도 연결 확대기초의 도심은 두 기둥하중의 합력의 작용선과 일치하도록 해야 한다. 연결 확대기초의 설계는 기둥하중으로 인한 기초지반의 상향압력을 외력으로 하는 보로 간주한다.

예제 11.3 그림 11.19와 같은 두 개의 기둥을 지지하는 연결확대기초를 설계하시오.

〈설계조건〉

기둥 1 : 500mm×500mm, 사용 고정하중 850kN, 사용 활하중 550kN

기둥 2 : 500mm×500mm, 사용 고정하중 1,200kN, 사용 활하중 700kN

지반의 허용지지력 : $q_{all} = 250\text{kN/m}^2$, $f_{ck} = 24\text{MPa}$, $f_y = 300\text{MPa}$이다.

토피는 0.5m이고, 기둥 자중은 무시하며, 흙의 단위중량은 18kN/m^3, 철근콘크리트 단위중량은 25kN/m^3이다

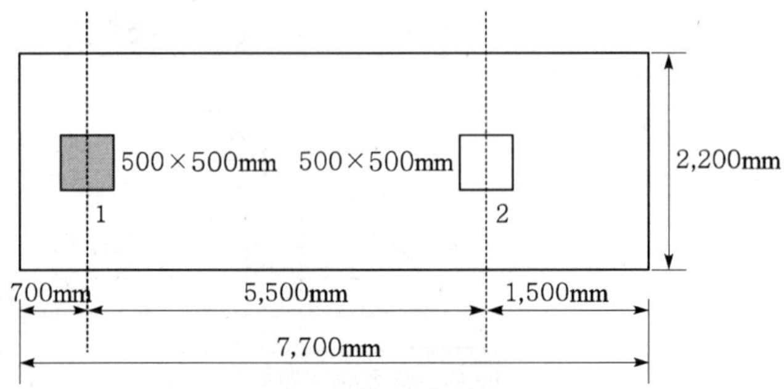

그림 11.19 연결확대기초 설계 예

풀이

1) 확대기초의 면적 산정

기둥하중의 합력의 작용선이 왼쪽의 기초 경계선으로부터의 x에 있다면

$$(1{,}400+1{,}900)\times x = 1{,}400\times 0.7 + 1{,}900\times 6.2 \quad \therefore\ x = 3.87\text{m}$$

기둥하중의 합력의 작용선이 기초 도심을 통과해야 하므로, 기초에 필요한 길이는

$L = 2\times 3.87 = 7.73\text{m}$이므로, $L = 7.7\text{m}$를 사용한다.

기초의 두께를 0.8m로 가정하면 확대기초의 자중과 토피 자중은

$$w = 25\times 0.8 + 0.5\times 18 = 29\text{kN/m}^2$$

확대기초 밑면에서의 지반의 순 허용지지력은

$$q_{(net)} = 250 - 29 = 221\text{kN/m}^2$$

확대기초의 필요한 면적 A는

$$A = \frac{3{,}300}{221} = 14.93\text{m}^2$$

확대기초의 폭 $B = \dfrac{14.93}{7.7} = 1.94\text{m}$

기초폭을 $B = 2.2\text{m}$로 정하면, 확대기초의 면적은 $A = 7.7\times 2.2 = 16.94\text{m}^2$이 된다.

2) 부재력 계산

(1) 전단력의 계산

기둥1과 기둥2의 계수하중은

$P_{u1} = 1.2 \times 850 + 1.6 \times 550 = 1{,}900\text{kN}$

$P_{u2} = 1.2 \times 1{,}200 + 1.6 \times 700 = 2{,}560\text{kN}$

계수하중에 의하여 기초밑면에 일어나는 압력은

$$q_u = \frac{1{,}900 + 2{,}560}{16.94} = 263.3\,\text{kN/m}^2$$

전체 폭 $B = 2.2\text{m}$에 대하여 긴 변 방향에 대한 상향의 압력은

$w_u = 263.3 \times 2.2 = 579.2\text{kN/m}$

긴 변을 폭 2.2m인 내민보로 생각하여 전단력을 계산하면 다음과 같이 된다. 또한 계수 전단력도는 그림 11.20에 나타낸 바와 같다.

기둥1 외측면 : $+V_{u1} = 579.2 \times (0.7 - 0.25) = 260.6\text{kN}$

기둥1 내측면 : $-V_{u1} = 1{,}900 - 579.2 \times (0.7 + 0.25) = 1{,}349.8\text{kN}$

기둥2 외측면 : $-V_{u2}(= 579.2 \times (1.5 - 0.25) = 724.0\text{kN}$

기둥2 내측면 : $+V_{u1}(= 2{,}560 - 579.2 \times (1.5 + 0.25) = 1{,}546.4\text{kN}$

전단력이 0인 곳이 기둥 1의 내측전면에서 x거리에 있다면

$V_x = (0.95 + x) \times 579.2 - 1{,}900 = 0 \qquad \therefore x = 2.33\text{m}$

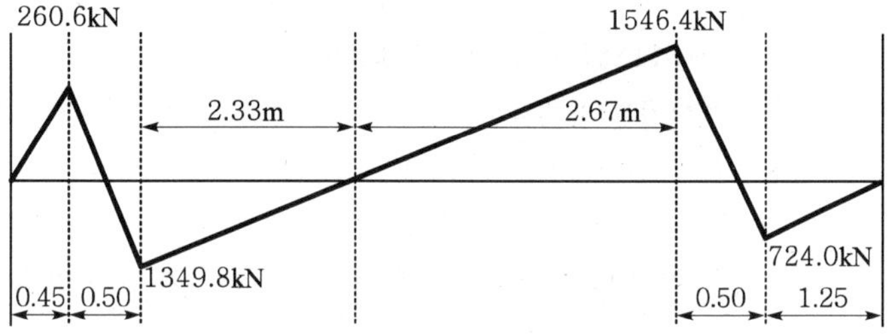

그림 11.20 계수 전단력도

(2) 휨모멘트 계산

기초를 두 개의 기둥에 의해 지지되는 $L = 7.7\text{m}$인 내민보로 간주하여 계수 휨모멘트를 계산한다.

기둥1의 외측면 : $M_{u1} = 579.2 \times 0.45 \times \dfrac{0.45}{2} = 58.6\,\text{kN}\cdot\text{m}$

기둥2의 외측면 : $M_{u2} = 579.2 \times 1.25 \times \dfrac{1.25}{2} = 452.5\,\text{kN}\cdot\text{m}$

최대 계수 휨모멘트는 전단력이 0이 되는 곳에서 발생하므로 기둥1의 내측면에서 2.33m 떨어진 곳이며 기둥2의 내측면에서 2.67m 떨어진 곳이다. 기둥하중의 합력의 작용선이 도심을 통과하려면 $L = 7.72\text{m}$이어야 하지만, $L = 7.7\text{m}$를 사용하

기 때문에 기초판 우측에서 취한 계수 휨모멘트가 최대가 된다. 즉,

$$M_{u(\max)} = 579.2 \times 4.42 \times \frac{4.42}{2} - 2{,}560 \times (2.67 + 0.25)$$

$$= 1817.46\text{kN} \cdot \text{m}$$

그림 11.21은 이상의 계산 결과를 사용하여 계수 휨모멘트도를 나타낸 것이다.

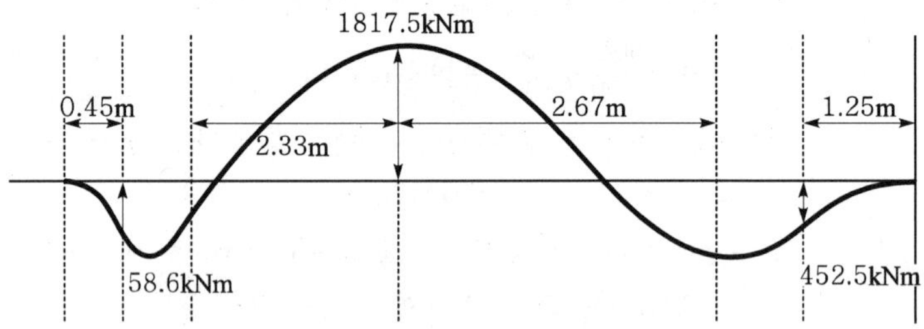

그림 11.21 계수 휨모멘트도

3) 1방향 전단에 대한 검토

계수 전단력은 기둥2의 내측면으로부터 거리 d만큼 떨어진 곳에서 발생하므로

$$d = 800 - 80 - 25.4(D25) - 31.8/2(D32) = 679\text{mm}$$

$$V_u = 1{,}546.4 - 0.679 \times 579.2 = 1{,}153.1\text{kN}$$

$$\phi V_c = \phi \frac{1}{6} \lambda \sqrt{f_{ck}}\, bd = 0.75 \times \frac{1}{6} \times 1.0 \times \sqrt{24} \times 2{,}200 \times 679 \times 10^{-3}$$

$$= 914.8\text{kN} < V_u = 1{,}153.1\text{kN}$$

∴ 전단철근이 필요함

전단철근이 부담해야할 계수 전단력은

$$\phi V_s = V_{u(d)} - \phi V_c = 1{,}153.1 - 914.8 = 238.3\text{kN}$$

복 U형 수직스터럽 $D13$을 사용하면, 전단철근의 단면적은

$$A_v = 126.7 \times 4 = 506.8\text{m}^2$$

$$\phi A_v f_y \frac{d}{s} = \phi V_s = 238.3 \times 10^3$$

$$0.75 \times 506.8 \times 300 \times \frac{679}{s} = 238.3 \times 10^3 \;\therefore\; s = 324\text{mm}$$

∴ 복 U형 스터럽($D13$)을 300mm 간격으로 배치

4) 2방향 전단(뚫음전단)에 대한 검토

① 계수 전단력의 계산

위험단면은 기둥2의 전면에서 $\frac{d}{2}$ 위치한 곳이므로 위험단면의 둘레의 길이는

$$b_0 = 4b = 4 \times (0.5 + 0.679) = 4.716\text{m}$$

위험단면에서의 계수 전단력은

$$V_u = P_{u2} - q_u b^2 = 2{,}560 - 263.3 \times 1.179^2 = 2{,}164.0\,\text{kN}$$

② 콘크리트의 공칭 전단응력강도의 계산

[참고 3]에서 계산된 매개변수 값을 적용하면, 콘크리트의 공칭 전단응력강도는 식 (10.8)로부터 계산하면 다음과 같이 된다.

$$v_c = \lambda\, k_s\, k_{b_o}\, f_{te} \cot\psi (c_u/d)$$

$$= 1.0 \times 0.815 \times 1.25 \times 0.98 \times 4.163 \times (\frac{0.262}{0.679}) = 1.60\,\text{MPa}$$

참고 3

콘크리트의 공칭 전단응력강도를 계산하는데 필요한 각각의 파라미터는 식 (10.8)로부터 다음과 같이 계산된다.

$$k_s = (\frac{300}{d})^{0.25} = (\frac{300}{679})^{0.25} = 0.815 < 1.1$$

$$k_{b_0} = \frac{4}{\sqrt{\alpha_s (b_o/d)}} = \frac{4}{\sqrt{1.0 \times (4{,}716/679)}} = 1.52 > 1.25 \therefore\ k_{b_0} = 1.25$$

$$f_{te} = 0.2\sqrt{f_{ck}} = 0.2 \times \sqrt{24} = 0.98\text{MPa}$$

$$\cot\psi = \frac{\sqrt{f_{te}(f_{te} + f_{cc})}}{f_{te}} = \frac{\sqrt{0.98 \times (0.98 + 16)}}{0.98} = 4.163$$

$$c_u = d(25\sqrt{\frac{\rho}{f_{ck}}} - 300\frac{\rho}{f_{ck}}) = 679 \times (25 \times \sqrt{\frac{0.01}{24}} - 300 \times \frac{0.01}{24})$$

$$= 262\text{mm}\ (\text{인장철근비 } 0.01\text{로 가정})$$

$$f_{cc} = \frac{2}{3} f_{ck} = \frac{2}{3} \times 24 = 16\text{MPa}$$

③ 콘크리트의 공칭전단강도의 계산 및 검토

콘크리트의 공칭전단강도 V_c는 식(10.7)로부터

$$V_c = v_c b_0 d = 1.60 \times 4{,}716 \times 679 \times 10^{-3} = 5{,}123\text{kN}$$

$$\phi V_c = 0.75 \times 5{,}123 = 3{,}843\,\text{kN} > V_u = 2{,}164\,\text{kN}$$

또한, 식(10.5)에 대하여 검토하면

$$V_n = V_c + V_s = 5{,}123 + 0 = 5{,}123\text{kN}$$

$$V_n = 5{,}123\text{kN} < 0.58 f_{ck} b_o c_u = 0.58 \times 24 \times 4{,}120 \times 204 \times 10^{-3} = 11{,}699\text{kN}$$

그러므로, 이 확대기초는 뚫음전단에 대한 전단철근을 필요로 하지 않는다.

5) 긴 변 방향의 휨철근 계산

① 인장철근량의 계산

$c=95$mm로 가정하면, 긴 변 방향의 휨철근량은 식(4.28)로부터

$$A_{s(L)}=\frac{M_{u(L)}}{\phi f_y(d-\beta c)}=\frac{1{,}817.46\times 10^6}{0.85\times 300\times(679-0.4\times 95)}=11{,}120\,\text{mm}^2$$

$$c=\frac{f_yA_s}{\alpha(0.85f_{ck})b}=\frac{300\times 11{,}120}{0.8\times 0.85\times 24\times 2{,}200}=93\text{mm}\fallingdotseq 95\text{mm}\,(\text{가정값})$$

∴ 긴 변 방향의 인장철근량 $A_{s(L)}=11{,}120\,\text{mm}^2$

최소철근을 검토하면

$$A_{s(\min)}=\rho_{\min}(Bd)=0.002\times 2{,}200\times 679$$
$$=2{,}988\text{mm}^2<\text{A}_{\text{s(L)}}=11{,}120\text{mm}^2$$

$$\therefore\ A_{s(L)}=11{,}120\text{mm}^2$$

긴 변 방향으로 $D25$를 간격 250mm, $D32$를 간격 250mm 배치하면, 실제로 배근되는 인장철근량은 $A_{s(L)}=12{,}135\,\text{mm}^2$이다. 그림 11.23(b)에 긴 변 방향의 철근 배근도의 개략을 나타내고 있다.

② 휨강도의 검토

$$c=\frac{f_yA_s}{\alpha(0.85f_{ck})b}=\frac{300\times 12{,}135}{0.8\times 0.85\times 24\times 2{,}200}=101\text{mm}$$

$$\phi M_{nl}=\phi A_sf_y(d-\beta c)=0.85\times 12{,}135\times 300\times(679-0.4\times 101)\times 10^{-6}$$
$$=1{,}975.10\,\text{kN}\cdot\text{m}>1{,}817.5\,\text{kN}\cdot\text{m}=M_{u(L)}\quad\therefore\ \text{안전}$$

6) 짧은 변 방향의 휨철근

① 철근 배치 구간

각 기둥의 하부에 있어서의 짧은 변 방향의 휨철근은 그림 11.22에 보인 바와 같이 기둥을 중심으로 하여 기둥 폭에 확대기초의 유효깊이 $d=679$mm를 넘지 않는 구간에 등간격으로 배치하는 것으로 한다. 외측 단부의 경우는 기둥 외측 전면에서 단부까지의 거리가 유효깊이 d를 넘지 않으면 외측 단부의 길이를 사용한다.

그림 11.22와 같이 기둥의 간격이 크고 확대기초의 폭이 비교적 좁은 경우에는 기둥과 기둥 사이에서는 주로 긴 변 방향의 휨을 받고 기둥 근처에서는 양방향의 휨을 받는다.

각각의 기둥에 대하여 짧은 변 방향으로 철근을 배치할 구간 l_A 및 l_B는 그림 11.22로부터 다음과 같이 된다.

$$l_A=700+\frac{500}{2}+679=1{,}629\text{mm}$$

$$l_B=500+679\times 2=1{,}858\text{mm}$$

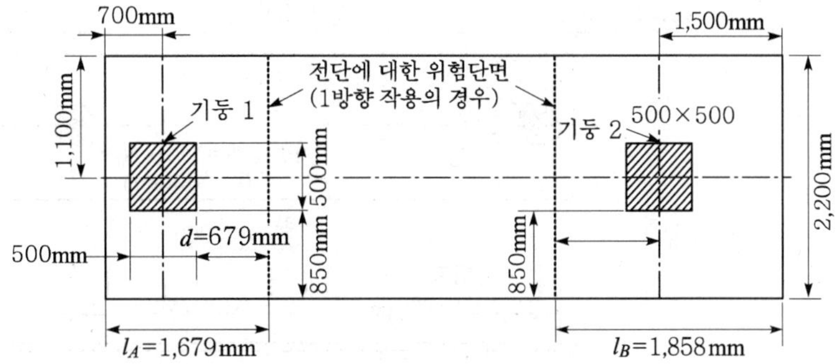

그림 11.22

② 단위폭당 상향 압력 및 철근량의 계산

이 횡방향 보의 단위폭당 순 상향 압력은 기둥 하중이 큰 경우에 대하여 계산하면

$$q_{u(1)}\frac{1,900}{2.2}=863.6\text{kN/m}$$

기둥2의 등가 정사각형 단면의 전면에 대한 휨모멘트 및 유효깊이는

$$M_u=\frac{1}{2}\times 1,163.6\times 0.85^2=420.4\text{kN}\cdot\text{m}$$

$$d=800-80(\text{피복두께})-12.6\left(D25\text{의 지름의 }\frac{1}{2}\right)=707\text{mm}$$

$c=25$mm로 가정하면, 짧은 변 방향의 휨철근량은

$$A_{s(S)}=\frac{M_u}{\phi f_y(d-\beta c)}=\frac{420.4\times 10^6}{0.85\times 300\times(707-0.4\times 25)}=2,366\text{mm}^2$$

$$c=\frac{f_yA_s}{\alpha(0.85f_{ck})b}=\frac{300\times 2,336}{0.8\times 0.85\times 24\times 1,858}=23\text{mm}\fallingdotseq 25\text{mm}(\text{가정값})$$

$$\therefore\ A_{s(S)}=2,366\text{mm}^2$$

최소철근을 검토하면

$$A_{s(\min)}=\rho_{\min}(Bd)=0.002\times 1,858\times 707$$

$$=2,628\text{mm}^2>A_{s(S)}=2,366\text{mm}^2$$

$$\therefore\ A_{s(S)}=A_{s(\min)}=2,628\text{mm}^2$$

따라서, 그림 11.23(b)와 같이 $A_{s(S)}=9\text{-}D25=4,560\text{mm}^2$을 짧은 변 방향으로 l_A 및 l_B 구간에 등간격으로 배치한다.

③ 휨강도의 검토

짧은 변 방향 철근은 긴 변 방향의 철근 밑에 놓는 것이 휨강도를 크게 하는데 유리하므로 $c=45$mm로 가정하면

$$d=800-80-0.5\times 25.4=707\text{mm}$$

$$\phi M_{ns}=\phi A_sf_y(d-\beta c)=0.85\times 4,560\times 300\times(707-0.4\times 45)\times 10^{-6}$$

$$=801.17\text{kN}\cdot\text{m}>420.4\text{kN}\cdot\text{m}=M_{u(L)}\ \therefore\ \text{안전하다.}$$

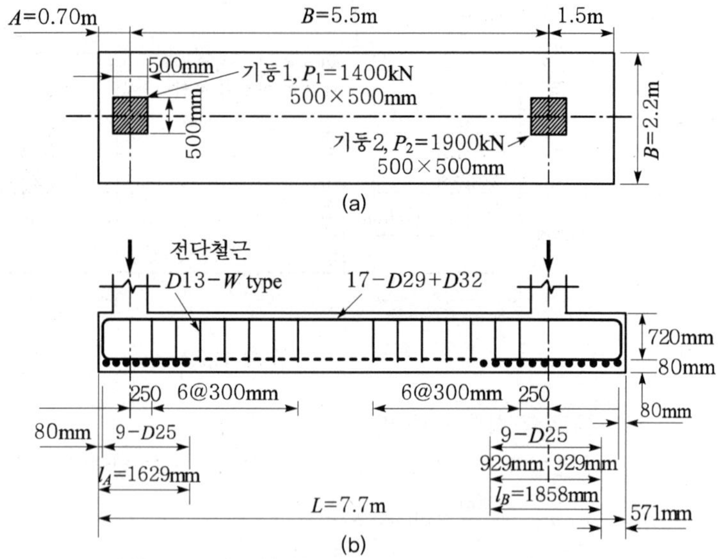

그림 11.23 철근 배근도의 개략

7) 기둥 연결부에서의 힘의 지압강도 검토

(1) 지압강도의 검토

기둥2 하부에서의 계수 지압하중은

$$P_{u2} = 1.2 \times 1{,}200 + 1.6 \times 700 = 2{,}560\text{kN}$$

기둥의 설계지압강도 식(11.10)으로부터 다음과 같이 계산된다.

$$B_{dc} = \phi 0.85 f_{ck} A_1 = 0.65 \times 0.85 \times 24 \times 500^2 \times 10^{-3} = 3{,}315\,\text{kN}$$

그런데, 지지면적(확대기초)이 재하면(기둥)보다 크므로 식(11.11)로부터

$$\sqrt{\frac{A_2}{A_1}} = \sqrt{\frac{2.2^2}{0.5^2}} = 4.4 > 2$$

확대기초의 설계지압강도는 다음과 같이 계산된다.

$$B_{df} = \phi\sqrt{\frac{A_2}{A_1}}\,(0.85 f_{ck} A_1) = 0.65 \times 2 \times (0.85 \times 24 \times 500^2) \times 10^{-3} = 6{,}330\,\text{kN}$$

$$\therefore\ B_d = B_{dc} = 3{,}315\,\text{kN} > P_u = 2{,}560\,\text{kN}$$

기둥 하중을 콘크리트만으로 전달할 수 있기 때문에 보강철근이 필요없다. 그러나, 기둥과 기초판의 일체적 거동을 확보하기 위해 최소 연결철근량(다월철근량)으로서 기둥 단면적의 0.5% 이상, 4개 이상을 배치한다. 즉,

$$A_s = 0.005 A_g = 0.005 \times 500^2 = 1{,}250\text{mm}^2$$

따라서 연결철근(다월철근)은 4-$D22$ = 1,548mm^{2}를 기둥의 네 모서리에 배치한다.

(2) 연결철근의 정착길이 검토

압축 연결철근의 정착길이는 식(6.7)로부터 다음과 같이 계산된다.

$$l_d = \frac{0.25 d_b f_y}{\lambda \sqrt{f_{ck}}} = \frac{0.25 \times 25.4 \times 300}{1.0 \times \sqrt{24}} = 389\text{mm}$$

$$> 0.043 d_b f_y = 0.043 \times 25.4 \times 300 = 328\text{mm}$$

$$\therefore \ l_d = 340\text{mm} > 200\text{mm}$$

정착 가능한 길이는

$$l = 800 - 80 - 25.4/2 = 707\text{mm} > l_d = 389\text{mm}$$

∴ 정착길이는 충분하다.

11.7 캔틸레버 확대기초

그림 11.24와 같이 2개의 독립 확대기초를 연결보로 연결한 연결 확대기초를 캔틸레버 확대기초라고 한다. 이 확대기초는 토지 경계선 근처나, 독립 확대기초로 하면 확대기초의 면적이 너무 커지는 경우 및 두 기둥 사이가 너무 떨어져 있어서 직사각형이나 사다리꼴의 연결 확대기초로 하면 비경제적으로 되는 경우에 채택된다.

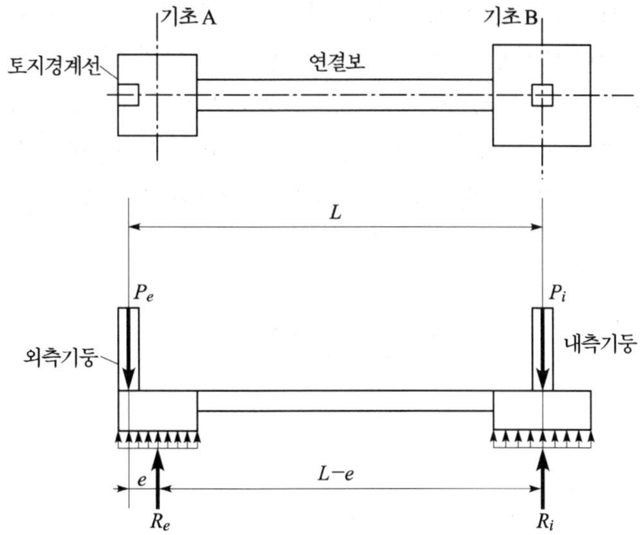

그림 11.24 캔틸레버 확대기초

그림 11.24의 외측 확대기초(기초 A)는 토지 경계선을 침범하지 않도록 기둥하중이 편심으로 작용하게 됨에 따라 기초밑면에 일어나는 압력은 등분포로 작용하지 않으며 확대기초는 한쪽으로 기울어지려는 경향을 나타낸다. 이러한 편심의 영향을 방지하기 위하여 외측 확대기초를 강성이 큰 연결보(strap beam)에 의하여 가장 가까운 내측 확대기초(기초 B)에 연결하고, 외측 기초와 내측 기초를 적절하게 배치하게 되면 사용하중에 의한 확대기초 밑면에는 압력이 등분포로 작용하게 된다. 이렇게 하기 위해서는 두 기초판 면적의 도심 위치와 두 기둥하중의 합력점 위치를 일치시키도록 해야 한다. 또한, 연결보는 지반에 닿지 않게 하여 지반압력이 작용하지 않도록 하는 것이 보편적이다.

그림 11.24에 보인 바와 같이 내측 기초는 내측 기둥의 도심과 일치하므로 R_i와 P_i는 동일 직선상에 있다. 그러나 기초중심과 기둥중심이 편심되어 있는 외측기초에서는 R_e와 P_e가 우력 모멘트를 일으킨다.

외측 기초는 벽의 확대기초로 보고 설계한다. 외측 기둥이 외측 기초의 끝에 위치함으로써 등분포로 작용하지 않는 기초밑면의 압력을 연결보에 의하여 등분포가 되게 하는 것이다. 즉, 편심된 기둥하중 P_e를 연결보에 의하여 균등하게 지반에 전달하게 하는 것이다. 내측 기초는 독립 확대기초로 설계한다. 연결보의 일부가 내측 기초에 묻혀 있기는 하지만, 독립 확대기초로 설계하면 안전측이 된다. 연결보의 존재 때문에 뚫림전단(펀칭전단)이 일어나지 않는다는 점이 보통의 독립 확대기초와 다르다.

실제로 연결보는 내측 기초와 일체로 되어 있지만, 내측 기초를 설계할 때 연결보가 없는 것으로 설계하므로 이때 연결보는 기초밑면의 지반반력을 받지 않는다. 그러나 외측 기초는 연결보에 의하여 전달되는 지반반력을 받는 벽의 확대기초로 설계하기 때문에 이때 연결보는 벽의 확대기초로부터 전달되는 상향압력을 받는다. 따라서 연결보는 외측기둥 밑에서 상향의 지지력 분포하중을 받고, 각 기둥 중심선에서 하향반력을 받는 단순보로 보고 설계하면 된다.

예제 11.4 그림 11.25와 같은 캔틸레버 확대기초를 설계하시오. 각각의 기둥에 대한 기초 형태는 정사각형으로 가정한다. 기둥 A에 작용하는 사용 고정하중 450kN, 사용 활하중 300kN이며, 기둥 B에 작용하는 사용 고정하중, 사용 활하중 500kN이다. 기둥 A의 면적은 300mm × 300mm의 정사각형이며, 기둥 B의 면적은 300mm × 300mm 정사각형이다. 기초 지반의 허용지지력은 이고, 콘크리트의 설계기준 강도는 기둥이 $f_{ck} = 27\,\text{MPa}$, 확대기초는 $f_{ck} = 24\,\text{MPa}$이며, 철근의 항복강도 $f_y = 300\,\text{MPa}$이다. 철근콘크리트 단위중량은 $25\,\text{kN/m}^3$이며, 토피는 0.5m이고 흙의 단위중량은 $18\,\text{kN/m}^3$이다.

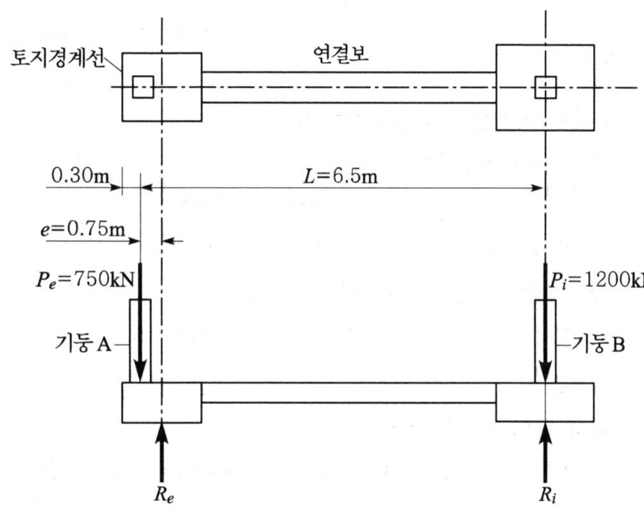

그림 11.25 캔틸레버 확대기초 설계 예

풀이

1) 확대기초의 면적 계산

기둥 A 위치의 기초에서 기둥하중 P_e와 기초의 반력 R_e와 편심거리를 $e = 750\text{mm}$로 가정하고, 또 기초의 두께를 600mm로 가정한다.

그러면 확대기초의 자중과 토피 자중은

$$w_{d1} = 25 \times 0.60 + 18 \times 0.5 = 24\,\text{kN/m}^2$$

따라서 확대기초 밑면에서 지반의 순 허용지지력은

$$q_{a(net)} = 250 - 24 = 226\,\text{kN/m}^2$$

그림 11.25와 같이 기둥 B의 중심에 대하여 $\Sigma M = 0$을 적용하여 R_e를 구하면,

$$\Sigma M = -750 \times 6.5 + R_e \times (6.5 - 0.75) = 0$$

$$\therefore\ R_e = 847.8\,\text{kN}\,(\uparrow)$$

기둥 A 위치의 확대기초 도심에 대하여 $\Sigma M = 0$을 적용하여 R_i를 구한다. 단 기둥 B

의 확대기초는 기둥 B 중심에 대하여 대칭 단면으로 한다.

$$\Sigma M = -750 \times 0.75 + 1{,}200 \times (6.5 - 0.75) - R_i \times (6.5 - 0.75) = 0$$

$$\therefore\ R_i = 1{,}102.2\text{kN}(\uparrow)$$

따라서 외측 확대기초의 필요한 면적은

$A_e = \dfrac{847.8}{226} = 3.75\,\text{m}^2$이므로, 정사각형 확대기초 $2.1\,\text{m} \times 2.1\,\text{m} = 4.41\text{m}^2$를 채택

그러면 외측 기둥 A의 편심거리는

$e = \dfrac{2.1}{2} - 0.30 = 0.75\,\text{m}$, 가정한 편심거리와 일치한다.

내측 확대기초의 필요한 면적은

$A_i = \dfrac{1{,}102.2}{226} = 4.88\,\text{m}^2$이므로 정사각형 확대기초 $2.3\,\text{m} \times 2.3\text{m} = 5.29\text{m}^2$으로 한다.

2) **연결보의 전단력과 휨모멘트 계산**

각 기둥의 계수하중은

$$P_{u(A)} = 1.2 \times 450 + 1.6 \times 300 = 1{,}020\,\text{kN}$$

$$P_{u(B)} = 1.2 \times 700 + 1.6 \times 500 = 1{,}640\,\text{kN}$$

계수하중에 의한 외측 확대기초의 반력 $R_{u(A)}$는

$$\Sigma M = -1{,}020 \times 6.5 + R_{u(A)} \times (6.5 - 0.75) = 0$$

$$\therefore R_{u(A)} = 1{,}153.0\,\text{kN}$$

내측 확대기초의 반력 $R_{u(B)}$는

$$\Sigma M = -1{,}020 \times 0.75 + 1{,}640 \times (6.5 - 0.75) - R_{u(B)} \times (6.5 - 0.75) = 0$$

$$\therefore\ R_{u(B)} = 1{,}507.0\,\text{kN}$$

외측 확대기초의 밑면에 균등한 압력이 일어나도록 하기 위하여 연결보의 오른쪽 끝에 작용해야 할 전단력 V_u는 그림 11.26으로부터

$$V_u = -1{,}020 + 1{,}153 = 133\,\text{kN}$$

연결보의 오른쪽 끝에 일어나는 계수

휨모멘트는

$$M_{u(r)} = 133 \times \frac{2.3}{2} = 153\,\text{kN}\cdot\text{m}$$

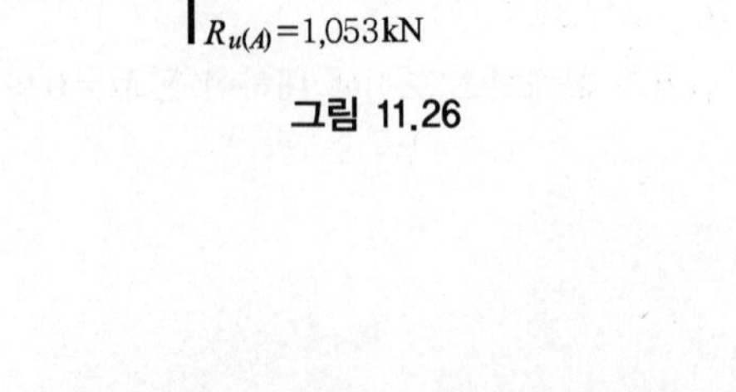

그림 11.26

연결보의 왼쪽 끝에 일어나는 계수 휨모멘트는

$M_{u(l)} = -133 \times (6.5 + 0.3 - 2.1) = -625.1\text{kN}\cdot\text{m}$

3) 연결보의 설계

연결보의 단면은 직사각형 보로 설계하며, 단면은 1,500mm(폭)×450mm(높이)로 가정한다. 유효깊이는 $d = 450 - 80 - 31.8/2(D32) = 354\text{mm}$가 된다.

① 1방향 전단에 대한 검토

$$\phi V_c = 0.75 \times \frac{1}{6} \times 1.0 \times \sqrt{24} \times 1{,}200 \times 354 \times 10^{-3}$$

$$= 260.1\text{kN} > V_u = 133\text{kN}$$

그런데, V_u가 $\phi \frac{1}{2} V_c = 130.0\text{kN}$보다 크므로 최소 전단철근이 필요하다.

최소 전단철근의 간격을 $d/2$ 이하하면 $s = 180\text{mm}$가 된다.

최소 전단철근은 식(5.33)으로부터

$$A_{v(\min)} = 0.0625\sqrt{f_{ck}}\frac{b_w s}{f_y} = 0.0625 \times \sqrt{24} \times \frac{1{,}500 \times 180}{300}$$

$$= 276\text{mm}^2 < 0.35\frac{b_w s}{f_y} = 0.35 \times \frac{1{,}500 \times 180}{300} = 315\text{mm}^2$$

$D13$을 복 U형 수직스터럽으로 사용하면,

$A_v = 126.7 \times 4 = 506.8\text{mm}^2 > 315\text{mm}^2$ ∴ 만족한다.

② 휨철근 계산

$c = 98\text{mm}$로 가정하면,

$$A_s = \frac{M_u}{\phi f_y (d - \beta c)} = \frac{625.1 \times 10^6}{0.85 \times 300 \times (354 - 0.4 \times 98)} = 7{,}788\text{mm}^2$$

$$c = \frac{f_y A_s}{\alpha(0.85 f_{ck}) b} = \frac{300 \times 7{,}788}{0.8 \times 0.85 \times 24 \times 1{,}500} = 96\text{mm} \fallingdotseq 98\text{mm}$$

$$\therefore\ A_s = 7{,}788\text{mm}^2 < A_s = 11\text{-}D32 = 8{,}736\text{mm}^2$$

③ 휨강도의 검토

$$c = \frac{f_y A_s}{\alpha(0.85 f_{ck}) b} = \frac{300 \times 8{,}736}{0.8 \times 0.85 \times 24 \times 1{,}500} = 107\text{mm}$$

$d = 450 - 80 - 12.7(\text{스터럽 } D13) - 0.5 \times 31.8(\text{휨철근 } D32) = 341\text{mm}$

$$\epsilon_t = 0.0033 \times \frac{d_t - c}{c} = 0.0033 \times \frac{341 - 107}{107} = 0.0072 > 0.005$$

$$\phi M_n = \phi A_s f_y (d - \beta c) = 0.85 \times 8{,}736 \times 300 \times (341 - 0.4 \times 98) \times 10^{-6}$$

$= 672.31\text{kN}\cdot\text{m} > 625.1\text{kN}\cdot\text{m}$ ∴ 안전하다.

④ 최소 철근량의 검토

콘크리트 파괴계수는 식(4.18)로부터

$$f_r = 0.63\lambda\sqrt{f_{ck}} = 0.63 \times 1.0 \times \sqrt{24} = 3.09\text{MPa}$$

균열모멘트는 식(4.17)로부터

$$I_g = \frac{1{,}500 \times 450^3}{12} = 113.9 \times 10^8\text{mm}^4$$

$$M_{cr} = \frac{f_r I_g}{y_t} = \frac{3.09 \times 11.39 \times 10^9}{225} \times 10^{-6} = 156.42\text{kN}\cdot\text{m}$$

최소철근비는 식(4.16)을 만족해야 하므로

$$\phi M_n \geq 1.2M_{cr},\ \ 672.31\,\text{kN}\cdot\text{m} > 1.2 \times 156.42 = 187.70\text{kN}\cdot\text{m}$$

∴ 최소 철근량의 조건을 만족한다.

4) 확대기초의 설계

내측 및 외측 확대기초의 설계는 [예제 11.2]의 절차에 따르며, 여기서는 생략하기로 한다.

연습문제

11-1 그림 11.27과 같은 확대기초에 대하여 설계하시오. 기둥하중은 사용 고정하중 1,200kN, 사용 활하중 1,200kN이 작용한다. 기초지반의 허용지지력은 250kN/m^2, 콘크리트의 설계기준강도는 기둥이 $f_{ck} = 27\text{MPa}$, 확대기초는 $f_{ck} = 27\text{MPa}$이고, $f_y = 400\text{MPa}$이다. 흙의 단위중량은 20kN/m^3으로 가정한다.

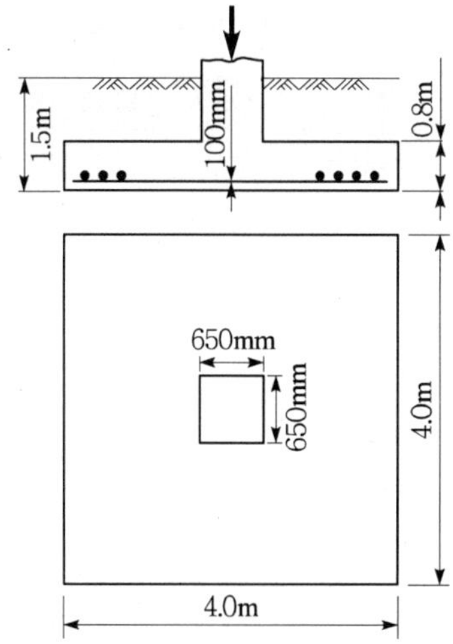

그림 11.27

11-2 사용 고정하중 1,200kN, 사용 활하중 900kN을 받고 있는 기둥을 지지할 독립 확대기초를 설계하시오. 기둥은 500mm × 500mm의 정사각형 단면이고, 기초지반의 허용 지지력은 300kN/m^2이다. 기둥 및 확대기초는 $f_{ck} = 24\text{MPa}$ 이고, 철근의 항복강도는 $f_y = 300\text{MPa}$이다. 기초 상부 흙과 콘크리트 단위중량은 $r_t = 18\text{kN/m}^3$과 $r_c = 25\text{kN/m}^2$이다. 기초 상면은 동결깊이를 고려하여 1.0m로 한다. 단 확대기초의 단면의 제한길이는 2.5m로 한다.

11-3 그림 11.28과 같은 연결 확대기초를 설계하시오.

기둥 A는 고정하중 900kN, 활하중 600kN를 받으며, 기둥 B는 고정하중 1,000kN, 활하중 900kN을 받는다. 이들 하중은 전부 사용하중이다. 지반의 허용 지지력은 250kN/m^2이고, 기둥 및 확대기초에서 $f_{ck}=24\text{MPa}$, $f_y=300\text{MPa}$이다. 토피는 0.8m이고 흙의 단위중량은 18kN/m^3, 철근콘크리트 단위중량은 25kN/m^3이다. 상기 고정하중에는 기둥하중이 포함되어 있다.(기초의 두께는 0.85mm로 가정)

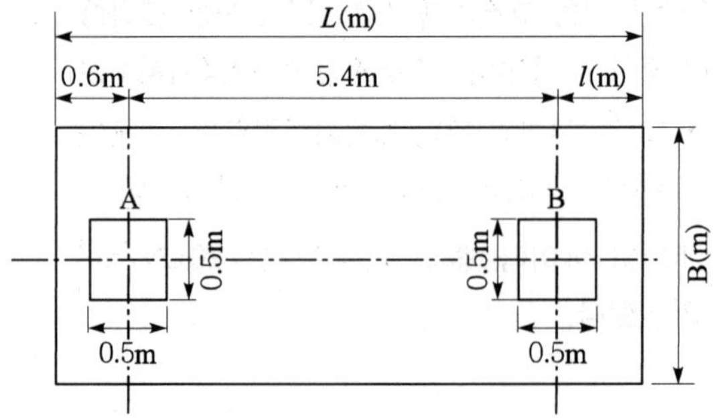

그림 11.28

제12장

옹 벽

이 장은 콘크리트구조 설계기준 [KDS 14 20 74 기타 콘크리트구조 설계기준 4.1 옹벽 설계]의 규정에 따라 작성한 것이다.

12.1 개요

옹벽(retaining wall)은 높이의 변화에 따라 배후의 흙이나 다른 재료에 의해서 발생될 수 있는 구조물 붕괴와 자연적인 사면 이탈을 방지하기 위해 사용되는 구조물이다. 이러한 목적으로 축조되는 옹벽은 앞면과 배후면의 높이가 다르다. 따라서 높은 곳, 즉 배후면에 있는 흙이나 다른 재료 등은 옹벽에 전도나 파괴를 일으키는 힘을 발생시킨다. 이와 같은 옹벽은 교량에서는 교대로, 건물에서는 기초벽으로, 사면에서는 제방으로도 사용되고, 물탱크, 액체 저장 탱크 및 곡물을 저장하기 위한 구조물로도 사용된다. 옹벽의 형태는 일반적인 옹벽형태와 특수 목적을 갖는 옹벽 형태로 구분할 수 있으며, 여러 종류의 옹벽이 그림 12.1에 나타나 있다.

12.1.1 일반적 형태의 옹벽

(1) 중력식 옹벽(gravity retaining wall)

그림 12.1(a)와 같이 일반적으로 콘크리트나 벽돌로 이루어져 있고, 지지된 재료의 자중에 의해서만 전도 등에 저항하는 옹벽이다. 이 옹벽은 벽에 생기는 힘으로 인해 콘크리트나 벽돌에 인장응력이 발생하지 않도록 조절한 것이며, 보통 높이는 3m를 초과하지 않는다.

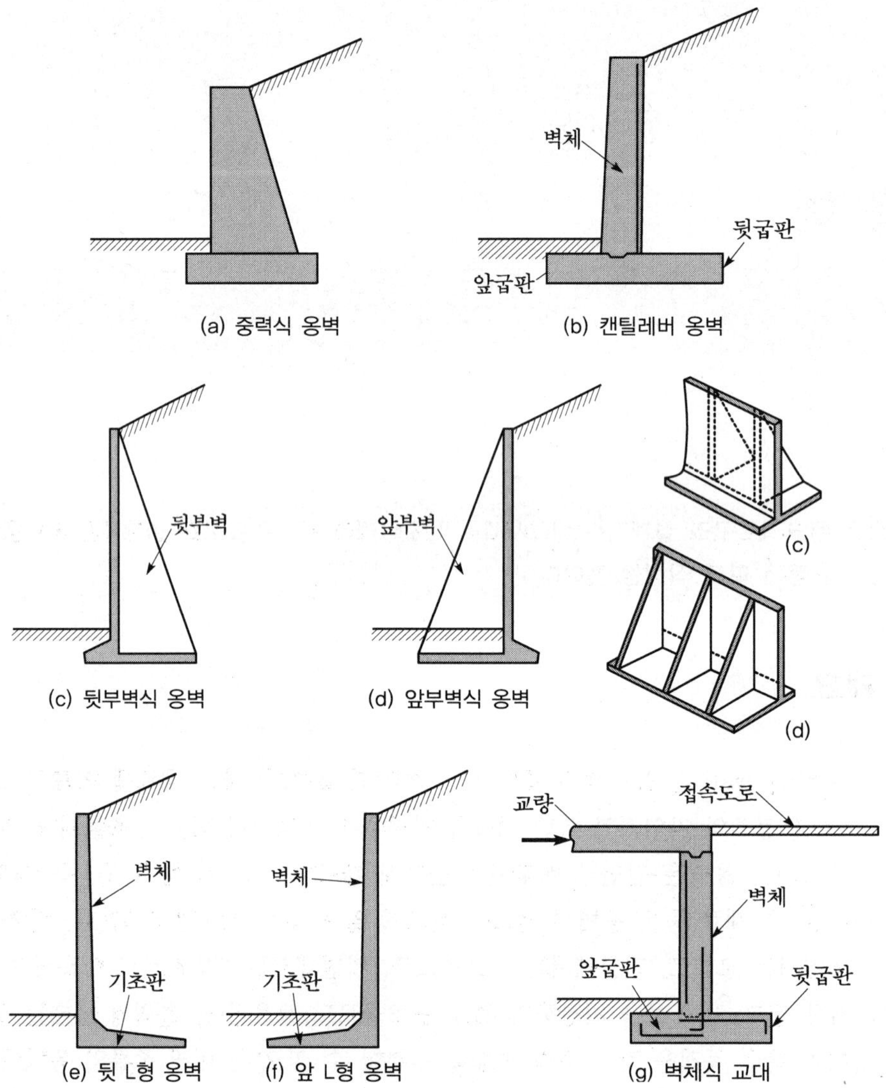

그림 12.1 옹벽의 종류

(2) 캔틸레버 옹벽(cantilever retaining wall)

그림 12.1(b)와 같이 보통 높이가 3~ 8m일 때 사용되는 철근콘크리트 옹벽으로 경제성과 시공이 단순하며, 가장 일반적으로 사용되는 옹벽이다. 이 옹벽은 전면벽 혹은 벽체(stem), 앞굽판(toe), 뒷굽판(heel) 등 3개의 캔틸레버 요소로서 이루어진다.

(3) 뒷부벽식 옹벽(counterfort retaining wall)

8m 이상의 캔틸레버 옹벽은 벽체의 밑면에 상당히 큰 휨모멘트가 발생되므로 단면이 커

져 비경제적인 구조가 된다. 이와 같은 문제점을 해결하기 위한 방법은 그림 12.1(c)와 같이 뒷굽판과 전면벽을 연결하는 부벽(counterfort)을 설치한다. 이 뒷부벽은 전면벽과 뒷굽판을 지지하는 인장타이(tension tie)로서의 역할을 한다. 이러한 옹벽의 전면벽은 뒷부벽 사이를 경간으로 하는 연속 슬래브로 설계하고, 뒷굽판은 전면벽과 같이 연속 슬래브로 설계하거나 양측의 뒷부벽과 전면벽으로 이루어지는 3면에서 지지되는 3변 지지 슬래브로도 해석할 수 있다. 다만, 단면 형상과 철근 배근 등이 캔틸레버 옹벽보다 복잡하기 때문에 시공성이 다소 저하되는 문제점이 있다.

(4) 앞부벽식 옹벽(buttress retaining wall)

그림 12.1(d)와 같이 뒷부벽식 옹벽과 비슷하지만 부벽(buttress)의 위치가 반대이다. 이 부벽은 눈에 보이는 앞면에 위치하여 압축 스트럿(compression strut)으로서 작용하기 때문에 역학적 측면에서는 뒷부벽보다 효율적이지만, 앞부벽이 노출되어 있기 때문에 널리 사용되고 있지 않다.

(5) 기타 옹벽

그림 12.1(e)와 같은 뒷 L형 옹벽은 옹벽의 기초판(저판)을 전면에 두지 않고 배면에만 두는 형식으로서 대지 경계선에 옹벽을 설치할 때 주로 사용된다. 이 밖에도 앞 L형 옹벽(그림 12.1(f)), 보강토 옹벽, 터파기를 지지하는 옹벽, 선반식 옹벽, U형 옹벽 등이 있다.

12.1.2 특수 옹벽

(1) 벽체식 교대(bridge abutment)

그림 12.1(g)와 같이 교량 바닥판이 옹벽 상면에 놓임으로서 교량의 하중을 지지하는 옹벽이다. 이 옹벽은 밑면에서는 고정되고 윗면에서는 단순 지지된다고 가정된 것이며, 교대와 상부구조 연결 상태에 따라 고정 및 자유단이 될 수 있다.

(2) 정착벽(anchored retaining wall)

일반적으로 여러 층의 지하 건물 현장에서 지표면 아래를 굴착할 때 흙을 지지하기 위해 사용한다. 이 벽은 긴장된 강봉이나 스트랜드가 배면 흙 속에서 고정되어 지지되는 것이다.

(3) 지하벽(basement wall)

벽의 외측면으로부터 토압에 저항하고 지하 바닥 슬래브에서 첫 번째 바닥 슬래브까지 수직으로 구축된다. 이 벽은 밑면에서 고정되고 윗면에서 단순지지 되거나 부분적으로 구속된 것으로 취급한다.

12.2 옹벽 형식의 선정과 계획

12.2.1 옹벽의 계획

옹벽의 설계 계획을 할 때는 그 필요성을 명확히 하고, 설치 목적에 입각하여 지형, 지질 조건, 시공조건, 주변조건 및 경제성을 고려하여 규모나 구조 형식을 정한다. 일반적으로 옹벽이 설치되어야 할 곳은 다음과 같은 지형이다.

① 지형 등의 제약을 받는 경우
② 터널의 갱구, 교대 및 암거 인접부의 흙막이 경우
③ 절토 또는 성토의 비탈면 앞의 보호가 필요한 경우
④ 철도, 일반도로 및 하천 등에 접해서 도로를 축조하는 경우
⑤ 용지 폭을 특히 감소시킬 필요가 있는 경우

12.2.2 옹벽의 선정

옹벽 및 교대의 형식을 선정하기 위해서는 다음과 같은 사항을 고려하여 정하는 것이 바람직하며, 특히 토압이나 수압 등의 압력에 대해 안정하여야 할 뿐만 아니라, 단면력에 대해 충분한 강도를 갖도록 한다.

① 절토 또는 성토 조건 및 상황에 맞는 옹벽 높이와 단면 변화
② 현장 지형의 수평 및 수직상의 계획선과 적절한 조화
③ 공사 중 및 사용기간 동안 하중 조건에 따른 안전성
④ 터파기 면적의 과다 여부와 공사 중의 교통 통행 상황
⑤ 공사비 및 공사 기간
⑥ 뒷채움재 품질 확보와 구입 용이성
⑦ 뒷채움 구간의 배수 상태에 따른 지하수위 고려
⑧ 이웃 구조물과의 근접성 및 영향 최소화
⑨ 검사, 조사, 유지관리시 접근성 용이 및 유지 관리비 최소

12.3 옹벽에 작용하는 하중

12.3.1 작용시기별 하중의 분류

옹벽에 작용하는 하중은 작용 시기에 따라 주하중과 부하중으로 구분되며, 이들 하중에 대한 상세 하중은 다음과 같다.

1) 주하중

① 고정하중 : 자중, 뒷채움재의 중량
② 토압 : 수동토압, 주동토압, 정지토압
③ 지표재하 상재하중 : 자동차, 적설 및 건물 하중 등
④ 수압
⑤ 부력 및 양압력

2) 부하중

① 지진의 영향
② 온도변화 및 건조수축의 변화

12.3.2 토압

교량설계하중 [KDS 24 12 20 교량 설계하중]에서 규정하고 있는 평상시 토압은 다음과 같다.

1) 토압의 기본식

옹벽에 작용하는 하중은 주로 이 구조물에 의하여 지지되는 재료의 자중과 토압이며, 상재하중(surcharge)이 있는 경우에는 그 영향도 고려한다. 옹벽에 작용하는 토압의 크기와 방향은 지지된 재료의 종류 등 몇 가지 요소에 따라서 달라진다. 옹벽에 대한 토압을 결정하기 위한 이론과 과정은 토질역학에 관련된 참고 서적들에서 잘 설명되어 있다. 토압은 흙의 단위중량과 깊이에 비례한다. 그림 12.2에 나타낸 바와 같이 지표면에서 h의 깊이에 있는 토압 p 및 총 토압 P는 다음 식(12.1) 및 식(12.2)에 의해 구할 수 있다.

$$p = K\gamma h \tag{12.1}$$

$$P = \frac{1}{2} p h = \frac{1}{2} K \gamma h^2 \tag{12.2}$$

여기서 γ : 흙의 단위중량(kN/m^3)

K : 흙의 물리적 성질에 따르는 토압계수로서 주동토압이 작용하는 경우는 주동토압 계수 K_a로 표시하고, 수동토압이 작용하는 경우는 수동토압 계수 K_p로 표시함.

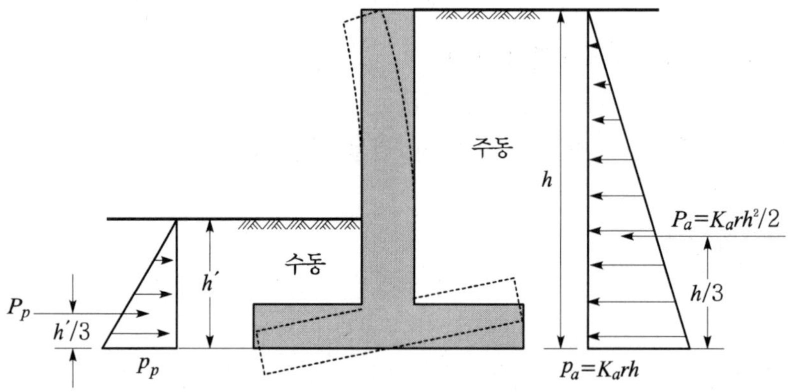

그림 12.2 주동토압 및 수동토압

옹벽의 뒷채움 재료가 배수가 잘 되는 경우는 지하수위에 의한 수압을 고려하지 않아도 되지만, 배수가 잘 되지 않는 재료, 즉 점토질 흙을 사용하는 경우는 물에 포화되어 있기 때문에, 식(12.1)에 의해 계산한 값보다 더 큰 토압이 작용하게 된다.

그림 12.2와 같이 옹벽의 벽체가 뒷채움 흙으로부터 분리되도록 변위를 일으킬 때 발생하는 흙의 압력을 주동 토압(active earth pressure)이라고 하며, 벽체가 흙 쪽을 향해 변위를 일으킬 때 발생하는 토압을 수동 토압(passive earth pressure)이라고 한다. 또한 지하철 구조물이나 건물의 지하벽과 같이 옹벽의 강성이 매우 커서 벽체의 변위가 발생하지 않을 때 흙이 벽체에 작용하는 압력을 정지 토압(earth pressure at rest)이라고 한다. 주동토압과 수동토압은 벽의 깊이에 따라 선형적으로 변화한다고 가정한다.

옹벽 설계에 있어서는 옹벽 전면에 작용하는 수동토압은 일반적으로 고려하지 않으며, 옹벽 배후의 흙에 의한 주동토압만을 고려한다. 토압계산에는 Coulomb, Rankine 및 Terzaghi 등의 토압공식이 사용되고 있으나, 일반적으로 실험결과와 잘 일치한다는 등의 이유로 Coulomb의 공식이 주로 사용되고 있다.

또한, 역T형 옹벽, 부벽식 옹벽과 같이 뒷굽판이 비교적 긴 경우에는 뒷굽판에서 연직으로 세운 가상면에 토압이 작용하는 것으로 보고, 이 면에 작용하는 횡방향 토압은 Rankine

토압 공식으로 구한다.

2) 가동벽에 작용하는 토압

구조물 자신이 강체로서, 회전하거나 전면으로 밀려나오는 경우, 즉 옹벽이나 교대와 같은 구조물은 그 벽체를 가동벽으로 보고 다음 식에 의해 토압을 계산한다. Coulomb 토압의 작용방향은 벽체 배면의 직각방향과 벽면 마찰각만큼 기울어진 방향으로 본다. 또한 Rankine 토압의 작용방향은 뒤채움과 지표면과 나란한 방향으로 본다. 이들의 관계는 그림 12.3 및 그림 12.4로부터 쉽게 이해할 수 있다.

① 사질토에서의 주동토압과 수동토압

$$p_a = K_a \gamma z + K_a q \tag{12.3}$$

$$p_p = K_p \gamma z + K_p q \tag{12.4}$$

② 점성토에서의 주동토압과 수동토압

$$p_a = K_a \gamma z - 2c\sqrt{K_a} + K_a q \text{(다만, } p_a \geq 0) \tag{12.5}$$

$$p_p = K_p \gamma z + 2c\sqrt{K_p} + K_p q \tag{12.6}$$

여기서 p_a : 깊이 z에 대한 주동 토압(kN/m^2)

p_p : 깊이 z에 대한 수동 토압(kN/m^2)

K_a : 주동 토압계수

K_p : 수동 토압계수

γ : 흙의 단위체적중량(kN/m^3)

c : 흙의 점착력(kN/m^2)

q : 평상시의 지표 재하하중(상재하중)(kN/m^2)

z : 횡토압을 구하고자 하는 깊이(m)

3) 가동벽에 작용하는 토압계수

(1) Coulomb의 토압 계수

① Coulomb의 주동토압 계수

그림 12.3과 같이 Coulomb의 이론에서의 주동토압은 옹벽의 표면에 대해 활동을 일으키는 흙의 쐐기 영향의 결과라고 가정하므로, 이 이론을 쐐기이론이라고도 한다. 이 이론은 옹벽에 대해 흙의 마찰을 고려하는데, 실제 활동면은 곡선이지만 평면이라고

가정한다. 이 가정의 오차는 주동토압을 계산하는 데 있어서 무시할 수 있다. Coulomb의 주동토압 계수 K_a는 일반적인 경우 다음 식(12.7)과 같이 된다.

$$K_a = \frac{\sin^2(\phi-\theta)}{\cos^2\theta\cos(\theta+\delta)\left[1+\sqrt{\frac{\sin(\phi+\delta)\sin(\phi-\alpha)}{\cos(\theta+\delta)\cos(\theta-\alpha)}}\right]^2} \tag{12.7}$$

여기서 θ : 옹벽 배면과 연직면이 이루는 각(°)

ϕ : 뒷채움 흙의 내부 마찰각(전단 저항각)(°)

δ : 벽면 마찰각(옹벽 배면과 뒤채움 흙 사이의 마찰각)(°)

α : 옹벽 배후의 지표면이 수평면과 이루는 각(°)

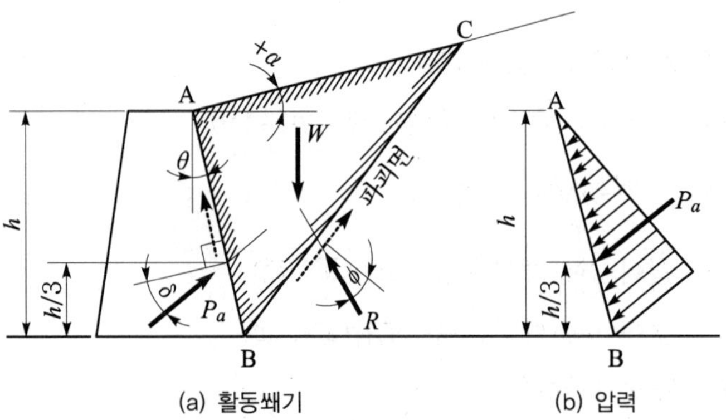

그림 12.3 Coulomb의 주동토압

옹벽 배후의 지표면이 수평이면($\alpha=0$) K_a는 다음 식(12.8)과 같이 된다.

$$K_a = \frac{1-\sin\phi}{1+\sin\phi} \tag{12.8}$$

② Coulomb의 수동토압 계수

Coulomb의 수동토압 계수 K_p는 일반적인 경우 다음 식(12.9)와 같이 된다.

$$K_p = \frac{\cos^2(\phi+\theta)}{\cos^2\theta\cos(\theta-\delta)\left[1-\sqrt{\frac{\sin(\phi+\delta)\sin(\phi+\alpha)}{\cos(\theta-\delta)\cos(\theta-\alpha)}}\right]^2} \tag{12.9}$$

옹벽 배후의 지표면이 수평이면($\alpha=0$) K_a는 다음 식(12.10)과 같이 된다.

$$K_p = \frac{1+\sin\phi}{1-\sin\phi} \tag{12.10}$$

(2) Rankine의 토압 계수

① Rankine의 주동토압 계수

그림 12.4와 같이 벽면이 흙에서 소성 평형상태를 일으킬 만큼 충분히 압력을 받고, 나머지 흙은 탄성상태를 유지한다고 가정한다. 또한 주로 동종의 비압축성의 점착력이 없는 흙에 응용되고 흙과 벽의 마찰은 무시한다.

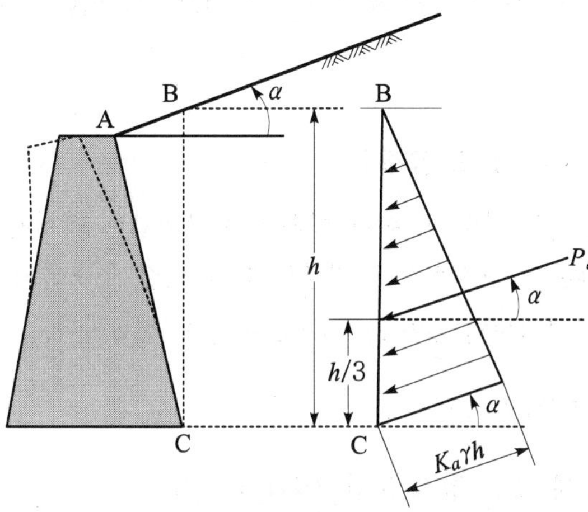

그림 12.4 경사면을 갖는 경우의 주동토압

주동토압 계수 K_a는 뒷채움 흙이 수평에 대해 α각으로 경사져 있는 경우, 다음 식(12.11)에 의해 계산할 수 있다.

$$K_a = \cos\alpha\left(\frac{\cos\alpha - \sqrt{\cos^2\alpha - \cos^2\phi}}{\cos\alpha + \sqrt{\cos^2\alpha - \cos^2\phi}}\right) \tag{12.11}$$

뒷채움 흙이 수평인 경우$(\alpha=0)$의 주동토압 계수 K_a는 다음 식(12.8)과 같이 계산할 수 있다.

$$K_a = \frac{1-\sin\phi}{1+\sin\phi} \tag{12.8}$$

② Rankine의 수동토압 계수

일반적으로 수동토압 계수 K_p로서 다음 식(12.12)에 의해 계산할 수 있다.

$$K_p = \cos\alpha\left(\frac{\cos\alpha + \sqrt{\cos^2\alpha - \cos^2\phi}}{\cos\alpha - \sqrt{\cos^2\alpha - \cos^2\phi}}\right) \quad (12.12)$$

옹벽의 배후 지표면이 수평이면($\alpha = 0$)이면, 수동토압 계수 K_p는 다음 식(12.10)과 같이 된다.

$$K_p = \left(\frac{1+\sin\phi}{1-\sin\phi}\right) \quad (12.10)$$

β와 α는 반시계 방향을 정(+)으로 한다. 또 $\phi \pm \alpha < 0$인 경우에는 $\sin(\phi \pm \alpha)=0$으로 본다.

4) 고정벽에 작용하는 토압 및 토압계수

지하철 구조물이나 암거와 같이 땅 속에 설치되는 구조물의 벽체에 작용하는 토압은 벽체의 이동이 거의 없기 때문에 고정벽으로 간주한다. 이러한 구조물의 벽체에 작용하는 토압은 정지토압으로 보고, 정지토압 강도는 식(12.13)으로 계산한다.

$$p_o = K_o \gamma z + K_o q \quad (12.13)$$

여기서 p_o : 깊이 z에 대한 정지 토압강도(kN/m^2)

K_o(정지토압 계수)=($1-\sin\phi$)

12.3.3 지하수위 이하의 토압

흙이 지하수위 내에 있는 경우는 물이 포화되어 있으므로, 이 토입자는 토압에서 사용되는 사이의 물에 의해 정수압을 발생시킨다. 이 경우 흙의 포화 단위중량이 사용된다. 토압 계산에서 사용되는 흙의 단위중량은 흙의 포화 단위중량 w에서 흙으로 대체된 물의 단위중량을 뺀 값이다. 이와 같이 물에 잠긴 흙의 옹벽설계에서는 정수압의 영향을 반드시 고려하여야 한다.

12.3.4 상재하중의 영향

옹벽의 배후면에 차량이 교통하거나 건물이 있는 경우에는 이들 하중이 옹벽에 횡방향 압력을 증가시킨다. 이와 같은 건물의 중량이나 교통하중을 그림 12.5 또는 그림 12.6에 보인 바와 같이 단위면적에 작용하는 등분포 하중으로 생각하며, 이를 상재하중(surcharge) 또는 재하하중이라고 한다.

상재하중 q를 뒤채움 흙의 단위중량 γ로 나누면 흙의 높이로 환산된다. 이 높이만큼 뒤채움 흙이 더 놓인 것으로 보고, 이로 인한 토압 H가 옹벽 배면에 더 작용하는 것으로 보는 것이다.

옹벽의 상부 근처에 도로나 철도가 놓여져 있는 경우는 차량이나 궤도 하중의 영향으로 동역학적 반력을 일으키기 때문에 정확하게 정적하중으로 환산할 수 없다. 그러나 도로의 경우 $DB-24$ 및 $DB-18$ 하중에 대하여 $10 \sim 12\text{kN/m}^2$, $DB-13.5$ 하중에 대하여 8 8kN/m^2로 보고 설계하는 것이 보통이다.

상재하중 q를 뒤채움 흙의 단위중량으로 나누면 흙의 높이가 된다. 이 높이만큼 뒤채움 흙이 더 놓인 것으로 보고, 이로 인하여 옹벽에는 횡방향 압력인 토압 P_s가 옹벽 배면에 더 작용하는 것으로 보는 것이다. 이러한 관계를 보인 것이 그림 12.5이다. 여러 종류의 상재하중이 옹벽의 뒷채움 흙 위에 등분포로 재하한다면, 그로 인해 증가된 압력을 고려하기 위해 등가높이 h_s가 옹벽에 작용한다고 가정한다. 그림 12.5의 옹벽에서 상재하중에 의한 수평압력은 옹벽의 깊이를 통해 일정하다.

$$p_s = K_a q, \quad h_s = \frac{q}{\gamma} \tag{12.14}$$

$$P_s = p_s h = K_a q h \tag{12.15}$$

여기서, h_s : 흙의 등가 높이(m)

q : 상재하중의 압력(kN/m^2)

γ : 흙의 단위중량(kN/m^3)

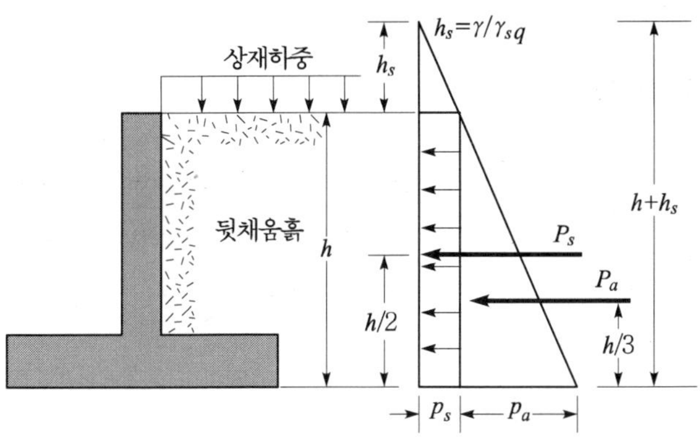

그림 12.5 등분포하중에서 상재하중의 효과

그림 12.6과 같이 상재하중이 옹벽에서 얼마간 떨어진 곳에서 부분 등분포하중이 재하 되는 경우, 오직 상재하중의 부분만이 벽에 영향을 미친다. 부분 상재하중에 의한 압력의 유효깊이는 B점에서 옹벽의 밑면까지 측정된 h'이다. 선 AB는 수평선에서 45°각을 이룬다. 옹벽에서 떨어져 작용하는 윤하중의 경우, 그 하중은 그림 12.6과 같이 특정 면적에 걸쳐 분포한다.

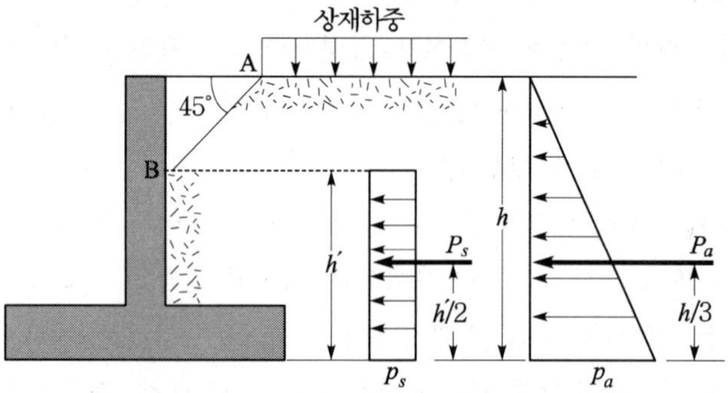

그림 12.6 부분 등분포하중에서 상재하중의 효과

12.4 옹벽의 안정

옹벽이 외력에 대하여 안정하기 위해서는 다음의 세 가지 조건을 만족해야 한다. 즉, 전도(overturning), 활동(sliding), 침하(settlement)에 대한 안정성이다. 이들 안정성은 사용하중에 대하여 검토하여야 하며, 옹벽의 안정에 대한 안전율은 콘크리트구조 설계기준에 규정되어 있다.

12.4.1 전도에 대한 안정

그림 12.7의 옹벽에서 토압 등 모든 수평력의 합계를 ΣH, 옹벽의 자중 등 모든 연직력의 합계를 ΣW라고 하면, 전도모멘트(overturing moment)는 식(12.16)과 같으며, 이 전도모멘트에 대하여 옹벽이 안정을 유지하려는 저항모멘트는 식(12.17)과 같이 된다.

$$M_0 = (\Sigma H)n \tag{12.16}$$

$$M_r = (\Sigma W)m \tag{12.17}$$

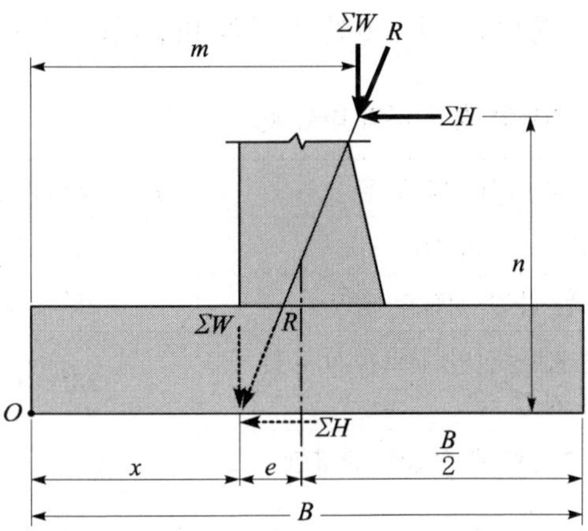

그림 12.7 옹벽에 작용하는 하중

따라서 전도에 대한 안전율은 다음 식(12.18)과 같이 계산할 수 있다.

$$\frac{M_r}{M_0} = \frac{(\Sigma W)m}{(\Sigma H)n} \geq 2.0 \tag{12.18}$$

옹벽의 전도에 대한 저항모멘트는 전도모멘트에 대해 2배 이상의 안전율을 확보하도록 규정하고 있다. 이때 그림 12.7과 같이 모든 외력의 합력 R의 작용선은 기초저판의 중앙 3분 내에 있어야 한다. 즉 $e \leq \dfrac{B}{6}$이라야 한다.

합력에 대한 모멘트는 분력의 모멘트 합과 같으므로 O점에 모멘트 중심을 두면

$$(\Sigma W) \times x = (\Sigma W) \times m - (\Sigma H) \times n$$

$$\therefore \ x = \frac{(\Sigma W)m - (\Sigma H)n}{\Sigma W} \tag{12.19(a)}$$

$$e = \frac{B}{2} - x \leq B/6 \tag{12.19(b)}$$

12.4.2 활동에 대한 안정

그림 12.7에서 수평토압의 합계 ΣH는 옹벽을 기초 저면에서 활동시키려고 한다. 이 활동에 저항하는 힘은 기초 저면에서의 마찰력과 앞굽판 전면에서의 수동토압이다. 그러나 수동토압은 특별한 경우를 제외하고는 무시하는 것이 보통이므로, 활동에 저항하는 힘은 대부분 마찰력이다. 따라서 기초 저면의 마찰력은 다음과 같이 된다.

$$\Sigma H_r = f(\Sigma W) \tag{12.20}$$

여기서, f: 기초지반과 옹벽의 기초밑면 사이의 마찰계수(표 12.1)

표 12.1 콘크리트와 흙 사이의 마찰계수

기초지반의 토질	흙의 내부 마찰각 ϕ	마찰계수 f
느슨한 점토, 실트(silt)	20°~25°	0.2~0.3
촘촘한 또는 중간 정도의 점토	25°~35°	0.2~0.4
실트질 모래, 양질의 점토를 함유한 모래 또는 자갈	23°~30°	0.3~0.4
실트질을 함유한 투수성이 불량한 모래 또는 자갈	25°~35°주)	0.4~0.5
미세 입자를 포함하지 않고 투수성이 양호한 모래 또는 자갈	33°~40°주)	0.5~0.6

주) 점토나 실트질의 포화 상태의 ϕ는 0

따라서, 활동에 대한 안전율은 다음 식(12.21)과 같이 계산 할 수 있다.

$$SF = \frac{f(\Sigma H_r)}{\Sigma H} = \frac{f(\Sigma W)}{\Sigma H} \geq 1.5 \tag{12.21}$$

활동에 대한 안전율 즉, 마찰력이 수평토압 합계의 1.5배 이상의 안전율을 확보하도록 규정하고 있다.

그림 12.8에 나타낸 바와 같이 옹벽이 앞쪽으로 활동하기 시작하면 앞굽판 전면의 mnb 부분의 흙이 밀리면서 수동토압이 발생한다. 이 수동토압은 활동에 저항하기 때문에 식(12.20)의 우변 $f(\Sigma W)$에 추가하여야 하지만, 이 저항력은 상당히 큰 경우에만 추가하는 것이 바람직하다. 즉 옹벽 배면의 뒷채움 흙을 채우기 전에 앞굽판 위의 $ghmv$ 부분을 먼저 성토한 경우에 해당된다. 만약 이러한 조건을 만족하지 않는 경우는 앞굽판의 수동토압 mrb에 의한 활동 저항력은 고려하지 않는다.

만약 저판 마찰력에 의한 활동저항력이 충분하지 않을 때는 $cdef$와 같은 활동방지벽(shear key)을 설치하여 수평 저항력을 증가시킨다. 이러한 경우, 활동은 뒷굽판 저면과 ft 면에서 발생하며, 이 때 ef 면과 뒷굽판의 저면은 마찰계수 f를 적용하고, te 면의 마찰계수는 표 12.1의 값을 사용한다.

또한 앞굽판 전면의 흙은 $n't$ 면을 따라 위로 미끄러지며, 수동토압의 분포는 삼각형 mst로 나타낸다. 만약 앞굽판 위의 채움 흙 $mvgh$가 불안전할 때는 수동토압의 분포를 안전하게 삼각형 $gs't$로 간주한다.

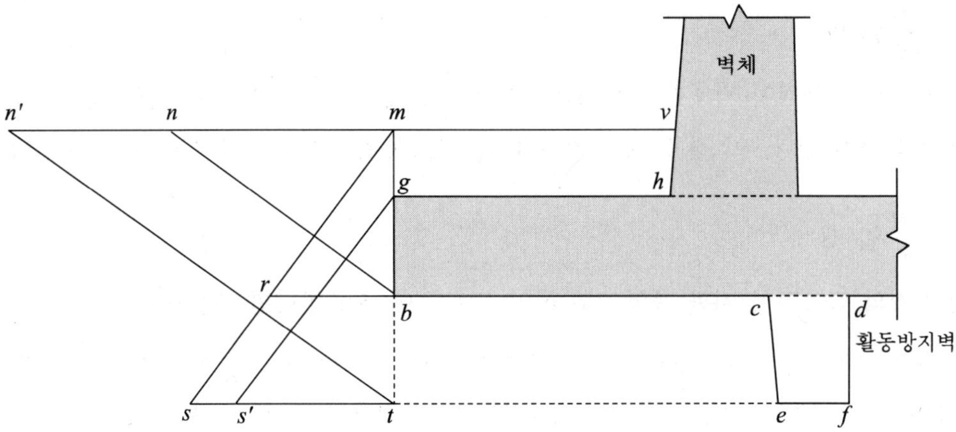

그림 12.8 수동토압과 활동 방지벽

12.4.3 침하에 대한 안정

그림 12.9에 나타낸 바와 같이 자중을 포함하여 옹벽에 작용하는 모든 외력의 합력을 R 이라 하고, 그 연직분력의 합을 ΣW 라고 하자. 옹벽도 1방향 슬래브의 경우와 마찬가지로 단위 폭에 대하여 설계하므로, 옹벽의 길이 방향에 대하여 1m 폭으로 가정한다. ΣW가 편심거리 e를 가지고 작용한다면, 기초판 밑에 일어나는 지지력은 식(12.22)와 같이 된다. 다만, 이 식은 합력의 작용점이 저판 중앙 3분 점 이내에 있는 경우에만 적용할 수 있다.

$$\begin{matrix} p_{\max} \\ p_{\min} \end{matrix} = \frac{P}{A} \pm \frac{M}{I} y = \frac{\Sigma W}{A} \pm \frac{\Sigma W \cdot e}{I} y \tag{12.22}$$

여기서, $A = 1 \times B$, $I = \dfrac{1 \times B^3}{12}$, $y = \dfrac{B}{2}$

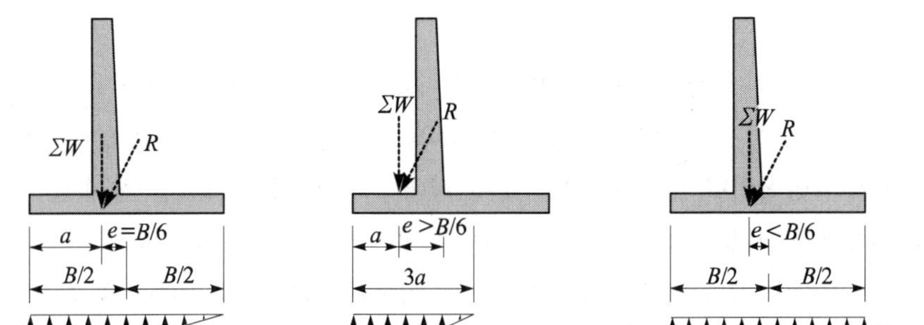

그림 12.9 기초판에 일어나는 지지력

1) $e < \dfrac{B}{6}$일 때

합력 R의 작용점이 기초판 길이 B의 중앙 $\dfrac{1}{3}$안에 작용한다면, 지지력의 분포는 그림 12.9(c)와 같이 된다. 이 경우 최대 지지력 $p_{\max}$는 식(12.22)를 사용하여 구할 수 있다.

2) $e = \dfrac{B}{6}$일 때

합력 R의 작용점이 저판 중앙 3분 점인 $a = \dfrac{B}{3}$에 작용한다면, 지지력의 분포는 그림 12.9(a)와 같이 된다. 이 경우의 최대 지지력은 식(12.22)에 $e = \dfrac{B}{6}$를 대입하면 다음 식(12.23)과 같이 되며, 허용 지반 지지력 q_a를 초과하지 않도록 해야 한다.

$$p_{\max} = 2\left(\frac{\Sigma W}{B}\right) \leq p_a \tag{12.23}$$

3) $e > \dfrac{B}{6}$일 때

합력 R이 중앙 3분 구간 밖에 놓일 때, 즉 $a < \dfrac{B}{3}$일 때이므로 뒷굽판 단부에 인장 구역이 나타나게 된다. 그런데 저판과 지반 흙 사이는 인장력을 전달할 수 없으며, 단지 저판이 지반 위에 놓여 있는 상태가 된다. 그러므로 지지력 분포는 그림 12.9(b)와 같이 삼각형 형태이며, 뒷굽판이 약간 들려지는 형상이다. $\Sigma V = 0$의 조건으로부터 합력 ΣW는 삼각형 지지력 분포도의 도심을 통과해야 하기 때문에, 이들 관계로부터 최대 지반 지지력 $p_{\max}$는 다음과 같이 구할 수 있으며, 허용 지반 지지력 q_a를 초과하지 않도록 해야 한다.

$$\left(p \times 3a \times \frac{1}{2}\right) \times 1 = \sum W$$

$$\therefore\ p_{\max} = \frac{2(\sum W)}{3a} \leq p_a \tag{12.24}$$

이상과 같이 합력 R이 작용하는 위치에 따라 최대 지반 지지력은 그림 12.9와 같이 3가지 형태로 나타나며, 실제의 설계에서는 합력 R의 작용점이 기초저판 폭 중앙 3분 내에 들도록 하는 것이 일반적이다. 이렇게 하는 것이 최대 지반 반력의 크기를 작게 할 수 있을 뿐만 아니라 반력의 심한 불균등 분포를 방지할 수 있다. 만약 옹벽의 기초가 점토와 같은 심한 압축성 토질이라면, 압굽이 뒷굽판보다 더 큰 침하를 일으킬 수 있으므로 합력의 작용점은 저판의 중앙에 가깝게 되도록 설계하는 것이 바람직하다.

지반의 지력은 지반공학적 방법 중 선택하여 적용할 수 있으며, 지반의 내부마찰각, 점착력 등과 같은 특성으로부터 지반의 극한지지력을 추정할 수 있다. 다만, 이 경우에 허용지지력 q_a는 $q_u/3$ 이하이어야 한다. 중요하지 않는 구조물에서는 편의상 표 12.2의 값을 사용해도 좋다.

표 12.2 기초지반의 허용 지지력($\mathrm{kN/m^2}$)

기초지반	허용 지지력	기초지반	허용 지지력
경암 (화강암 등)	5000	자갈 또는 암석과 모래의 혼합물	200~400
연암 (사암 등)	2500		
풍화암 (연사암 등)	800	모래	200~400
밀실한 자갈	500	사질토	150~300
밀실하지 않은 자갈	300	점성토	100~200
자갈과 모래의 혼합물	300~500	실트 및 점토	50~100

12.5 구조설계의 기본사항

12.5.1 옹벽의 구조 설계

옹벽의 외적 안정성 검토에는 실제 작용하고 있는 토압과 사용하중(작용하중)을 사용하며, 이를 적용하여 계산한 지반 반력은 지반의 허용지지력과 비교한다. 전도와 활동에 대한 안전 검토에서도 이와 같은 사용하중을 사용한다.

옹벽 본체의 구조설계에서는 계수하중을 사용하며, 관련된 하중계수는 다음과 같다.

① 횡방향 토압 H가 고정하중 D와 활하중 L과 함께 작용하는 경우, 계수하중 U는 다음과 같다.

$$U = 0.9D + 1.6L + 1.6H_h \tag{12.25}$$

② 고정하중 D와 활하중 L이 횡방향 토압 효과를 감소시키는 경우, 계수하중 U는 다음과 같다.

$$U = 0.9D + 1.6H_h \tag{12.26}$$

③ 고정하중 D, 활하중 L과 횡방향 토압 H의 조합에서 어떤 경우든지 계수하중 U는 다음 값 이상이어야 한다.

$$U = 1.4D + 1.4H_h \tag{12.27}$$

캔틸렐버 옹벽의 앞굽판에서는 자중에 의해 부재의 단면력이 감소하므로 자중에 대한 하중계수가 0.9이지만, 뒷굽판에서는 자중이 부재 단면력을 증가시키기 때문에 하중계수가 1.2이다. 또한 뒷굽판 위에 놓인 흙이 자중으로 작용할 때에는 하중계수가 1.2이지만, 뒷굽판에 대해 수평력으로 작용할 때 하중계수는 1.6이다.

횡토압은 불확실성이 크기 때문에 하중계수 1.6을 사용한다, 보통 하중계수에 의한 지반 반력은 안정성 해석 때 적용하는 사용하중에 의한 지반 반력의 1.6배가 된다. 캔틸레버 옹벽에서 앞굽판의 자중은 상향의 지반 반력에 의해 유발되는 휨모멘트에 대해 반대 방향의 휨모멘트를 발생시키므로, 앞굽판의 자중에는 하중계수 0.9를 곱한다. 반면에 뒷굽판의 휨모멘트는 뒷굽판의 자중뿐만이 아니라 그 위에 놓인 배면토의 자중에 의해 유발되기 때문에 모두 하중계수 1.2를 곱한다. 상재하중은 활하중으로 간주하여 1.6을 곱한다. 뒷굽판 밑면의 상향의 지반 반력은 0으로 취하는데, 이것은 심한 과하중이 작용할 때 대부분의 지반 반력이 앞굽판 근처에 집중되고 뒷굽판에는 반력이 거의 발생하지 않는다는 것을 반영한 것이다. 이 가정은 부벽식 옹벽 설계에서도 그대로 적용할 수 있다.

12.5.2 구조해석 방법

1) 저판(기초판)

캔틸레버 옹벽의 저판은 전면벽과의 접합부를 고정단으로 간주한 단위 폭 1m당의 캔틸레버로 가정하여 설계한다.

전면벽과 뒷굽판 사이에 인장재로서 작용하는 뒷부벽을 설치한 부벽식 옹벽에서는 전면벽과 뒷부벽은 토압에 의한 휨모멘트에 대해 T형보로 설계하고, 전면벽이나 저판은 뒷부벽을 받침부로 하는 연속 2방향 슬래브로 설계한다.

앞굽판과 전면벽 사이에 압축 받침재로서 작용하는 앞부벽을 설치한 앞부벽식 옹벽에서는 앞부벽을 역T형 직사각형 보로 보고 전면벽을 연속 2방향 슬래브로 보아 설계하는데, 여기서도 벽의 하부에는 추가 철근으로 보강하여야 한다.

2) 전면벽

캔틸렐버 옹벽의 전면벽은 저판에 지지된 캔틸레버로 설계한다. 부벽식 옹벽의 전면벽은 3변지지 2방향 슬래브로 설계한다. 전면벽의 두께는 콘크리트구조 설계기준 [*KDS* 14 20 72 콘크리트 벽체 설계기준, 4.3.2 실용설계법]의 규정에 따라 다음과 같이 된다.

① 벽체의 두께는 수직 또는 수평 받침점 간의 거리 중에서 작은 값의 1/25 이상, 100mm 이상이어야 한다.

② 지하실 외벽 및 기초 벽체의 두께는 200mm 이상으로 하여야 한다.

3) 앞부벽 및 뒷부벽

① 뒷부벽은 T형보로 설계해야 하며, 앞부벽은 직사각형 보로 설계한다.

② 부벽식 옹벽은 전면벽과 저판에 의해서 부벽에 전달되는 응력에 저항할 수 있도록 필요한 철근을 부벽에 [제6장 정착과 이음]의 규정에 따라 장착시켜야 한다.

12.6 구조제목

12.6.1 보강철근

전면벽의 하부는 벽체로서 또는 캔틸레버로서도 작용하므로 연직방향으로 수축·온도철근 및 벽체의 최소철근 규정에 따라 보강철근을 배치하여야 한다.

1) 수축·온도철근

전면벽에 휨철근이 1방향으로 배치되는 경우, 이 휨철근에 직각방향으로 수축·온도철근을 배치하여야 한다. 수축·온도철근은 다음의 철근비 이상 사용하여야 하며, 어떠한 경우에도 0.0014이상이어야 한다. 이 기준은 콘크리트구조 설계기준 [KDS 14 20 50 콘크리트구조 철근상세 설계기준, 4.6.2 1방향 철근콘크리트 슬래브]의 규정에 따른 것이다.

① $f_y \leq 400\text{MPa}$인 이형철근을 사용한 경우 : 0.0020

② $f_y > 400\text{MPa}$인 이형철근 또는 용접철망을 사용한 경우 : $0.002 \times \dfrac{400}{f_y}$

③ 그러나, 온도·수축 철근 단면적은 단위 폭 1m당 1,800mm^2 보다 크게 취하지 않는다.

④ 이들 철근의 간격은 벽체 두께의 5배 이하, 450mm 이하로 하여야 한다.

2) 벽체의 최소철근비

벽체의 수직 및 수평 최소철근비는 다음 사항에 따라야 한다. 이 기준은 콘크리트구조 설계기준 [KDS 14 20 72 콘크리트 벽체 설계기준, 4.2 최소철근비]의 규정에 따른 것이다.

(1) 벽체의 전체 단면적에 대한 소요 수직철근비는 다음 규정에 따라야 한다.

① $f_y \geq 400\text{MPa}$인 $D16$ 이하의 이형철근 : 0.0012

② 기타 이형철근 : 0.0015

③ 지름 16mm 이하의 용접철망 : 0.0012

(2) 벽체의 전체 단면적에 대한 소요 수평철근비는 다음 규정에 따라야 한다.

① 500MPa> $f_y \geq$ 400MPa인 $D16$ 이하의 이형철근 : $0.0020 \times \dfrac{400}{f_y}$

② 기타 이형철근 : 0.0025

③ 지름 16mm 이하의 용접철망 : 0.0020

(3) 두께 250mm 이상의 벽체에 대해서는 다음 각 항에 따라 수직 및 수평철근을 벽면에 평행하게 양면으로 배치해야 한다. 다만, 지하실 벽체에는 이 규정을 적용하지 않을 수 있다.

① 벽체의 외측면 철근은 각 방향에 대하여 전체 소요철근량의 1/2이상, 2/3 이하로 하며, 외측면부터 50mm 이상, 벽 두께의 1/3 이내에 배치한다.

② 벽체의 내측면 철근은 각 방향에 대한 소요 철근량의 잔여분을 내측면부터 20mm 이상, 벽 두께의 1/3 이내에 배치한다.

(4) 수직 및 수평 철근의 간격은 벽두께의 3배 이하, 450mm 이하이어야 한다.

12.6.2 수축이음

옹벽 전면벽의 표면에는 연직방향으로 그림 12.10(a)와 같은 V형 홈의 수축이음을 두어어야 하며, 그 간격은 9m 이하라야 한다. 수축이음에서는 철근을 끊어서는 안 된다. 이러한 V형 홈의 수축이음을 설치하면 벽 표면의 건조수축으로 인한 균열을 V형 홈에서 받아들이게 되어 균열을 억제하는데 효과적이다.

12.6.3 신축이음

옹벽의 연장이 30m 이상일 경우에는 반드시 신축이음을 두어야 한다. 신축이음은 30m 이하의 간격으로 설치하되 완전히 끊어서 온도변화와 지반의 부등침하에 대비해야 한다. 신축이음에서는 철근도 끊어야 하며, 그림 12.10(b)와 같이 콘크리트가 서로 물리게 해야 한다.

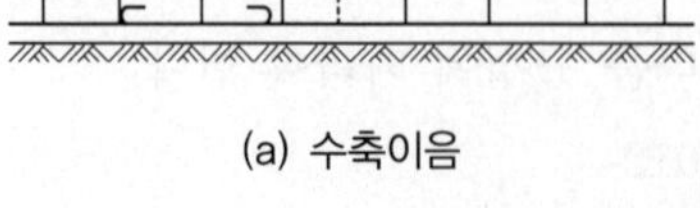

(a) 수축이음

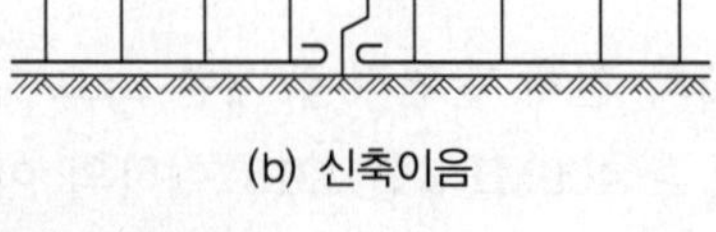

(b) 신축이음

그림 12.10 옹벽의 수축이음과 신축이음

12.6.4 배수공

옹벽 배면의 뒷채움이 배수가 잘 되지 않으면 옹벽 배면의 토사가 물에 의하여 포화상태로 되어 수압까지 작용한다. 이러한 경우 옹벽은 위험한 응력상태로 될 수 있으므로 옹벽 뒷채움에서는 배수가 잘 되도록 해야 한다.

옹벽에는 쉽게 배수될 수 있는 높이에 65mm 이상의 지름을 가진 배수구멍을 4.5m 정도의 간격으로 설치해야 한다. 또한 뒷부벽식 옹벽에서는 각 부벽 사이에 1개 이상의 배수구멍을 두도록 한다.

옹벽의 뒷채움에는 배수구멍으로 물이 잘 모이도록 조약돌이나 부순돌 또는 자갈 등으로 이루어진 배수 여과층을 최소 두께로 300~400mm 정도 두어야 한다. 원래의 지하수위나 외부도랑의 수위 높이나 수평 배수층과 연직방향 배수층의 교점에 배수구멍을 두는 것이 좋다.

12.6.5 옹벽 노출면의 경사

옹벽 노출면을 연직으로 하면 앞으로 넘어질 것처럼 보일 뿐 아니라, 시공오차나 지반침하로 인하여 벽면이 앞으로 기울어진 염려가 있기 때문에 노출면에는 1 : 0.02 정도의 경사를 붙이는 것이 좋다.

12.7 옹벽 단면의 가정

12.7.1 캔틸레버 옹벽

캔틸레버 옹벽의 치수에 대한 가정은 그림 12.11과 같이 다음과 같은 범위 내에서 정하는 것이 편리하며, 이 가정된 단면에 대해 안정 검토와 더불어 강도에 대한 안전성이 확보되어야 한다. 이 안전성에 대한 검토는 1방향 슬래브로서 단위 폭 즉, 옹벽의 폭 1m에 대하여 실시한다. 벽체는 그림 12.12(a), 뒷굽판은 그림 12.12(b) 및 앞굽판은 그림 12.12(c)에서 설정한 위치를 고정 지점으로 보고 각각 캔틸레버로 설계하며, 이 캔틸레버에 작용되는 하중은 그림 12.12에 나타낸 바와 같다.

1) 옹벽 높이는 일반적으로 예상 동결깊이 및 풍화깊이를 고려하여 앞굽판 지표에서 약 1.0~1.2m 정도 더한 값으로 한다.
2) 기초판의 폭은 옹벽 높이의 $\frac{1}{2} \sim \frac{2}{3}$의 범위로 한다.

3) 기초판의 두께는 높이의 $\frac{1}{12} \sim \frac{1}{10}$의 범위로 한다.

4) 앞굽판의 폭은 저판 폭의 $\frac{1}{4} \sim \frac{1}{3}$을 취한다.

5) 전면벽 하부의 두께는 옹벽 높이의 10~12% 또는 저판 폭의 12~16%의 범위로 한다.

6) 전면벽 상부의 두께는 250~300mm 이상이라야 한다.

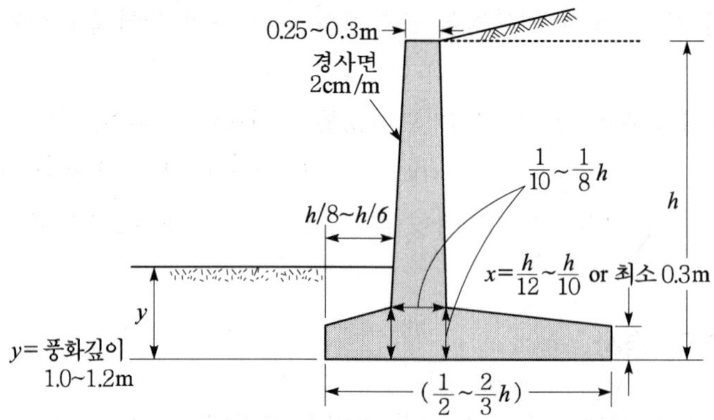

그림 12.11 캔틸레버 옹벽의 단면 가정

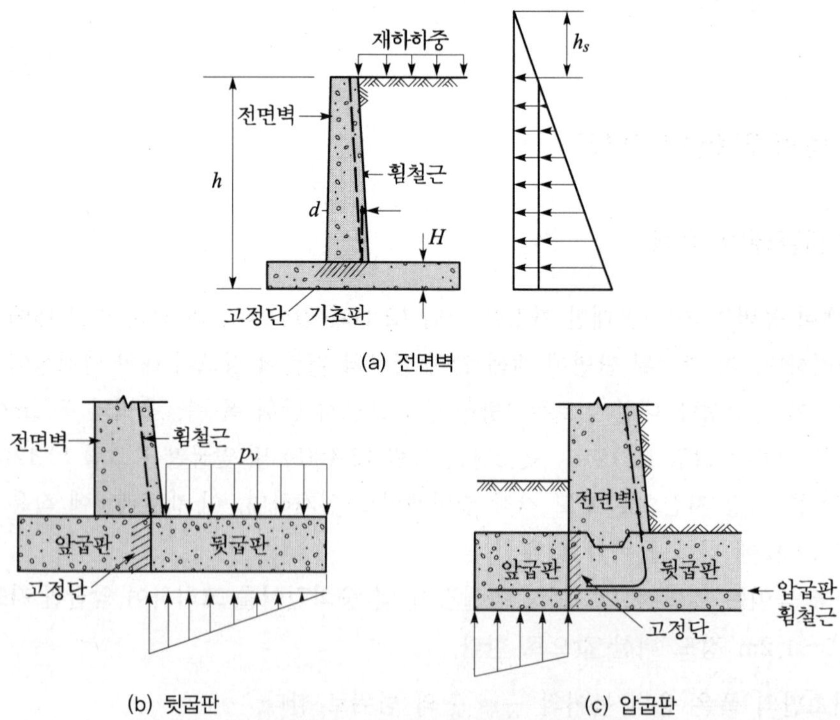

그림 12.12 캔틸레버 옹벽의 지점 및 작용하중

12.7.2 부벽식 옹벽

옹벽의 높이가 8.0m를 넘는 경우에는 부벽식 옹벽으로 설계하는 것이 경제적이며, 또 그림 12.1(d)의 앞부벽식 옹벽보다는 그림 12.1(c)의 뒷부벽식 옹벽이 주로 사용되고 있다.

뒷부벽이나 앞부벽은 각각 기초판의 상면을 고정지점으로 하는 캔틸레버보로 설계한다. 따라서 앞부벽은 직사각형 단면의 보로 설계하고, 뒷부벽은 그림 12.13에 보인 것처럼 전면벽을 플랜지로 하고 부벽을 복부로 하는 T형 단면의 보로 설계하게 된다. 이때 설계단면은 그림 12.13의 A-A 단면이다. 뒷부벽은 토압에 의하여 인장력을 받으므로, 충분한 양의 철근을 사용하는 동시에 전면벽이나 뒷굽판과의 연결을 확실하게 해야 한다. 부벽의 간격은 옹벽 높이의 $\frac{1}{2} \sim \frac{2}{3}$ 정도이다.

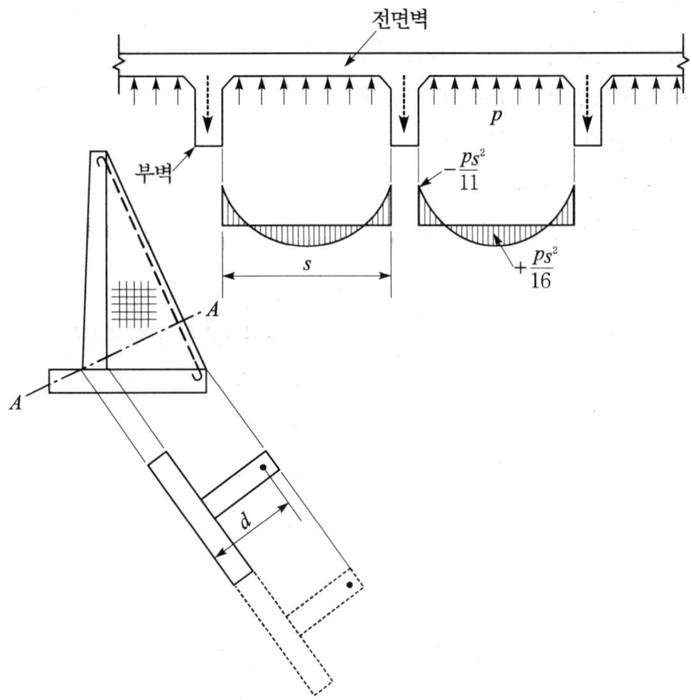

그림 12.13 뒷부벽식 옹벽의 설계

옹벽의 전면벽은 부벽을 지점으로 하는 1방향 연속 슬래브로 보고 구조해석을 하고, 뒷부벽식의 뒷굽판과 앞부벽식 앞굽판은 부벽을 지점으로 하는 1방향 연속 슬래브나 3변지지 슬래브로 구조해석을 실시한다. 그리고 뒷부벽식 옹벽의 앞굽판 및 앞부벽식 옹벽의 뒷굽판은 그림 12.12(b), (c)와 같이 각각 캔틸레버보로 보고 구조해석을 한다.

부벽식 옹벽은 전면벽과 저판에 의해서 부벽에 전달되는 응력에 저항할 수 있도록 필요한 인장철근을 [제6장 정착과 이음]의 기준을 적용하여 부벽에 정착시켜야 한다.

연직방향으로도 건조수축 및 온도변화 등을 고려한 충분한 양의 배력철근을 배치해야 한다. 그리고 부벽식 옹벽에서는 전면벽과 기초판에 각각 인장 주철근의 20%이상의 배력철근을 배치해야 한다.

예제 12.1 그림 12.14와 같이 뒷채움 흙은 옹벽 상단과 수평이며, 높이 6m의 역T형 옹벽을 설계하시오.

〈설계조건〉

지반의 허용지지력 $q_a = 200\text{kN/m}^2$

뒷채움 흙의 내부마찰각 $\phi = 30°$, $\delta = 10°$

흙의 단위중량 $r_s = 18\text{kN/m}^3$

콘크리트의 단위중량 $r_c = 25\text{kN/m}^3$

콘크리트의 지반과의 마찰계수 $f = 5.5$

활동에 대한 안전율 $SF = 1.5$

상재 활하중 $q = 12\text{kN/m}^2$

$f_{ck} = 24\text{MPa}$, $f_y = 300\text{MPa}$

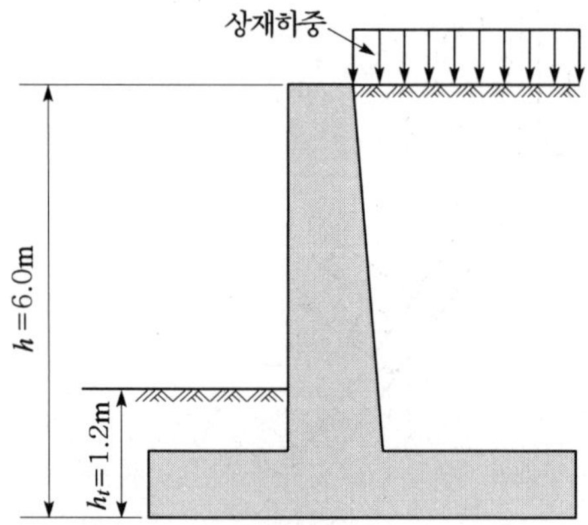

그림 12.14

풀이

1) 단면제원 결정

기초판 폭 : $6.0 \times \left(\frac{1}{2} \sim \frac{2}{3}\right) = 3.0 \sim 4.0\text{m} = 4.0\text{m}$로 가정

기초판 두께 : $6.0 \times (0.07 \sim 0.10) = 0.42 \sim 0.6\text{m} = 0.60\text{m}$로 가정

앞굽판 폭 : $4.0 \times \left(\frac{1}{4} \sim \frac{1}{3}\right) = 1.0 \sim 1.33\text{m} = 1.20\text{m}$로 가정

벽체 하부두께 : $6.0 \times (0.1 \sim 0.12) = 0.6 \sim 0.72\text{m} = 0.60\text{m}$로 가정

벽체 상부두께 : 0.30m로 하고, 이상의 칫수를 나타내면 그림 12.15에 나타낸다.

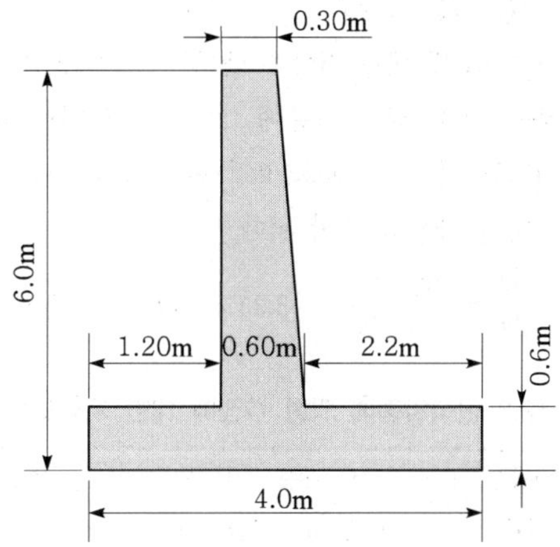

그림 12.15

2) Coulomb 토압계수 계산

옹벽 배면이 수평면에 수직이라고 가정하고, 벽면 마찰각이 $\delta = \alpha$, 옹벽 배후의 지표면이 수평($\alpha = 0$)이므로 Coulomb 주동토압계수 및 수동토압계수는 식(12.8) 및 식(12.10)으로부터 다음과 같이 계산된다.

$$K_a = \frac{1-\sin\phi}{1+\sin\phi} = \frac{1-\sin 30°}{1+\sin 30°} = 0.333$$

$$K_p = \frac{1+\sin\phi}{1-\sin\phi} = \frac{1+\sin 30°}{1-\sin 30°} = 3.000$$

3) 작용하중과 안정성 검토

(1) 작용하중

옹벽의 안정성 검토에는 실제 작용하고 있는 토압을 사용하며, 단위 폭 1m에 대해서 검토한다.

지표면에서 $h = 6\text{m}$ 깊이의 주동토압 p_a 및 총 주동토압 P_a는 식(12.1) 및 식(12.2)로부터 각각 다음과 같이 계산된다.

$$p_a = K_a \gamma h = 0.333 \times 18 \times 6 = 35.964\,\text{kN/m}^2$$

$$P_a = 35.964 \times 6.0 \times \frac{1}{2} = 107.892\,\text{kN/m}$$

상재활하중에 의한 수평압력 p_s 및 상재활하중에 의한 수평압력의 합 P_s는 식(12.14) 및 식(12.15)로부터 각각 다음과 같이 계산된다.

$$p_s = K_a q = 0.333 \times 12 = 3.996\,\text{kN/m}^2$$

$$P_s = 3.996 \times 6.0 = 23.976\,\text{kN/m}$$

(2) 전도에 대한 안정성 검토

그림 12.16에서 앞굽판 O점에 대한 토압에 의한 전도 모멘트 M_o를 계산하면

$$M_o = P_a \times 2 + P_s \times 3 = 107.892 \times 2 + 23.976 \times 3 = 287.712\,\mathrm{kN/m}$$

또한, 전도에 대한 저항 모멘트는 그림 12.16으로부터 $W_1 \sim W_5$ 및 W_q에 의해 발생하며, 이들 작용 하중에 대한 저항모멘트 표 12.3에 나타낸 바와 같다.

이 표로부터 $M_r = 934.48\mathrm{kN\cdot m}$ 이므로 식(12.18)을 적용하여 전도에 대한 안전을 검토하면 다음과 같이 된다.

$$\frac{M_r}{M_o} = \frac{934.48}{287.712} = 3.25 > 2.0 \qquad \therefore \text{ 전도에 대하여 안전하다.}$$

표 12.3 연직하중에 의한 O점에 대한 저항모멘트는 (단위 길이 m당)

구분	수직력 ΣW(kN)	팔거리(m)	저항모멘트 M_r(kN · m)
W_1	0.6×4.0×25=60.00	2.00	120.00
W_2	0.3×5.4×25=40.50	1.35	54.67
W_3	1/2×0.3×5.4×25=20.25	1.60	32.40
W_4	2.2×5.4×18=213.84	2.90	620.13
W_5	1/2×0.3×5.4×18=14.58	1.70	24.78
W_q	12.0×2.5=30.00	2.75	82.50
계	379.17		934.48

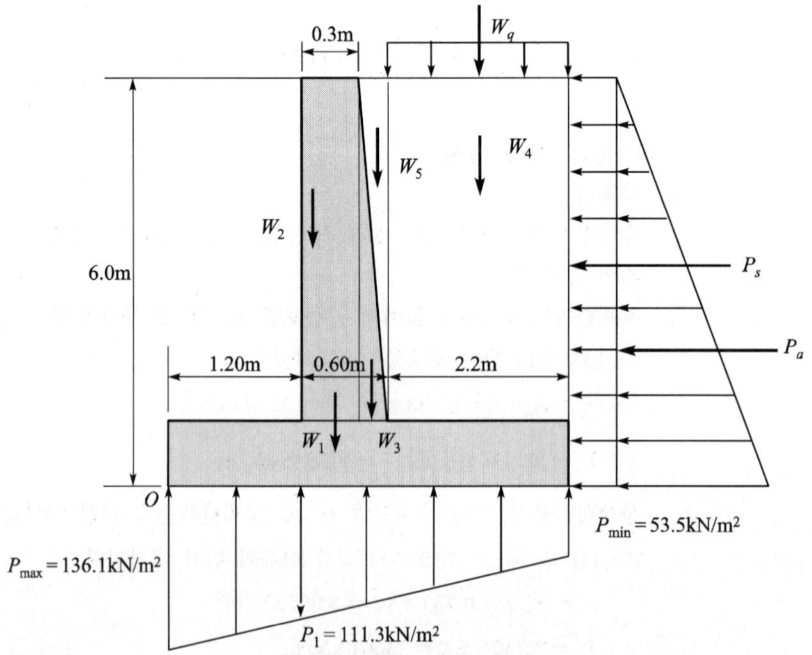

그림 12.16

(3) 침하와 지지력에 대한 안정성 검토

수직력의 합력 $\sum W$의 위치는 식(12.19) 혹은 그림 12.17로부터

$$\bar{x} = \frac{(\sum W)m - (\sum H)n}{\sum W} = \frac{\sum M_r - \sum M_o}{\sum W} = \frac{934.48 - 287.71}{379.17} = 1.71\text{m}$$

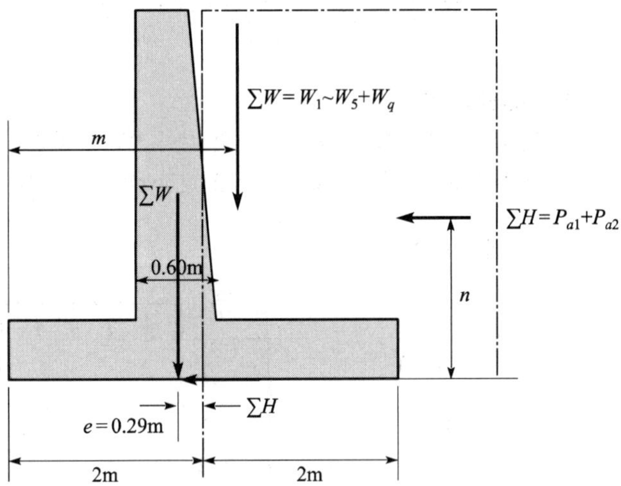

그림 12.17 수직력의 편심거리

$$\therefore\ e = \frac{B}{2} - \bar{x} = 2.0 - 1.71 = 0.29\text{m} < \frac{B}{6} = 0.67\text{m}$$

즉, 합력 $\sum W$는 기초판의 중앙 3분권 이내에 작용한다.

기초판의 단위길이 1m당의 면적과 단면 2차모멘트는

면적 $A = 4 \times 1 = 4\text{m}^2$, 단면 2차모멘트 $I = \dfrac{1 \times 4^3}{12} = 5.33\text{m}^4$

기초판의 최대 및 최소 지반 지지력을 계산하면, 식(12.22)로부터 다음과 같이 계산된다.

$$p_{\max} = \frac{\sum W}{A} + \frac{\sum W \cdot e}{I} y = \frac{379.17}{4} + \frac{379.17 \times 0.29}{5.33} \times 2 = 136.1\text{kN/m}^2$$

$$p_{\min} = \frac{\Sigma W}{A} - \frac{\Sigma W \cdot e}{I} y = 94.8 - 41.3 = 53.5\text{kN/m}^2$$

$$\therefore\ p_{\max} = 136.1\text{kN/m}^2 < p_a = 200\text{kN/m}^2$$

최대 지지력이 허용지지력 보다 작으므로 침하에 대하여 안전하다. 또한 그림 12.16에 최대 및 최소 지반 지지력의 계산 결과를 나타낸다.

(4) 활동에 대한 안정성 검토

활동방지벽(shear key)이 없는 것으로 가정하고, 침식 등을 고려하여 앞굽판 전면에 대한 수동토압을 무시한다. 활동을 일으키는 수평토압의 합은 그림 12.17로부터

$$\Sigma H = P_a + P_s = 107.892 + 23.976 = 131.87\text{kN/m}$$

활동에 대한 저항력인 기초 밑면의 마찰력은 식(12.20)으로부터

$$f(\Sigma W) = 0.55 \times 379.17 = 208.54\text{kN/m}$$

활동에 대한 안전율은 식(12.21)로부터 다음과 같이 계산된다.

$$SF = \frac{f(\Sigma W)}{\Sigma H} = \frac{208.54}{131.87} = 1.58 > 1.5 \quad \therefore \text{ 활동에 대해 안정하다.}$$

4) 뒷굽판의 설계

뒷굽판은 그림 12.18에 보인 바와 같이 전면벽 배면과 기초판과의 접합부를 고정지점으로 하고, 지간 2.2m, 폭 1m의 캔틸레버로 설계한다.

(1) 계수 하중

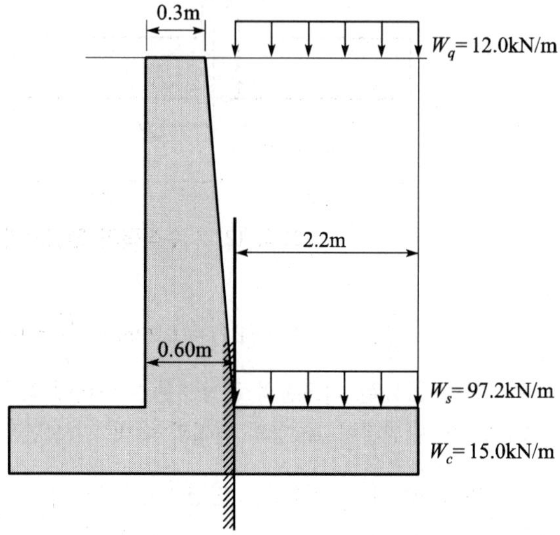

그림 12.18 뒷굽판의 설계

뒷굽판에 작용하는 하중으로서는 지반 지지력, 기초판 상면에 작용하는 뒷채움 흙, 상재하중 및 뒷굽판의 자중이 있다. 그러나 설계할 때에는 안전을 고려하여 뒷굽판의 지반 지지력은 무시한다. 따라서 뒷굽판에 작용하는 계수하중은 뒷굽판의 자중 및 뒷채움 흙의 경우는 $1.2D$, 상재하중의 경우는 활하중으로 간주하여 $1.6L$을 적용한다.

뒷굽판 자중 : $w_c = 25 \times (0.60 \times 1) = 15.0\text{kN/m}$

뒷채움 흙의 무게 : $w_s = 18 \times (5.4 \times 1) = 97.2\text{kN/m}$

상재하중: $w_q = 12 \times 1 = 12.0\text{kN/m}$

계수 등분포하중은 그림과 12.18로부터 다음과 같이 된다.

$$w_u = 1.2(w_s + w_c) + 1.6w_q = 1.2 \times (97.2 + 15.0) + 1.6 \times 12.0 = 153.84\text{kN/n}$$

(2) 전단력의 검토

전단에 대한 위험단면은 반력이 부재의 단부를 압축할 경우, 즉 보통의 보의 경우에는 받침부 전면에서 d만큼 떨어진 단면이다. 그러나 이 뒷굽판은 [제5장 그림 5.21(c)]에 해당되므로 그 위험단면은 벽체와 뒷굽판의 접합부의 단면이다. 따라서, 계수전단력은 그림 12.18로부터

$$V_u = w_u \times 2.2 = 153.84 \times 2.2 = 338.45\text{kN}$$

뒷굽판의 상면은 구조물이 완성된 후에 흙이 채워지므로 철근의 피복두께를 80mm로 하고, 인장철근 D22를 사용한다고 가정하면 뒷굽판의 유효깊이 d는

$$d = 600 - 80 - 22.2 \times \frac{1}{2} = 509\text{mm}$$

전단철근 없이 콘크리트만으로 부담할 수 있는 전단강도는 식(5.12)를 이용하면

$$\phi V_c = \phi \frac{1}{6} \lambda \sqrt{f_{ck}}\, bd = 0.75 \times \frac{1}{6} \times 1.0 \times \sqrt{24} \times 1{,}000 \times 509 \times 10^{-3}$$

$$= 311.70\text{kN} < V_u = 338.45\text{kN}$$

따라서 전단철근이 필요하며, 전단철근이 부담해야할 전단력은

$$\phi V_s = V_u - \phi V_c = 338.45 - 311.70 = 26.75\,\text{kN}$$

$D10$의 U형 스터럽을 사용하면 단면적은

$$A_v = 2 \times 71.33 = 143\text{mm}^2$$

스터럽 간격 s는 식(5.24)로부터

$$\phi V_s = \phi (A_s f_y \times \frac{d}{s}) = 26.75 \times 10^3$$

$$0.75 \times 143 \times 300 \times \frac{509}{s} = 26{,}75$$

$$\therefore\ s = 612\text{mm} > 200\text{mm}\,(\text{사용 간격}) < \frac{d}{2} = \frac{507}{2} = 255\text{mm}$$

(3) 계수 휨모멘트 및 인장 철근량

뒷굽판의 휨에 대한 위험단면은 벽체 배면이며, 계수 휨모멘트는 그림 12.18로부터 다음과 같이 계산된다.

$$M_u = w_u \times 2.2 \times \frac{2.2}{2} = 153.84 \times 2.2 \times \frac{2.2}{2} = 372.3\text{kN} \cdot \text{m}$$

뒷굽판은 부(−)의 휨모멘트를 받으므로 인장철근은 상면에 배치한다.

$c = 55\text{mm}$, $\phi = 0.85$로 가정하면 인장 철근량은 식(4.37)로부터 $\phi M_n = M_u$로 놓으면

$$A_s = \frac{M_u}{\phi f_y (d - \beta c)} = \frac{372.3 \times 10^6}{0.85 \times 400 \times (509 - 0.4 \times 55)} = 2{,}249\text{mm}^2$$

$$c = \frac{f_y A_s}{\alpha (0.85 f_{ck}) b} = \frac{400 \times 2{,}249}{0.8 \times 0.85 \times 24 \times 1{,}000} = 55\text{mm}\,(\text{가정값과 일치})$$

$D22$를 단위폭 1m에 대하여 150mm 간격으로 배치하면, 실제 배근되는 철근량은

$$A_s = \frac{1,000}{150} \times 387.1 = 2,581\text{mm}^2 > 2,258\text{mm}^2(\text{해석치})$$

식(4.28)로부터 ϕM_n을 구하면

$$c = \frac{400 \times 2,581}{0.8 \times 0.85 \times 24 \times 1,000} = 63\text{mm}$$

$$\phi M_n = 0.85 \times 400 \times 2,581 \times (509 - 0.4 \times 63) \times 10^{-6}$$

$$= 424.55\text{kN}\cdot\text{m} > M_u = 372.3\text{kN}\cdot\text{m} \therefore \text{ 만족}$$

또한, [참고 1] 계산 결과 최소철근량은 만족하고 있음을 알 수 있다.

(4) 정착길이의 검토

[참고 1]의 계산결과 인장철근의 정착길이는 $l_d = 1,231\text{mm}$가 된다.

따라서, 뒷굽판의 철근은 고정지점을 넘어 앞굽판 쪽으로 1.231m 이상 매입 되어야 한다. 그런데 벽체하부 두께를 포함한 귓굽판 길이가 2.8m이므로 충분한 정착길이를 확보하고 있다.

참고 1 **뒷굽판의 최소 철근량 검토**

$$I = \frac{1,000 \times 600^3}{12} = 180 \times 10^8\text{mm}^4$$

$$f_r = 0.63\lambda\sqrt{f_{ck}} = 0.63 \times 1.0 \times \sqrt{24} = 3.09\text{MPa}$$

$$M_{cr} = \frac{f_r I_g}{y_t} = (\frac{3.09 \times 180 \times 10^8}{300}) \times 10^{-6} = 185.4\text{kN}\cdot\text{m}$$

$$1.2M_{cr} = 1.2 \times 185.4 = 222.48\text{kN}\cdot\text{m}$$

$$\phi M_n = 424.55\text{kN}\cdot\text{m} > 1.2M_{cr} = 222.68\text{kN}\cdot\text{m}$$

∴ 최소철근의 조건 만족

참고 2 **뒷굽판의 인장철근 정착길이**

간편식에 의한 인장철근의 기본 정착길이는 식(6.4)로부터

$$l_{db} = \frac{0.6d_b f_y}{\lambda\sqrt{f_{ck}}} = \frac{0.6 \times 22.2 \times 400}{1.0 \times \sqrt{24}} = 1,088\text{mm}$$

$\alpha\beta = 1.3$이고, 철근의 순간격 $150 - 22.2 = 128\text{mm}$, 피복두께 80mm이므로 [제6장 표 6.1]에서 ②에 해당된다. 또한 $\frac{\text{소요}A_s}{\text{사용}A_s} = \frac{2,258}{2,581} = 0.87$이다.

필요한 인장철근의 정착길이는 다음과 같이 계산된다.

$$l_d = 1,088 \times 1.3 \times 0.87 = 1,231\text{mm}$$

따라서, 뒷굽판 인장철근은 앞굽판까지 연장하여 충분한 정착길이를 확보하도록 한다.

5) 앞굽판의 설계

앞굽판은 그림 12.19와 같이 벽체 전면과 기초판의 접합부를 고정지점으로 하는 캔틸레버로 설계한다. 이때 앞굽판 위에 놓이는 복토는 무시한다.

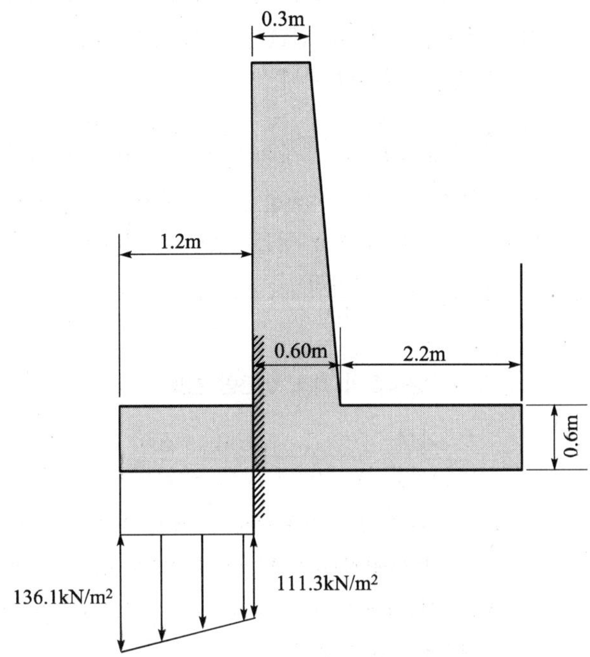

그림 12.19 압굽판의 설계

(1) 전단력의 검토

그림 12.19에서 고정지점이 전단에 대한 위험단면이므로, 계수 전단력은 다음과 같이 계산된다.

$$V_u = 1.6 \times (136.1 \times 1.2 \times \frac{1}{2} + 111.3 \times 1.2 \times \frac{1}{2})$$
$$- 1.2 \times (0.6 \times 25.0 \times 1.2) = 215.9\text{kN}$$

콘크리트가 부담할 수 있는 전단강도는 식(5.12)를 이용하면

$$\phi V_c = \phi \frac{1}{6} \lambda \sqrt{f_{ck}}\, bd = 0.75 \times \frac{1}{6} \times 1.0 \times \sqrt{24} \times 1{,}000 \times 507 \times 10^{-3}$$
$$= 310.47\text{kN} > V_u = 215.9\text{kN}$$

∴ 전단철근은 불필요하다.

(2) 계수 휨모멘트 및 인장철근량

고정지점에 대한 계수 휨모멘트는 다음과 같이 계산된다.

$$M_u = 1.6 \times [136.1 \times \frac{1.2}{2} \times (1.2 \times \frac{2}{3}) + 111.3 \times \frac{1.2}{2} \times (1.2 \times \frac{1}{3})$$
$$-1.2 \times [0.6 \times 25 \times \frac{1.2}{2}] = 136.46\text{kN} \cdot \text{m}$$

$$\phi M_n = M_u = 136.46\text{kN} \cdot \text{m} < 1.2 M_{cr} = 222.68\text{kN} \cdot \text{m}$$

최소 철근량의 조건에 만족하지 못하므로 계산상 필요한 철근량의 4/3배 이상의 인장철근을 사용해야 한다.

$$A_s = \frac{M_u}{\phi f_y (d - \beta c)} = \frac{136.46 \times 10^6}{0.85 \times 400 \times (510 - 0.4 \times 20)} = 800\text{mm}^2$$

$D19$(286.5 mm^2)를 150mm 간격(벽체철근과 동일한 간격)으로 배치하면, 뒷굽판의 폭 1m에 대한 사용 철근 단면적은 다음과 같다.

$$A_s = 286.5 \times \frac{1{,}000}{150} = 1{,}910\text{mm}^2 > 800\text{mm}^2$$

참고 3 앞굽판의 최소 철근량 검토

$$c = \frac{A_s f_y}{\alpha (0.85 f_{ck}) b} = \frac{1{,}910 \times 400}{0.8 \times (0.85 \times 24) \times 1{,}000} = 47\text{mm}$$

$$\phi M_n = \phi A_s f_y (d - \beta c) = 0.85 \times 1{,}910 \times 400 \times (507 - 0.4 \times 47) \times 10^{-6}$$
$$= 317.04\text{kN} \cdot \text{m} > M_u = 136.46\text{kN} \cdot \text{m} \quad \therefore \text{ 만족}$$

$$\phi M_n = 317.04\text{kN} \cdot \text{m} > 1.2 M_{cr} = 1.2 \times 185.4 = 222.48\text{kN} \cdot \text{m}$$

∴ 최소철근은 만족함

(3) 정착길이의 검토

[참고 4]의 계산결과 앞굽판의 정착길이는 $l_d = 534\text{mm}$이며, 뒷굽판까지 정착이 가능하므로 앞굽판의 정착길이는 충분하다.

참고 4 앞굽판의 인장철근 정착길이

$$l_{db} = \frac{0.6 d_b f_y}{\lambda \sqrt{f_{ck}}} = \frac{0.6 \times 19.1 \times 400}{1.0 \times \sqrt{24}} = 936\text{mm}$$

$D19 < D25$, 철근 순간격 $150 - 19.1 = 131\text{mm}$, 피복두께 80mm이므로 [제6장 표 6.1]에서 ②에 해당된다. 그러므로 보정계수는 $\alpha\beta = 1.0$이고,

$\frac{\text{소요}A_s}{\text{사용}A_s} = \frac{1{,}074}{1{,}910} = 0.57$이므로 정착길이는 다음과 같이 계산된다.

$$\therefore \quad l_d = 936 \times 1.0 \times 0.57 = 534\text{mm}$$

따라서. 앞굽판 인장철근은 뒷굽판까지 연장하여 충분한 정착길이를 확보하도록 한다.

6) 전면벽의 설계

(1) 토압의 계산

전면벽은 그림 12.20에 보인 바와 같이 벽체와 저판의 접합부 상면을 고정지점으로 하는 캔틸레버로 설계한다. 벽체의 높이 5.4m를 지간으로 하고 1방향 슬래브의 경우와 같이 폭이 1m인 직사각형 보로 설계한다. 벽체에 작용하는 하중은 그림 12.20에 보인 바와 같이 총 수동토압 P_a과 상재하중에 의한 총 횡방향압력 P_s이다.

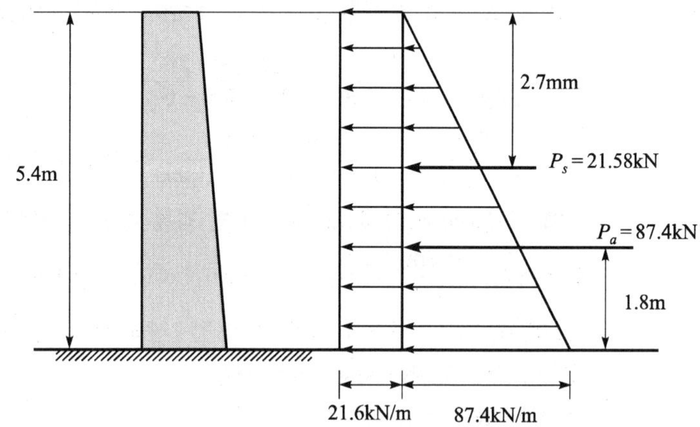

그림 12.20 벽체에 작용하는 토압

벽체 하단에서의 수동토압 p_a및 총 수동토압 P_a는 각각 식(12.1) 및 식(12.2)로부터

$$p_a = K_a r_s h = 0.333 \times 18 \times 5.4 = 32.37\text{kN/m}^2$$

$$P_a = p_a \times \frac{h}{2} = 32.37 \times \frac{5.4}{2} = 87.40\text{kN}$$

상재하중에 의한 횡토압 p_s 및 총 횡토압 P_s는 각각 식(12.14) 및 식(12.15)로부터

$$p_s = K_a q = 0.333 \times 12 = 3.996\text{kN/m}^2$$

$$P_s = 3.996 \times 5.4 = 21.58\text{kN}$$

(2) 전단력의 검토

벽체 하단에서의 계수 전단력은 그림 12.20으로부터

$$V_u = 1.6 \times (P_a + P_s) = 1.6 \times (87.4 + 21.58) = 174.37\text{kN}$$

벽체 하단에서의 유효깊이는 뒤판과 두께가 같이 $d = 507\text{mm}$이므로, 전단강도는

$$\phi V_c = 0.75 \times \frac{1}{6} \times 1.0 \times \sqrt{24} \times 1{,}000 \times 509 \times 10^{-3}$$

$$= 311.70\text{kN} > V_u = 174.37\text{kN}$$

∴ 전단철근은 불필요하다.

(3) 계수 휨모멘트 및 인장철근량의 계산

전면벽의 두께가 하단 600mm에서 상단 300mm로 변하고 있으므로 인장철근을 $D22$ 사용할 경우 각각의 위치에서의 유효높이는 다음 식으로 계산하면 된다.

$$d = 300 + \frac{h}{5.4} \times 209$$

전면벽 하단에서의 횡토압에 의한 계수 휨모멘트는 하중계수가 1.6이므로 그림 12.20으로부터

$$M_u = 1.6 \times \left(87.40 \times \frac{5.4}{3}\right) + 1.6 \times \left(21.578 \times \frac{5.4}{2}\right) = 344.929\text{kN} \cdot \text{m}$$

$$A_s = \frac{M_u}{\phi f_y (d - \beta c)} = \frac{344.938 \times 10^6}{0.85 \times 400 \times (509 - 0.4 \times 51)} = 2{,}077\text{mm}^2$$

$$c = \frac{f_y A_s}{\alpha (0.85 f_{ck}) b} = \frac{400 \times 2{,}077}{0.8 \times 0.85 \times 24 \times 1{,}000} = 51\text{mm}\ (\text{가정값과 동일})$$

$D22$를 150mm 간격으로 배치하면, 벽체 하단에 배치되는 인장 철근량은

$$A_s = 387.1 \times \frac{1{,}000}{150} = 2{,}581\text{mm}^2 > 2{,}077\text{mm}^2 \therefore \text{ 만족함}$$

그림 12.21은 전면벽의 거리와 인장철근량과의 관계를 멱함수 곡선으로 나타낸 것이며, 이들 관계는 다음 식과 같다.

$$h = 0.1654\,[A_{s(req)}]^{0.4598}$$

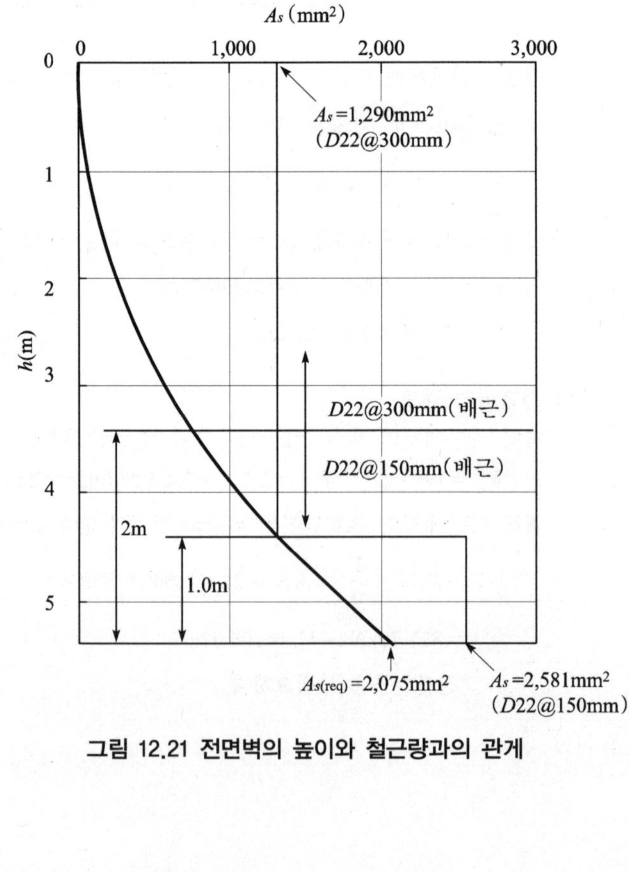

그림 12.21 전면벽의 높이와 철근량과의 관계

(4) 전면벽 휨철근의 절단 검토

전면벽의 휨모멘트는 벽체 하단부에서 상단부로 올라가면서 감소한다. 그러므로 인장철근의 단면적도 휨모멘트의 감소에 따라 감소시키는 것이 경제적이다. 그러기 위해서는 휨을 받는데 더 이상 연장할 필요가 없는 철근은 절단한다.

전면벽 하단부에서는 $D22$ 철근을 150mm 간격으로 배치하며, 휨을 받는데 더 이상 필요하지 않는 휨철근을 하나 건너 하나씩 절단하기로 한다. 그림 12.21에 나타낸 바와 같이 인장철근은 벽체 하단에서 1.0m 이격된 위치(상단에서 4.4m 이격된 위치)에서 하나 건너 하나씩 절단할 수 있으며, 연장되는 인장철근은 $A_s = 1{,}290\text{mm}^2$ ($D22$@300mm)가 된다.

인장철근은 계산상 필요 없는 점을 지나서 유효깊이 d 이상, $12d_b$ 이상 연장해서 끊어야 하므로

$$d = 509 \fallingdotseq 510\text{mm} > 12d_d = 12 \times 22.2 = 266\text{mm}$$

$\therefore$ 인장철근의 절단점은 $1.0 + 0.51 = 1.51\text{m}$

따라서, 벽체 하단에서 1.51m 이상 이격된 위치에서 절단할 수 있다. 그러나, 여기서는 안전성을 고려하여 하단에서 2.0m 이격된 위치(벽체 상단에서 3.4m 이격된 위치)에서 절단하기로 한다.

참고 5 전면벽의 최소 철근 검토

전면벽 하단에서 1.0m 이격된 위치에서의 최소 철근량을 검토한다.

$$I = \frac{1{,}000 \times 544^3}{12} = 134 \times 10^8\text{mm}^4,\ f_r = 3.09\text{MPa},\ M_{cr} = 152.2\text{kN}\cdot\text{m}$$

$$M_u = 1.6 \times (58.022 \times \frac{4.4}{3} + 17.582 \times \frac{4.4}{2}) = 198.047\text{kN}\cdot\text{m}$$

$$\phi M_n = M_u = 198.047\text{kN}\cdot\text{m} > 1.2M_{cr} = 182.67\text{kN}\cdot\text{m}$$

$\therefore$ 최소철근의 조건 만족

또한 인장구역에서 휨철근을 절단할 수 있는 3가지 조건 중 적어도 한 가지를 만족하여야 하며[제6장 6.4.2절 (5)항], 전체 철근량의 50%를 초과하여 절단할 수 없다. 이 세 가지 조건 중 절단점의 계수 전단력 V_u가 설계 전단강도 ϕV_n의 2/3이하가 되는지를 검토한다. [참고 6]의 계산결과로 인장철근은 인장구역에서 절단해도 좋다.

참고 6 인장구역에서의 인장철근 절단 검토

$$P_{a1(3.4)} = \frac{1}{2}K_a\gamma_s h^2 = \frac{1}{2} \times 0.333 \times 18 \times 3.4^2 = 34.645\text{kN}$$

$$P_{a1(3.4)} = K_a\gamma_s h = 0.333 \times 18 \times 3.4 = 20.380\text{kN}$$

$V_{u(3.4)} = 1.6 \times (34.645 + 20.380) = 88.04\text{kN}$

$\frac{2}{3}\phi V_c = \frac{2}{3} \times \left(0.75 \times \frac{1}{6} \times 1.0 \times \sqrt{24} \times 1{,}000 \times 432\right) \times 10^{-3} = 176.36\text{kN}$

$V_u = 88.04 < \frac{2}{3}\phi V_c = 176.36\text{kN}$

따라서, 인장철근을 인장구역에서 절단해도 좋다.

(5) 전면벽의 인장철근 정착길이 검토

① 전면벽 인장철근의 기초판 정착

[참고 7]의 계산결과 정착길이는 $l_d = 871\text{mm}$ 이며 기초판의 $d = 509\text{mm}$ 보다 크므로 90° 표준갈고리로 기초판에 정착하는 것으로 한다.

② 벽체 상단까지 배근되는 인장철근의 겹침이음

벽체 상단까지 배근되는 인장철근은 벽체 하단에서 겹침이음하는 것으로 한다. 이 때 요구되는 겹침이음의 길이는 [참고 8]의 계산결과 1,415mm 가 된다. 따라서 전면벽 하단에서 1.42mm 의 겹침이음을 두기로 한다.

참고 7 **전면벽 인장철근의 기초판 정착 검토**

간편식에 의한 인장철근의 기본 정착길이는 식(6.4)로부터

$$l_{db} = \frac{0.6 d_b f_y}{\lambda \sqrt{f_{ck}}} = \frac{0.6 \times 22.2 \times 400}{1.0 \times \sqrt{24}} = 1{,}088\text{mm}$$

철근의 순간격은 $175 - 25.4 = 150\text{mm}$, 피복두께는 80mm 이므로 [제6장 표 6.1]에서 *D*22 이상의 철근 ②에 해당된다.

따라서, 보정계수는 $\alpha\beta = 1.0 \times 1.0 = 1.0$

소요철근에 대한 사용철근의 보정계수는 $\frac{\text{소요}A_s}{\text{사용}A_s} = \frac{2{,}075}{2{,}581} = 0.8$

따라서, 요구되는 인장철근의 정착길이는 다음과 같이 된다.

$$l_d = 1{,}088 \times 1.0 \times 0.8 = 871\text{mm}$$

참고 8 **전면벽 인장철근의 겹침이음 검토**

B급 이음에 해당되므로 인장철근의 겹침이음의 길이는 $1.3 l_d$ 이상이어야 한다.

인장철근의 기본정착길이는 $l_{db} = 1{,}088\text{mm}$, $\alpha\beta = 1.0$(표 8.1)이므로

$$1.3 l_d = 1.3 \times (1{,}088 \times 1.0) = 1{,}415\text{mm} > 300\text{mm}$$

따라서 하나 건너 하나씩 전면벽 상단까지 연장되는 철근은 전면벽 하단에서 1,415mm 이상의 겹침이음을 두면 된다.

7) 전면벽의 최소철근 배치

(1) 수평철근

전면벽의 벽체 두께가 300~600mm로 변화하지만, 벽체 하단의 두께 $t=600\text{mm}$를 적용한다. $f_y \leq 400\text{MPa}$인 경우 수평으로 배치하는 최소 철근비는 $\rho=0.0025$이므로

$$A_s = 0.0025\times600\times1{,}000 = 1{,}500\text{mm}^2$$

노출된 벽 전면은 흙으로 덮여있는 후면보다 더 큰 온도변화가 발생하므로, 후면보다 철근 배치량을 더 증가시킨다.

노출면(전면)에 배치되는 수평철근

$$1{,}500\times\left(\frac{1}{2}\sim\frac{2}{3}\right)=750\sim1{,}000\text{mm}^2,\ D19@300\text{mm}\,(955\text{mm}^2)\text{를 적용함.}$$

후면(흙과 접하는 면)에 배치되는 수평철근

$$1{,}500\times\frac{1}{3}=500\text{mm}^2 < 955\text{mm}^2(D19@300\text{mm})$$

(2) 수직철근

벽체 전체 단면적에 대한 최소 수직 철근비는 $f_y \geq 400\text{MPa}$으로서 $D16$ 이하의 철근을 사용할 경우 $\rho=0.0015$이므로

$$A_s = 0.0015\times600\times1{,}000=900\text{mm}^2$$

후면에는 주철근이 수직방향으로 배치되어 있으나, 벽체 전면에는 별도의 보강철근이 배치되어 있지 않고 또한 외기에 노출되어 있으므로 최소 수직 철근의 $\frac{2}{3}$를 벽체 전면에 배치하기로 한다. 따라서, 노출면에 배치되는 벽체의 수직철근은

$$900\times\frac{2}{3}=600\text{mm}^2 < 955\text{mm}^2(D19@300\text{mm})$$

8) 전단홈의 설계

전면벽과 기초판 사이에 전단홈을 두는 것이 보통이다. 이것은 벽체와 기초 저판 사이에서 수평력을 전달하기 위하여 설치하는 것이며, 이에 요구되는 전단 철근은 전단마찰 이론에 의하여 구한다.

벽체 하면에서의 계수 전단력은 $V_u=174.37\text{kN}$이므로 전단마찰 철근량은 식(5.38)로부터

$$A_{vf}=\frac{V_u}{\phi f_y \mu}=\frac{174.37\times10^3}{0.75\times400\times1.0}=582\text{mm}^2$$

2-$D13$을 벽체의 전면과 후면에 200mm 간격으로 수직 배치하면, 단위 길이 1m에 대한 전단마찰 철근량은

$$A_{vf}=126.7\times\frac{1{,}000}{200}=634\text{mm}^2$$

공칭전단 마찰강도 V_n는 식(5.36)으로부터

$$V_n = \mu A_{vf} f_y = 1.0 \times 634 \times 400 \times 10^{-3} = 254\text{kN}$$

V_n이 $0.2 f_{ck} A_c$ 또는 $5.6 A_c$(A_c는 벽체와 기초판의 접촉면적)보다 작아야 하므로

$$0.2 f_{ck} A_c = 0.2 \times 24 \times 600 \times 1{,}000 \times 10^{-3} = 2{,}880\text{kN} > 254\text{kN}$$

$$5.6 A_c = 5.6 \times 600 \times 1{,}000 \times 10^{-3} = 3{,}360\text{kN} > 254\text{kN}$$

그러므로 전단마찰 철근량에 의한 설계전단전달강도 ϕV_n은

$$\phi V_n = 0.75 \times 254 = 191\text{kN} > V_u = 174.37\text{kN} \quad \therefore \text{ 만족}$$

9) 활동방지벽이 필요한 경우

기초판의 마찰계수가 $f = 0.5$인 경우로 가정하여 활동방지벽의 필요 유무를 검토하기로 한다.

$$f(\Sigma W) = 0.5 \times 379.17 = 189.59\text{kN/m}$$

활동에 대한 안전율은 식(12.21)로부터 다음과 같이 계산된다.

$$SF = \frac{f(\Sigma W)}{\Sigma H} = \frac{189.59}{131.87} = 1.44 < 1.5$$

∴ 활동에 대해 불안정하므로 기초한 하면에 활동방지벽을 둔다.

그림 12.22에 보인 바와 같이 활동 방지벽은 앞굽판의 b점으로부터 1.2m 떨어진 위치에 폭 0.5m, 깊이 0.6m의 크기로 설치한다. 앞굽판 상면에 놓이는 $mvgh$ 부분의 흙의 수동토압은 무시하기로 한다. 또한 앞굽판 하면의 수동토압이 작용하는 하면에서 흙이 서로 활동하는데 대한 마찰계수는 뒷굽판 및 활동방지벽 하면의 마찰계수와 같다고 가정한다.

따라서, 앞굽판의 활동방지벽에 작용하는 총 수동토압 P_p는 식(12.1) 및 식(12.2)로부터

$$p_p = K_p \gamma h_2 = 3.0 \times 18 \times 1.2 = 64.8\text{kN/m}^2$$

$$P_p = \frac{1}{2} p_p h_2 = \frac{1}{2} \times 64.8 \times 1.2 = 38.88\text{kN/m}$$

$$\Sigma H_r = f \cdot R_V + P_p = 189.59 + 38.88 = 228.47\text{kN/m}$$

활동에 대한 안전율은 식(12.21)로부터

$$\frac{\Sigma H_r}{\Sigma H} = \frac{228.47}{131.87} = 1.73 > 1.5$$

∴ 활동방지벽을 설치하면 활동에 대하여 안전하다.

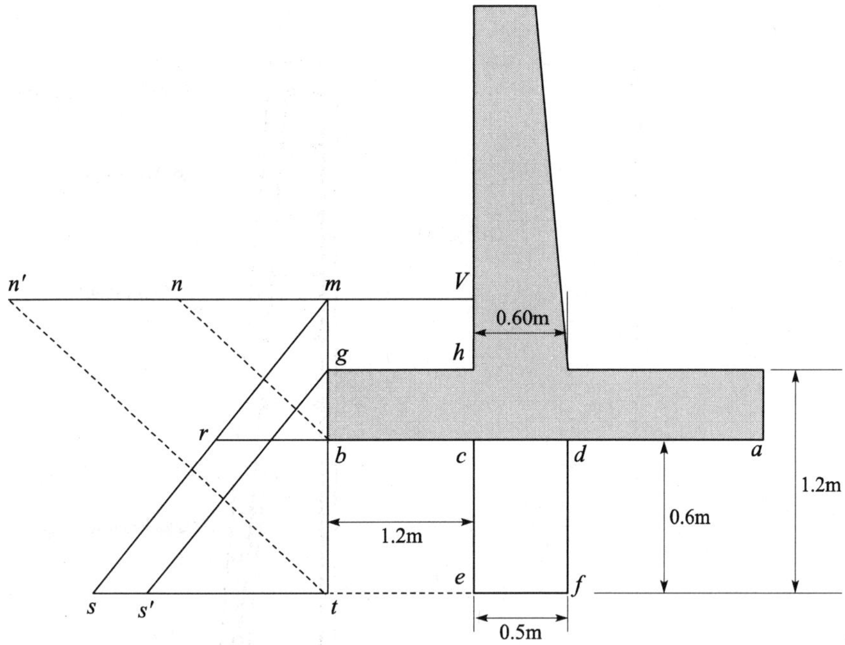

그림 12.22 활동방지벽을 설치한 경우 활동에 대한 안정성

10) 옹벽의 철근 배치도

① 전면벽 후면의 휨철근(수직철근)은 하단에서 2m까지는 $D22@150$mm로 배치하며, 2m에서 상단까지는 절반을 절단하여 연장되는 철근은 $D22@300$mm로 배치한다.

② 전면벽 후면에는 휨철근과 직각 방향으로 수평 철근을 $D19@300$mm로 배치한다.

③ 전면벽 전면에는 수직철근 및 수평철근을 각각 $D19@300$mm로 배치한다.

④ 뒷굽판의 휨철근은 상면에 $D25@150$mm로 배치한다.

⑤ 앞굽판의 휨철근은 하면에 $D19@150$mm로 배치한다.

⑥ 뒷굽판 및 압굽판에 휨철근에 직각 방향으로 $D13@300$mm로 배치한다.

⑦ 전단홈에 배치하는 철근은 2-$D13$을 벽체의 전면과 후면에 200mm간격으로 수직 배치한다.

그림 12.23은 이상의 철근 배치 조건에 의거하여 개략적인 철근 배근도를 나타낸 것이다.

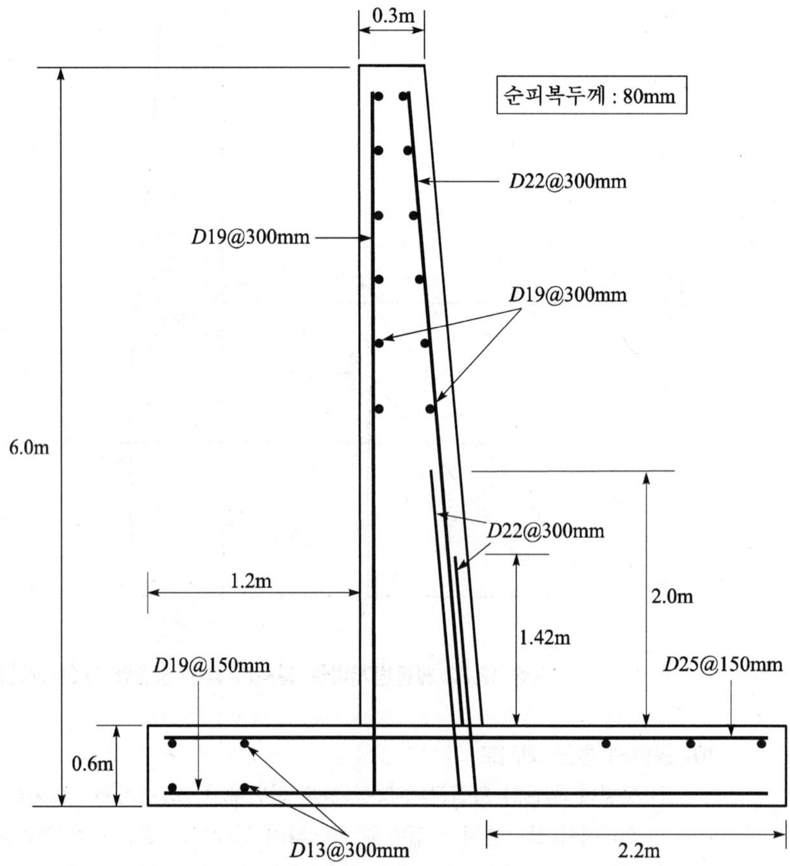

그림 12.23 옹벽의 철근 배근 개략도

연습문제

12-1 그림 12.24와 같은 옹벽이 있다. 흙의 단위중량은 $\gamma = 18\text{kN/m}^3$, 철근콘크리트 단위중량은 25kN/m^3 상재하중은 $q = 10\text{kN/m}^2$, 지반의 허용 지지력은 250kN/m^2이고, 콘크리트와 기초지반 사이의 마찰계수는 $f = 0.40$이다. 뒤채움 흙은 사질토이고, 그 전단 저항각(내부 마찰각)은 $\phi = 30°$이며, 벽배면과 흙 사이의 벽면 마찰각은 $\delta = \phi/3$, 배면과 연직면이 이루는 각은 $\beta = 0°$ 이다. $f_{ck} = 24\text{MPa}$, $f_y = 300\text{MPa}$으로 보고 다음 사항들을 구하시오.

(가) 옹벽의 안정을 검토하시오.

(나) 필요한 철근량을 계산하시오.

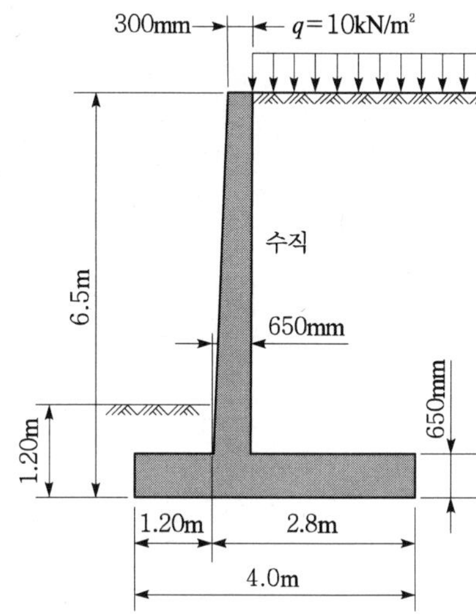

그림 12.24

12-2 다음과 같은 조건의 옹벽에 대한 단면치수를 정하고 설계하시오.

옹벽의 높이는 $h = 5.5\text{m}$, 철근콘크리트 단위중량은 25kN/m^3 옹벽 배후의 토사는 수평이고, 상재하중은 $q = 12\text{kN/m}^2$, 흙의 단위중량은 $\gamma_s = 18\text{kN/m}^3$, 마찰계수는 $f = 0.5$, 지반의 허용 지지력은 200kN/m^2이며, $f_{ck} = 24\text{MPa}$, $f_y = 300\text{MPa}$이다. 뒤채움 흙은 사질토이고, 그 전단 저항각(내부 마찰각)은 $\phi = 30°$이고, 배면과 흙 사이의 배면 마찰각은 $\delta = \phi/3$, 배면과 연직면이 이루는 각은 $\beta = 0°$, 배면 경사각은 수평면과 $0°$이다.

제13장

내진설계

이 장은 콘크리트구조 설계기준 [KDS 14 20 80 콘크리트 내진설계기준]의 규정에 따라 작성한 것이다.

13.1 개요

13.1.1 지진현상

지진(seismicity)이 발생하는 현상은 주로 지각변동과 화산폭발이며, 이 중 지금까지 발생된 지진의 대부분은 지각변동에 의해 일어났다. 판구조론의 탄성반발설에 의하면 지각변동에 의해 일어나는 지진은 서로 접해 있는 지각이 서로 다른 방향의 외력을 받게 되면 상대적 변형이 발생한다. 이 상대적 변형에 의해 일어나는 탄성에너지가 점차 증대하여 축적되고, 이 축적된 탄성에너지가 파동에너지로 변하면서 지질학적으로 가장 약한 지각부인 단층(fault)이 활동하게 된다. 이 활동이 단층의 저항 한계치를 초과하게 되면 파쇄가 일어나 지진을 일으키게 되는 것이다.

단층대에서 파쇄가 시작된 지각부의 최초 위치를 진원(focus)이라 하고, 이 진원에서 수직방향의 지표면의 위치를 진앙(epicenter)이라 한다. 이 진앙으로부터 멀어질수록 지진파 영향은 작아진다.

지구는 그림 13.1과 같이 태평양판(pacific plate), 북아메리카판(north America plate), 유라시아판(Eurasia plate) 등 10여개의 판으로 구성되어 있으며, 전 세계에서 발생하는 지진의 대부분은 이들 판들의 상대적 운동에 의해, 이 판들의 경계면 단층대에서 발생한다.

이 판들의 하부는 맨틀(mantle)이라는 유동의 매체로 구성되어 있다. 지진에 의해 하부에 있는 유체의 계속적인 운동이 일어나 판 경계면에 마찰 저항력이 극한에 도달하게 되면, 이 들 두 판은 서로 충격을 주어 수평 및 수직 방향의 큰 지반운동을 일으켜 지진파를 발생시킨다. 그리고 이러한 지진파는 구조물에 관성력으로 작용하게 된다.

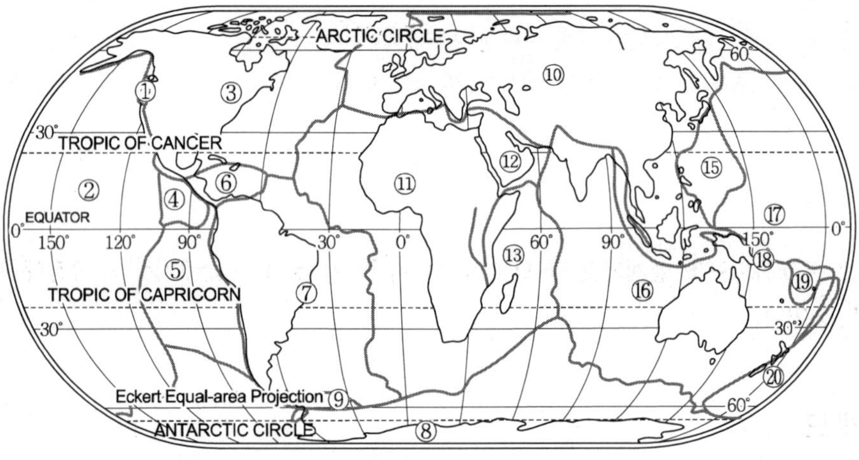

① Juan de fuca plate ② Pacific plate ③ North american plate ④ Cocos plate ⑤ Nazca plate ⑥ Caribbean plate ⑦ South american plate ⑧ Antarctic plate ⑨ Scotta plate ⑩ Eurasian plate ⑪ African plate ⑫ Arabian plate ⑬ Somali plate ⑭ Burma plate ⑮ Philippine plate ⑯ Indo-australian plate ⑰ Bismarck plate ⑱ Solomon plate ⑲ Piji microplates ⑳ Tonga plate

그림 13.1 지구 구성 판구조

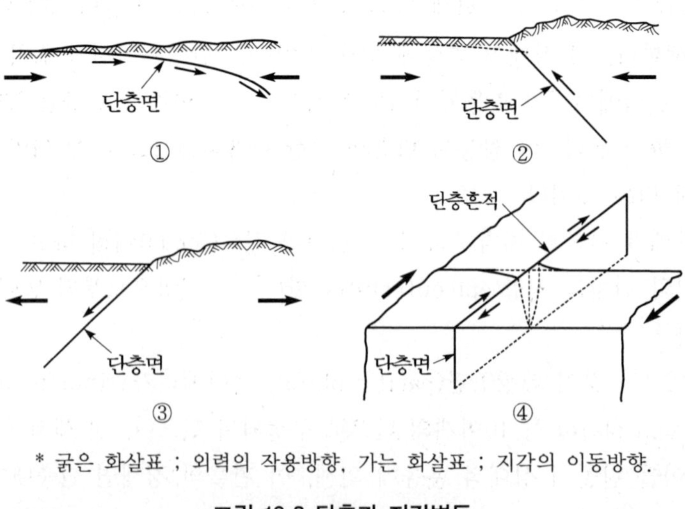

* 굵은 화살표 ; 외력의 작용방향, 가는 화살표 ; 지각의 이동방향.

그림 13.2 단층과 지각변동

그림 13.2는 외력에 따라 발생하는 지각 변동들과 단층을 보여 주고 있는 것으로서, 다음과 같은 단층 형태에 따라 지진파 특성의 차이가 있다.

① 해저판과 대륙붕 사이에서 압축력을 받아 좌측의 지각부가 우측의 지각 밑으로 침강을 나타내는 단층,

② 역단층(re-verse fault),

③ 정단층(normal fault)

④ 미국 서부해안 지역에 분포되어 있는 주향 이동 단층(strike-slip fault)

13.1.2 지진파와 지진 규모

단층대에서 방출되는 파동에너지에 의한 지진파는 실체파(body waves)와 표면파(surface waves) 형태로 전달된다. 실체파는 P파(longitudinal compression wave)와 S파(tranverse shear wave)로 구분하며, 파의 진행속도는 P파가 S파보다 빠르다. 표면파는 Love파와 Rayleigh파로 구분하여 지표면을 따라 전달되며, 일반적으로 주기도 길고 먼 거리까지 전달된다. 따라서 장대교량 등과 같은 구조물에서는 이러한 장주기의 표면파가 중요하다.

지진강도를 정량적으로 표시하는 방법으로는 방출된 파동에너지를 척도로 나타내는 규모(magnitude)와 지진에 의한 지면 이동을 척도로 나타내는 진도(intensity)가 있다. 규모 M은 진앙으로부터 100km의 거리에서 지진파의 최대 진폭을 상용 대수 함수로 변환시킨 값으로 지진계로 측정되며, 최근에는 이를 발전시켜 리히터 규모(Richter scale)로 나타내고 있다. 매그니튜드 M, 즉 리히터 규모 5.5 이상이 되면 지진 피해가 발생하게 되는 정도로 보고, M이 7 이상이면 큰 지진으로 본다.

진도는 지표면의 진동효과 즉, 지표면 가속도와 규모의 상관관계를 가지게 된다. 동일한 지진에 있어서도 사람들이 느끼는 진동의 수준이나 구조물의 피해정도에 의해 결정되므로 지역적으로 달라지며, 일반적으로 진앙으로부터의 거리에 비례하여 낮아진다. 진도를 나타내는 지표는 다음과 같다.

① 미국에서 제시하고 세계적으로 널리 이용되는 수정 머캘리 진도 ; MMI 또는 MM진도(Modified Mercalli Intensity)로서 12등급(Ⅰ-Ⅻ)으로 구성된다.

② 일본 기상청 진도(JMA진도)로서 8등급(0-Ⅶ)으로 구성된다.

우리나라의 내진설계 규준이 제시하고 있는 최대 지반가속도 0.11g는 MM 진도로서는 Ⅶ 등급에 해당되며, JMA 진도로서는 V등급에 해당된다.

지진의 강약을 나타내는 진도는 어떤 지점의 지진에 의한 진동의 최대 가속도와 중력가속도와의 비를 말한다. 즉, 지진의 관성력 F 는 식(13.1)과 같이 질량 W/g과 가속도 α의 곱으로 나타내고, 설계 계산에서는 일반적으로 구조물의 중량 W에 설계진도 k를 곱하여 사용하기도 한다.

$$F = \frac{W}{g} \times \alpha = \frac{\alpha}{g} W = kW \tag{13.1}$$

여기서, α : 지진가속도

W : 구조물 중량(N)=질량(kg)×가속도(m/sec^2)

g : 중력가속도(9.81m/sec^2)

k : 진도

F : 관성력(inertia force)

그리고 지진피해의 수준을 결정하는 요소에는 규모나 진도 이외에도 지진파의 최대 지반가속도(peak ground acceleration), 강진기간(strong motion duration), 지진파의 진동수(frequency) 성분, 유효 최대 지반 가속도(effective PGA) 및 지진 발생 빈도 등이 있다.

13.1.3 기본 진동주기

지진에 의한 지반 운동은 가속도, 속도 및 변위로 나타낸다. 구조물의 지진설계에서는 이들의 최대값이 중요한 요소이며, 이외에도 지반 진동에 의한 진동수, 진폭, 지속시간 및 현장 지반특성 등이 있다. 이 값들은 지반 운동이 일어나는 임의 시각에 도달되는 최대 진동의 크기이다. 그리고 이 값들은 실제 구조물을 단자유도 시스템이나 다자유도 시스템으로 이상화시켜서 동역학 이론으로 해석할 수 있는 것으로서 응답 스펙트럼(response spectrum) 값이 된다.

동하중이 작용할 때, 단자유도 시스템의 기본 고유주기 T는 응답이 한 주기를 마치는데 필요한 시간, 즉 위상각 ωt가 0으로부터 2π까지 운동하는 데 필요한 시간이며, $\omega t = 2\pi$로 놓고 감쇄를 고려치 않으면 다음 식(13.2)를 얻게 된다.

$$T = \frac{2\pi}{\omega} = 2\pi \left(\frac{m}{k} \right)^{1/2} \tag{13.2}$$

여기서, ω : 시스템의 각 진동수

m : 시스템의 질량

k : 스프링 계수

13.2 콘크리트 구조물의 내진설계

13.2.1 내진설계의 적용범위

지진하중에 대해 부재를 설계할 때에는 부재의 강도를 저하시키지 않는 범위 내에서 연성적이며, 많은 양의 에너지를 소산시키는 방식으로 수행되어야 한다. 전단력과 휨모멘트를 받는 보나 기둥의 연성을 증가시키는 가장 기본적인 방법은 폐쇄형 나선철근이나 띠철근으로 감싸는 것이다. 횡방향으로 구속된 보나 기둥은 사인장 균열로 인한 부재 강도의 저하 없이 휨강성을 유지하면서 비선형 반복하중에 저항할 수 있다. 소성힌지의 형성은 철근콘크리트 골조가 에너지를 소산시킬 수 있도록 하여 준다.

접합부의 이상적인 내진설계는 강도를 일정한 수준으로 유지하면서 소성힌지가 여러 곳에 균형 있게 형성되도록 하는 것이다. 횡방향 변위가 발생한 접합부에서 부재의 휨능력은 보보다 기둥이 더 강하도록 해야 한다. 즉 [약한 보-강한 기둥]의 접근 방식이 지진하중을 받는 철근콘크리트 접합부 설계에 적용되고 있다.

콘크리트구조 설계기준에서는 내진설계의 적용 범위를 다음과 같이 규정하고 있다.

① 지진하중과 관련하여 비선형 거동 범위 내에서 에너지 소산에 근거하여 결정된 설계하중을 받는 철근콘크리트 부재의 설계 및 시공에 대한 특별 사항을 규정하고 있다,

② 약진 지역에 속하거나 또는 낮은 지진위험도가 요구되는 구조물에서는 특별한 요구조건이 필요 없다.

③ 중진 지역에 속하거나 또는 중간 지진 위험도가 요구되는 구조물은 중간 또는 특수모멘트 골조 및 보통, 중간, 특수 철근콘크리트 구조벽이 지진력에 저항하도록 설계하여야 한다.

④ 강진 지역에 속하거나 또는 높은 지진 위험도가 요구되는 구조물은 특수 모멘트 골조, 특수 구조벽 그리고 격막구조 등이 지진력에 저항하도록 설계하여야 한다.

⑤ 이 기준의 요구 사항을 만족하지 않는 철근콘크리트 구조 시스템의 경우도 실험 혹은 해석에 따라 이 기준에서 요구하는 충분한 강도와 인성을 보유하는 것으로 입증되면 내진 시스템으로 사용할 수 있다.

⑥ 구조물의 진동을 감소시키기 위하여 관련 구조 전문가에 의해 설계되고 그 성능이 실험에 의해 검증된 진동 감쇠장치(damper)를 사용할 수 있다.

참고 1

우리나라의 내진설계 규정은 1992년 도로교표준시방서 「내진설계편」이 신설되었으며, 1996년 콘크리트표준시방서에서는 「내진설계시 특별 고려사항」이라는 항목으로 규정되었고, 1999년 철도설계기준(철도교편)에도 「내진설계편」이 신설되었다.
2022년 현재 KDS 17 10 00 「내진설계 일반」에서 내진성능기준, 지진재해 등 일반사항을 규정하고, KDS 14 20 80 「콘크리트 내진설계기준」에서 콘크리트구조의 내진설계 방법을 제시하고 안전성을 확보하기 위한 최소한의 요구조건을 규정하고 있다. 이와 더불어 KDS 41 17 00 「건축출 내진설계기준」, KDS 24 17 00 「교량 내진설계기준」에서 시설물별 추가 고려사항을 규정하고 있다.

13.2.2 구조부재의 해석과 설계

(1) 지진 하중에 대해 구조해석을 수행할 때 구조 재료의 선형 및 비선형 응답에 영향을 주는 모든 구조 및 비구조 부재의 상호작용을 고려해야 한다. 횡력 저항구조의 일부분이 아니라고 하더라도 구조 시스템의 응답에 대한 영향을 미칠 경우는 그 영향에 대해서도 고려해야 한다.

(2) 지진하중에 대한 하중계수, 하중조합 및 강도감소계수는 [제1장]의 규정에 따르며, 비탄성 하에서 적당한 연성과 인성을 갖도록 특수모멘트골조와 특수철근콘크리트 구조벽체의 콘크리트 설계기준강도는 $f_{ck} \geq 21\text{MPa}$이어야 한다.

(3) 지진력에 의한 휨모멘트 및 축력을 받는 중간 모멘트 골조와 특수 모멘트 골조, 그리고 특수 철근콘크리트 구조 벽체 소성영역과 연결보에 사용하는 철근은 설계기준항복강도 f_y가 600MPa 이하이어야 한다. 전단철근의 항복강도는 선부재의 경우 500MPa 이하, 벽체의 경우 600MPa 이하이어야 한다.

(3) 골조나 구조 벽체의 소성영역 및 연결보에 사용하는 주철근은 [KS D 3504]의 특수내진용 S등급 철근을 사용하여야 한다.

(4) 다만, [KS D 3504]의 일반구조용 철근이 다음의 두 가지 성능 조건을 만족할 경우, 골조나 구조 벽체의 소성영역 및 연결보의 주철근으로 사용할 수 있다.

① 실제 항복강도는 공칭항복강도를 120 MPa 이상 초과하지 않아야 한다.

② 실제 항복강도에 대한 실제 인장강도의 비는 1.25 이상이어야 한다.

13.3 특수모멘트골조의 내진설계

지진의 위험성이 큰 특수모멘트골조 구조의 4가지 부재 유형은 휨부재, 휨과 축력을 받는 부재, 접합부, 지진력을 부담하지 않는 부재 등이다.

13.3.1 휨부재

휨부재는 지진으로 발생하는 힘에 저항하는 구조 부재로서 계수 축방향 압축력이 $\dfrac{A_g f_{ck}}{10}$ 를 초과하지 않는 것을 말한다. 부재의 순경간이 유효깊이의 4배 이상, 깊이에 대한 폭의 비가 0.3 이상이어야 한다. 또한, 부재의 폭은 250mm 이상이어야 하며, 휨부재 축방향과 직각으로 측정한 지지부재의 폭에 받침부 양측면으로 휨부재 깊이의 3/4을 더한 값보다 작아야 한다.

1) 축방향 철근

(1) 부재의 모든 단면에서 해석에 의해 필요한 철근량보다 1/3 이상 인장철근이 더 배치되어 $\phi M_n \ge \dfrac{4}{3}M_u$을 만족하는 경우를 제외한 휨부재에서는, 어떤 단면에서나 상부철근 및 하부철근은 $\phi M_n \ge 1.2M_{cr}$의 조건을 만족해야 하고, 또한 $1.4b_w d/f_y$ 이상이어야 한다. 철근이 밀집되지 않도록 하며, 부재의 휨 내력에 의해 결정되는 전단력을 절적한 크기로 하기 위해 철근비 ρ는 0.025 이하이어야 한다. 상부와 하부에는 시공 상 요구에 의해 2개 이상의 철근을 연속 배치하도록 한다.

(2) 기둥 접합면에서 정모멘트 강도는 부모멘트에 대한 강도의 1/2 이상이어야 한다. 또한, 부재의 어느 위치에서나 정 또는 부모멘트에 대한 강도는 부재 양단 접합면에서의 최대 휨강도의 1/4 이상이어야 한다. 이러한 조건은 전체 부재가 연성적인 거동을 할 수 있도록 하는데 필요하다.

(3) 휨철근의 겹침이음은 이음길이 부분에 후프철근이나 나선철근이 배치되어 있는 경우에만 사용할 수 있다. 겹침이음 철근을 둘러싸는 횡방향 철근의 간격은 $d/4$이하, 100mm 이하이어야 한다. 겹침이음은 접합부의 내부, 접합면부터 부재 깊이의 2배 이내의 거리 구간, 구조해석에서 횡하중에 의한 비선형 변위에 의해 철근의 항복이 일어나는 곳에서는 사용할 수 없다.

(4) 기계적 이음 및 용접이음은 콘크리트구조 설계기준 [4.1.6 특수모멘트골조와 특수철근콘크리트 구조벽체의 기계적 이음] 및 [4.1.7 특수모멘트골조와 특수철근콘크리트 구조벽체의 용접이음]의 규정에 따라야 한다.

2) 횡방향철근

지진에 의해 발생되는 하중을 지지하는 휨부재에는 전 단면에 걸쳐 횡방향 보강 철근을 배치한다. 횡방향 철근은 콘크리트를 구속시키고, 축방향 철근을 횡방향으로 지지하여 적당한 연성을 확보하기 위하여 주로 사용한다. 골조의 휨부재에 배치하는 후프의 형태는 그림 13.3과 같아야 하며, 또한 다음과 같은 조건에 적합하도록 하여야 한다.

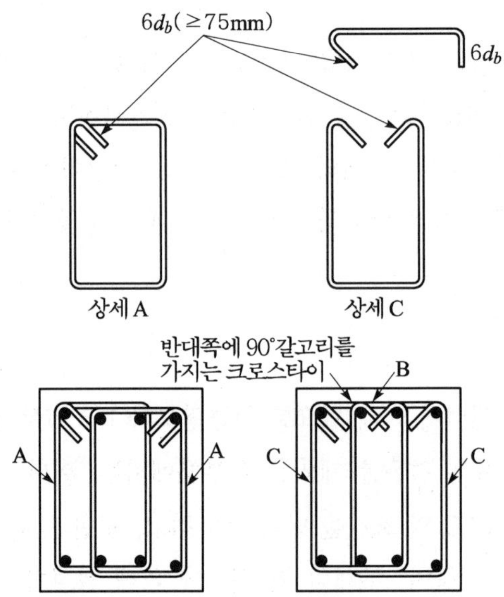

그림 13.3 후프 배치

(1) 휨부재 양단의 받침부 면에서 경간 중앙방향으로 휨부재 깊이의 2배 구간과 골조의 비탄성 횡변위로 인한 휨 항복이 일어날 수 있는 단면 좌우측으로 부재 깊이의 2배 이상의 거리 구간에 대해서는 후프철근을 배치한다.
(2) 첫 번째 후프철근은 지지부재 면으로부터 50mm 이내에 위치하여야 하며, 후프철근의 최대간격은 $d/4$, 축방향철근의 최소 지름의 8배, 후프철근 지름의 24배 및 300mm 중 가장 작은 값 이하로 배치한다.
(3) 후프철근이 필요한 곳에서 후프철근으로 감싸인 모든 모서리 축방향 철근과 하나 건너 위치하고 있는 축방향 철근은 135° 이하로 구부린 띠철근의 모서리에 의해 횡지지되어야 한다. 다만, 띠철근을 따라 횡지지된 인접한 축방향 철근의 순간격이 150mm 이상 떨어진 경우에는 추가 띠철근을 배치하여 축방향 철근을 횡지지하여야 한다. 후프철근이 필요하지 않는 부재의 전 길이에 $d/2$ 이내의 간격으로 양단에 내진 갈고리가 있는 스터럽을 배치하도록 한다.

(4) 전단저항에 요구되는 스터럽이나 띠철근은 콘크리트구조 설계기준 [4.4.3 축방향 철근], [4.5.4 횡방향 철근], [4.6.2 횡방향 철근]에 규정된 부재의 길이에 걸쳐 후프철근을 사용하여야 한다.

3) 전단강도 요구조건

설계전단력 V_e는 접합면 사이의 부재에 작용하는 힘들의 평형 관계로 결정되는 최대값이며, 접합면의 단부에 작용하는 예상 휨강도 M_{pr}는 그림 13.4와 같다. 계산의 단순화를 위해 압축철근을 무시할 경우 M_{pr} 및 V_e는 각각 다음 식(13.3), 식(13.4)에 의해 계산할 수 있다.

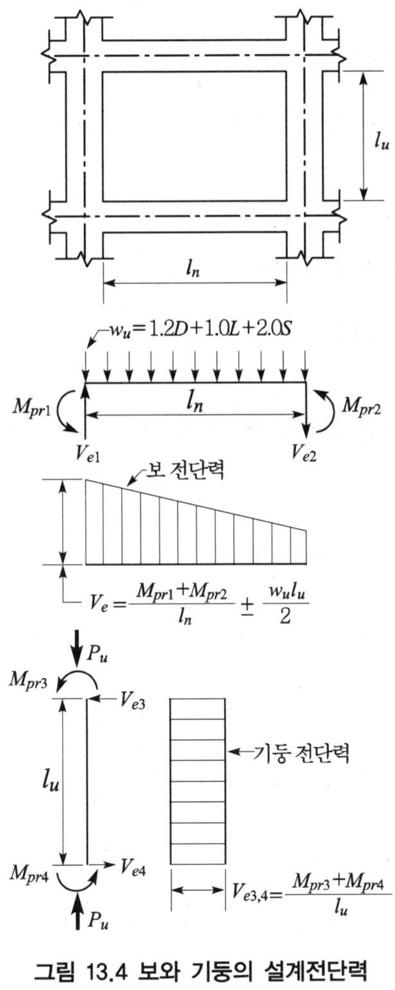

그림 13.4 보와 기둥의 설계전단력

$$M_{pr} = 1.25\,A_s f_y\left(d - \frac{a}{2}\right) \tag{13.3}$$

여기서, $a = \dfrac{1.25 f_y \cdot A_s}{0.85\eta f_{ck} \cdot b}$

$$V_e = \frac{M_{pr1} + M_{pr2}}{l} \pm \frac{W}{2} \tag{13.4}$$

여기서, M_{pr1}, M_{pr2} : 휨모멘트가 동일한 방향으로 작용할 때 부재 양단의 예상 모멘트 강도(kN·m)

l : 지지면 사이의 순 부재 길이(m)

$\dfrac{W}{2}$: 부재 양단에서 계수 중력하중 효과 (1.2D+1.0L+0.2S로 계산.)

식(13.4)는 시계 방향 및 반시계 방향으로 작용하는 양단의 모멘트 대하여 따로따로 계산한다.

휨부재 양단의 횡방향 철근은 다음과 같은 조건이 모두 만족되면, 콘크리트의 전단력을 $V_c = 0$이라고 가정하여 전단력에 저항할 수 있도록 설계한다.

① 식(13.4)에서 지진으로 인한 전단력$(M_{pr1} + M_{pr2})/l$가 최대 소요전단 강도의 $\dfrac{1}{2}$ 이상일 때

② 지진하중의 영향을 고려한 계수축력 P_u가 $A_g f_{ck}/20$ 이하일 때

13.3.2 휨모멘트와 축력을 받는 부재

지진하중을 받고, 계수축력이 $A_g f_{ck}/10$을 초과하는 내진 골조 구조부재의 경우에 해당하는 특수 모멘트 골조 부재에 대한 것으로 다음 조건을 만족하여야 한다.

① 도심을 지나는 직선상으로 측정한 최소 단면치수는 300mm 이상이도록 한다.

② 최소 단면치수의 직각방향 치수에 대한 길이 비는 0.4 이상이도록 한다.

1) 기둥의 최소 휨강도

(1) $A_g f_{ck}/10$을 초과하는 계수축력을 받는 기둥의 휨강도는 다음의 (2)항, (3)항의 규정에 만족하여야 한다. 만약 (2)항을 만족시키지 못하는 기둥의 횡방향 강도와 강성은 구조물의 강도와 강성 계산에서 무시할 수 있다. 그러나, 콘크리트구조 설계기준 [4.2 지진력

에 저항하지 않는 골조 부재]의 규정을 만족시켜야 한다.

(2) [약한 보 강한 기둥]의 개념으로 설계하기 위해 기둥의 항복 가능성을 최소화하기 위하여 접합부 안쪽으로 연결된 기둥의 공칭강도가 그 접합부를 지나는 보의 공칭휨강도를 최소한 1.2배 초과하도록 규정하고 있다. ΣM_c는 다음 식(13.5) 값 이상이 되도록 한다.

$$\Sigma M_c \geq \frac{6}{5}\Sigma M_g \tag{13.5}$$

여기서, ΣM_c : 접합부의 접합면에서 그 접합부에 연결된 모든 기둥들의 설계 휨강도의 합이다. 기둥의 휨강도는 고려되는 횡방향에 일치되게 계수 축력을 감안하여 계산하여야 하며, 결과적으로 최소 휨강도이어야 한다.

ΣM_g : 접합부의 접합면에서 그 접합부에 연결된 보의 설계휨강도의 합이다. 만약 슬래브와 일체화되어 휨에 저항하는 T형보인 경우의 휨강도는 슬래브 유효폭 내에 있는 슬래브 철근을 고려하여 산정하여야 한다.

(3) 휨강도는 기둥의 휨모멘트가 보의 휨모멘트와 반대 방향으로 작용하는 것으로 하여 합산한다. 식(13.5)는 고려되는 골조의 수직평면 내에서 양방향으로 작용하는 보의 휨모멘트에 대해 만족해야 한다.

(4) 접합부에서 (2)항의 조건을 만족시키지 못한 경우에는, 그 접합부의 반력을 받는 기둥은 전체 높이에 대해서 다음의 3) 횡방향 철근 (1)항, (2)항, (3)항의 규정에 따라 횡방향 철근으로 보강하여야 한다.

2) 축방향 철근

(1) 기둥의 축방향 철근비 ρ_g는 다음과 같은 범위에 있어야 한다.

$$0.01 \leq \rho_g \leq 0.06$$

이와 같이 축방향 철근의 하한값을 정하는 이유는 콘크리트의 시간 의존 변형 관계를 고려하고, 균열모멘트와 항복모멘트 사이에 상당히 큰 여유를 확보하기 위한 것이다. 상한값은 철근의 밀집, 저층 구조물의 기둥에 대한 슬래브와 보에 의한 하중 전달 및 전단응력의 발생 등에 대비한 값이다.

(2) 콘크리트 피복의 박리는 기둥의 단부 근처에서 일어날 가능성이 많기 때문에 이 위치에서 겹침이음은 피하도록 하고, 겹침이음은 부재의 중앙부에서 부재 길이의 1/2 구역 내에서 하며, 인장이음으로 설계한다. 또한 다음의 3) 횡방향 철근 (2)항, (3)항의 규정에 따른 횡방향 철근으로 둘러싸야 한다.

3) 횡방향 철근

(1) 앞의 2) 축방향 철근 (2)항 또는 다음의 4)항의 전단철근의 요구조건에 의해 더 많은 철근이 필요한 경우가 아니면, 횡보강 철근을 다음과 같이 배치한다.

① 나선 또는 원형후프철근의 용적철근비 ρ_s는 식(13.6)으로 결정된 값 이상으로 하여야 하며, $\rho_s = 0.45\left(\dfrac{A_g}{A_{ch}} - 1\right)\dfrac{f_{ck}}{f_{yt}}$ 이상으로 한다.

$$\rho_s = 0.12\frac{f_{ck}}{f_{yh}} \tag{13.6}$$

② 사각형 후프철근도 나선철근과 근사한 구속효과를 얻기 위해서는 최소 횡방향 철근의 전체 단면적은 식(13.7)과 식(13.8)로 계산되는 값 이상이어야 한다.

$$A_{sh} = 0.3\frac{s\,h_c f_{ck}}{f_{yh}}\left(\frac{A_g}{A_{ch}} - 1\right) \tag{13.7}$$

$$A_{sh} = 0.09\frac{s\,h_c f_{ck}}{f_{yh}} \tag{13.8}$$

여기서, A_{ch} : 횡방향 철근의 외곽으로 측정한 코어의 단면적(mm^2)

s : 구조부재의 축방향에 따라 측정한 횡방향 철근의 간격(mm)

h_c : 구속철근의 중심으로 측정된 기둥 코어의 단면치수(mm)

③ 횡방향 철근은 단일 후프철근 또는 겹침 후프철근으로 이루어져야 한다. 이때 후프철근과 같은 굵기와 간격으로 된 연결철근을 사용할 수 있으며, 그 연결철근의 끝은 축방향 철근에 고정되어야 하고, 축방향 철근을 따라 교대로 배치되도록 한다. 그림 13.5는 하나의 후프와 세 개의 연결타이(crosstie)에 의한 횡방향 철근의 배치 상태를 보여주고 있다. 90°갈고리를 가진 연결철근은 135°갈고리를 가진 연결철근이나 후프 보다 구속 효과가 크지 않다.

④ 부재 심부의 설계강도가 지진력을 포함하는 설계하중의 조합으로 계산되는 강도 이상이면 식(13.7)과 $\rho_s = 0.45\left(\dfrac{A_g}{A_{ch}} - 1\right)\dfrac{f_{ck}}{f_{yt}}$ 이하라도 좋다.

⑤ 횡방향 철근의 외부에 위치하여 구속되지 않은 콘크리트의 두께가 100mm를 초과하면, 횡방향 철근을 추가적으로 배치하여야 한다. 이 추가적인 횡방향 철근에 대하여 피복 두께는 100mm 이내가 되도록 하여야 하며, 간격은 300mm 이하가 되도록 하여야 한다.

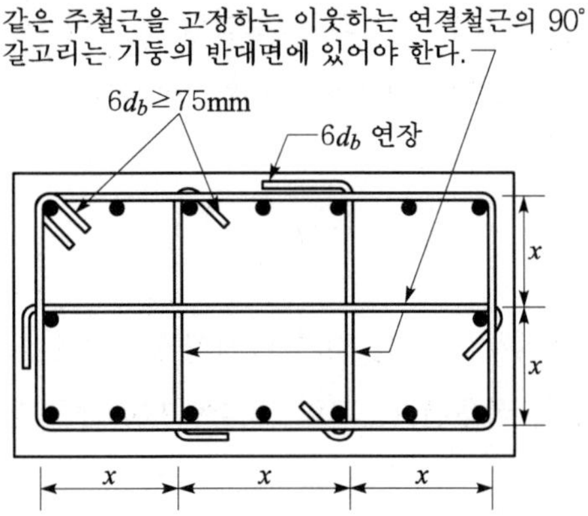

* x는 350mm를 초과할 수 없다.

그림 13.5 기둥의 횡방향철근

(2) 사각형 횡방향 철근의 간격은 콘크리트 구속을 확보하기 위하여, 부재의 최소 단면치수의 1/4, 축방향 철근 지름의 6배, 또한 식(13.9)에 규정한 s_x중 가장 작은 값 이하로 배치하여야 하며, 150mm 이하이어야 하고, 100mm 이상이도록 한다.

$$s_x = 100 + \frac{(350 - h_x)}{3} \tag{13.9}$$

여기서, h_x : 기둥 전체 표면의 후프 혹은 기둥 연결철근의 최대수평간격(mm)

(3) 연결철근이나 겹침 후프철근의 중심간격이 350mm 이내가 되도록 배치한다.

(4) 골조의 각 접합면부터 휨 항복이 일어날 가능성이 있는 단면의 깊이인 l_o 구간, 부재 순경간 1/6이나 450mm 중 가장 큰 값 이상 구간에는 위의 (1)에서 (3)까지 규정에 따른 횡방향 철근을 배치한다. 또한 골조의 비탄성 횡변위에 의한 휨 항복이 일어날 가능성이 있는 단면 좌우 양쪽에도 이와 같이 한다.

(5) 기둥이 벽체와 같이 불연속적으로 강성이 큰 부재인 경우는 다음의 규정에 따른다.

① 지진력에 의한 부재 계수축력이 $A_g f_{ck}/10$을 초과하는 경우, 불연속이 되는 곳까지 전 높이에 걸쳐서 위의 (1), (2), (3)항과 같이 횡보강 한다.

② 횡보강 철근은 가장 굵은 축방향 철근의 정착길이 만큼 불연속 부재 내부에 배치되어야 한다. 기둥의 하단이 벽체 위에서 끝나게 되는 경우, 위의 (1), (2), (3)항에 의한 횡방향 철근은 기둥이 끝나는 점에서 최대 축방향 철근의 정착구간까지 벽체 내에 배치해야 한다. 그리고 기둥이 일반 기초나 전면기초 위에 끝날 경우는, 위의 (1), (2), (3)항에 의해 결정되는 횡방향 철근은 일반 기초나 전면 기초 내에 300mm 이상의 구간까지 배치되도록 한다

(6) 위의 (1)항, (2)항, (3)항에 따라 결정되는 횡방향 철근이 배치되어 있지 않은 구간은, 중심 간격이 축방향 철근 지름의 6배 이하, 또한 150mm 이하인 나선철근이나 후프철근의 횡방향 철근을 보강한다.

4) 전단강도 요구조건

비선형 힌지가 형성되는 보에서 사용한 것과 마찬가지인 전단 규정이 반드시 $A_g f_{ck}/10$보다 큰 축력이 작용하는 부재에 적용된다. 그림 13.4에 나타낸 바와 같이 계수하중을 고려한 전단력은 다음과 같이 된다.

$$V_e = \frac{M_{pr1} + M_{pr2}}{l_u} \tag{13.10}$$

여기서, l_u : 보 사이의 순간격

M_{pr1}, M_{pr2} : 철근의 응력이 $1.25 f_y$를 기준으로 한 값

설계전단력 V_e는 부재 각 단부의 접합부 면에서 발생 가능한 최대 전단력으로 결정하며, 이러한 접합면의 힘은 부재의 계수축력을 고려한 예상 최대 휨강도 M_{pr}를 사용하여 결정한다. 접합부에 연결된 횡부재의 예상 휨강도 M_{pr}에 근거한 접합부 강도에 의해 계산된 전단력보다 클 필요가 없으나, 어떤 경우에도 V_e는 구조물 해석에 의하여 구한 계수전단력 이상이어야 한다.

골조의 각 접합면부터 휨 항복이 일어날 가능성이 있는 단면의 깊이인 l_o 구간에 대한 횡방향 철근은 다음 ①과 ②를 모두 만족하는 경우 $V_c = 0$으로 보고 전단력에 저항할 수 있도록 설계하여야 한다.

① 식(13.10)에 의해 계산된 지진하중에 의한 전단력이 그 길이에서 최대 소요 전단강도의 1/2 이상인 경우

② 지진하중에 의한 계수축력이 $A_g f_{ck}/20$보다 작은 경우

13.3.3 접합부와 철근의 정착

1) 일반사항

(1) 철근콘크리트 접합부 표면에서 비탄성 회전을 달성하는 것은 항복점을 훨씬 지난 휨철근의 변형률과 연관된다. 따라서 보의 종방향 철근의 작용력을 계산할 때, 철근의 응력은 $1.25 f_y$로 가정하며, 접합부의 강도는 강도감소계수 값에 의하여 결정한다.

(2) 기둥 속에서 끝나는 보의 종방향 철근은 횡보강된 기둥 심부의 반대 면까지 연장시켜야 하며, 인장력을 받는 경우 다음의 4) 인장철근의 정착길이의 규정에 따르고, 압축력을 받는 경우 [제6장 정착과 이음]의 규정에 따른다.

(3) 보의 종방향 철근이 보-기둥 접합부를 통과하여 연장되는 경우에 보의 종방향 철근에 평행한 기둥 변 길이 h는 식(13.11), (13.12)를 만족하여야 한다.

① 보통중량콘크리트인 경우

$$f_y \le 400\,\text{MPa}\text{에 대하여, } \frac{h}{d_b} \ge 20 \tag{13.11a}$$

$$f_y > 400\,\text{MPa}\text{에 대하여, } \frac{h}{d_b} \ge 25 \tag{13.11b}$$

② 경량콘크리트인 경우

$$\frac{h}{d_b} \ge 26\frac{f_y}{400} \ge 26 \tag{13.12}$$

2) 횡방향철근

(1) 기둥의 접합부에 연결된 각 보 폭이 기둥 폭의 3/4 이상일 때, 가장 깊이가 작은 보 깊이만큼 구간 내에는 [13장 13.2.3절] 1)항에 규정된 철근량의 1/2 이상의 횡방향 철근만을 배치할 수 있고, [13장 13.2.3절] 2)항에 규정된 횡방향 철근의 간격을 150mm까지 증가시킬 수 있다. 이와 같이 접합부가 구조부재로 구속되어 있지 않으면, [13장 13.2.3절]에 따르는 횡방향 후프철근을 접합부 내에 두어야 한다.

(2) 기둥 심부 외측에 있는 보의 종방향 철근이 그 접합부에 인입되는 다른 보에 의해 구속되어 있지 않을 때는 [13장 13.3절]에 따라 필요한 횡방향 철근을 접합부 내에 배치한다.

3) 전단강도

(1) 접합부의 공칭 전단강도는 보통 중량 골재 콘크리트의 경우 다음 값을 초과할 수 없다.

① 4면이 구속된 접합부의 경우 ………… $1.7\sqrt{f_{ck}}A_j$

② 3면 또는 서로 반대 방향의 2면이 구속된 경우 ………… $1.25\sqrt{f_{ck}}A_j$

③ 기타인 경우 ………… $1.0\sqrt{f_{ck}}A_j$

여기에서, 접합부의 유효면적 A_j는 그림 13.6에 나타나 있으며, A_j는 기둥 단면적보다 작아야 한다. 그리고 각 접합면의 3/4이 인입되는 부재와 접합되어 있으면 그 면은 구속되어 있는 것으로 간주한다.

(2) 경량콘크리트에서 접합부의 공칭 전단강도는 위의 (1)항에 규정된 값의 3/4을 초과할 수 없다.

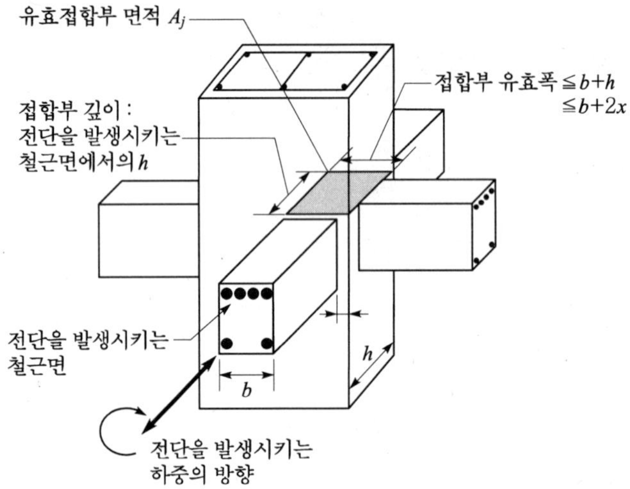

그림 13.6 유효접합부 면적

4) 인장철근의 정착길이

(1) 보통 중량 콘크리트에서 90°표준갈고리가 있는 인장철근의 정착길이 l_{dh}는 D6에서 D35까지 철근의 경우 $8d$ 이상, 150mm 이상, 또한 식(13.13)에서 규정된 길이 이상이어야 한다.

$$l_{dh} = \frac{f_y d_b}{5.4\sqrt{f_{ck}}} \tag{13.13}$$

경량콘크리트에서 90°표준갈고리를 갖는 철근의 정착길이는 $10d_b$, 190mm 또는 식(13.13) 값의 1.25배 이상이도록 한다. 또한, 90°갈고리는 기둥이나 경계부재의 횡구속된 콘크리트 내까지 연장한다.

(2) D6에서 D35의 직선철근의 정착길이 l_d는 철근 하부에 한 번에 타설한 콘크리트의 깊이가 300mm를 초과하지 않을 경우는 (1)항에 규정된 길이의 2.5배 이상, 철근 하부에 한 번에 타설한 콘크리트의 깊이가 300mm를 초과할 경우는 위의 (1)항에 규정된 길이의 3.5배 이상으로 하여야 한다.

(3) 접합부에서 끝나는 직선철근은 기둥이나 경계부재의 횡구속된 심부를 완전히 가로질러서, 상기 부분을 넘어 1.6배 이상 연장하여 정착길이를 확보하도록 한다.

(4) 에폭시 도막 철근이 사용된 경우, 위 (1)에서 (3)항까지 기술된 정착길이는 [제6장 정착과 이음]에 규정된 계수값을 곱하여 사용한다.

예제 13.1 그림 13.7과 같은 철근콘크리트 라멘구조로 구성된 기둥에 보가 접합되어 있다. 이 구조는 지진하중에 저항하도록 설계되었으며, 단면 치수와 철근은 그림에 보인 바와 같다. 이 골조의 각 접합면부터 휨 항복이 일어날 가능성이 있는 단면의 깊이 l_o에 배치해야 할 최소 횡방향 철근량을 구하시오. 다만, 층의 높이는 3.80m이며, $f_{ck} = 27\text{MPa}$, $f_y = 400\text{MPa}$이다.

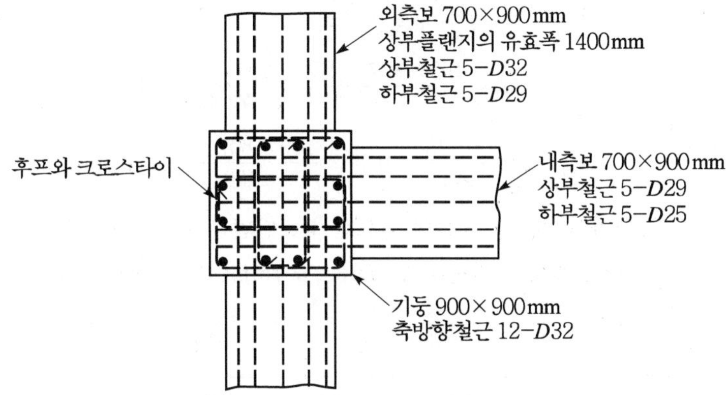

그림 13.7 보-기둥 접합부

풀이

(1) 보와의 접합부에서 기둥 상하에 최소 횡철근량을 배치할 구간 l_0

l_0는 보의 높이 $h = 900\text{mm}$, 순경간의 $\frac{1}{6} = (3{,}800 - 900) \times \frac{1}{6} = 483\text{mm}$, 450mm 중 가장 큰 값이다. 그러므로 $l_0 = 900\text{mm}$이다.

(2) 횡철근의 최대간격 s

부재 최소치수 : $\frac{1}{4} = 900 \times \frac{1}{4} = 225\text{mm}$

축방향 철근 지름의 6배 : $31.8 \times 6 = 191\text{mm}$

식(13.9)로부터 $s_x = 100 + \frac{350 - h_x}{3} = 100 + \frac{350 - 350}{3} = 100\text{mm}$

이상의 세 값 중에서 가장 작은 값이 횡철근의 최대간격이며, 또한 이 값은 100mm~150mm 이어야 한다. 따라서 횡방향 철근의 최대간격은 $s = 100\text{mm}$이다.

(3) 기둥의 심부의 치수 h_c

기둥의 심부 치수 h_c는 둘러 감은 철근 중심간 거리이므로 횡방향 철근으로 $D13$을 사용한다면

$h_c = 900 - 40(\text{덮개}) \times 2 - 12.7(D13\text{의 지름}) = 807\text{mm}$

(4) 기둥심부의 단면적 A_{ch}

A_{ch}는 둘러 감은 철근의 외측표면 사이 내의 면적이므로, 철근의 외측표면 사이 거리는 $900 - 40 \times 2 = 820\text{mm}$이다. 따라서, 기둥 심부의 단면적은 정사각형 기둥이므로

$A_{ch} = 820 \times 820 = 672{,}400\text{mm}^2$

(5) 횡방향 철근의 최소 단면적은 기둥 단면이 사각형이기 때문에 식(13.7), 식(13.8)로부터 다음과 같이 계산된다.

$$A_{sh} = 0.3\frac{s\,h_c f_{ck}}{f_{yh}}\left(\frac{A_g}{A_{ch}} - 1\right)$$

$$= 0.3 \times \frac{100 \times 807 \times 27}{400} \times \left(\frac{900 \times 900}{672{,}400} - 1\right) = 334\text{mm}^2$$

$$A_{sh} = 0.09\frac{s\,h_c f_{ck}}{d_{yh}} = 0.09 \times \frac{100 \times 807 \times 27}{400} = 490\text{mm}^2 > 334\text{mm}^2$$

따라서 횡방향 철근의 필요한 최소단면적은 490mm^2가 된다.

또한, 횡방향 철근은 $4 - D13 = 507\text{mm}^2$를 100mm 간격으로 배치한다.

예제 13.2 강진 지역에 있는 건물이 철근콘크리트 라멘구조 형식으로 구성되어 있다. 두 내측기둥 사이에 있는 철근콘크리트 보의 기둥면에 인접한 구역에 대한 전단철근을 설계하시오.

이 보의 단면은 $500 \times 700\text{mm}$이고 플랜지 유효폭은 2.4m이며 순경간은 7.5m이다. 보의 지지면에서의 철근은 $4 - D32$(상부)와 $4 - D25$(하부)으로 배치되어 있고, 이 철근들에 대한 유효깊이는 634mm이다. 기둥의 축방향철근은 $D25$를 사용한다. $f_{ck} = 27\text{MPa}$, $f_y = 400\text{MPa}$이며, 보의 양단에서 최대 계수전단력은 $1.2V_d + 1.0V_l = 150\text{kN}$과 같다.

풀이

지진력에 의해 주로 휨을 받도록 설계되는 특수 모멘트 골조 부재에 해당되므로 [13장 13.3절]의 규정에 따라 전단철근을 설계한다.

(1) 보의 양단에서의 모멘트 강도 M_{pr1}의 계산

식(12.3)으로부터 M_{pr1}를 계산한다.

부(−) 휨에 대한 철근 단면적은 $A_s = 3{,}176\text{mm}^2$이고, 폭은 500mm이므로,

$$a = \frac{1.25 f_y A_s}{0.85 f_{ck} b} = \frac{1.25 \times 400 \times 3{,}176}{0.85 \times 27 \times 500} = 138\text{mm}$$

$$M_{pr1} = 1.25 f_y A_s \left(d - \frac{a}{2}\right) = 1.25 \times 400 \times 3{,}176 \left(634 - \frac{138}{2}\right) \times 10^{-6} = 897.2\text{kN} \cdot \text{m}$$

(2) 정(+)의 휨에 대한 M_{pr2}의 계산

철근 단면적은 $A_s = 2{,}027\text{mm}^2 (4 - \text{D25})$이고, 플랜지의 유효폭은 2,400mm이므로, 식(12.3)으로부터 M_{pr2}를 계산한다.

$$a = \frac{1.25 \times 400 \times 2027}{0.85 \times 27 \times 2400} = 18\text{mm}$$

$$M_{pr2} = 1.25 f_y A_s \left(d - \frac{a}{2}\right) = 1.25 \times 400 \times 2{,}027 \left(634 - \frac{18}{2}\right) \times 10^{-6} = 633.4\text{kN} \cdot \text{m}$$

(3) 계수 연직하중

최대 계수 전단력은 $V_e = 1.2 V_d + 1.0 V_l = 150\text{kN}$이므로 계수 연직하중은

$$\frac{W}{2} = 150\text{kN}$$

(4) 보의 각 단부에서의 설계 전단력은 식(13.4)로부터

$$V_e = \frac{M_{pr1} + M_{pr2}}{l} + \frac{W}{2} = \frac{897.2 + 633.4}{7.5} + 150 = 204 + 150 = 354\text{kN}$$

지진에 의한 전단력 $\dfrac{M_{pr1} + M_{pr2}}{l} = 204\text{kN}$가 최대 소요 전단강도의 $\dfrac{1}{2}$인 $\dfrac{1}{2} V_e =$ 177kN 이상이므로, 전단설계에서는 콘크리트가 부담하는 전단력 $V_c = 0$이며 후프철근의 설계 전단력은 $V_e = 354\text{kN}$가 된다.

(5) 후프철근의 배치 및 간격

후프철근의 배치 구간은 $2h = 2 \times 700 = 1{,}400\text{mm}$이므로, 기둥 전면에서 1,400mm 이상의 구간에 배치해야 한다.

후프철근의 간격은 $d/4$이하, 축방향 철근 지름의 8배 이하, 후프철근 지름의 24배 이하, 300mm 이하이어야 한다. 즉,

$\dfrac{d}{4} = \dfrac{634}{4} = 158\text{mm}$, $8d_b = 8 \times 25.4 = 203\text{mm}$, $24d_b = 24 \times 9.5 = 228\text{mm}$, 300mm 이하이어야 하므로 후프철근의 간격은 $s = 158\text{mm}$ 이하로 하면 된다. 따라서 후프철근은 $s = 125\text{mm}$로 배치한다.

(6) 전단철근의 설계

전단철근의 설계는 보의 경우와 동일하다.

전단설계에서는 콘크리트가 부담하는 전단력 $V_c = 0$이며 후프철근의 설계 전단력은 $V_e = 354\text{kN}$가 된다. 따라서, 철근콘크리트 보의 전단 설계식은 식(5.23), 식(5.24)와 같으므로, 이 식에 $V_c = 0$, $V_u = V_e$, $f_{yt} = f_{yh}$의 관계를 대입하면

$$V_e \le \phi V_s = \phi(A_v f_{yh} \frac{d}{s})$$

$$\therefore\ A_v \ge \frac{V_e s}{\phi f_{yh} d} = \frac{375 \times 10^3 \times 125}{0.75 \times 400 \times 643} = 246\text{mm}^2$$

그러므로 전단철근은 $A_v = 285\text{mm}^2(4 - D10)$을 그림 13.8과 같이 배치한다.

그리고 첫 번째 후프는 기둥면으로부터 50mm의 위치에 두고, 그 밖의 후프는 125mm의 간격으로 배치하되, 각 기둥면으로부터 1,400mm 내에 배치한다.

스터럽은 반드시 내진 갈고리가 있어야 하며, 최대간격은 $\frac{d}{2} = \left(\frac{634}{2} = 317\text{mm}\right)$ 이하이어야 하므로 250mm 간격으로 배치한다.

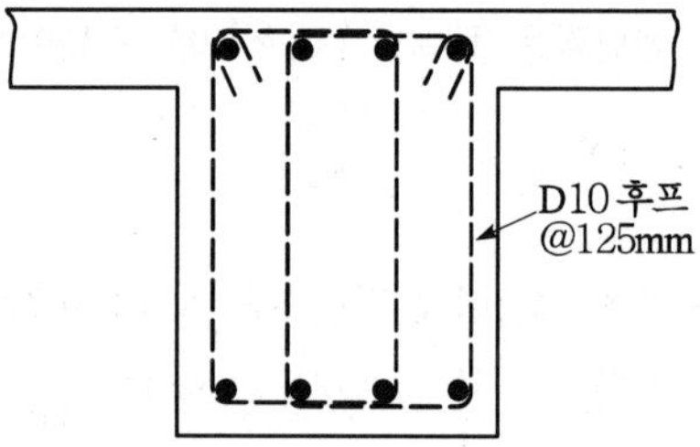

그림 13.8 후프철근의 배치

13.4 교량내진설계기준에 의한 내진해석

이 절은 [*KDS* 24 17 00 교량내진설계]의 기준에 따라 작성한 것이다.

교량의 내진설계에서 적용할 지진하중은 상부구조 및 하부구조의 동적 특성 즉, 질량 및 강성 등에 따른 관성력으로 동역학적 하중이며, 이 값은 지반 및 하중경로에 따라 크게 차이가 있는 하중이다.

일반적으로 교량의 주하중에 대해서는 교량이 설계수명 동안 그 기능을 충분히 발휘하도록 충분한 안전성과 사용성을 갖도록 설계를 한다. 그러나 지진하중과 같이 발생 빈도가 낮은 하중에 대해서는 이와 같은 거동을 하도록 설계하면 비경제적일 수가 있기 때문에, 지진하중에 대한 설계는 어느 정도 손상을 허용하도록 하는 범위에서, 다음과 같은 내진설계의 기본 방침을 제시하고 있다.

① 인명피해를 최소화한다.
② 지진 시 교량부재들의 부분적 피해는 허용하지만, 전체적인 붕괴는 방지한다.
③ 지진 시 가능한 한 교량의 기능은 발휘할 수 있게 한다.
④ 교량의 정상수명 기간 내에 설계 지진력이 발생할 가능성은 매우 적다.
⑤ 이 규정을 따르지 않더라도 창의적인 보다 발전된 설계를 할 경우에는 이를 인정한다.
⑥ 이러한 개념을 구현하기 위해서는 낙교방지가 확보되어야 하며, 낙교방지는 교각의 연성거동에 의한 연성파괴 매카니즘을 유도·확보한다.
⑦ 그렇지 않은 경우에는 전단키, 변위구속장치 등 낙교방지 대책을 제시·확보하여야 한다.
⑧ 필요한 경우에는 지진격리시스템을 설치할 수 있다.

13.4.1 동적거동 해석기법

1) 기본운동방정식

지진하중에 의한 교량의 동적거동을 해석하기 위해서는 간단하게 그림 13.9와 같이 단자유도 구조물로 모형화할 수 있다. 이 모형에 $\ddot{z}(t)$의 지진가속도가 작용하는 경우의 운동방정식은 식(13.13)과 같다.

$$\ddot{y} + 2\xi\omega\dot{y} + \omega^2 y = -\ddot{z}(t) \qquad (13.13)$$

여기서, y : 구조물의 상대변위

$\dot{y}$: 속도 성분

$\ddot{y}$: 가속도 성분

ξ : 감쇄비(damping ratio)

ω : 고유진동수로서 구조물의 질량 m과 강성 k에 의해 식(13.14)와 같이 표현할 수 있다.

$$\omega^2 = \frac{k}{m} \tag{13.14}$$

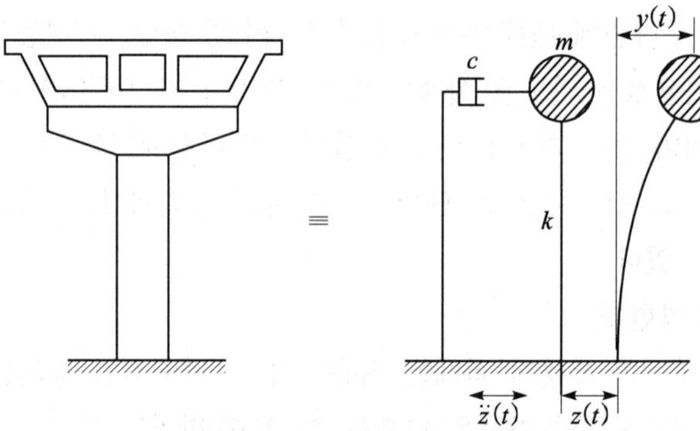

그림 13.9 교량의 단자유도 시스템

그림 13.9에서 c는 감쇠계수(damping coefficient)이며, 감쇠비인 $\xi = c/2m\omega$의 관계를 가진다. 이 관계와 식(13.14)를 식(13.13)에 대입하여 정리하면 식(13.15)가 얻어진다.

$$y(t) = -\frac{1}{\omega_D}\int_0^t \ddot{z}(t)\cdot\exp[-\xi\omega(t-\tau)]\sin[\omega_o(t-\tau)]d_\tau \tag{13.15}$$

여기서, ω_D는 감쇠고유진동수로 다음 식(13.16)과 같다.

$$\omega_D = \omega\sqrt{1-\xi^2} \tag{13.16}$$

비교적 작은 감쇠비인 경우는 $\omega_D \simeq \omega$으로 가정할 수 있다. 일반적으로 대부분 교량의 감쇄비는 0.05 정도이며, 장대 강교량에서의 감쇠비는 0.02 정도로 한다. 그러나 이 감쇠비는 교량의 바닥판, 연석 및 포장구조 등에 의해서도 변하게 된다.

2) 응답스펙트럼법

응답스펙트럼법(response spectrum method)은 다양한 고유진동수와 감쇠율을 갖는 구조물을 단자유도나 다자유도로 모형화한 다음, 지진파를 입력하여 식(13.15)에 의해 구조물 응답의 시간이력을 계산한 후, 그림 13.10과 같이 각 경우의 최대값을 정리하는 것이다.

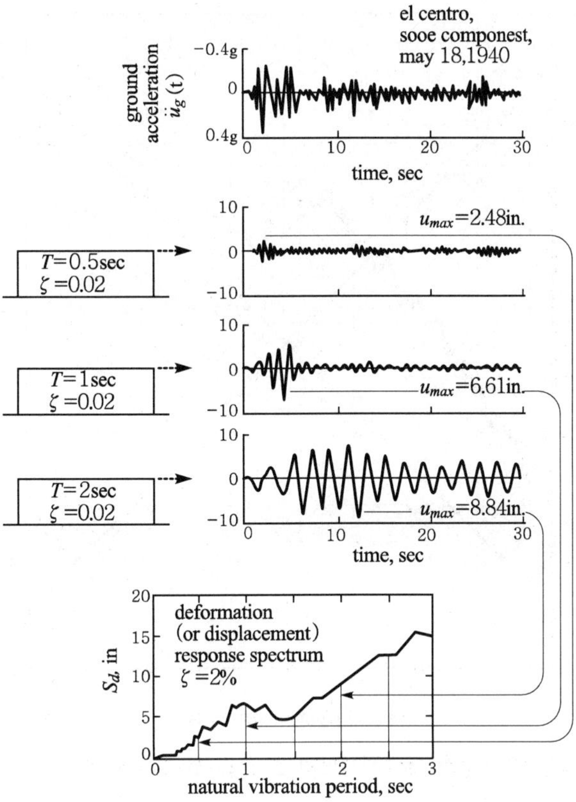

그림 13.10 응답스펙트럼(A.K Chopra)

또한 1개 이상의 진동모드를 가지는 다자유도 구조물에서는 각 진동모드의 최대 반응값을 응답스펙트럼을 이용하여 구한 후, 모드중첩법(mode superposition method)의 원리인 제곱합 평방근(SRSS : Square Root of the Sum of the Squres) 방법을 이용하여 최대 응답값을 구하도록 한다.

응답스펙트럼에서의 최대변위, 속도 및 가속도 사이에는 다음과 같은 관계가 성립한다.

$$\dot{y}_{\max} = \omega\, y_{\max} \tag{13.17}$$

$$\ddot{y}_{\max} = \omega^2\, y_{\max} \tag{13.18}$$

이들 응답스펙트럼은 그림 13.11과 같은 4축 대수용지 상에 고유진동수의 함수로 표시한다.

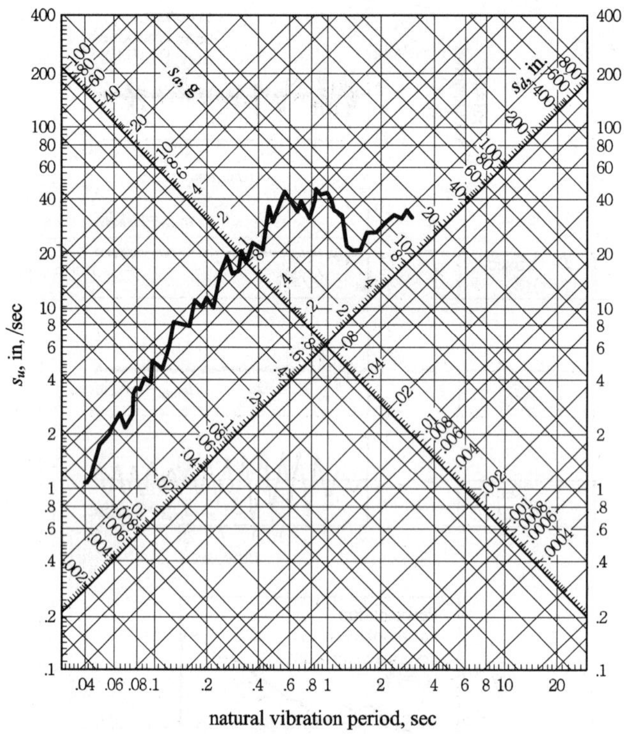

그림 13.11 4축 대수용지상의 응답 스펙트럼(A.K. Gupta)

설계 응답은 다음 세 개의 기본주기 수준에 대하여 그림 13.12와 같이 기본주기와 응답가속도 관계에 의해 이상화 시키는 것이다.

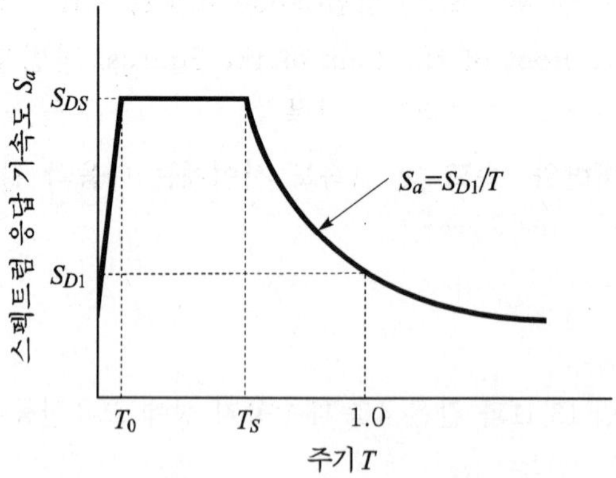

그림 13.12 설계 응답스펙트럼

(1) T_0 이하의 주기에 대한 설계 응답스펙트럼 가속도 S_a는 식(13.19)로부터 구한다.

$$S_a = 0.6\frac{S_{DS}}{T_0}T + 0.4S_{DS} \qquad (13.19)$$

(2) T_0 이상이고 T_s 이하인 주기에 대한 설계 응답스펙트럼 가속도 S_a는 S_{DS}와 동일한 값으로 한다.

(3) T_s보다 큰 주기에 대한 설계 응답스펙트럼 가속도 S_a는 식(13.20)으로부터 구한다.

$$S_a = \frac{S_{D1}}{T} \qquad (13.20)$$

여기서, S_{DS} : 단주기에서 설계 응답스펙트럼 가속도
S_{D1} : 1초 주기에서 설계 응답스펙트럼 가속도
T : 구조물의 기본주기(초)
T_0 : $0.2S_{D1}/S_{DS}$
T_s : $T_s = S_{D1}/S_{DS}$

3) 시간이력해석법

시간이력해석법(time history analysis method)은 모드중첩법과 직접적분법이 있으며, 일반적으로 구조물이 탄성거동을 하는 경우에는 모드중첩법을 적용하게 되고, 구조물이 비선형거동을 하는 경우에는 직접적분법을 적용한다.

모드중첩법은 입력지진파에 대한 개별모드의 시간이력 응답을 구한 다음, 이들을 중첩하는 방법으로 진동모드의 수가 많은 경우에도 고유진동수가 낮은 몇 개의 진동모드 응답을 중첩으로 비교적 근사한 해를 구하게 된다.

우리나라는 설계지진 강도가 비교적 낮기 때문에 비선형거동의 발생 가능성이 적어 다음과 같은 구조물을 제외하고는 모드중첩법을 적용해도 무방하다. 직접적분법은 다음과 같은 구조물에 대해 여러 수치해석 방법을 이용하여 구한다.

① 상부구조의 질량에 비해 교각 구조물의 질량이 상당한 교량
② 교축방향의 교각간의 강성 차이가 심한 교량
③ 현수교, 사장교 및 아치교 등의 특수교량

4) 해석방법별 특성

상기 여러 해석방법에 대한 특성은 표 13.1과 같다

표 13.1 지진해석 방법별 특성

해석방법	특징
단일모드 응답스펙트럼 해석법	• 구조물 형상이 단순하여 기본모드가 동적거동을 대표할 수 있는 경우 • 교량의 기본주기로부터 탄성지진력 및 변위를 계산 • 단순 해석법으로 수계산이 가능 • 일반적으로 다른 해석법에 비해 응답 값이 크게 산정됨
다중모드 응답스펙트럼 해석법	• 기본모드 이외의 모드들이 구조물의 동적응답에 대한 기여도가 큰 경우 • 선형해석 프로그램을 이용하여 해석 • 중간정도 지간의 연속교에 적용하며, 해석모형 선택에 따라 장대교와 특수교량에도 적용가능 • 시간과 노력을 적게 들이고도 정밀한 해석결과를 얻음
시간이력 해석법	• 모드 간의 구분이 명확하지 않아 coupling 모드가 나타나기 쉬운 경우나 높은 안전성이 요구되어 비선형 해석을 필요로 하는 경우 • 입력자료로 실측된 지진파형이나 인공파형이 필요 • 선형 및 비선형 해석 프로그램을 이용하여 해석에 따라 많은 시간과 노력이 필요 • 응답해석이 필요한 모드의 개수가 많을 경우 모드중첩법이 효과적이나 직접적분법에 의해 동적 비선형 해석

5) 설계 지진파

내진설계에 주로 적용되는 지진파로는 그림 13.13과 같은 El Centro 지진과 Taft 지진 등을 사용하고 있으며, 이들 지진파를 설계 최대가속도를 기준으로 축척하여 이용하고 있다.

그러나, 이러한 자연지진파 기록은 지역에 따라 풍부하지 않아, 설계 응답스펙트럼을 인공지진파를 필요한 수만큼 지진파를 발생시켜 이용하기도 한다.

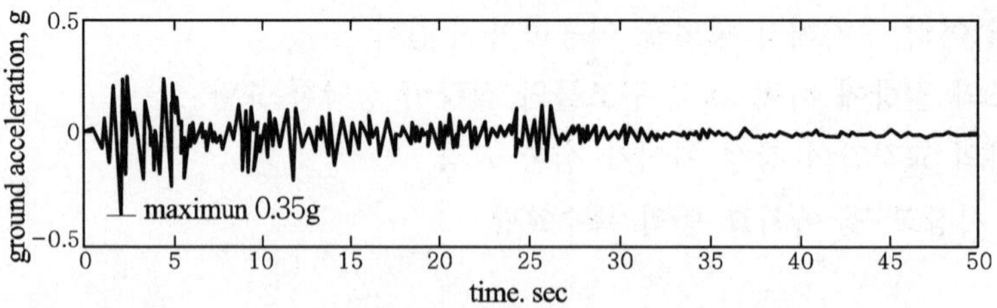

그림 13.13 El Centro 지진파

13.4.2 설계 지진하중

지진하중은 지역의 지진 발생빈도와 크기 및 지반특성에 따라 크기가 매우 큰 특성을 가지게 된다. 그래서 일반적으로 지진하중은 지진가속도의 시간이력곡선 또는 설계 응답스펙트럼으로 나타낸다.

1) 지진구역과 내진등급

(1) 지진구역과 구역계수

우리나라의 전지역을 2개의 지진구역으로 구분하여 각 지진구역별 구역계수 Z를 표 13.2와 같이 규정하고 있다. 이 구역계수(Z)는 각 지진구역에서의 평균 재현주기 500년에 해당하는 지진 지반운동의 최대지반 가속도의 값을 중력가속도(g)로 나눈 값이다. 여기서 평균 재현주기(mean return period)란 어떤 크기나 특성을 가지는 지진이 발생하는 평균 시간 간격을 말한다.

표 13.2 지진구역의 구분 및 구역계수(재현주기 500년에 해당)

지진구역	행정구역		구역계수(Z)
I	시	서울, 인천, 대전, 부산, 대구, 울산, 광주, 세종	0.11
	도	경기, 충북, 충남, 경북, 경남, 전북, 전남, 강원 남부1	
II	도	강원 북부2, 제주도	0.07

1 강원 남부(군, 시) : 영월, 정선, 삼척, 강릉, 동해, 원주, 태백
2 강원 북부(군, 시) : 홍천, 철원, 화천, 횡성, 평창, 양구, 인제, 고성, 양양, 춘천, 속초

(2) 지진의 위험도계수

지진 위험도계수(seismic risk factor)는 500년 재현주기를 기준으로 한 재현주기에 대한 지진의 위험도를 나타내는 계수로서, 표 13.3과 같다.

표 13.3 위험도 계수

재현주기(년)	100	200	500	1000	2400	4800
위험도계수 (I)	0.57	0.73	1	1.4	2.0	2.6

(3) 내진등급과 가속도계수

교량의 내진등급은 표 13.4와 같이 교량내진설계기준 [KDS 24 17 11]에 규정되어 있다. 다만, 교량의 관할기관에서 교량의 내진등급을 별도로 정할 수 있다. 교량의 내진설계는 내진등급별 평균재현주기를 가지고 설계한다.

표 13.4 교량의 내진 등급

내진등급	교량
내진특등급	• 내진I등급 중에서, 국방, 방재상 매우 중요한 교량 또는 지진 피해 시 사회경제적으로 영향이 매우 큰 교량
내진 I 등급교	• 고속도로, 자동차전용도로, 특별시도, 광역시도 또는 일반국도상의 교량 및 이들 도로 위를 횡단하는 교량 • 지방도, 시도 및 군도 중 지역의 방재계획상 필요한 도로에 건설된 교량 및 이들 도로 위를 횡단하는 교량 • 해당도로의 일일계획교통량을 기준으로 판단했을 때 중요한 교량
내진II등급	• 내진특등급 및 내진I등급에 속하지 않는 교량

가속도계수(acceleration coefficient) A는 내진설계에 있어서 설계 지진력을 나타내는 계수로서, 이 값은 위험도계수 I에 구역계수 Z를 곱하여 구한 것으로 교량의 최소 내진성능목표에 따라 결정될 수 있다.

표 13.5 교량의 내진성능목표

<table>
<tr><th></th><th>평균재현주기 \ 내진성능수준</th><th>기능수행</th><th>즉시복구</th><th>장기복구/
인명보호</th><th>붕괴방지</th></tr>
<tr><td rowspan="6">설계지진</td><td>50년</td><td>내진II등급</td><td></td><td></td><td></td></tr>
<tr><td>100년</td><td>내진I등급</td><td></td><td></td><td></td></tr>
<tr><td>200년</td><td>내진특등급</td><td></td><td></td><td></td></tr>
<tr><td>500년</td><td></td><td>내진특등급</td><td>내진I등급</td><td>내진II등급</td></tr>
<tr><td>1,000년</td><td></td><td></td><td></td><td>내진I등급</td></tr>
<tr><td>2,400년</td><td></td><td></td><td></td><td>내진특등급</td></tr>
</table>

2) 지반계수와 응답 수정계수

(1) 지반의 분류 및 지반계수

지진시 구조물의 동적거동이 기초지반의 상태에 따라 그 응답특성에 영향을 미치기 때문에, 이의 영향을 반영하기 위한 보정계수 즉, 지반계수(site coefficient) S를 표 13.6에 따라 응답스펙트럼 해석에 반영한다.

표 13.6 지반의 분류

지반종류	지반종류의 호칭	지표면 아래 50m 토층에 대한 평균값		
		전단파 속도 (m/s)	표준관입시험 (N치)[1]	비배수전단강도 (KPa)
I	경암, 보통암	760 이상	–	–
II	매우 조밀한 토사 또는 연암 얕고 단단한 지반	360~760	>50	>100
III	단단한 토사 얕고 연약한 지반	180~360	15~50	50~100
IV	연약한 토사 깊고 단단한 지반	180 미만	<15	<50
V	부지 고유의 특성평가 요구되는 지반[2]			

주 1) 비점착성 토층만을 고려한 평균 N치

주 2) 지반종류 V는 부지의 특성조사가 요구되는 지반으로서 전문가가 작성한 부지 종속 설계응답스펙트럼을 사용한다.

(2) 응답수정계수

교량의 각 부재와 연결부분에 대한 설계지진력은 탄성지진력을 표 13.7의 응답수정계수(response modification factor) R로 나눈 값을 사용하여야 하며, 하부구조의 경우는 축방향력과 전단력에 대하여 응답수정계수로 나누지 않는다.

표 13.7 응답수정계수 R의 값

구분	구조 형식	R
하부구조	벽식교각	$R=2$
	철근콘크리트 말뚝가구(pile bent) ① 수직말뚝만 사용한 경우 ② 1개 이상의 경사말뚝을 사용한 경우	 $R=3$ $R=2$
	단일기둥(single column)	$R=3$
	강재 또는 합성강재와 콘크리트 말뚝가구 ① 수직말뚝만 사용한 경우 ② 1개 이상의 경사말뚝을 사용한 경우	 $R=5$ $R=3$
	다주가구(multiple column bent)	$R=5$

연결부[1]	상부구조와 교대	$R=0.8$
	상부구조와 한 지간 내의 신축이음	$R=0.8$
	기둥, 교각, 말뚝가구와 캡빔(cap beam), 또는 상부구조	$R=1.0$
	기둥 또는 교각과 기초	$R=1.0$

주 1) 연결분은 부재간에 전단력과 압축력을 전달하는 기구를 의미하며, 교량받침과 전단키(Shear Key) 등이 포함된다. 이 때, 응답수정계수는 구속된 방향으로 작용하는 탄성지진력에 대해서만 적용된다.

여기서, 응답수정계수은 탄성해석으로 구한 각 요소의 부재력을 설계 지진력으로 환산하기 위한 수정계수이다.

3) 설계 스펙트럼 및 설계파형

(1) 설계스펙트럼

설계 스펙트럼은 그 지역의 지반조건, 최대 지반가속도 및 감쇄비 등 변수에 따른 주기나 진동수의 함수로 표현되는 것으로 구조물의 내진설계에 사용되는 설계지진을 나타내는 것이 일반적이다.

설계 스펙트럼과 응답 스펙트럼의 차이점을 살펴보면, 응답 스펙트럼은 어떤 지진 지반운동에 의한 구조물 자유도계의 최대응답을 감쇄비와 주기 함수에 따라 가속도, 속도 및 변위를 요철 형상의 그래프로 나타낸 것이다. 설계 스펙트럼은 이와 같은 그래프를 이상화시키거나 비슷한 특성을 가진 여러 개의 지진기록에 대한 응답스펙트럼을 평균하여 실무자들이 사용하기 편리하도록 직선화하여 나타낸 그래프인 것이다. 그러므로 설계 스펙트럼은 지반조건에 따라 값 변화가 크므로, 미래에 발생할 수 있는 지진에 대한 고려가 있어야 한다.

(2) 설계파형

응답스펙트럼법 해석을 위한 입력 지진하중으로는 설계 스펙트럼이 이용되지만, 시간이력법 해석을 위해서는 그 지역특성에 맞는 지진파의 시간이력 곡선이 필요하다.

지진파형은 지진파의 특성인 강도, 지속시간 및 파형이 지진의 발생원인, 진앙지와 피해지역 사이의 지질학적 특성 및 피해지역의 국부적 지반 형태 등에 따라 달라지기 때문에, 정밀한 내진해석을 위해서는 진앙거리, 강도(intensity) 및 지속시간(duration) 등에 따른 다양한 지진기록이 필요하다. 그러나 우리나라의 경우 과거 계측지진자료의 부족과 부정확성 때문에, 설계 지진파형은 지역의 특성을 대표할 수 있는 과거 지진기록이나 유사한 특성을 가진 지진기록들을 합성한 인공 지진파형을 사용하고 있는 실정이다.

13.4.3 단일모드 응답스펙트럼 해석법

1) 개요

교량내진설계기준에서는 내진해석의 기본적인 방법으로서 단일모드 응답스펙트럼 해석법을 원칙으로 하되, 정밀한 해석이 필요한 교량은 다중모드 응답스펙트럼 해석법을 적용토록 권장하고 있다.

단일모드 응답스펙트럼 해석법은 교량을 교축방향과 교축직각방향 별로 모형화하여 각 방향의 고유주기(T)를 간단하게 계산한 후 탄성지진력과 탄성변위를 구하고, 교량에 적용할 설계지진력으로 환산하는 것이다.

이 해석방법은 교대를 포함하지 않으며, 교량의 질량 및 강성과 기하학적 현상이 지간을 따라 급격한 변화가 없고, 인접 교각 사이에서의 변수들이 큰 차이가 없는 교량, 즉 일반적으로 직선이거나 원호의 중심각이 심한 예각이나 둔각이지 않고, 인접 교각의 강성차이가 25% 이하인 교량 등에 적용하는 것이 보다 합리적이다.

지진하중이 작용하는 구조물은 3축 방향으로 지반운동을 한다. 이 구조물 중 교량은 연직방향 성분이 크지 않아 거동에 미치는 영향이 작으므로 설계 시에는 연직방향을 제외한 2방향의 수평성분에 대해서만 해석하는 것이 일반적이다. 이와 같이 해석한 직교 2방향의 부재력과 변위를 조합함으로써 두 수평방향의 결과를 동시에 발생하는 운동으로 고려하는 것이다.

단일모드 응답스펙트럼 해석을 위한 3경간 연속교에 대한 교축방향 및 교축직각방향의 모형화에 대한 하나의 사례는 다음과 같다.

2) 교축방향의 모형화

그림 13.14와 같은 교량의 교축방향은 그림 13.15와 같이 상부구조와 P_1 및 P_2 교각을 하나의 질량과 스프링을 갖는 구조계로 모형화하여 고유주기를 구하는 것이다. 모델링할 때에 상부구조와 교각의 연결 상태에 따라 스프링계수의 환산에 신중할 필요가 있다.

그림 13.15의 구조계 질량은 상부구조를 구성하는 난간, 연석, 아스콘, 바닥판 및 주형의 중량과, P_1교각의 코핑부 중량 및 P_1교각 중량의 1/2과, P_2교각의 코핑부 중량 및 P_2교각 중량의 1/2을 합한 구조계의 전체중량(W)을 중력가속도(g)로 나누어 전체질량(M)을 구한 다음, 교축방향의 길이 방향으로 분포시켜 질량(m)으로 환산하여 상부구조의 질량 중심에 분포시켜 작용시키는 것이다.

그런데, 상부구조의 단면형상이나 크기가 달라지는 경우에 질량중심이 달라지는데, 이 경우의 해석 결과와 가장 지배적인 단면의 중심을 전체 상부구조의 질량중심으로 적용한 해석 결과와는 그 차이가 미소하다.

따라서 가장 지배적인 단면의 중심을 전체 상부구조의 질량중심으로 적용하여도 무방하다. 이는 다중모드 해석법이나 시간이력 해석법의 경우도 마찬가지이다.

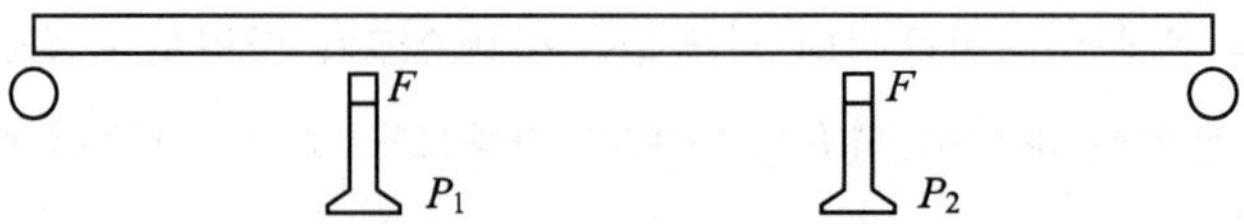

그림 13.14 2점 고정 연속교

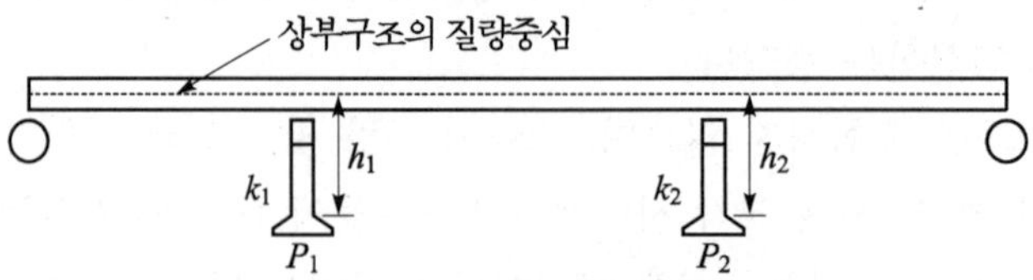

그림 13.15 그림 13.14의 교축방향 모형화

스프링상수(강성)는 스프링의 이동방향으로 유효한 구조요소의 강성의 합으로서, 교대에서 변위가 자유스럽다고 가정하면 교각만의 K_L이 관련되게 된다.

따라서 P_1교각의 강성 k_1과 P_2교각의 강성 k_2는 연결상태에 따라 고정연결인 경우는 $k=(12EI)/H^3$, 힌지연결인 경우에는 $k=(3EI)/H^3$으로 구한다. 따라서 그림 13.15의 구조계 강성은 k_1과 k_2의 합($k=k_1+k_2$)이 되고, 이를 단순하게 구조계로 이상화하면 그림 13.16과 같다.

다점 고정인 연속교도 위에서 설명한 연속교의 경우와 같이 구할 수 있으며, 단지 각 고정 교각의 수만큼 강성을 합하면 된다.

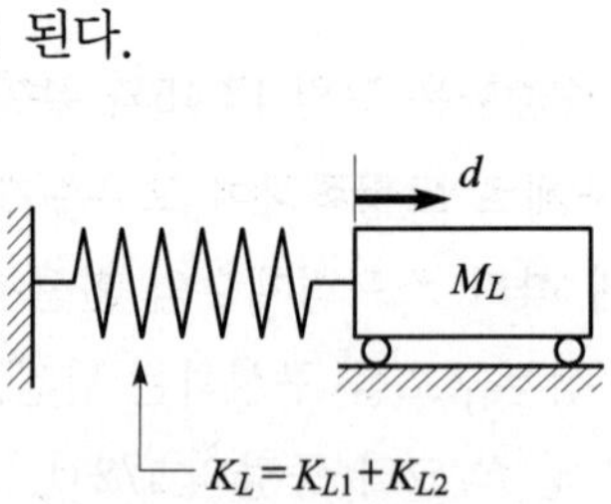

그림 13.16 2점 고정 연속교의 이상화 모형

3) 교축직각방향의 모형화

교축직각방향의 모델링은 교축방향의 모형화와 마찬가지로 상부구조와 병렬스프링을 갖는 구조계로 모형화하는 것이다. 모델링을 할 때에 상부구조와 교각의 연결상태 및 교각의 형식에 따라 스프링계수를 정하는데 신중하여야 한다.

그림 13.17과 같은 받침을 갖는 3경간 연속교량에 대한 교축직각방향으로의 지진해석을 위한 모델링은 그림 13.16과 같은 교축방향 모형화처럼 간략한 모형화는 곤란하다.

그러나 정밀하게 지진시 거동을 구하기 위해서는 교량 구조물의 강성과 관성효과를 실제에 가깝도록 3차원 공간뼈대 구조물로 모형화하는 것이 이상적이기는 하나, 비효율적인 측면이 있다. 따라서 교축직각방향에 대한 단일모드 응답스펙트럼 해석법을 적용하기 위한 모델링은 그림 13.18과 같이 실시하고, 이를 구조해석 프로그램을 이용하여 지진력과 변위로 산정하면 충분할 것이다.

그림 13.17과 같은 교량은 상부구조와 P_1 및 P_2교각을 그림 13.18과 같은 프레임 요소로 모형화하여 교축직각방향의 고유주기를 산정하게 된다. 모형화할 때에는 절점수, 자유도, 하부구조의 강성 및 경계조건 등 설정에 주의하여야 한다.

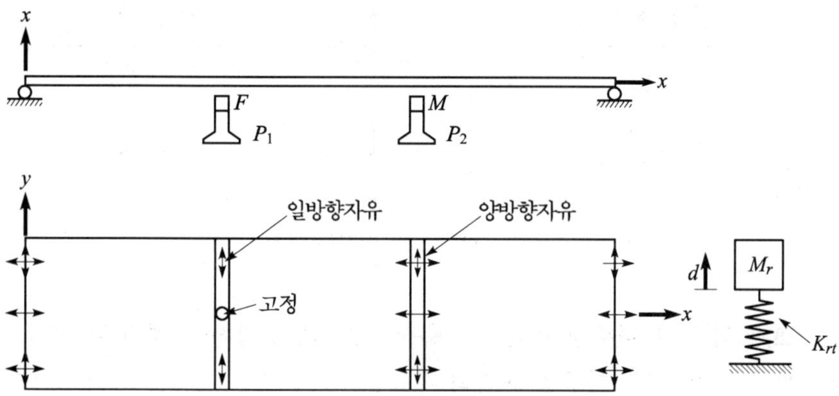

그림 13.17 3경간 연속교

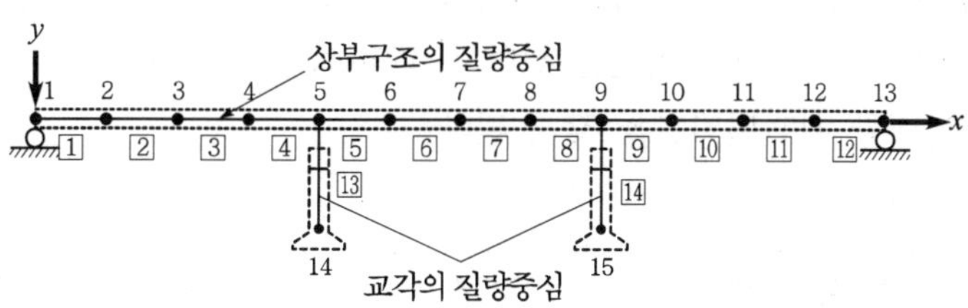

그림 13.18 그림 13.17의 교축직각방향 모형화

(1) 절점수

상부구조는 그림 13.18에서와 같이 최소한 경간 단부의 연결부와 지간의 1/4 지점에 절점을 갖도록 하며, 교각은 그 길이가 인접 지간길이의 1/3보다 짧은 길이를 갖도록 한다. 강성이 강한 기둥에서는 중간 절점 설정이 없어도 무방하나, 길이가 길고 유연한 기둥은 기둥단부의 연결부와 1/3 지점에 절점을 갖도록 한다.

(2) 자유도

자유도는 교각의 형식 즉, 단주형 교각, 문형 및 벽식과 같은 다주형 교각에 따라 다르게 결정하게 된다. 그림 13.19와 같은 단주형 교각의 교축직각방향의 모형화(yz평면)는 그림 13.19(b)와 같이 실시한다. 이와 같은 교각의 횡방향하중에 대한 거동은 상부구조의 비틀림 강성과 상부구조의 연속성에 영향을 받지만, 그림 13.19(c)와 같이 캔틸레버보와 같이 거동을 하게 된다.

그러므로 이와 같은 단주형 교각을 갖는 교량이 교축직각방향의 고유주기를 계산하기 위한 모형의 각 절점에서의 자유도는 z축에 대한 병진변위와 x축과 y축에 대하여 회전변위를 갖게 된다.

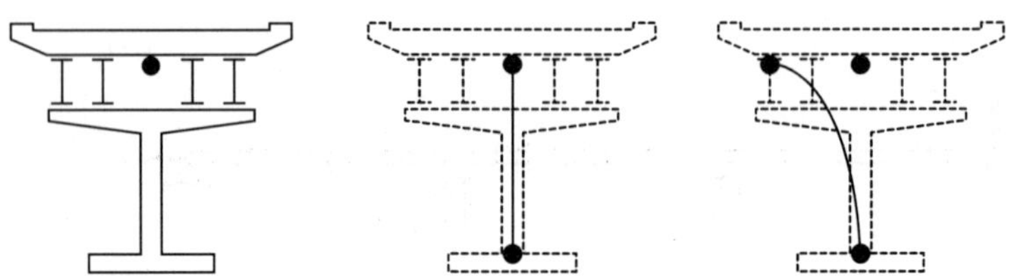

(a) (b) (c)

그림 13.19 단주형 교각

그림 13.20과 같은 다주형 교각의 교축직각방향의 모형화(yz평면)는 그림 13.20(b)와 같이 실시하며, 이와 같은 다주형 교각의 횡방향하중에 대한 거동은 그림 13.20(c)와 같이 거동을 하게 된다. 이때의 거동은 상부구조의 연속성에 큰 영향을 받지만, 상대적으로 상부구조의 비틀림 강성의 영향은 매우 작게 받는다. 그러므로 이와 같은 다주형 교각을 갖는 교량의 교축직각방향의 고유주기를 계산을 위한 모형의 각 절점에서의 자유도는 z축에 대한 병진변위와 y축에 대한 회전변위만을 갖게 된다.

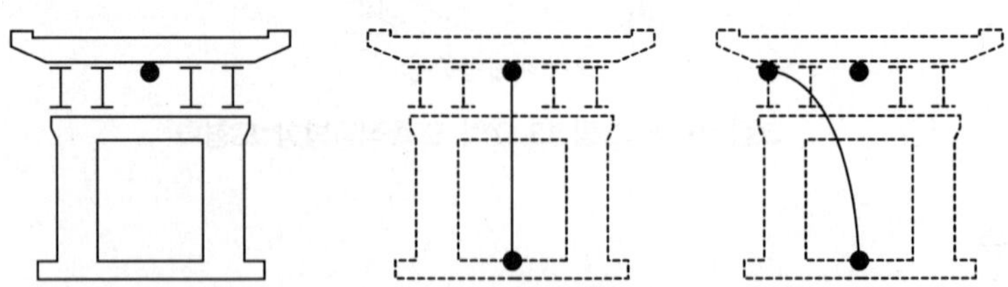

(a) (b) (c)

그림 13.20 다주형 교각

(3) 하부구조의 강성

그림 13.20의 문형 교각과 같은 다주형 교각의 모형화는 하나의 보요소로 모형화 하게 되면, 그림 13.20(c)와 같이 교각의 각 기둥은 횡하중에 대하여 동일한 z축 방향 병진변위가 발생하므로, 이와 같이 하나의 보요소로 모델링하는 경우의 I_x는 각 기둥의 단면중심에 대한 I_x를 합산하여 구한다.

(4) 경계조건

그림 13.18의 절점1과 13의 경계조건은 인지로 모델링하고, 절점 14와 15는 모든 자유도에 대하여 구속하는 고정 경계조건을 갖도록 한다.

4) 내진해석 절차

단일모드 응답스펙트럼법을 이용한 교량의 내진해석 절차는 그림 13.21과 같다.

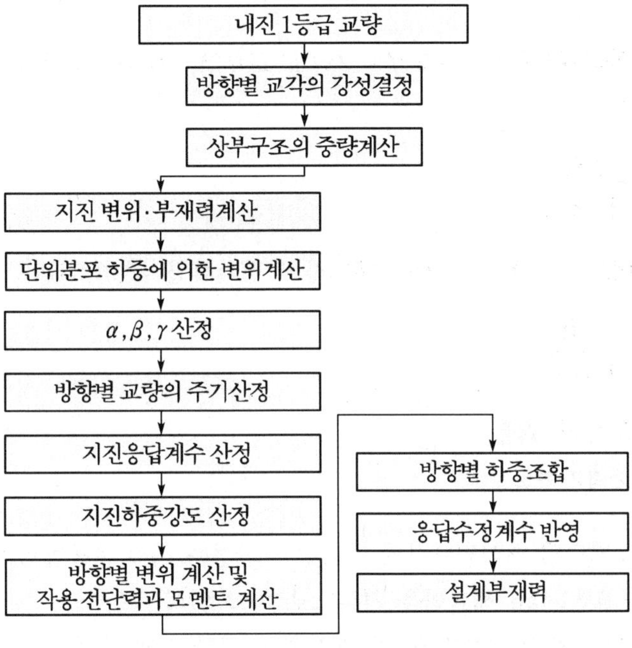

그림 13.21 단일모드 스펙트럼 해석의 흐름도

5) 상부구조의 등분포하중과 고유주기 산정

구조물에 작용하는 등분포하중은 위의 모형화에서 언급한 상부구조의 고정하중과 교각 중량의 1/2, 및 교각두부의 중량을 더하여 교량의 길이로 나눈 값이다.

교량의 등가 해석모형에 대한 자유진동 운동방정식은 식(13.21)과 같으며, 이에 대한 해석 결과는 식(13.22)와 같다.

$$M\ddot{x} + Kx = 0 \tag{13.21}$$

$$x = A\sin(\omega t + \varnothing) \tag{13.22}$$

여기서, $\ddot{x}$: 가속도

x : 변위

M : 구조계의 질량

K : 구조계의 강성

ω : 구조물의 고유진동수(= $\sqrt{K/M}$)

진동수와 주기와의 관계인 $\omega = 2\pi f = 2\pi / T$ 로부터, 진동주기 T에 대해 정리하면 식(13.23)과 같다.

$$T = 2\pi\sqrt{\frac{M}{K}} \tag{13.23}$$

식(13.23)을 질량 $M = W/g$ 관계를 대입하여 정리하면 식(13.24)와 같다.

$$T = 2\pi\sqrt{\frac{W}{Kg}} \tag{13.24}$$

여기서, W : 교량의 무게

g : 중력가속도

단일모드 응답스펙트럼 해석법에서의 기본주기 산정은 최대 운동에너지와 최대 변형에너지가 같다고 놓는 Rayleigh 해석법을 기본으로 하고 있다.

그리고 이와 같이 구해진 고유진동수를 이용하여 구한 실제 관성력이 작용하였을 때와 동일한 초기 진동현상을 일으킬 수 있는 정적하중을 구한다. 이와 같이 구한 정적하중을 구조물에 작용시켜, 구조해석을 통해 구조물의 부재력과 변위를 구하는 것이 단일모드 응답스펙트럼 해석법의 핵심이다.

구조물의 단위길이 당 유효중량을 $w(x)$을 단위길이 당 유효질량으로 환산하면, $m(x) = w(x)/g$이다.

이 구조물의 초기 진동현상은 그림 13.22와 같이 해석방향으로 단위등가분포하중 $\rho_0 = 1$을 작용할 때의 정적변위 $v_s(x)$가 된다.

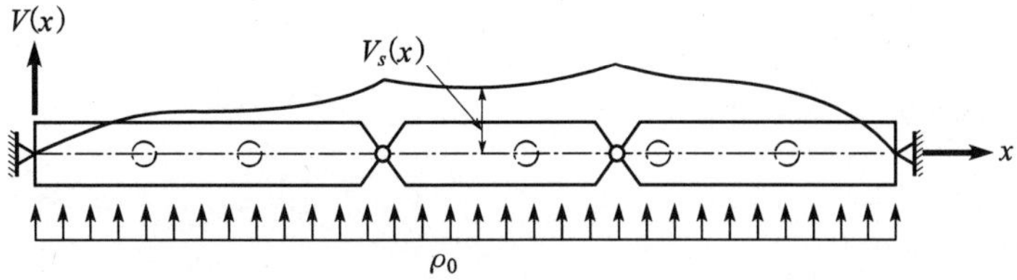

그림 13.23 단위 정적하중에 의한 처짐현상

이 구조물에 축적된 변형에너지 U는 외적하중 ρ_0가 한 일 W_E와 같으므로, 이의 관계를 정리하면 식(13.25)이다.

$$U = W_E = \frac{1}{2}\rho_0 \int_0^L v_s(x)\,dx = \frac{1}{2}\rho_0 \alpha \tag{13.25}$$

여기서, $\alpha = \int_0^L v_s(x)\,dx$

만일 구조물이 변형된 상태에서 외적하중을 순간적으로 제거하고 구조물의 감쇠 효과를 무시한다면, 그림 13.23과 같이 이 구조물은 ω의 진동수를 갖는 초기 정적변위와 같은 현상으로 진동한다.

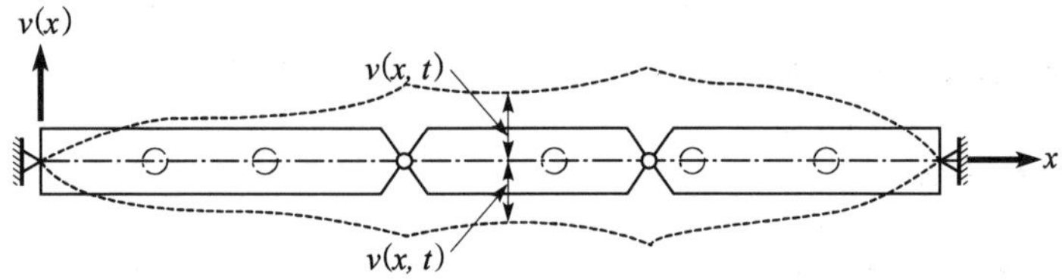

그림 13.23 교량의 횡방향 자유진동

이때 최대 운동에너지 $D_{\max}$는 구조물이 변형 전의 정지상태일 때의 위치를 지나는 순간 발생하며, 그 크기는 식(13.26)과 같다.

$$D_{\max} = \frac{\omega^2}{2g}\int_0^L w(x) v_s(x)^2 dx = \frac{\omega^2}{2g}\gamma \tag{13.26}$$

여기서, $\gamma = \int_0^L w(x) v_s(x)^2 dx$

최대 변형에너지 U_{max}과 최대 운동에너지 D_{max}가 같고, $\omega = 2\pi/T$ 이므로, 진동주기 T는 식(13.27)과 같이 구한다.

$$\frac{\rho_0 \alpha}{2} = \frac{\omega^2}{2g}\gamma$$

$$\omega^2 = \frac{\rho_0 \alpha g}{\gamma}$$

$$\left(\frac{2\pi}{T}\right)^2 = \frac{\rho_0 \alpha g}{\gamma}$$

$$T = 2\pi\sqrt{\frac{\gamma}{\rho_0 \alpha g}} \tag{13.27}$$

식(13.27)은 일반적인 구조물의 주기 공식인 식(13.24)와 다른 것 같지만, $w(x)$를 등가중량 w, $v_s(x)$를 등가변위 Δ로 놓으면, α와 γ에 대한 적분의 길이 (L)에 관한 식으로 표현하면 식(13.27(a)), (13.27(b))와 같다.

$$\alpha = \int_0^L v_s(x)\,dx = \Delta L \tag{13.28(a)}$$

$$\gamma = \int_0^L w(x)\,v_s^2(x)\,dx = w\Delta^2 L = W\Delta^2 \tag{13.28(b)}$$

여기서, $W=$ 교량의 전체 유효중량$(= w \times L)$

그러므로

$$\rho_0 \alpha = \rho_0 \times \Delta L = K_0 \times \Delta^2 \tag{13.28(c)}$$

$$K_0 = P_0 / \Delta \tag{13.28(d)}$$

여기서, K_0 : 전체 유효강성

P_0 : 전체 작용하중$(= \rho_0 \times L)$

따라서 식(13.27)에 식(13.28(c))와 (13.28(d))를 대입하여 정리하면 식(13.29)와 같이 되어 식(13.24)와 같은 형태를 취하게 된다.

$$T = 2\pi\sqrt{\frac{\gamma}{\rho_0 \alpha g}} = 2\pi\sqrt{\frac{W\Delta^2}{K_0 g\,\Delta^2}} = 2\pi\sqrt{\frac{W}{K_o g}} \tag{13.29}$$

6) 탄성지진 응답계수 산정

단자유도 모형에 있어서 수평지진에 대한 설계하중(F)은 상부구조의 무게(W)에 가속도를 곱한 다음 식(13.30)이 된다.

$$F = M \times \alpha \tag{13.30}$$

여기서, M : 중량, α : 가속도

만약 가속도를 중력가속도로 나타내면

$$\begin{aligned} F &= M \times C \times g \\ &= C \times M \times g \\ &= C \times W \end{aligned} \tag{13.31}$$

여기서 C는 가속도계수로서 일반적으로 지진하중계수라고 부르며, 이 값은 지진대, 교량 주기 및 지반종류에 따라 변화하는 함수이다.

교량내진설계기준에서는 이 계수를 C_s로 표시하고, 식(13.32)와 같이 구하도록 하고 있다.

$$C_s = \frac{1.2AS}{T^{(2/3)}} \tag{13.32}$$

여기서, A : 지진구역도에서 주어진 가속도계수

S : 지반계수

T : 교량의 주기(sec)

7) 설계지진력 산정

구조물의 기본주기가 구해지면 설계 응답스펙트럼은 식(13.26)으로부터 가정된 초기 진동 현상에 대한 스펙트럼값으로 구한다. 스펙트럼 가속도 S_a와 스펙트럼 변위 S_y는 $S_y = S_a / \omega^2$의 관계가 있으므로 식(13.33), (13.34)와 같은 결과를 얻는다.

$$S_a = C_s \times g \tag{13.33}$$

$$S_y = S_a / \omega^2 = C_s\, g / \omega^2 \tag{13.34}$$

그러므로 최대변위 발생시의 변형값은 식(13.35)와 같이 구하여 진다.

$$v_{\max}(x) = \frac{C_s\, g}{\omega^2}\,\frac{\beta}{\gamma}\, v(x) \tag{13.35}$$

여기서, $\beta = \int_0^L w(x)v^2(x)dx$이고, 계수$(\beta/\gamma)$는 $v_s(x)dx$의 크기가 단위등분포하중인 경우에 관한 것이기 때문에 일반적인 하중 경우에도 적용할 수 있게 해주는 정규화 계수인 것이다.

따라서 설계하중과 변위는 단순하게 초기형상과 관련된 하중과 변위에 $(C_s \times g/\omega^2)$ (β/γ)을 곱함으로써 구한다. 따라서 최대변위 발생시 변형형상과 관련된 등가정적지진하중 $p_e(x)$는 식(13.36)과 같다.

$$p_e(x) = K^* \times v_{\max}(x) \tag{13.36}$$

여기서, K^* : 등가강성

진동수에 관한 식을 $\omega^2 = K^*/m(x)$로 나타낼 수 있으므로 이 식을 식(13.35)의 $v_{\max}(x)$에 대입하면 식(13.37)과 같다.

$$v_{\max}(x) = \frac{C_s\, g}{K^*}\frac{\beta}{\gamma}w(x)m(x) \tag{13.37}$$

여기서, 식(13.37)을 식(13.36)에 대입하면 $w(x) = m(x) \times g$이므로 식(13.38)이 된다.

$$p_e(x) = C_s\frac{\beta}{\gamma}w(x)v_s(x) \tag{13.38}$$

이와 같이 실제 관성력이 작용했을 때와 같은 변위 현상을 일으키는 등가정적 지진하중은 식(13.38)과 같이 구하고, 이 등가정적 지진하중을 그림 13.24와 같이 구조물에 적용시켜 구조해석을 실시하여 지진에 의한 설계 부재력과 설계 변위를 얻게 된다.

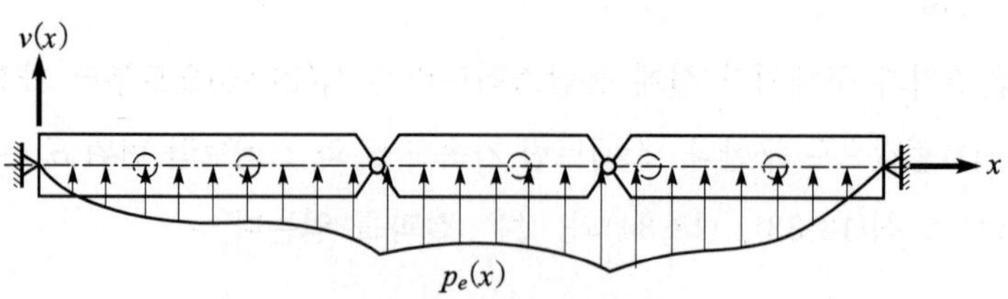

그림 13.24 등가정적지진하중

13.4.4 해석결과의 조합

설계지진력과 설계변위의 결정에 사용되는 탄성력과 탄성변위는 응답스펙트럼 해석법을 이용하여 두 직교 좌표축에 대한 설계 진동단위를 구한 후, 다음과 같이 조합하여 사용하게 된다.

지진하중은 어느 방향으로도 작용할 수 있으므로 발생되는 힘이나 모멘트는 부호에 관계없이 절대값으로 나타낸다.

① 하중조합 경우1 : 종방향축의 해석 결과인 지진력(절대값)에 횡방향 축의 해석 결과인 지진력(절대값)의 30%를 합한 경우

② 하중조합 경우2 : 횡방향축의 해석 결과인 지진력(절대값)에 종방향축의 해석 결과인 지진력(절대값)의 30%를 합한 경우

13.4.5 다중모드 응답스펙트럼 해석법

다중모드 스펙트럼 해석법은 일반적으로 단일모드 스펙트럼 해석법처럼 단순히 종방향 또는 횡방향 진동모드로 구분하여 해석하는 교량이외에, 교량의 기하학적 형상이 복잡하여 3개의 직교 좌표축에 복합적으로 발생하는 진동모드 등을 알아야만 구조물의 전체응답을 구할 수 있는 교량에 대하여 적용하게 된다.

따라서 다중모드 스펙트럼 해석법을 적용하기 위해서는 교량의 강성과 관성효과를 실제에 가깝도록 3차원 공간뼈대 구조물로 모형화하고, 공간뼈대 모델링에 대한 동적해석 능력을 갖고 있는 구조해석 프로그램을 이용하게 된다.

교량의 내진설계를 다중모드 스펙트럼 해석법을 적용하는 경우의 설계 시 흐름도는 그림 13.25와 같다.

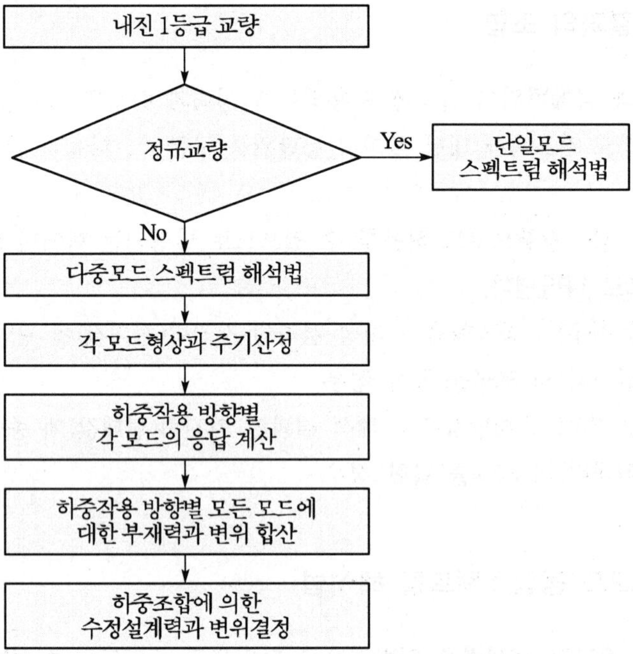

그림 13.25 다중모드 응답스펙트럼 해석법의 설계흐름도

연습문제

13-1 그림 13.26과 같이 지진하중에 저항하도록 설계한 철근콘크리트 라멘구조로 구성된 기둥에 보가 접합되어 있으며, 단면 치수와 철근은 그림에 보인 바와 같다. 이 골조의 각 접합면부터 휨 항복이 일어날 수 있는 단면의 깊이인 l_o에 배치해야 할 최소 횡방향철근량을 구하시오.

단, 층의 높이는 3.50m이며, $f_{ck} = 24\text{MPa}$, $f_y = 400\text{MPa}$이다.

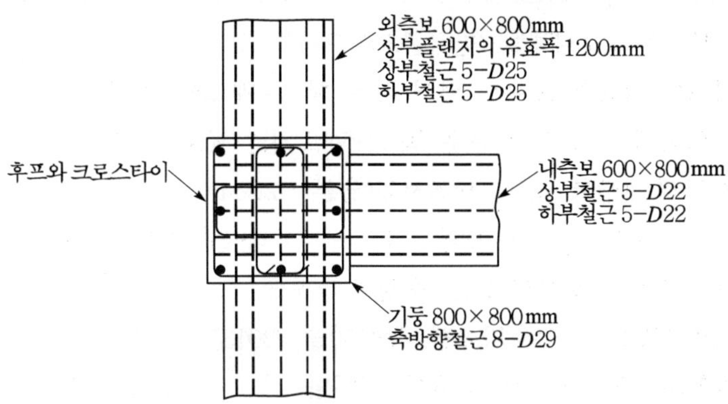

그림 13.26

13-2 강진지역에 있는 철근콘크리트 라멘구조 형식 건물의 두 내측기둥 사이에 있는 철근콘크리트 보의 기둥면에 인접한 구역에 대한 전단철근을 설계하시오.

이 보의 단면은 600×750mm이고 플랜지 유효폭은 2.1m이며 순경간은 8.0m이다. 보의 지지면에서의 철근은 $5-D29$(상부)와 $5-D25$(하부)으로 배치되어 있고, 기둥의 축방향철근은 $8-D25$이며 이 철근들에 대한 유효깊이는 684mm이다. 단, $f_{ck} = 24\text{MPa}$, $f_y = 400\text{MPa}$이며, 보의 양단에서 최대 계수전단력은 다음과 같다.

$1.2V_d + 1.0V_l = 180\text{kN}$

참고문헌

reference

1. 콘크리트구조 설계기준 [KDS 14 20 00], 국가건설기준센터, 2021.
2. 콘크리트구조 설계기준해설, 한국콘크리트학회, 2012.
3. 교량설계기준 [KDS 24 00 00], 국가건설기준센터, 2018.
4. 교량내진설계기준 [KDS 24 17 00], 국가건설기준센터, 2018, 2022.
5. 콘크리트표준시방서해설, 한국콘크리트학회, 2021.
6. 콘크리트의 열화와 보수가 알기 쉬운 책, 시멘트저널사(일본), 2005.
7. 콘크리트의 균열이 알기 쉬운 책, 시멘트저널사(일본), 2004.
8. 콘크리트의 진단학 입문, 창조서점(일본), 2004.
9. 알기 쉬운 콘크리트의 열화와 보수, 모리키타출판(일본), 2004.
10. 철근콘크리트, 신현묵외 2인, 동명사, 2008.
11. 콘크리트구조설계, 김우외 4명, 동화기술, 2013.
12. 구조역학(제2판), 한상철·신재중·김두환·김연태·조선규, 구미서관, 2009.
13. 구조물기초설계기준해설, (사) 한국지한공학회, 구미서관, 2009.
14. Design of Concrete Structures(16판), H,Nilson외 2인, McGraw-Hill.
15. Notes on ACI 318-05 Building Code Requirements for Structural Concrete, PCA.
16. Reinforced Concrete Design, Kenneth M. Leet외 1인, McGraw-Hill.
17. Reinforced Concrete Design, Chu-Kia Wang 외 1인, Adddion Wesley.
18. Reinforced Concrete Fundanmentals, Phil M. Ferguson, Wiley.
19. Reinforced Concrete Mchanics and Dsign, J.G.Macgregor 외 1인, Farson.
20. Reinforced Concrete structures, R.Park 외1인, John Wiley and Sons.
21. design of Concrete structures, H.Nilson 외 2인, McGraw-Hill.
22. Foundation Analysis and Design, J.E. Bowels.
23. Pie Design and Construction Practice, M.J. TOMLINSON.
24. Seismic Design of Bridges Design, Example. No. 7, US FHA.

찾아보기

index

ㅎ

부록 연습문제 정답

제4장

[문제 4-1]

(가) $\epsilon_t = 0.0012 < 0.002$(압축지배)

(나) $\epsilon_t = 0.0120 > 0.005$(인장지배)

[문제 4-2]

(가) $M_n = 269.35\text{kN}\cdot\text{m}$

(나) $M_n = 282.36\text{kN}\cdot\text{m}$

[문제 4-3]

(a) $\epsilon_t = 0.0256 > 0.005$(인장지배), $\phi M_n = 164.52\text{kN}\cdot\text{m}$

(b) $\epsilon_t = 0.0152 > 0.005$(인장지배), $\phi M_n = 250.74\text{kN}\cdot\text{m}$

(c) $\epsilon_t = 0.0041 < 0.005$(변화구간), $\phi = 0.79$, $\phi M_n = 336.31\text{kN}\cdot\text{m}$

[문제 4-4]

$M_u = 17.82\text{kN}\cdot\text{m/m}$, 철근비 $\rho = 0.5\rho_{\max} = 0.011$ 사용, $b = 1{,}000\text{mm}$, $d = 100\text{mm}$

$A_s = 3 \times 506.7(3\text{-}D25) = 1{,}520\text{mm}^2$

[문제 4-5]

$M_u = 268.8\text{kN}\cdot\text{m}$, $\rho = 0.5\rho_{\max} = 0.0123$, $b = 265\text{mm}$, $\text{d} = 530$, $h = 600\text{mm}$

$A_s = 3 \times 642.4(3\text{-}D29) = 1{,}927\text{mm}^2$

$\phi M_n = 304.92\text{kN}\cdot\text{m} > 1.2M_{cr} = 67.92\text{kN}\cdot\text{m}$, 최소철근 제한 만족

[문제 4-6]

$M_u = 208\text{kN}\cdot\text{m}$, 사용 철근비 $\rho = 0.01$로 가정

$b=260\text{mm}$, $\text{d}=520\text{mm}$, $\text{h}=570\text{mm}$

$A_s=3\times 506.7(3\text{-}D25)=1{,}520\text{mm}^2$

$\phi M_n=246.62\text{kN}\cdot\text{m}>1.2M_{cr}=60.11\text{kN}\cdot\text{m}$, 최소철근 제한 만족

[문제 4-7]

$M_u=246.90\text{kN}\cdot\text{m}$, 사용 철근비 $\rho=0.5\rho_{\max}=0.0091$

$b=520\text{mm}$, $d=400\text{mm}$, $h=450\text{mm}$, $A_s=3\times 642.4(3\text{-}D29)=1{,}927\text{mm}^2$

$\phi M_n=251.39\text{kN}\cdot\text{m}>1.2M_{cr}=68.87\text{kN}\cdot\text{m}$, 최소철근 제한 조건 만족

[문제 4-8]

(가) $M_u=371.25\text{kN}\cdot\text{m}$, $\rho=0.6\rho_{\max}=0.0129$

$b=350\text{mm}$, $d=530\text{mm}$, $d=580$, $A_s=4\times 642.4(4\text{-}D29)=2{,}570\text{mm}^2$

$\phi M_n=409.29\text{kN}\cdot\text{m}>1.2M_{cr}=78.42\text{kN}\cdot\text{m}$, 최소철근 제한 조건 만족

(나) $\rho=0.0296$, $b=300\text{mm}$, $d=450\text{mm}$, $h=500\text{mm}$

$A_s=5\times 642.4(5\text{-}D29)=3{,}212\text{mm}^2$

$\phi M_n=409.29\text{kN}\cdot\text{m}>1.2M_{cr}=78.42\text{kN}\cdot\text{m}$, 최소철근 제한 조건 만족

[문제 4-9]

(a) $\rho_{\max}=0.0346>0.0109$(단철근보)

$\phi M_n=\phi f_y A_s(d-\beta c)=0.85\times 420\times 2{,}568\times(675-0.4\times 129)\times 10^{-6}$

$=571.52\text{kN}\cdot\text{m}$

$\phi M_n=571.52\text{kN}\cdot\text{m}>1.2M_{cr}=146.81\text{kN}\cdot\text{m}$, 최소철근비 제한 조건 만족

(b) $\rho_{\max}=0.0249>0.0126$(단철근보)

$\phi M_n=697.53\text{kN}\cdot\text{m}>1.2M_{cr}=157.32\text{kN}\cdot\text{m}$, 최소철근비 제한 조건 만족

[문제 4-10]

(a) $\rho_{\max}=0.0249>0.0217$(단철근보), $\epsilon_s=0.0053>2.5\epsilon_y$, $\therefore\ \phi=0.85$

$\phi M_n=1{,}047.69\text{kN}\cdot\text{m}$

(b) $\rho_{\max}=0.0249<0.0252$(복철근보), $\phi=0.78$(변화구간)

$\phi M_n=1{,}171.22\text{kN}\cdot\text{m}$

[문제 4-11]

(a) $\rho_{\max}=0.0214<0.0230$(복철근보)

$\epsilon_s=0.0057>2.5\epsilon_y$(인장지배) $\phi=0.85$

$\phi M_n=344.91\text{kN}\cdot\text{m}$

(b) $\rho_{\max}=0.0214<0.0236$(복철근보)

$\epsilon_s = 0.0059 > 2.5\epsilon_y$(인장지배), $\phi = 0.85$

$\phi M_n = 568.57\text{kN}\cdot\text{m}$

[문제 4-12]

(a) $\rho_{\max} = 0.0199 > 0.0190$(단철근보)

$\epsilon_s = 0.0046 < 2.5\epsilon_y$(변화구간), $\phi = 0.81$

$\phi M_n = 205.88\text{kN}\cdot\text{m}$

(b) $\rho = 0.0285 \rangle \rho_{\max} = 0.0199$(복철근보)

$\epsilon_s = 0.0038 < 2\epsilon_y = 0.0042$(압축지배) $\phi = 0.65$

$\phi M_n = 397.57\text{kN}\cdot\text{m}$

[문제 4-13]

$\rho_{\max} = 0.0150 < 0.0278$(복철근보)

$0.004 < \epsilon_s = 0.0049 < 2.5\epsilon_y$(변화구간), $\phi = 0.83$

$\phi M_n = 570.46\text{kN}\cdot\text{m}$

[문제 4-14]

$M_u > \phi M_{n1}$(복철근보), $A_s = 6{,}354\text{mm}^2$(8-D32)

$\epsilon_t > 2.5\epsilon_y$(인장지배) $\phi = 0.85$

$\phi M_n = 668.29\text{kN}\cdot\text{m} > M_u = 550\text{kN}\cdot\text{m}$

[문제 4-15]

$a = 66\text{mm} > t_f = 64\text{mm}$ (T형보)

$\rho_{w(\max)} = 0.0290 \rangle \rho_w = 0.015$

$\epsilon_t = 0.0367 > 2.5\epsilon_y$, $\phi = 0.85$ (인장지배)

$\phi M_n = 557.95\text{kN}\cdot\text{m}$

[문제 4-16]

(a) $a = 46\text{mm} < t_f = 75\text{mm}$ (직사각형보)

$\epsilon_t = 0.0225 > 2\epsilon_y$, $\phi = 0.85$(인장지배)

$\phi M_n = 294.97\text{kN}\cdot\text{m}$

$\phi M_n = 294.97\text{kN}\cdot\text{m} > 1.2M_{cr} = 60.63\text{kN}\cdot\text{m}$, 최소철근 제한 조건 만족

(b) $a = 76\text{mm} > t_f = 75\text{mm}$(T형보)

$\epsilon_t = 0.0201 > 2\epsilon_y$, $\phi = 0.85$(인장지배)

$\phi M_n = 781.28\text{kN}\cdot\text{m}$

$\phi M_n = 781.28\text{kN}\cdot\text{m} > 1.2M_{cr} = 150.29\text{kN}\cdot\text{m}$, 최소철근 제한 조건 만족

제5장

[문제 5-1]

$v_{max} = 0.38\,\text{MPa}$, $v = 0.36\,\text{MPa}$

[문제 5-2]

(가) $b_w d \geq 331{,}588\,\text{mm}^2$, $b_w = 450\,\text{mm}$로 가정하면, $d \geq 737\,\text{mm}$

(나) $b_w d \geq 165{,}794\,\text{mm}^2$, $b_w = 300\,\text{mm}$로 가정하면, $d \geq 553\,\text{mm}$

[문제 5-3]

(1) 전단철근 배치구간

$V_{max} = 268.0\text{KN}$, $V_u = 228.8\,\text{KN}$, $V_c = 120.0kN$

전단철근(수직스터럽) 배치구간 : 지점에서 2.225m까지

최소 전단철근 배치구간 : 2.225m～2.788m

(2) 전단철근 설계구간의 수직스터럽 설계

$\frac{1}{3}\lambda\sqrt{f_{ck}}b_w d = 240{,}050\text{N}$, $V_s = 185.1\text{kN} < 240.1\,\text{kN}$, $\therefore\ s = \frac{d}{2}$ 이하

전단철근 : D13의 U형 수직 스터럽($A_v = 2 \times 126.7 = 253\,\text{mm}^2$)사용

최소전단철근에 의한 간격 : $s = 661\,\text{mm}$, 578mm 이하

∴ 최소 전단철근(스터럽)의 간격은 300mm

전단철근(V_s의 적용구간)의 간격 : $s = 160.8\,\text{mm}$

∴ V_s적용구간의 스터럽 간격은 160mm으로 함.

[문제 5-4]

(1) 전단철근 설계구간 계산

$V_{max} = 268.75\,\text{kN}$, $V_u = 221.25\text{kN}$, $V_c = 176.4\,\text{kN}$

전단철근 배치구간(V_s적용구간) : 지점으로부터 1.14m까지

최소 전단철근량 배치구간 : 1.14m～1.70m구간

(2) 전단철근 설계구간의 수직스터럽 설계

$\frac{1}{3}\lambda\sqrt{f_{ck}}b_w d = 352.8\text{kN} > V_s = 118.6\text{kN}$ $\therefore\ s = \frac{d}{2}$ 이하

전단철근 : D10의 U형 수직 스터럽($A_v = 143\,\text{mm}^2$)사용

최소전단철근에 의한 간격 : $s = 324\,\text{mm}$, 306mm 이하

∴ 최소 전단철근(스터럽)의 간격은 300mm

전단철근(V_s의 적용구간)의 간격 : $s = 180.9\,\text{mm}$

∴ V_s적용구간의 스터럽 간격은 180mm으로 함.

[문제 5-5]

$V_u = 56.9\text{kN}$, $\frac{1}{2}\phi V_c = 64.3\text{kN} > V_u = 56.9\text{kN}$, 전단보강이 필요하지 않음.

[문제 5-6]

(1) 전단철근 설계구간 계산

$\phi V_c = 128.6\text{kN} < V_u = 148.9\text{kN}$ ∴ 전단철근 필요

전단철근(수직스터럽) 배치 : 지점으로부터 0.8m구간

최소 전단철근 배치 : 0.8m ~ 2.52m구간

(2) 전단철근 설계구간의 수직스터럽 설계

$\frac{1}{3}\lambda\sqrt{f_{ck}}b_w d = 342.9\text{kN}$

$V_s = 27.1\text{kN} < 342.9\text{kN}$ ∴ $s = \frac{1}{2}d$ 이하

D10 U형 수직 스터럽 사용($A_v = 143\text{mm}^2$)

최소전단철근에 의한 간격 : $s = 374\text{mm}$, 327mm 이하

∴ 최소 전단철근(스터럽)의 간격은 $\frac{d}{2} = 300\text{mm}$

전단철근(V_s의 적용구간)의 간격 : $s = 887.6\text{mm}$

∴ V_s적용구간의 스터럽 간격은 300mm으로 함.

지점에서 D10 U형 스터럽을 300m 간격으로 최소 10개를 배치하면

스터럽 배치구간은 9@300 = 2,520mm이므로 충분함.

[문제 5-7]

$V_u = 236.8\text{kN}$, $\phi V_c = 117.6\text{kN} < V_u = 236.8\text{kN}$, 전단철근 보강

전단철근(수직스터럽) 배치 : 지점으로부터 2.05m구간

최소 전단철근 배치 : 2.05m ~ 2.77m구간

[문제 5-8]

$\frac{1}{3}\lambda\sqrt{f_{ck}}b_w d = 313.5\text{kN}$

$V_s = 158.9\,kN < 313.5\text{kN}$ ∴ $s = \frac{1}{2}d$ 이하

수직 스터럽으로 U형 D13철근을 사용($A_v = 2 \times 126.7 = 253\text{mm}^2$)

최소 전단철근에 의한 간격 : $s = 620\text{mm}$, 542mm 이하

∴ 최소 전단철근(스터럽)의 간격은 $\frac{d}{2} = 300\text{mm}$

전단철근(V_s의 적용구간)의 간격 : $s = 229.2\text{mm} < 300\text{mm}$

∴ V_s 적용구간의 스터럽 간격은 200mm으로 함.
지점에서 D10 U형 스터럽을 200m 간격으로 최소 12개를 배치하면
스터럽 배치구간은 11@200 = 2,200mm 이므로 충분함.

[문제 5-9]

[예제 5.8] 풀이 과정 참조

[문제 5-10]

[예제 5.8] 풀이 과정 참조

[문제 5-11]

[예제 5.8] 풀이 과정 참조

[문제 5-12]

① 비틀림철근의 필요성 검토

$$\phi\left(\frac{1}{12}\lambda\sqrt{f_{ck}}\right)\frac{A_{cp}^2}{P_{cp}} = 5{,}024{,}302\text{N}\cdot\text{mm} = 5.02\text{kN}\cdot\text{m} < T_u = 20\text{kN}\cdot\text{m}$$

∴ 비틀림철근 보강 필요

② 전단철근의 계산

$$\frac{A_v}{s} = 0.35\frac{b_w}{f_y} = 0.35\text{mm}^2/\text{mm}, \quad \frac{A_v}{s} = 0.0625\sqrt{f_{ck}}\frac{b_w}{f_y} = 0.248\text{mm}^2/\text{mm}$$

$$\therefore \ \frac{A_v}{s} = 0.35\text{mm}^2/\text{mm}$$

③ 단면치수의 검토

스터럽을 $D13$철근으로 가정

$x_1 = 167.3\text{mm}, \ y_1 = 427.3\text{mm}, \ A_{oh} = 71{,}487\text{mm}^2,$

$p_h = 2(x_1 + y_2) = 1{,}189.2\text{mm}$

$$\sqrt{\left(\frac{V_u}{b_w d}\right)^2 + \left(\frac{T_u p_h}{1.7A_{oh}^2}\right)^2} = 2.87 < \phi\left[\left(\frac{V_c}{b_w d}\right) + \frac{2}{3}\sqrt{f_{ck}}\right] = 3.07$$

∴ 단면은 적합

④ 비틀림에 의한 폐쇄스터럽 산정

$A_o = 60{,}764\text{mm}^2$

$$\frac{A_t}{s} = \frac{T_u}{2\phi A_o f_{yt}} tan\theta = 0.731\text{mm}^2/\text{mm}$$

⑤ 전단 및 비틀림에 의한 총 폐쇄스터럽 계산

$$\frac{A_{v+t}}{s} = \frac{A_v}{s} + \frac{2A_t}{s} = 1.812\text{mm}^2/\text{mm}$$

간격 $s = \dfrac{126.7}{1.812} = 69.9\text{mm}, \ s = 65\text{mm}$ 적용함

⑥ 비틀림에 의한 종방향철근의 산정

$$A_l = \left(\frac{A_t}{s}\right)p_h\left(\frac{f_{yt}}{f_y}\right)\cot^2\theta = 868.1\,\text{mm}^2$$

종방향철근은 4개의 $D22$ 철근$(4\times 387.1 = 1{,}548.4\,\text{mm}^2 > 868.1\,\text{mm}^2)$을 사용하였으므로 적합.

⑦ 수직 스터럽 철근은 $D13$, 간격 65mm 사용. 종방향 철근은 보 네 모퉁이에 1개씩 $D22$ 철근 배치

[문제 5-13]

① 비틀림철근의 필요성 검토

$A_{cp} = 180{,}000\,\text{mm}^2$, $P_{cp} = 2{,}300\,\text{mm}$

$$\phi\left(\frac{1}{12}\lambda\sqrt{f_{ck}}\right)\frac{A_{cp}^2}{P_{cp}} = 6.945\,\text{kN·m} < T_u = 12\text{kN·m}$$

∴ 비틀림철근 보강

② 단면치수 검토

돌출부 플랜지 단면 무시, 보 표면에서 스터럽($D13$) 중심까지의 거리 50mm로 가정

$x_1 = 150\text{mm}$, $y_1 = 350\text{mm}$, $A_{oh} = 52{,}500\text{mm}^2$, $p_h = 1{,}000\,\text{mm}$, $d = 384\text{mm}$

$$\sqrt{\left(\frac{V_u}{b_w d}\right)^2 + \left(\frac{T_u p_h}{1.7A_{oh}^2}\right)^2} = 2.727 < \phi\left[\left(\frac{V_c}{b_w d}\right) + \frac{2}{3}\sqrt{f_{ck}}\right] = 3.698$$

∴ 단면은 충분함.

③ 전단철근 산정

$$\phi V_c = 73.951\text{kN},\quad V_s = 21.399\text{kN},\quad \frac{A_v}{s} = \frac{V_s}{f_y d} = 0.139$$

④ 비틀림에 의한 폐합스터럽 산정

$$A_o = 44{,}625\text{mm}^2,\quad \frac{A_t}{s} = \frac{T_u}{2\phi A_o f_{yt}}\tan\theta = 0.448\text{mm}^2/\text{mm}$$

⑤ 전단 및 비틀림에 의한 총 폐합스터럽 계산

$$\frac{A_{v+t}}{s} = \frac{A_v}{s} + \frac{2A_t}{s} = 1.035\text{mm}^2/\text{mm}$$

$D13$스터럽 사용($A_s = 126.7\,\text{mm}^2$), 간격 $s = \dfrac{126.7}{1.035} = 122\text{mm}$

⑥ 비틀림에 의한 종방향 철근의 산정

$$A_l = \left(\frac{A_t}{s}\right)p_h\left(\frac{f_{yt}}{f_y}\right)\cot^2\theta = 448\,\text{mm}^2$$

종방향 철근은 4개의 $D19$ 철근$(4\times 286.5 = 1{,}146\,\text{mm}^2 > 448\,\text{mm}^2)$을 사용하였으므로 적합

⑦ 수직 스터럽 철근 $D13$, 간격 100mm 사용, 보 네 모퉁이에 1개씩 종방향 철근 $D19$ 4개.

제6장

[문제 6-1]

$$l_{db} = \frac{0.6 d_b f_y}{\lambda \sqrt{f_{ck}}} = 1{,}089\,\text{mm}$$

[문제 6-2]

(가) 이형인장철근의 정착길이

구분		D16(15.9mm)	D25(25.4mm)
$l_{db} = \frac{0.6 d_b f_y}{\lambda \sqrt{f_{ck}}}$ (mm)		610	1,299
보정계수	α(위치계수)	1.3	1.0
	β(도막계수)	1.0	1.5
	λ(경량골재계수)	1.0	0.75
	$\alpha\beta \le 1.7$	1.3×1.0=1.3	1.0×1.5=1.5
	철근간격, 피복두께 조건	$0.8\alpha\beta = 0.8 \times 1.3 \times 1.0 = 1.04$	$\alpha\beta = 1.0 \times 1.5 = 1.5$
정착길이 : l_d(mm)		635	1,949

(나) 이형인장철근의 정착길이

구분		D19($d_b = 19.1$mm)	D32($d_b = 31.8$mm)
$l_{db} = \frac{0.6 d_b f_y}{\lambda \sqrt{f_{ck}}}$ (mm)		733	1,626
보정계수	α(위치계수)	1.0	1.3
	β(도막계수)	1.0	1.5
	λ(경량골재계수)	1.0	0.75
	$\alpha\beta \le 1.7$	1.0×1.0=1.0	1.3×1.5=1.95 〉 1.7
	철근간격, 피복두께 조건	$1.2\alpha\beta = 1.2 \times 1.0 \times 1.0 = 1.2$	$1.5\alpha\beta = 1.5 \times 1.3 \times 1.5 = 2.925$
	소요 A_S / 배근 A_s	0.769	0.909
정착길이 : l_d(mm)		676	4,324

[문제 6-3]

이형압축철근의 정착길이

구분	(가)		(나)	
	D16(15.9mm)	D25(25.4mm)	D19(d_b = 19.1mm)	D32(d_b = 31.8mm)
$l_{db} = \dfrac{0.25 d_b f_y}{\lambda \sqrt{f_{ck}}}$ (mm)	255〉240	406〉383	306〉288	509〉479
$0.043 d_b f_y$ (mm)	240	383	288	479
소요 A_S / 배근 A_s	1.0	1.0	0.769	0.909
정착길이 : l_d (mm)	255	406	236	463

[문제 6-4]

압축철근의 겹침이음 길이

구분		(가)	(나)
압축철근의 겹침이음길이 (mm)	$l_s = \left(\dfrac{1.4 f_y}{\lambda \sqrt{f_{ck}}} - 52\right) d_b$	1,584	1,816
	$0.072 d_b f_y$	–	721
	$(0.13 f_y - 24) d_b$	876	–
f_{ck}에 의한 보정		–	1/3
겹침이음의 길이		876	962

[문제 6-5]

① 표준갈고리를 갖는 인장철근의 기본정착길이 : $l_{hb} = 499\text{mm}$

② 90° 갈고리의 매입길이 : l_{dh} = 보정계수 $\times l_{hb} = (0.7 \times 0.8) \times 499 = 280\text{mm}$

[문제 6-6]

철근의 정착길이 검토 결과는 다음 그림과 같다.

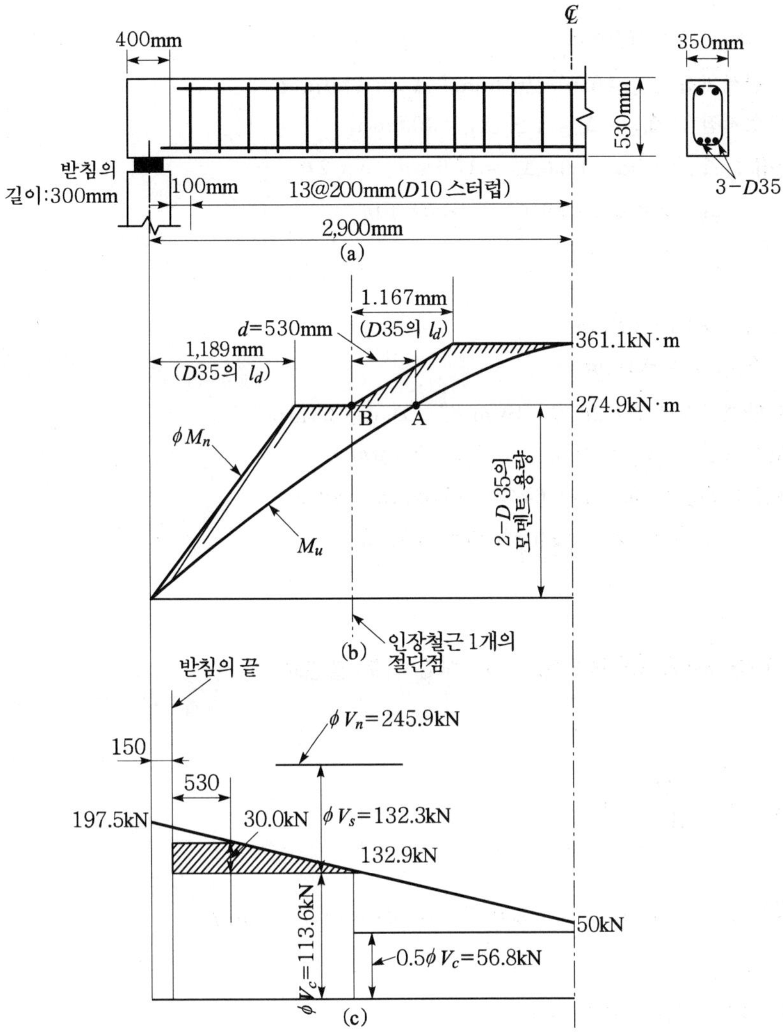

제7장

[문제 7-1]

① $I_e = 8.53 \times 10^8 \text{mm}^4$

② 최대 탄성처짐 : $\Delta_{i(D+L)} = 21.9\text{mm}$

③ 고정하중에 의한 탄성처짐 : $I_e = 9.97 \times 10^8 \text{mm}^4$, $\Delta_{iD} = 11.9\text{mm}$

④ 활하중에 의한 탄성처짐 : $\Delta_{iL} = \Delta_{i(D+L)} - \Delta_{iD} = 10.0\text{mm}$

⑤ 5년 후의 장기처짐 : $\Delta_{ic} = 1.0\Delta_{iD} + 0.6\Delta_{iL} = 17.9\text{mm}$, $\lambda = 2.0$

$$\Delta_l = \lambda \times \Delta_{ic} = 2.0 \times 17.9 = 35.8\text{mm}$$

[문제 7-2]

① 전하중 재하시 : $I_e = 80.5 \times 10^6 \text{mm}^4$

② 최대 탄성처짐 : $\Delta_{i(D+L)} = 8.3\text{mm}$

③ 고정하중에 의한 탄성처짐 : $I_e = 205.7 \times 10^6 \text{mm}^4$, $\Delta_{iD} = 1.3\text{mm}$

④ 활하중에 의한 탄성처짐 : $\Delta_{iL} = \Delta_{i(D+L)} - \Delta_{iD} = 7.0\text{mm}$

⑤ 5년 후의 장기처짐 : $\Delta_{ic} = 1.0\Delta_{iD} + 0.65\Delta_{iL} = 5.85\text{mm}$, $\lambda = 2.0$

$$\Delta_l = \lambda \times \Delta_{ic} = 2.0 \times 5.85 = 11.7\text{mm}$$

[문제 7-3]

$\dfrac{3,000}{28} = 107\text{mm} < 150\text{mm}$(슬래브의 두께), ∴ 처짐 검토 불필요

[문제 7-4]

(1) 인장철근의 응력 : $f_s = \dfrac{M}{A_s z}$ 적용 시

① $f_s = 100MPa$

② $s = 375\left(\dfrac{210}{f_s}\right) - 2.5c_c = 664\text{mm}$, $s = 300\left(\dfrac{210}{f_s}\right) = 630\text{mm} < 664\text{mm}$

③ 인장철근의 중심 간격

$(400 - 2 \times 62) \div 3 = 92\text{mm} < 630\text{mm}$

∴ 휨균열 제어를 위한 인장철근 간격은 적합

(2) $f_s = \dfrac{2}{3} f_y$ 적용 시

① $f_s = \dfrac{2}{3} f_y = 267\text{MPa}$

② 인장철근의 $3 - D25$ 중심간격

$(400 - 2 \times 62) \div 2 = 138\text{mm}$

③ $s = 171.5\text{mm} > 138\text{mm}$

∴ 주철근 간격은 적합

[문제 7-5]

(1) 표피철근의 간격

$h = 1{,}000\text{mm} > 900\text{mm}$, ∴ 종방향 표피철근 필요.

표피철근의 최대간격 : 200mm

(2) 표피철근의 배치

상단철근 위로 200mm 간격으로 표피철근을 좌우로 3개씩 배치함

[문제 7-6]

(1) 인장철근의 응력 : $f_s = \dfrac{M}{A_s z}$ 적용 시

① $f_s = 175\text{MPa}$, $s = 326\text{mm}$

② 인장철근의 중심 간격 : $(450 - 2 \times 64) \div 3 = 107\text{mm} < 326\text{mm}$

∴ 휨균열 제어를 위한 인장철근 간격 적합

(2) 인장철근의 응력 $f_s = \dfrac{2}{3} f_y$ 적용 시

$f_s = 267\text{MPa}$, $s = 171\text{mm} > 107\text{mm}$

∴ 휨균열 제어를 위한 인장철근 간격 적합

[문제 7-7]

$f_{s,\max} - f_{s,\min} = 134 - 51 = 83\text{MPa} < 150\text{MPa}$

∴ 피로 검토는 생략할 수 있음

[문제 7-8]

(1) 염해에 관한 내구성 평가

① 염화물이온 특성값 : $D_k = 4.0 \times 10^{-5}\text{m}^2/\text{year}$

② 설계기준 염화물이온 확산계수 : $D_k \leq 4.5 \times 10^{-5}\text{m}^2/\text{year}$

(2) 탄산화에 관한 내구성 평가

탄산화 속도계수는 특성값 : $\alpha_k = 2.5(mm/\sqrt{year})$

∴ 설계기준 탄산화 속도계수 α_k는 $2.5(\text{mm}/\sqrt{\text{year}})$이하이어야 함

(3) 동결융해에 관한 내구성 평가

[예제 7.7]의 경우와 동일하므로 평가 과정 생략

[문제 7-9]

① 배합 염화물이온 확산계수 : $D_R \leq 3.874 \times 10^{-4}\text{m}^2/\text{year}$

② $D_R = 10^{-4.56 + 2.40(\text{W/B})}$, ∴ $\dfrac{W}{B} \leq 0.48$

③ 100년 내구성 확보 검토 결과(설계단계),

설계 단계 : $D_k \leq 4.0 \times 10^{-5}\text{m}^2/\text{year}$,

배합 단계 : $D_R \le 3.875\times10^{-4}\text{m}^2/\text{year}$

④ 본 예시의 염해에 대한 내구성 평가 결과, 콘크리트 배합설계에서 물-결합재비를 48% 이하로 할 경우 재령 100년 동안 염해에 대한 내구성은 확보되는 것으로 판정됨

[문제 7-10]

① 콘크리트의 탄산화에 대한 내구성 평가식으로부터

$1.1\alpha_p \le 0.92\times3.10,\quad \alpha_p \le 2.594$

$\alpha_k = 3.1(mm/\sqrt{year})$: [연습문제 7.7]에서 계산된 값임.

② 탄산화 속도계수 예측식을 이용한 물-시멘트비

$\alpha_p = -3.57 + 9.0(W/B)$

$3.1 = -3.57 + 9.0(W/B) \quad \therefore\ W/B = 0.68$

③ $B = C_p + kA_d = 250 + 0.7\times250 = 425\text{kg}$

$W/B = 0.68,\ W/425 = 0.68 \ \therefore\ W = 289\text{kg}$

제8장

[문제 8-1]

(가) $P_{cr} = 500\,\text{KN}$

(나) $P_{cr} = 8{,}000\,\text{KN}$

[문제 8-2]

(가) $P_0 = 9.381.1\text{kN}$

(나) $P_{n(\max)} = 7{,}504.8\text{kN}$

(다) $P_b = 3{,}455.8\text{kN},\ M_b = 969.1\text{kN·m},\ e_b = 280\,\text{mm}$

(라) $P-M$ 상관도

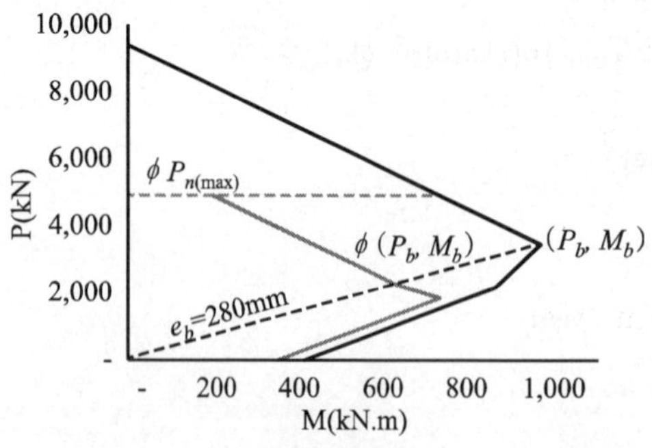

[P–M 상관도]

[문제 8-3]

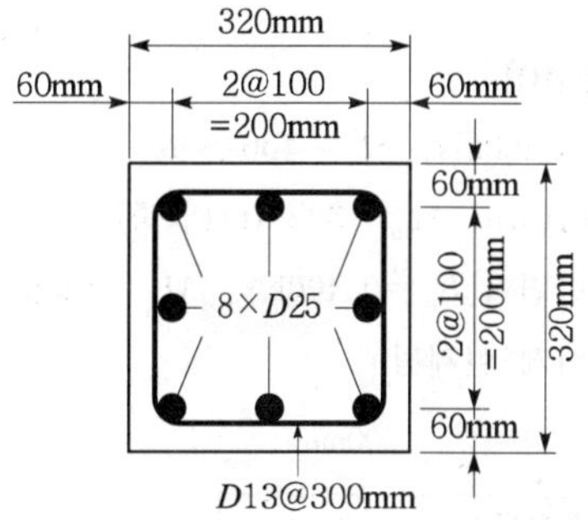

① 축방향 철근 $A_{st} = 8 - D25$

② 띠철근 $D13$을 300mm 간격으로 배치

[문제 8-4]

단면적 $A_g = 300 \times 400\text{mm}$

축방향철근 $A_{st} = 8 \times 642.4 = 5{,}139.2\text{mm}^2$

[문제 8-5]

한 변의 최소길이 $b = 265\text{mm}$

사용 단면적 $A_g = 285 \times 285\text{mm}$

축방향 철근 $A_{st} = 8 - D32\,(6{,}354\text{mm}^2)$

[문제 8-6]

단면적 $A_g = 350 \times 350\text{mm}$

축방향 철근 $A_{st} = 4{,}596\text{mm}^2(4\text{-}D25 + 4\text{-}D29)$ (소요)

[문제 8-7]

$P_b = 1{,}904.9\text{kN}$, $M_b = 715.6\text{kN·m}$, $e_b = 376\text{mm}$

[문제 8-8]

$P_n = 1{,}346\text{kN}$, $M_n = 606.97\text{kN·m}$

[문제 8-9]

① $e_{\min} = 0.1h = 55\text{mm}$ (중심축하중을 받는 기둥)

② $P_0 = 5{,}992\text{kN}$

③ c값의 변화에 따른 P_n과 $M_n = P_n e$의 결과 비교

e(mm)	c(mm)	파괴조건	P_n(kN)	$M_n = P_n e$
$e = 0$	∞	압축	5,992	0
$e = 184 < e_b = 376$	400	압축	3,086	566.82
$e = e_b = 376$	311	균형	1,905	716.51
$e = 682 > e_b = 376$	150	인장	918	626.22
	156	인장	0	417.03

[문제 8-10]

① $P_u = 1{,}400\text{kN}$, $M_u = 136\text{kN}\cdot\text{m}$

② $e = 151\text{mm} < e_b = 322\text{mm}$ (압축파괴)

③ 계수단면력($P_u = 1{,}400\text{kN}$, $M_u = 136\text{kN}\cdot\text{m}$)이 $\phi P - \phi M$ 상관도 내측에 위치하고 있으므로 안전하게 설계됨.

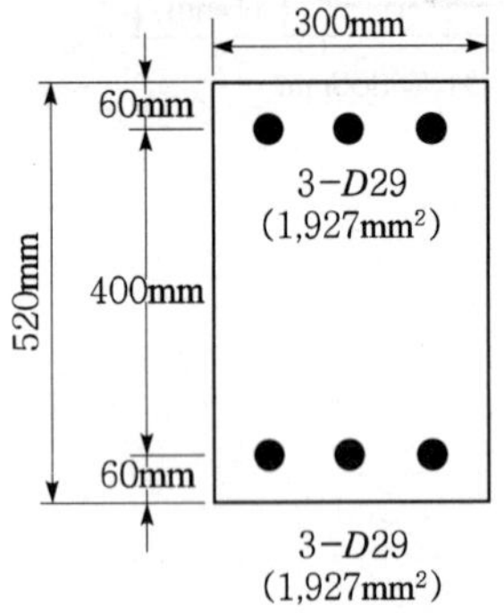

④ 축하중-모멘트 상관 관계

편심 및 중립축 (mm)	축강도(kN)		휨강도(kN·m)		참고
$e = 0(c = \infty)$	$P_0 = 5{,}422$	$\phi P_0 = 3{,}524$	$M_0 = 0$	$\phi M_0 = 0$	중심축하중
$e = 144(c = 400)$	$P_n = 3{,}027$	$\phi P_n = 1{,}967$	$M_n = 437$	$\phi M_n = 284$	압축지배
$e_b = 322(c = 286)$	$P_b = 1{,}752$	$\phi P_b = 1{,}139$	$M_b = 564$	$\phi M_b = 367$	균형상태
$e = 432(c = 200)$	$P_n = 1{,}224$	$\phi P_n = 796$	$M_n = 529$	$\phi M_n = 344$	인장지배
$e = \infty(c = 126)$	$P_n = 0$	$\phi P_n = 0$	$M_n = 316$	$\phi M_n = 268$	휨

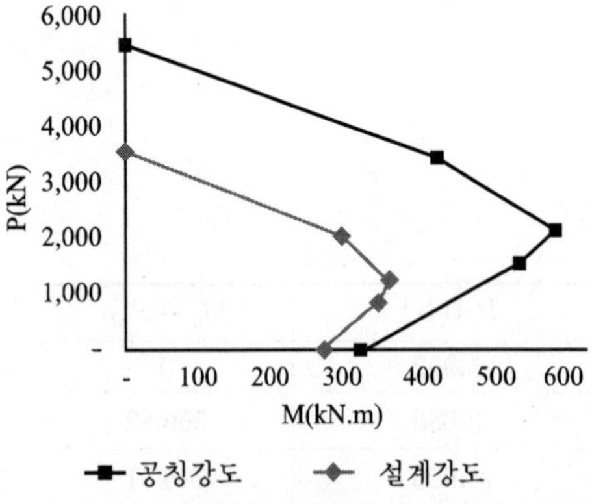

[P-M 상관도]

[문제 8-11]

① $P_c = 5,190.3\,\text{kN}$, $\delta_{ns} = 1.56 > 1.0$, $M_c = 212.2\,\text{kN}\cdot\text{m}$

② $e = \dfrac{M_c}{P_u} = 152\,\text{mm} < e_b = 322\,\text{mm}$ (압축파괴)

③ 계수단면력($P_u = 1,400\text{kN}$, $M_u = 136\text{kN}\cdot\text{m}$)은 $\phi P - \phi M$ 상관도 내측에 위치하고 있으므로 안전하게 설계됨.

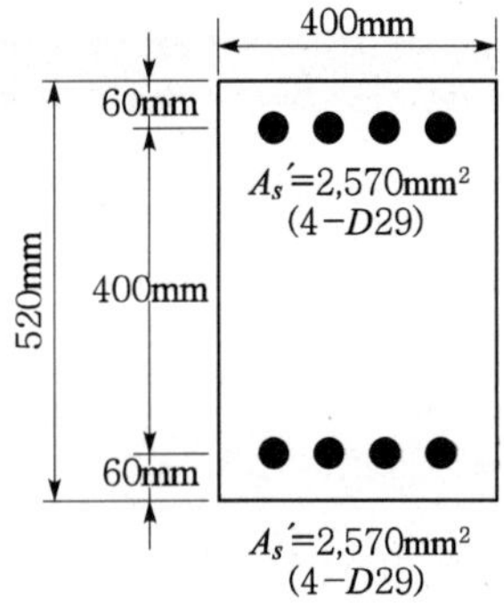

④ 축하중 모멘트 상관 관계

편심 및 중립축 (mm)	축강도(kN)		휨강도(kN·m)		참고
$e = 0\,(c = \infty)$	$P_0 = 7,229$	$\phi P_0 = 4,699$	$M_0 = 0$	$\phi M_0 = 0$	중심축하중
$e = 204\,(c = 500)$	$P_n = 4,038$	$\phi P_n = 2,624.4$	$M_n = 583$	$\phi M_n = 379$	압축지배
$e_b = 332\,(c = 286)$	$P_b = 2,336$	$\phi P_b = 1,518$	$M_b = 752$	$\phi M_b = 489$	균형상태
$e = 584\,(c = 140)$	$P_n = 1,083$	$\phi P_n = 704$	$M_n = 632$	$\phi M_n = 411$	인장지배
$e = \infty\,(c = 126)$	$P_n = 0$	$\phi P_n = 0$	$M_n = 421$	$\phi M_n = 358$	휨

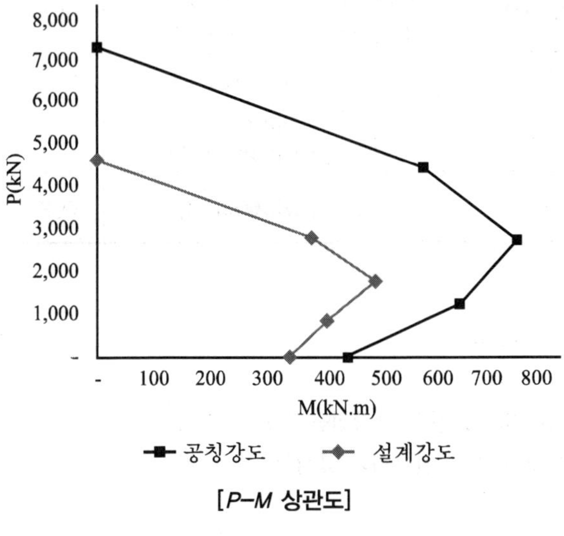

[P-M 상관도]

[문제 8-12]

① $P_u = 1{,}400\text{kN}$, $\delta_s = 1.33$, $M_c = 149.2\text{kN}\cdot\text{m}$

② $P-M$ 상관도는 [문제 6-10]과 동일함,

③ 계수단면력은 ($P_u = 1{,}400\text{kN}$, $M_c = 149.2\text{kN}\cdot\text{m}$)는 $\phi P_n - \phi M_n$ 상관도 내측 위치하고 있으므로 안전하게 설계됨.

제9장

[문제 9-1]

[예제 9.1] 풀이 과정 참조

[문제 9-2]

[예제 9.1] 풀이 과정 참조

제10장

[문제 10-1]

① 슬래브 두께 $t = 220\text{mm}$, $w_u = 25.80\text{kN/m}^2$,

② $M_{u(\max)} = -52.25\text{kN}\cdot\text{m}$ ($D13$ⓐ$125 = 1014\text{mm}^2$배치)

③ 전단 검토 : $\phi V_c = 125.8\text{kN} > V_u = 61.0\text{kN}$

④ 수축 · 온도철근 : $D10$@200mm을 양면에 주철근 직각방향으로 배치

⑤ 지점별 휨모멘트 및 인장철근

위치	계수	M_u(kN · m)	소요 A_s (mm^2)	사용 철근 (mm^2)	비고
첫 번째 지점	-1/24	-21.77	336	D10@125=570	O.K
첫 번째 지간 중앙	1/14	37.32	582	D13@250 D10@250=792	O.K
두 번째 지점	-1/10	-52.25	834	D13@125=1,014	O.K

[문제 10-2]

① $\alpha_m > 2$이므로 슬래브 두께 $t = 200\text{mm}$, $b = 500\text{mm}$

② 제한조건에 전부 만족하므로 직접설계법으로 설계

③ 지지보 전단검토 : $\phi V_c = 170.1\text{kN} < V_u = 286.4\text{kN}$, 전단 보강철근 필요

④ 슬래브 전단검토 : $\phi V_c = 103.91\text{kN} > V_u = 59.70\text{kN}$, 전단철근 불필요

⑤ 휨철근 설계 : 폭 4m, 유효깊이 $d = 160\text{mm}$

	단부 경간						내부 경간			
	주열대			중간대			주열대		중간대	
	외단	중앙부	내단	외단	중앙부	내단	양단	중앙부	양단	중앙부
$M_u(\text{kN}\cdot\text{m})$	21.42	63.52	78.01	15.69	141.16	173.36	72.44	39.00	160.97	86.68
사용철근	D10+ D13 @200	D10+ D13 @200	D10+ D13 @200	D10+ D13 @200	D13 D16 @200	D13 +D16 @200	D10+ D13 @200	D10+ D13 @200	D13 +D16 @200	D10+ D13 @200

제11장

① 접지압력 $q = 184.0\text{kN/m}^2 < q_a = 250\text{kN/m}^2$, 만족함

② 계수하중 $p_u = 210.0\text{kN/m}^2$, $d = 677.8\text{mm}$(주철근 D22사용)

③ 1방향 전단 : $V_u = 837.6\text{kN} < \phi V_c = 1{,}761.0\text{kN}$

④ 2방향 전단 : $V_u = 2{,}990\text{kN}$, $v_c = 1.59MPa$

$\phi V_c = 4{,}294\text{kN} > V_u = 2{,}990\text{kN}$, $V_n = 5{,}725\text{kN} < 0.58 f_{ck} b_o c_u = 19{,}798\text{kN}$

∴ $t = 800mm$로 설계할 경우 전단철근 보강은 불필요.

⑤ 휨설계 및 검토 : $M_u = 1178.4\text{kN}\cdot\text{m}$, $d = 666.7\text{mm}$

$A_s = 5{,}401\text{mm}^2 <$ 배근 $A_s = 7742\text{mm}^2$(20-D22)

$\phi M_n = 1{,}710.6\text{kN}\cdot\text{m} > M_u = 1.178.4\text{kN}\cdot\text{m}$

⑥ 지압 검토 : 확대기초 : $B_{df} = 12{,}605\text{kN} > P_u = 3{,}360\text{kN}$

기둥 : $B_{dc} = 6{,}302.6\text{kN} > P_u = 3{,}360\text{kN}$

∴ 지압에 대한 철근 보강은 불필요함.

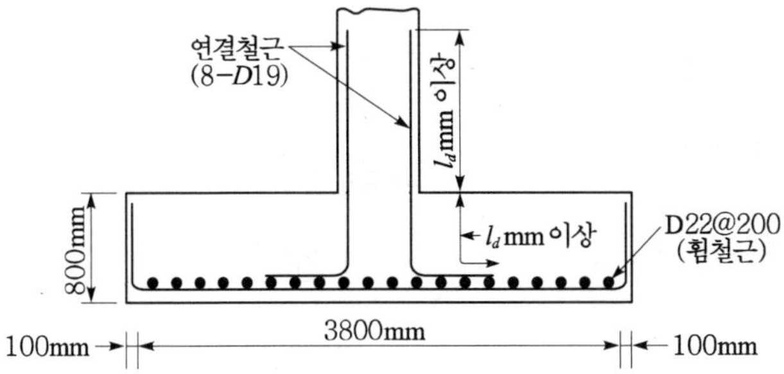

[휨철근과 연결철근]

[문제 11-2]

① $t=700\text{mm}$, $d=580\text{mm}$, $A=2.50\times3.40=8.50\text{m}^2>7.94\text{m}^2$

② 보의 콘크리트만으로 부담할 수 있는 전단강도는

③ 전단설계(2방향 작용) : $V_u=2{,}489\text{kN}$, $v_c=1.58\text{MPa}$

$\phi V_c=0.75\times3{,}959=2{,}969\text{kN}>V_u=2{,}489\text{kN}$

$V_n=3{,}959\text{kN}<0.58f_{ck}b_oc_u=12{,}748\text{kN}$

∴ $t=700\text{mm}$로 설계할 경우 전단철근 보강 불필요.

④ 긴 변 방향 휨설계 및 검토

$M_{ul}=892.0\text{kN}\cdot\text{m}$, $A_{sl}=6{,}236\text{mm}^2(A_{sl}=16-D25=8{,}107\text{mm}^2)$

$\phi M_{nl}=1{,}150\text{kN}\cdot\text{m}>M_{ul}=892\text{N}\cdot\text{m}$ OK

∴ 긴 변 방향으로 $D25@150$ 배치

⑤ 짧은 변 방향 휨설계 및 검토

$M_{us}=577.0\text{kN}\cdot\text{m}$, $A_{ss}=3{,}960\text{mm}^2(16-D22=5{,}807\text{mm}^2)$

$\phi M_{ns}=840.3\text{kN}\cdot\text{m}>M_{us}=577.0\text{N}\cdot\text{m}$ OK

중앙구간에 $D22$ 철근 12개를 200mm 간격으로 배치, 양쪽 외측구간에 4개를 250mm 간격으로 배치

⑥ 지압 검토 : 확대기초 : $B_{df}=6{,}630\text{kN}>P_u=2{,}880\text{kN}$ OK

기둥 : $B_{dc}=3{,}315\text{kN}>P_u=2{,}880\text{kN}$, OK

∴ 지압에 대한 철근 보강은 불필요함.

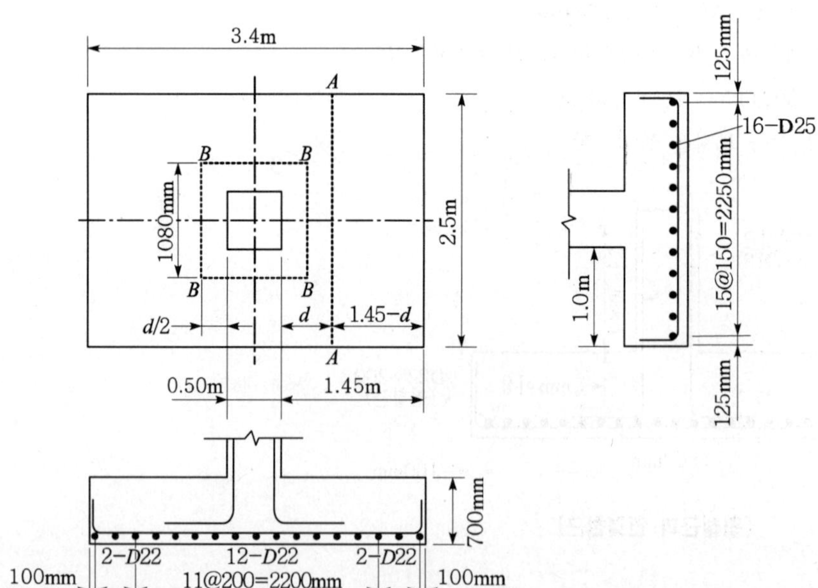

[문제 11-3]

① $t=0.85\text{m}$, 확대기초 넓이 : $7.2\times2.5\text{m}(A=18\text{m}^2>15.86\text{m}^2)$

② 최대 계수 전단력 : $+V_{u1}$(기둥 2의 내부면)$=1,697.5\text{kN}$

③ 최대 계수 휨모멘트 : $M_{u2(\max)}=2,193.2\text{kNm}$

④ 1방향 전단 검토

$d=743\text{mm}$, 위험단면 $V_u=1,214.5\text{kN}$, $\phi V_c=1,137.5\text{kN}<V_u=1,214.5\text{kN}$

$D13$ 복U형 수직스터럽($A_v=126.7\times4=506.8\text{m}^2$) 사용

$\therefore\ s=1,100\text{mm}>\dfrac{d}{2}=371\text{mm}$, 복U형 수직스터럽 $D13$@350mm 배치

⑤ 2방향 전단(펀칭전단) 검토

$V_u=2,238.3\text{kN}$, $v_c=1.51\text{MPa}$, $V_c=5,578\text{kN}$,

$\phi V_c=4,184\text{kN}>V_u=2,238\text{kN}$, $V_n=5,578\text{kN}<0.58f_{ck}b_oc_u=18,756\text{kN}$

$\therefore\ t=850\text{mm}$로 설계할 경우 전단철근 보강 불필요

⑥ 긴 변 방향의 휨철근 설계

$A_{sl}=12,165\text{mm}^2(21-D29=13,482\text{mm}^2,\ D29$ⓐ115 배치)

$\phi M_{nl}=2,332.6\text{kN}\cdot\text{m}>\text{M}_{ul}=2,193.2\text{kN}\cdot\text{m}$ OK

⑦ 짧은 변 방향의 휨철근의 설계

$M_{u(\text{기둥}2)}=528.0\text{kN}\cdot\text{m}$, $A_{ss}=2,821\text{mm}^2(9-D25=4,560\text{mm}^2)$

$\phi M_{ns}=846.5\text{kN}\cdot\text{m}>M_{ul}=528.0\text{kN}\cdot\text{m}$ OK

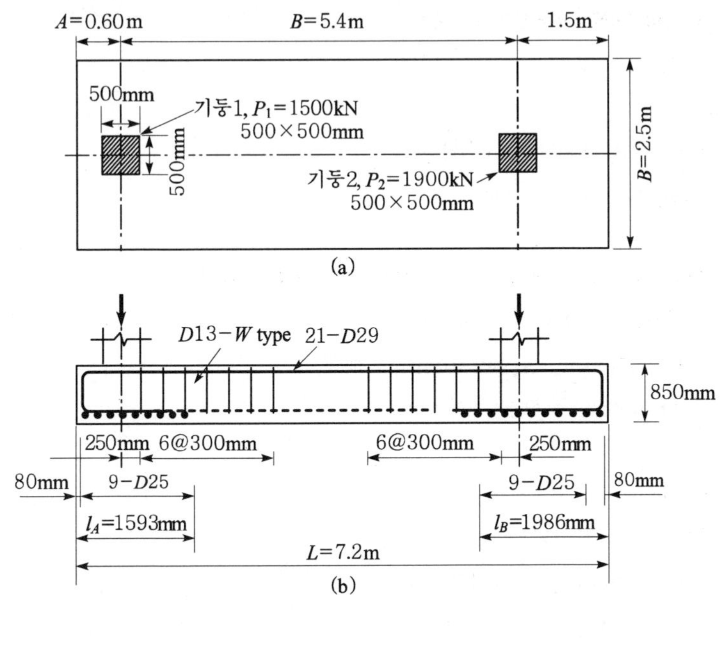

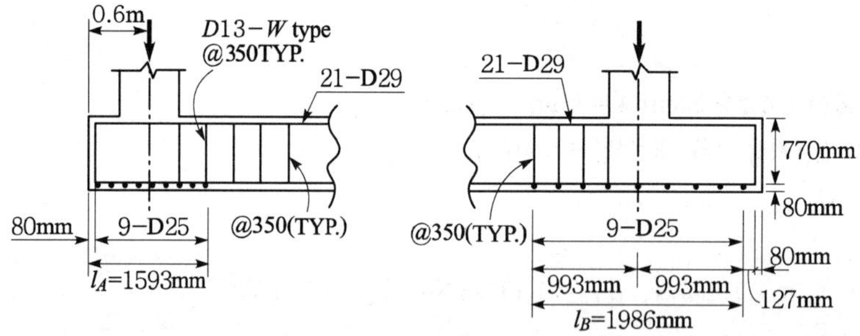

[철근배치도]

제12장

[문제 12-1]

(1) 옹벽의= 3.12 > 2.0 OK

② 지지력 및 침하에 대한 안정성

$e=0.34\text{m}<\dfrac{B}{6}=0.67\text{m}$, 합력은 기초판의 중앙 3분권 이내에 존재

$p_{\max}=154.0\text{kN/m}^2<q_a=250\text{kN/m}^2$ OK

③ 활동에 대한 안정 : 활동방지벽 0.5m × 0.8m, 2m 위치에 설치

④ 활동에 대한 안정 : $SF=\dfrac{\Sigma H_r}{\Sigma H}=\dfrac{260.14}{137.14}=1.90>1.5$ OK

(2) 뒷굽판의 설계

$M_u=-243.9\text{kN}\cdot\text{m}$, $V_u=185.7\text{kN}$, $d=575\text{mm}$사용

$\phi V_c=352.1\text{kN}>V_u=185.7\text{kN}$ OK

(3) 인장 철근량의 산정 및 검토

$A_s=1{,}700\text{mm}^2$, $D22@150\text{mm}^2(A_s=2{,}581\text{mm}^2)$배치

$\phi M_n=365.9\text{kN}\cdot\text{m}>M_u=243.9\text{kN}\cdot\text{m}$ OK

(4) 앞굽판의 설계

$M_u=139.8\text{kN}\cdot\text{m}$, $V_u=220.1\text{kN}$, $d=550\text{mm}$사용, $V_u=128.8\text{kN}$ (위험단면)

$\phi V_c=336.8\text{kN}>V_u=128.8\text{kN}$, ∴ 전단철근 불필요

휨철근 : $A_s=1{,}011\text{mm}^2(D19@150mm,\ A_s=1{,}910\text{mm}^2$ 배치)

$\phi M_n=261.1\text{kN}\cdot\text{m}>M_u=139.8\text{kN}\cdot\text{m}$, OK

(5) 벽체의 설계

$M_u=380.3\text{kN}\cdot\text{m}$, $V_u=180.6\text{kN}$,

$\phi V_c=352.1\text{kN}>\text{V}_\text{u}=180.6\text{kN}$, 전단철근 불필요.

휨철근 : $A_s=2{,}687\text{mm}^2(D25@150\text{mm},\ A_s=3{,}378\text{mm}^2)$

$\phi M_n=473.8\text{kN}\cdot\text{m}>M_u=380.3\text{kN}\cdot\text{m}$, OK

(6) 수축 · 온도철근

① 수평철근(옹벽 높이 1m에 대하여)

노출면(전면) : $D16@250\text{mm}(A_s = 794\text{mm}^2)$ 배치

흙과 접하는 면(후면) $D13@250\text{mm}(A_s = 507\text{mm}^2)$ 배치

② 수직철근

노출면 : $D13@150\text{mm}(A_s = 845\text{mm}^2)$ 배치

(7) 철근 배치도

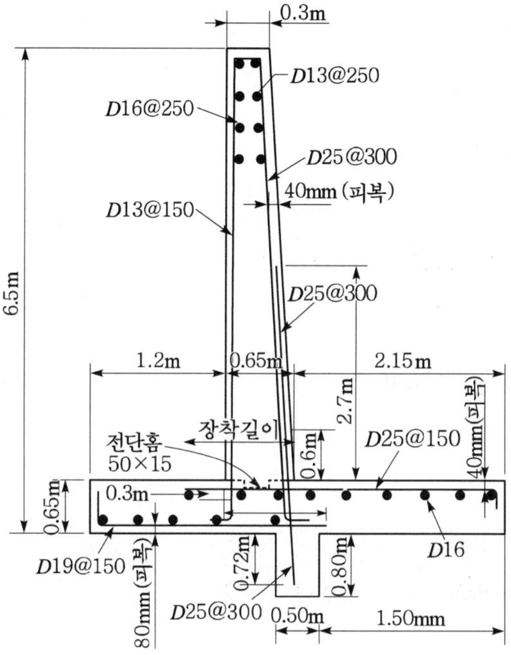

[철근배치도]

[문제 12-2]

(1) 단면 제원(가정)

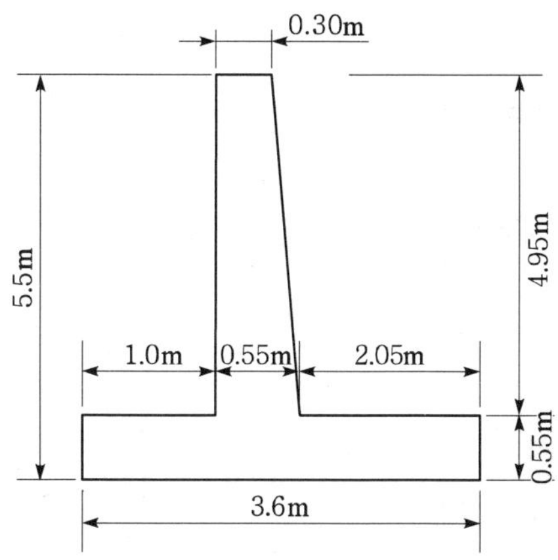

(2) 옹벽의 안정성 검토

① 전도에 대한 안전성

$$SF = \frac{706.57}{209.63} = 3.37 > 2.0 \qquad OK$$

② 지지력 및 침하 안정성

$e = 0.26\text{m} < \dfrac{B}{6} = 0.60\text{m}$, 합력이 기초판 중앙 3분권 이내에 존재

$p_{max} = 128.7\text{kN/m}^2 < p_a = 200\text{kN/m}^2 \qquad$ OK

③ 활동에 대한 안정성

$$SF = \frac{\Sigma H_r}{\Sigma H} = \frac{161.75}{104.18} = 1.55 > 1.5 \qquad OK$$

(3) 뒷굽판의 설계

① $M_u = -157.2\text{kN}\cdot\text{m}$

② 전단 검토

$V_u = 112.4\text{kN}$, $d = 470\text{mm}$ 사용, $\phi V_c = 287.8\text{kN} > V_u = 112.4\text{kN}$

∴ 전단철근 불필요

③ 휨철근 설계 및 검토

$A_s = 1{,}340\text{mm}^2$($D22@150\text{mm}$, $A_s = 2{,}581\text{mm}^2$ 배치)

$\phi M_n = 296.8\text{kN}\cdot\text{m} > M_u = 157.2\text{kN}\cdot\text{m}$, OK

(4) 앞굽판의 설계

① $M_u = 71.8\text{kN}\cdot\text{m}$

② 전단 검토

$V_u = 90.6\text{kN}$, $\phi V_c = 275.5\text{kN} > V_u = 90.6\text{kN}$, ∴ 전단철근 불필요

③ 휨철근 설계 및 검토

$A_s = 633\text{mm}^2$($D16@150\text{mm}$, $A_s = 1{,}327\text{mm}^2$ 배치)

$\phi M_n = 148.9\text{kN}\cdot\text{m} > M_u = 71.8\text{kN}\cdot\text{m}$, OK

(5) 벽체의 설계

① $M_u = 251.7\text{kN}\cdot\text{m}$

② 전단 검토

$V_u = 137.9\text{kN}$, $\phi V_c = 287.8\text{kN} > 137.9\text{kN}$, ∴ 전단철근 불필요

④ 휨철근 설계 및 검토

$A_s = 2{,}174\text{mm}^2$($D22@150\text{mm}$, $A_s = 2{,}581\text{mm}^2$ 배치)

$\phi M_n = 296.8\text{N}\cdot\text{m} > M_u = 251.7\text{kN}\cdot\text{m}$, OK

(6) 수축 · 온도철근

① 수평철근(옹벽 높이 1m에 대하여)

노출면(전면) : $D16@250\text{mm}$($A_s = 794\text{mm}^2$) 배치

흙과 접하는 면(후면) : $D13@250\text{mm}$($A_s = 507\text{mm}^2$) 배치

② 수직철근

노출면 : $D13@150\text{mm}(A_s = 845\text{mm}^2)$ 배치

(7) 철근 배치도

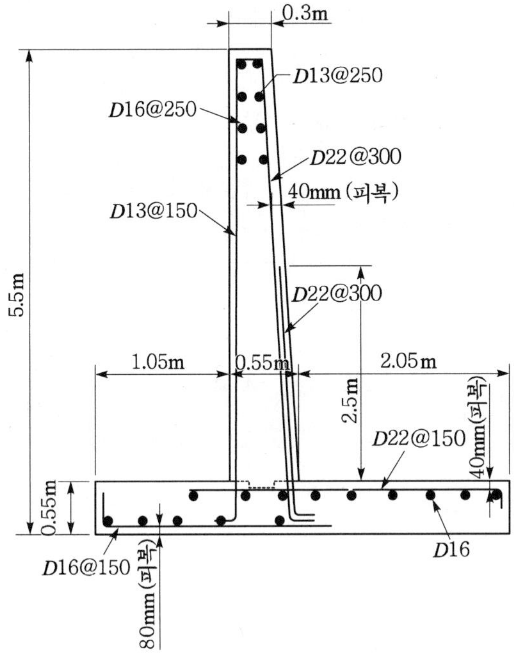

제13장

[문제 13-1]

① $l_0 = 800\text{mm}$, 횡방향철근의 최대간격 $s = 100\text{mm}$,

② 기둥 심부 치수 $h_c = 707\text{mm}$, 기둥심부 단면적 $A_{ch} = 518{,}400\text{mm}^2$

③ 횡방향철근의 최소단면적 $A_{sh} = 382\text{mm}^2$

∴ 횡방향철근 : $4 - D13 = 507\text{mm}^2$를 100mm 간격으로 배치

[문제 13-2]

① $M_{pr1} = 993.3\text{kN}\cdot\text{m}$, $M_{pr2} == 847.6\text{kN}\cdot\text{m}$

② 설계전단력 : $V_e = 410\text{kN}$

③ 후프철근 배치구간 : $2h = 1{,}500\text{mm}$이상

④ 후프철근 간격 : $s = 150\text{mm}$

⑤ 전단철근 : $4 - D13 = 506.8\text{mm}^2$

저자 소개

김은겸

서울과학기술대학교 건설시스템공학과 명예교수

윤석구

서울과학기술대학교 건설시스템공학과 교수

김진국

서울과학기술대학교 건설시스템공학과 교수

제2판 철근콘크리트 **정가 29,000원**

저자 : 김은겸 · 윤석구 · 김진국

발행인 : 임해진
발행처 : 도서출판 구미서관

발행 : 2015년 2월 17일 초판
2024년 1월 19일 제2판

등록 : 1979년 6월 29일 No.9-6호
주소 : 서울시 마포구 신촌로 2길 5-15 구미빌딩
전화 : 02-333-1101
팩스 : 02-335-2201
http://www.goomibook.com

ISBN 979-11-6257-283-2 (93530)